珪藻 *Navicula* 図鑑

福島　博
木村　努　共著

内田老鶴圃

本書の全部あるいは一部を断わりなく転載または
複写(コピー)することは，著作権および出版権の
侵害となる場合がありますのでご注意下さい．

序

　本書は当初日本国内産の淡水珪藻を対象に計画された．しかし，私たちの撮影した写真を整理してみると，外国産のほうが国内産よりサンプル数，taxa 数，個体数とも遥かに多いことに気付かされた．そこで，世界を対象とした珪藻図鑑としてまとめることにした．あまりにも膨大な写真があるので，1 冊の図鑑にまとめきれないことは明白である．

　Internet に Diatoms of the United States の名で公開されている大作があり，2016 年までに 155 属，839 taxa が取り上げられている．中でも Naviculales に属する分類群は 58 属，341 taxa が記載されている．属，種とも最も多数を占める分類群である．多数を占めるだけに，同定も比較的に煩雑である．本図鑑は *Navicula sensu lato* をまとめたものである．

　著者の一人木村は研究の主要対象であった木曽川の多数の珪藻サンプルを観察してきた．名古屋市水道の原水である木曽川の流下珪藻だけでも約 40 年間で 2000 回くらい，また，木曽川の定点観測地点としていた 5 地点の付着珪藻は，同じく 500 回くらいプレパラートを作成し，観察してきた．中には，1 個体しか見いださなかった taxa や 1 回の調査でのみ少数を見いだしたのみの taxa も多くある．そしてこれらの taxa が南米やアフリカの限られた地域から報告されているだけの例も見てきた．珪藻には cosmopolitan の taxa が多く見られるという研究者が大勢いるが，納得できるところである．

　殻長，殻幅，条線密度，点紋密度等の計測値，あるいは殻長/殻幅等の指数化した値は種の特徴を捉えており，同定するのに有効であると考えられている．しかし，多くの図鑑ではどの部分をどのようにしていくつ計測したのかは記されていない．特に点紋密度は条線を形成する点紋列が湾曲していたり，中央部のほうが殻端部より密度が粗の種類があったり，側縁部のほうが中央部（近縦溝部）より密な種類があったりして，計測部位や計測法によって点紋密度の差異は大きくなる．

　本書で点紋密度は，「条線密度，点紋密度の計測法」（p. xiii 参照）に示すように点紋数を数え，点紋列の曲がりに沿い距離を測定した．また，中央部とボアグの欠落近辺での計測はバラツキが大きいので避けるようにし，計測した珪殻数や条線数をできるだけ記載した．フィルム写真では点紋数を計測できないことが多くある．使用されたフィルムがミニコピーのような硬質フィルムであるとき，フィルムをコンピューターに取り込み，高倍率（×5000〜×20000）の写真を作ると，焦点がよく合っているなら点紋が数えられる場合が多くある．この方法で数多くの点紋密度を計測した．このように計測数を明瞭に示した，初めての図鑑と自負している．

　本書が珪藻学の発展に少しでも寄与することができれば，また，水処理等の応用分野でお役に立つことができれば望外の喜びである．

2018 年 3 月

　　　　　　　　　　　　　　　　　　　　　　　　　　　　　　　　　　　　福島　博
　　　　　　　　　　　　　　　　　　　　　　　　　　　　　　　　　　　　木村　努

謝　辞

　本書の完成のためには非常に多くの方々のご協力をいただいた．

　小林艶子博士には執筆に関し，協力とご支援をいただいた．まず，名を記して感謝の意を表したい．

　採集や写真撮影にも多くの方々の協力をいただいた．採集のみならずSEM写真撮影に協力をいただいた伊藤守氏，木曽川の隅々まで採集に同行して下さった村上哲生博士，両氏には特に名を記し御礼を申し上げる．

　次いで外国駐在中，多くのサンプルを採集していただいた木村稔氏，採集旅行に同行し，採集はもとより標本の記録，整理をしていただいた木村絢子氏に御礼を申し上げる．

　また，非常に多くの方々からサンプルの提供を受けた．調査地点一覧の中に採集者名を記し感謝の意を表させていただいた．

　また，常に叱咤激励を下さった福島門下生の皆様と刊行の喜びを分かち合いたくおもう．なかでも，多くの助言をいただいた一戸正憲氏，丸山晃氏，大野正夫博士，福嶋悟博士には特に名を記し，感謝の意を表したい．

　名古屋市上下水道局で叱咤激励を下さった方々，コンピューターを教えていただいた方々にも感謝したい．

　長い時間を掛け，原稿の校正をしていただいた宮石克枝氏にも感謝申し上げる．

　本書の出版をお引き受けいただいた内田老鶴圃社長，内田学氏，編集，校正の労を執っていただいた編集長，笠井千代樹氏に厚く御礼申し上げます．

2018年3月

福　島　　博
木　村　　努

目　次

序 ··· i
謝辞 ··· iii
珪殻の形の表現，各部の名称および計測法 ·· vii
　珪殻外形と珪殻端の形の名称 ··· vii
　珪殻構造の名称 ··· viii
　縦溝の先端構造 ··· ix
　珪殻の構造 ··· x
　条線の配列 ··· xi
　縦溝の型と名称 ··· xii
　条線密度，点紋密度の計測法 ··· xiii
本書で用いる用語 ··· xv
　主要なタイプ（Type）の定義 ·· xv
　新提案の種類・名前の関連を表す用語 ·· xvi
　本書用注意書き・定型的略語 ·· xvii
　本書のみの使い分け ··· xvii
　学名の著者名（命名者名）と発表論文著者名について ··· xviii

収録種解説 ··· 1
　Adlafia ··· 2
　Aneumastus ··· 4
　Caloneis ·· 7
　Cavinula ··· 8
　Chamaepinnularia ··· 12
　Cosmioneis ··· 22
　Craticula ·· 23
　Decussata ··· 34
　Diadesmis ··· 35
　Diploneis ·· 37
　Eolimna ·· 38
　Fallacia ·· 39
　Geissleria ·· 44
　Hippodonta ·· 46
　Humidophila ·· 49
　Luticola ·· 51
　Navicula ··· 66

Naviculadicta	213
Parlibellus	214
Pinnuavis	218
Placoneis	219
Sellaphora	249

図版と図版解説 263

計測値	497
調査地点一覧	509
参考文献	537
種名一覧	555

珪殻の形の表現，各部の名称および計測法
珪殻外形と珪殻端の形の名称

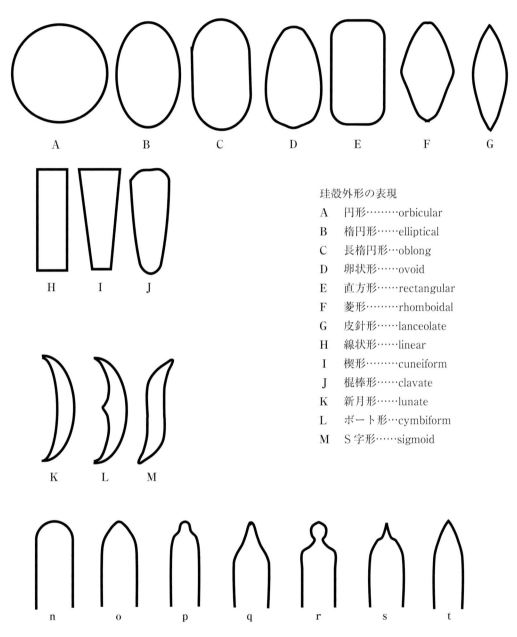

珪殻外形の表現

A 円形………orbicular
B 楕円形……elliptical
C 長楕円形…oblong
D 卵状形……ovoid
E 直方形……rectangular
F 菱形………rhomboidal
G 皮針形……lanceolate
H 線状形……linear
I 楔形………cuneiform
J 棍棒形……clavate
K 新月形……lunate
L ボート形…cymbiform
M S字形……sigmoid

珪殻端の表現

n 広円状の……rounded obtuse
o 楔形の………cuneate
p 亜嘴状の……subrostrate
   戴頭状の……truncate
q 嘴状の…………rostrate
r 頭部状の………capitate
s 嘴形尖頭状の…apiculate
t 尖円形の………acuminate

珪殻構造の名称

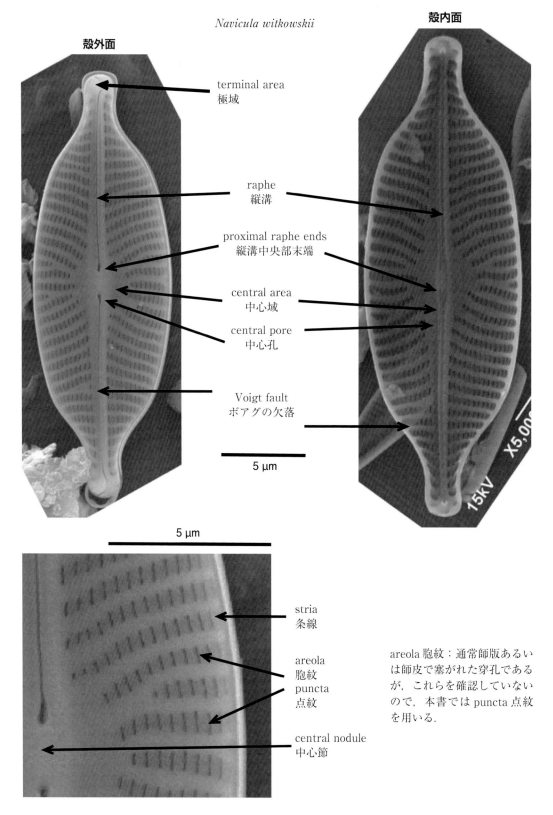

Navicula witkowskii

殻外面 / 殻内面

- terminal area 極域
- raphe 縦溝
- proximal raphe ends 縦溝中央部末端
- central area 中心域
- central pore 中心孔
- Voigt fault ボアグの欠落
- stria 条線
- areola 胞紋
- puncta 点紋
- central nodule 中心節

areola 胞紋：通常師版あるいは師皮で塞がれた穿孔であるが，これらを確認していないので，本書では puncta 点紋を用いる．

縦溝の先端構造

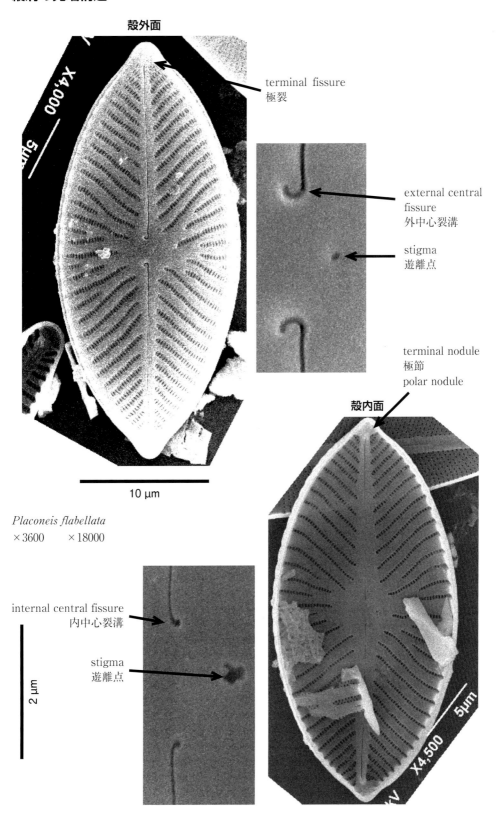

Placaneis flabellata
×3600　×18000

珪殻の形の表現，各部の名称および計測法

珪殻の構造

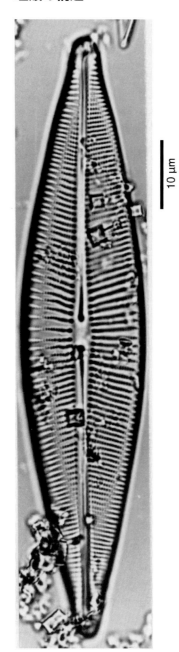

heribaudii stage

craticula stage
柵板

Craticula cuspidata

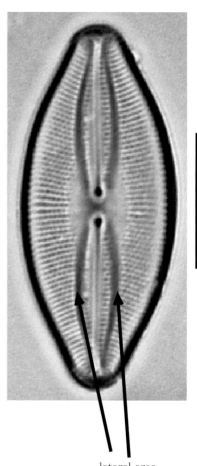

lateral area
側域
（条線を分断する無紋域）

Fallacia pygmaea

heribaudii stage, craticula stage は，小林弘（1993）によると，乾燥などの浸透圧ストレスに曝されたとき，正常殻の内側に形成されるという．

条線の配列

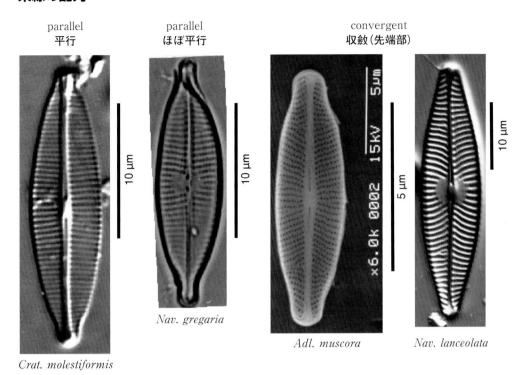

parallel
平行

Crat. molestiformis

parallel
ほぼ平行

Nav. gregaria

convergent
収斂（先端部）

Adl. muscora

Nav. lanceolata

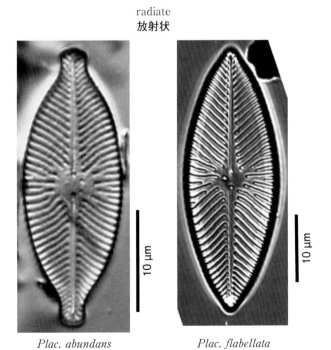

radiate
放射状

Plac. abundans

Plac. flabellata

Placoneis ではかなりの taxa で中央から先端まで放射状のものが見られる.
Navicula では，中央部は放射状で，先端部が収斂する taxa が多く見られる.

珪殻の形の表現，各部の名称および計測法

縦溝の型と名称（本書では図に示した名称を用いる）

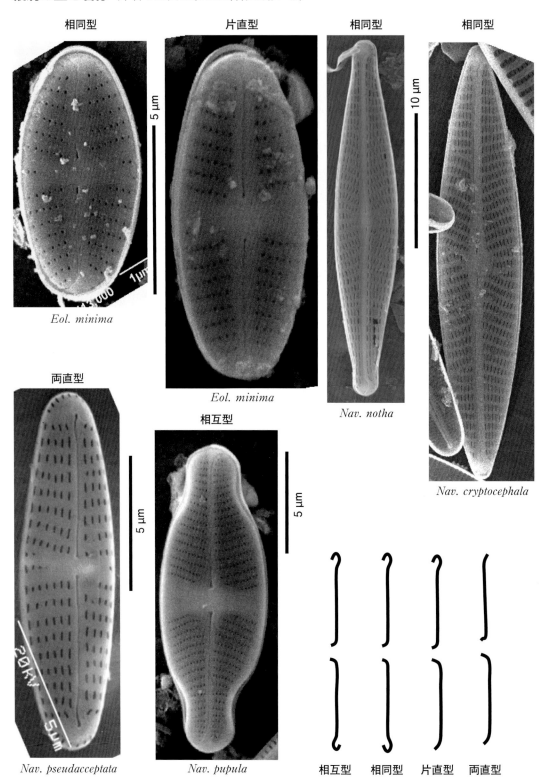

相同型 — *Eol. minima*
片直型 — *Eol. minima*
相同型 — *Nav. notha*
相同型 — *Nav. cryptocephala*
両直型 — *Nav. pseudacceptata*
相互型 — *Nav. pupula*

相互型　相同型　片直型　両直型

条線密度，点紋密度の計測法

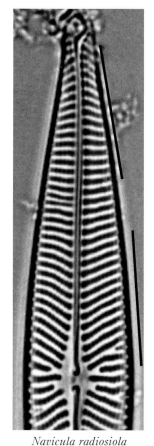

Navicula radiosiola

10 µm

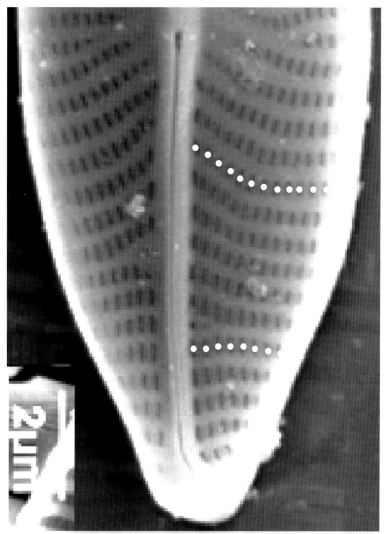

Nav. salinarum var. *minima*

2 µm

条線密度：10 µm の直線をスケールとして計測した．通常は中央に近い場所の条線を計測し，先端部の条線密度が必要なときには先端部で計測した．
中央部と先端部の条線密度に明らかな差があるが，殻長が 20 µm 以下のときはスケールを 5 µm にして計測した．

点紋密度：条線を形成する点紋数と点紋列の端から端までの距離を曲線に沿って計測し，10 µm 中の点紋数を計算して点紋密度とした．

本書で用いる用語

　本書で用いる用語は基本的に，国際藻類・菌類・植物命名規約（メルボルン規約）（2012）に従っている．また，文部省　学術用語集　植物学編（1990：増補版）日本植物学会，丸善に掲載されている用語は優先的に用いた．略語，本種と当種の使い分けなど，簡素化と誤解防止のため本書でのみ通用する定義をした語もある．

　International Code of Nomenclature for algae, fungi, and plants（ICN）：国際藻類・菌類・植物命名規約（メルボルン規約）2012：日本植物分類学会　国際命名規約邦訳委員会訳・編集，北隆館（2014）．
（International Code of Botanical Nomenclature：（ウィーン規約）2006 は ICBN と略す）

主要なタイプ（Type）の定義

holotype ホロタイプ：（標本であれば正規基準標本，図解であれば基準図解）：著者に使用された，または命名法上のタイプとして著者に使用された，ただ1個の標本または図解．

isotype アイソタイプ：（副基準標本）：ホロタイプの重複標本のそれぞれをいい，常に1個の標本である．

syntype シンタイプ：（等価基準標本）：ホロタイプが指定されなかった場合，初発表文に引用されたすべての標本がシンタイプになる．または初発表文でタイプとして同時に指定された2個以上の標本のそれぞれをいう．発表者が基準標本を決定せず，複数の標本を選定した場合そのすべての標本．

lectotype レクトタイプ：（選定基準標本）：後の研究者が等価基準標本の中から1枚を選定した場合その1枚は正規基準標本と同じ意味をもつ．

paratype パラタイプ：（従基準標本）：正規基準標本と共に，同時に引用されている標本で，正規基準標本以外の標本．

neotype ネオタイプ：（新基準標本）：原記載に標本がないか，失われた場合，後の研究者が適正な標本を補充したもの．

epitype エピタイプ：（解釈基準資料）：ホロタイプ，レクトタイプまたはすでに指定されたネオタイプ，あるいは正式に発表された学名と関連づけられたすべての原資料が不明瞭であることが確実で，分類群の学名の正確な適用のための決定的な同定ができないとき，解釈のためのタイプとして選ばれた1個の標本または図解．

isolectotype アイソレクトタイプ：（副選定基準標本）：レクトタイプの重複標本．
isoneotype アイソネオタイプ：（副新基準標本）：ネオタイプの重複標本．
isoepitype アイソエピタイプ：（副解釈基準資料）：エピタイプの重複標本．
type locality タイプローカリティ：（基準（標本）産地）：基準標本が採集された場所．
topotype トポタイプ：（同地基準標本）：タイプと同じ場所で採集された標本で，命名法上のタイプに当たらない．

新提案の種類・名前の関連を表す用語

specific epithet, *nomen triviale*：（種形容語）；細菌では種形容語を用いる.

specific epithet, trivial name, *nomen triviale*：種小名.

genus novum（gen. nov.）：新属.

species nova（sp. nov.）：新種.

combination nova（comb. nov.）：新組み合わせ.

nomen novum（nom. nov.）：新名.

status novus（stat. nov.）：新ランク名.

nomen invalium（nom. inval.）：非正式名，無効名（ICN に合法的に発表されなかった名）.

nomen nudum（nom. nud.）：（裸名）；記載文あるいは判別文を伴わないか，あるいはその出典引用を伴わないで発表された新分類群の名称.

autonym：（自動名）；同じ種の中で明らかに異なる形質が新たに認められ細分化が必要なとき，新たな形質に（subsp., var., f.）を付けて下位ランクの名前を与える．これに対応してタイプを含む分類群は種形容語を繰り返し，新たな形質の分類群と区別をする．これを自動名といい，著者名（命名者名）は付けずに表す.

basionym：（基礎異名）；新組み合わせ *combination nova*（comb. nov.）または新ランク名 *status novus*（stat. nov.）は合法的に過去に発表された学名に基づく新学名であり，それの基づいた学名が基礎異名 basionym である.

synonym：同名の意．次の２つに分けられる．

    Heterotypic synonym（taxonomic synonym）異タイプ異名：同じ分類群を示す他の学名とは異なるタイプに基づく学名.

    Homotypic synonym（nomenclatural synonym）同タイプ異名：別の学名と同じタイプに基づく異名.

homonym：（異物同名）；異なるタイプに基づく同じランクの分類群に対して発表されている学名と全く同じ綴りの別の学名.

later synonym：（後続異名）；分類学的に同じタイプをもつ種に，異なる学名が付けられた場合，後から付けられた学名を後続異名といい，失効する.

later homonym：（後続同名）；分類学的に異なるタイプをもつ種に，全く同じ綴りの学名が付けられた場合後続同名といい，後から付けられた学名は失効する.

earlier homonym：（先行同名）；学名Ａと学名Ｂが分類学的に異なるタイプをもち，学名Ａが既存の学名Ｂと同じ綴りをもつと判定される場合に，ＡはＢに対して後続同名，ＢはＡに対して先行同名という.

isonym：（同物同名）；同じタイプに基づく同じ学名が，異なる著者により異なる日付で発表されたとき，これを同物同名といい，最初に発表されたものが有効で，他は無視してよい.

auct. non.：〜ではない著者による（学名の原著者の前に置き，誤用名の引用に用いて原著者の指定したタイプと異なることを示す）.

manuscript：手書き，あるいはタイプで打った原稿.

l. c.：(loco citato)：同上.

prov.：(provisional)：暫定的（"*Craticula silviae*" nov. spec. prov.）

pro parte（in part）：一部.
sensu stricto（narrow sense）：狭義の.
sensu lato（broad sense）：広義の.

本書用注意書き・定型的略語
affinis → aff：類似した
confer → cf：比較せよ
circa（Latin）→ *c* = about
Island → Isl.（本書では I., Is. とは使っていない）
Lake → L.（Lake と使ったところも多い）
Mountain → Mt.
Parking Area → P. A.
Service Area → S. A.
Treatment Plant → T. P.
Pond → P.（Pond と使ったところも多い）
River → Riv.（R. でなく Riv. と略した）
Reservoir → Res.
Botanical Garden → B. G.（植物園）
Public Park → P. P.（公共公園）
Plant Park → Pl. P.（植物公園）
National Park → N. P.（国立公園）
Natural Park → N. P.（自然公園）
Yellowstone National Park → Yellowstone（イエローストーン自然公園）
Grand Canyon National Park → Grand Canyon（グランドキャニオン自然公園）
Yosemite National Park → Yosemite（ヨセミテ自然公園）
the falls of Niagara → Niagara Falls
the falls of Victoria → Victoria Falls
the falls of Iguazu → Iguazu Falls
the Amazon River → the Amazon
the Rhine River → the Rhine
the Nile River → the Nile

本書のみの使い分け
本種：項目表題に使用している種類を指す.
当種："近似種との相違点"で当種と使った場合は，"近似種との相違点"で取り上げたその種を指す.

学名の著者名(命名者名)と発表論文著者名について

　国際藻類・菌類・植物命名規約(メルボルン規約)2012の(勧告46B)には学名の著者名はローマ字表記されるべきとされている.(勧告46A)には学名の著者を略記するときには他と区別できるように,省略形は十分に長く取り子音で終わるべきとされている.

　しかし,論文は各国語で書かれており,著者名も然りである.したがって,学名の著者名と発表論文著者名の表記は異なる場合を生ずることになる.後藤は珪藻学関係者の現行略名に加えたリストを発表した(後藤敏一(2003):学名の著者名の標準的な略号 DIATOM **19**:71-74).

　著者らは命名者名の省略名は後藤(2003)に従うことが最も簡便で適当と考えている.しかし本書では,次の3名の表記は後藤(2003)に則っていない.

正式名称	発表論文著者名の表記	学名の著者名の標準表記
Hiroshi Fukushima	H. Fukushima	Fukush. (H. Fukush.)[*1]
Tsuyako Kobayashi	Ts. Kobayashi	Ts. Kobay. (Ts. Kobayashi)[*2]
Skvortsov Boris Vassilievich	(B. V. Skvortzow)[*3]	Skvortsov

括弧注釈は著者らの見解.

[*1] H. Fukushima は,学名の著者名は Fukush. であるが,S. Fukushima と区別するため H. Fukush. を使った.なお,S. Fukushima は S. Fukush. とは省略していない.

[*2] Ts. Kobayashi は,Ts. Kobay., Ko-Bay. 等,様々な表記が見られる.H. Kobayasi に倣い Ts. Kobayashi に統一して使用した.(si と shi の表記は後藤(2003)による)

[*3] 論文の著者名に Skvortzow, B. V.(1938)と使われていたり[a],B. V. Skvortsov の論文一覧を紹介するリスト[b]の著者名は Skvortzov, B. V.(1938)となっていたり,いくつもの綴りが使われている.1959年,陸水学雑誌に Skvortzow, B. V. を紹介した根来博士に従い,論文の著者名には Skvortzow を,学名の著者名には Skvortsov を使うことにした.表記の違いに注意を要する.

　　a) SKVORTZOW, B. V. (1938):Diatoms collected by Mr. Yoshikazu OKADA in Nippon. 1. Mountain bog diatom flora Prov. Sinano. J. Jap. Bot., 14, 3, 204-217.

　　b) http://www.fritschalgae.info/diatom-bibliography-bvskvortzov

珪藻 *Navicula* 図鑑

収録種解説

Genus *Adlafia*

　Adlafia の初発表文は Moser, Lange-Bertalot & Metzeltin 1998, Insel Der Endemiten：Bibliotheca Diatomologica **38**：P. 87 である．初発表文には *Adlafia muscora* を type とし，他に 4 taxa が記載されている．ところが，非常によく使われている Lange-Bertalot 2001, Diatoms of Europe, P. 141-145 には，5 taxa とも Lange-Bertalot が Moser et al. 1998 の中で nov. comb., nov. stat. の記載をしたと読み取れる記述をしている．さらに，Van de Vijver et al. 2002, Bibliotheca Diatomologica **46**（Edit. Lange-Bertalot & Kociolek）には *Adlafia bryophila* の名前が Krammer & Lange-Bertalot 1986, Süsswasserflora von Mitteleuropa に記載されていると読み取れる記述をしている．*Navicula bryophila* を *Adlafia bryophila* と誤認したものであるが，*Adlafia* を使うとき，初発表文にさかのぼって注意する必要がある．

　Adlafia bryophila あるいは *Navicula bryophila* の記載はかなり多くある．*Navicula bryophila* の初発表文は J. B. Petersen 1928, The aërial algae of Iceland：Fig. 13 であるが，形態の記載には，珪殻は線状で先端は嘴状，殻長：16 μm，殻幅：3 μm，条線は放射状，繊細でかろうじて 35/10 μm を数え得る，とのみ記載されている．*Adlafia bryophila* とその近縁種は小形でよく似ているので，検索表を下に記す．

Adlafia bryophira 1998 種内分類群の検索表

I 両端部は頭部状に明瞭にくびれる． ･････････････････････････ *Adlafia bryophila* var. *capitata*
II 両端部は頭部状に明瞭にはくびれない．
　I ）両側縁の中央部はくびれる． ･････････････････ *Adlafia bryophila* var. *bryophila* f. *constricta*
　II）両側縁の中央部はくびれない．
　　（I ）両側縁は 3 回波打ち，中央部は特に強く膨らむ． ･･････ *Adlafia bryophila* var. *trigibba*
　　（II）両側縁は平行，あるいは中央部が弱く膨らむ．
　　　1 珪殻の幅は広く（4.5-5.5 μm），中心域を構成する条線は長短交互である．
　　　　 ･････････････････ *Adlafia pseudobryophila*（*Adlafia bryophila* var. *suchlandtii*）
　　　2 珪殻の幅は狭く（2.5-4.5 μm），中心域を構成する条線は必ずしも長短交互でない．
　　　　1 ）中心域は大きく，横長の楕円形である． ･･････ *Adlafia bryophila* var. *lapponica*
　　　　2 ）中心域は小さい（軸域より少し幅広い程度）．･･･ *Adlafia bryophila* var. *bryophila*

Adlafia muscora（**Kociolek & Reviers**）**Moser, Lange-Bert. & Metzeltin 1998**, in Incel Der Endemiten：Bibliotheca Diatomologica **38**：P. 87-89, Taf. 6, Figs 3-8, Taf. 26, Figs 1-7；Lange-Bertalot 2001, Diatoms of Europe **2**：P. 144, Pl. 107, Figs 1-7.

【Pl. 1, Figs 1-16】

Basionym：*Navicula muscora* Kociolek & Reviers 1996：P. 201.；Bibl. Diat. **38**.
Synonym：*Navicula bryophiloides* Manguin 1962：P. 19, Fig. 2：5.

　珪殻は楕円形から楕円状皮針形．側縁が凹んだり波打つことはない．先端は嘴状から亜頭部状に突出する．軸域は狭く直線状で，中心域は極めて小さく，遊離点はない．縦溝は相同型で僅かに曲がる．条線は先端部で収斂する．自然教育園と沖縄で多量の繁殖を確認し，両者の個体群に

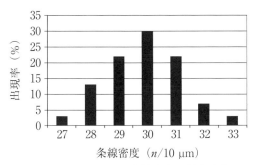

図1 *Adl. mus.* の条線密度の頻度分布

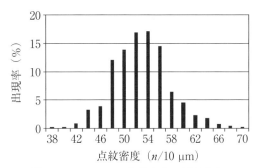

図2 *Adl. mus.* の点紋密度の頻度分布

ついて各種の計測を行った．自然教育園の個体群のほうが沖縄で得た個体群より大きい傾向が認められたが，条線密度，点紋密度では差異は全く認められなかった．殻長：10-23 μm, 殻幅：3-5 μm, 条線密度：26-32/10 μm, 点紋密度：(38)46-64(71)/10 μm の結果を得た．条線密度，点紋密度の頻度分布図を**図1, 2** *Adl. mus.* に示す．

分布・生態

基準産地は New Caledonia である．平川・沖縄県および自然教育園（ひょうたん池）から多量の標本を得た．

近似種との相違点

Adlafia bryophila (J. B. Petersen) Moser, Lange-Bert. & Metzeltin 1998

珪殻は線状で，両側縁はほぼ平行，弱く湾曲あるいは弱く湾入するが，楕円状にはならない．珪殻の先端に変異が多く，嘴状から頭部状まで様々な形態がある．

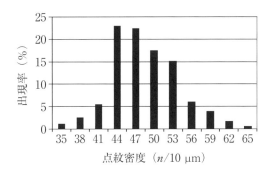

図3 *Adl.* sp. の点紋密度の頻度分布

Adlafia sp. 【Pl. 2, Figs 1–16, 11′–14′】

珪殻は線状で，両側縁はほぼ平行，弱く湾曲あるいは弱く凹む．珪殻の先端に変異が多く，嘴状から頭部状まで様々な形態がある．木曽川産の計測値は，殻長：12.2-14.8 μm, 殻幅：2.2-2.9 μm, 条線密度：36-41/10 μm, 点紋密度：(35)41-59(65)/10 μm（**図3** *Adl.* sp.）．条線と点紋は SEM 写真により計測した．点紋を観察すると，中央近くに粗い点紋からなる条線が数本認められる．これを計測した値は 34-38/10 μm である．縦溝の極裂は珪殻の表面では片側へ向かっ

て湾曲し, staff side, distaff side の区別が明瞭にできる. 裏面の縦溝の殻端側の末端は曲がることなく直線状に終わる.

Lange-Bertalot は *Adlafia bryophila* (J. B. Petersen) Moser, Lange-Bert. & Metzeltin 1998 を記載して以下のように述べている. 殻長：10-20(25)μm, 殻幅：(2.5)3-4 μm. 軸域は大変狭く, 中心域は小さい. 条線は強い放射状で, 先端部では収斂する. 条線密度：29-36/10 μm. 本書に示した *Adlafia* sp. の写真は Lange-Bertalot らが示す *Adlafia bryophila* の図に比べ, 肩の張りが強く, 側縁の凹みも強く, 条線密度も密であり, おそらく別種と考えられるが, 再考の余地がある.

分布・生態
世界広汎種, 気性種とされている. 名古屋市の春日井浄水場と東山公園・温室内の滝の2箇所で得たのみである. 春日井浄水場の原水開渠には油膜除去のため, フローティングフェンスが設置してある. 水位の変動につれ上下するので, 喫水線の部分に汚れが付着する. ここから出現したものである. また, 東山植物園は滝の飛沫がかかる濡れた岩から得たものである.

近似種との相違点
Adlafia bryophila (J. B. Petersen) Moser, Lange-Bert. & Metzeltin 1998
殻は線形から線状披針形で, 側縁が凹むことはない.
Adlafia parabryophila (Lange-Bert.) Moser, Lange-Bert. & Metzeltin 1998
中心域は大きく, 横長四角形.

Genus *Aneumastus*

Aneumastus apiculatus (Østrup) **Lange-Bert. 1999**, in Lange-Bertalot & Genkal, Iconographia Diatomologica **6**：P. 32, Pl. 24, Figs 6, 7. 【Pl. 3, Figs 1, 2】
Basionym：*Navicula lacustris* var. *apiculata* Østrup 1910, Danske Diatom. **88**：Pl. 3, Fig. 59.

トガリゴウリキケイソウ
珪殻は幅広い楕円状披針形, 両端部は急に細くなり, 細く短く嘴状に突出する. 殻長：25-57 μm, 殻幅：11-15 μm. 縦溝は糸状で, 僅かに湾曲する. 軸域は狭い線状で, 中心域は横長の四角形. 不規則な短い5-6本の条線が中心域を形成する. 条線は中央部で放射状, 両端部は平行. 条線密度：15-17/10 μm, 点紋密度：15-18/10 μm.

分布・生態
北半球に広く分布し, 貧栄養から中栄養水域に出現する. 本種は数は多くないが Khuvsgul L., MNG. から得られた.

2珪殻, 166条線の点紋密度を測定し, 頻度分布図 (**図4**) を作成した. 点紋密度の範囲は(12)14-22(24)/10 μm である. また, 殻中央部と殻端部に点紋密度の差があるか否かを知るため, 中央部から末端部にかけての密度分布図 (**図5**) を作成した. 結果, 中央部で粗, 末端部に向かって密になる傾向が認められる. なお, 図中の太い直線は各部位の平均値の近似直線である.

近似種との相違点
Aneumastus balticus Lange-Bert. 2001

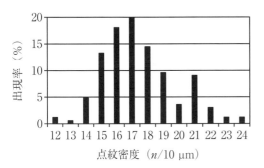
図4　*Aneum. apic.* の点紋密度の頻度分布

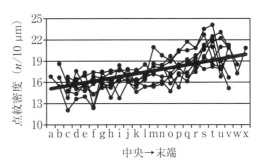
図5　*Aneum. apic.* の点紋密度の部位による変化

中心域両側縁に不等長の1-4本の条線がある．条線密度は少し粗（13-14/10 μm）で，点紋密度も粗（19-12/10 μm）である．

***Aneumastus balticus* Lange-Bert. 2001**, Diatoms of Europe **2**：P. 153, Pl. 117, Figs 7, 8.
【Pl. 3, Figs 3-7】

バルトゴウリキケイソウ
　珪殻は幅広い楕円形または楕円状皮針形，両端部は急に細くなり，狭い嘴状に突出する．殻長：30-40 μm，殻幅：11.5-15 μm．縦溝はほとんど糸状．軸域は狭い線状．中心域は十字形，不規則な短い1-4本の条線が中心域を形成する．条線は末端まで放射状である．条線密度：13-14/10 μm，点紋密度は中心域近くでは粗く9-12/10 μm，側縁部，両端部では密になり，約30/10 μm．

分布・生態
　バルト海周辺に産す．塩分を多く含んだ水域に多い．Khuvsgul L., MNG., the Rhine-1, Freiburg, DEU. から見いだしている．

近似種との相違点
Aneumastus apiculatus（Østrup）Lange-Bert. 1999
　条線密度は少し密（15-17/10 μm）で，点紋密度も密（15-18/10 μm）である．

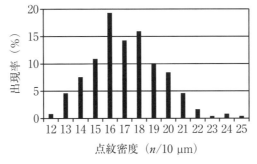
図6　*Aneum. bal.* の点紋密度の頻度分布

Aneumastus minor（Hust.）Lange-Bert. 1993

　珪殻は小形（殻長：15-30 μm，殻幅：7-14 μm）で，条線密度が粗（11-13/10 μm），点紋密度も粗（約10/10 μm）である．

Aneumastus rostratus（Hust.）Lange-Bert. 2001

　珪殻は大形（殻長：35-65 μm，殻幅：16-20 μm）で，条線密度が密（11-12/10 μm）である．Khuvsgul L., MNG. と the Rhine-1, Freiburg, DEU. から得た5珪殻，238条線の点紋密度を計測した．点紋密度は(12)13-21(25)/10 μm と表せる（**図6**）．

Aneumastus minor（Hust.）Lange-Bert. 1993, Bibliotheca Diatomologica **27**：P. 9, Pl. 39, Fig. 8, Pl. 40, Figs 1-4；Lange-Bertalot 2001, Diatoms of Europe **2**：P. 155, Pl. 124, Figs 1-16.

[Pl. 3, Fig. 8]

Basionym：*Navicula tuscula* var. *minor* Hust. 1930, Die Süsswasser-F. Mitteleur. **10**：P. 308, Fig. 553.

Synonym：*Navicula tuscula* var. *minor*（Hust.）Simonsen 1987, Atlas and Catal. Diatom：P. 121, Pl. 194 Figs 33-37；*Navicula tornensis* Cleve *sensu* Kolbe 1927 Die Kieselalgen des Sperenberger Salzgebbites：P. 64, Taf. Ⅱ, Fig. 35；*Navicula arcta* var. *hustedtii* Cleve-Euler 1953, Die Diatomeen Schw. u. Finn. Ⅲ：P. 118.

コゴウリキケイソウ

　珪殻は幅広い皮針形で，楕円形または楕円状皮針形，両端部は嘴状に細くなり，時に弱く突出する．殻長：15-30 μm，殻幅：7-14 μm．縦溝は弱く湾曲し，中心孔は明瞭．軸域は中くらいの幅で，中心域は中くらいの大きさで左右不相称．条線は放射状で，胞紋は横に長くなり，約10/10 μm，殻縁の点紋は二重の点紋である．

分布・生態

　北半球に広く分布する．富栄養水域に多く出現する．本書収録写真は Khuvsgul L., MNG. 産.

近似種との相違点

　Aneumastus の中では小形で，先端の突出が小さいことから区別できる．

Aneumastus tusculus（Ehrenb.）D. G. Mann & Stickle 1990, in Round, Crawford & Mann, The diatoms：P. 464, P. 663；Lange-Bertalot 2001, Diatoms of Europe **2**：P. 158, Pl. 113, Figs 1-9, Pl. 114, Figs 1-4. **[Pl. 3, Figs 9, 10]**

Basionym：*Navicula tuscula* Ehrenb. 1841, in Ber. Bekanntm. Verh. Königl. Preuss. Akad. Wissensch. Berlin：P. 215.；Krammer & Lange-Bertalot 1986, in Süsswasserf. von Mitteleur. **2/1**：P. 234, Pl. 81, Figs 1-7, Pl. 167a, Fig. 6.

　珪殻は幅広い線状楕円形で，先端部は急に嘴形または，嘴状亜頭部形に突出する．殻長：34-85 μm（多くは45-75 μm），殻幅：12-25 μm（多くは18-22 μm）．軸域は中くらいの幅，中心域は形と大きさに変化が大きく，片側3-4本の不規則な長さの条線で囲まれる．条線は放射状配列で密度は10-12/10 μm，中央部の条線を構成する点紋密度は7-10/10 μm.

　Holman, Victoria Isl., CAN. で得た1珪殻，80条線の点紋密度から作成した頻度分布図が**図7** *Aneum. tus.* である．本種も *Aneum. balticus* のように，側縁部，両端部では密になる．1珪殻の全条線の点紋を測定したので，中心域近くでは粗の傾向が強く現れ，条線密度は粗のほうに，

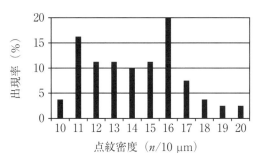

図7 *Aneum. tus.* の点紋密度の頻度分布

先端に近い条線ではさほど強く現れず密のほうに偏る結果となった．ピークが2箇所に現れたのはこれが原因と考えられる．1珪殻の全条線の点紋を測定した場合，点紋密度範囲は 10-20/10 μm と表せる．

分布・生態

世界広汎種で，貧栄養～中栄養水域に多く出現する．Bear Lake-1, UT-USA., Holman, Victoria Isl., CAN. で得た．

近似種との相違点

Aneumastus apiculatus（Østrup）Lange-Bert. 1999

中心域を形成する条線の長さは不揃いで，片側 5-6 本からなる．条線密度はやや密で 15-17/10 μm，点紋密度は 15-18/10 μm．

Aneumastus rosettae Lange-Bert. & Miho 2001

珪殻は幅広い皮針形から楕円状皮針形．周縁の小孔は多列である．

Aneumastus rostratus（Hust.）Lange-Bert. 2001

縦溝が湾曲しない点で区別できる．

Aneumastus strosei（Østrup）D. G. Mann & Stickle 1990

条線は弱い放射状配列で，条線密度は 12-17/10 μm．点紋密度は 10-16/10 μm．

Genus *Caloneis*

Caloneis amphisbaena（Bory）A. Cleve var. *fuscata*（Schum.）Cleve 1894. in Synopsis of the naviculoid diatoms. **1**：P. 58, 88, Fig. 1119h. 【Pl. 4, Fig. 1】

Basionym：*Navicula fuscata* Schum. 1867, in Verhandlungen der zoologisch-botanischen Gesellschaft in Wien. **17**：P. 57, Pl. 2, Fig. 43.

珪殻は縦長の四角形で，両端部は亜頭部状に突出する．殻長：40-45 μm，殻幅：17 μm．軸域は中心域に向かって徐々に幅広くなり，中心域は大きな円形．条線は放射状配列で両端部は収斂する．条線密度：16/10 μm．

分布・生態

北極およびその周辺の記録が目立つが，世界広汎種と考えられる．出現頻度はさほど高くない．本書収録写真は Herschel Isl., CAN. で得たものである．

近似種との相違点

Caloneis amphisbaena（Bory）A. Cleve var. *amphisbaena* 1894

　珪殻は楕円状から皮針形で，頭部状または嘴状の先端部をもつ．

Caloneis amphisbaena（Bory）A. Cleve var. *compacta* Åke Berg 1952

　珪殻は小形（殻長：33 μm，殻幅：17 μm）で，外形は楕円形，先端部は短く幅広い嘴状に突出する．

Caloneis amphisbaena（Bory）A. Cleve var. *fenzlii*（Grunow）A. Cleve 1894

　珪殻の外形は菱状楕円状で先端部は突出をしないか，大変弱く突出する．条線密度はやや粗（11-14/10 μm）である．

Caloneis subsalina（Donkin）Hendy 1951

　珪殻の外形は楕円形から楕円状皮針形で先端部の突出は短い．

Genus *Cavinula*

***Cavinula cocconeiformis*（W. Greg. ex Grev.）D. G. Mann & Stickle 1990**. in Round, Crawford & Mann, The diatoms：P. 665.　　　　　　　　　　　　　　【Pl. 5, Figs 1-4】

Basionym：*Navicula cocconeiformis* W. Greg. 1856, in Querterly Journal of Microscopical Society of London **4**：P. 6, Pl. 1, Fig. 22.；Hustedt 1961, Kryptog.-Fl. Ⅲ(3)1：P. 132, Taf. 1, Fig. 22.；Krammer & Lange-Bertalot 1986, in Süsswasserf. von Mitteleur. **2/1**：P. 158, Fig. 59：2-5.

　珪殻の外形に変位が大きく，広楕円形，菱状楕円形から楕円状皮針形まである．両端部は亜嘴状に突出し，先端は広円状．殻長：12-40 μm，殻幅：7-15 μm．軸域は狭く，中心域は少し幅広く縦長の四角形．条線は放射状で細かい点で形成される．中央部は長短交互型で，条線密度は約 22/10 μm，両端部はやや密で，約 27/10 μm．

　Khuvsgul L., MNG. で得た本種の 2 珪殻，67 条線の点紋密度を計測し，**図 8** *Cav. cocc.* を作成した．本種の点紋密度の範囲は 10 μm 中に(33)34-52(55)と表せる．

分布・生態

　世界広汎種，山地性，北方性．著者らは Khuvsgul L., MNG., Franz Josef land, DNK. で見いだしている．

近似種との相違点

Cavinula jaernefeltii（Hust.）D. G. Mann & Stickle 1990

　珪殻の外形は広楕円形で，決して菱状楕円形にはならない．条線は放射状で，細かい点紋から形成される．中心域は狭く軸域とほぼ同じ幅で，中心域の周りの条線は不規則な長さである．

Cavinula pseudoscutiformis（Hust.）D. G. Mann & Stickle 1990

　珪殻の外形は広楕円形からほぼ円形である．珪殻はやや小形（殻長：3.5-25 μm，殻幅：3-14 μm）である．軸域は殻端から中央部に向かい徐々に幅広くなる．条線は放射状で中央部は長短交互型．条線密度：18-35/10 μm.

Cavinula scutiformis（Grunow ex A. W. F. Schmidt）D. G. Mann & Stickle 1990

　珪殻の外形は広楕円形から円形である．決して菱状楕円形にはならない．珪殻は大形（殻長：24-48 μm，殻幅：17-25 μm）で，中心域もやや大きい．条線は強い放射状で，中心域の周りの

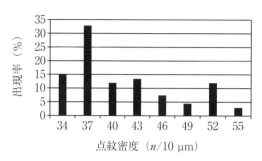
図 8 *Cav. cocc.* の点紋密度の頻度分布

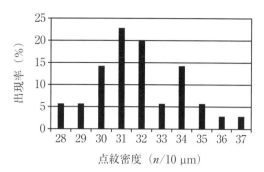
図 9 *Cav. jaer.* の点紋密度の頻度分布

条線は不規則な長さである．条線密度：18-22/10 μm．

***Cavinula jaernefeltii*（Hust.）D. G. Mann & Stickle 1990**, in Round, Crawford & Mann, The diatoms：P. 665.；Hofmann et al. 2013, Diatomeen im Süsswasser-Benthos von Mitteleuropa：P. 124, Taf. 43, Figs 11-14.　　　　　　　　　　　　　【Pl. 5, Figs 11-16】

Basionym：*Navicula jaernefeltii* Hust. 1936, in Schmidt 1936, Atlas Diat.-Kunde：Pl. 404, Figs 6-13.；Kryptog.-Fl. **Ⅵ**(3)1 1961,：P. 139, Fig. 1272 a-g.；Krammer & Lange-Bertalot 1986, in Süsswasserf. von Mitteleur. **2/1**：P. 159, Fig. 36：6-9.；Simonsen 1987, Atlas and Catal. Diatom：P. 198, Pl. 308, Figs 1-9.

　珪殻は幅広い楕円形で，先端は広円状．殻長：8-20 μm，殻幅：6-11 μm．縦溝は糸状軸域は狭い線状．中心域の幅は軸域とほぼ同じであるか，少し幅広い程度．条線は放射状に配列する．条線密度：23-26/10 μm，点紋密度：30-40/10 μm．

　Khuvsgul L., MNG. で得た 1 珪殻，35 条線の点紋密度を計測し，頻度分布を求め，示したものが **図 9** *Cav. jaer.* である．

分布・生態

　世界広汎種，山地性，北方性．貧から中栄養水域に見られる．著者らは Khuvsgul L., MNG., Franz Josef land, DNK., Pousadas Hotel-1, PRT. から得ている．

近似種との相違点

Cavinula cocconeiformis（W. Greg. ex Grev.）D. G. Mann & Stickle 1990
　珪殻の外形に変異が大きく，広楕円形，菱状楕円形のことが多い．

Cavinula pseudoscutiformis（Hust.）D. G. Mann & Stickle 1990
　珪殻はやや小形（殻長：3.5-25 μm，殻幅：3-14 μm）で，外形はほぼ円形である．

Cavinula scutiformis（Grunow ex A. W. F. Schmidt）D. G. Mann & Stickle 1990
　珪殻の外形は広楕円形から円形である．決して菱状楕円形にはならない．珪殻は大形（殻長：24-48 μm，殻幅：17-25 μm）で，中心域もやや大きい．

***Cavinula pseudoscutiformis*（Hust.）D. G. Mann & Stickle 1990**, in Round, Crawford & Mann, The diatoms：P. 665.　　　　　　　　　　　　　　　　　　　　【Pl. 4, Figs 2-15】

Basionym：*Navicula pseudoscutiformis* Hust. 1930, Die Süsswasser-F. Mitteleur. **10**：P. 291, Fig. 495.；Hustedt 1966, Kryptog.-Fl. **7**(3)4：P. 630, Fig. 1628.；Krammer & Lange-Bertalot 1986, in

Süsswasserf. von Mitteleur. **2/1**：P. 159, Fig. 8, Fig. 59：12-15.

　珪殻は広楕円形からほぼ円形．殻長：3.5-25 μm, 殻幅：3-17 μm．縦溝は糸状で, 軸域は中央部が幅広くなり皮針形．中心域は小さく, 稀にほぼ円形をなす．条線は強い放射状配列で, 中央部は長短交互である．条線密度：20-26/10 μm, 点紋密度：20-30/10 μm.

分布・生態

　世界広汎種．著者らは Lake Tahoe, CA-USA., Sun Luis Res.-1, CA-USA., Washington Lake, WA-USA., L. Roca, ARG., 日本からは木曽川各地, 蟹原水源・安田池, 鎌ヶ池・富山県, 等で広く見いだしている．貧腐水域から β-中腐水域に広く分布する．養鱒場のような, 緩流になった池で採集したことが多くあり, 清冽で緩流の環境に多いようである．

近似種との相違点

Cavinula cocconeiformis（W. Greg. ex Grev.）D. G. Mann & Stickle 1990

　珪殻の外形に変異が大きく, 広楕円形, 菱状楕円形, 楕円状皮針形等がある．殻長：12-40 μm, 殻幅：7-15 μm, 条線密度：24-36/10 μm, 点紋密度：20-40/10 μm.

Cavinula scutelloides（W. Sm.）Lange-Bert. 1996

　珪殻はやや大形（殻長：10-35 μm, 殻幅：8-20 μm）で, 条線密度, 点紋密度とも粗（条線：7-14/10 μm, 点紋：10-16/10 μm）である．

Cavinula scutiformis（Grunow ex A. W. F. Schmidt）D. G. Mann & Stickle 1990

　珪殻は典型的な楕円形で大きい．殻長：24-48 μm, 殻幅：17-25 μm, 条線密度：(18)22-39/10 μm, 点紋密度：15-25/10 μm.

　図10 *Cav. pseuds.* は世界中の6産地で得た12珪殻, 400条線の点紋密度を計測し, その頻度分布を示したものである．

　Pl. 4, Figs 2-8 のように小形のものが多いが, Pl. 4, Figs 13, 15 のような大形のものが時に見いだされる．小形のものの点紋密度の範囲は(15)16-28(29), 大形のものは 17-20(21) と表せる．大形のものは小形のものの密度範囲に含まれてしまい, 点紋密度から両者を区別できないことがわかった．

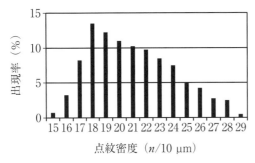 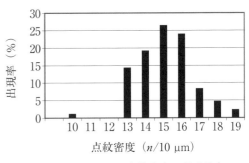

図10 *Cav. pseuds.* の点紋密度の頻度分布　　**図11** *Cav. scut.* の点紋密度の頻度分布

***Cavinula scutelloides*（W. Sm.）Lange-Bert. 1996**. in Lange-Bertalot & Metzeltin, Iconographia Diatomologica **2**：p. 31.　　【Pl. 4, Figs 16-23】

Basionym：*Navicula scutelloides* W. Sm. in W. Greg. 1856, Synop. Brit. Diat. **2**：P. 91.；Hustedt 1966, Kryptog.-Fl **7**(3)4：631, Fig. 1629.；Krammer & Lange-Bertalot 1986, Süsswasserf. von Mitteleur. **2/1**：P. 160, Fig. 59：16-19.

珪殻は楕円形から円形，両端部は広円状．殻長：10-35 μm，殻幅：8-20 μm．縦溝は糸状，軸域は中くらいから少し狭い．条線は放射状．条線密度：7-14/10 μm，点紋密度：10-16/10 μm．著者らの点紋計測結果は図11のとおりであり，分布範囲は(10)13-18(19)/10 μmである．

分布・生態

アルプス山岳地方に広く分布する，世界広汎種．著者らはVictoria Falls-3, ZWE., Yosemite Pond-3, CA-USA., Washington Lake, WA-USA.から見いだしている．中でもZambezi Riv.では多く見いだしている．富栄養水域に多いが，β-中腐水域まで見られる．

近似種との相違点

Cavinula cocconeiformis（W. Greg. ex Grev.）D. G. Mann & Stickle 1990

珪殻の外形に変異が大きいが，広楕円形，菱状楕円形，楕円状皮針形等である．殻長：12-40 μm，殻幅：7-15 μm，条線密度：24-36/10 μm，点紋密度：20-40/10 μm．

Cavinula pseudoscutiformis（Hust.）D. G. Mann & Stickle 1990

条線の間隔が密（20-26/10 μm）で，点紋も密（20-30/10 μm）である．

Cavinula scutiformis（Grunow ex A. W. F. Schmidt）D. G. Mann & Stickle 1990

珪殻は典型的な楕円形．殻長：24-48 μm，殻幅：17-25 μm，条線密度：(18)22-30/10 μm，点紋密度：15-25/10 μm．

Zambezi Riv.の3珪殻，83条線を計測した点紋密度から**図11** *Cav. scut.*を作成した．点紋密度の範囲は(10)13-18(19)/10 μmと表せる．

Cavinula scutiformis（Grunow ex A. W. F. Schmidt）D. G. Mann & Stickle 1990, in Round, Crawford & Mann, The diatoms：P. 665. 【Pl. 5, Figs 7-10】

Basionym：*Navicula scutiformis* Grunow 1881, in A. W. F. Schmidt 1876, Atlas Diat.-Kunde：Pl. 70, Fig. 62.；Hustedt 1930, Die Süsswasser-F. Mitteleur. **10**：P. 290, Fig. 494.；Patrick & Reimer 1966, The Diatoms of The United States：P. 450, Pl. 41, Fig. 2.；Krammer & Lange-Bertalot 1986, Süsswasserf. von Mitteleur. **2/1**：P. 159, Fig. 59：10, 11.

珪殻の外形は楕円形で中心域は円形から楕円形である．条線は点紋よりなり末端まで放射状である．中央部の条線は短いものが不規則に位置する．縦溝は糸状で強く真っ直ぐに伸びる．殻長：24-48 μm，殻幅：17-25 μm，条線密度：中央部，18-22/10 μm，末端部，28-30/10 μm．点紋密度：15-25/10 μm．

Lake Tahoe, CA-USA産の3珪殻，193条線の点紋密度を計測し，**図12** *Cav. scuti.*に示す．点紋密度の分布範囲は(13)15-21(22)/10 μmと表せる．

分布・生態

山地性，北方性．PatrickらはSC-USAから報告している．著者らはLake Tahoe, CA-USA.で見いだしている．

近似種との相違点

Cavinula jaernefeltii（Hust.）D. G. Mann & Stickle 1990

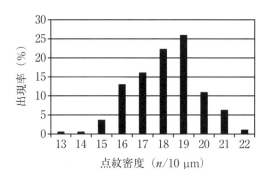

図12 *Cav. scuti.* の点紋密度の頻度分布

　珪殻の外形は広楕円形で，決して菱状楕円形にはならない点では同じで，よく似ている．中心域は狭く軸域とほぼ同じ幅である．小形（殻長：8-20 µm，殻幅：6-11 µm）であり，条線密度は密（23-26/10 µm）のように見える．点紋密度は密（30-40/10 µm）である．

Cavinula sp. 　　　　　　　　　　　　　　　　　　　　　　　　　　　【Pl. 5, Figs 5, 6】

　本種は *Cavinula scutiformis* によく似ており，Lake Tahoe, CA-USA. の同じサンプルから見いだしているので同種と同定してもよいように思える．しかし，外形は楕円状皮針形で，*Cav. scutiformis* のように楕円形ではない．また，中心域はごく僅かに広がる程度で *Cav. scutiformis* のように丸く広くはない．これらの相違点があるので，*Cav. scutiformis* と区別し，本書では *Cavinula* sp. として扱う．

Genus *Chamaepinnularia*

Chamaepinnularia について

　Chamaepinnularia は *Chamaepinnularia vyvermanii* を type species として 1996 年に，Lange-Bertalot & Krammer によって設立された（Iconographia Diatomologica **2**：P. 32）．記録されている本属の種はすべて，殻長 25 µm，殻幅 4 µm 以下の小形の種である．本種は最初，アイルランドとフィンランド産の *Navicula* sp. として Krammer & Lange-Bertalot によって，1985 年に図示された（Bibliotheca Diatomologica **9**：Taf. 26, Figs 1-9）．本種を Lange-Bertalot が 1996 年に新属として発表したものである．

Chamaepinnularia bremensis Lange-Bert. 1996, in Lange-Bertalot & Metzeltin, Iconographia Diatomologica **2**：34. 　　　　　　　　　　　　　【Pl. 6, Figs 24-26】

Basionym：*Navicula bremensis* Hust. 1957, in Abhandl. herang. naturw. verein zu Bremen **34**(3)：P. 284, Figs 34, 35.；1962, in Kryptogamen-Flora Deut. Öster. Schw. **7**(3)2：P. 227, Fig. 1346.；Krammer & Lange-Bertalot 1986, in Süsswasserf. von Mitteleur. **2/1**：P. 111, Pl. 35, Figs 11-13.

Synonym：*Navicula submuscoides* Krasske 1939.

ブレーメンフネケイソウ
　珪殻は線状で，中央部は少し膨らみ，両端部は広円状．殻長：9-12 μm，殻幅：2.5-3 μm．軸域は狭く，中心域はほぼ縦長四角形．条線は弱い放射状，両端部は収斂する．条線密度：18-20/10 μm．

分布・生態
　森林公園・岩本池で見いだした．さほど分布の広い種とは考えにくい．

近似種との相違点
Navicula incertata Lange-Bert. 1985
　珪殻は線状皮針形，両端部は楔形，先端は尖円状．殻長：7-20 μm，殻幅：2.5-4.5 μm，条線は平行から弱い放射状．条線密度：13-16/10 μm．
Navicula perminuta Grunow 1880
　珪殻は皮針形から線状皮針形．殻長：5.5-20 μm，殻幅：2-4 μm．条線は弱い放射状配列で両端部は弱く収斂する．中央部の条線の1本は短いことが多い．条線密度：14-20/10 μm．
Navicula salinicola Hust. 1939
　珪殻は狭い線状皮針形で両端部は楔形，先端はやや尖円状．殻長：7-20 μm，殻幅：2-4.5 μm，条線密度：17-20/10 μm．

***Chamaepinnularia circumborealis* Lange-Bert. 1999**, in Lange-Bertalot & Genkal, Iconographia Diatomologica **6**：P. 35, Taf. 45, Figs 15-18, Taf. 48, Figs 1-5, Taf. 54, Fig. 9.

【Pl. 6, Figs 1, 2】

　珪殻は線状楕円形で，先端部は全く突出しないものが多いが，時に嘴状に弱く突出するものもある．先端は広円状．殻長：17-34 μm，殻幅：5-6 μm．縦溝は糸状，軸域は狭い線状．中心域は大形で広皮針形．条線は珪殻中央部で放射状，両端部では収斂する．条線密度：18-20/10 μm．

分布・生態
　周北性．著者らは北極海に面するカナダ領の北緯70度付近のHerschel Isl., CAN.（Beaufort sea），Smoking Hill, CAN.（Amundsen bay）で得ている．

近似種との相違点
Chamaepinnularia gandrupii（J. B. Petersen）Lange-Bert. & Krammer var. *gandrupii* 1996
　珪殻は線状形で，先端部は弱く頭部状嘴形に突出する．Icon. Diat. **2** に示されている写真を計測すると *Cham. circumborealis* と *Cham. gandrupii* の計測値はそれぞれ以下のようである（（殻長：22.5-32.5 μm，殻幅：5-6 μm，条線密度：17-18/10 μm），（殻長：14-21.5 μm，殻幅：3.5-4.0 μm，条線密度：21-22/10 μm））．この値より *Cham. gandrupii* が小形で条線が密であるといえる．なお，*Cham. gandrupii* の大形の珪殻は両側縁が弱く3回波打つ傾向がある．
Chamaepinnularia krasskei Lange-Bert. 1999
　珪殻は線状形で，両側縁は弱く波打つ．
Chamaepinnularia krookiformis（Krammer）Lange-Bert. & Krammer 1999
　珪殻は楕円形で，先端は頭部状に突出する．
Chamaepinnularia krookii（Grunow）Lange-Bert. & Krammer 1999

珪殻は幅広い線状で，中央部は楕円形に強く膨らみ，頸部は長く先端は頭部状に突出する．

Chamaepinnularia gandrupii (J. B. Petersen) Lange-Bert. & Krammer var. *gandrupii* 1996, in Metzeltin & Witkowski, Icon. Diat. **4**：P. 96, Taf. 32, Figs 8-15.；Lange-Bertalot & Metzeltin, Iconographia Diatomologica **2**：P. 34.；Lange-Bert. & Genkal 1999, Icon. Diat. **6**：P. 202, Taf. 45, Figs 11-14, P. 206, Taf. 47, Fig. 2, 15.；Antoniades et al. 2008, Icon. Diat. **17**：P. 53, Pl. 51, Figs 11-21, Pl. 117, Figs 7, 8.；Yanling et al. 2009, Icon. Diat. **20**：P. 222, Pl. 45, Figs 15-19. 【Pl. 6, Figs 17, 18】

Basionym：*Chamaepinnularia gandrupii* (J. B. Petersen) Lange-Bert. & Krammer 1996 in *Pinnularia gandrupii* J. B. Petersen 1924, in Dansk. Bot. Ark. **4**(5)：16, Fig. 4.；in Cleve-Euler 1955, Diatomeen Schw. u. Finn.：Fig. 990.

Synonym：*Navicula gandrupii* (Petersen) Krasske var. *gandrupii* 1938, in Arch. f. Hydrob. **33**：528.

珪殻は線状から線状披針形で，両側縁は弧状に膨出するが，特に大形の珪殻では波打つ．両端部は頭部状，嘴状から亜頭部状に突出する．殻長：9-21 μm，殻幅：1.5-4 μm．条線は中央部で弱い放射状に配列し，先端に向かって平行になり収斂する．条線密度：22-25/10 μm．軸域は狭い線状，中心域は楕円状である．

分布・生態

この分類群は周北性で，基準産地は Jan Mayen (J. B. Petersen 1924) で，Siberia, Bear Island, Canadian Arctic，アイスランド，フィンランド，スウェーデン等北半球高緯度地域で記録があり，著者らは Julianehab, GRL. で採集した．

J. B. Petersen(1928)によってアイスランドの標本に基づいて新種発表が行われた．初発表文の描画は膨らんだ中央部から先端方向に徐々に細くなるが，その中ほどで1回弱く波打っているように見える．Cleve-Euler 1955 (Diatomeen Schw. u. Finn.：Fig. 990) は，*Pinnularia gandrupii* として J. B. Petersen の図を引用している．Metzeltin & Witkowski 1996 (Icon. Diat. **4**：Taf. 32), Lange-Bertalot & Genkal 1999 (Icon. Diat. **6**：Taf. 45) は本分類群の多くの顕微鏡写真を示している．これによると初発表文のように両側縁が波打つのは大形の珪殻 (Pl. 26, Fig. 24b) のみである．さらにこの形態を示す珪殻そのものが少なく，大形に限られていることから増大胞子の初生殻である可能性もある．小形化すると波打ちは弱くなり，北極圏で検出したように両側縁が膨らんだ形になる (Lange-Bertalot & Genkal 1999：Pl. 45, Figs 11-14) と推定できる．

近似種との相違点

Chamaepinnularia circumborealis Lange-Bert. 1999

珪殻は大形 (殻長：17-34 μm，殻幅：5-6 μm) で，特に殻幅が広い．外形は線状楕円形で，両端のくびれが弱い．条線密度は粗 (18-20/10 μm) である．

Chamaepinnularia gandrupii (J. B. Petersen) Lange-Bert. & Krammer var. *simplex* 1996

両端部は頭部状に突出しない広円状，両側縁は全く膨出しないか，極めて僅かに膨出する．

Chamaepinnularia krasskei Lange-Bert. 1999

外形は線状で両端部は突出しない．殻長：15-27 μm，殻幅：3.3-4 μm，条線密度：21-23/10 μm．

Chamaepinnularia krookiformis (Krammer) Lange-Bert. & Krammer 1999

珪殻は全般的に幅広く，ずんぐり型で，中心域が大きい．典型的な形態をしたものは区別が容易であるが，殻幅の狭い珪殻は区別が困難である．

Chamaepinnularia krookii（Grunow）Lange-Bert. & Krammer 1999

珪殻の中央部と両端部の膨らみが強く，大形（殻長：14-32 μm，殻幅：4-7 μm）で，条線密度は密（18-22/10 μm）である．典型的な形態をしたものは区別が容易であるが，小形化したものは区別が困難である．

***Chamaepinnularia gandrupii*（J. B. Petersen）Lange-Bert. & Krammer var. *simplex* 1996**, in Lange-Bertalot & Metzeltin, Iconographia Diatomologica **2**：P. 34, Taf. 28, Figs 64, 65.　　　　　　　　　　　　　　　　　　　　　　【Pl. 6, Figs 19, 20】

Basionym：*Navicula gandrupii* J. B. Petersen var. *simplex* Krasske 1938, in Arch. f. Hydrob. **33**：528, Figs 9, 10.；Lange-Bertalot et al. 1996, in Icon. Diat. **3**：P. 112, Figs 9, 10, Taf. 26, Figs 18-23.

珪殻は線状楕円形，両側縁は平行，両端部は広円状である．殻長：7-24 μm，殻幅：2-3.5 μm．軸域は中心部に向かって徐々に広がる．条線は中央部で放射状で両端部は収斂する．中心域は小さい．条線密度は 20-24/10 μm である．計測値は初発表文に記されていないので，lectotype 等を写した Lange-Bertalot ら(1996)の写真を計測したところ，殻長：11.5-23.5，殻幅：3.0-3.5，条線密度：22-24/10 μm であった．

Chamaepinnularia gandrupii var. *gandrupii* と var. *simplex* の過去の研究者の示している写真を著者らが計測したところ，殻長は自動名をもつ種も var. *simplex* も大差なく，殻幅では var. *simplex* のほうが大きいように見える．しかし，var. *simplex* の写真が極端に少ない（6 珪殻）ことに留意する必要がある．殻長/殻幅の値は var. *gandrupii* のほうが大であり，すらり型であることを示している．条線密度は両者に大差はないようである．

分布・生態

Greenland, Iceland, Spitsbergen, Jan Meyen で記録があり，Coburg Isl., CAN. で見いだした．周北性種である．

Lange-Bertalot et al.(1996)は *Navicula gandrupii* var. *simplex* は *Navicula gandrupii* var. *gandrupii* と同一の taxon と考えるべきとしている．しかし，両 taxa は初発表文の珪殻の外形も計測値も著しく異なるので，ここでは別の taxon とする．

***Chamaepinnularia krasskei* Lange-Bert. 1999**, in Lange-Bertalot & Genkal, Iconographia Diatomologica **6**：P. 36, Taf. 46, Figs 1-10.　　　　　　　　　　　　　【Pl. 6, Fig. 3】

珪殻は線状で両端部は弱く突出し，先端は広円状．殻長：15-27 μm，殻幅：3.3-4 μm．軸域は狭い線状で殻の中央部に向かって徐々に広がり，菱状皮針形のやや大きい中心域を形成する．条線は中央部で弱い放射状，先端部では収斂する．条線密度：21-23/10 μm．

分布・生態

原産地はユーゴルスキー半島（ロシア）で，周北性種と考えられる．著者らは Herschel Isl., CAN. で記録している．

近似種との相違点

Chamaepinnularia circumborealis Lange-Bert. 1999
　珪殻は線状楕円形で，中央部は膨らみが弱く，波打ちはしない．先端部は全く突出しないか，嘴状に弱く突出する．殻幅が広く（5-6 μm），条線密度が粗（18-20/10 μm）である．

Chamaepinnularia gandrupii（J. B. Petersen）Lange-Bert. & Krammer var. *gandrupii* 1996
　珪殻の両端部の突出が強く，両側縁の波打ちが強い．

Chamaepinnularia krookiformis（Krammer）Lange-Bert. & Krammer 1999
　珪殻は楕円形で，両端部は頭部状に突出し，頸部は短い．

Chamaepinnularia krookii（Grunow）Lange-Bert. & Krammer 1999
　珪殻は幅広い線状形で，中央部は楕円形に膨らむ．両端部は頭部状に突出し，頸部は長い．

***Chamaepinnularia krookiformis*（Krammer）Lange-Bert. & Krammer 1999**, in Lange-Bertalot & Genkal, Iconographia Diatomologica **6**：P. 37, Taf. 45, Figs 6-10, Taf. 47, Figs 9-12, 16.；Witkowski et al. 2000, Icon. Diat. **7**：P. 170, Pl. 69, Figs 24, 25.；Fukushima et al. 2012, Antarctic Record（南極資料）**56**(1)：P. 7, Figs 25, 26.　　　【Pl. 6, Figs 27, 28】

Basionym：*Pinnularia krookiformis* Krammer 1992, Bibl. Diat. **26**：P. 79, Taf. 18, Figs 14-21.；Krammer 1992, Die Gattung *Pinnularia* in Bayern：P. 47：Pl. 1, Fig. 40, Pl. 83, Figs 7, 8.

　珪殻は楕円形で両端部は頭部状に突出する．殻長：14-40 μm．殻幅：5-11 μm．軸域は中心域に向かって徐々に幅広くなり，中心域との区別は困難になる．条線は中央部で放射状，両端部で収斂する．条線密度：17-21/10 μm．

　Krammer & Lange-Bertalot（1986）は Süsswasserf. von Mitteleur. **2/1**：Fig. 206：8, 9, 11 で本種を *Pinnularia krockii*（Grunow）Cleve としている．

　Krammer, K.（1992）は Bibl. Diat. **26**：P. 79 で *Pinnularia krookiformis* nov. spec. として種の記載文を発表し，*Pinnularia krockii* をその synonym としている．なお，本種は *Navicula* に所属していたこともある．

分布・生態

　ヨーロッパの中北部，北極圏域に分布し，汽水域に特に多く出現する．著者らは *Chamaep. krasskei* と同じ Baffin Isl., CAN.（Lake：sediment）から得ている．

近似種との相違点

Chamaepinnularia calida（Hendey）Lange-Bert. 1999
　珪殻が小形（殻長：14-16 μm，殻幅：5-6 μm）である．

Chamaepinnularia circumborealis Lange-Bert. 1999
　珪殻先端部の突出が弱い．

Chamaepinnularia gandrupii（J. B. Petersen）Lange-Bert. & Krammer var. *simplex* 1996
　珪殻先端部の突出は極めて弱い．

Chamaepinnularia krookii（Grunow）Lange-Bert. & Krammer 1999
　珪殻の頸部が長い．

Chamaepinnularia krookii (Grunow) **Lange-Bert. & Krammer 1999**, in Lange-Bertalot & Genkal, Iconographia Diatomologica **6**：P. 37, Taf. 45, Figs 1-5.　【no. Fig.】

Basionym：*Navicula krookii* Grunow 1882, in Mojsisovics & Neumayer Beitrage Z. Palaontalogie Osterreich-Ungarns u. des Orients **2/4**：P. 155, Pl. 30, Fig. 40.

Synonym：*Pinnularia krookii*（Grunow）Cleve 1891, in Acta Societatis pro Fauna et Flora Fennica **8**（2）：30.；Krammer 1992, Bibl. Diat. **26**：P. 77, Taf. 18, Figs 1-13.；*Navicula ignobilis* Krasske 1938.；*Pinnularia ignobilis*（Krasske）Cleve-Euler 1955.

珪殻は中央部が膨らんだ広線状形．両端部は頭部状に突出し，頸部に相当する部分が長い．殻長：14-32 µm，殻幅：4-7 µm．条線は中央部が放射状，両端部は収斂する．条線密度：18-22/10 µm．軸域は先端部は狭く，中心部に向かって広くなり，中心域との境は不明瞭．

分布・生態
ヨーロッパの中北部，北極圏に分布し，汽水域に多い．

近似種との相違点
Chamaepinnularia calida（Hendey）Lange-Bert. 1999
　珪殻の頭が短く，小形（殻長：14-16 µm，殻幅：5-6 µm）である．

Chamaepinnularia circumborealis Lange-Bert. 1999
　珪殻両端部の突出が弱い．

Chamaepinnularia gandrupii（J. B. Petersen）Lange-Bert. & Krammer var. *simplex* 1996
　珪殻の外形は線状形で両端部の突出は大変弱い．

Chamaepinnularia krookiformis Krammer 1992
　珪殻の頭が短い．

Chamaepinnularia plinskii Żelazna-Wieczorek & Olszysńki **2016**, in Taxonomic revision of *Chamaepinnularia krookiformis* Lange-Bertalot & Krammer with a description of *Chamaepinnularia plinskii* sp. nov., Fottea Olomouc. **16**(1)：112-121.　【Pl. 6, Figs 29-45】

線状で丸く頭部状に伸長する．殻長：8-24 µm，殻幅：4-5 µm，殻端の幅：3-4 µm，くびれ部の幅：2.5-3.5 µm．軸域は狭く，菱状皮針形，軸域の長さ：6-11 µm，軸域の幅：3-5 µm で中心域は横に引き伸ばされ，側縁に達する．縦溝は真っ直ぐな糸状で，殻末端は同じ方向に鉤形に曲がる（相同型）．条線は放射状で端部の頭部状のところで平行になる．条線密度：20-26/10 µm．

分布・生態
小さな水たまりから流れ出るような溝からよく見つかる．アルカリ性で電気伝導率が高く（5170 µS/cm），高塩性（1000-3500 mg/L）の水域に見られた．Julianehab, GRL., Franz Josef land, DNK. で見いだしている．

近似種との相違点
Chamaepinnularia krookiformis（Krammer）Lange-Bert. & Krammer 1999
　様々の計測値は重複していて区別の指標とはなりにくい．外形は *Chamaep. plinskii* より丸みを帯び，頭部とのくびれが大きい（首が細い）こと，軸域が楕円状皮針形であること，中心域の

側縁に条線があることから区別が可能である．

Chamaepinnularia soehrensis（Krasske）Lange-Bert. & Krammer var. *soehrensis*
1996, in Lange-Bertalot & Metzeltin, Iconographia Diatomologica **2**：P. 174, Taf. 28, Figs 52-55.；Zimmermann, Poulin & Pienitz 2010, in Icon. Diat. **21**：P. 39, Pl. 47, Figs 5, 6.　**[no Fig.]**

Basionym：*Navicula soehrensis* Krasske var. *soehrensis* 1923, in Bot. Arch. **3**：198, Fig. 2.；Hustedt 1930, Die Süsswasser-F. Mitteleur. **10**：P. 289, Fig. 488.；Hustedt. in Schmidt 1936, Atlas Diat.-Kunde：Pl. 401, Figs 106-109.；Hustedt 1962, Die Kieselalgen **3**(2)：Pl. 214, Figs 1331 a-d.；Krammer & Lange-Bertalot 1986, Süsswasserf. von Mitteleur.：P. 224, Fig. 78：1-7.；Lange-Bertalot et al. 1996, in Icon. Diat. **3**：P. 144, Taf. 22, Figs 17-18b.

Synonym：*Pinnularia soehrensis* J. B. Petersen 1932, in Bot. Tidsskr. **42**：21.

新和名：**セーレフネケイソウ**

　珪殻は線状形で，両側縁は3回波打ち，両端部は頭部状に突出する．殻長：9-16 μm，殻幅：2-3 μm．縦溝は真っ直ぐで糸状，軸域は狭く，中心域部で僅かに広がる．条線は縦溝にほぼ垂直であるが，両端部で弱い放射状あるいは収斂することがある．条線密度：17-24/10 μm．

分布・生態

　本種の原産地はドイツのGottingenの北東約75 kmのHessenであるが，北欧，北極周域から南半球にも広く分布している．貧栄養の山地の川，湖沼，湿原，湿った地面で付着生活をする．

　本種は var. *capitata* Krasske, var. *hassiaca*（Krasske）Lange-Bert., var. *inflata* Krasske, var. *linearis* Krasske, var. *muscicola*（J. B. Petersen）Krasske, var. *parallela* Skvortsov, var. *septentrionalis* Hust., var. *soehrensis* 等の多くの種内分類群に細分されることもあるので注意が必要である．

近似種との相違点

Navicula impexa Hust. 1961
　珪殻は楕円状皮針形．条線密度は密（40以上/10 μm）である．

Navicula margaritica Hust. 1936
　珪殻は楕円状皮針形で，両端部は頭部状に突出する．軸域は幅広く，中心域を認めることができない．条線密度は粗（15-16/10 μm）である．

Navicula medioconvexa Hust. 1961
　珪殻は針状で，頭部と腹部は大きく突出する．殻長も少し大（12-16 μm）であるが，殻幅が特に大きい（4-4.5 μm）．中心域が大きく，条線密度が密（約30/10 μm）である．

Chamaepinnularia soehrensis（Krasske）Lange-Bert. & Krammer var. *capitata*
Veselá & J. R. Johans 2009, in Diatom Res. **24**(2)：P. 463, Figs 104-107.

[Pl. 6, Figs 11-16]

Basionym：*Navicula soehrensis* Krasske var. *capitata* Krasske 1925, in Abh. Ber. Ver. Naturkunde. Cassel **56**：47, Fig. 2：37.；Hustedt 1930, Die Süsswasser-F. Mitteleur. **10**：P. 289. Fig. 488.；Hustedt 1936, in Schmidt Atlas Diat.-Kunde：Pl. 401, Fig. 110.；Lange-Bertalot, Külbs, Lauser,

Nörpel-Schempp & Willmann 1996, in Icon. Diat. **3**：P. 144, Fig. 37, Taf. 22, Figs 20-26.

Synonym：*Navicula soehrensis* Krasske f. *capitata*（Krasske）Hust. 1962, in Kryptogamen-Flora Deut. Öster. Schw. **7**：3(1)：214, Fig. 1331e.；Krammer & Lange-Bertalot 1986, Süsswasserf. von Mitteleur. **2/1**：P. 224, Fig. 78：1-13.

新和名：**アタマセーレフネケイソウ**

　珪殻は線状形で，両側縁は弱く弧状に膨らむ，平行，あるいは弱く波打つ．両端部は頭部状．殻長：9-16 µm，殻幅：2-3 µm．縦溝は糸状，軸域は狭く，中心域は小さい．条線は縦溝にほぼ垂直であるが，両端部で弱い放射状配列あるいは収斂することがある．条線密度：17-24/10 µm．

　Navicula soherensis var. *capitata* Krasske は f. *capitata*（Krasske）Hust. を用いることもある（Hustedt 1962, Krammer & Lange-Bertalot 1986）．その初発表文（Hustedt 1962）には "先端は頭部状，両側縁は波打たない" と簡単に記され，そのような図が示されているだけである．本種の自動名をもつ種の初発表文（Krasske 1925）には "珪殻は線状で両側縁は3回波打ち，先端は弱い頭部状" と記され，そのような図が示されている．Krammer & Lange-Bertalot(1986)は自動名をもつ種の顕微鏡写真7枚を掲載しているが，その中の2枚（Taf. 78, Figs 6, 7）は両側縁が湾曲せず，先端部が頭部状に突出し，var. *capitata* に近い形態である．その説明文の中には Hustedt のコレクション N2/93 中の *Navicula soehrensis*（Fig. 78：72）は *capitata* 型に近いと記されている．この写真を見ると，珪藻の一般的な形質である小形化すると形が単純になる例のように考えられる．しかし，珪殻本体の部分は単純化され波打ちがなくなっているが，両端部は明瞭な頭部状であることから var. *capitata* の自動名をもつ種の矮小形とはいい切れない．なお，Fig. 78-6 は両側縁が真っ直ぐで本書に示した写真（Pl. 6, Figs 15, 16）に近い形である．

　Lange-Bertalot ら(1996)は *Navicula soherensis* var. *capitata* の写真を8枚示している．その中に Krasske が記号を付けた holotype の写真（Fig. 22：21）がある．この写真を含め holotype と記されている3枚の写真（Figs 22：20-22）は両側縁が3回波打っているように見えるが，初発表文通り両側縁が3回波打たないで，両端部が頭部状の珪殻（Fig. 22：26）も含まれている．

　Veselá and Johansen(2009)は，チェコ共和国の試料を調査し，*Chamaepinnularia soherensis* var. *capitata* の種名で4珪殻の写真（Figs 104-107）を示している．珪殻の両側縁が線状（Figs 104, 105）のものと線状皮針形（Figs 106, 107）で波打っていないものの4珪殻を示している．先端部が頭部状に突出したものを *Chamaepinnularia soherensis* と *Chamaepinnularia tongatensis* の中間の形と推定している．計測値は殻長：10-11.3 µm，殻幅：2.3-2.7 µm，条線密度：18-20/10 µm と記している．この計測値も現在までに発表された本種の顕微鏡写真も今回の個体群（Pl. a, Figs a, b）よりかなり小さい．Foged(1981)がアラスカ産として発表している両側縁が平行で，先端部が頭部状に突出する珪殻（Pl. 37, Fig. 5）はやや大きく殻長：16 µm，殻幅：3 µm，条線密度：18-20/10 µm と記している．今回の個体群は殻長：19-20 µm，殻幅：2.5-3 µm，条線密度：18/10 µm でさらに大形であるが本種と同定する．

分布・生態

　本種の原産地は自動名をもつ種と同じドイツの Hessen であるが，広く分布する世界広汎種で，小さい貧腐水の池のような水域に広く分布する．著者らは Holman, Victoria Isl., CAN., Byron Bay, Victoria Isl., CAN., Devon Isl., CAN. で得ている．

近似種との相違点

Chamaepinnularia soehrensis（Krasske）Lange-Bert. & Krammer var. *soehrensis* 1996

　珪殻の側縁は程度の差があるが3回波打つ．

Chamaepinnularia soehrensis（Krasske）Lange-Bert. & Krammer var. *hassiaca*（Krasske）Lange-Bert. 1996.

　Basionym：*Navicula hassiaca* Krasske 1925（in Abh. Ber. Ver. Naturkunde, Cassel **56**：47, Fig. 2：26）

　珪殻の中央部はより強く膨らみ，両端部の頭部状突出はより明瞭である．*Navicula hassiaca* の holotype の写真（Lange-Bertalot et al. 1996, Pl. 22, Figs 28, 28′）は初記載文のように条線は短いように見える．

Chamaepinnularia soehrensis（Krasske）Lange-Bert. & Krammer var. *inflata*（Krasske）H. Fukush. et al. 2012

　Basionym：*Navicula soehrensis* Krasske var. *inflata* Krasske 1929, in Bot. Arch. **27**：373.

　珪殻の中央部は膨らむ．

Chamaepinnularia soehrensis（Krasske）Lange-Bert. & Krammer var. *linearis*（Krasske）H. Fukush. et al. 2012

　Basionym：*Navicula soehrensis* Krasske var. *linearis* Krasske 1929

　珪殻の両側縁は全く平行で，両端は広円状である．

Chamaepinnularia soehrensis（Krasske）var. *muscicola*（J. B. Petersen）Lange-Bert. & Krammer 1996

　Basionym：*Pinnularia muscicola* J. B. Petersen 1928, in Bot. of Iceland **2**：407, fig. 27.

　珪殻の側縁は平行か弱く弧状に湾曲し，両端部は鈍い突出で頭部状ではない．

Chamaepinnularia tongatensis（Hust.）Veselá & J. R. Johans. 2009

　珪殻の外形は線状楕円形で両側縁が波打つことはない．先端部は頭部状突出であり嘴状に突出することはない．計測値については初発表文に Hustedt（1962）は殻長：6-8 μm，殻幅：2.5 μm，条線密度：26-28/10 μm としている．しかし，Veselá & Johansen（2009）は Simonsen（1987）が示している当種の holotype の写真を計測すると殻長：8.7-10.3 μm，殻幅：2.3-3.3 μm，条線密度：18-20/10 μm であるとしている．いずれにしても珪殻の形と大きさで区別は可能である．

Chamaepinnularia soehrensis（Krasske）Lange-Bert. & Krammer var. _hasiaca_ 1996, in Lange-Bertalot & Metzeltin, Iconographia Diatomologica **2**：P. 37.；H. Fukush. et al. 2012, in Antarctic Record（南極資料）**56**(1)：9.　　　　　【Pl. 6, Figs 4-10】

Basionym：*Navicula hassiaca* Krasske 1925, in Abhandl. Ber. Ver. Naturkunde Cassel **84-89**：P. 47, Pl. 2, Fig. 26.

Synonym：*Navicula soehrensis* var. *hassiaca* Lange-Bert. 1985, in Krammer & Lange-Bertalot, Bibl. Diat. **9**：P. 94.；Krammer & Lange-Bertalot 1986, Süsswasserf. von Mitteleur. **2/1**：P. 224, Fig. 78：10-13.

　珪殻は線状皮針形で，両端部は頭部状に強く突出する．殻長：9-16 μm，殻幅：2-3.5 μm．縦溝は糸状．中心域の形は変異が大きく，線状から中くらいの幅の皮針形まで変化がある．条線は弱い放射状から平行であるが，先端部は収斂する．条線密度：16-24/10 μm．

分布・生態
　世界広汎種．日本では木曽川・三留野，木曽川・蘭川，小幡緑地等，外国では Tierra del Fuego N. P.-1, ARG. で得ている．
近似種との相違点
Chamaepinnularia bergeri（Krasske）Lange-Bert. 1996
　珪殻は線状で中央部は僅かに湾入する．両端部は広円状．
Chamaepinnularia soehrensis（Krasske）Lange-Bert. & Krammer 1996
　珪殻の側縁は程度の差があるが3回波打つ．
Chamaepinnularia soehrensis（Krasske）var. *muscicola*（J. B. Petersen）Lange-Bert. & Krammer 1996
　珪殻は線状皮針形で両端部は嘴状，亜頭部状に突出する．
Chamaepinnularia vyvermanii Lange-Bert. 1996
　珪殻は線状楕円形から線状形で，先端は広円状．殻長：10-18 μm，殻幅：3-3.6 μm．両側縁が3回波打つ．

Chamaepinnularia soehrensis（Krasske）Lange-Bert. & Krammer var. *linearis* （Krasske）H. Fukush., Kimura, Ts. Kobayashi, S. Fukush. & Yoshit. 2012, in Antarctic Record（南極資料）**56**(1)：9.；H. Fukush., Kimura, Ts. Kobayashi 2013, in Antarctic Record（南極資料）**57**(2)：187. 　　　　　　　　　　　【Pl. 6, Figs 21-23】

Basionym：*Navicula soehrensis* Krasske var. *linearis* Krasske 1929, in Bot. Arch. **27**(3/4)：373.；Cleve-Euler, A. 1955, Diatomeen Schw. u. Finn. **4**：13, Figs 988 f, g.

　珪殻は幅広い線状，両側縁はほぼ平行で，両端部は広円状．殻長：11-20 μm，殻幅：2-3.5 μm．条線は大変弱い放射状からほぼ平行で，先端部は弱く収斂する．条線密度：20-30/10 μm．軸域は狭い線状，中心域はほぼ四角形で中くらいの大きさである．
　初発表文は極めて簡単で"典型的な線状形で，両端は円形である"と記しているだけである．Cleve-Euler（1955）は上記の形態に，"殻長：11-16 μm，殻幅：2-3 μm．条線は平行で，条線密度：20-23/10 μm"を追加している．

分布・生態
　アルプス地方と北ヨーロッパで記録されている．Coburg Isl., CAN. で見いだした．
近似種との相違点
Chamaepinnularia circumborealis Lange-Bert. 1999
　珪殻は線状，広皮針形で大形（殻長：17-34 μm，殻幅：5-6 μm）で，条線密度は粗（18-20/10 μm）で中心域はやや菱形で大きい．
Chamaepinnularia krasskei Lange-Bert. 1999
　珪殻は幅広い線状形で先端部は広円状で大変弱くくびれる．殻幅が大（3.3-4 μm）で中心域は菱形である．
Chamaepinnularia mediocris（Krasske）Lange-Bert. & Krammer 1996
　珪殻は線状楕円形で両側縁はほぼ真っ直ぐ，中央部が僅かに膨出する．

Chamaepinnularia schauppiana Lange-Bert. & Metzeltin 1996
　珪殻は楕円形で軸域が幅広く，中心域が不明瞭である．
Chamaepinnularia soehrensis（Krasske）Lange-Bert. & Krammer 1996
　珪殻の側縁は程度の差があるが3回波打つ．

　本種は表題に示したとおり1999年に新組み合わせとして発表された．
Synonym：*Pinnularia krockii sensu* Krammer & Lange-Bert. 1986, Bacill. in Süsswasserf. von Mitteleur. **2/1**：P. 416, Fig. 206-8, 9, 11；*Pinnularia krookii*（Grunow）Cleve 1891, in Krammer 1992. Bibl. Diat. **26**：P. 79, Taf. 18, Figs 2, 11, 13；Metzeltin & Witkowski 1996, Diatomeen der Bären-Insel：Icon. Diat. **4**：Taf. 26, Figs 2, 4, 5, 6
　以上の文献からでもわかるように*Chamaepinnularia krookiformis*は*Cham. krockii*（*Pinnularia krookii*）とかなり混乱している．

Chamaepinnularia sp. 【Pl. 6, Fig. 46】

Genus *Cosmioneis*

***Cosmioneis pusilla*（W. Sm.）D. G. Mann & Stickle 1990**, in Round, Crawford & Mann, The diatoms：P. 526, Figs a-k. 【Pl. 7, Figs 1-9】
Synonym：*Navicula pusilla* W. Sm. 1853, Synop. Brit. Diat. **1**：P. 52, Pl. 17, Fig. 145.；Krammer & Lange-Bertalot 1986, Süsswasserf. von Mitteleur. **2/1**：P. 167, Fig. 57：5-10.
　珪殻の外形は，楕円形，楕円状皮針形から線状皮針形まで，両端部は嘴状から頭部状に突出するものまで外形の変化は大きい．殻長：24-70 μm，殻幅：7.5-26 μm．縦溝は糸状で，軸域はやや狭く線状から中央部が広がるものまである．中心域は中くらいの大きさで，円形から楕円形．条線は放射状で先端は平行．条線密度：15-18/10 μm．点紋は明瞭で，点紋密度：15-20/10 μm．

分布・生態
　汽水等電解質を多く含んだ水域に多い．世界広汎種．著者らもFranz Josef land, DNK., Skansen Isl., SWE., L. Roca, Swamp-1, ARG., Krakow, POL., Okeechobee Lake, FL-USA., 木曽川・尾張大橋等，日本各地，世界各地で採集している．
　図13 *Cosm. pus.*はLM, SEM写真3珪殻，321条線の点紋密度を計測し，作成した頻度分布図である．点紋密度の範囲は(10)14-22(23)/10 μmと表せる．
　なお，点紋密度は軸域側で粗，側縁側で密になるように見られるが，ここでは1条線の数えられる点紋をすべて数えたので，このことは無視している．

近似種との相違点
Cosmioneis lundstroemii（Cleve）D. G. Mann 1990
　珪殻は線状皮針形から幅広い線状で，両側縁の中央部が平行に近い．

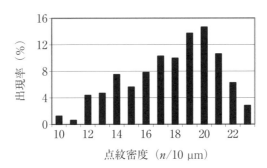

図 13 *Cosm. pus.* の点紋密度の頻度分布

Genus *Craticula*

Craticula について

Craticula は Grunow によって 1868 年に *Craticula perrotetii* を type specimen として提唱された．*Cracticula* は時に，正常な殻（例：Pl. 11, Fig. 1）の内側に cracticula（柵板）と呼ばれる殻（例：Pl. 11, Fig. 3）をもち，さらにその内側に heribaudii と呼ばれる条線が頑丈で放射状に配置する殻（例：Pl. 11, Fig. 2）をもつことがあるという特徴がある．しかし，長い間 *Navicula* として扱われてきた．Mann（Round et al. 1990, The diatoms）は 5 taxa を *Craticula* に組み合わせ，*Craticula* の新組み合わせを行った．現在，これに従い *Craticula* の新しい taxa が多く記載されている．

Navicula cuspidata var. *heribaudii* Perag. 1893 として記載された種がある．同種は Hustedt 1930, Die Süsswasser-Flora Mitteleuropas **10**：Bacillariophyta：Fig. 435 や Hustedt 1961-1966, Die Kieselalgen **3**：Fig. 1207 a-d にも記載されているが，これらは *Craticula cuspidata* あるいは *Craticula ambigua* とすべき種である．

Craticula accomoda **(Hust.) D. G. Mann 1990**, in Round, Crawford & Mann, The diatoms：P. 666.；Lange-Bertalot 2001, Diatoms of Europe **2**：P. 108, Pl. 93, Figs 1-6, Pl. 91, Fig. 22.；Lange-Bertalot 1993, Bibliotheca Diatomologica **27**：P. 12, Taf. 69, Figs 14, 15.；Hofmann, Lange-Bertalot & Werum 2013, Diat. Süssw.-Bent. Mitteleuropa：P. 137, Taf. 45, Figs 1-5. 　　　　　　　　　　　　　　　　　　　　　　　　　　　　　　【Pl. 14, Figs 7, 8】

Basionym：*Navicula accomoda* Hust. 1950, Arch. Hydrobiol. **43**：P. 446.；Simonsen 1987, Atlas and Catal. Diatom：P. 365, Pl. 550, Figs 1-8.

珪殻は楕円状から楕円状皮針形，先端部は嘴状に突出する．殻長：17-25 μm，殻幅：5-8 μm．縦溝は糸状，中心孔は幾分か離れる．極裂はかろうじて識別できる．軸域は極めて狭い線状で，中心域は幅が狭く不明瞭だが楕円状．条線はほぼ平行，両端部は弱く収斂．条線密度：中央部で 17-25/10 μm，殻端部で 20-28/10 μm．点紋密度は 1 珪殻，20 条線を計測しただけであるが，分布範囲は 21-27/10 μm であった．

分布・生態

世界広汎種．β-中腐水域に生息し，高汚濁の良い指標になる．著者らはCape Roca-2, PRT. で見いだしたのみであるが，他種と混同していたと思われ，日本でも広汎に見られるようである．

近似種との相違点

Craticula elkab（O. Müll.）Lange-Bert. 2001

珪殻は狭い皮針形，先端部は短く突出する．殻長：16-35 μm，殻幅：4-5 μm，条線密度：20-25/10 μm．当種はオーストリアとハンガリーの国境にあるノイシードル湖付近で知られている．

Craticula halophila（Grunow）D. G. Mann 1990

珪殻はやや大形で，先端は楔形である．殻幅がやや広く（8-18 μm），条線密度がやや粗（15-20/10 μm）である．

Craticula halophilioides（Grunow）D. G. Mann 1990

珪殻は皮針形で先端は嘴状から亜頭部状．殻長：12-17 μm，殻幅：3-4.5 μm，条線密度：約30/10 μm．

Craticula riparia var. *riparia*（Hust.）Lange-Bert. 1993

殻幅がやや広く（8-10.5 μm），条線密度がやや粗（15-18/10 μm）である．珪殻先端の嘴状突出は本種より強い．

Navicula gregaria Donkin 1861

一見，本種に似て見えるが，中心域が広がること，点紋密度が粗（(16)17-25(30)/10 μm）であることから区別は容易である．

Craticula ambigua（Ehrenb.）**D. G. Mann 1990**, in Round, Crawford & Mann, The diatoms：P. 666.；Lange-Bertalot 2001, Diatoms of Europe **2**：P. 109, Pl. 82, Figs 4-8, Pl. 83, Figs 3, 4?, Pl. 84, Figs 1-10, Pl. 86, Figs 3, 4.   【Pl. 12, Figs 1-6】

Basionym：*Navicula ambigua* Ehrenb. 1843, Abh. Akad. Wiss. Berlin 1841：417, Pl. 2/2, Fig. 9.

Synonym：*Navucula cuspidata* var. *ambigua*（Ehrenb.）A. Cleve 1894, Synop. Nav. Diat. **1**：P. 110.；*Navicula cuspidata* var. *cuspidata pro parte* Krammer & Lange-Bertalot, in Süsswasserf. von Mitteleur. **2/1**：P. 126, Fig. 43, Figs 1-8.

アイマイガイコツケイソウ

珪殻は楕円状皮針形，両端部は嘴状から弱い頭部状に突出する．殻長：42-95 μm，殻幅：13-24 μm．縦溝は糸状，軸域は狭い線状，中心域を欠くが，弱く広がる珪殻もある．条線は大変弱い放射状で，先端部は収斂する．条線密度：15-18/10 μm，点紋密度：約30/10 μm．

分布・生態

世界広汎種．β～α-中腐水性．著者らが調査した米国のサンプル92のうち11サンプルから同種が得られた．国内でも各所に見られ，世界広汎種であることを示している．また池等の止水や緩流に多いように思える．

近似種との相違点

Craticula acidoclinata Lange-Bert. & Metzeltin 1996

やや大形 (殻長：60-130 μm, 殻幅：16-20 μm) で, 条線密度は粗 (13-15/10 μm) である. 両端部の突出は弱い.

Craticula cuspidata (Kütz.) D. G. Mann 1990

先端部に近い両側縁が隆起することはなく, 突出が弱い. やや大きい (殻長：65-170 μm, 殻幅：17-35 μm) 珪殻が多く, 条線密度は粗 (11-15/10 μm) で, 点紋密度も粗 (22-26/10 μm) である.

Craticula halopannonica Lange-Bert. 2001

珪殻は皮針形. 先端部は嘴状から亜頭部状に突出. 点紋密度が密 (35-40/10 μm) である.

Craticula halophila (Grunow) D. G. Mann 1990

珪殻は菱形, 菱状皮針形から線状皮針形. 条線密度：15-20/10 μm, 点紋密度：28-40/10 μm.

図14 *Crat. amb.* は1珪殻, 96条線の点紋密度を計測し, その頻度分布を表したものである. 頻度分布の範囲は 24-27(28)/10 μm と表せる.

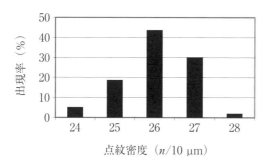

図14 *Crat. amb.* の点紋密度の頻度分布

***Craticula buderi* (Hust.) Lange-Bert. 2000**, in Rumrich, Lange-Bertalot & Rumrich, Iconographia Diatomologica **9**：P. 101.；Lange-Bertalot 2001, Diatoms of Europe **2**：P. 110, Pl. 90, Figs 1-27, Pl. 91, Figs 15-20.　　　　　　　　　　【Pl. 13, Figs 11-13】

Basionym：*Navicula buderi* Hust. 1954, Ber. Dtsch. Bot. Ges. **67**：P. 276, Figs 11-15.；Simonsen 1987, Atlas and Catal. Diatom：P. 401, Pl. 599, Figs 4-6.

珪殻は幅広い楕円状 (小形珪殻に多い) から楕円状皮針形 (大形珪殻に多い), 皮針形または線状皮針形. 先端部は広円状あるいは突出し, その形は嘴状, 亜頭部状等様々. 殻長：10-40 μm, 殻幅：5-8 μm. 縦溝は糸状, 軸域は狭い線状, 中心域は幅が狭く楕円状. 条線はほぼ平行, 中央部は弱い放射状, 両端部は収斂する. 条線密度：(17)19-24/10 μm. 点紋密度は Smoking Hill, CAN. で得た1珪殻を計測しただけであるが, 点紋密度の分布範囲は(26)28-38/10 μm であった.

分布・生態

世界広汎種. 貧腐水から α-中腐水域に生息し, 塩坑の排水のような塩分を含んだ水域にも分布する. 著者らは森林公園・岩本池, 蟹原水源・大道平池, 蟹原水源・安田池, 蟹原水源・大久手池等で見いだしている. 日本でも広汎に見られるようである.

近似種との相違点

Craticula elkab(O. Müll.) Lange-Bert. 2001

　珪殻は狭い皮針形，先端部は短く突出する．殻長：16-35 μm，殻幅：4-5 μm，条線密度：20-25/10 μm．当種はオーストリアとハンガリーの国境にあるノイシードル湖付近に分布している．

Craticula halophila(Grunow) D. G. Mann 1990

　殻幅がやや広く（8-18 μm），条線密度がやや粗（15-20/10 μm）である．

Craticula halophilioides(Grunow) D. G. Mann 1990

　珪殻は皮針形で先端は嘴状から亜頭部状．殻長：12-17 μm，殻幅：3-4.5 μm，条線密度：約30/10 μm．

Craticula riparia var. *riparia*(Hust.) Lange-Bert. 1993

　殻幅がやや広く（8-10.5 μm），条線密度がやや粗（15-18/10 μm）である．条線両端部の収斂は弱い．

Navicula gregaria Donkin 1861

　一見，本種に似て見えるが，中心域が広がること，点紋密度が粗（(16)17-25(30)/10 μm）であることから区別は容易である．

Craticula cuspidata（Kütz.）D. G. Mann 1990, in Round, Crawford & Mann, The diatoms：P. 666.；Lange-Bertalot 2001, Diatoms of Europe **2**：P. 111, Pl. 82, Figs 1-3, Pl. 83, Figs 1, 2.　　　　　　　　　　　　　　　　　　　　　**[Pl. 10, Figs 1-3, Pl. 11, Figs 1-3]**

Basionym：*Frustulia cuspidata* Kütz. 1833, in Linnaea **8**：P. 549, 14/26.

Synonym：*Navicula cuspidata* var. *cuspidata*（Kütz.）Kütz. 1844, Die Kieselschl. Bacill. Diat.：P. 94, Pl. 3, Figs 24, 37.；*Navicula cuspidata* var. *heribaudii* Perag. 1893, in Heribaud, Les Diatomees, d'Avergne. Libr. des Sci. Nat. Paris：P. 108, Pl. 4, Fig. 16.；Krammer & Lange-Bertalot 1986, in Süsswasserf. von Mitteleur. **2/1**：P. 126, Fig. 43, Figs 1-8.

　珪殻は菱状皮針形から広皮針形，先端部は長く引き延ばされ，戴頭形でなく，先端は尖円状である．殻長：65-170 μm，殻幅：17-35 μm．縦溝は糸状で中心孔は小さい鉤針状に曲がる．条線はほとんど平行から弱い放散状，先端部は収斂する．横線：11-15/10 μm，縦線：22-26/10 μm．珪殻の形は *Crat. ambigua* や *Crat. acidoclinata* のように変異が大きい．

分布・生態

　世界広汎種．著者らも日本各地，世界各地で見いだしている．淡水域から汽水域まで出現し，有機汚濁に耐性が強く，α-中腐水性の水域に多く見られる．

近似種との相違点

Craticula acidoclinata Lange-Bert. & Metzeltin 1996

　やや小形（殻長：60-130 μm，殻幅：16-24 μm）である．中心域は幅広く，中心域が湾入することはない．

Craticula ambigua（Ehrenb.）D. G. Mann 1990

　珪殻は楕円状で，先端は急に細くなり，戴頭状嘴形から弱い亜頭部状になる．殻長：42-95 μm，殻幅：15-24 μm．横線：16-18/10 μm，縦線：約30/10 μm．

Craticula halopannonica Lange-Bert. 2001

珪殻は小形（殻長：50-70 μm，殻幅：10-13 μm）で，条線密度は密（横線：15-18/10 μm，縦線：35-40/10 μm）である．中心域は狭い．

図15 *Crat. cus.* は1珪殻，120条線の点紋密度を計測し，頻度分布を示したものである．点紋密度の範囲は(21)24-29/10 μm と表せる．

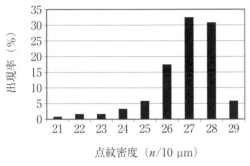
図15 *Crat. cus.* の点紋密度の頻度分布

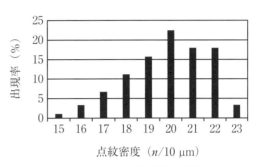
図16 *Crat. hal.* の点紋密度の頻度分布

***Craticula halophila*（Grunow）D. G. Mann 1990**, in Round, Crawford & Mann, The diatoms：P. 666.；Lange-Bertalot 2001, Diatoms of Europe **2**：P. 114, Pl. 89, Figs 1-7.

【Pl. 14, Fig. 9】

Basionym：*Navicula cuspidata* Kütz. var. *halophila* Grunow 1885, in Van Heurck, Synop. Diat. Belg.：P. 100, Pl. B, Fig. 30.

Synonym：*Navicula halophila*（Grunow）Cleve 1894, Synop. Nav. Diat. **1**：P. 109.；Krammer & Lange-Bertalot 1986, Süsswasserf. von Mitteleur. **2/1**：P. 126, Fig. 44, Figs 1-11, 14-18.

ウシオガイコツケイソウ

珪殻は菱形，菱状皮針形から線状皮針形，両端は尖円状からほぼ広円状で時に楔状に弱く突出する．殻長：20-90(140) μm，殻幅：8-18 μm．縦溝は真っ直ぐで線状．中心域は狭い線状，稀に中心節で広くなる．条線は平行から弱い放射状，両端部は弱く収斂するものから強く収斂するものまである．条線密度：15-20/10 μm（中心部），点紋密度：28-40/10 μm.

図16 *Crat. hal.* は本種の1珪殻，89条線の点紋密度を計測し，点紋密度の頻度分布を示したものである．点紋密度の範囲は(15)17-23/10 μm と表すことができる．

分布・生態

世界広汎種．海岸の汽水域，内陸の鹹水域にも出現する中鹹性である．湧水のある湿地（蟹原）から，流出する小流（蟹原・五反田溝）から見いだしている．

近似種との相違点

Craticula accomodiformis Lange-Bert. 1993

珪殻は広楕円状皮針形，先端は短く嘴状に突出する．

Craticula budeli（Hust.）Lange-Bert. 2000

両端部は広円状から嘴状に突出する．小形（殻長：10-40 μm，殻幅：5-8 μm）で，条線密度は密（(17)19-24/10 μm）である．

Craticula elkab (O. Müll.) Lange-Bert. 2001

　珪殻は小形（殻長：16-40 μm，殻幅：4-5.3 μm）のものが多く，両端は短く突出する．条線密度は密（20-25/10 μm）である．

Craticula halopannonica Lange-Bert. 2001

　珪殻は皮針形で先端は嘴状から亜頭部状．珪殻はやや大形（殻長：50-70 μm，殻幅：10-13 μm）である．条線密度：35-40/10 μm．

Craticula halophilioides (Hust.) Lange-Bert. 2001

　珪殻の先端部はしばしばくびれ，小形（殻長：12-17 μm，殻幅：3-4.5 μm）である．条線密度は密で，中央部は約 30/10 μm，両端部では 30-40/10 μm である．

Craticula molestiformis (Hust.) Lange-Bert. 2001, Diatoms of Europe **2**：P. 116, Pl. 93, Figs 19-28. 【Pl. 14, Figs 14, 15】

Basionym：*Navicula molestiformis* Hust. var. *molestiformis* 1949, in Expl. Parc. Natl. Albert. Mission Damas：P. 86, Figs 5, 9.；Simonsen 1987, Atlas and Catal. Diatom：P. 342, Pl. 523, Figs 26-29.

ナミガタガイコツケイソウ

　珪殻は楕円状皮針形，楕円状，長楕円形で両端部は突出する．殻長：9.5-22 μm，殻幅：3-5 μm．軸域は大変狭い．条線はほぼ平行．条線密度：23-26/10 μm，点紋密度：約 40/10 μm．

分布・生態

　世界広汎種．電解質の多い水域や強く汚濁した水域に生育する．著者らは Monkey Mia-2, AUS., 十勝川・北海道で見いだしている．

近似種との相違点

Craticula halophilioides (Hust.) Lange-Bert. 2001

　殻幅が狭く（3-4.5 μm），条線が密（30 以上/10 μm）である．

Craticula minusculoides (Hust.) Lange-Bert. 2001

　殻長が小さい（13.5-16.5 μm）珪殻がある．

Craticula submolesta (Hust.) Lange-Bert. 1996

　珪殻は線状から線状皮針形で，両端部は普通短く突出する．殻長は一般的に小さい（13.5-17 μm）．条線密度：19-24/10 μm．Lange-Bertalot(2001)によると，点紋密度がやや密（50-60/10 μm）である．

Craticula perrotettii Grunow 1867, in Algen. in Bot. Teil **I**：P. 20, Pl. 1, Fig. 2.；Lange-Bertalot 2001, Diatoms of Europe **2**：P. 107, Pl. 80, Figs 1-4, Pl. 81, Figs 1-5. 【Pl. 9, Figs 1-3】

Synonym：*Navicula perrotettii* (Grunow) A. Cleve 1894, Synop. Nav. Diat.：P. 110, Pl. 3, Fig. 12.

ハネイタガイコツケイソウ

　珪殻は皮針形で両端部は突出する．本種の外形は *Crat. cuspidata* に似ているが，形態に変異が多いことに加えて，中間に蚊帳状物があること，珪殻の表面に普通では見られない浮き彫りの構造物 "slat"（羽根板）の存在が特徴である．

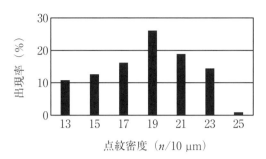

図17 *Crat. per.* の点紋密度の頻度分布

分布・生態

世界広汎種．汽水産とされているが，著者らは木曽川・河口，蟹原・排水桝東の小流（愛知県：湧水湿地），Honolulu Res., HI-USA., Mammoth, Cave N. P., KY-USA., Zambezi Riv., Chobe N. P.-1, BWA. 等広く淡水域で見いだしている．しかし，大量に出現する例は見ていない．

上記5産地で得た10珪殻を計測したところ，殻長：73-188 μm，殻幅：20-40 μm，条線密度：11-15/10 μm の結果を得た．また，7珪殻，111条線の点紋密度を計測し，頻度分布を示したものが図17 *Crat. per.* である．点紋密度の範囲は(13)14-24(25)/10 μm と表せる．

近似種との相違点

表面に浮き彫りの構造物"slat"（羽根板）が明瞭に見られることで，他種と容易に区別できる．

Craticula sp. の項に示した表1，2を参照．

***Craticula riparia* var. *riparia* (Hust.) Lange-Bert. 1993**, Bibliotheca Diatomologica **27**：P. 14, Taf. 70, Figs 1-8, Taf. 71, Figs 1-5.；Lange-Bertalot 2001, Diatoms of Europe **2**：P. 117, Pl. 92, Figs 1-8. 【Pl. 13, Figs 1-10】

Basionym：*Navicula riparia* Hust. 1942, in Intern. Revue ges., Hydrobiol. **42**：P. 52, Figs 77, 78.；Krammer & Lange-Bertalot 1986, Süsswasserf. von Mitteleur. **2/1**：P. 127, Fig. 44, Figs 12, 13.

キシガイコツケイソウ

珪殻は皮針形，両端は嘴状から亜頭部状に突出し，先端はやや鋭円状．殻長：35-50 μm，殻幅：8-10.5 μm．縦溝は糸状．軸域は狭く，線状．中心域は欠くか，大変小さい．条線は弱い放射状，両端部はほぼ平行から弱い収斂．条線密度は中央部で 16-18/10 μm，先端部で 18-21/10 μm．点紋密度は SEM 写真で計測して約 60/10 μm．

分布・生態

世界広汎種．著者らは小幡緑地公園，森林公園・岩本池，蟹原水源・安田池，蟹原水源・大久手池，蟹原水源・滝の水池から得ている．止水に多いように思える．

近似種との相違点

Craticula accomodiformis Lange-Bert. 1993

殻長がやや小さく小形（28-37 μm）であるが，殻幅はほぼ同等（8-11.5 μm）である．

Craticula halophila（Grunow）D. G. Mann 1990

珪殻は大形（殻長：20-90 μm，殻幅：8-18 μm）のものが多く，両端部は楔形で，突出はしない．

Craticula riparia（Hust.）var. *mollenhaueri* Lange-Bert. 1993

珪殻外形は自動名をもつ変種に似るが，全般的に小形で，条線密度も密（中央部：15-18/10 μm，端部：21-23/10 μm）である．

Craticula riparia（**Hust.**）**var.** *mollenhaueri* **Lange-Bert. 1993**, Bibliotheca Diatomologica **27**：P. 14, Taf. 70, Figs 10-13, Taf. 70, Figs 10-13.；Lange-Bertalot 2001, Diatoms of Europe **2**：P. 117, Pl. 92, Figs 9-12. 【Pl. 14, Figs 1-6】

モーレンハウエルガイコツケイソウ

珪殻外形は自動名をもつ変種に似るが，殻幅が若干狭く条線が密である．殻長：22-35 μm，殻幅：6-8 μm．条線密度は中央部で 18-21/10 μm，先端部で 21-23/10 μm．**図 18** *Crat. rip.* var. *moll.* に示した点紋密度は4珪殻，128条線を計測したものである．

分布・生態

ヨーロッパ，中央アフリカ，日本で記録されている．世界広汎種．著者らは森林公園・岩本池，小幡緑地公園から見いだしている．

近似種との相違点

Craticula elkab（O. Müll.）Lange-Bert. 2001

殻長はやや似る（16-35(40) μm）が，殻幅が狭く（4-5.3 μm），条線密度が密（20-25/10 μm）である．珪殻先端の突出は弱い．

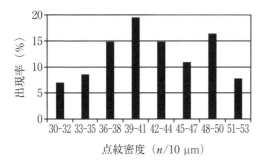 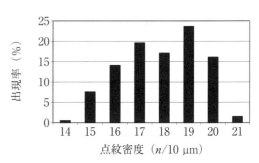

図 18 *Crat. rip.* var. *moll.* の点紋密度の頻度分布　　**図 19** *Crat.* sp. の点紋密度の頻度分布

Craticula sp. 【Pl. 8, Figs 1-3】

殻は皮針形から菱状皮針形で，先端部は伸長し，円形である．殻長は約 200 μm，殻幅は 40 μm 近くあり，大形である．*Cracticula* の中では大形である *Crat. cuspidata*, *Crat. perrotetii*, *Crat. silviae* よりさらに大形で，外形も先端部に向かって伸長する点で異なる．近似種と考えられる種との相違点を**表 1, 2** にして次に示す．

本種は大きい中でも最も大きい部類であること，条線密度，点紋密度とも最も粗であることか

表1 *Crat.* sp. 近似種との比較(1)

近似種	外形	先端	条線の傾き	端部条線
Crat. sp.	菱形状披針形・伸張披針形	滑らかに伸び, 円形	平行・弱放射状	僅収斂
Crat. silviae	楕円状披針形・菱形状披針形	嘴状	平行・弱放射状	僅収斂
Crat. cuspidata	菱形状披針形・広披針形	滑らかに伸び, 円形	平行・弱放射状	僅収斂
Crat. perrotetii	披針形, 縦線目立つ	嘴状	平行	平行
Crat. ambigua	楕円状披針形	嘴状・亜頭部状	弱放射状	収斂
Crat. acidoclinata	披針形	僅伸長, 広円状		

表2 *Crat.* sp. 近似種との比較(2)

近似種	殻長 μm	殻幅 μm	条線密度 $n/10$ μm	点紋密度 $n/10$ μm
Crat. sp.	200-206	36-38	10-13.5	18-20(21)
Crat. silviae	84-114	18-22	12.5-16	(20)21-27
Crat. cuspidata	65-170	17-35	11-15	(21)24-29
Crat. perrotetii	73-188	20-40	11-15	(13)14-24(25)
Crat. ambigua	42-95	13-24	15-18	24-27(28)
Crat. acidoclinata	60-130	16-24	13-13.5	23-24

ら，表に挙げた大形種と同一とはいい難い．表の点紋密度は初発表文の写真を著者らが計測したものである．

図19 *Crat.* sp. は2珪殻, 199条線の点紋密度を計測したものである．点紋密度の分布範囲は(14)15-20(21)/10 μmと表せる．

著者らの観察例はLos Angels近くのHorbar Lake, CA-USA.で2珪殻を見いだしたのみであるので，*Craticula* sp. として扱う．

***Craticula subhalophila* (Hust.) Lange-Bert. 1993**, Bibliotheca Diatomologica **27**：P. 16, Taf. 72, Figs 5-8.；Ohtsuka et al. 2009, Checklist and illustrations of diatoms in Laguna de Bay, Philippines, with reference to water quality, DIATOM **25**：134-147, Fig. 22.

【Pl. 14, Figs 10, 11】

Basionym：*Navicula subhalophila* Hust. 1937, Arch. Hydrobiol. **15**：P. 229, Fig. 17：1.；Simonsen 1987, Atlas and Catal. Diatom：P. 216, Pl. 329, Figs 13-15.

珪殻は楕円状から楕円状披針形，先端部は楔状，嘴状に突出するものもある．初発表文の写真は4枚示されていて，3枚は先端が楔状で僅かに突出するが，1枚は亜頭部状に突出している．Ohtsukaの示す写真は先端が楔状であり，Simonsenの示す写真はすべて亜頭部状に突出するものである．著者らが見いだした珪殻はすべて先端が楔状のものであり，*Crat. halophila*を小さくしたような形態である．検討の余地を残すが，ここでは本種と同定する．縦溝は糸状，軸域は極めて狭い線状で，中心域は幅が狭く不明瞭だが僅かに広がる．条線はほぼ平行，条線密度：20-24/10 μm．点紋密度は1珪殻, 32条線を計測した値であるが18-26/10 μmである．

分布・生態

世界広汎種．著者らは蟹原（湧水湿地），Smoking Hill, CAN., Monkey Mia-1, AUS. で見いだしている．他種と混同していたと思われ，日本でも広汎に見られるようである．

近似種との相違点

Craticula halophila（Grunow）D. G. Mann 1990

珪殻はやや大形で，先端は楔形である．殻幅がやや広く（8-18 μm），条線密度がやや粗（15-20/10 μm）である．

Craticula halophilioides（Grunow）D. G. Mann 1990

珪殻は皮針形で先端は嘴状から亜頭部状．殻長：12-17 μm，殻幅：3-4.5 μm，条線密度：約30/10 μm．

Craticula riparia var. *riparia*（Hust.）Lange-Bert. 1993

殻幅がやや広く（8-10.5 μm），条線密度がやや粗（15-18/10 μm）である．珪殻先端の嘴状突出は明瞭である．

Craticula vixnegligenda Lange-Bert. 1993

珪殻の大きさはほぼ同じ（殻長：20-25 μm，殻幅：5.5-6.5 μm）であるが，条線密度：約25/10 μm，点紋密度：約45/10 μm，ともに密である．珪殻先端は嘴状から亜頭部状に突出する．

***Craticula submolesta*（Hust.）Lange-Bert. 1996**, in Lange-Bertalot & Metzeltin, Iconographia Diatomologica **2**：P. 42, Taf. 104, Fig. 1.；Lange-Bertalot 2001, Diatoms of Europe：P. 118, Pl. 93, Figs 29-35.；S. A. Spaulding 2010, Antarctic Freshwater Diatoms：ID 124. 【Pl. 14, Figs 16, 17】

Basionym：*Navicula submolesta* Hust. 1949.；Simonsen 1987, Atlas and Catal. Diatom：P. 342, Pl. 523, Figs 21-25.

珪殻は，初発表文の写真をはじめ，示されている写真はすべて線状皮針形，先端部は嘴状に突出する．著者らが見いだした珪殻も同様であり，*Crat. vixnegligenda* をさらに小さくしたような形態である．縦溝は糸状，軸域は極めて狭い線状で，条線はほぼ平行である．殻長：13.5-17 μm，殻幅：3.3-5 μm，条線密度：19-24/10 μm，点紋密度：50-60/10 μm の値が記載されている（Lange-Bertalot 2001）．*Craticula* の中では小形の種類である．

分布・生態

世界広汎種．著者らは森林公園・岩本池，十勝川・北海道で見いだしている．他種と混同していたと思われ，日本でも広汎に見られるようである．溶解物が少なく（低電導率）貧栄養のよい指標と考えられている．

近似種との相違点

Craticula halophila（Grunow）D. G. Mann 1990

珪殻はやや大形で，先端は楔形である．殻幅がやや広く（8-18 μm），条線密度がやや粗（15-20/10 μm）である．

Craticula halophilioides（Grunow）D. G. Mann 1990

珪殻は皮針形で先端の突出は僅かで嘴状である．珪殻の大きさに差異はほとんどない（殻長：12-17 μm，殻幅：3-4.5 μm）が，条線密度が密（約 30/10 μm）である．

Craticula riparia var. *riparia*（Hust.）Lange-Bert. 1993

殻幅がやや広く（8-10.5 μm），条線密度がやや粗（15-18/10 μm）である．珪殻先端の嘴状突出は明瞭である．

Craticula vixnegligenda Lange-Bert. 1993

珪殻の大きさはやや大きく（殻長：20-25 μm，殻幅：5.5-6.5 μm），条線密度はやや密（約 25/μm）で，点紋密度は粗（約 45/10 μm）である．珪殻先端は嘴状から亜頭部状に突出する．

***Craticula vixnegligenda* Lange-Bert. 1993**, Bibliotheca Diatomologica **27**：P. 16, Taf. 70, Figs 15-18, Taf. 72, Figs 13-15.；Lange-Bertalot 2001, Diatoms of Europe：P. 119, Pl. 92, Figs 13-16.　　　　　　　　　　　　　　　　　　　　　　　　【Pl. 14, Figs 12, 13】

Synonym：*Navicula subhalophila sensu* M. H. Hohn & Hellerman 1963.

殻は楕円状皮針形，先端部は短く亜頭部状に突出する．殻長：20-25 μm，殻幅：5.5-6.5 μm，条線密度：約 25/10 μm，点紋密度：約 45/10 μm．*Crat. accomoda* より殻幅が小さく，*Crat. submolesta* より少し大形である．縦溝は糸状，軸域は極めて狭い線状で，中心域はほとんど広がらず，条線はほぼ平行である．

分布・生態

北米，ヨーロッパ等限られた地域からしか見いだされていないが，他種と混同していたと思われ，世界広汎種と考えられる．著者らは蟹原水源・大久手池で見いだしている．日本でも広汎に見られるようである．溶解物が少なく（低電導率），中栄養水域のよい指標と考えられる．

近似種との相違点

Craticula accomoda（Hust.）D. G. Mann 1990

殻長：17-25 μm，殻幅：5-8 μm で，本種より幅広い．条線密度は，中央部で 17-25/10 μm，殻端部で 20-28/10 μm であり本種より粗である．

Craticula halophila（Grunow）D. G. Mann 1990

珪殻はやや大形で，先端は楔形である．殻幅がやや広く（8-18 μm），条線密度がやや粗（15-20/10 μm）である．

Craticula halophilioides（Grunow）D. G. Mann 1990

珪殻は皮針形で先端の突出は僅かで嘴状である．珪殻の大きさに差異はほとんどない（殻長：12-17 μm，殻幅：3-4.5 μm）が，条線密度が密（中央：約 30/10 μm，先端：30 以上約 40/10 μm），点紋密度は約 60/10 μm である．

Craticula riparia var. *riparia*（Hust.）Lange-Bert. 1993

殻幅がやや広く（8-10.5 μm），条線密度がやや粗（15-18/10 μm）である．珪殻先端の嘴状突出は明瞭である．

Craticula submolesta（Hust.）Lange-Bert. 1996

殻長：13.5-17 μm，殻幅：3.3-5 μm，本種より小形である．

Craticula vixnegligenda Lange-Bert. 1993

珪殻はやや大きく（殻長：20-25 μm，殻幅：5.5-6.5 μm），条線密度はやや密（約25/10 μm）で，点紋密度は粗（約45/10 μm）である．珪殻先端は嘴状から亜頭部状に突出する．

Genus *Decussata*

Decussata hexagona（Torka）**Lange-Bert. 2000**, in Rumrich, Lange-Bertalot & Rumrich, Iconographia Diatomologica **9**：P. 672, Taf. Zu Decussata Figs 3-5.；Lange-Bertalot 2001, Diatoms of Europe **2**：P. 146, Pl. 108, Figs 14-17. 【Pl. 15, Fig. 7】

Basionym：*Navicula hexagona* Torka 1933, Hedwigia **73**：P. 27, Fig. 2.

珪殻は線状で両側縁は平行，両端は楔形で先端はやや広円状．殻長：25-44 μm，殻幅：9-13 μm．中心域は横長の楕円形，軸域は狭い線状．点紋は3方向性．

分布・生態
著者らは西表島・浦内川・カンピラ滝の上で見いだした．

近似種との相違点
Decussata obtusa Fukushima et al. 1973
　珪殻は典型的な楕円形で，両端部は突出しない．

Decussata placenta（Ehrenb.）Lange-Bert. & Metzeltin var. *placenta* 2000
　珪殻は典型的な楕円形で，両端部は強く突出する．

Decussata obutusa（F. Meister）**H. Fukush., Kimura & Ts. Kobayashi comb. nov. et stat. nov.** 【Pl. 15, Figs 1-6】

Basionym：*Navicula placenta* Ehrenb. f. *obutusa* F. Meister 1932, Kieselalg. Asien：P. 37, Fig. 99.；Hustedt 1962, Rabenhorst's Kryptog.-Fl. **7**(3)2：Fig. 1452c.；福島博ら1973，木曽川のケイ藻，横浜市立大学紀要 生物学編，第**3**巻，第2号：P. 49, Pl. 17, Fig. A.

珪殻は典型的な楕円形で，両端は弱く突出する．殻長：35-70 μm，殻幅：15.5-20.5 μm．中心域は不定形だが，円形から楕円形のものが多く，中くらいの大きさ．軸域は狭い線状．点紋は3方向性で，1つは弱い放射状配列，他の2配列は斜方向である．条線密度：18-22/10 μm．

図20 *Dec. ob.* は木曽川産の5珪殻，200条線を計測したものである．点紋密度：(14)16-21/10 μmと表せる．なお，点紋密度は軸域に対し直角に近く，弱い放射状をなす条線の点紋を計測したが，斜行する2配列の点紋密度もこれと変わるものではない．

分布・生態
木曽川・大治浄水場，西表島・浦内川・カンピラ滝の上，石垣島・民俗園，蟹原・五反田溝（フサモ付着），蟹原・才井戸流，著者らはこれらの地点から見いだしている．蟹原は湧水のある湿地であり，水温は15-20℃で年間を通し安定している．比較的温暖な地域に生息すると思われる．著者らはさほど広汎には生育しないと考えており，大量の繁殖を見たことはない．

近似種との相違点
Decussata hexagona（Torka）Lange-Bert. 2000
　珪殻は線状から線状楕円形で，両端は楔形で先端は広円状である．

Decussata placenta（Ehrenb.）Lange-Bert. 2000
　珪殻は典型的な楕円形で，両端部は強く嘴状に突出する．

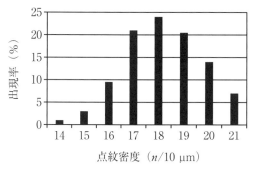
図20　*Dec. ob.* の点紋密度の頻度分布

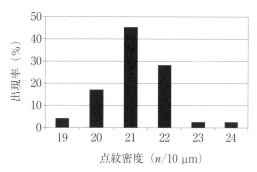
図21　*Dec. plac.* の点紋密度の頻度分布

***Decussata placenta*（Ehrenb.）Lange-Bert. & Metzeltin var. *placenta* 2000**, in Rumrich, Lange-Bertalot & Rumrich, Iconographia Diatomologica **9**：P. 671, Taf. Zu Decussata, Figs 1, 2, 6-9.；Lange-Bertalot 2001, Diatoms of Europe **2**：P. 47, Pl. 108, Figs 11-13, Pl. 109, Figs 1-5. 　　　　　　　　　　　　　　　　　　　　　　　　　　【Pl. 16, Figs 1, 2】
Basionym：*Navicula placenta* Ehrenb. var. *placenta* 1854, Mikrogeol.：Pl. 33, Fig. 12/23.

　珪殻は幅広い楕円形で，両端部は狭い嘴状から亜頭部状に突出する．殻長：35-45(60?) μm，殻幅：14-20 μm. 縦溝は糸状で，中央部で大変弱く湾曲する．軸域は狭い線状で，中心域はやや小さい楕円形．条線は五点形配列（quincunx：サイコロの5の目形：方形の中央と4隅に点がある形），点紋密度：20-25/10 μm.

　図21 *Dec. plac.* は木曽川・今渡ダムで得た1珪殻，117条線の点紋密度を計測し，その頻度分布をグラフに表したものである．範囲は19-22(24)/10 μm と表せる．

分布・生態
　世界広汎種．貧腐水性，湿ったコケの間等に見られる気性種．著者らは木曽川・大治浄水場，阿木川・岩村川・飯羽間川，王滝川・鯎川・氷ヶ瀬等で見いだしている．

近似種との相違点
Decussata hexagona（Torka）Lange-Bert. 2000
　珪殻は線状から線状皮針形で，両端部は楔形で先端の突出は弱い．

Genus *Diadesmis*

***Diadesmis confervacea* Kütz. 1844**, in Die Kieselschaligen Bacillarien oder Diatomeen：P. 109, Pl. 30, Fig. 8. 　　　　　　　　　　　　　　　　　　　　　　　　　　【Pl. 16, Figs 3-10】
Synonym：*Navicula confervacea*（Kütz.）Grunow var. *confervacea* 1880, in Van Heurck, Synop. Diat. Belg.：Pl. 14, Fig. 35.；Krammer & Lange-Bertalot 1986, in Süsswasserf. von Mitteleur. **2/1**：P. 221, Pl. 75, Figs 29-31.；*Diadesmis peregrina* W. Sm. 1857, in Pritchard Hist. Inf.：P. 923.；*Navicula*

confervacea var. *hungarica* Grunow 1880, in Van Heurck, Synop. Diat. Belg.：P. 14, Fig. 38.；*Navicula confervacea* var. *peregrina*（W. Sm.）Grunow 1880, in Van Heurck, Synop. Diat. Belg.：P. 14, Fig. 37.

本種は通常殼面で連結し，長大な帯状の群体を作り，付着生活をしている．珪殼外形は楕円から皮針形で，先端部は多少突出することがある．先端は鈍円から広円状．殼長：9-28 μm，殼幅：4-10 μm．軸域は線状皮針形，中央部が強く広がり，中心域は広い．条線は放射状（条線密度：(15)18-26/10 μm）で，明瞭な点紋で構成される．

分布・生態

世界広汎種であり，温水域に多量に出現する．有機汚濁に関しては好汚濁性の普通種であるが，付着性群集中の相対頻度は比較的小さく，10％を超えることはないといわれる（渡辺ら 2005）．しかし，水温が高い場合はこの限りではないようである．福島・平本(1973)は横浜市の下水処理場の最終沈殿池で，すべての調査時期で優占種と認められ，調査した最終沈殿池で最も量が多い藻類の1つと記している．木村は名古屋市の浄水場の毒物流入監視用魚類飼育水槽の流入水が夏季に停止したとき，本種が1 mにも達する長大な群体を作るのを観察している．著者らは日本では，木曽川各地，蟹原・才井戸流，石垣島・川平海岸，沖縄・受水走水，宮古島・池間島・湿地，西表島，等各地で見いだしている．外国でも知本温泉，TWN., Swan Riv., Perth, AUS., Yanchep N. P., AUS., Mulu N. P.-2, MYS., Bangkhen T. P., THA., Corser Res.-2, THA., J. F. Kenedy Space Center, FL-USA., Victoria Falls, BWA., the Nile, Aswan, EGY., the Amazon,

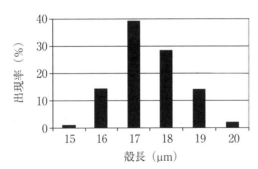

図 22 *Diad. con.* の殼長の頻度分布

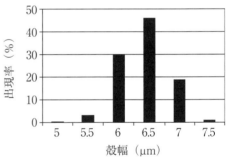

図 23 *Diad. con.* の殼幅の頻度分布

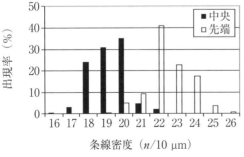

図 24 *Diad. con.* の条線密度の頻度分布

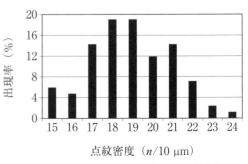

図 25 *Diad. con.* の点紋密度の頻度分布

Camp Bakuya, ECU. 等各所で見いだしていて，世界広汎種であることを示している．

　図 22-24 *Diad. con.* は台湾の知本温泉で得た本種 406 珪殻を計測したものである．殻長，殻幅は Krammer & Lange-Bertalot（1986）に記録された値の中に収まる．条線密度は中央部が粗で，殻端部で密であることがわかった．全体として条線密度は(16)18-24(26)/10 μm と表すことができる．点紋密度は木曽川，蟹原，平井川，水槽，the Amazon, Camp Bakuya, ECU. から得た 8 珪殻，84 条線の点紋密度を計測したものである（**図 25**）．点紋密度は 15-22(24)/10 μm.

近似種との相違点

Diadesmis confervaceoides Lange-Bert. & Rumrich 2000

　中心孔が *Diad. confervacea* より小さい．*Diad. confervacea* は軸域が徐々に広がり中心域を形成するので，軸域と中心域の区別が不明瞭である．これに対し *Diad. confervaceoides* は軸域が急に広がるので，軸域と中心域の区別が明瞭である．この点でも両種の区別が可能である．

Diadesmis gallica W. Sm. 1857

　珪殻は線状形から楕円楕円形．

Diadesmis laevissima（Cleve）D. G. Mann 1990

　珪殻は線状皮針形で両端部がしばしば頭部状に突出する．

Genus *Diploneis*

***Diploneis oculata*（Bréb.）Cleve var. *oculata* 1894**, in Hustedt 1930, Die Süsswasser-Flora Mitteleuropas **10**：Fig. 392.；*Diploneis oculata*（Bréb.）Cleve var. *oculata* 1894.；Patrick & Reimer 1966, P. 412, Pl. 38, Fig. 6.；Hofmann, Lange-Bertalot & Werum 2013, Diat. Süsswasser-Bent. Mitteleur.：P. 182, Taf. 66, Figs 25-30.　　　　　　　　**【Pl. 16, Figs 20-22】**

Basionym：*Navicula oculata* Bréb. 1870.

　珪殻は線状楕円形で先端は円形．縦走管は狭く判然としない．側域は狭く直線的で H 形を呈す．殻長：10-21 μm，殻幅：6-8 μm，条線密度：20-28/10 μm.

分布・生態

　基準産地は Paris. 米国では多くの州で（Patrick et al. 1966）見いだされている．熱帯産と書かれている報告がある一方，北欧-アルプス地方からの報告もある．筆者らは蟹原・才井戸流，蟹原水源・大道平池で見いだしている．淡水産の世界広汎種と考えられる．

近似種との相違点

Diploneis marginustriata Hust. 1922

　珪殻は大形で（殻長：20-28 μm，殻幅：9-13 μm），条線密度は粗（16-20/10 μm）である．

Diploneis modica Hust. 1945

　殻幅は相対的に幅広い（6-12 μm）と見なせる．条線密度はより粗（18-20/10 μm）である．

Diploneis petersenii Hust. 1937

　殻幅が狭く（5-6 μm），外殻の縦走管部の外面の側域は皮針形をなし，直線状ではない．

Genus *Eolimna*

Eolimna minima (Grunow) Lange-Bert. & Moser 1998, in Lange-Bertalot & Metzeltin, Bibliotheca Diatomologica **38**：P. 153, Pl. 24, Figs 10-15.　　　　　　【Pl. 17, Figs 1-12】

Basionym：*Navicula minima* Grunow 1880, in Van Heurck, Synop. Diat. Belg.：P. 107, Pl. 14, Fig. 15 (1880-1885).；Krammer & Lange-Bertalot 1986, Süsswasserf. von Mitteleur. **2/1**：P. 229, Pl. 76, Figs 39-47.

珪殻は線状から線状楕円形で，広円状の先端部を有する．稀に突出することがある．殻長：5-18 μm，殻幅：2-4 μm．軸域は狭く，中心域は両側縁に達する場合も，達しない場合もある．条線は放射状で，条線密度：25-30/10 μm．

分布・生態

世界広汎種で，時に夥しく生育することがある．著者らは手賀沼，荒川・坂戸市（埼玉県），矢田川・香流川（名古屋市）等有機汚濁の強い水域から多数を見いだしている．

図26 *Eol. min.* は矢田川・香流川産のSEM写真，2珪殻，71条線を計測したものである．点紋密度：42-56(58)/10 μmと表せる．

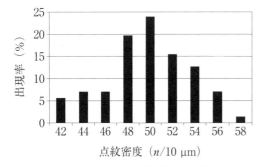
図26　*Eol. min.* の点紋密度の頻度分布

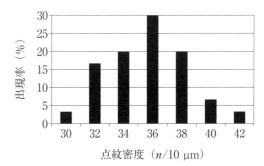
図27　*Eol. subm.* の点紋密度の頻度分布

Eolimna subminuscula (Manguin) Moser, Lange-Bert. & Metzeltin 1998, Bibliotheca Diatomologica, **38**：P. 154.；Hofmann, Lange-Bertalot & Werum 2013, Diat. Süsswasser-Bent. Mitteleur.：P. 202, Taf. 42, Figs 45-50.　　　　　　【Pl. 17, Figs 13-31】

Basionym：*Navicula subminuscula* Manguin 1941, in Rev. Algolog. **12**：P. 139, Pl. 2, Fig. 39.

Synonym；*Navicula luzonensis* Hust. 1942, in Internat. Rev. gesam. Hydrob. Hydrogr. **42**：P. 59, Fig. 106.；*Navicula demissa* Hust. 1945, in Arch. f. Hydrob. **40**：P. 918, Pl. 41, Fig. 5.；*Navicula frugalis* Hust. 1957, in Abhandlu. herausgeg. Naturw. Verein Bremen **34**(3)：P. 275, Figs 21-25.；*Navicula vaucheriae* C. S. Boyer & J. B. Petersen 1915 *sensu* Hust., Die Kieselalgen. Rabenhorst ed., Kryptogamen-Fl. **7**(3)：P. 159, Fig. 1292(1961).；*Navicula perparva* Hust. 1937 *sensu* Cholnoky 1968.

珪殻は楕円状，菱状楕円形，楕円状披針形，先端は鈍円からやや尖円状で，稀に嘴形または楔状．殻長：7-12.5 μm，殻幅：3.5-6 μm．縦溝は糸状で，ほとんどは弧状に弱く湾曲する．軸域

はやや狭い線状，中央部は全く広がらないか，僅かに広がる．条線は縦溝にほぼ垂直か，弱い放射状に配列する．条線密度は変異が大きく 15-26(34)/10 μm と記されている．点紋は光学顕微鏡ではほとんど認められない場合も，10 μm 中に 30 くらい認められる場合もある．

図 27 *Eol. subm.* は矢落川産の SEM 写真 1 珪殻，30 条線を計測したものである．点紋密度：(30)32-40(42)/10 μm と表せる．

分布・生態

世界広汎種．有機汚濁耐性が強く，α-中腐水～強腐水性．電解質の多い水域に多く出現する．木曽川では中津川，阿木川の合流前，名古屋市の 3 浄水場，朝日取水口，馬飼頭首工等中下流部から広く見いだしている．

近似種との相違点

Eolimna minima (Grunow) Lange-Bert. & Moser 1998

珪殻は線状から線状楕円形，両端部は広円状．殻長：5-18 μm．殻幅：2-4.5 μm．中心域はやや大きく，帯状をなす．条線密度：25-30/10 μm．似た環境に出現するが，さらに汚濁が進行した水域に多く出現する．珪殻の外形が多くは楕円形であるので区別できる．

Navicula pelliculosa (Bréb.) Hilse 1863

似た環境に出現するが，珪殻の外形が楕円形であるので区別できる．中心域はやや大きく，帯状をなす．

Eolimna seminulum Grunow 1860

似た環境に出現することがあるが，珪殻の外形が楕円形であるので区別できる．

Eolimna subadnata (Hust.) Lange-Bert. 1998

珪殻は楕円状皮針形から菱状皮針形，先端は嘴状から嘴状頭部形に突出する．殻長：10-15.5 μm．殻幅：4-5.5 μm．

Genus *Fallacia*

Fallacia helensis (Schulz) **D. G. Mann 1990**, in Round, Crawford & Mann, The diatoms：P. 668. 【Pl. 18, Figs 17-22】

Basionym：*Navicula helensis* P. Schulz 1926, in Bot. Arch. **13**：P. 217, Figs 110 a, b.；Krammer & Lange-Bertalot 1986, in Süsswasserflora von Mitteleuropa **2/1**：P. 192, Pl. 66, Figs 34-27.

Synonym：*Navicula subhamulata* var. *undulata* Hust. 1930, in Pascher ed. Die Süsswasser-F. Mitteleur. **10**：P. 282, Fig. 468b.；*Navicula subvasta* Hust. 1935, in Schmidt 1936, Atlas Diat.：Pl. 403, Figs 49, 50.；Hustedt 1945, in Arch. Hydrob.：P. 930, Pl. 41, Figs 39, 40.

珪殻は線状で，両側縁は平行，弱く湾入あるいは弱く 3 回波打つ．先端は広円状．殻長：13-30 μm．殻幅：4.5-8 μm．縦溝は糸状で弓形に曲がる．中心域は中くらいの大きさ．縦溝の両側に平行な中央肋を形成する．条線は中央部でほぼ平行，先端部は放射状．条線密度：21-26/10 μm．

分布・生態

Krammer & Lange-Bertalot は化石，現存ともヨーロッパ産としている．しかし，日本でも数箇所の湖沼，河川で *Navicula stroemii* の種名で記録されている．著者らは木曽川・大治浄水場，

木曽川・馬飼頭首工等で見いだしているが，産出場所，数量ともさほど多くない．Falasco et al. 2009 は *Navicula stroemii* とその近似種を整理し，本種の産地としてヨーロッパ，南北アメリカ，日本，台湾，ニューギニアを挙げている．著者らはオーストラリア（Kings P., Perth, AUS.）からも得ている．おそらく世界広汎種であろう．

近似種との相違点

Fallacia fracta（Hust. ex Simonsen）D. G. Mann 1990

　条線密度が密（26-32/10 μm）である．

Fallacia lenzii（Hust.）Lange-Bert. 2004

　珪殻は幅が狭く（殻幅：3-5 μm），長さも小さい（殻長：8-17 μm）．条線は平行から弱い放射状配列で，条線密度は大変密（32-40/10 μm）である．

Fallacia sublucidula（Hust.）D. G. Mann 1990

　珪殻は両側縁が3回波打つことはなく，線状皮針形で小形（殻長：19.5 μm，殻幅：4.5 μm）である．条線密度は密（約 30/10 μm）である．

Navicula stroemii Hust. 1931

　一見，形，大きさともよく似ているが，本種は中心域が明瞭であり，中央部の条線が放射状であることからも区別できる．

　図 28 *Fal. hel.* は，木曽川産の SEM 写真 1 珪殻，72 条線を計測したものである．点紋密度：(28)30-40/10 μm と表せる．

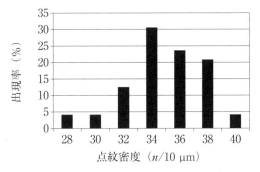

図 28 *Fal. hel.* の点紋密度の頻度分布

***Fallacia losevae* Lange-Bert., Genkal & Vekhov 2004**, in Inland Water Biology **4**.；Lange-Bertalot & Genkal 1999, in Iconographia Diatomologica **6**：P. 146, Pl. 19, Figs 1-7.（この論文の発表は古いが ICBN（国際植物命名規約）の規定を満たしていないため，初発表文とは認められない）；Genkal & Vechov 2007, Diatom from the water of the Russian Arctic：Pl. 20, Figs 1, 2.；Antoniades, Hamilton, Douglas & Smol 2008, in Iconographia Diatomologica **17**：P. 128, Pl. 37, Figs 12-16. 　　　　　　　　　　　　　　　　【Pl. 18, Figs 23-26】

　珪殻は鈍頭菱形から楕円形で，珪殻の中央部は膨出例が多く，両端部は広円形である．殻長：13-18 μm，殻幅：4.5-6 μm，条線密度：21-23/10 μm．軸域は狭く，湾曲し，中心域は円形から楕円形．条線は中央部で平行または弱い放射状，両端部で平行．

分布・生態

北極圏のロシアとカナダ，カナダ・アムンゼン湾に面した Herschel Isl., CAN. と Smoking Hill, CAN. で見いだした．

近似種との相違点

Fallacia monoculata（Hust.）D. G. Mann 1990

少し大形であり，側域（lateral area）が明瞭である．

Fallacia subhamulata（Grunow）D. G. Mann 1990

珪殻は楕円状であるが，両側縁はほぼ平行で両端は広円状．条線が密（約 30/10 μm）である．

Fallacia sublucidula（Hust.）D. G. Mann 1990

珪殻は小形（殻長：10-11 μm，殻幅：3.5-5 μm）で特に幅が狭い．条線密度が密（27-29/10 μm）である．

***Fallacia monoculata*（Hust.）D. G. Mann 1990**, in Round, Crawford & Mann, The diatoms：P. 668. 【Pl. 18, Figs 12-16】

Basionym：*Navicula monoculata* Hust. 1945.；Simonsen 1987, Atlas and Catal. Diatom Types of Fr. Hustedt **1**：P. 332；**3**：Pl. 508, Figs 40-41.；Krammer & Lange-Bertalot 1986, Süsswasserf. von Mitteleur. **2/1**：P. 174, Pl. 66, Figs 12-16, Pl. 83, Fig. 6.

珪殻は楕円形から菱状楕円形，稀に線状楕円形から楕円状皮針形．殻長：8-22 μm，殻幅：3-6.5 μm，条線密度：20-30/10 μm．側域は中央部で短軸方向へ広がり紡錘形である．

分布・生態

Zambezi Riv., Chobe N. P.-2, BWA. で得た．また蟹原・湿地の小流から得た珪殻（Pl. 18, Fig. 12）は側域が直線状で，Zambezi Riv. 産の珪殻とやや異なるが，標本数が少ないのでここでは本種と同定する．

近似種との相違点

Fallacia tenera（Hust.）D. G. Mann 1990

条線密度は 16-21/10 μm で粗である．側域は紡錘形でなく，長軸に平行な線状である．

***Fallacia pygmaea*（Kütz.）Stickle & D. G. Mann 1990**, in Round, Crawford & Mann, The diatoms：P. 668. 【Pl. 18, Figs 1-7】

Basionym：*Navicula pygmaea* Kütz. 1849, Spec. Alg.：P. 77；Krammer & Lange-Bertalot 1986, in Süsswasserf. von Mitteleur. **2/1**：P. 171, Pl. 65, Figs 1-6, 6′.

Synonym：*Navicula minutula* W. Sm. 1853, Synop. Brit. Diat. **1**：P. 48, Pl. 31, Fig. 274.；*Navicula rotundata* Hantzsch ex Grunow 1880, in Van Heurck, Synop. Diat. Belg.：Pl. 10, Fig. 7.；*Diploneis pygmaea* Mayer 1913, Bacill. Regensburg. Gewäss.：Pl. 3, Fig. 17.

珪殻は変異が多く，線状楕円形，楕円状皮針形，狭いものから幅広い楕円形，稀に菱状皮針形まである．先端は鈍円から広円状．殻長：10-62 μm，殻幅：6-24 μm．縦溝は弓形に弱く湾曲する．軸域は大変狭いものから中くらいまで各種ある．中心域も小さいものから中くらいの大きさまで様々である．軸域と側縁の間に，弧状に湾曲する側域が中心域から頭極まで発達する．条線は中央部で平行から弱い放射状，先端部はそれより強い放射状．条線密度：22-28/10 μm，点

紋密度：28-30/10 μm.

分布・生態

世界広汎種．海域から淡水域まで広く出現する．木曽川の下流部でしばしば見いだしている．沖縄・西原海岸・排水路，紹興市・禹陵堀-2, CHN., J. F. Kenedy Space Center, FL-USA., Philadelphia Riv., PA-USA., Lake Mead, CA-USA., Skansen Isl., SWE., the Nile, Luxor, EGY., Chaoplaya Riv., THA., Zambezi Riv., Chobe N. P.-2, BWA. 等，世界で広く見いだしている．

近似種との相違点

Fallacia forcipata（Grev.）Stickle & D. G. Mann 1990
 条線密度が粗（13-16(22)/10 μm）である．

世界の6箇国，14箇所から採集した46珪殻を調べると，楕円形が最も多く，両端が嘴状に突出する形がそれに次ぎ，中間形は少ししか見られない．殻長，殻幅，条線密度の範囲は互いに重なり合い，すべての形態を同一種としてよいように思える（**表3**）．しかし，Zambezi Riv. 等で得た珪殻はすべて楕円形であり，先端が伸長する形（Pl. 19, Figs 1, 2）は J. F. Kenedy Space Center でのみ見いだした．楕円形のものと一緒に見いだしたものであり，楕円形のものの点紋密度を調べると12珪殻は(23)24-31(34)/10 μmと表せるが，2珪殻は39-52/10 μm であり，明らかに同一種としないほうがよいと思える．点紋密度が高い taxa を楕円形2として点紋密度をまとめたものが**図29** *Fal. p.* である．このような差異のある種を含め，本書では *Fallacia pygmaea* として扱う．

表3 *Fal. pygmaea* の外形と計測値

	嘴状伸長	中間形	楕円形
殻長（μm）	21-34	18-37	19-29
殻幅（μm）	8.4-13.5	8.4-13.1	8.7-10.3
条線密度（n/10 μm）	27-29	25-29	26-29

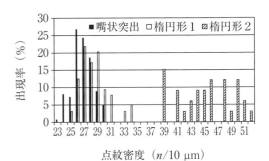

図29 *Fal. p.* の点紋密度3タイプの比較

***Fallacia tenera*（Hust.）D. G. Mann 1990**, in Round, Crawford & Mann, The diatoms：P. 669. 【Pl. 18, Figs 8-11】

Basionym：*Navicula tenera* Hust. 1837, in Atlas Diat.：P. 405；in Arch. F. Hydrob. supp. **15**：P. 259, Pl. 180, Figs 11, 12.；Krammer & Lange-Bertalot 1986, Süsswasserf. von Mitteleur. **2/1**：P. 175, Pl. 66, Figs 19-23, Pl. 83, Fig. 5.

Synonym：*Navicula uniseriata* Hust. 1934, in Atlas Diat.：Pl. 392, Figs 24-27.；Simonsen 1987, Atlas and Catal. Diatom Types of Fr. Hustedt **1**：P. 162；**2**：Pl. 255, Figs 6-10.；*Navicula dissipata* Hust. 1936, Schmidt 1936, in A. Schmidt et al., Atlas der Diatomaceen-Kunde：Taf. 403, Figs 7, 8.；Simonsen 1987, Atlas and Catal. Diatom Types of Fr. Hustedt **1**：P. 194；**2**：Pl. 303, Figs 30-35.；

Navicula auriculata Hust. 1944.；Simonsen 1987, Atlas and Catal. Diatom Types of Fr. Hustedt **1**：P. 314；**3**：Pl. 472, Figs 10-12.；*Navicula insociabilis* var. *dissipatoides* Hust. 1957.；Simonsen 1987, Atlas and Catal. Diatom Types of Fr. Hustedt **1**：P. 443；**3**：Pl. 659, Figs 26-28.

ホソマクハリタテゴトケイソウ

　珪殻は楕円形，線状皮針形から線状で，先端は広円状．側域はほぼ直線状である．縦溝は弧状に湾曲する．軸域の片側あるいは両側に1列の点列がある．条線は側縁性で，放射状から平行に配列し，2本の鮮明な縦線がある．殻長：9-27 μm，殻幅：4-9 μm，条線密度：13-22/10 μm.

　Hustedt は側域の中央側の片側にのみ1列の点紋列がある taxon を *Nav. tenera*，両側に各々点紋列がある taxon を *Nav. auriculata* あるいは *Nav. dissipata*，片側の点紋列が明瞭で他方は数点が認められるが不明瞭な taxon を *Nav. insociabilis* var. *dissipatoides* としている．Patrick & Reimer(1966)は両側に点紋列がある taxon を *Nav. auriculata* としている．Krammer & Lange-Bertalot(1986)はこれらをすべて *Nav. tenera* に含まれるものとした．著者らの経験では同一サンプルにこれらの type が混在すること，殻幅，殻長，条線密度の計測値にほとんど差がないことから，本書ではこれらの type をすべて *Fallacia tenera* として扱う．著者らが得た本種をHustedt の3分類群に分け，計測値を比較したものが**図30-32** *Fal. ten.* である．

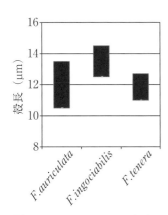
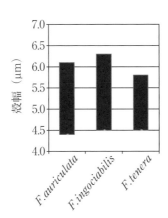
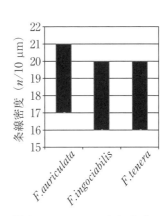

図30 *Fal. ten.* の3タイプの殻長比較　　**図31** *Fal. ten.* の3タイプの殻幅比較　　**図32** *Fal. ten.* の3タイプの条線密度比較

分布・生態

　世界広汎種．好塩性で，海岸の汽水域に多く生育することがある．著者らは世界では Cincinnati, OH-USA., Lake Mead, CA-USA., Muan Boran, THA., Victoria Falls-2, BWA., 日本では南西諸島から多く見いだしている．また，愛知県・蟹原でも見いだしており，温帯・熱帯に多いと考えている．

近似種との相違点

Fallacia insociabilis（Krasske）D. G. Mann 1990

　珪殻は楕円形から菱状楕円形．殻長，殻幅は似るが，条線密度は 20-25/10 μm で密である．側域は中央部で短軸方向へ広がる．

Fallacia monoculata (Hust.) D. G. Mann 1990

　珪殻は楕円形から菱状楕円形．殻長，殻幅は似るが，条線密度は 20-30/10 μm で密である．側域は中央部で短軸方向へ広がる．

Genus *Geissleria*

Geissleria acceptata (Hust.) Lange-Bert. & Metzeltin 1996, Iconographia Diatomologica **2**：P. 64.；Lange-Bertalot 2001, Diatoms of Europe **2**：P. 120, Pl. 97, Figs 1-12.

【Pl. 19, Figs 1, 2】

Basionym：*Navicula acceptata* Hust. 1950, in Arch. f. Hydrob. **43**：P. 398, Pl. 38, Figs 66, 67.；Simonsen 1987, Atlas and Catal. Diatom：P. 359, Pl. 543, Figs 12-16.

Synonym：*Navicula ignota* Krasske var. *acceptata* (Hust.) Lange-Bert. 1985, in Bibl. Diat. **9**：P. 75.；Krammer & Lange-Bertalot 1986, in Süsswasserf. von Mitteleur. **2/1**：P. 180, Pl. 64, Figs 22-25.

　珪殻は楕円形から線状楕円形．先端は広円状．殻長：6-14 μm．殻幅：3-5 μm．縦溝は糸状で真っ直ぐ．軸域は大変狭く線状．中心域は小さく少し横に広がり，中に1個の遊離点がある．条線密度は密（16-18/10 μm）で放射状に配列する．今回の標本の条線密度は密（約 20/10 μm）で記載文とずれがあるが，本種と同定する．

分布・生態

　Lange-Bertalot(2001)は，産地としてヨーロッパ，米国，タヒチを挙げ，おそらく広汎種と記している．大塚らは日本の摩周湖（北海道），北山川（奈良県），鴨川（京都府）を挙げている．著者らは木曽川・濃尾大橋右岸の河川敷の池（岐阜県）から採集している．同書には，生息水質を富栄養で電解質が中程度の貧腐水域と記している．どのような水域を想定すればよいのかよくわからないが，長期間滞留して富栄養化しているが，人為的な有機汚濁がない水域くらいの意と解釈することが適当と思える．

近似種との相違点

Geissleria dolomitica (Bock) Lange-Bert. & Metzeltin 1996
　殻長：11-20 μm，殻幅：4-5 μm で若干大形である．中心域が明瞭で，本種と区別できる．

Geissleria paludosa (Hust.) Lange-Bert. & Metzeltin 1996
　殻長：14-28 μm，殻幅：5-7 μm で大形である．中心域は1対の短い条線からなる．

Geissleria decussis (Østrup) Lange-Bert. & Metzeltin 1996, Iconographia Diatomologica **2**：P. 65, Pl. 104, Fig. 2, Pl. 125, Figs 3-6.

【Pl. 19, Figs 3-17】

Basionym：*Navicula decussis* Østrup 1910, Danske Diatomeer, Reitzel, Kjøbenhavn：P. 77, Pl. 2, Fig. 50.

Synonym：*Navicula terebrata* Hust. 1944, Ber. Dtsch. Bot. Ges.：P. 285, Fig. 11.；*Navicula exiguiformis* Hust. f. *exiguiformis* 1944, Ber. Dtsch. Bot. Ges.：P. 283, Fig. 23.；*Navicula exiguiformis* f. *capitata* Hust. 1944, Ber. Dtsch. Bot. Ges.：P. 283.

　珪殻の外形は楕円状から線状楕円形，皮針状楕円形から皮針形で，先端部は亜嘴状から頭部状

まで変異が大きい．殻長：15-33 μm，殻幅：6-9 μm，縦溝は線状で真っ直ぐ．軸域は狭い線状，中心域は横長で形が不明確である．それは，中心域を形成する中央部の条線は長短交互型を基本とするが，その本数に変異が多いためである．中心域に遊離点がある．中央部条線は放射状であるが，その程度は通常に見られる程度から強い放射状を呈するものまで変化がある．先端部は平行から弱い収斂である．条線は波打ち，条線密度：14-18/10 μm．著者らの計測では(13)13.5-16.5(17)/10 μm で，大差は見られなかった．

分布・生態

世界広汎種．貧腐水から中腐水域に分布する．著者らは日本，アメリカ，アフリカ，ボルネオ等各地から広く見いだしている．

近似種との相違点

Geissleria dolomitica（Bock）Lange-Bert. & Metzeltin 1996
　少し小形で，殻長：11-20 μm，殻幅：4-5 μm．中心域を形成する条線は1，2本である．

Geissleria moseri（Hust.）Metzeltin, Witk. & Lange-Bert. 1996
　珪殻は楕円形で，殻長：20-25 μm，殻幅：7-8 μm．両端部の突出は弱いこと，中心域を構成する中央部の条線の長短交互が明瞭でない点で異なる．

Geissleria paludosa（Hust.）Lange-Bert. & Metzeltin 1996
　珪殻は *Geiss. decussis* より小形で，殻長：14-28 μm，殻幅：5-7 μm．両端部は突出せず，中心域は小さい．

***Geissleria ignota*（Krasske）Lange-Bert. & Metzeltin 1996**, Iconographia Diatomologica **2**：P. 65, Pl. 31, Fig. 3, Pl. 124, Figs 5-7.; Lange-Bertalot 2001, Diatoms of Europe **2**：P. 125. Pl. 101, Figs 5-9. 【Pl. 19, Figs 18, 19】

Basionym：*Navicula ignota* Krasske var. *ignota* 1932, in Hedw. **72**：P. 116, Pl. 3, Fig. 19.; Krammer & Lange-Bertalot 1986, in Süsswasserf. von Mitteleur. **2/1**：P. 179, Pl. 64, Figs 12-15.

珪殻は3回波打つ線状形で，両端部は頭部状あるいは亜頭部状に突出する．殻長：12-25 μm，殻幅：4.5-5.3 μm．縦溝は糸状で，軸域は狭い線状．中心域は横に広がり，中くらいの大きさで，中心域に遊離点がある．条線は放射状で，条線密度：12-15/10 μm．殻端の環状構造は多くの場合2対の短い条線からなる．

分布・生態

北半球では広汎種．コケの中のような，間歇的に乾湿を繰り返す環境を好む．日本でも生細胞は荒川，淀川，金鱗湖，摩周湖，北山川（奈良県），鴨川から報告があり，著者らは木曽川・愛岐大橋で見いだしているが，さほど多産する種ではないと観察される．

近似種との相違点

　Geissleria では側縁が波打つ taxa は他に見られないので間違えることはない．*Navicula acceptata* Hust. 1950 は側縁が波打つことはなく，楕円状皮針形の taxa である．本種を Lange-Bertalot (1985) は *Navicula ignota* Krasske var. *acceptata* に組み合わせた（Naviculaceae：Bibl. Diat. **9**）．その後，Lange-Bertalot & Metzeltin(1996) は *Geissleria acceptata* に組み合わせた（Annotated Diatom Micrographs：Icon. Diat. **2**）．このような経緯があるので，*Geissleria ignota* var.

acceptata と使ったり，*Navicula ignota* を使い，側縁の波打ちが弱いものもあるらしいと説明する文献も見られるので，注意が必要である．

***Geissleria similis*（Krasske）Lange-Bert. & Metzeltin 1996**, Iconographia Diatomologica **2**：P. 68.；Lange-Bertalot, Külbs et al. 1996, in Iconographia Diatomologica **3**：P. 143, Pl. 13, Figs 1-5.；Lange-Bertalot 2001, Diatoms of Europe **2**：P. 128, Pl. 98, Fig. 4, Pl. 99, Figs 11-18.
【Pl. 19, Figs 20-23】

Basionym：*Navicula similis* Krasske var. *similis* 1929, in Bot. Arch. **27**：P. 354, Fig. 15.；Krammer & Lange-Bertalot 1986, Süsswasserf. von Mitteleur. **2/1**：P. 143, Pl. 41, Figs 5-7.

珪殻は楕円形で，両端部は嘴状または亜頭部状に膨らむ．殻長：10-20 μm，殻幅：5-7 μm．縦溝は糸状で，軸域は大変狭い．中心域も小さく，その縁取りは不規則で，中心域にある遊離点が不明瞭なものもある．条線は弱い放射状，条線密度：約 15/10 μm．著者らが得た木曽川・南濃大橋の本種 40 珪殻，80 箇所の条線密度を計測した結果，条線密度：(12)13-17/10 μm と表すことが適当と考える．条線密度の出現頻度分布を図33 *Geis. sim.* に示す．

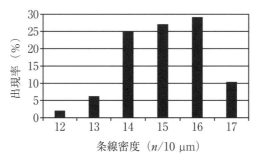

図33 *Geis. sim.* の条線密度の頻度分布

分布・生態

世界広汎種．貧栄養から富栄養まで広く分布する．著者らは上記の他，木曽川・愛岐大橋から記録したのみである．他種と混同していた可能性がある．

近似種との相違点

Geissleria declivis（Hust.）Lange-Bert. 1996
　珪殻の外形は楕円状皮針形．条線密度は中央部で約 16/10 μm，両端部で約 26/10 μm である．
Geissleria decussis（Østrup）Lange-Bert. & Metzeltin 1996
　中心域が大きい珪殻が多く，中心域を形成する条線は長短交互型で，強い放射状に配列する．珪殻の外形は楕円形から楕円状皮針形で変異は大きい．

Genus *Hippodonta*

***Hippodonta capitata*（Ehrenb.）Lange-Bert., Metzeltin & Witk. 1996**, in Lange-Bertalot ed., Ⅲ *Hippodonta* gen. nov., Iconographia Diatomologica **4**：P. 254, Taf. 4, Fig. 23,

Taf. 2, Fig. 5, Taf. 3, Fig. 1. 【Pl. 20, Figs 1-37】

Basionym：*Navicula capitata* Ehrenb. var. *capitata* 1838, Infusionsthierchen：P. 185, Taf. 13, Fig. 20.

珪殻は楕円状皮針形で，両端部は嘴状から嘴状頭部形に突出する．殻長：20-30(47) μm，殻幅：5-7(10) μm．縦溝は真っ直ぐで糸状．軸域は狭く，中心域は小さい．条線は幅広く，中央部は放射状，先端部は収斂する．条線密度：8-10/10 μm．

分布・生態

世界広汎種．有機汚濁耐性がかなり強く，α-中腐水性水域にも生育する．蟹原・才井戸流，森林公園・岩本池，蟹原水源・大道平池，東山公園・ボート池，十勝川・北海道，手賀沼，木曽川各地等，日本各地で広く見いだしている．

近似種との相違点

Hippodonta hungarica（Ehrenb.）Lange-Bert., Metzeltin & Witk. 1996
　珪殻は楕円状皮針形で，側縁の中央部の湾曲が強い．

Hippodonta linearis（Østrup）Lange-Bert., Metzeltin & Witk. 1996
　珪殻は線状から線状楕円形で，先端部は突出しない．

***Hippodonta costulata*（Grunow）Lange-Bert., Metzeltin & Witk. 1996**, in Lange-Bertalot ed., Ⅲ *Hippodonta* gen. nov., Iconographia Diatomologica **4**：P. 254, Taf. 1, Figs 6, 7, Taf. 4, Figs 6-9. 【Pl. 21, Figs 8-10】

Basionym：*Navicula costulata* Grunow f. *costulata* 1880, in Cleve & Grunow, Kongl. Svensk. Vet. Akad. Handl. **17**(2)：P. 27.

珪殻は皮針形から菱形皮針形，先端は丸く伸長する．殻長：12-35 μm，殻幅：4-7.5 μm．縦溝は糸状で中心孔は互いに相当に近寄っていて狭い．条線は中央部は放射状で，先端部では収斂する．条線密度は粗（7-10/10 μm）である．

分布・生態

五大湖地方，琵琶湖で記載されているがあまり多くないようである．筆者らは Lake Tahoe, CA-USA. で見出した．

近似種との相違点

Hippodonta costulata f. *curta*（Skvortsov）Ohtsuka nom. nud.
　Basionym：*Navicula costulata* f. *curta* Skvortsov 1936
大塚はインターネットで公開する珪藻の電子図鑑『琵琶湖博物館：WEB 図鑑：珪藻』に本種を記載している．珪殻は幅広く，小形でないものは先端の突出が強いので区別できるという．

Hippodonta subcostulata（Hust.）Lange-Bert., Metzeltin & Witk. 1996
　珪殻は皮針形，やや小形（殻長：12-22 μm，殻幅：2.5-4 μm）で，条線密度は密（12/10 μm）である．

***Hippodonta hungarica*（Grunow）Lange-Bert., Metzeltin & Witk. 1996**, in Lange-Bertalot ed., Ⅲ *Hippodonta* gen. nov., Iconographia Diatomologica **4**：P. 259, Taf. 1, Figs 22-26. 【Pl. 21, Figs 1-7】

Basionym：*Navicula hungarica* Grunow var. *hungarica* 1860, über neue oder ungenügend gekannte Algen. **1**.；Folge, Diatomaceen, Familie Naviculaceen, in Verh. kais, -königl. Zool-Bot. Ges. Wien **10**： P. 539, Taf. 1, Fig. 30.

Synonym：*Navicula capitata* var. *hungarica*（Grunow）R. Ross 1947.：P. 192.

珪殻は楕円状皮針形で，両端は嘴状から嘴状頭部形に突出する．殻長：20-30(47)μm，殻幅：5-7(10)μm としている．しかし今回，殻長：48 μm，殻幅：8.5 μm の珪殻を見いだした．縦溝は糸状で真っ直ぐ，軸域は狭く，中心域は小さい．条線は幅広く，中央部は放射状，両端部は収斂する．条線密度：8-10/10 μm.

分布・生態

世界広汎種．有機汚濁耐性が強く，*α*-中腐水域まで生息する．

近似種との相違点

Hippodonta capitata（Ehrenb.）Lange-Bert., Metzeltin & Witk. 1996
　両端部が頭部状に突出する．

Hippodonta linearis（Østrup）Lange-Bert., Metzeltin & Witk. 1996
　外形は線状皮針形で，両端部は広い円形である．

***Hippodonta linearis*（Østrup）Lange-Bert., Metzeltin & Witk. 1996**, in Lange-Bertalot ed., Ⅲ *Hippodonta* gen. nov., Iconographia Diatomologica **4**：P. 261, Taf. 1, Figs 16-21, Taf. 2, Figs 1, 2, Taf. 4, Figs 14-19. 　　　　　　　　　　　　　　　　　　【Pl. 21, Figs 12-31】

Basionym：*Navicula hungarica* var. *linearis* Østrup 1910, Danske Diatomeer：P. 79, Pl. 2, Fig. 53.

珪殻は線状から線状楕円形，先端は突出せず広円状．殻長：18-36 μm，殻幅：7-10 μm．縦溝は真っ直ぐで線状．軸域は大変狭く，中心域は中央の条線の1本が短くなって形成され，横長の四角形．条線は放射状，先端部で平行あるいは収斂する．条線密度：7-8/10 μm，点紋密度：約 30/10 μm.

分布・生態

ヨーロッパの汽水域で記録され，著者らは Kuril L., RUS., L. Roca, Swamp-2, ARG.等で見いだした．日本でも斐伊川，菅生沼等から報告があり，木曽川では下流部で広く採集され，世界広汎種と考えられる．

近似種との相違点

Hippodonta capitata（Grunow）Lange-Bert., Metzeltin & Witk. 1996
　珪殻は楕円状皮針形で外形が異なる．先端は嘴状から嘴状頭部形に突出する．

Hippodonta hungarica（Grunow）Lange-Bert., Metzeltin & Witk. 1996
　珪殻は楕円状皮針形で，側縁の中央部の湾曲が強い．

***Hippodonta pseudacceptata*（H. Kobayasi）Lange-Bert., Metzeltin & Witk. 1996**, in Lange-Bertalot ed., Ⅲ *Hippodonta* gen. nov., Iconographia Diatomologica **4**：P. 263.
　　　　　　　　　　　　　　　　　　　　　　　　　　　　　　　　　　【Pl. 39, Figs 1-45】

Basionym：*Navicula pseudacceptata* H. Kobayasi 1986, in H. Kobayasi & Mayama, DIATOM **2**：P. 95-

101, Pl. 1, Figs 1-12. Icon. Diat. **4**：P. 263 にはこのように記載されている.

これに従うなら，*Nav. mendotia*，*Nav. perminuta* 等多くの小形の taxa について属の新組み合わせが必要になると考えられる. 最近では *Hippodonta* を使う研究者が増えてきているが，本書では *Navicula pseudacceptata* として記載する（p. 151 および Plate 39，*Navicula pseudacceptata* を参照）.

***Hippodonta subcostulata*（Hust.）Lange-Bert., Metzeltin & Witk. 1996**, in Lange-Bertalot ed., Ⅲ *Hippodonta* gen. nov., Iconographia Diatomologica **4**：P. 264.；Lange-Bertalot 2001, Diatoms of Europe **2**：P. 105, Pl. 76, Figs 13-17, Pl. 79, Fig. 8.　　【Pl. 21, Fig. 11】
Basionym：*Navicula subcostulata* Hust. 1934, in Abhandl. Wiss. Ges. Bremer Jg. **8/9**：P. 386, Fig. 13.；Krammer & Lange-Bertalot 1986, in Süsswasserf. von Mitteleur. **2/1**：P. 124, Fig. 42：16, 17.；Simonsen 1987, Atlas and Catal. Diatom：P. 150, Pl. 241, Figs 41-44.

珪殻は皮針形から線状皮針形，先端は広円状で，弱く突出するものと突出しないものがある. 殻長：12-22 μm，殻幅：2.5-4 μm. 軸域は狭い線状，中心域は帯状で両側縁に達する. 条線は幅広く放射状で先端部は収斂する. 条線密度：約 12/10 μm.

分布・生態
分布は未詳. 電解質の少ない水域で記録されている.

近似種との相違点
Hippodonta avittata（Cholnoky）Lange-Bert., Metzeltin & Witk. 1996
　珪殻の外形は菱形から皮針形で先端部は突出しない. 大きさは（殻長：12-25 μm，殻幅：3-5 μm）似ているが殻幅が僅かに大である.

Hippodonta costulata（Grunow）Lange-Bert., Metzeltin & Witk. 1996
　珪殻の外形は皮針形から菱状皮針形で先端部は尖円状. 殻長（12-20 μm）はほぼ同じであるが，殻幅が広い（4-5 μm）. 条線密度は粗（7-10/10 μm）である.

Hippodonta neglecta Lange-Bert., Metzeltin & Witk. 1996
　殻長（12-20 μm）はほぼ同じであるが，殻幅（4-5 μm）が広く，皮針形から菱状皮針形である. 先端は尖円状から広円状. 条線密度：10-13/10 μm.

Genus *Humidophila*　　（Humid：多湿の）

Humidophila と *Diadesmis* について
Humidophila Lowe, Kociolek, Johansen, Van de Vijver, Lange-Bert. & Kopalová gen. nov.
　上記は *Humidophila* 新設の記述で，Rex L. Lowe, Patrick Kociolek, Jeff R. Johansen, Bart Van de Vijver, Horst Lange-Bertalot & Kateřina Kopalová 2014, *Humidophila* gen. nov., a new genus for a group of diatoms (Bacillariophyta) formerly within the genus *Diadesmis*：species from Hawai'i, including one new species：Diatom Research **29**(4)：351-360 が初発表文である.
　Humidophila は 2014 年，Hawaii を原産地とする *Humidophila undulata* を属名 type とし，Lowe ら 6 名により，Diatom Research に新属として初発表された（属名 type：*Humidophila undulata* の命名者は Lowe, Kociolek, Johansen の 3 名である）.

> *Diadesmis* は Kützing により 1844 年に設立されたが，属名 type が指定されておらず，1990 年になって Round (The diatoms: P. 530) によって *Diadesmis confervacea* Kütz. 1844 が属名 type に指定された．*Diadesmis* に置かれるべき多くの種は現在 *Navicula* に置かれている．最も知られている *Nav. contenta* Grunow ex Van Heurck は 1990 年に Round et al. によって *Diadesmis* に再組み合わせされたばかりである．
>
> 走査型電子顕微鏡が使われてから，多くの新組み合わせと新種が記述され，現在では *Diadesmis* に 75 taxa 近くを含むという (Fourtanier & Kociolek 2011)．Rumrich et al.(2000)は属名 type *D. confervacea* は現在記述されている *Diadesmis* の多くの種と形態的に明らかに異なると記している．Lange-Bertalot & Le Cohu (in Rumrich et al. 2000) もまた *Diadesmis* の種を厳密に関連づけていくと属名 type とは全く異なると認めており，その type を subgenus *Paradiadesmis* Lange-Bert. & Le Cohu 2000 としている．
>
> 前出の Lowe et al., Diatom Research 2014 で，*Paradiadesmis* を新属名 *Humidophila* とした．いくつかの新種と *Diadesmis* とされていた多くの種類をこの新属に組み合わせ 48 taxa が記載された．
>
> *Humidophila* に属する種はどれも小形で，光学顕微鏡では条線密度さえ測定できない種が多い．縦溝の先端の構造はかなり重要な種の表徴とされているが，SEM でなければ識別できない．

Humidophila contenta (Grunow) Lowe, Kociolek, Johansen, Van de Vijver, Lange-Bert. & Kopalová 2014, in *Humidophila* gen. nov., a new genus for a group of diatoms (Bacillariophyta) formerly within the genus *Diadesmis*: species from Hawai'i, including one new species: Diatom Research 2014: P. 7. 【Pl. 16, Figs 11-19】

Basionym: *Navicula contenta* Grunow 1885, in Van Heurck, Synop. Diat. Belg.: P. 109.; Krammer & Lange-Bertalot 1986, in Süsswasserf. von Mitteleur. **2/1**: P. 219, Pl. 75, Figs 1-5.

Synonym: *Diadesmis contenta* (Grunow) D. G. Mann 1990, The diatoms.; *Navicula trinodis* W. Sm. f. *minuta* Grunow 1880, in Van Heurck, Synop. Diat. Belg.: Pl. 14, Fig. 31A.; *Diadesmis biceps* Arn. ex Grunow 1880 in Van Heurck, Synop. Diat. Belg.: Pl. 14, Fig. 31B.

珪殻は湿土やコケ上に単独で生活するが，しばしば薄い皮膜状の群体を形成する．珪殻の外形は変化に富み，楕円状披針形〜線状形，中央部が縊れるものから3回波打つものまである．

殻長：4-30 μm，殻幅：2-6 μm，縦溝は糸状で，中心域の間隔は大きい．軸域と中心域の形は変異に富む．条線は平行のものが多いが，弱い放射状のものもある．先端は弱く収斂する．条線密度：26-40/10 μm．

Hustedt(1930)は珪殻中央部が膨らむものを *Navicula contenta*，直線的か凹むものを f. *biceps* とした．この方式は渡辺ら(2005)にも引き継がれている．渡辺は両者の環境への適応性を比較し，両者に差異を見いだしている．このことからも，両者は分けるべきかもしれないが，筆者らは分けるべき明確な差異を見いだしていない．Lange-Bertalot らは *Diadesmis*，*Humidophila* のどちらにも bipes の taxa 名を使っていない．珪殻中央部が膨らむものに他の名前を与えたり (*H. subtropica*, *H. pantropica*, *H. tahitiensis*)，Hustedt が f. *biceps* とした側縁が直線的か凹むものをも *Diadesmis contenta* として扱い，そのまま *Humidophila* に属を代えている．このように整理しなければならないことがあるが，本書はこれに従い f. *biceps* を *H. contenta* と区別せずに扱った．

分布・生態

世界広汎種．気性藻とされ，コケ類の間，湿った岩等に多く見られる．木曽川各地，南西諸島

の多くの島（沖縄本島，宮古島，西表島，与那国島等），Rend Lake, IL-USA., Nakongnayok P. P. THA., Moss on Icefall, Gullfoss, ISL., Honolulu Res., HI-USA. 等で広く見いだしている．

***Humidophila perpusilla* Lowe, Kociolek, Johansen, Van de Vijver, Lange-Bert. & Kopalová 2014**, in *Humidophila* gen. nov., a new genus for a group of diatoms (Bacillariophyta) formerly within the genus *Diadesmis* : species from Hawai'i, including one new species : Diatom Research 2014 : P. 8. 【no Fig.】

Basionym : *Diadesmis perpusilla* (Grunow) D. G. Mann 1990, in Round, Crawford & Mann, The diatoms : P. 666.

Synonym : *Navicula perpusilla* Grunow 1860, in Verh. Zool.-bot. Ges. Wien **10** : P. 552, Pl. 4, Fig. 7. ; *Navicula gallica* (W. Sm.) Lagerst. var. *perpusilla* (Grunow) Lange-Bert. 1985, in Krammer & Lange-Bertalot, Bibl. Diat. **9** : P. 71. ; Krammer & Lange-Bertalot 1986, in Süsswasserf. von Mitteleur. **2/1** : P. 220, Pl. 75, Figs 12-17'.

チビオビフネケイソウ

珪殻の外形に変異が大きいが，線状皮針形から幅広い楕円形のものが多く，中央部が弱く膨らむ珪殻がしばしば見られる．殻長：10-20 μm，殻幅：3-5 μm．条線は短く縁性で，放射状配列．条線密度：約 36/10 μm．

分布・生態

世界広汎種．山地性．

Genus *Luticola*

Luticola は 1990 年 D. G. Mann によって提唱された新属である（The diatoms：670）．色素体は側壁性で，側縁に沿った二片は中央で 1 個の円形構造物で繋がり，H 字形をなす．珪殻は線形，皮針形，楕円形，先端は鈍円頭から頭部形と変化は大きい．

条線は線でなく，明瞭な点紋よりなり，単列で，点紋は拡大すると通常は円形である．点紋は薄皮に覆われることがあり，その場合薄皮には多数の内部に通じる孔が開いている．

縦溝は通常狭く，中央に向かって肥厚して膨らみ，四角形の中心域を形成する．外中心裂溝は遊離点のない方向へ曲がり，側縁に達する四角形をなし，その反対側に短棘がある 1 個の遊離点が殻を貫いている．珪殻内側の遊離点の開裂は曲がった唇形の割れ目であり，外側遊離点の開裂は単純な孔，あるいは蓋状構造をもつ円孔である．

縦溝の殻端側はまず遊離点のない側へ曲がり（相同型），曲がり方の程度は僅かに傾くものから反対側へ曲がり込むものまで，様々である．

Luticola はしばしば *Diadesmis* と同じ生息地に見つかるが，縦溝の形，1 個の点紋あるいは点紋のより複雑な構造物が異なっている．とはいえ，両属は近縁であるといえる．*Diadesmis* は *Brachysira* との間にも，いくつかの共通点が認められる．

真山ら（2001）は *Luticola goppertiana* を培養し，殻の形成過程が *Navicula* と異なることを明らかにして，*Luticola* の独立を支持している．

Luticola aequatorialis (Heiden) Lange-Bert. & Ohtsuka 2002, in DIATOM **18**：P. 35, Figs 113, 114.；Rumrich, Lange-Bert. & Rumrich 2000, Iconographia Diatomologica **9**：Taf. 61, Figs 13, 14 (Aff.), 15.；*Luticola* (?nov.) spec. Metzeltin, Lange-Bert. & García-Rodríguez 2005, Icon. Diat. **15**：Pl. 79, Figs 8-33.　　　　　　　　　　　　　　　**[Pl. 24, Figs 15, 16]**

Basionym：*Navicula aequatorialis* Heiden 1928, Heiden et Kolbe.；Hustedt 1930, in Schmidt, Atlas der Diatomaceen-Kunde：Taf. 370, Figs 19-21.

Synonym：*Navicula lagerheimii* var. *intermedia* Hust. 1930, in Schmidt, Atlas der Diatomaceen-Kunde：Taf. 370, Fig. 22.；*Stauroneis heufleriana* Grunow in Cleve & Grunow 1880.

　珪殻は菱状皮針形から典型的な菱形，大部分は側縁が弱く広がり，殻端は伸長して丸みを帯びる．殻長：15-30 μm，殻幅：7-10 μm，条線密度：15-16/10 μm．Ohtsuka (2002) は楕円形から楕円状皮針形で僅かに先端が伸長する写真（Schmidt Atlas 1930, Taf. 370：Figs 21, 22 に相当）を本種として新組み合わせを行った．右は Schmidt Atlas 1930, Taf. 370 の図である．Atlas der Diatomaceen-Kunde：Taf. 370, Figs 19-21：*Navicula lagerheimi* Cleve, Fig. 22：Dieselbe, var. *intermedia* nov. var. と記されている．命名者は Hustedt である．Hustedt 1961-1966（1977：Reprint 版）Die Kieselalgen **3**：Fig. 1593 では，全く同じ図を用い，19-22 を a-d に置き換えて *Navicula mutica* f. *intermedia* Hust. nov. comb. と，新組み合わせを行った．

　Simonsen 1987, Atlas and Catal. Diatom Types of Fr. Hustedt：Taf. 201, Fig. 4 は *Navicula Lagerheimi* var. *intermedia* の種名を使い，Schmidt Atlas 1930, Taf. 370, Fig. 22 と同じ楕円状皮針形の写真を挙げている．なお，文末で *Navicula mutica* f. *intermedia* (Hust.) Hust. と再組み合わせを行ったと記している．U. Rumrich, Lange-Bertalot & M. Rumrich 2000, Icon. Diat. **9**：Taf. 61, Figs 13, 14 では Schmidt Atlas 1930, Taf. 370, Fig. 20 と同じ形態（菱状皮針形：先端嘴状に伸長）の珪殻を示して *Luticola ? aequatorialis* とし，Taf. 61, Fig. 15 には Schmidt の Fig. 21 と同じ形態（楕円状皮針形：先端嘴状に伸長）の珪殻を示して *Luticola aequatorialis* としている．

　Ohtsuka (2002) が *Luticola aequatorialis* として新組み合わせを行って以来，この形態のものは混乱がなくなったように見える．しかし，Schmidt の Figs 19, 20 の形態（菱状皮針形：端部伸長）のものは *Luticola aequatorialis* として扱われたり (Biodiversity, J. 2013)，*Luticola* (? Nov.) spec. とされたり（Icon. Diat. **15** 2005）して，若干混乱しているように見える．本書では Kieselalgen で示された Hustedt の見解に従い，4 形態をすべて *Luticola aequatorialis* として扱う．

　the Amazon, Agalico Wharf, ECU. で得た試料を計測した結果，殻長：19 μm，殻幅：7.5-8.0 μm，条線密度：17-18/10 μm，点紋密度：14-24（平均 19）/10 μm の計測値を得た．点紋密度の頻度分布図を**図 34** *Lut. aeq.* に示す．2 珪殻，69 条線を計測した．

分布・生態

　著者らは the Amazon, Agalico Wharf, ECU. で得たのみである．

近似種との相違点

Navicula heufleriana (Grunow) Cleve 1894

　菱形で，先端は頭部状に突出する．少し大形（殻長：20-35 μm，殻幅：8-12 μm）で，条線密度，点紋密度とも若干粗（条線：15-16/10 μm，点紋：14-19/10 μm）である．なお，点紋密度は Krammer & Lange-Bertalot 1986, Süsswasserflora von Mitteleuropa **2/1**：Fig. 63 の写真を

計測した値である．

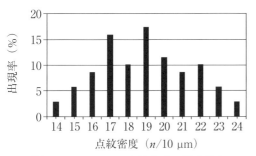

図34 *Lut. aeq.* の点紋密度の頻度分布

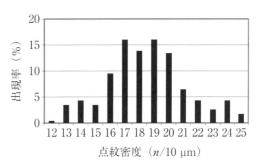

図35 *Lut. coh.* の点紋密度の頻度分布

Luticola cohnii （**Hilse**） **D. G. Mann 1990**, in Round, Crawford & Mann, The diatoms：P. 670.　　　　　　　　　　　　　　　　　　　　　　　　　　　　　　【Pl. 22, Figs 11-15】
Basionym：*Stauroneis cohnii* Hilse 1860, in Ber. Schles. Ges. Vat. Cult. Breslau（Bot. Sect.）：P. 83.
Synonym：*Navicula mutica* Kütz. var. *cohnii*（Hilse）Grunow 1880, in Van Heurck, Synop. Diat. Belg.：Pl. 10, Fig. 17.；*Navicula cohnii*（Hilse）Lange-Bert., in Krammer & Lange-Bertalot 1985, Bibl. Diat. **9**：P. 61.；Krammer & Lange-Bertalot 1986, in Süsswasserf. von Mitteleur. **2/1**：P. 152, Pl. 63, Figs 1-3.

珪殻は広楕円形から線状楕円形，先端は広円状，稀に突出する．殻長：10-30 μm，殻幅：6-12 μm．軸域はやや幅広い線状皮針形，中心域は帯状で側縁に達する．条線は放射状で，条線密度：15-20/10 μm，点紋密度：15-20/10 μm．筆者らは4珪殻，231条線の点紋密度を計測し，図35 *Lut. coh.* を作成した．点紋密度：(12)13-24(25)/10 μm と表すことが適当とわかった．

分布・生態
　世界広汎種．著者らは日本各地，米国各地，the Amazon, nature trail, ECU., Chaoplaya Riv., THA., 杭州市・西湖，CHN., Marth Riv., NLD. 等各地で見いだしている．

近似種との相違点
Luticola goeppertiana（Bleisch）D. G. Mann 1990
　珪殻は楕円状皮針形，菱状皮針形から線状楕円形で，鋭円から鈍円の先端部をもつ．殻長：10-144 μm，殻幅：6-36 μm．
Luticola mutica（Kütz.）D. G. Mann 1990
　珪殻は菱状楕円形から幅広い楕円形，または菱状皮針形で，両端部は広いまたは狭い楔形，先端は広円状．
Luticola saxophila（Bock & Hust.）D. G. Mann 1990
　珪殻は楕円形から線状楕円形あるいは楕円状皮針形，先端部はやや尖円状．条線密度は密（21-23/10 μm）で，点紋密度はやや粗（12-15/10 μm）である．

Luticola dapaloides （**Freng.**） **Metzeltin & Lange-Bert. var. *dapaloides* 1998**
　Iconographia Diatomologica **5**：P. 137.；Metzeltin, Lange-Bert. & García-Rodríguez 2005,

Iconographia Diatomologica **15**：Pl. 84, 87.；L. C. Torgan, S. E. Salomoni & A. B. Bicca 2009, Revista Brasil. Bot., v. 32 n. 1.　　　　　　　　　　　　　　　　　　　　【Pl. 26, Figs 5-7】
Basionym：*Navicula dapaloides* Freng. 1953.
Synonym：*Navicula goeppertiana* var. *dapalis*（Freng.）Lange-Bert. 1985.；*Navicula dapalis* Freng. 1941.

　初発表文は新組み合わせと basionym が記載されているだけで，図は示されていない．次いで，Icon. Diat. **15** 2005 には写真が示されているのみで説明文はない．珪殻は楕円状皮針形で，条線は放射状，直線状でなく弓形に曲がり，殻端ほど角度が急傾斜となる．本種の計測値では，殻長：58.9-94.5 µm，殻幅：15.2-22 µm，条線密度：中央部：10/10 µm，の記録（L. C. Torgan et al. 2009, Revista Brasil. Bot., v. 32）がある．しかし，初発表の写真を著者らが計測した結果は次のとおりである．殻長：40-57 µm，殻幅：14-16 µm，条線密度：8.5-10/10 µm，点紋密度：(10)11-15(16)/10 µm．また，Hustedt 1961-1966, Die Kieselalgen **3**：Fig. 1609（*Navicula dapalis*）に記載された計測値は殻長：43-144 µm，殻幅：16-36 µm，条線密度：10/10 µm，点紋密度：約 15/10 µm と記されている．Krammer & Lange-Bertalot 1986：P. 151 には *Navicula goppertiana* var. *dapalis* の計測値として殻長：43-144 µm，殻幅：16-36 µm，条線密度：10/10 µm と記されている．

　ここに採録した Pl. 28, Figs 1-3 の写真と，Icon. Diat. **15** 2005 に示された写真とを比べると，弱く嘴状に突出すること，両端部の条線の傾きが強いこと，点紋密度が密（15-21/10 µm）である点で異なっている．しかし，外形，軸域，中心域の形，条線の形，傾きが似ているので，本書では *Luticola dapaloides* として扱う．

分布・生態
　著者らは Philadelphia Riv., PA-USA. で見いだした．

Luticola dapaloides（Freng.）Metzeltin & Lange-Bert. f. *rostrata* Kimura 1998 nom. nud.　　【Pl. 26, Fig. 8】

　珪殻は *Lut. uruguayensis* に似るが，やや小形で，側縁は波打たない．*Luticola dapaloides* に似るが菱状皮針形で先端が嘴状に突出する．この外形の特徴を重視し，f. *rostrata* nom. nud. として扱う．光学顕微鏡で見ると側縁の内側に側縁に沿って黒い線が見られる．先端は嘴状．軸域は菱状皮針形．条線密度：12-14.5/10 µm，点紋密度：(11)14-23(25)/10 µm である（図 36 *Lut. dap.* f. *rost.* 参照）．Pl. 27, Fig. 8 に示した珪殻は本種に似るが，外形が楕円形で，先端が広嘴状に突出する点で差があるように見える．しかし，この一例しか観察例がないので，本種の変異に入るものとして扱う．

分布・生態
　the Amazon, nature trail, ECU. の木製遊歩道の湿った支柱から，原住民集落（the Amazon, Village of Koffan, ECU.）の溝から，Peris Meer Riv. CRI. より得た．

近似種との相違点
Luticola dapaliformis（Hust.）D. G. Mann 1990
　Synonym：*Navicula goeppertiana* var. *dapaliformis*（Hust.）Lange-Bert. 1985

珪殻は広皮針形で側縁は波打たない．当種は遊離点が本種ほど特徴がある構造ではない．

Luticola dapalis（Freng.）D. G. Mann 1990

Synonym：*Navicula dapaloides*（Freng.）Metzeltin & Lange-Bert. 1986

珪殻は広皮針形で側縁は波打たない．両端は楔状に終わり，突出しない．側縁に沿って黒い線がある．

Luticola hirgenbergii Metzeltin, Lange-Bert. & García-Rodríguez 2005

珪殻は先端が嘴形に伸長した広皮針形，側縁は僅かに波打つ．側縁に沿った黒線はない．殻の大きさと点紋密度では区別できないが，条線密度が密（15/10 μm）である．

Luticola uruguayensis Metzeltin, Lange-Bert. & García-Rodríguez 2005

外縁は僅かに波打つ．先端は僅かに突出した楔形，軸域は線状皮針形．条線密度は粗（9.5-11.5/10 μm），点紋密度も粗（13-18(19)/10 μm）である．

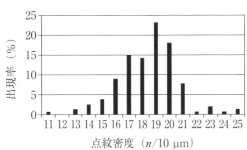

図36　*Lut. dap.* f. *rost.* の点紋密度の頻度分布

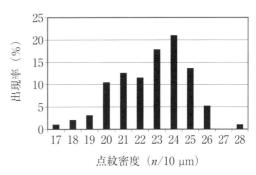

図37　*Lut. goep.* の点紋密度の頻度分布

Luticola goeppertiana（Bleisch）**D. G. Mann** 1990, in Round, Crawford & Mann, The diatoms：P. 670.　　【Pl. 22, Figs 1-10】

Basionym：*Stauroneis goeppertiana* Bleisch 1861, in Rabenhorst, Alg. Europas：no. 1183.

Synonym：*Navicula mutica* Kütz. var. *goeppertiana*（Bleisch）Grunow 1885, in Van Heurck, Synop. Diat. Belg.：Pl. 10, Figs 18, 19, 1880, P. 95.；*Navicula goeppertiana*（Bleisch）H. L. Sm. var. *goeppertiana* 1874-1879, no. 276.；Krammer & Lange-Bertalot 1986, Süsswasserf. von Mitteleur. **2/1**：P. 150, Pl. 62, Figs 1-12.

珪殻は楕円状皮針形，菱状皮針形から線状楕円形で，ほとんどは鈍円状の先端をもつが，稀に多少嘴状に突出する．殻長：10-65(144)μm，殻幅：6-(36)μm．縦溝は中心部で同じ方向に曲がる．中心孔も縦溝の先端と同じ方向に湾曲する．軸域は中心域に向かって徐々に幅広くなり，全体的には中くらいから幅広いほうである．中心域は帯状で側縁に達し，中心域の片方に1個の遊離点がある．遊離点は光学顕微鏡でも，小さいトゲのある蓋状の覆いがあるように見える．条線は放射状に配列する．条線密度：18-24/10 μm．著者らがSEM写真1珪殻，95条線を計測したところ，点紋密度の範囲は(17)19-26(28)/10 μmと表すことが適当とわかった．なお，点紋密度の頻度分布を図37 *Lut. goep.* に示す．

分布・生態
　世界広汎種．α〜β中腐水域に生息し，α-中腐水域に特に多く見られる．著者らは日本はもとより，南北アメリカ，ユーラシア大陸，アフリカ，オーストラリア，南極の西オングル島で採集しており，分布は極めて広い種といえる．

近似種との相違点
Luticola cohnii（Hilse）D. G. Mann 1990
　珪殻は広楕円形から線状楕円形で，先端は広円状であるが，稀に突出するものがある．
Luticola mutica（Kütz.）D. G. Mann 1990
　珪殻は楕円状から楕円状皮針形で，両端部は広円状である．遊離点は光学顕微鏡で見る限り，点紋（穴）にしか見えない．
Luticola saxophila（Bock & Hust.）D. G. Mann 1990
　珪殻は楕円形のものが多い．縦溝中央部末端はほぼ直角に折れ曲がる．中心域は遊離点がないほうでのみ横帯をなす．

***Luticola minor*（R. M. Patrick）Mayama 1998**, in Mayama & Kawashima, DIATOM **14**： P. 69.；高野ら 2009, DIATOM **25**：120-133.；後藤ら 2010, DIATOM **26**.【Pl. 25, Figs 6-11】
Basionym：*Navicula mobiliensis* C. S. Boyer var. *minor* R. M. Patrick 1959, in Proc. Acad. Nat. Sci. Philadelphia **111**：P. 96, Pl. 8, Fig. 2.；Patrick & Reimer 1966, Diat. U. S. **1**：P. 458, Pl. 42, Fig. 12.

　珪殻は線状皮針形，亜楔状の両端部をもつ．殻長：28-48 μm，殻幅：10-12 μm．中心域は大きく横長で形は様々．中心域の一方に1個の特徴のある大きな遊離点がある．他方の中心域には条線の先端に数個の小さな遊離点をもつ．条線は放射状配列で，条線密度は中央部で18-19/10 μm，先端部は約 22/10 μm．点紋密度は著者らが2珪殻，285条線を計測した点紋密度頻度分布図を図38 *Lut. min.* に示す．点紋密度範囲は(13)15-23(26)/10 μm と表せる．

分布・生態
　米国と日本で記録されている．著者らは木曽川各地，子吉川・秋田県，蟹原等で見いだしている．中国では長江の支流（寧波・余姚江, CHN.）でも採集している．多量には産しないが，かなり広く分布する種と思える．

近似種との相違点
Luticola dapaliformis（Hust.）D. G. Mann 1990
　珪殻の外形は楕円状皮針形で，小形（殻長：35-50 μm，殻幅：11-14 μm）である．
Luticola dapalis（Freng.）D. G. Mann 1990
　珪殻の外形は皮針形で，両側縁はなだらかに突出するが，時に3回波打つ．両端部は楔状でその先端は広円状，時に弱く突出する．
Luticola mobiliensis（C. S. Boyer）Mayama 1998
　珪殻は大形（殻長：70-95 μm，殻幅：20-25 μm）で，条線密度は粗（中央部，10-12/10 μm，先端部，約16/10 μm）である．
Luticola mutica（Kütz.）D. G. Mann 1990
　珪殻は楕円状から楕円状皮針形，小形（殻長：6-25 μm，殻幅：4.5-7.5 μm）である．

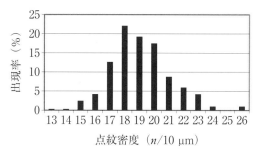

図38 *Lut. min.* の点紋密度の分布

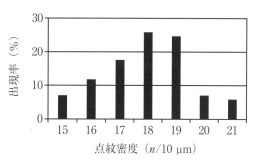

図39 *Lut. mit.* の点紋密度の頻度分布

Luticola mitigata（**Hust.**）**D. G. Mann 1990** in Round, Crawford & Mann, The diatoms：P. 670.；Rumrich, Lange-Bertalot & Rumrich 2000, Icon. Diat. **9**：Taf. 62, Fig. 1.

【Pl. 24, Figs 17, 18】

Basionym：*Navicula mitigata* Hust. 1961-1966, Die Kieselalgen **3**：Fig. 1596.

珪殻は楕円状皮針形，先端はかなり伸長した嘴状で頭部状にはならない．殻長：23-35 μm，殻幅：7-10 μm，条線密度：中央部，16-20/10 μm，先端部，約28/10 μm．点紋密度は3珪殻，85条線を計測した結果は15-21/10 μmである．これを**図39** *Lut. mit.* に示す．

分布・生態

中米地域から知られている．著者らは紹興市・魯迅堀，CHN., Bristol（S. A. Free Way），GBR. で見いだした．

Luticola mutica（**Kütz.**）**D. G. Mann 1990**, in Round, Crawford & Mann, The diatoms：P. 670.；U. Rumrich, H. Lange-Bertalot & M. Rumrich 2000, Iconographia Diatomologica **9**：Taf. 62, Figs 2-6.

【Pl. 23, Figs 1-7】

Basionym：*Navicula mutica* Kütz. var. *mutica* 1844.；F. Hustedt 1930, Die Süsswasser-F. Mitteleur. **10**：P. 274, Fig. 453-a.；K. Krammer & H. Lange-Bertalot 1986, Süsswasserf. von Mitteleur. **2/1**：P. 149, Figs 61：1-8.

Synonym：*Stauroneis rotaeana* Rabenhorst 1856, Hedwigia **1**.；*Navicula imbricata* Bock 1963.；*Navicula paramutica* Bock var. *paramutica* 1963.

珪殻は菱状楕円形，幅広い楕円形から菱状皮針形，先端は鈍い楔形で，先端は多少伸長することがあるが，頭部状に突出することはない．中心域は横帯が側縁に達することはなく，遊離点は光学顕微鏡で見る限り単純な穴状構造に見える．殻長：6-30(40) μm，殻幅：4-9(12) μm，条線は放射状で，条線密度：14-20(25)/10 μm，点紋密度：約15-17/10 μm．

分布・生態

世界広汎種．

図40 *Lut. mut.* は木曽川産の3珪殻，248条線の点紋密度を計測したものである．

近似種との相違点

Luticola aequatorialis（Heiden）Lange-Bert. & Ohtsuka 2002
側縁の張り出しが強く，菱形に見える．

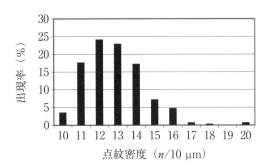

図40 *Lut. mut.* の点紋密度の頻度分布

Luticola cohnii（Hilse）D. G. Mann 1990
　珪殻は広楕円形から線状楕円形，先端は広円状．横帯は帯状で側縁に達する．
Luticola goeppertiana（Bleisch）D. G. Mann 1990
　珪殻は楕円状皮針形，菱状皮針形から線状楕円形，先端は鋭円から鈍円形．軸域は線状皮針形，中心域は横帯が側縁に達する．
Luticola simplex Metzeltin, Lange-Bert. & García-Rodríguez 2005
　珪殻は菱状楕円形，先端は嘴形．点紋密度：20-24/10 μm で密である．

Luticola muticoides*（Hust.）D. G. Mann 1990**, in Round, Crawford & Mann, The diatoms：P. 670.；U. Rumrich, Lange-Bertalot & M. Rumrich 2000, Iconographia Diatomologica **9**：P. 364.　　　　　　　　　　　　　　　　　　【Pl. 23, Fig. 18】

Basionym：*Navicula muticoides* Hust. 1949, Die Kieselalgen：Fig. 1602.；Patrick & Reimer 1966, Diatom U. S.：P. 457, Pl. 42, Fig. 10.

　珪殻は楕円形から幅広い皮針形，時に幅広い末端に終わる．軸域は独特で，中央部では殻幅の8割近くまで広がる．縦溝中央側は遊離点のない方向へ曲がり，中心裂溝を形成せず中心溝で終わる．極裂はその反対方向へ曲がる．条線は殻端まで放射状．殻長：10-23 μm，殻幅：6-9 μm，条線密度：28-30/10 μm，点紋密度：24-28/10 μm．なお，条線密度：28-30/10 μm は Hustedt（1966）に記載された計測値であり，Patrick & Reimer（1966）でもその値を記載している．著者らが示された図を計測した結果は 22-28/10 μm であった．

分布・生態

　Germany, America, Brazil, Paraguay 等から報告されている．著者らは木曽川から見いだしている．世界広汎に見られるが，多産する種類ではないようである．

Luticola nivalis*（Ehrenb.）D. G. Mann 1990**, in Round, Crawford & Mann, The diatoms：P. 671.；Yanling, Lange-Bertalot & Metzeltin 2009, Iconographia Diatomologica **20**：P. 246.
【Pl. 24, Figs 1-7】

Basionym：*Navicula nivalis* Ehrenb. 1853, Ber. Akad. Wiss. Berlin：528.
Synonym：*Navicula quinquenodis* Grunow 1860.；*Navicula mutica* var. *quinquenodis* Grunow 1880, in Van Heurck.；*Navicula mutica* var. *nivalis*（Ehrenb.）Hust. 1911.

珪殻は線状から線状楕円形，側縁は3回波打ち，先端は頭部状に張り出す．殻長：12-42 μm，殻幅：5.5-13 μm．縦溝は糸状で中心節では曲がる．中心域は横長で広い．条線は点紋からなり，条線密度：17-20(24)/10 μm，点紋密度：15-20/10 μm．

著者らのLM写真4珪殻，214条線の計測結果を**図41** *Lut. niv.* に示す．点紋密度の分布範囲は(12)14-22(24)/10 μmと表せる．なお，SEM写真では端部まで点紋がよく写るので，点紋密度は高いほうへ偏る．

分布・生態

Franz Josef land, DNK., Bristol (S. A. Free Way), GBR., Suomenlinnaa Isl.-3, FIN. から見いだした．

近似種との相違点

Luticola aequatorialis (Heiden) Lange-Bert. & Ohtsuka 2002
　両側縁は1回張り出す．

Luticola incoactoides Lange-Bert. & Rumrich 2000
　両側縁は平行．

Luticola molis Lange-Bert. & Rumrich 2000
　両側縁は2回波打つ．

Luticola mutica (Kütz.) D. G. Mann 1990
　珪殻は波打つことなく，先端の突出は明瞭でない．

Luticola aff. *neoventricosa* (Hust.) Lange-Bert. 2000
　珪殻は楕円形で，両端部は嘴状あるいは頭部状に突出する．

Navicula nivaloides Bock 1963
　外形は似るが，側縁の波打ちが強く，中心域が横長の楕円形である．

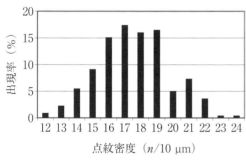 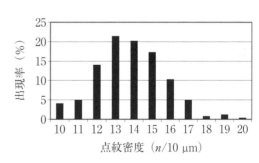

図41 *Lut. niv.* の点紋密度の頻度分布　　図42 *Lut. pal.* の点紋密度の頻度分布

***Luticola palaearctica* (Hust.) D. G. Mann 1990**, in Round, Crawford & Mann, The diatoms：P. 671.　　【Pl. 25, Figs 1-5】

Basionym：*Navicula palaearctica* Hust. 1966, Die Kieselalgen **3**：Fig. 1613.；Simonsen 1987, Atlas and Catal. Diatom Types of Fr. Hustedt：Pl. 762, Figs 1-6.；Krammer & Lange-Bertalot 1986, Süsswasserf. von Mitteleur. **2/1**：Fig. 61：16.

Synonym：*Navicula mutica* Kütz. var. *ventricosa* (Kütz.) Cleve 1930, in Hustedt, Süsswasser-F. Mitteleur. **10**：P. 275, Fig. 453 e.

収録種解説

Homonym：*Navicula mutica* var. *ventricosa*（Kütz.）Grunow 1953, in Cleve-Euler, Die Diatomeen Schw. u. Finn. **4**(5)：Fig. 907 i.

　珪殻は広楕円形．先端は広円状で大きな頭部状に突出する．軸域は線状，中心域は横長四角形．条線は放射状である．計測値の記載は見つからないので，計測数は少ないが，著者らが計測した9珪殻の計測値を記録する．殻長：27-35 μm，殻幅：10-12 μm，条線密度：16-19(20)/10 μm，点紋密度：10-17(20)/10 μm.

　著者らが計測した3珪殻，242条線の点紋密度の頻度分布図を，**図42** *Lut. pal.* に示す．

分布・生態

　Hustedt は Russia の Franz Josef land, DNK. で見いだしている．著者らも Franz Josef land, DNK. でのみ採集している．

近似種との相違点

　幅広い頭部状突出を有する種類は *Luticola* には見当たらない．この特異な形状から本種の区分は容易である．

Luticola paramutica（Bock）D. G. Mann var. *paramutica* 1990, in Round, Crawford & Mann, The diatoms：P. 671. 【Pl. 26, Fig. 1】

Basionym：*Navicula paramutica* Bock var. *binodis* Bock 1963, in Nova Hedw. **5**：237, Taf. 1, Figs 77-82.；Hustedt 1961-1966, Die Kieselalgen **3**：Figs 1599 a-e.；Krammer & Lange-Bertalot 1986, Bacillariophyceae **1**：Süsswasserf. von Mitteleur. **2/1**：P. 155, Figs 61：27-31.

　珪殻は楕円形から楕円状披針形で，中央部で弱くくびれる．両端部は嘴状から嘴状頭部形に突出する．殻長：12-25 μm，殻幅：5-10 μm．軸域は狭い線状で，中心域は矩形で時に側縁まで達する．また，一側性のこともあり，中心域の片側に遊離点がある場合とない場合がある．条線は縦溝に斜行する．条線密度：約25本/10 μm，点紋密度：約36/10 μm.

　Bock(1963)は *Navicula paramutica* の初発表文の中で本種は *Navicula mutica* と *Nav. grimmei* Krasske 1925 の中間の形であると記している．確かに珪殻の外形等は *Nav. grimmei* Krasske の初発表文の図（Pl. 14, Figs 25, 26）に似ている．しかし，Krammer & Lange-Bertalot(1986)は *Nav. grimmei* を *Nav. kotschyi* の synonym にしている．*Navicula paramutica* の顕微鏡写真は Bock(1963)が初発表文中に，*Nav. paramutica* 6枚，*Nav. paramutica* var. *binodis* 2枚の写真を示している．両 taxa の初発表文では holotype の指定を行っていないので，Bock(1963)が示している顕微鏡写真は syntype の写真と見なすべきである．

　自動名をもつ種との区別点を var. *binodis* の初発表文では，小形の傾向があり，側縁は平行で中央部はやや強く湾入し，両端部は時々弱い頭部状に突出する，と記されている．

　Bock(1963)が示している自動名をもつ taxon（*Nav. paramutica* var. *paramutica*）の写真6枚と var. *binodis* の写真2枚を比較すると，var. *paramutica* の1珪殻を除いて var. *binodis* は小形である．この2珪殻の先端部の突出は自動名をもつ6珪殻の中では最も強く，嘴状頭部形を形成している．自動名をもつ種の両側縁は弧状に膨出するが，var. *binodis* はやや強く湾入している．このように初発表文に記されている形態は Bock が示している写真でも確認することができる．

　初発表文にも記されているが，var. *binodis* の外形は線状である．したがって肩の部分は怒り

肩状であるが自動名をもつ種はなで肩状である．しかし，Bock が示している自動名をもつ珪殻の中にも怒り肩に近い形をもつ写真もある（Bock 1963：Figs 77, 79 の右肩）．したがって珪殻の外形の怒り肩，なで肩は連続して変化する形態と推定できる．

本書で本種と同定したものは Pl. 25, Fig. 1 に示す．Resolute（Cornwall Isl., CAN.）より得たもので，その形質と Bock の var. *binodis* の初発表文とを比較する．

1）Bock の写真はいずれも中央部のくびれが強い．
2）珪殻の肩の部分は Bock の写真のほうが怒り肩である．
3）自動名をもつ種の初発表文では，中心域は適当に狭い帯状で，外方に向かって幅広くなるとしている．
4）条線は明瞭な点で構成され，珪殻の中央部は弱く両端部は強い放射状である．中心域の側縁部の長さは様々である．
5）初発表文によると自動名をもつ種の計測値は殻長：10-22 μm，殻幅：4-6 μm，条線密度：17-22/10 μm である．var. *binodis* の計測値は殻長：29-32 μm，殻幅：4.5-5.5 μm，条線密度：13-14/10 μm である．しかし，これらの写真を計測すると若干のずれがある．自動名をもつ種は殻長：14-26 μm，殻幅：5-6.5 μm，条線密度：18-22/10 μm，var. *binodis* は殻長：16-17 μm，殻幅：6 μm，条線密度：19-20/10 μm である．

以上の形質を本試料と比較すると，1）くびれの程度，2）肩の張りの程度，3），4）中心域の形と大きさ，5）計測値の差，いずれも僅かな差で問題にならない．以上より本試料の写真は var. *paramutica* の basionym とされている，同変種の var. *binodis* と同定すべきと考えられる．

1 珪殻，53 条線の点紋密度を計測し，**図 43** *Lut. para.* var. *bin.* に示す．

分布・生態
著者らは Cornwall Isl., CAN. で得たのみである．

近似種との相違点
Luticola goeppertiana（Bleisch）D. G. Mann 1990
　外形は楕円状菱形で，両端部はほぼ広円形である．
Luticola mutica（Kütz.）D. G. Mann 1990
　珪殻の両端部が突出しないので，外形は菱状楕円形から広楕円形である．
Luticola nivalis（Ehrenb.）D. G. Mann 1990

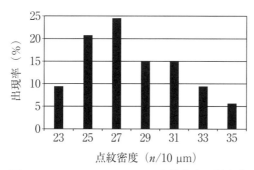

図 43 *Lut. para.* var. *bin.* の点紋密度の頻度分布

珪殻は幅広い縦長四角形で，両側縁は3回波打ち両端部は幅広い嘴状に突出する．

Luticola ventricosa（Kütz.）D. G. Mann var. *ventricosa* 1990

両端部の突出が著しい．

Navicula eidrigiana J. R. Carter 1979

Antarctic Record（南極資料）**56**(1)：p. 12（2012）参照．

当種の標本は Julianehab（Greenland）で得た．

Luticola saxophila（Bock & Hust.）D. G. Mann 1990, in Round, Crawford & Mann, The diatoms：P. 671.；Metzeltin, Lange-Bertalot & García-Rodríguez 2005, Iconographia Diatomologica **15**：P. 418. 【Pl. 23, Figs 8-14】

Basionym：*Navicula saxophila* Bock 1966, in Hustedt, Die Kieselalgen：Fig. 1603.；Krammer & Lange-Bertalot 1986, Süsswasserf. von Mitteleur.：P. 155, Fig. 63：4-6.

珪殻は楕円形から楕円状皮針形，先端は幅広い円形である．縦溝の中央末端がほぼ直角に折れ曲がる．中心域の遊離点がない側が側縁まで達する横帯をなす珪殻が多い．殻長：8-32 μm，殻幅：6-10 μm，条線密度：21-23/10 μm，点紋密度：12-15/10 μm．

分布・生態

世界に広く見られるが，稀産とされている．Moat of Castle, Calais, FRA., 日本橋川で見いだした．

近似種との相違点

Luticola goeppertiana（Bleisch）D. G. Mann 1990

中心域は両側とも側縁に達し，横帯をなす．

（和名をヨコオビフネケイソウという：上山・小林 1986）

Luticola mutica（Kütz.）D. G. Mann 1990

珪殻は楕円形でよく似ているが，中心域が側縁に達することはない．

Luticola muticoides（Hust.）D. G. Mann 1990

軸域の形はよく似ているが，中心域が横帯をなすことで区別できる．

Luticola seposita（Hust.）D. G. Mann var. *lanceolata*（Haraguti）comb. nov.
【Pl. 23, Figs 15-17】

Basionym：*Navicula seposita* Hust. var. *lanceolata* Haraguti 2000, in DIATOM **16**：P. 63, Figs 24, 25.

Synonym：*Navicula mutica* f. *intermedia*（Hust.）Hust. 1961-1966, Die Kieselalgen **3**：Fig. 1592.；福島・木村・小林 1973, in Jour. Yokohama City Univ. Biological Series Vol. 3, No. 2, 木曽川のケイ藻：48, Pl. 10, Fig. C, Pl. 33, Figs A-E.

珪殻は楕円形から広皮針形．その両端は嘴形に突出し，先端は鈍円形である．中心域は横帯をなし，片側に明瞭な遊離点を有する．中心裂溝は強く曲がる．殻長：15-30 μm，殻幅：7-10 μm，条線密度：17/10 μm，点紋密度：14/10 μm．

著者らの計測値を示すと次のとおりである．殻長：20-43 μm，殻幅：6-14.5 μm，条線密度：12.5-16/10 μm，点紋密度：(10)11-16(20)/10 μm．3珪殻，248条線の点紋密度を計測し，頻度

分布図を**図 44** *Lut. sep.* var. *lanc.* に示す．

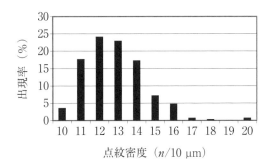

図 44 *Lut. sep.* var. *lanc.* の点紋密度の頻度分布

分布・生態

著者らは国内では木曽川・太田橋でのみ採集している．外国では烏鎮・烏鎮堀，CHN., 蘇州・拙政園の池，CHN. で得ている．原口(2000)は山中湖で稀産，管生沼からは多産したと記している．分布が限られた稀産種と考えられる．

近似種との相違点

本種は *Luticola* の中ではかなり特異な形態をもつので他種と混同することはないと思える．
Luticola seposita（Hust.）D. G. Mann 1990
　先端は広嘴形に突出する．

Luticola sp.-1 　　　　　　　　　　　　　　　　　　　　【Pl. 23, Fig. 19】

Luticola plausibilis（Hust.）D. G. Mann 1990, *Luticola plausibiloides* Metzeltin, Lange-Bert. & García-Rodríguez 2005, Iconographia Diatomologica **15** に似ているが，本種は軸域が皮針形をなすこと，中心域が遊離点のある側で広い円形，遊離点がない側は側縁に達する横帯をなす点で異なる．

著者らは Franz Josef land, DNK. で見いだしたのみで，観察例が少なすぎるので *Luticola* sp.-1 として記録する．

Luticola sp.-2 　　　　　　　　　　　　　　　　　　　【Pl. 25, Figs 12–14】

縦溝の中央側の末端は遊離点がない側へ曲がり，遊離点がない側は側縁に達する横帯をなす．条線の放射角は急で，波打つか曲がる．*Luticola dapaloides*（Freng.）Metzeltin & Lange-Bert. var. *dapaloides* 1998 に似るが，殻端の突出，側縁に沿って写る側壁状の構造物がほとんど見られない等の点で異なる．

著者らは Philadelphia Riv., PA-USA. で得たのみであるが，特徴がある形態であるので，*Luticola* sp.-2 として記録する．

Luticola uruguayensis **Metzeltin, Lange-Bert. & García-Rodríguez 2005**, in Diatoms of Uruguay：Iconographia Diatomologica **15**：p. 111, Taf. 83, Figs 1-4, Taf. 84, Figs 1-5, Taf. 85, Figs 1-5.；Lange-Bertalot 2007, Icon. Diat. **18**：Pl. 145, Figs 1-4, Pl. 84, Figs 1-4.

【Pl. 26, Figs 2-4】

珪殻は広皮針形で大形（殻長：42-134 μm，殻幅：14-24 μm）である．他に，殻長：134 μm，殻幅：24 μm の値があるが，これは初生殻の計測と思える．外縁は僅かに波打つものが多い．両端は僅かに突出した楔形．軸域は大きさの割には狭く，中央に向かって幅広くなる線状皮針形．中心域は四角形で一方に突起のある蓋状の構造の頑丈な遊離点があり，他方には単純な点紋，2-5 個を有する．縦溝の中央末端は頑丈な遊離点がない方向に曲がる．条線は放射状で，条線密度：9.5-11.5/10 μm，点紋密度は 3 珪殻，237 条線を計測し，点紋密度の頻度分布を図 45 *Lut. urug.* に示した．点紋密度の範囲は (10)13-23(25)/10 μm と表せる．

本種とよく似た *Lut. dapaloides* f. *rostrata* の点紋密度の分布を比較し，図 46 *Lut.* の 2 taxa の比較に示した．点紋密度に差は認められず，再考の余地を残すのかもしれない．

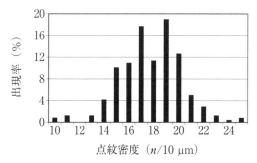 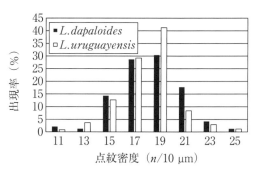

図 45　*Lut. urug.* の点紋密度の頻度分布　　図 46　*Lut.* の 2 taxa の点紋密度の比較

生態と分布

Uruguay より新種報告されている．著者らは Ecuador の Amazon 川流域の 3 箇所で見いだしている．雨期が過ぎ，水位が低下しつつある時期の密林内の木製遊歩道の支柱（the Amazon, nature trail, ECU.），細流（Puddle in Koffan），川岸の底泥（Camp Bakuya）から採集した．

近似種との相違点

Luticola dapalis（Freng.）D. G. Mann 1990

　　Synonym：*Navicula dapaloides*（Freng.）Metzeltin & Lange-Bert. 1986

　殻は広皮針形で側縁は波打たない．両端は楔状に終わり，突出しない．側縁に沿って黒い線がある．

Luticola dapaliformis（Hust.）D. G. Mann 1990

　　Synonym：*Navicula goeppertiana* var. *dapaliformis*（Hust.）Lange-Bert. 1985

　珪殻は広皮針形で側縁は波打たない．当種の遊離点は本種ほど頑丈で特徴ある構造ではない．

Luticola dapaloides（Freng.）Metzeltin & Lange-Bert. f. *rostrata* Kimura 1998 nom. nud.

　珪殻はやや小形で，側縁は波打たない．先端は嘴状．条線密度が密（12-14.5/10 μm）で，点

紋密度も密（(11)14-23(25)/10 μm）である．図46 *Lut.* 参照．なお点紋密度の平均値で比べると，*Lut. uruguayensis* は15.4に対し当種は17.8(/10 μm)である．

Luticola frenguellii Metzeltin & Lange-Bert. 1998
　Synonym：*Navicula dapalis* Freng. *sensu* Hust. 1966：fig. 1609
　珪殻は皮針形から楕円状皮針形，先端は丸く多くは広円状．殻長：40-75 μm，殻幅：16-18 μmで，やや小形である．初生殻は大きいが，側縁は波打つ．

Luticola hirgenbergii Metzeltin, Lange-Bert. & García-Rodríguez 2005
　珪殻は伸長した皮針形，側縁は僅かに波打つ．先端は嘴状．側縁に沿った黒線はない．珪殻の大きさと点紋密度では区別できないが，条線密度が密（15/10 μm）である．

Luticola ventricosa（Kütz.）D. G. Mann var. *ventricosa* 1990, in Round, Crawford & Mann：The diatoms：P. 671.　　　　　　　　　　　　　　　　　　　【Pl. 24, Figs 8-14】
Basionym：*Stauroneis ventricosa* Kütz. 1844.
Synonym：*Navicula mutica* var. *ventricosa*（Kütz.）Cleve & Grunow 1880, exclude *sensu* Hust.（1960, 1966）．；*Navicula muticopsis sensu* Krammer & Lange-Bert. 1986．；*Navicula neoventricosa*（Kütz.）Hust. 1966.

　珪殻は楕円形で両端は頭状から広嘴形に突出する．外縁は波打たず，中心域は横長四角形から帯状である．殻長：6-30(40)μm，殻幅：4-9(12)μm，条線密度：14-20(25)/10 μm.

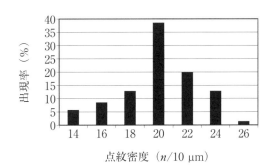

図47　*Lut. vent.* の点紋密度の頻度分布

　図47 *Lut. vent.* は木曽川産のSEM写真2珪殻，76条線の点紋密度を計測し，作成した頻度分布図である．点紋密度の範囲は14-24(26)/10 μmと表せ，点紋密度は極めて粗といえる．

分布・生態
　世界広汎種．日本でも各地で報告されているがさほど多くない．日本では木曽川，利根川，愛知蟹原，酒匂川，多摩川等で得ている．世界ではUSA, France, Finland, Spain, Portugal, Germany, Croatia等で得ており，世界広汎種といえるが，優占種といえるほど大量に見いだした地点は見ていない．

近似種との相違点
Luticola claudiae Metzeltin, Lange-Bert. & García-Rodríguez 2005
　両端の突出が亜頭部状で幅広い．

Luticola incoacta（Hust.）D. G. Mann 1990

　両端の突出は似るが，側縁は上下ひと山ずつ強く波打つ．

Luticola incoactoides Lange-Bert. & Rumrich 2000

　両端の突出は似る．側縁は直線状である．

Luticola pseudonivalis（Bock）Metzeltin, Lange-Bert. & García-Rodríguez 2005

　先端部の突出が弱く，側縁が軽く波打つ．

Genus *Navicula*

***Navicula absoluta* Hust. 1950**, in Arch. f. Hydrob. **43**：Taf. 38, Figs 80-85.；Hustedt 1961-1966, Die Kieselalgen **3**：Fig. 1343.；Krammer & Lange-Bertalot 1986, Süsswasserflora von Mitteleuropa **2/1**：P. 198, Fig. 71, Figs 15-21.；Simonsen 1987, Atlas and Catal. Diatom Types of Fr. Hustedt **3**：Pl. 546, Figs 9-16　　　　　　　　　　　**[Pl. 35, Figs 1-27]**

Synonym：*Navicula hustedtii* Krasske var. *hustedtii* f. *hustedtii* 1923, in Schmidt et al., Atlas der Diatomaceen-Kunde：Taf. 400, Figs 57, 58.；*Navicula hustedtii* f. *obtusa* Hust. 1961-1966（1962），Die Kieselalgen：Fig. 1281 a-e.

　珪殻外形は楕円状から楕円状披針形．先端突出は僅かに突出するものから亜嘴状，嘴状，亜頭部状，頭部状まで変化がある．条線は中央部は弱い放射状，先端部は放射状から水平に配列する珪殻が多いが，収斂する珪殻も少数だが見られる．中心域は1，2本の条線が短く，あるいは欠落して形成されるので，大きいものでは側縁に達する横長四角形となり，小さいものは不定形に広がる．殻長：10-15 μm，殻幅：4.5-6 μm．条線密度は 25-28/10 μm（Hustedt 1950），18-24/10 μm（Krammer & Lange-Bertalot 1986）等の値が記録されている．

　著者らが池田ラジウム鉱泉で得た個体群を計測した結果を図 48-51 *Nav. abs.* に示す．殻長，殻幅，条線密度は LM 写真 275 珪殻を，点紋密度は SEM 写真 10 珪殻，736 条線を計測した．

　SEM 写真を見ると，条線密度が，中央部より先端部のほうが密であるように見える．また，点紋密度も同様，先端部が密に見える．近似種を見てみると，条線密度は中央部より先端部のほうが密であると記載されている taxa もかなりある．

　そこで，条線の先端部と中央部，各々100箇所計測した頻度分布図を示す（図 52）．中央部は16-19(20)/10 μm，先端部は(16)17-21(22)/10 μm と表すことが適当であり，明らかに中央部が粗である．点紋密度は SEM 写真 10 珪殻を用い，中央部から 8 条線，先端部から 8 条線の点紋密度を計測した（図 53）．すなわち，中央部，先端部とも 10 珪殻，320 条線を計測したものであり，中央部は(22)24-36(38)/10 μm，先端部は(28)30-44(46)/10 μm と表せ，先端部の点紋密度が密である．

分布・生態

　渡辺ら（2005）は有機汚濁に関しては広適応性の傾向があると指摘しているが，多数の個体を見いだしていないので特定はしていない．著者らは池田ラジウム鉱泉・鳥取県で多数の繁殖を見ているので，環境に高い適応性があるものと推定できる．淀川，木曽川等からも報告されており，かなり広く分布すると考えられる．

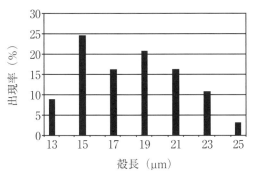

図 48 *Nav. abs.* の殻長の頻度分布

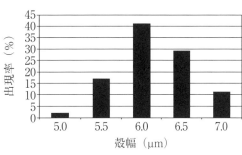

図 49 *Nav. abs.* の殻幅の頻度分布

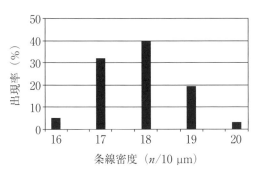

図 50 *Nav. abs.* の条線密度の頻度分布

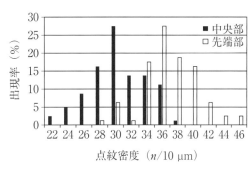

図 51 *Nav. abs.* の部位による点紋密度の比較

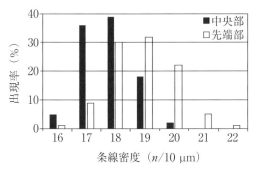

図 52 *Nav. abs.* の部位による条線密度の比較

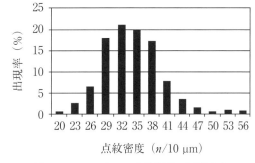

図 53 *Nav. abs.* の点紋密度の頻度分布

近似種との相違点

Navicula disjuncta Hust. f. *disjuncta* 1930
　条線密度：25/10 μm.

Navicula globosa Meister 1934
　条線密度：中央部，約 20-25/10 μm，先端部，約 30/10 μm. 珪殻中央部の外形は円形に近い．中心域が小さい．

Navicula glomos Carter 1981
　条線密度：30-32/10 μm.

Navicula hustedtii Krasske var. *hustedtii* f. *hustedtii* 1923
　条線密度：24-28/10 μm．
Navicula laticeps Hust. 1942
　条線密度：24/10 μm．
Navicula medioconvexa Hust. 1961
　条線密度：30/10 μm．
Navicula schadei Krasske 1929
　条線密度：22-26/10 μm．
Navicula schmassmannii Hust. 1943
　条線密度：中央部，30/10 μm，末端部，40/10 μm．
Navicula ventralis Krasske 1923
　先端部は亜頭部状から頭部状であり，突出は明瞭である．中心域を形成する短い条線は1，2本よりは多く，中心域の幅は狭い．条線密度は約 28/10 μm で密である．
　《形態が似ているが，条線密度が 20/10 μm より密なことで区別できる近似種に，次の種が挙げられる．》
Navicula vitabunda Hust. 1930
　条線密度：22-26/10 μm．
　《条線密度が約 20/10 μm 以下で，条線密度では区別ができない近似種との比較．》
Navicula bremensis Hust. 1957
　条線密度：中央部，約 20/10 μm，先端部，約 24/10 μm．珪殻は小形（殻長：9-12 μm，殻幅：2.5-3 μm）で特に殻幅が狭い．珪殻両側縁のくびれ・膨出が大変少ない．
Navicula decuvilis Hust. 1934
　条線密度：中央部，約 16/10 μm，先端部，約 26/10 μm．中心域に1個の遊離点がある．
Navicula modica Hust. 1945
　条線密度：約 18/10 μm．珪殻は小形（殻長：8-13 μm，殻幅：4-4.5 μm）．条線は放射状に配列．
Navicula protracta（Grunow）Cleve 1894
　条線密度：中央部，約 12-14/10 μm，先端部，約 24/10 μm．珪殻の変異が大きい．殻長：17-55，殻幅：5-10 μm．中心域はやや小さく円形．条線はすべて放射状．
Navicula protractoides Hust. 1957
　条線密度：中央部，約 20/10 μm，先端部，約 28/10 μm．殻長：17-19，殻幅：4-4.5 μm．殻幅が狭く，中心域は縦長である．
Navicula pseudoventralis Hust. 1936
　条線密度：約 20/10 μm（Krammer & Lange-Bertalot 1986 では 18-20/10 μm）．珪殻は小形（殻長：8-13 μm，殻幅：4-4.5 μm）で，条線は放射状に配列．

Navicula adversa Krasske 1938, in Arch. f. Hydrob. **33**：529, Fig. 6.；in Lange-Bertalot et al. 1996, Dokumentation und Revision der von Georg Krasske bechriebenen Diatomeen-Taxa, Iconographia Diatomologica **3**：P. 95, Pl. 10, Figs 1-6.　　　　【Pl. 76, Fig. 7】
Synonym：*Navicula exilis* Kütz. 1844.；*Navicula* sp. Antoniades et al. 2008, Diatoms of North

America: The freshwater floras of Prince Patrick, Ellef Ringnes and northern Ellesmere Islands from the Canadian Arctic Archipelago, Iconographia Diatomologica **17**: P. 189, Pl. 47, Figs 21-26.

本種が *Navicula moskalii* と最も異なるのは珪殻の先端が尖円状で，殻幅が狭く（5 μm），外形はすらりとしていることである．また，条線は密（15/10 μm）で，中心域は幅広い四角形である．Lange-Bertalot ら（1996）は *Navicula adversa* の lectotype を選定し6枚の写真を示している（Icon. Diat. **3**: Taf. 10, Figs 1-6）．その中の3枚（Figs 3-5）は Krasske の初発表文中の図に似ているが，他の3枚は両端部の突出が弱いもので，特に Fig. 6 は *Navicula exilis* に近い形態であるが，これらは一連の形態変異に属するので，*Navicula adversa* は *Navicula exilis* の synonym とし，Lange-Bertalot(2001) も？印を付けながらも支持している．しかし，著者らはこの推定は拙速すぎると考えている．

近似種との相違点
Navicula caterva M. H. Hohn & Hellerman 1963

珪殻は小形（殻長：10.4-17 μm，殻幅：4.2-5.5 μm）で，条線密度が密（(16)18-21/10 μm）である．中心域が小さい．

Navicula amphiceropsis Lange-Bert. & Rumrich 2000, in U. Rumrich, Lange-Bertalot & M. Rumrich, Diatoms of the Andes, Lange-Bertalot ed., Iconographia Diatomologica **9**: P. 153, Pl. 55, Figs 21-27.; Lange-Bertalot 2001, Diatoms of Europe **2**: P. 83, Pl. 34, Figs 8-15, Pl. 71, Fig. 2.
【Pl. 91, Figs 1-20】

珪殻は線状披針形から線状楕円形で両端部は嘴状に突出し，その先端は広円状．殻長：28-45 μm，殻幅：7.5-10 μm．軸域は狭い線状．中心域は比較的大きく，横長の四角形から楕円形で，ほとんどは左右不相称．条線は放射状で，先端部はほぼ平行，あるいは収斂する．中央部の条線密度：10-12/10 μm，点紋密度：27/10 μm．平井川，荒川，十勝川で見いだした本種の点紋密度：(26)28-31/10 μm である．

Ohtsuka(2002) は，本種は多分 *Navicula viridula* Kütz. var. *rostrata* Skvortsov 1938 の later synonym になると考えられるとし，それは Skvortzow の原図（Pl. 1, Fig. 17）で中心節，先端部の条線の配列が不明確なためとしている．

図54 *Nav. amph.* は荒川，十勝川，平井川，宮古島・池間島・湿地産の本種6珪殻，360条線の点紋密度を計測したものである．点紋密度の分布範囲は(22)24-32(34)/10 μm と表せる．

分布・生態
世界広汎種．高電解質の水域に普通に見られ，β～α中腐水性．著者らは平井川・多摩川支流，荒川・坂戸市，十勝川・北海道，宮古島・池間島・湿地等から見いだしている．木曽川でも広く分布しているが，下流部に多いようである．

近似種との相違点
Navicula alineae Lange-Bert. 2000

珪殻の外形は似るが，両端部の突出が弱く，両端部の条線の傾斜が大きい．

Navicula germainii J. H. Wallace 1960

両側縁の湾曲がやや強く，両端部の突出が弱く，条線密度がやや密（13-15/10 μm）である．

Navicula rostellata Kütz. 1844

両側縁の張り出しが強いこと，条線はより強い放射状で，強く湾曲し，点紋密度はやや密（30/10 μm）である．

Navicula slesvicensis Grunow 1880

先端の突出が弱いので区別が可能である．

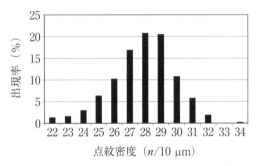

図54 *Nav. amph.* の点紋密度の頻度分布

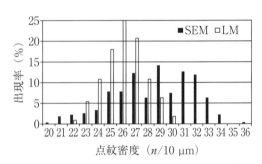

図55 *Nav. ang.* の SEM, LM 写真による点紋密度の差

***Navicula angusta* Grunow 1860**, in Familie Naviculaceen, Verh. Kais.-Königl. Zool.-Bot. Ges. Wien：P. 528, Pl. 3, Fig. 19.；Krammer & Lange-Bertalot 1986, Süsswasserflora von Mitteleuropa **2/1**：P. 97, Pl. 28, Figs 1-5.；Lange-Bertalot 2001, Diatoms of Europe **2**：P. 15, Pl. 13, Figs 1-15, Pl. 28, Fig. 6. **[Pl. 57, Figs 1-13]**

Synonym：*Navicula cari* var. *angusta* Grunow 1880, in Van Heurck：Pl. 7, Fig. 17.；*Navicula cincta* var. *angusta*（Grunow）Cleve 1895：P. 17.；*Navicula cincta* var. *linearis* Østrup 1910：P. 76, Pl. 2, Fig. 52.；*Navicula pseudocari* Krasske 1939：P. 59, Pl. 2, Fig. 21.；*Navicula lobeliae* E. G. Jørg. 1948：P. 389, Pl. 12, Fig. 5.

珪殻は明らかな線状で，先端部は楔状，時々僅かに突出し，先端は広円状．殻長：30-78 μm，殻幅：5-8 μm．縦溝は側性で，staff side の方向に強く張り出す．中心節は珪殻のほぼ中央部にあるが staff side 側に鉤状に曲がる．軸域は狭い線状．中心域は形と大きさに変異があるが，staff side のほうが常に大きいようである．条線は放射状で先端部は収斂する．条線密度：11-12/10 μm，点紋密度：約30/10 μm．

図55 *Nav. ang.* は蟹原・才井戸流産の SEM 写真1珪殻，157条線，LM 写真2珪殻，111条線を計測し，比較したものである．SEM 写真で計測した値のほうが密な方向に傾く傾向が認められる．これは SEM 写真のほうが密度の高いところまで明瞭に写っていることに起因する．

分布・生態

世界広汎種．低電解質，弱酸性，貧栄養，貧腐水域によく出現する．蟹原・才井戸流，森林公園・岩本池，小幡緑地・緑が池・放流，瑞浪化石博物館・人工池，沖縄・源河川・水道取水口，木曽川・（水系全域）で見いだしており，日本にも広く分布する．

近似種との相違点

Navicula cariocincta Lange-Bert. 2000

殻長が短く（30-50 μm），殻幅は似た値（5.5-7 μm）であるので短く，ずんぐりした印象を与える．

Navicula schroeteri F. Meister var. *schroeteri* 1932

殻長は短い（30-55 μm）が，殻幅はやや大（5-9 μm）で，条線密度は密（12-15/10 μm）である．

Navicula symmetrica R. M. Patrick 1944

殻長：32-35 μm，殻幅：5-7 μm，条線密度は密（14-17/10 μm）である．

Navicula venerablis M. H. Hohn & Hellerman 1963

殻幅が少し広く（8.5-10 μm），両側縁が湾曲すること，珪殻の先端が急に楔状にならないことで *Nav. angusta* と異なる．

***Nav. angusta* の線状皮針形の個体について**

Lange-Bertalot（2001）は記載文に珪殻は明らかな線状形としているが，線状皮針形の珪殻の写真も示している（Pl. 2, Figs 7, 8, Pl. 65, Fig. 1）．線状皮針形の珪殻の顕微鏡写真を計測してみると，殻長は 31, 33, 50 μm で，*Nav. angusta* としては小形のほうであるが計測範囲内である．このような珪殻を *Nav. angusta* と同定してよいか，検討する必要があると考えていた．Lange-Bertalot（2001），Pl. 2, Fig. 7 の写真は Lange-Bertalot（1993），Pl. 57, Fig. 7 で *Nav. angusta* とした珪殻と同一である．また，Krammer & Lange-Berrtalot（1986）で *Nav. radiosa* とされた Pl. 29, Fig. 4 の珪殻は Lange-Bertalot（1993），Pl. 57, Fig. 2 と同じで *Nav. gondwana* とされている．本書ではこれらの線状皮針形のものを *Nav. gondwana* として扱う．

***Navicula antonii* Lange-Bert. 2000**, in U. Rumrich, Lange-Bertalot & M. Rumrich, Diatoms of the Andes, Lange-Bertalot ed., Iconographia Diatomologica **9**：P. 155, Pl. 46, Figs 18-21.；Lange-Bertalot 2001, Diatoms of Europe **2**：P. 15, Pl. 13, Figs 1-15, Pl. 28, Fig. 6.

【Pl. 43, Figs 26-31】

Synonym：*Navicula menisculus* var. *grunowii* Lange-Bert. 1993, in Icon. Diat. **2**：P. 120, Pl. 64, Figs 1-11.；*Navicula menisculus* f. *minutissima*（nom. nud.）*sensu* Hust. 1945：Pl. 42, Fig. 45.

珪殻は幅広い皮針形で両端部は幅広い楔形，先端はやや鋭円状．殻長：11-30 μm，殻幅：6-7.5 μm．縦溝は糸状，軸域は狭い，中心域は小さく様々な形．条線は弱い放射状で先端部はほぼ平行，条線密度：10.5-15/10 μm，点紋密度：28-32/10 μm．

分布・生態

世界広汎種．α-中腐水性（α-中腐水域のよい指標生物とされている）．

近似種との相違点

Navicula cari Ehrenb. var. *cari* 1836

珪殻は少し大形（殻長：(13)20-40 μm，殻幅：5.5-8 μm）で，中心域が横長で大きい．

Navicula catalanogermanica Lange-Bert. & Hofmann 1993

殻長はやや似る（18-35 μm）が，殻幅が少し大（7.5-8.8 μm）である．条線密度は似る（9.5-12/10 μm）が，点紋密度は粗（25-27/10 μm）である．

Navicula exilis Kütz. 1844

殻長の大きい珪殻を含む（殻長：20-45 μm，殻幅：6-8 μm）こと，点紋密度が密（約 40/10 μm）であること，中心域が大きいことで区別できる．

Navicula menisculus Schum. var. *menisculus* 1867

珪殻の外形は似るが大形（殻長：32-50 μm，殻幅：11-12.5 μm）である．条線密度も粗（8.5-9.5/10 μm）である．

Navicula upsaliensis（Grunow）Perag. 1903

殻幅が大（9.5-12 μm）である．

***Navicula aquaedurae* Lange-Bert. 1993**, in 85 Neue Taxa und über 100 weitere, Lange-Bertalot ed., in Bibliotheca Diatomologica **27**：P. 95, Pl. 46, Figs 14-19, Pl. 47, Figs 1, 2.；Lange-Bertalot 2001, Diatoms of Europe **2**：P. 16, Pl. 16, Figs 11-21, Pl. 69, Fig. 2.

【Pl. 34, Figs 11-13】

珪殻は皮針形で，先端は短く突出する．殻長：14-30 μm，殻幅：4.3-5.5 μm．縦溝は線状，軸域は狭い線状，中心域は小さい．条線は中央部で放射状，先端部では収斂する．条線密度：12.5-16.5/10 μm．点紋密度：38-42/10 μm．

分布・生態

ヨーロッパの硬水域に普通とされている．著者らは木曽川・立田樋門，河津温泉で見いだしている．

近似種との相違点

Navicula cryptocephala Kütz. var. *cryptocephala* 1844

殻長：20-40 μm，殻幅：5-7 μm，殻長は重なる部分が多いが，殻幅は狭い．条線密度はやや密（14-18/10 μm）である．

Navicula exilis Kütz. 1844

珪殻はやや大（殻長：20-45 μm，殻幅：6-8 μm）で，殻幅は広い．条線密度はほぼ同じ（13-15/10 μm）である．

Navicula gregaria Donkin 1861

珪殻は皮針形から楕円状皮針形．両端部の突出は強い珪殻が多い．殻長：13-44 μm，殻幅：5-10 μm，条線密度：13-20/10 μm．殻幅が広いことが目立つ．

***Navicula arctotenelloides* Lange-Bert. & Metzeltin 1996**, in Lange-Bertalot, Külbs, Lauser, Nörpel-Schempp & Willmann, Iconographia Diatomologica **3**：P. 97, Pl. 9, Figs 20-23.；Lange-Bertalot 2001, Diatoms of Europe **2**：P. 17, Pl. 32, Figs 28-36. 【Pl. 34, Figs 14-32】

和名：キタホソケイソウモドキ

珪殻は楕円状皮針形で先端は突出せず鈍円状．殻長：14-20 μm，殻幅：4-4.8 μm．縦溝は糸状，軸域は大変幅狭い．中心域はやや大きく，横長四角形．中央部の条線は放射状先端部は平行から弱く収斂する．条線密度：14.5-15/10 μm．

本種は Krasske が Spitsbergen で採集し，珪藻フロラを発表した標本を Lange-Bertalot 等が調べ，Krasske が *Navicula tenelloides* と推定した種を新種としたものである．その区別の根拠

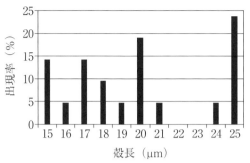

図 56 *Nav. arctot.* の殻長の頻度分布

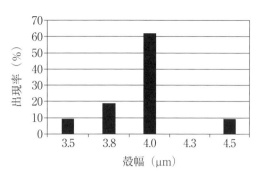

図 57 *Nav. arctot.* の殻幅の頻度分布

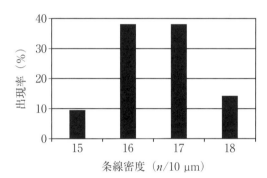

図 58 *Nav. arctot.* の条線密度の頻度分布

は殻長と殻幅の比，放射状の条線の角度が大きいことと，中心域が小さい点である．Metzeltin & Witkowski(1996)はBear Isl.の標本を調べ，本種の13個体群の写真を示しているが，珪殻の先端部が弱く突出する珪殻は示されていない．先端部がくびれるような珪殻は殻長が23 μm以上の大形の個体群に見られる形質である．初発表文の殻長は14-20 μm，上記のBear Isl.，モンゴル（Metzeltin et al. 2009）で報告されている写真の計測では殻長20 μmが最大値で，大形の珪殻が見いだされなかったから両端の突出するものがなかったものと推定できる．

Spitsbergen Isl., GBR.で見いだした本種，21珪殻を計測した結果は次のとおりである．殻長：15-25 μm，殻幅：3.5-4.5 μm，条線密度：15-18/10 μm．これらを**図 56-58** *Nav. arctot.*に示す．

分布・生態

Spitsbergen Isl., Bear Isl.で記録されているが，北極圏に近い地方に広く分布すると思われる．貧腐水域，電解質の少ない水域を好むと考えられている．著者らはSpitsbergen Isl., GBR., Khuvsgul L., MNG.で見いだしており，日本でも河津温泉から見いだしている

近似種との相違点

Navicula bacula M. H. Hohn & Hellerman 1963

珪殻は小形（殻長：8.8-10.9 μm，殻幅：3.1-3.6 μm）である．条線密度が密（24-26/10 μm）で，中心域が小さい．

Navicula bjoernoeyaensis Metzeltin, Witk. & Lange-Bert. 1996

殻幅が狭く（2.7-3.1 μm），中心域が小さい．

Navicula germanopolonica Witk. & Lange-Bert. 1993

　珪殻は小形（殻長：9-13 μm，殻幅：4-4.5 μm）．条線密度は密（16-18/10 μm）で，中心域が小さい．

Navicula pseudotenelloides Krasske 1938

　珪殻はやや細身（殻長：18-25 μm，殻幅：3.5-4 μm）で，先端は広円状．中心域が少し小さい．

Navicula salinicola Hust. 1939

　殻幅が狭く（2-4.5 μm），中心域が極めて小さい．

Navicula tenelloides Hust. 1937

　殻幅が狭く（2.4-4 μm），中心域は小さい．条線が密（7-12/10 μm）である．

　Hustedtの初発表文には珪殻は線状皮針形，先端は切頭形でかなり丸くなっており，殻幅は3-3.5 μmと記されている．Lange-Bertalot（2001）は珪殻は皮針形から線状皮針形で，先端は鈍円から尖円とし，突出するとは記していないが，示している9つの写真中8珪殻が両端部が弱く突出している．殻幅が狭く（2.5-4 μm），中心域が小さいことが当種の特徴である．

Navicula ultratenelloides Lange-Bert. 1996

　殻幅は狭く（2.8-3.2 μm），条線密度は密（25-26/10 μm）である．

Navicula vekhovii Lange-Bert. & Genkal 1999

　中心域を形成する条線が少なく，左右とも1，2本である．

Navicula vilaplanii (Lange-Bert. & Sabater) Lange-Bert. & Sabater 2000

　殻幅が狭く（2.5-3.3 μm），やや鋭円状．中心域が小さい．

Navicula arenaria Donkin var. *arenaria* 1861, in Quarterly Journal of Microscopical Science **1**：(New series) P. 10, Pl. 1, Fig. 9.；in Krammer & Lange-Bertalot 1985, Bibliotheca Diatomologica **9**：Taf. 22, Fig. 2.；Krammer & Lange-Bertalot 1986, Süsswasserflora von Mitteleuropa **2/1**：P. 118, Pl. 39, Fig. 1.；Witkowski, Lange-Bertalot & Metzeltin 2000, Iconographia Diatomologica **7**：Diat. Fl. Marine Coast 1：P. 267, Pl. 116, Figs 19-21.；Lange-Bertalot 2001, Diatoms of Europe **2**：P. 17, Pl. 51, Figs 19-21. 　【Pl. 34, Fig. 4】

　珪殻は皮針形で，中央部から先端にかけて徐々に狭くなり，先端は尖円状．殻長：30-80 μm，殻幅：8-11 μm．軸域は大変狭い線状で，中心域は円形から横長の四角形．条線は中央部では放射状，先端部は平行から収斂する．条線密度：9-10/10 μm．本種には var. *arenaria* と var. *rostellata* Lange-Bert. 1985があるが，Witkowski, Lange-Bertalot & Metzeltin（2000）と Lange-Bertalot（2001），Diatoms of Europe **2** では，両変種の表示が逆になっているので注意が必要である．

分布・生態

　多分，世界広汎種と推定され，塩分濃度が高い水域に広く分布すると考えられる．著者らは鳥羽の海で採集したオゴノリを洗浄した液から採集した．

近似種との相違点

Navicula arenaria Donkin var. *rostellata* Lange-Bert. 1985

珪殻は線状皮針形で，先端部が弱く突出する．

Navicula arenaria Donkin var. _rostellata_ Lange-Bert. 1985, in Krammer & Lange-Bertalot, Naviculaceae, Bibliotheca Diatomologica **9**：P. 56, Pl. 22, Fig. 1.；Krammer & Lange-Bertalot 1986, Süsswasserflora von Mitteleuropa **2/1**：P. 118, Pl. 39, Fig. 2. 1986.

【Pl. 34, Figs 5-10】

スナトリバクチバシフネケイソウ

　珪殻の両側縁はほぼ平行，両端部は嘴状で，先端はほぼ尖円状．殻長：30-80 μm，殻幅：8-11 μm．軸域は狭い線状，中心域は四角形，横長の四角形，皮針形等様々，大きさもやや大きいものから小さいものまである．条線は中央部で放射状，両端部で収斂する．条線密度：9-10/10 μm，点紋密度：約 25/10 μm.

　木曽川産の4珪殻，174条線の点紋密度を計測し，**図 59** _Nav. aren._ var. _rost._ に示した．点紋密度範囲は(22)24-31(33)/10 μm と表せる．

分布・生態
　多分，世界広汎種と推定され，塩分濃度が高い水域に広く分布すると考えられる．

近似種との相違点
Navicula breitenbuchii Lange-Bert. 2001
　殻幅が狭く（6.5-7.5 μm），珪殻先端が鈍円形である．条線密度，点紋密度ともやや密（条線：10-11/10 μm，点紋：28-30/10 μm）である．

Navicula cataracta-rheni Lange-Bert. 1993
　珪殻の中央部両端部とも側縁が真っ直ぐでなく，弧状に弱く湾曲している．殻幅が狭く（6.3-8 μm），条線密度が密（12-13/10 μm）である．

Navicula flanatica Grunow 1860
　珪殻中央の平行部分が短く，両端部の楔状部分が長い．

Navicula hintzii Lange-Bert. 1993
　珪殻の殻縁が弧状に湾曲している．小形（殻長：30-80 μm，殻幅：8-11 μm）で，条線密度が密（12-13/10 μm）である．

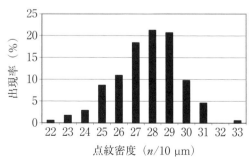

図 59　_Nav. aren._ var. _rost._ の点紋密度の頻度分布

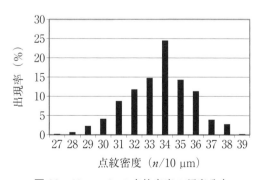

図 60　_Nav. ark._ の点紋密度の頻度分布

Navicula leistikowii Lange-Bert. 1993

　珪殻の殻縁が弧状に湾曲している．小形（殻長：17-30 μm，殻幅：5.2-6.5 μm）で，条線密度が密（12-13/10 μm）である．

Navicula mediocostata E. Reichardt 1988

　珪殻の各辺が弧状に湾曲している．珪殻はやや小さめ（殻長：28-36 μm，殻幅：7-8 μm）で，条線密度もやや密（10-12/10 μm）である．

Navicula arkona **Lange-Bert. & Witk. 2001**, in Lange-Bertalot ed., Diatoms of Europe **2**：P. 17, Pl. 8, Figs 8-11, Pl. 73, Fig. 5. 【Pl. 75, Figs 1-12】

アルコーナフネケイソウ

　珪殻は正確に皮針形で，両端部は大変小さく目立たないように突出し，先端は鈍円形．殻長：38-70 μm，殻幅：7.5-11 μm．縦溝は細い線状で，滴状の中心孔は distaff side あるいは staff side 側に曲がる．軸域は狭く，中心域は中くらいの大きさで，菱形，横長楕円形，四角形で左右不相称．中心部の条線は放射状で湾曲し，両端部は収斂する．中央部条線はやや長短交互型．条線密度：14-18/10 μm，点紋密度：31-39/10 μm．

　図 60 *Nav. ark.* は Khuvsgul L., MNG. 産の LM 写真 6 珪殻，432 条線の点紋密度を計測したものである．点紋密度：(27) 30-38 (39)/10 μm と表せる．

分布・生態

　Arkona 湾と Gdansk 付近の化石として見いだされている．Type は Arkona の完新世層の堆積物中より得られた．バルチック海の初期は純粋の淡水をたたえた氷湖であったと推定されている．

　Khuvsgul L., MNG. で珪殻に原形質が入った個体をかなり多数見いだしたので，この湖では本種が生きていると断定できる．シベリアでは多くの水域で本種が生きているものと推定できる．なお，Kuril L., RUS. でも本種を見いだしている．弱い富栄養で，カルシウムの多い（硬度が高い）水域に多いと推定されている．

近似種との相違点

Navicula capitatoradiata H. Germ. ex Gasse 1986

　珪殻両端部の嘴状の突出が発達している．中心域が少し小さい．

Navicula gottlandica Grunow 1880

　珪殻両端部の嘴状の突出はよく発達し大きい．中心域は小さく，点紋密度が粗（約 25/10 μm）である．

Navicula praeterita Hust. 1945

　珪殻両端部の突出はよく発達し大きい．中心域はやや小さく，中央部の条線は長短交互的でない．点紋密度が粗（12-25/10 μm）である．

Navicula subalpina E. Reichardt var. *subalpina* 1988

　珪殻は小形（殻長：20-52 μm，殻幅：5-7 μm）で，条線密度は密（14-17/10 μm），点紋密度は粗（30-33/10 μm）である．中心域は小さく，形は変異に富む．

Navicula subalpina E. Reichardt var. *schweigeri*（Bahls）H. Fukush., Kimura & Ts. Kobayashi 2014

珪殻は小形（殻長：27-52 μm，殻幅：7.0-8.5 μm）で，中心域は縦長の皮針形から菱形．Staff side より distaff side のほうが大きいのが普通．条線密度：12.5-15/10 μm，点紋密度：31-39/10 μm．

Navicula bahusiensis（Grunow）Grunow var. *bahusiensis* 1884, in Denkschriften der mathematisch-naturwissenschaftliche Classe der Kaiserlichen Akademie der Wissenschaften **52**：P. 52.；Cleve 1895, Synopsis of the Naviculoid Diatoms **2**：52.；Van Heurck 1896, A treatise on the Diatomaceae：P. 228, Pl. 27, Fig. 778.；A. Cleve 1953, Die Diatomeen von Schweden und Finnland, Kungl. Svenska Vetenskaps. Handl. **4**(**5**)：P. 164, Figs 831a.；Hustedt 1962, Die Kieselalgen **3**, Rabenhorst's Kryptogamen-Flora von Deutschland, Österreich und der Schweiz **7**：P. 267, Fig. 1396. 　　　　**[Pl. 77, Figs 12-14]**
Basionym：*Navicula minuscula* Grunow var. *bahusiensis* Grunow 1880, in Van Heurck, Synopsis des Diatomées de Belgique, Atlas：Pl. 14, Fig. 2.

本種の basionym とした *Navicula minuscula* Grunow var. *bahnsiensis* Grunow の種内分類群の上のランクの *Navicula minuscula* Grunow は Lange-Bertalot によって 1999 年に *Adlafia minuscula*（Grunow）Lange-Bert. に組み換えされている（Lange-Bertalot & Genkal 1999）．

珪殻は皮針状楕円形で，両側縁は弧状に張り出すか平行に近く，先端部は鈍円状楔形，先端は大変弱く突出する．殻長：12-28 μm，殻幅：5-7 μm，条線密度は縦溝にほぼ垂直で，中央部で 25-30/10 μm，先端部は約 35/10 μm．Hustedt(1962) は figs 1396 a-d に，小さい中心域の片側に遊離点が 1 個ある図を示している．

本種の基準産地は Franz Josef land, DNK. で，初発表文は 1884 年に出ている．その後，次に記す 3 taxa が発表され，現在は 4 taxa に分類される．
Navicula bahusiensis（Grunow）Grunow var. *arctica* Grunow 1884
　　珪殻は皮針状線状楕円形，殻長：12-20 μm，殻幅：6 μm，条線密度：21/10 μm．
Navicula bahusiensis（Grunow）Grunow var. *lindbergii* A. Cleve 1953
　　珪殻は線状楕円形で，両端部は楔形で嘴状突出はしない．殻長：21 μm，殻幅：7 μm．条線密度は縦溝にほぼ垂直で 21/10 μm．var. *arctica* に似るが条線がより平行である．
Navicula bahusiensis（Grunow）Cleve var. *scanica* A. Cleve 1953

以上の近似種の taxa の初発表文を参考に，検索表にまとめると次のようになる
I　珪殻の先端部が弱く突出する．
　1　珪殻の側縁中央部はほぼ平行（弧状に膨出することもある）．条線密度は密で 21/10 μm．
　　　・・・・・・・・・・・・・・・・・・・・・・・・・・・・・*Navicula bahusiensis* var. *bahusiensis* 1884
　2　珪殻の側縁中央部は弧状に膨出する．条線密度はやや粗で 17-18/10 μm．
　　　・・・・・・・・・・・・・・・・・・・・・・・・・・・・・*Navicula bahusiensis* var. *scanica* A. Cleve 1953
II　初発表文には先端部が突出するとは記していないが，図では突出するように見える．
　　　・・・・・・・・・・・・・・・・・・・・・・・・・・・・・*Navicula bahusiensis* var. *arctica* Grunow 1884
III　初発表文に先端部が突出すると記されている．
　　　・・・・・・・・・・・・・・・・・・・・・・・・・・・・・*Navicula bahusiensis* var. *lindbergii* A. Cleve 1953

珪殻は幅広い線状楕円形で，両側縁は弧状に張り出す場合，やや平行に近い場合がある．先端部は楔形で先端は幅広いものから，弱く突出した嘴状楔形まである．殻長：約 17 μm，殻幅：約 7 μm．軸域は大変狭く，中心域は小さい．条線は中央部は弱い放射状，でなければ平行である．条線密度：17-18/10 μm．

使用した調査試料では本種の頻度は小さく，顕微鏡写真も 3 枚（Pl. 77, Figs 12-14）あるだけである．Figs 12, 13 は外形が楕円状で，殻長：11 μm，殻幅：5.5 μm，条線密度：18・19/10 μm で，両端部の突出が弱い点を除くと var. *scanica* A. Cleve 1953 に近いといえる．Fig. 14 は側縁中央部がほぼ平行で，先端部が弱く突出する．殻長：13.5 μm，殻幅：5.5 μm，条線密度：19/10 μm でやや粗であるが var. *bahusiensis* 1884 に近いと考えることもできる．本調査の 3 珪殻は連続した形態とも見ることもできる．さらに，すでに発表されている上記の *Nav. bahusiensis* の 3 変種は自動名をもつ種と区別が困難な点も多いので，本種は細分しないほうがよいと考えられる．

細分しない *Navicula bahusiensis*（Grunow）Grunow var. *bahusiensis* の記載文を記すと以下のようになる．

珪殻の外形は楕円状，楕円状皮針形，長四角形で，両側縁は平行から弧状に突出するものまで様々な形がある．端部は弱く膨出した楔形から楔形円形まで，先端部は鋭円状で，弱く突出するものから突出しないものまで変化がある．殻長：11-21 μm，殻幅：5.5-10 μm．軸域は狭く，中心域も小さい．条線は平行または弱い放射状．条線密度：17-25/10 μm．周北性種である．今回本種を得た Orkney Isl., GBR. のすぐ北にある Shetland Islands では本種の記録はなく，形態がやや似た種の *Nav. opportuna* Hust., *Nav. krigeri* Krasske, *Nav. paanaensis* A. Cleve が記録されている．

近似種との相違点

Navicula abstrusa Hust. 1939
　　珪殻はやや大形（殻長：22-25 μm，殻幅：7-8 μm）で，条線密度は密（28-30/10 μm）である．

Navicula antonii Lange-Bert. 2000
　　条線密度が粗（10.5-15/10 μm）である．

Navicula cryptotenelloides Lange-Bert. 1993
　　殻幅が狭く（3.7-4.2 μm），条線密度がやや粗（16-18/10 μm）である．

Navicula germanopolonica Witk. & Lange-Bert. 1993
　　殻幅が狭く（4-4.5 μm），条線密度がやや粗（16-18/10 μm）である．

Navicula phylleptosoma Lange-Bert. 1999
　　殻幅はほぼ同じだが殻長が少し大きい（15-26 μm）ので，全般的にすらりとしている．

Navicula pseudosalinarioides Giffen 1975
　　珪殻は広皮針形であるが，先端部は短い嘴状を形成する．殻長が少し大（24-35 μm）で，殻幅もやや大きめ（6-7 μm）である．

Navicula subrotundata Hust. 1939
　　珪殻は少し小形（殻長：7-13 μm，殻幅：4-5.5 μm）で，条線密度は密（25-30/10 μm）である．

Navicula vimineoides Giffen 1975
　　条線密度が粗（12/10 μm）である．

Navicula barrowiana **R. M. Patrick & Freese 1961**, in Proc. Acad. Nat. Sci. Phila. **112**：P. 194, Pl. 1, Fig. 16. 【Pl. 34, Figs 33, 34】

珪殻は線状形で両側縁は弱く3回波打つか平行で，先端は広円状．殻長：10-24 μm，殻幅：3-5 μm．軸域と中心域は一体で珪殻の半分またはそれ以上を占める．条線は平行あるいは弱い放射状．条線密度：25-30/10 μm．

分布・生態

周北性．原産地はアラスカ Barrow 付近の水たまりのコケで，現在まで原産地以外の記録は見あたらない．その環境要因については次のように記されている．pH 7.0，水温 4℃，アルカリ度 32 ppm，硬度 68 ppm，Cl⁻ 52 ppm，全鉄 0.35 ppm．著者らは Herschel Isl., CAN. で見いだした．

近似種との相違点

Diadesmis arctica Lange-Bert. & Genkal 1999

条線密度が密（32-34/10 μm）である．

Navicula lucens Hust. 1934

珪殻の外形，大きさ，条線が短いことや配列の状態は似ているが，条線密度が粗（16/10 μm）の点で区別できる．

Navicula recondita Hust. 1934

珪殻の外形，大きさ，条線が短いことや配列の様子は似ているが，条線密度が粗（20/10 μm）の点で区別できる．

Navicula bourrellyivera **Lange-Bert., Witk. & Stachura 1998**, in Witkowski, Cryptog. Algol. **19**（1, 2），：P. 87, Figs 1-6.；Witkowski, Lange-Bertalot & Metzeltin 2000, in Iconographia Diatomologica **7**：P. 680, Pl. 119, Figs 18, 19.；Lange-Bertalot 2001, Diatoms of Europe **2**：P. 19, Pl. 15, Figs 1-7. 【Pl. 30, Fig. 6】

珪殻は皮針形から線状皮針形，両端部は楔形に狭くなり，その先端は細く嘴状に突出する．殻長：30-55 μm，殻幅：10-15 μm．縦溝は糸状で，明瞭な中心孔をもつ．軸域は狭く，中心域はやや小さいか，中くらいの大きさで，四角形から楕円形．条線は放射状配列で，先端部は収斂する．条線密度：9-11/10 μm，点紋密度：20-21/10 μm で粗である．

Khuvsgul L., MNG. で得た1珪殻，54条線の点紋密度を計測した結果を示したのが**図 61** *Nav. bour.* である．

分布・生態

北極海，バルト海沿いの水域に分布するが，富栄養水域，塩分の濃い水域に多い．著者らは Khuvsgul L., MNG. で見いだしている．

近似種との相違点

Navicula hanseatica Lange-Bert. & Stachura ssp. *hanseatica* 1998

珪殻の形態は似るが，条線密度がやや粗（8-9/10 μm）である．

Navicula oligotraphenta Lange-Bert. & Hofmann 1993

殻幅が小（8-9.5 μm）で，点紋密度は密（26-28/10 μm）である．珪殻両端部の突出は弱い．

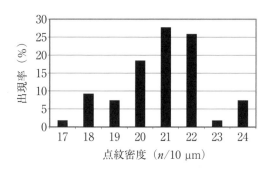

図 61 *Nav. bour.* の点紋密度の頻度分布

Navicula praeterita Hust. 1945
　両端部の突出が強く, 殻幅が小 (5.5-8.5 μm) で, 条線密度は密 (12-14/10 μm) である.
Navicula rhynchotella Lange-Bert. 1993
　珪殻の両端部の突出が強い.
Navicula sieminskiae Lange-Bert. & Witk. 2001
　珪殻の先端は楔形が主で, 嘴状にはほとんど突出しない. 点紋密度はやや粗 (24/10 μm) である.
Navicula subconcentrica Lange-Bert. 2001
　殻幅がやや狭い (9-10 μm). 珪殻両端部の突出が弱い. 点紋密度が密 (約 27-29/10 μm) である.
Navicula trivialis Lange-Bert. 1980
　珪殻両端部の突出は弱く, 条線密度は密 (11-13/10 μm) で, 点紋密度も密 (28-32/10 μm) である.
Navicula witkowskii Lange-Bert., Iserentant & Metzeltin 1998
　両端部の突出がやや弱く, 点紋密度が密 (約 33/10 μm) である.

***Navicula breitenbuchii* Lange-Bert. 2001**, Diatoms of Europe **2**：P. 83, Pl. 37, Figs 8-15.
【Pl. 31, Figs 13, 14】

　珪殻は線状から楕円状皮針形, 両端部は楔形, 先端は広円状. 殻長：25-40 μm, 殻幅：6.5-8 μm. 中心孔は distaff side 側へ曲がる. 軸域は狭いが, 中心域のほうへ向かって少し広がる. 中心域は狭いが, 中くらいの大きさで, 形は様々, 左右不相称. 条線は放射状で先端部は収斂する. 条線密度：10-11/10 μm. 点紋は不明瞭であるが, 強い斜光線で計測できる. 点紋密度：28-30/10 μm.

分布・生態
　ヨーロッパで記録されている. 富栄養の水域で知られる. 木曽川大堰・左岸で見いだした.
近似種との相違点
Navicula cari Ehrenb. var. *cari* 1836
　珪殻外形には変異が多く, 皮針形, 線状皮針形から線状で, 先端部は多少楔形から広円状, 鋭

円状まで変化がある．中心域はほとんどが横長四角形で，短い1～3本の条線で形成される．点紋は不明瞭であるが斜光線で点紋密度：32-40/10 μm を数えられる．

Navicula novaesiberica Lange-Bert. 1993

　珪殻の両端部は楔状であるが，その先端は弱く嘴状に突出する．点紋は明瞭で点紋密度：27-30/10 μm．

Navicula broetzii Lange-Bert. & E. Reichardt 1996, in Lange-Bertalot & Metzeltin, Oligotrophie-Indikatoren, Lange-Bertalot ed., Iconographia Diatomologica **2**：P. 77, Pl. 81, Figs 1-7.；Lange-Bertalot 2001, Diatoms of Europe **2**：P. 20, Pl. 7, Figs 1-8.

【Pl. 55, Figs 1-13】

　本種は最初 *Navicula paranipponica*（Manuskriptnamen）Lange-Bert. & E. Reichardt として1993年に Bibliotheca Diatomologica **27**：Taf. 45, Figs 9-15 に示された．Taf. 45, Fig. 15 は最も大形で"初生殻か？"と記している．*Navicula broetzii* の正式な発表は1996年（Iconogrphia Diatomologica **2**：p. 280）である．Bibl. Diat. **27**：Taf. 45, Fig. 15 参照として，やはり大形の写真を Fig. 7 に示している．この個体の写真は Lange-Bertalot(2001)，Diatoms of Europe **2** の *Nav. broetzii* の写真にも再録されている．条線は放射状，先端部で収斂する．軸域は狭く，中心域は小さい．Lange-Bertalot(2001) の計測値は殻長：38-70 μm，殻幅：6.5-9，条線密度：11-13/10 μm，点紋密度：31-35/10 μm としている．これとよく似た珪殻は日本や木曽川でも見いだしている．これらの試料の計測値は，殻長：29-70 μm，殻幅：8.5-12 μm，条線密度：7-12/10 μm である．

　著者らの計測値は殻長：29-70 μm，殻幅：6.5-9，条線密度：9-11/10 μm である．

分布・生態

　貧栄養湖，石灰質に富んだ湖，アルプスの泉，日本では池田湖，琵琶湖北湖，竹生島，華厳滝等清冽な水域に見られる稀産種とされている．著者らは Khuvsgul L., MNG., 木曽川中・上流部のかなり多くの地点から見いだしているので，稀産ではあるが広汎に分布する種と思える．

近似種との相違点

Navicula chiarae Lange-Bert. & Genkal 1999

　Lange-Bertalot(2001) では殻長：24-30 μm，殻幅：5.5-6 μm としており小形で，条線密度は少し密（14-15/10 μm），殻の先端が若干伸長する点で異なる．

Navicula cryptotenella Lange-Bert. 1985

　大きさに変異が多い種（殻長：14-40 μm，殻幅：5-7 μm，Lange-Bertalot 1985，殻長：12-40 μm，殻幅：5-7 μm）で，条線密度が密（(12)14-16/10 μm, Lange-Bertalot 1985, 14-16/10 μm, Lange-Bertalot 2001）である．

Navicula densilineolata（Lange-Bert.）Lange-Bert. 1993

　殻長：28-60 μm，殻幅：6-7.5 μm，条線密度：10-13/10 μm で，本 taxon はこの計測値内であるが，珪殻の先端部がやや突出気味の珪殻があること，中心域が大きいことで区別が可能である．

Navicula hintzii Lange-Bert. 1993

Lange-Bertalot(1993, 2001)によると，殻長が小（殻長：30-38 μm）であるのに，殻幅はほぼ同じである（殻幅：6.5-7 μm）．このため珪殻はずんぐりしているので区別できる．

Navicula irmengardis Lange-Bert. 1996

珪殻の外形が似るが，殻幅が狭い（殻幅：4.5-5.5 μm, Lange-Bertalot 1996, 2001）点で区別が可能である．

Navicula nipponica（Skvortsov）Lange-Bert. 1993

本種の基礎異名である *Nav. radiosa* f. *nipponica* は，殻長：40-42 μm，殻幅：6.8-8.5 μm，条線密度：8-10/10 μm（Skvortzow 1936）と記されている．著者らのサンプルの計測では殻長：34-50 μm，殻幅：8-9.5 μm，条線密度：9-14/10 μm（Fukushima et al. 1986）であり，殻幅と中心域がやや大である．

Navicula oppugnata Hust. 1945

珪殻の先端がやや広円状で，計測値は Lange-Bertalot(2001)によると，殻幅が少し広く（8.5-12 μm），条線密度が少し粗（7-12/10 μm）で，点紋密度も粗（約 24/10 μm）である．

Navicula pseudolanceolata Lange-Bert. var. *pseudolanceolata* 1980

点紋の明瞭な条線が先端まで放射状，または先端部だけ平行なのが特徴．

Navicula radiosa Kütz. var. *radiosa* 1844

やや大形で条線と点紋がやや粗（殻長：40-120 μm，殻幅：8-12 μm，条線密度：10-12/10 μm，点紋密度：28-32/10 μm，Lange-Bertalot 2001），中心域が大きく，珪殻の先端がやや広円状である点で区別できる．

Navicula radiosafallax Lange-Bert. 1993

珪殻の外形は似るが殻幅が狭い（5.6-6.6 μm，Lange-Bertalot(1993, 2001)は 5.6-6.6(7)μm と(7)を付記）こと，条線密度が少し密である（13-14/10 μm, Lange-Bertalot 1993, 2001）こと，先端部が突出しないことで区別ができる．

Navicula radiosiola Lange-Bert. 1993

Lange-Bertalot(2001)では殻長：38-52 μm，殻幅：7.5-8 μm，条線密度：12-13/10 μm としており，殻幅が少し狭く，珪殻の先端が少し突出する点で区別できる．

Navicula rhynchocephala Kütz. var. *rhynchocephala* 1844

珪殻の外形はやや似るが Lange-Bertalot(2001)は殻長：35-60 μm（80？），殻幅：10-16 μm？，条線密度：13-14/10 μm としており，殻幅が広いこと，条線がやや粗なことから区別できる．

Navicula stankovicii Hust. 1945

当種は条線密度が密（16-18/10 μm）であり，珪殻が線状になることが多く，殻の中央部が平行になることが多く，中心域が大きくない点で区別できる．

Navicula wildii Lange-Bert. 1993

珪殻の先端部が上記 *Nav. densilineolata* よりさらに強く突出していることで区別が可能である．

Navicula capitatoradiata H. Germ. ex Gasse 1986, in East African diatoms. Taxonomy, ecological distribution. Bibliotheca Diatomologica **11**：86, Pl. X, IX, Figs 8, 9.; Krammer &

Lange-Bertalot 1986, Süsswasserflora von Mitteleuropa **2/1**：P. 105, Pl. 32, Figs 12-15.；
Lange-Bertalot 2001, Diatoms of Europe **2**：P. 22, Pl. 29, Figs 15-20, Pl. 73, Fig. 6.

【Pl. 70, Figs 1-23】

Synonym：*Navicula cryptocephala* Kütz. var. *intermedia* Grunow 1880, in Van Heurck, Synop. Diat. Belg.：Pl. 8, Fig. 10.；*Navicula salinarum* var. *intermedia*（Grunow）Cleve 1895.

Cox(1995)は，*Navicula cryptocephala* Kütz. var. *intermedia* Grunow の lectotype を Van Heurck, Types de Synopsis, No. 92（BM 26403）で選定し，その写真を示している（Figs 35, 36）.

珪殻は皮針形から楕円状皮針形，両端部は短く，引き伸ばされた嘴状頭部形．殻長：24-45 μm，殻幅：7-10 μm．縦溝は糸状で，軸域は非常に幅が狭い．中心域は小さく様々な形をとる．条線は中央部では放射状，両端部は収斂する．中心域を形成する条線は規則的ではないが長短交互型的配列である．条線密度：11-14/10 μm，点紋密度：約 35/10 μm．

クリーニングしない試料では2つの平板状葉緑体が殻帯の両側に沿って位置するが，その位置にずれがある．また，*Nav. gregaria* ほど大きなずれではない．

本種は最初 *Navicula cryptocephala* Kütz. var. *intermedia* Grunow として1880年に発表された．しかし，1895年に Cleve は *Navicula salinarum* Grunow の変種にすべきと考え，*Navicula salinarum* Grunow var. *intermedia*（Grunow）Cleve の新組み合わせを発表した．それ以後，この2つの学名は，研究者の判断でどちらかが用いられることになり，ほぼ同等に用いられてきた．

Germain(1981)は，この taxon に新しい学名 *Navicula capitatoradiata* を用いることを提案した．そして，長い間用いられてきた *intermedia* を用いないのは混乱を避けるためとした．この画期的な発表は命名規約上の理由，すなわち，basionym に対する充分な参考文献の欠如という理由で無効とされた．最初の有効な発表は basionym に対する充分な参考文献が提出されている Gasse(1986)によるものと思われ，*Navicula capitatoradiata* H. Germ. ex Gasse が適切な学名と考えられる．

著者らが最初に *Navicula cryptocephala* var. *intermedia* と同定した神流川・埼玉県の分類群がある（福島ら 1981）．この分類群370珪殻を測定して測定項目の頻度分布を示したものが**図62-64** *Nav. cap.* である．殻長：(28)29-38(39)μm，殻幅：6.5-8(8.5)μm．条線密度：(13)15-16/10 μm と表すことが適当である．なお，点紋密度は平井川，十勝川，寒河江川産の4珪殻，267条線の点紋密度を計測した（**図65**）．分布範囲は(27)29-38(39)/10 μm と表せる．

分布・生態

好清水性，好アルカリ性．高電解質の淡水から薄い汽水，β-中腐水から富栄養まで生活できる．世界広汎種．日本でも synonym である *Navicula cryptocephala* var. *intermedia*, *Nav. salinarum* var. *intermedia* を含め多くの報告があり，広汎種であることを裏づけている．日本からは平井川-2・多摩川支流，十勝川・北海道，寒河江川・山形県，荒川・坂戸市で見いだした．

近似種との相違点

Navicula cryptocephala Kütz. var. *cryptocephala* 1844

両端部の突出が弱い嘴状突出で，頭部状嘴形突出はしない．殻幅は狭く（5-7 μm），条線密度

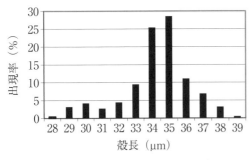

図62 *Nav. cap.* の殻長の頻度分布

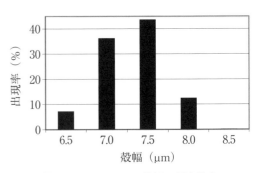

図63 *Nav. cap.* の殻幅の頻度分布

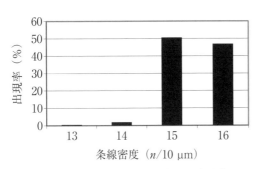

図64 *Nav. cap.* の条線密度の頻度分布

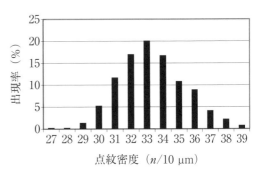

図65 *Nav. cap.* の点紋密度の頻度分布

は密（14-18/10 μm）で，点紋密度も密（約40/10 μm）である．

Navicula gregaria Donkin 1861

　両端部の突出は変化に富み多様であるが，頭部状嘴形になることは少ない．条線密度はやや密で(13)15-18(20)/10 μm である．条線と縦溝とがなす角度が著しく異なり，当種では垂直に近い．点紋密度はやや粗で25-33/10 μm である．

Navicula salinarum Grunow var. *salinarum* f. *salinarum* 1878

　両端部の突出が弱く，嘴状に突出し，頭部状突出にはならない．殻幅は少し広く（6.5-12 μm），条線密度はやや密（12.5-17/10 μm）で，点紋密度も密（約40/10 μm）である．中心域を形成する長短交互になる条線数も多い．

Navicula subalpina E. Reichardt var. *subalpina* 1988

　両端部の突出が全般的に短く，頭部状嘴形になることはない．殻幅は狭く（5-7 μm），条線密度は密（14-17/10 μm）で，点紋密度はやや粗（30-33/10 μm）である．

***Navicula cari* Ehrenb. var. *cari* 1836**, in Akademie der Wissenschaften zu Berlin erster Jahrgang, P. 83. 　　　　　　　　　　　　　　　　　　　　　　　　　【Pl. 51, Figs 14-27】

Synonym：*Navicula cincta*（Ehrenb.）Ralfs var. *cari*（Ehrenb.）Cleve 1895.

　珪殻は皮針形，線状皮針形から線状まで変化する．殻長：(13)20-40 μm，殻幅：5-6 μm．軸域は狭く，中心域は様々な形で，1本か2本の条線が両側縁で短くなって形成されている．その

ため，中心域は横長の四角形になる．条線は普通放射状．条線密度：9-12/10 μm，点紋密度：32-40/10 μm．

分布・生態

世界広汎種．β～α-中腐水域に多い．木曽川では下流域に多く見られる．

近似種との相違点

Navicula arctotenelloides Lange-Bert. & Metzeltin 1996
　　珪殻がやや小形（殻長：14-20 μm，殻幅：4-4.8 μm），条線密度が密（14.5-15/10 μm）．
Navicula exilis Kütz. 1844
　　珪殻の先端が細く，条線密度が密（13-14/10 μm）である．
Navicula lundii E. Reichardt 1985
　　殻幅がやや狭く（4-6.3 μm），珪殻の先端が狭く，中心域が少し小さい．
Navicula moenofranconica Lange-Bert. 1993
　　殻幅がやや大（8-10 μm）で，条線密度が粗（8.5-9.5/10 μm）である．

***Navicula cataracta-rheni* Lange-Bert. 1993**, Bibliotheca Diatomologica **27**：P. 99, Pl. 59, Figs 13-15.；Krammer & Lange-Bertalot 1986, Süsswasserflora von Mitteleuropa **2/4**：Pl. 71, Figs 1-6.；Lange-Bertalot 2001, Diatoms of Europe **2**：P. 24, Pl. 24, Figs 8-23.

【Pl. 56, Figs 1-24】

レーニタキフネケイソウ

　　珪殻は線状皮針形から皮針形，両端部は楔形で先端は鈍円形．殻長：22-48 μm，殻幅：6.5-8 μm．軸域は狭い線状で，中心域は菱状皮針形．条線は放射状で先端近くはほぼ平行，その先端は弱く収斂する．条線密度：12-14/10 μm，点紋密度：32/10 μm．

　　図 66 *Nav. cat.-rh.* は松代，熱塩，三瓶，池田，各温泉，平井川から得た 7 珪殻，479 条線の点紋密度を計測したものである．点紋密度範囲は(23) 26-37 (39)/10 μm と表せる．

分布・生態

貧腐水から中腐水域，硬度が高い水域に出現する．寒河江川・山形県から多量に得ている．

近似種との相違点

Navicula moenofranconica Lange-Bert. 1993
　　殻幅が少し大（8-10 μm）で，条線密度は粗（8.5-9.5/10 μm）である．
Navicula pseudolanceolata Lange-Bert. var. *pseudolanceolata* 1980
　　条線密度，点紋密度とも粗（条線：9.5-11/10 μm，点紋：約 24/10 μm）である．
Navicula ricardae Lange-Bert. 2001
　　条線密度がやや粗（10-12/10 μm）である．
Navicula lundii E. Reichardt 1985
　　殻幅が小（4-6.3 μm）で，条線密度が密（14-15/10 μm）である．
Navicula tripunctata（O. F. Müll.）Bory var. *tripunctata* 1822
　　やや大形（殻長：30-70 μm，殻幅：6-10 μm），条線密度は粗（9-12/10 μm），中心域は横長四角形．

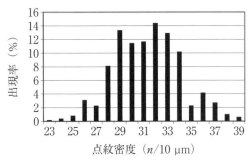

図 66 *Nav. cat.-rh.* の点紋密度の頻度分布

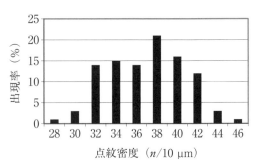

図 67 *Nav. cat.* の点紋密度の頻度分布

Navicula caterva **M. H. Hohn & Hellerman 1963**, in Trans. Amer. Micr. Soc. **80**：P. 296, Pl. 3, Fig. 38.；Lange-Bertalot 2001, Diatoms of Europe **2**：P. 25, Pl. 33, Figs 1-10, Pl. 70, Fig. 1.　　　　　　　　　　　　　　　　　　　　　　　　　　　　　　　　【Pl. 36, Figs 1-42】

ムレフネケイソウ

　珪殻は広皮針形，両端部は楔形，亜嘴状に短く突出する（ここに収めた利根川の個体は従来の記録より先端の突出が弱いようである）．殻長：10.4-17 μm，殻幅：4.2-5.5 μm．軸域は狭く線状，縦溝は糸状，中心域は小さく，形は様々．条線は普通湾曲し，放射状配列で，先端部は平行から弱く収斂する．中心域を形成する条線は長短交互型．条線密度：(16)18-21/10 μm．点紋密度：約 40/10 μm．

　図 67 *Nav. cat.* は木曽川，平井川，荒川産の 23 珪殻，100 条線の点紋密度を計測したものである．

　Lange-Bertalot(2001)は本種の先端部の条線は *Nav. reichardtiana* のように急にではなく，徐々に収斂していくと記している．そこで Lange-Bertalot(1989) の *Nav. reichardtiana* の type の写真，Lange-Bertalot(2001) の *Nav. caterva* の写真，Hohn & Hellerman(1963) の初記載の図を，それぞれ 2000 倍に伸ばして比較検討したが，この基準による分類は，かなり習熟したものでないと無理なようである．

分布・生態

　米国，ヨーロッパ，日本等で報告されているが，世界広汎種と考えられる．電解質を多く含んだ水域，富栄養化した水域に生息する．著者らは木曽川のかなり多くの地点，平井川-1・多摩川支流，荒川・坂戸市，十勝川・北海道，利根川から見いだしている．

近似種との相違点

Navicula adnata Hust. 1937

　珪殻の先端は突出せず尖円状に尖る．中心域は小さく，中心域を構成する短い条線に，他より特に短い条線は見られない．先端部の条線は放射状に配列する．

Navicula antonii Lange-Bert. 2000

　珪殻の先端部は楔状であるが，稀に大変弱く突出する．殻幅は広く (6-7.5 μm)，条線密度はやや粗 (10.5-15/10 μm) である．

Navicula associata Lange-Bert. 2001

殻幅が常に大（6-6.6 µm）である．点紋密度：28-30/10 µm．
Navicula cryptotenelloides Lange-Bert. 1993

珪殻の先端は尖円状で決して突出しない．殻幅はやや狭く（3.7-4.2 µm），条線密度はやや粗（16-18/10 µm）である．

Navicula moskalii Metzeltin, Witk. & Lange-Bert. 1996

珪殻は大形（殻長：24-27 µm，殻幅：6.8-8 µm）で，条線密度は粗（11.5-15/10 µm）である．

Navicula perparva Hust. 1937

殻幅は狭く（3.5-4 µm），条線密度はやや密（約20/10 µm）である．中心域を構成する条線に，特に短い条線が見られない点がよい区別点になる．

Navicula reichardtiana Lange-Bert. 1989

珪殻は若干大きく（殻長：12-22(26) µm，殻幅：5-6 µm），条線密度は粗（14-16/10 µm）である．

Navicula caterva M. H. Hohn & Hellerman 1963 近縁種の検索表

I 珪殻の先端は普通嘴状に突出することはない．
　I）条線は先端部まで放射状配列である．・・・・・・・・・・・・・・・・・・・・・・・・*Navicula adnata* Hust. 1937
　II）先端部の条線は平行あるいは収斂する．
　　（I）殻幅は広く（6-7.5 µm），条線密度は粗（10.5-15/10 µm）である．
　　　・・・*Navicula antonii* Lange-Bert. 2000
　　（II）殻幅は狭く（3.7-4.2 µm），条線密度は密（16-18/10 µm）である．
　　　・・・・・・・・・・・・・・・・・・・・・・・・・・・・・・・・・・・・・・・*Navicula cryptotenelloides* Lange-Bert. 1993
II 珪殻の先端は多少なりとも嘴状に突出する．
　I）条線は先端部まで放射状配列である．・・・・・・・・・・・・・・・・・・・*Navicula perparva* Hust. 1937
　II）先端条線は平行あるいは収斂．
　　（I）殻幅はやや広く（5-6 µm），条線密度は粗（14-16/10 µm）である．
　　　・・・*Navicula reichardtiana* Lange-Bert. 1989
　　（II）殻幅はやや狭く（4.2-5.5 µm），条線密度は密（(16)18-21/10 µm）である．
　　　・・・・・・・・・・・・・・・・・・・・・・・・・・・・・・・・・*Navicula caterva* M. H. Hohn & Hellerman 1963

***Navicula cincta* (Ehrenb.) Ralfs var. *cincta* 1861**, in Pritchard. A Hist. Infus. P. 901.; Carter 1979, in Bacillaria **2**：73, Pl. 1-4.; Krammer & Lange-Bertalot 1986, Süsswasserflora von Mitteleuropa **2/1**：P. 98, Pl. 28, Figs 8-15.; Lange-Bertalot 2001, Diatoms of Europe **2**：P. 26, Pl. 41, Figs 1-29.; H. Fukushima, Kimura, Ts. Kobayashi, Fukushima & Yoshitake 2012, Antarctic Record（南極資料）**56**(1)：1-56, P. 12, Fig. 31.; H. Fukushima, Kimura, Ts. Kobayashi 2013, Antarctic Record（南極資料）**57**(2)：177-208, P. 193, Figs 38, 39.; Lange-Bertalot, H. (ed.) 2013, Diatomeen im Süsswasser-Benthos von Mitteleuropa, Koeltz Scientific Books. 　　　　　　　　　　　　　　　　　　　　　　【Pl. 37, Figs 1-20】

Basionym：*Pinnularia cincta* Ehrenb. var. *cincta* 1854, Mikrogeolog. **10**/2：Pl. 6, Figs a-c.

珪殻は変異に富み，楕円形から線状・楕円状皮針形，先端は広円状で決して突出しない．殻長：14-45 µm，殻幅：5.5-8 µm．軸域は狭く，中心域も小さい．条線は中央部で強い放射状，

Voigt fault から収斂に変わる．条線密度：8-12/10 µm．点紋は光学顕微鏡での計数は困難である．

Navicula cincta は Ehrenberg が Franzensbad の第3紀系の淡水の堆積層中の化石珪藻について 1854 年に命名したものである．これと同年代の British Museum（National History）所蔵の Carter の試料には鉛筆で"Ehrenberg orig."と書かれている．この基準産地と同時代の標本の調査で，Carter(1979) は本種の形態に以下のような特徴を加えている．斜光観察で 40/10 µm の点紋を観察できる．Staff side の中央部に存在する Voigt fault で条線の配列方向が変わる．Staff side の中心域は半皮針形であるが，distaff side の中心域は四角形である．条線密度は珪殻中央部が粗で先端部で密である．なお，基準産地の標本の計測値は殻長：20-40 µm，殻幅：5-6 µm としている．さらに，基準産地の本種の図を5個体示している（Figs 1-5）．1番小形のものの外形は両側縁が平行で，両端部が広円状，楕円形の珪殻が示されている．1番大きい珪殻の外形は菱状皮針形で両端部は尖円状になっている．珪殻は一般に小形になると形が単純化するが，本種もその例外ではない．Carter は Van Heurck, Tempére & Peragallo, P. T. Cleve & J. D. Möller, H. L. Smith 等，多くの先人の標本を比べ，本種の形態の図を多数描き，基準産地の標本の図を示したうえで，英国の試料で形が小さくなると，小形の楕円形の *Navicula umida* Bock とほぼ同じ形態を示す傾向があると説明している．なお，Krammer & Lange-Bertalot (1986)，Lange-Bertalot (2001) は *Navicula umida* Bock を本種の synonym としている．

図 68 *Nav. cinc.* は Holman, Victoria Isl., CAN. 産の LM 写真，2珪殻，80 条線を計測したものである．多くの写真の中で点紋が明瞭に写っている写真を選んだので，点紋密度が粗の珪殻のみを計測した可能性があるが，点紋密度の範囲を示すなら，(23)24-31(34)/10 µm となる．

分布・生態

世界広汎種．汽水域，α-強腐水域に多く出現する．著者らは木曽川，平川・沖縄県，Holman, Victoria Isl., CAN., Byron Bay, Victoria Isl., CAN., Herschel Isl., CAN. 等で見いだしている．

近似種との相違点

Navicula arctotenelloides Lange-Bert. & Metzeltin 1996

珪殻は楕円状皮針形で少し小形（殻長：14-20 µm，殻幅：4-4.8 µm）で，条線密度は密である（14.5-15/10 µm）．

Navicula cari Ehrenb. var. *cari* 1836

珪殻の先端部は楔形で，やや尖円状．中心域は大きく横長の四角形．両端部は収斂し，条線密

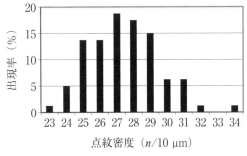

図 68 *Nav. cinc.* の点紋密度の頻度分布

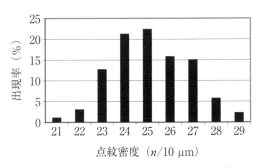

図 69 *Nav. conc.* の点紋密度の頻度分布

度：10-12/10 μm である.

Navicula cariocincta Lange-Bert. 2000

中心域は大きく横長の四角形または楕円形．中央部の条線は強い放射状で，条線密度：7-8/10 μm.

Navicula cataracta-rheni Lange-Bert. 1993

珪殻の先端部は楔形で，先端は尖円状である．条線密度は少し粗（12-13/10 μm）である．

Navicula dealpina Lange-Bert. 1993

珪殻は大形（殻長：25-86 μm，殻幅：8-12 μm）で，中心域は大きく，条線密度は粗（8-10/10 μm）である．

Navicula digitoconvergens Lange-Bert. 1999

珪殻は少し大形（殻長：25-60 μm，殻幅：8-9.5 μm）．先端は *Nav. cincta* より広円状．

Navicula lundii E. Reichardt 1985

珪殻は線状皮針形で，両端部は楔状である．殻幅は少し狭く（殻幅：4-6.3 μm），条線密度は密（14-15/10 μm）である．Pl. 37, Figs 1, 2 は中心域の形を除き，Carter(1979)が Fig. 16 に示している Tempère & Pellagallo slide No. 499 の図に似ており，Lange-Bertalot 2001, Pl. 41, Figs 23, 24 にも中央条線を除き似ている．Fig. 8 は Carter(1979)が Fig. 5112 に示している図に似ている．この形態は *Navicula umida*, *Nav. eidrigiana* に近いとし，Lange-Bertalot(2001)では Pl. 41, Figs 15-20 に近い形態である．Fig. 9 は中心域の形を除き，Carter(1979)の Fig. 50 に似ている．また，Lange-Bertalot 2001, Pl. 41, Figs 11-14 にも似ている．Fig. 10 は中心域の形を除き，Carter(1979)の Fig. 31 に似ていて，Lange-Bertalot 2001, Pl. 41, Figs 25-29 にも似ている．

Navicula concentrica J. R. Carter 1981, in Nova Hedwigia **33**：P. 576, Pl. 61, Fig. 7.；Krammer & Lange-Bertalot 1986, Süsswasserflora von Mitteleuropa **2/1**：P. 113, Pl. 36, Figs 10-12.；Lange-Bertalot 2001, Diatoms of Europe **2**：P. 20, Pl. 4, Figs 8-13.；Lange-Bertalot 2013 (ed.)：Diatomeen im Süsswasser-Benthos von Mitteleuropa：376, Taf. 28, Figs 1-3, Koeltz Scientific Books. 　　　　　　　　　　　　　　　　　　　　　　　　【Pl. 32, Figs 11-14】

珪殻は皮針形で，先端部は楔形に徐々に細くなり，先端はやや尖円状である．殻長：40-75 μm，殻幅：9-12 μm．軸域は狭く，中心域は四角形からほぼ菱形で大きさは中くらい．条線は強い放射状配列で，先端部も収斂しない．条線密度：8-10/10 μm，点紋密度：約 25/10 μm.

図 69 *Nav. conc.* は沖縄本島と西表島産の本種，4 珪殻，258 条線の点紋密度を計測したものである．点紋密度の分布範囲は(21)22-28(29)/10 μm と表せる．

分布・生態

本種は，多分世界広汎種とされているが，ヨーロッパでの分布は割合限定されていて，アルプス地方，北ドイツの湖沼で記録されている．貧腐水性で，硬度の高い湖沼に多く産する．著者らは沖縄・源河川・下流，西表島・浦内川・軍艦岩で見いだしている．

近似種との相違点

Navicula densilineolata (Lange-Bert.) Lange-Bert. 1993

珪殻はやや小形（殻長：28-60 μm，殻幅：6-7.5 μm）である．珪殻先端部の条線は放射状で

あることは同じであるが，条線密度が密で，点紋密度もやや密（条線：10-13/10 μm，点紋：27-30/10 μm）である．

Navicula hintzii Lange-Bert. 1993

珪殻は小形（殻長：30-38 μm，殻幅：6.5-8.5 μm）で，条線密度は密（12-13/10 μm）である．珪殻の先端は尖円である．先端部の条線は平行あるいは弱い放射状か弱く収斂する．

Navicula lanceolata（C. Agardh）Ehrenb. 1838

珪殻の先端部は本種ほど尖円でなく，時に突出することがある．条線密度はやや密（10-13/10 μm）である．中心域の形が本種では四角形であるのに対し，*Nav. lanceolata* は大きな円形である．珪殻先端部の条線が，本種では放射状であるのに対し，*Nav. lanceolata* では収斂する点で異なる．

Navicula oppugnata Hust. 1945

珪殻の外形，計測値はかなり似ているが，先端は鈍円形で条線の傾きが弱く，縦溝と条線の角度がやや直角に近いこと，条線の先端は平行か，弱く収斂することから区別できる．

Navicula pseudolanceolata Lange-Bert. var. *pseudolanceolata* 1980

殻幅が狭く7-9.5 μmである．Diatoms of Europe **2**(2000)によると殻長：30-50 μm，殻幅：7-9.5 μm，条線密度：9.5-11/10 μm，点紋密度：約24/10 μmである．先端に向かって徐々に細くなり，先端はより鋭い楔状である．

Navicula radiosa Kütz. var. *radiosa* 1844

大形（殻長：40-120 μm）のものが多く，全体に細身（殻幅：8-12 μm）である．条線密度，点紋密度とも密（条線：10-12/10 μm，点紋：28-32/10 μm）である．中心域は菱形の珪殻が多い．最も明瞭な区別点は，珪殻先端部の条線が，本種では放射状であるのに対し，*Nav. radiosa* は収斂する点である．

Navicula cryptocephala Kütz. var. *cryptocephala* 1844, in Die Kieselschaligen Bacillarien oder Diatomeen：P. 95, Taf. 3, Figs 20-26.；Krammer & Lange-Bertalot 1986, Süsswasserflora von Mitteleuropa **2/1**：P. 102, Pl. 131, Figs 8-14.；Cox 1995, in Diatom Research **10**(1)：P. 91, Figs 18, 23-27, 50-54.；Lange-Bertalot 2001, Diatoms of Europe **2**：P. 27, Pl. 17, Figs 1-10, Pl. 18, Figs 9-20.　　　　　　　　　　　　　【Pl. 49, Figs 2-24】

珪殻は皮針形で殻端は徐々に細くなるか，弱い嘴状，あるいは亜頭部状になる．殻長：20-40 μm，殻幅：5-7 μm．縦溝は糸状，軸域は狭いものから大変狭いものまである．中心域は小さいものから中くらいの大きさまで変化があり，円形から横長の楕円形で，少し左右不相称．条線は強い放射状で先端部は弱く収斂する．条線密度：14-18/10 μm．点紋密度は光学顕微鏡では計測不能だが，電子顕微鏡で約40/10 μm．

クリーニングしない試料では2つの平板状葉緑体が殻帯（girdle）の両側に沿って位置している．*Navicula cryptocephala, Nav. exilis, Nav. phylepta* および *Nav. veneta* は左右対称的な位置にあるが，*Nav. gregaria* と *Nav. capitatoradiata* ではずれている．

Patrick は *Navicula cryptocephala* の lectotype の選定を Kützing の標本 Packet 459, 13M18785 で行った．Lange-Bertalot(1993)は，この選定は国際命名規約8.1(b)に従って廃棄され得るとし

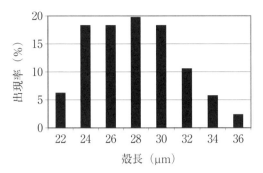

図70 *Nav. cryp.* var. *cryp.* の殻長の頻度分布

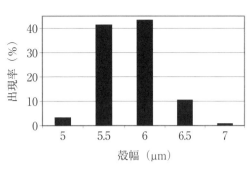

図71 *Nav. cryp.* var. *cryp.* の殻幅の頻度分布

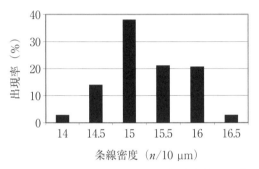

図72 *Nav. cryp.* var. *cryp.* の条線密度の頻度分布

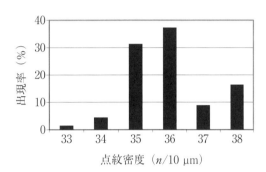

図73 *Nav. cryp.* var. *cryp.* の点紋密度の頻度分布

た．しかし，Cox(1995)は Patrick の lectotype の選択を支持している．

図70-72 *Nav. cryp.* var. *cryp.* は，クロアチア産の本種141珪殻の殻長，殻幅，条線密度を計測したものである．点紋密度は SEM 写真1珪殻，67条線を計測したものである（**図73**）．本種の点紋密度の記録は少なく，Krammer & Lange-Bertalot(1986)は約40/10 μm で辛うじて数え得ると記している．クロアチア産の試料では33-38/10 μm でモードは35・36であり，従来の記録より若干粗である．

分布・生態

各種の環境要因に対する耐性はかなり強い．日本各地，世界各地で採集している．

近似種との相違点

Navicula capitatoradiata N. Germ. ex Gasse 1986

先端部の突出は強く，引き伸ばされた嘴状頭部形，殻幅は大（7-10 μm）で，中心域を形成する条線は長短交互型．中央部の条線密度はやや粗（11-14/10 μm）で，点紋密度は約35/10 μm．

Navicula exilis Kütz. 1844

珪殻の計測値はやや似ている（殻長：20-45 μm，殻幅：6-8 μm，条線密度：13-15/10 μm）．中心域は比較的大形で，横長の楕円から四角形，明瞭に左右不相称である．

Navicula gregaria Donkin 1861

両端部は嘴状で時に頭部状に突出する．*Nav. cryptocephala* より殻幅が大（5-10 μm）である．条線が縦溝に対し垂直に近い配列をすることが *Nav. cryptocephala* との明瞭な区別点である．点

紋密度は密で約 40/10 μm．平板状葉緑体が girdle の両側に沿って位置しているが，本種では上下に著しくずれている．これがクリーニングしない試料での本種の大きい特徴である．

Navicula lundii E. Reichardt 1985

　珪殻はやや小形（殻長：13-35 μm，殻幅：4-6.3 μm）で皮針形．時々左右不相称の珪殻が見られる．珪殻先端部の突出は大変弱く，中心域の大きさは中くらいである．

Navicula notha J. H. Wallace 1960

　殻長に比べ殻幅が狭くすらりとしている（殻長：19-32 μm，殻幅：4-5.5 μm）．中心域は小さく，条線密度は密（15-17/10 μm）である．

Navicula veneta Kütz. 1844

　珪殻の先端部の突出は弱く楔形．殻長：13-30 μm，殻幅：5-6 μm，条線密度：13.5-15/10 μm．中心域は横長のやや小さい四角形で左右不相称である．

Navicula cryptocephala Kütz. var. *cryptocephala* 1844 の近似種の検索表

Ⅰ　中心域は左右不相称．
　　Ⅰ）条線密度：14-17/10 μm，点紋密度：20-24/10 μm．
　　　　・・・・・・・・・・・・・・・・・*Navicula vandamii* Schoeman & R. E. M. Archibald var. *vandamii* 1987
　　Ⅱ）条線密度：18/10 μm，点紋密度：25-28/10 μm．
　　　　・・・・・・・・・・・・・・・・・・・・・・・・・・・*Navicula vandamii* var. *mertensiae* Lange-Bert. 2000
Ⅱ　中心域は左右不相称でない．
　　Ⅰ）条線は弓形に湾曲する．・・・・・・・・・・・・・・・・・・・・・・・*Navicula leptostriata* E. G. Jørg. 1948
　　Ⅱ）条線は弓形に湾曲しない．
　　　（Ⅰ）珪殻の先端部は徐々に細くなり嘴状に突出しない．
　　　　　・・・・・・・・・・・・・・・・・・・・・・・・・・・・・・・・・*Navicula heimansioides* Lange-Bert. 1993
　　　（Ⅱ）珪殻の先端部は嘴状に突出するが，ほとんど突出しない場合もある．
　　　　1　条線密度：13/10 μm より粗である．
　　　　　1）珪殻はずんぐり型で先端は尖円状である．
　　　　　　・・・・・・・・・・・・・・・・・ *Navicula parablis* M. H. Hohn & Hellerman 1963
　　　　　2）珪殻はすらり型で先端は尖円状でない．
　　　　　　（1）珪殻先端部の突出は大変小さい，点紋：27-30/10 μm．
　　　　　　　・・・・・・・・・・・・・・・ *Navicula densilineolata* (Lange-Bert.) Lange-Bert. 1993
　　　　　　（2）珪殻先端部はたいていは弱い嘴状突出をする．
　　　　　　　・・・・・・・・・・・・・・・・・・・・・・・・・・・・・ *Navicula wildii* Lange-Bert. 1993
　　　　2　条線密度：13/10 μm より密である．
　　　　　1）殻幅が小である，殻幅：4-5.5 μm．・・・・・・・・・ *Navicula notha* J. H. Wallace 1960
　　　　　2）珪殻は上の種より幅広い．
　　　　　　（1）中心域が小さい．
　　　　　　　A　殻長が小である，殻長：21-26.5 μm．
　　　　　　　　・・・・・・・・・・・・・・・・・・・・・・・・・・・*Navicula canalis* R. M. Patrick 1944
　　　　　　　B　殻長は上より大である．
　　　　　　　　・・・・・・・・・・・・・・・・・ *Navicula anatis* M. H. Hohn & Hellerman 1963
　　　　　　（2）中心域は小さくない．
　　　　　　　・・・・・・・・・・・・・・・・・ *Navicula cryptocephala* Kütz. var. *cryptocephala* 1844

***Navicula cryptocephala* var. *kisoensis* H. Fukush., Kimura & Ts. Kobayashi**
nom. nud. 【Pl. 50, Figs 1-5】

珪殻は皮針形で，先端部は徐々に長く嘴状に突出する．殻長：38-39 μm，殻幅：6.5 μm．縦溝は糸状，軸域は大変狭い．中心域は中くらいで横長の楕円形．条線は角度の強い放射状で，殻端では縦溝に垂直か収斂する．条線密度：14-15/10 μm．

分布・生態
木曽川では，益田川・阿多野郷，飛騨川・川辺ダム，木曽川・犬治浄水場，木曽川・阿木川等で出現したが，昔のデータでは基本種や *Nav. cryptocephala* var. *intermedia* と区別されていない．基本種と同じように広汎種であろうと推察される．

近似種との相違点
Navicula austrocollegarum Lange-Bert. & R. Voigt 2001
　殻端の突出部が短いこと，中心域が小さいこと，条線の傾斜角が弱いことで区別できる．

Navicula cryptocephala Kütz. var. *cryptocephala* 1844
　新変種は殻端が徐々に長く突出するが，基本種はこのような伸長をしない点で区別できる．

Navicula radiosafallax Lange-Bert. 1993
　当種は少し大形（殻幅：5.6-6.6(7) μm）で，先端部の突出が短い．

Navicula rhynchocephala Kütz. var. *rhynchocephala* 1844
　珪殻が大形（殻長：35-60(80?) μm，殻幅：10-16? μm）で，条線密度が粗（8-11/10 μm）であること，条線の傾斜角が弱いことで区別できる．なお，Lange-Bertalot(2001)では殻長：約40-60 μm，殻幅：8.5-10 μm，条線密度：10-12/10 μm と記している．

Navicula wildii Lange-Bert. 1993
　殻端の突出部が短いこと，条線密度が粗（11-12.5/10 μm）である点で区別が可能である．

***Navicula cryptofallax* Lange-Bert. & Hofmann 1993**, in Lange-Bertalot, Bibliotheca Diatomologica **27**：P. 103, Pl. 47, Fig. 11, Pl. 48, Figs 1-4.；Krammer & Lange-Bertalot 1991, Süsswasserflora von Mitteleuropa **2/4**：Taf. 68, Figs 5-9.；Lange-Bertalot 2001, Diatoms of Europe **2**：P. 27, Pl. 17, Figs 11-17. 【Pl. 43, Figs 8-10】

珪殻は典型的な皮針形で，両端は突出し，嘴状亜頭部形をなす．殻長：23-30 μm，殻幅：5.5-6 μm．縦溝は糸状で中心孔の間隔はやや大である．軸域は狭く，中心域もやや小さく，円形から皮針形．条線は中央部で強い放射状，両端部は平行から収斂する．条線密度：12.5-14/10 μm，点紋密度は光学顕微鏡では数え難いが，約 30/10 μm である．著者らが Croatia で得た珪殻を計測した結果は殻長：20-40 μm，殻幅：5-7 μm，条線密度：14-18/10 μm，点紋密度：約 40/10 μm であり，少し大形で，条線密度，点紋密度とも密な傾向であった．

分布・生態
中央ヨーロッパの流水や止水域に比較的普通に見られるとされている．β-中腐水性である．著者らは Plitvice Lake N. P., HRV. で見いだした．

近似種との相違点
Navicula capitatoradiata H. Germ. ex Gasse 1986

当種はやや大形（殻長：24-45 μm，殻幅：7-10 μm）で，中心域が大きく，中心域を形成する条線は長短交互型である．

Navicula cryptocephala Kütz. var. *cryptocephala* 1844

Nav. cryptofallax より大形（殻長：20-40 μm，殻幅：5-7 μm）で，両端部の突出が強く，中心域が小さく，条線密度がやや密（14-17/10 μm）である点で異なる．

Navicula gregaria Donkin 1861

やや大きい珪殻があり（殻長：13-44 μm，殻幅：5-10 μm），条線密度はやや密（15-18/10 μm）で，背線に直角に近い配列をなす．中心域が大きいことも区別点の1つである．

***Navicula cryptotenella* Lange-Bert. 1985**, in Krammer & Lange-Bertalot, Naviculaceae, Bibliotheca Diatomologica **9**：P. 62, Taf. 18, Figs 22, 23, Taf. 19, Figs 1-10, Taf. 27, Fig. 1.

【Pl. 49, Fig. 1, Pl. 50, Figs 6-29】

Synonym：*Navicula radiosa* var. *tenella*（Bréb. ex Kütz.）Van Heurck 1885.；*Navicula tenella* Bréb. ex Kütz. 1849.；Fukushima et al. 1985, Taxonomical Studies on Pennata Diatom *Navicula radiosa* var. *tenella*（Bréb. ex Kütz.）Van Heurck（1）&（2），Jpn. J. Wat. Treat. Biol. **21**(1)：1-6, 7-12, 13-19.

珪殻は線状皮針形から菱状皮針形まで変化があり，小形のものはずんぐりしたものが多く，大形のものはすらりとした外観をしている．多くはその中間形である．先端は尖円から鈍円形まで連続的に変化があり，先端が突出するものから突出しないものまであり，多くは突出しない尖円形である．軸域は線状の珪殻が多く，線状皮針形を示す珪殻もある．中心域は横長の楕円形から円形に近いものまで，また，縦長皮針形のものまで多様であるが，横長の楕円形のものが多い．条線は中央部で放射状，先端部は多くの珪殻で収斂する．殻長：14-40 μm，殻幅：5-7 μm，条線密度：(12)14-16(18？)/10 μm，点紋密度：35-45/10 μm．

図74-76 *Nav. cryptot.* は，Copenhagen の Botanical Garden の池で得た試料から，364珪殻のLM写真を計測したものである．条線密度は中央部が粗（13-16/10 μm）で，末端部が密（16-18/10 μm）である．点紋密度は点紋が明瞭に写っている写真をコンピューター上で×5000の画像を作成し，2珪殻，137条線を計測した（図77）．点紋密度の範囲は31-37(45)/10 μm．

分布・生態

塩分に対しては不定性（貧鹹性），硬度が高い水域，溶存酸素が多い弱酸性水域に多いとされているが，好アルカリ性種とする意見もある．本種は長く *Navicula radiosa* var. *tenella* とされており，近縁種との混同があったと推測される．*Navicula radiosa* var. *tenella* は世界各地から見いだされていたので世界広汎種と考えられる．日本では十勝川・北海道，平川・沖縄県，木曽川各地で見いだしている．

近似種との相違点

Navicula antonii Lange-Bert. 2000

珪殻の外形はかなり似るが，幅広く（6-7.5 μm），点紋密度が粗（28-32/10 μm）で，中心域が小さい．

Navicula nipponica（Skvortsov）Lange-Bert. 1993

珪殻は小形（殻長：40-50 μm，殻幅：7-9 μm）で，条線密度：9-10/10 μm，点紋密度：28/10 μm で共に粗であり点紋は明瞭である．

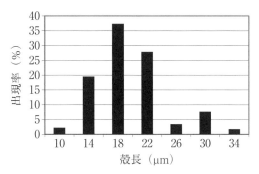

図 74 *Nav. cryptot.* の殻長の頻度分布

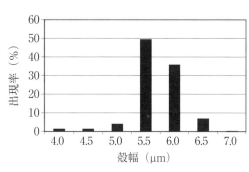

図 75 *Nav. cryptot.* の殻幅の頻度分布

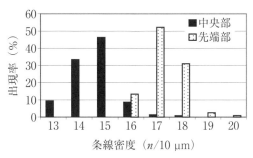

図 76 *Nav. cryptot.* の条線密度（部位による差）

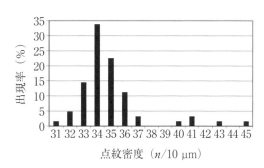

図 77 *Nav. cryptot.* の点紋密度の頻度分布

Navicula radiosa f. *intermedia* Manguin 1942
　珪殻は大形（殻長：53.5 μm，殻幅：8.5 μm），先端部条線が平行であることで異なる．
Navicula radiosa Kütz. var. *radiosa* 1844
　珪殻は大きく（殻長：40-120 μm，殻幅：8-12 μm），条線密度は粗（10-12/10 μm）である．
Navicula suprinii Moser, Lange-Bert. & Metzeltin 1998
　珪殻がより楕円に近く，点紋密度がやや粗（35/10 μm）である．
Navicula veneta Kütz. 1844
　珪殻の先端は僅かでも嘴状に突出する．中心域は狭い．

***Navicula curtisterna* Lange-Bert. 2001**, in *Navicula sensu stricto* 10 Genera Separated from *Navicula sensu lato Frustulia*, Lange-Bertalot ed., Diatoms of Europe **2**：P. 29, Pl. 18, Figs 1-8. 【Pl. 51, Fig. 13】

　珪殻は楕円状皮針形で，両端は亜嘴状に突出する．殻長：21-28 μm，殻幅：6-7.5 μm．縦溝は糸状，軸域は狭く，中心域は中くらいの大きさの亜円状．条線は放射状で，先端部では平行，または弱く収斂する．条線密度：14-16/10 μm．

分布・生態
　原産地のクロアチアで記録されているだけのようである．木曽川・愛岐大橋で検出した個体群

は両端の突出がやや弱いが，本種と同定した．

近似種との相違点
Navicula antonii Lange-Bert. 2000
　条線がやや粗（10.5-15/10 μm）で，中心域が小さい．
Navicula exilis Kütz. 1844
　殻長の大きい（20-45 μm）珪殻があり．中心域が大きい．
Navicula moskalii Metzeltin, Witk. & Lange-Bert. 1996
　条線密度がやや粗（11.5-15/10 μm）である．

***Navicula dealpina* Lange-Bert. 1993**, Bibliotheca Diatomologica **27**：P. 106, Pl. 44, Figs 16-19.；Krammer & Lange-Bertalot 1991, Süsswasserflora von Mitteleuropa **2/4**：Pl. 59, Figs 1-3.；Lange-Bertalot 2001, Diatoms of Europe **2**：P. 30, Pl. 2, Figs 9-16.；Lange-Bertalot, 2013（ed.）：Diatomeen im Süsswasser-Benthos von Mitteleuropa, 379, Taf. 27, Fig. 2, Koeltz Scientific Books.　　　　　　　　　　　　　　　　　　　　　　　　　　　【Pl. 31, Figs 7-12】

　珪殻は線状皮針形から楕円状，先端部は鈍い楔形．殻長：25-86 μm，殻幅：8-12 μm．軸域は狭い線状，中心域は左右異形が多く，横長の四角形から楕円形．条線は珪殻の中央部で放射状，両端部では収斂する．条線密度：8-10/10 μm，点紋密度：約 26/10 μm．木曽川の個体群はヨーロッパの個体群より両側縁が平行に近い珪殻が多いが，Khuvsgul L., MNG. 産の Fig.（1025-11）はホロタイプの写真（Taf. 44, Fig. 7：Lange-Bertalot 1993）によく似ている．

　図78 *Nav. deal.* は1珪殻，70条線の点紋密度を計測したヒストグラムである．点紋密度の範囲は(20)21-29(32)/10 μm と表せる．

分布・生態
　ヨーロッパで記録されている種であるが，モンゴル，日本でも見いだしているので北半球に広く分布していると考えられる．石灰岩の多い水域に生育するとされている．

近似種との相違点
Navicula alineae Lange-Bert. 2000
　珪殻の外形はかなりよく似るが殻幅が広く（9.5-11 μm），先端部が細くなる点で異なる．背線の中央部の1/3は中心裂孔とともに，弓形に distaff side に偏る．点紋密度は密（37-39/10 μm）である．
Navicula breitenbuchii Lange-Bert. 2001
　殻幅が小さく（6.5-7.5 μm），条線は密（10-11/10 μm）である．また，中心域はやや小さい．
Navicula cari Ehrenb. var. *cari* 1836
　珪殻は小形（殻長：20-40 μm，殻幅：5.5-8 μm），条線密度は密で（9-12/10 μm）で，点紋密度も密（32-40/10 μm）である．
Navicula kefvingensis (Ehrenb.) Kütz. 1844
　珪殻は大形（殻長：40-100 μm，殻幅：16-18 μm）で，両側縁の平行な部分が少ない．
Navicula sieminskiae Lange-Bert. & Witk. 2001
　珪殻は線状皮針形であるが，両側縁の平行な部分が短いことが大きな区別点である．殻幅はや

や広い（10-12 μm）．

Navicula slesvicensis Grunow 1880

　珪殻の外形，大きさはよく似ている（Grunow 1880 の原図は 2 つとも両側縁が湾曲している）．しかし，先端部の突出が強い点で区別が可能である．また，中心域が小さい傾向がある．

Navicula viridulacalcis Lange-Bert. ssp. *viridulacalcis* 2000

　両端の突出が強い．

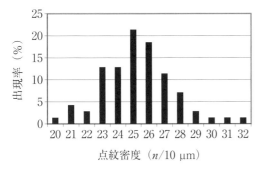
図 78　*Nav. deal.* の点紋密度の頻度分布

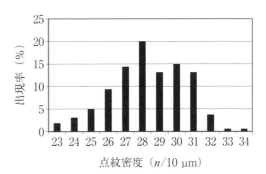
図 79　*Nav. def.* の点紋密度の頻度分布

Navicula defluens Hust. 1944, in Ber. Dtsch. Bot. Ges. **61**：P. 276, Fig. 12.；Simonsen 1987, Atlas and Catalogue of the Diatom Types of Friedrich Hustedt：P. 316, Pl. 474, Figs 3-5.

【Pl. 65, Figs 1-6】

　珪殻は線状皮針形から皮針形まで変化がある．先端部は嘴状に突出し，先端は広円状．殻長：35-45 μm，殻幅：8-10 μm．縦溝は真っ直ぐで糸状．軸域は狭い線状形で左右不相称．中心域はやや大で楕円形か円形．条線は中央部で放射状，両端部で弱く収斂する．条線密度：約 12/10 μm，点紋密度：約 30/10 μm．

　図 79 *Nav. def.* は Zambezi Riv. 産の LM 写真 2 珪殻，160 条線の点紋密度を計測し，頻度分布図に示したものである．点紋密度の範囲は(23)24-32(34)/10 μm と表せる．

近似種との相違点

Navicula amphiceropsis Lange-Bert. & Rumrich 2000

　珪殻の外形は線状皮針形で，先端近くまで幅広い．

Navicula capitatoradiata H. Germ. ex Gasse 1986

　両端の突出部の幅が狭く，中心域が小さく中央部条線は長短交互型である．

Navicula rostellata Kütz. 1844

　珪殻の外形は先端近くまで幅広く，楕円状皮針形である．

Navicula subalpina E. Reichardt var. *subalpina* 1988

　殻幅が狭く（5-7 μm），条線密度が密（14-17/10 μm）で，中心域が小さい．

Navicula densilineolata（Lange-Bert.）Lange-Bert. 1993, Bibliotheca Diatomologica

27：P. 107, Taf. 46, Figs 1-6.；Krammer & Lange-Bertalot 1991, Süsswasserflora von Mitteleuropa **2/4**：Taf. 62, Figs 11-14. 【Pl. 32, Figs 15-17】

Basionym：*Navicula pseudolanceolata* var. *densilineolata* Lange-Bert. 1985, in Bibliotheca Diatomologica **9**：P. 89, Taf. 18, Figs 18-20.

　本種の珪殻の外形は皮針形である．しかし basionym の初発表文である Lange-Bertalot (1985) in Krammer et al., Bibliotheca Diatomologica **9** では狭い皮針形としており，珪殻の先端部が突出するとは記載されていない．Krammer et al. 1986 Süsswasserf. von Mitteleur. **2/1** に載録されている holotype の写真（Fig. 36-38′）では，珪殻の先端部は嘴状に突出しているように見える．Krammer et al. 1991 Süsswasserf. von Mitteleur. **2/4** に載録されている図の 4 珪殻のうち 2 珪殻（Taf. 62, Figs 11, 12）もさらに僅かに突出しているように見える．また，Lange-Bertalot 1993, Bibliotheca Diatomologica **27** に載録されている顕微鏡写真 6 珪殻のうち 4 珪殻は先端部が弱く突出しており，Lange-Bertalot 2001, Daitoms of Europe **2** に載録されている顕微鏡写真 9 珪殻のうち 5 珪殻の先端部も弱く突出しているように見える．前記の Bibl. Diat. **27** に載録されている本種の holotype の顕微鏡写真（Taf. 46, Fig. 1）は，珪殻の先端部が嘴状に弱く突出している．

　著者らが調査した池田湖の個体群は皮針形で，珪殻の先端部が突出する珪殻を認めることはできない．池田湖の個体群は Lange-Bertalot et al. が示した個体群に比べ，小形の傾向があり，羽状珪藻は小形化すると，両端部の突出が弱くなり，ずんぐり型になるという一般的な傾向がある（小林 1962a, 1962b, Ts. Kobayashi 1963, 1965）．しかし，Lange-Bertalot (1993) は両端部が弱く突出する顕微鏡写真を載録しており，その殻長は 31 μm と小形である．本書では，これら先端が突出する珪殻から突出しない珪殻まで含め本種と同定する．

　Basionym を記載した Krammer et al. (1986) によると，条線の配列は珪殻の先端で規則正しい平行配列から弱い収斂配列であると記載している．その図も先端部の数本が平行で，さらにその先端の数本が収斂している．この taxon の新ランク新組み合わせを行った Lange-Bertalot (1993) では，条線は先端まで放射状であるが，平行，さらに弱い収斂に変わるとし，ほぼ同様の条線配列を図示している（Pl. 46, Figs 1-6）．Lange-Bertalot (2001) の記載文もほぼ同様である．

　Krammer & Lange-Bertalot (1985, 1986, 1991)，Lange-Bertalot (2001)，Hofmann, Lange-Bertalot & Werum (2013) によると，条線は中央部が放射状，その次は平行，先端部は収斂と配列方向の記載は同じだが，それぞれの区間の配分比率の異なる写真を載録している．

　しかし，池田湖の個体群は条線の配列が異なり，珪殻の先端まで放射状の珪殻は 88.2％，その他の 11.8％は大部分の条線が放射状であるが，先端の条線の 1，2 本が縦溝に垂直である．この形態を重要視すると，池田湖の個体群は新しい taxon であると考えることもできるが，本書では *Navicula densilineolata* と同定する．

　Distaff side と staff side の中心域の大きさを比べてみると，両 side の大きさがほぼ等しいものが 32.1％を占め，片方が明らかに大きく，左右不相称な型を示す珪殻が 67.9％を占める．本種の basionym（*Nav. pseudolanceolata* var. *densilineolata*）の初発表文（Krammer et al. 1985）には，中心域に関して全く記載されていないが，Lange-Bertalot (2001)，Hofmann et al. (2013) には菱形と記載されている．さらに，これらの著書に載録されている写真の中には，皮針形や四角

形と表現しなければならない珪殻も含まれ，中心域の形は多様である．池田湖の個体群では，中心域の形は様々な形に表現できる．その中で頻度の比較的高い形は，staff side が半皮針形で distaff side が半円形から四角形（28.5%）の形である．逆に distaff side が半皮針形で staff side が半円形から四角形の形も少し見られるが，その他は左右相称で，中心域の形が菱形（20.0%），円形（16.7%），四角形（12.1%），その他の形である．

中心域を形成する短い条線の本数は，staff side で 1-6 本が数えられ，優占するのは 3 本（59.2%），2 本（19.6%），4 本（17.9%）である．また，distaff side で 1-5 本が数えられ，優占するのは 3 本（56.2%），4 本（29.0%），2 本（10.6%）である．Staff side と distaff side の短い条線本数の組み合わせで優占するのは，3 本：3 本（32.1%），3 本：4 本（17.5%），2 本：3 本（12.9%），4 本：3 本（10.1%）である．なお，Krammer et al.(1985, 1986)，Lange-Bertalot (2001, 1993) に載録されている写真は少ないが，上記と同様に計数すると，その結果は以下のようである．Staff side 3 本（53%），4 本（37%），distaff side 4 本（42%），5 本（32%），3 本（21%），staff side と distaff side の短い条線本数の組み合わせは，3 本：5 本（21%），3 本：4 本（21%），3 本：3 本（16%）で，両者間の傾向は必ずしも同様とはいえない．

Navicula densilineolata の計測値を記載している文献は，殻長：28-60 μm，殻幅：6-7.5 μm，条線密度：10-13/10 μm，点紋密度：27-30/10 μm（Lange-Bertalot 2001, 1993, Hofmann, Lange-Bertalot & Werum 2013），点紋密度：約 30/10 μm（Krammer et al. 1985, 1986）があるだけである．

池田湖の個体群の殻長の計測値は，Lange-Bertalot(2001) の計測値と重なった部分はあるが，さらに小さい計測値が加わっている（殻長：22-41 μm）．殻幅の計測値は全く同じで，条線密度と点紋密度の計測値の範囲は広い（条線密度：11-15/10 μm，点紋密度：21-34/10 μm）．条線密度は 230 珪殻，点紋密度は 5 珪殻，254 条線と計測数が多いことが原因と考えられる．

各計測値の出現頻度分布を **図 80-83** *Nav. dens.* に示す．

近似種との相違点

Navicula alea M. H. Hohn & Hellerman 1963

初発表文には珪殻の大きさがやや小形（殻長：22.4-26 μm，殻幅：5.7-6.2 μm で，条線は先端まで放射状と記載されている．しかし，図では distaff side の片方の先端の 1 本は，池田湖の 11.8% の個体群で見られたような縦溝に垂直である．中心域の大きさは中くらい，形は円形で，大きさと形が異なる．

Navicula concentrica J. R. Carter 1981

殻長：40-75 μm，殻幅：9-12 μm で，特に殻幅が大である．条線密度は粗（8-10/10 μm）である．初発表文で条線は放射状と記載されているが，描画では staff side の片方の先端部の 1, 2 本が縦溝に垂直であるようにも見える．点紋密度もやや粗（約 25/10 μm）である．Lange-Bertalot(2001) は，本種を硬度の高い貧栄養湖の指標種としている．

Navicula cryptocephala Kütz. var. *cryptocephala* 1844

珪殻の先端部が弱く突出する種で，珪殻の大きさ（殻長：20-40 μm，殻幅：5-7 μm）はほぼ近似するが，条線密度は密（14-18/10 μm）で，点紋密度は大変密（約 40/10 μm）である．

生育水域の指標として挙げられているのは，pH は主として 7 以上，淡水から汽水（塩化物イオン（Cl^-）<500 mg/L），α-中腐水性，oligotraphentic から eutraphentic とする（Van Dam et

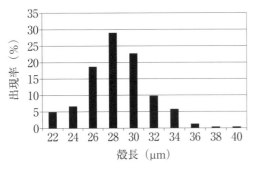

図 80 *Nav. dens.* の殻長の頻度分布

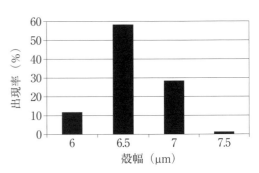

図 81 *Nav. dens.* の殻幅の頻度分布

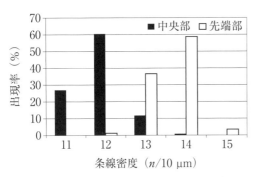

図 82 *Nav. dens.* の条線密度の頻度分布

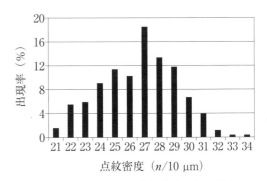

図 83 *Nav. dens.* の点紋密度の頻度分布

al. 1994)．また，貧栄養で貧電解質の水域，富栄養で弱酸性の水域，電解質中くらいで弱アルカリ性の水域に生育して，貧腐水域から弱い α～β-中腐水域に分布し，*Nav. densilineolata* より強い耐性をもつとする (Lange-Bertalot 2001)．両種を誤同定すると，その判定水域の汚濁状況の評価ははかなりずれることになる．

　本種の basionym である *Nav. psedolanceolata* var. *densilineolata* の初発表文は，1985 年である (Krammer et al.)．年代にややずれがあるが，1960 年以前に日本で記録されている *Navicula sensu lato*（広義）で，報告地点数の多い種名と地点数を見てみると *Nav. cryptocephala* の地点数が他の種と比較して大変多い．珪殻の大きさや外形も *Nav. densilineolata* にかなり似ている点から推定すると，*Nav. densilineolata* を 1985 年以前は *Nav. cryptocephala* と混同していたケースもあると想定しなければならない．

Navicula exilis Kütz. 1844

　珪殻の大きさ（殻長：25-40 μm，殻幅：6-8 μm）と外形も近似しているが，条線密度はやや密 (13-15/10 μm) で，中心域は比較的大きいと記載されている．Lange-Bertalot は，硬度の低い，中性から弱酸性水で，貧から中，稀に弱い富栄養水域に生育する貧腐水性珪藻としている．

Navicula oppugnata Hust. 1945

　殻長：30-60 μm は近似するが，殻幅：8.5-12 μm は大きく，中心域は横長楕円形でやや大きい珪殻が多い．中心域を形成する条線は長短交互型が多い．条線密度はやや粗 (7-12/10 μm) で放射状配列であるが，先端部の数本は縦溝に垂直である．点紋密度もやや粗（約 24/10 μm）

である．淡水から汽水にまで見られ，貧腐水性種とされている（Van Dam et al. 1994）．

Navicula parablis M. H. Hohn & Hellerman 1963

　珪殻の大きさはやや小形（殻長：22.4-27 μm，殻幅：5.7-6.2 μm）で，条線密度：11-13/10 μm はほぼ近似する．中心域が円形である点と，珪殻の側縁は中央より先端部にかけて弱く湾入している点が異なる．

Navicula phyllepta Kütz. 1844

　珪殻の大きさは似ており（殻長：25-46 μm，殻幅：6.6-8.5 μm），その外形もかなり近似するが，条線密度は密（17-20/10 μm）で，点紋密度も密（34-36/10 μm）である．当は，汽水または電解質を多量に含む水域に出現するとしている（Krammer et al. 1986）．

Navicula stankovicii Hust. 1945

　珪殻の大きさは殻長：20-46 μm，殻幅：6-8 μm．外形は線状皮針形，先端部は尖円形で短く尖った嘴状と記載されている．池田湖の個体群の計測値と近似するが，池田湖の個体群は線状皮針形ではない．条線密度は密（16-18/10 μm）で，点紋密度（約 30/10 μm）はほぼ近似する．硬度の高い貧栄養湖や貧腐水域に分布するとされている（Lange-Bertalot 2001）．

Navicula veneta Kütz. 1844

　先端部の突出がやや強く，珪殻の大きさが小形（珪長：13-30 μm，殻幅：5-6 μm）で，条線密度はやや密（13.5-15/10 μm）で，点紋密度も密（約 35/10 μm）である．中心域は，やや大きめで横長四角形が多い．当種は，好アルカリ性，淡水から汽水性（塩化物イオン（Cl⁻）：500-1000 mg/L），低酸素性，α-中～強腐水性，富栄養性とされている（Van Dam et al. 1994）．また，電解質の多い水域から汽水域に分布して，特に有機汚濁が強腐水程度に進行している水域に生育する（Lange-Bertalot 2001）．

（以下は本種より後に正式発表された近似種との比較である）

Navicula broetzii Lange-Bert. & E. Reichardt 1996

　中心域は不明瞭で，軸域よりさらに僅かに幅広くなるだけである．点紋密度は密（31-35/10 μm）である．

Navicula cataracta-rheni Lange-Bert. 1993

　初発表文の図（pl. 59, figs 13-15）は holotype の写真で，珪殻の両側縁が平行に近い形になっている．しかし，同じ著者が示している Bavaria 地方の異なる産地の 16 珪殻の写真（Lange-Bertalot 2001）では，両側縁がほぼ平行であるのは 8 珪殻である．なお，初発表文に記載されている計測値は，*Navicula densilineolata* とほぼ近似する．中心域の大きさは，*Nav. densilineolata* のほうが小形である．

Navicula chiarae Lange-Bert. & Genkal 1999

　記載文では，珪殻の外形は皮針形で，先端は明瞭に尖円状で突出しないとしている．しかし，type 標本の写真（Lange-Bertalot 2001, Pl. 23）の中の 4 珪殻（Figs 14-17）は突出しないが，3 珪殻（Figs 18-20）は弱く突出しているように見える．なお，当種は *Navicula densilinolata* より殻幅がさらに僅かに狭く（5.5-6 μm），条線密度はやや密（14-15/10 μm）で，点紋密度は大変密（40-45/10 μm）である．

Navicula delicatilineolata H. Kobayasi & Mayama 2003

　珪殻の先端が少し鈍円状で，条線密度が密（16-18/10 μm）である．中心域は明瞭に左右不相

称である．

Navicula krammerae Lange-Bert. 1996

殻長が少し短く（28-36 μm），条線密度はやや密（13-14/10 μm）である．珪殻の先端部は弱く突出する．

Navicula mediocostata E. Reichardt 1988

珪殻の先端は極めて弱く突出する．点紋密度は密（約 35/10 μm）である．

Navicula oligotraphenta Lange-Bert. & Hofmann 1993

珪殻の大きさがやや小形（殻長：28-38 μm，殻幅：8-9.5 μm）で，殻幅は少し大，その他の計測値はほぼ近似する．点紋密度はほぼ近似（26-28/10 μm）で，中心域は少し大である．

Navicula sancti-naumii Levkov & Metzeltin 2007

殻幅が少し大（7-8.5 μm）で，条線密度は少し粗（10-11/10 μm）である．中心域は左右相称で，中心域を構成する条線は長短交互である．

Navicula staffordiae Bahls 2012

珪殻の大きさが少し小形（殻長：17-33 μm，殻幅：4.7-6.3 μm）である．条線密度はやや密（14-16/10 μm）で，放射状配列であるが先端部は収斂する．中心域は左右不相称である．

Navicula weberi Bahls 2012

珪殻の大きさが少し大（殻長：29-57 μm，殻幅：7.3-10.3 μm）で，先端部はやや広円状である．条線密度（9-10/10 μm）と点紋密度（24/10 μm）は粗である．軸域は狭く，中心域は大である．

***Navicula digitoradiata*（W. Greg.）Ralfs 1861**, in Pritchard A hist. infus. P. 904.；Krammer & Lange-Bertalot 1986, Süsswasserflora von Mitteleuropa **2/1**：P. 108, Pl. 34, Figs 1-9. 【Pl. 52, Figs 1-7】

Basionym：*Pinnularia digitoradiata* W. Greg. 1856：P. 9, Pl. 1, Fig. 32.

珪殻は"く"の字形に湾曲している．外形は皮針形から線状皮針形，先端はほぼ広円状，殻長：25-80 μm，殻幅：7-28 μm，軸域は狭い線状，中心域はやや大きく，四角形から横長の楕円形．条線は太く，中央部は強い放射状，両端部は収斂する．条線密度：6-11/10 μm，点紋密度：約 32/10 μm と Lange-Bertalot は記しているが，木曽川の試料の計測値は，殻長：43-67 μm，殻幅：9.5-15 μm と小形で特に殻幅が小さい．

分布・生態

世界共通種．好塩性で，汽水等塩分を含む水域に分布する．木曽川では塩水クサビが到達する立田樋門で採集した．

近似種との相違点

Navicula densilineolata（Lange-Bert.）Lange-Bert. 1993

殻幅が特に小さい（6-7.5 μm）．条線は強い放射状．点紋密度：37-30/10 μm．

Navicula digitoconvergens Lange-Bert. 1999

殻長：25-60 μm，殻幅：8-9.5 μm，条線密度：10-11/10 μm であり，殻幅の小さいことが目立ち，条線も密である．点紋は遮光照明でないと見えない．

Navicula pseudoppugnata Lange-Bert. & Miho 2001

殻長：34-60 μm，殻幅：85-10.5 μm，条線密度：7-8/10 μm，点紋密度：約 24/10 μm．

Navicula eidrigiana J. R. Carter 1979, in Bacillaria **2**：Pl. 79, Figs 58-64, 70-72.；Lange-Bertalot 2001, Diatoms of Europe **2**：P. 34, Pl. 43, Figs 1-6.　　　　【Pl. 30, Fig. 7】

エイドリグフネケイソウ

種形容語は原産地の Loch Eidrig（南西スコットランド）による．珪殻は皮針形から線状楕円形，先端は広円状であるが，稀にほとんど鋭円状，あるいは少し突出するものもある．殻長：20-70 μm，殻幅：6-10 μm．縦溝は弱い側性．軸域は狭く，中心域は staff side は半皮針形で distaff side は四角形である．条線は放射状で，先端部は収斂する．条線密度：9-12.5/10 μm，点紋密度：約 24/10 μm．

図 84 *Nav. eid.* は Smoking Hill, CAN. の本種 1 珪殻，74 条線の点紋密度を計測したものである．

分布・生態

北半球ではしばしば他の種（例えば *Navicula cincta*）と混乱していた．シベリアの北極海岸の汽水域では最も普通に見られる．著者らは Smoking Hill, CAN. で見いだした．

近似種との相違点

Navicula cincta（Ehrenb.）Ralfs var. *cincta* 1861

やや小形（殻長：14-45 μm，殻幅：5.5-8 μm）で，珪殻先端は決して突出しない．中心域も *Nav. eidrigiana* に比べると，より小さい．点紋密度は密（約 40/10 μm）である．

Navicula lundii E. Reichardt 1985

珪殻は皮針形で，先端は時々弱く突出する．やや小形（殻長：13-35 μm，殻幅：4-6.3 μm）で，条線密度は密（14-15/10 μm）である．

Navicula radiosafallax Lange-Bert. 1993

珪殻は線状皮針形で，先端は錐状（鈍円錐）で突出しない．殻長：30-50 μm，殻幅：5.5-6.5 μm．条線密度がやや密（13-14/10 μm）である．

Navicula seibigiana Lange-Bert. 1993

珪殻は楕円状皮針形から線状皮針形，やや小形（殻長：25-35 μm，殻幅：5.5-6.5 μm）で，

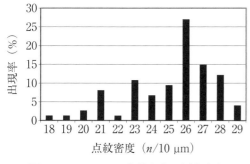
図 84　*Nav. eid.* の点紋密度の頻度分布

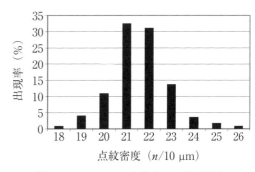
図 85　*Nav. els.* の点紋密度の頻度分布

条線密度はやや粗（9-11/10 μm）である．
Navicula wildii Lange-Bert. 1993
　珪殻先端が亜嘴状に突出している．

Navicula elsoniana R. M. Patrick & Freese 1961, in Proc. Acad. Nat. Sci. Phil. **112**：P. 205, Pl. 2, Fig. 3.　　　　　　　　　　　　　　　　　　　　　　【Pl. 31, Figs 1-6】

Synonym：*Navicula hanseatica* Lange-Bert. & Stachura ssp. *circumarctica* Lange-Bert. 2000, in Witkowski, Lange-Bertalot & Metzeltin, Icon. Diat. **7**：P. 282, Pl. 120, Figs 7-10.；Lange-Bertalot & Stachura 2000, Cryptogamie Algal. **19**(1, 2)：87, Figs 23-27.

　珪殻は広皮針形で，先端は楔状に弱く突出する．殻長：30-43 μm，殻幅：10-15 μm．軸域は狭い線状で，中心域は大きくほぼ円形である．条線は放射状で，両端部では収斂する．条線密度：10-12/10 μm，点紋密度：約22/10 μm．

　図85 *Nav. els.* は Herschel Isl., CAN. の3珪殻，218条線の点紋密度を計測したものである．点紋密度の分布範囲は(18)19-24(26)と表せる．

分布・生態

　この taxon は北アラスカで記録されているだけのようであるが，本書で synonym とした *Navicula hanseatica* ssp. *circumarctica* は Bear Isl., Russia, Svalbard Isl., DNK., Siberia 等の記録がある．採集地の記録は汽水域で，pH 値は7.2である．著者らはカナダ北極圏の Herschel Isl., CAN., Holman, Victoria Isl., CAN. で見いだした．

近似種との相違点

Navicula bourrellyivera Lange-Bert., Witk. & Stachura 1998
　珪殻の先端部細く突出している．
Navicula hanseatica Lange-Bert. & Stachura ssp. *hanseatica* 1998
　中心域はほぼ四角形で，条線密度が粗（8-9/10 μm）である．
Navicula helmandensis Foged 1959
　殻幅が狭く（8-10/10 μm），珪殻の先端部の条線が放射状配列である．
Navicula oligotraphenta Lange-Bert. & Hofmann 1993
　殻幅が小（8-9.5/10 μm）である．
Navicula rhynchotella Lange-Bert. 1993
　珪殻の先端部の突出は強く，嘴状から頭部状である．
Navicula witkowskii Lange-Bert., Iserentant & Metzeltin 1998
　珪殻の先端がやや広円状で，殻幅が小（9-12/10 μm）である．

Navicula erifuga Lange-Bert. 1985, in Bibliotheca Diatomologica **9**：P. 69, Pl. 17, Figs 10-12.；Krammer & Lange-Bertalot 1986, in Süsswasserflora von Mitteleuropa **2/1**：P. 116, Pl. 38, Figs 5-9.；Lange-Bertalot 2001, Diatoms of Europe **2**：P. 84, Pl. 35, Figs 11-19, Pl. 71, Fig. 5.　　　　　　　　　　　　　　　　　　　　　　【Pl. 92, Figs 4-6】

Synonym：*Navicula leptocephala* Bréb. ex Grunow 1880, in Van Heurck.；*Navicula cincta* var. *leptocephala*（Bréb.）Van Heurck 1885.；*Navicula heufleri* var. *leptocephala*（Bréb.）Peragallo 1897-

1908.；*Navicula cinctaeformis* Hust. *sensu* Cholnoky, in Simonsen 1987.

珪殻は皮針形から楕円状皮針形で，先端部はやや楔状，先端は鈍円．殻長：20-45 μm，殻幅：5-7 μm．軸域は大変狭く，中心域は左右相称でなく staff side は半皮針状，distaff side は四角状である．条線は中央部で放射状，両端部で収斂から平行．条線密度：12-14/10 μm，点紋密度：27-30/10 μm．

分布・生態

世界広汎種．有機汚濁が進行している β～α-中腐水域や，汽水域に多い．

近似種との相違点

Navicula arctotenelloides Lange-Bert. & Metzeltin 1996

　珪殻は小形（殻長：14-20 μm，殻幅：4-4.8 μm）で，条線密度が密（14.5-15/10 μm）である．

Navicula cari Ehrenb. var. *cari* 1836

　珪殻の外形，大きさもかなり類似している．しかし，中心域は本種のほうが大きく，形も横長の四角形が多く大形のものが多い．点紋密度は密（32-40/10 μm）である．

Navicula cariocincta Lange-Bert. 2000

　中心域は大きく，左右相称のものが多い．条線密度は粗（7-8/10 μm）である．

Navicula cincta（Ehrenb.）Ralfs var. *cincta* 1861

　珪殻の外形も大きさも似るが，条線密度はやや粗（8-12/10 μm）で，点紋密度も粗（27-30/10 μm）である．

Navicula doehleri Lange-Bert. 2001

　殻幅は少し狭く，条線密度は粗（8-9/10 μm）である．

Navicula eidrigiana J. R. Carter 1979

　条線密度，点紋密度とも粗（条線：9-12.5/10 μm，点紋：約 24/10 μm）である．

Navicula wiesneri Lange-Bert. 1993

　点紋密度が密（37-40/10 μm）である．

Navicula yuraensis Negoro & Gotoh 1983

　中心域が狭く，点紋密度が密（32-34/10 μm）である．

本種は多くの異名を有しており，他の種名で報告されたものも数多くあると考えられる．落合は塩沢鉱・長野市を調査し，本種が第1優占種となることを発表している（DIATOM **18** 2002）．このように強い環境指標性を有しているので，本種の同定が定着すれば重要な種となると考えられる．かつて *Nav. cinctaeformis* としていたものの多くは *Nav. yuraensis* に移り，残ったものを本種として図示する．

Navicula escambia（R. M. Patrick）Metzeltin & Lange-Bert. 2007, in Iconographia Diatomologica **18**：P. 162, Pl. 114, Figs 14-19.；Hofmann, Lange-Bertalot & Werum 2013, Diatomeen im Süsswasser-Benthos von Mitteleuropa：P. 382, Taf. 38, Figs 1-5.

【Pl. 53, Figs 3-8】

Basionym：*Navicula schroeteri* F. Meister var. *escambia* R. M. Patrick 1961, in The Diatoms of the United States **1**：P. 512, Pl. 49, Fig. 1.；Krammer & Lange-Bertalot 1991, in Süsswasserf. von

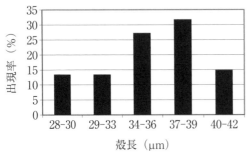

図86 *Nav. esc.* の殻長の頻度分布

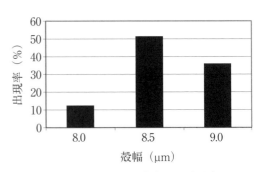

図87 *Nav. esc.* の殻幅の頻度分布

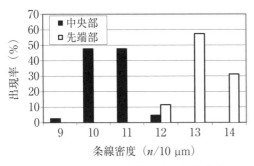

図88 *Nav. esc.* の条線密度の頻度分布

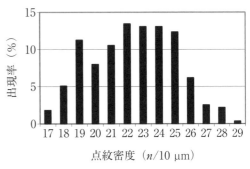

図89 *Nav. esc.* の点紋密度の頻度分布

Mitteleur. **2/4**：Pl. 73, Fig. 3.

　珪殻は線状楕円形から線状皮針形，先端部は楔形から広円状．殻長：33-50 μm，殻幅：7-9 μm．縦溝は糸状で，軸域は幅が狭く，中心域は円形から楕円形で多少皮針形気味で，片側が大きく（staff side が大きいことが多い），左右不相称になる等様々である．中心孔は distaff side のほうへ曲がる．条線は放射状から強い放射状である．条線密度：12-14/10 μm．

　図86-88 *Nav. esc.* は利根川河口産の LM 写真を計測したものである．殻長は354珪殻，殻幅は377珪殻，条線密度は中央部366，先端部361珪殻を測定したものである．点紋密度は木曽川，西表島，蟹原湧水湿地，Agalico Riv. Amazon 産の本種，4 珪殻，245 条線を計測（**図89**）．

分布・生態

　著者らは木曽川・東海大橋等の下流部，蟹原・側溝の最上流等，西表島・仲間川, the Amazon, Agalico Wharf, ECU., the Amazon, Village of Koffan, ECU. 等で広く見いだしているが，優占種といえるほどの繁殖は見ていない．

近似種との相違点

Navicula schroeteri F. Meister var. *schroeteri* 1932

　珪殻の両端部はやや狭い．中心域は菱形で左右不相称のものが多い．

Navicula symmetrica R. M. Patrick 1944

　珪殻は線状から線状皮針形で，若干小形で，条線密度，点紋密度とも密である．殻長：32-35 μm，殻幅：5-7 μm，条線密度：15-17/10 μm，点紋密度：(24)26-35(40)/10 μm．

表4 *Navicula exilis* Kütz. の産地別計測値

	殻長 μm	殻幅 μm	殻長/殻幅	条線密度 n/10 μm
カナダ北極圏西部（福島ら 2012a）	35-(38.6)-43	7.5-(8.0)-8.5	4.5-(4.9)-5.7	14-(14.2)-15
Nordhausen（ドイツ）（Cox 1995*）lectotype Bm 18804, Kützing 411	20-26	6		14
Falaise（フランス）（Cox 1995*）Bm 18803, Kützing 1214	23-32	6		13-14
Lange-Bertalot（2001）	20-45	6-8		13-15
Patrick & Reimer（1966*）	17-19	4-6		18-20
カナダ北極圏東部（福島ら 2013）	22.5-(25.5)-28	5.2-(5.8)-6.7	3.4-(4.4)-5.1	15-(16.9)-18

*印を付けた研究者は *Navicula cryptocephala* var. *exilis* を用いている．

***Navicula exilis* Kütz. 1844**, in Die Kieselschaligen Bacillarien oder Diatomeen：P. 95, Pl. 4, Fig. 6.；Cox 1995, in Diatom Research **10**(1)：P. 109, Figs 30-34, 47, 48.；Lange-Bertalot 2001, Diatoms of Europe **2**：P. 34, Pl. 19, Figs 9-20. 【Pl. 37, Figs 21-29】

Synonym：*Navicula cryptocephala* Kütz. var. *exilis* Grunow 1880, in Van Heurck, Synop. Diat. Belg.：Pl. 8, Fig. 22.

珪殻は皮針形，先端は短い嘴状から長く伸長するもの，鋭い円状から鈍い円状のものまで様々である．殻長：20-45 μm，殻幅：6-8 μm．縦溝は糸状，稀に大変弱い側性．軸域は狭く，中心域は大きく，横長の楕円形から四角形で，明瞭な左右不相称．条線は放射状で，先端では収斂する．条線密度：13-15/10 μm，点紋密度：40/10 μm（SEM 観察）．

クリーニングしない試料では2つの平板状葉緑体が帯面の両側に沿ってほぼ同じ位置に存在する．

Cox（1995）は *Navicula cryptocephala* Kütz. var. *exilis* Grunow の lectotype として，原産地の Nordhansen で採集された Kützing の標本 Packet 411 によるプレパラート BM18804 を選定し，その記載文を次のように記している．

珪殻は皮針形で先端は鈍円形から亜嘴状．殻長：20-34 μm，殻幅：6 μm．自動名をもつ種より殻幅が少し広く，先端部が幅広い．条線はより明白で，条線密度は粗（14/10 μm）である．文には記されていないが，顕微鏡写真，特に SEM 写真では中心域が大きい珪殻が多いことがわかる．

福島ら（2012）が報告した本種はカナダ北極圏西部に位置する Herschel Isl., CAN., Byron Bay, Victoria Isl., CAN., Cambridge Bay, Victoria Isl., CAN. から得たもので，福島ら（2013）は Coburg Isl., CAN., Devon Isl., CAN., Beechey Isl. 産である．両者の計測値は**表4** *Nav. exilis* に示すように珪殻の大きさに差がある．福島ら（2013）のものは小形で条線密度も密である．

表4に示した，Patrick & Reimer（1966）と Lange-Bertalot（2001）の計測値の差が大きい．Patrick & Reimer は Van Heurck, Types du Synopsis, No. 93（BM 26404）のベルギーの Laeken 産の標本で *Navicula cryptocephala* の isotype としている標本を研究に用いている．他方，Lange-

Bertalot(2001)は"Pl. 19, Figs 9-11. Type Population. Nordhausen, Germany"と記しているので，おそらく BM 18803 *Navicula exilis* Kütz. Nordhausen 411 coll Kützing を使用したものと推定できる．この標本は Cox(1995)も研究に用い，lectotype (Cox 1995 f. 32) を選定している．Cox の顕微鏡写真では幅広で両端部の突出が弱い形で，殻幅が広いところは Patrick & Reimer (1966) の *Navicula cryptocephala* var. *exilis* の isotype の描画（Pl. 48, Fig. 4）と似ている．Cox (1995) は上記の写真の他，*Navicula exilis* の写真は BM 18207（Kützing 209），BM 18803（Kützing 1478），BM 26404，Van Heurck, Types du Synopsis, No. 93 の写真 2 枚，計 5 珪殻の写真を示している．このような理由で type population でも Patrick & Reimer(1966) と Lange-Bertalot(2001) の標本は産地が異なるので上記のような差が生じたと推定できる．本種は調べる個体群によって，計測値に大きな差がある場合がある（Pl. 37, Figs 21-26 と Figs 27-29 を参照）．

分布・生態

世界広汎種．電解質の乏しい，中性付近から弱い酸性の水域，大部分は河川上流域に見いだされる．貧腐水性（os ~ ms）であるが，まれに弱い富栄養水域に見いだされる．

近似種との相違点

Navicula cryptocephala Kütz. var. *cryptocephala* 1844

計測値は似ている（殻長：20-40 μm，殻幅：5-7 μm，点紋密度：約 40/10 μm）が，条線密度がやや密（14-18/10 μm）で，中心域は小さい．

Navicula cryptotenella Lange-Bert. 1985

中心域が大変小さい．

Navicula hofmanniae Lange-Bert. 1993

計測値はかなり似ている（殻長：28-35 μm，殻幅：6.5-8 μm，条線密度：13-14/10 μm，点紋密度：35-38/10 μm）が，中心域がかなり小さい．

Navicula krammerae Lange-Bert. 1996

珪殻の大きさはやや似る（殻長：28-36 μm，殻幅：6-7.5 μm）うえ，条線密度も似ている（13-14/10 μm）が，点紋は粗（28-31/10 μm）である．中心域は小さい．

Navicula trivialis Lange-Bert. 1980

珪殻の外形は似るが，殻幅が広く（9-12.5 μm），条線密度が粗（11-13/10 μm）で，点紋密度も粗（28-30/10 μm）である．

Navicula veneta Kütz. 1844

殻長はやや似る（13-30 μm）が，殻幅は少し狭く（5-6 μm），条線密度はほぼ同じ（13.5-15/10 μm）である．中心域は横長の四角形で小さい．

Navicula exiloides H. Kobayasi & Mayama 2003, in DIATOM **19**：P. 17, Figs 1-10.

【Pl. 37, Figs 30-34】

和名：ホソフネケイソウモドキ

珪殻は皮針形で両端部は楔状に徐々に細くなり，先端は鋭円状で嘴状に突出せず，広円に終わる．殻長：11-25 μm，殻幅：5.5-7 μm．縦溝は糸状で明瞭な中心孔をもつ．軸域は狭い線状，中心域は横長の楕円形．条線は中央部で弱い放射状，先端部は平行あるいは弱く収斂する．条線

密度：12-14/10 μm，点紋密度：30-35/10 μm．

図 90 *Nav. exiloid.* は平井川・多摩川支流で得た個体群から 4 珪殻，179 条線を計測した点紋密度の頻度分布図である．

分布・生態

Type locality は埼玉県両神村薄川であるが，埼玉県の他の河川，長崎市の池でも記録されている．本書で使用した試料は平井川-1・多摩川支流で得た．日本には広く分布すると考えられる．今までに採集されている水域は貧腐水～β-中腐水と推定される．

近似種との相違点

Navicula antonii Lange-Bert. 2000

珪殻の先端は尖円状である．中心域は小さく，条線の角度は大である．

Navicula catalanogermanica Lange-Bert. & Hofmann 1993

珪殻は少し大きい（殻長：18-35 μm，殻幅：7.5-8.5 μm）ものが多い．条線密度は粗（9.5-12/10 μm）．条線の角度の大きい珪殻が多い．

Navicula cincta（Ehrenb.）Ralfs var. *cincta* 1861

珪殻は大きい（殻長：14-45 μm，殻幅：5.5-8 μm）珪殻が多い．中心域は小さく，条線の角度は大である．

Navicula exilis Kütz. 1844

珪殻はやや大形（殻長：20-45 μm，殻幅：6-8 μm）で，条線密度はやや密（13-15/10 μm）である．殻長の小さい珪殻は先端が鋭角の楔状で，大形の珪殻は両端部がやや嘴状に突出する．点紋密度は密（約 40/10 μm）である．

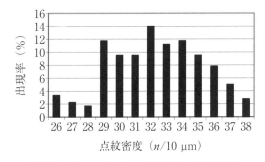

図 90 *Nav. exiloid.* の点紋密度の頻度分布

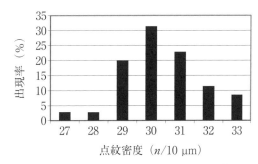

図 91 *Nav. exp.* の点紋密度の頻度分布

***Navicula expecta* VanLand. 1975**, in Catal. of the Fossil and recent genera and species of diatoms and their synonyms **5**：2537.；Lange-Bertalot 2001, Diatoms of Europe **2**：P. 35, Pl. 17, Figs 18-23. 【Pl. 30, Figs 4, 5】

Later homonym：*Navicula secreta* Krasske ex Hust. 1937, in Schmidt et al., Atlas der Diatomaceen-Kunde：Taf. 399, Figs 17, 17a.（non Pantocsek 1902：P. 45, Pl. 338, Fig. 16）.；Lange-Bertalot et al. 1996, in Icon. Diat. **3**：P. 142, Figs 17, 17a, Taf. 9, Figs 1-4.

珪殻は皮針形で両端部は嘴状に長く突出し，先端は頭部状に膨らむ．殻長：30-50 μm，殻幅：8-9 μm で，軸域は狭い．中心域は中くらいの大きさで横長の四角形か楕円形．条線は放射状で，

先端部で収斂する．条線密度：約 12/10 μm，点紋密度：約 25/10 μm．

基準産地は Baltic Sea のほぼ北緯 55 度にある Rugen Isl.（ドイツ）の Credner 湖の水面下 1.2 m にある化石で，Atlas der Diatomaceen-Kunde の Hustedt 担当の所に Krasske が *Navicula secreta* の種名で新種発表した．しかしこの種名は Pantocsek が 1902 年に発表しているので，これは後続同名（later homonym）になるので使用できない．このため VanLandingham が 1975 年 *Navicula expecta* VanLand. に再命名を行った．

図 91 *Nav. exp.* は Coburg Isl., CAN. で得た本種 1 珪殻，35 条線の点紋密度を計測したものである

分布・生態

Iceland, Spitsbergen, ベルギー，チリ．本書で使用した標本は Spitsbergen Isl., GBR. で得たものである．日本では木曽川・朝日取水口で見られた．

近似種との相違点

Navicula cantonatii Lange-Bert. 2001

珪殻先端部の突出は弱く，殻幅は狭く（6.5-7 μm），中心域は大きい．条線密度，点紋密度とも密（条線：12-13/10 μm，点紋：35-40/10 μm）である．

Navicula capitatoradiata H. Germ. ex Gasse 1986

珪殻は楕円状皮針形で，両端部の突出が強い．条線密度，点紋密度とも密（条線：11-14/10 μm，点紋：約 35/10 μm）である．

Navicula cryptofallax Lange-Bert. & Hofmann 1993

珪殻は全般的に小形（殻長：20-40 μm，殻幅：5-7 μm），条線密度，点紋密度とも密（条線：14-18/10 μm，点紋：約 40/10 μm）である．

Navicula hofmanniae Lange-Bert. 1993

珪殻両端の突出は弱く突出部は短い．珪殻は小形（殻長：28-35 μm，殻幅：6.5-8 μm）である．点紋密度は密（35-38/10 μm）である．

Navicula krammerae Lange-Bert. 1996

先端部の突出は弱く，珪殻は小さい．殻長：28-36 μm，殻幅：6-7.5 μm．

Navicula praeterita Hust. 1945

珪殻はやや小形（殻長：25-40 μm，殻幅：5.5-8.5 μm），点紋密度は粗（22-25/10 μm）で，中心域が小さい．

Navicula vandamii Schoeman & R. E. M. Archibald var. *vandamii* 1987

珪殻両端部の突出が弱い．珪殻は小形（殻長：18.5-30.5 μm，殻幅：4.6-5.8 μm）である．条線密度は密（13-15/10 μm）で，点紋密度は粗（24-27/10 μm）である．

Navicula wildii Lange-Bert. 1993

殻幅は狭い（5.5-7.5 μm）．珪殻両端部の突出が弱い．中心域は縦長の傾向が強く，横長でない．

Navicula germainii J. H. Wallace 1960, in Not. Nat. Acad. Nat. Sci. Philadelphia：P. 331, Pl. 3, Figs 2, 1A-C.；Lange-Bertalot 2001, Diatoms of Europe **2**：P. 85, Pl. 35, Figs 7-13.

【Pl. 80, Figs 1-12】

Synonym：*Navicula rhynchocephala* var. *germainii*（J. H. Wallace）R. M. Patrick 1966, in Patrick & Reimer：Diat. U. S. A. P. 506, Pl. 48, Fig. 8.；*Navicula viridula* var. *germainii*（J. H. Wallace）Lange-Bert. 1993, 85 Neue Taxa und über 100 weitere zur Süsswasserf. von Mitteleur. **2/1-4**, Bibl. Diat. **27**：P. 109, Pl. 53. Figs 12, 13.

珪殻は皮針形で両端は比較的弱く突出する．殻長：26-40 μm，殻幅：5-8 μm．軸域は大変狭い線状．中心域は小から中くらいの大きさで，円形から四角形．条線は中央部は放射状で，先端部は収斂する．条線密度：13-15/10 μm，点紋密度：約 33/10 μm．

分布・生態
世界広汎種．富栄養水域に広く分布すると考えられる．Lake Baikal, RUS. で得た．

近似種との相違点
Navicula erifuga Lange-Bert. 1985

珪殻の先端部は楔状で，その先端は亜広円状であり，楔状突出ではない．点紋は少し粗（27-30/10 μm）である．

Navicula gregaria Donkin 1861

当種の大形の珪殻は外形や計測値はやや似ている．当種の中央部の条線は縦溝に対し垂直に近い点で異なる．

Navicula rhynchocephala Kütz. var. *rhynchocephala* 1844

当種は大形（殻長：40-60 μm，殻幅：8.5-10 μm）で，条線密度：10-12/10 μm である．珪殻先端の突出は *Nav. germainii* に比べると先端に向かって徐々に細くなる．

Navicula riediana Lange-Bert. & Rumrich 2000

珪殻の外形はかなりよく似るが，全体的に細身である．殻長：35-50 μm，殻幅：6.5-7.5 μm．中心域は大形で，条線密度は粗（10.5-11.5/10 μm）である．

Navicula rostellata Kütz. 1844

珪殻はやや大形（殻長：34-50 μm）であり，特に殻幅が大（8-10 μm）である．全体的に大形で，丸味が強い．

***Navicula globulifera* Hust. var. *nipponica* Skvortsov 1936**, in Skvortzow, Philip. J. Sci., **61**(1)：P. 37, Pl. 3, Fig. 10. 　　【Pl. 64, Figs 16-20, Pl. 90, Figs 15-18】

珪殻は皮針形で先端は広円状，初発表文では殻長：83 μm，殻幅：10(12) μm と記されているが，木曽川産の試料では殻長：52-63 μm，殻幅：8(11) μm である．基本自動名をもつ変種（基本種）は Hustedt(1927) によって青木湖で記載された．その計測値は殻長：70 μm，殻幅：9 μm，条線密度は中央部で 12/10 μm，両端部で 14/10 μm である．Hustedt の記載文と原図，holotype の写真（Simonsen 1987, Lange-Bertalot 2001）によると，珪殻の両端部が突出している．これが両 Taxa の区別点である．なお，Hustedt は var. *robusta* を 1936 年に記載している．この変種は条線が粗い（中央部 8/10 μm，両端部 10/10 μm）のが特徴である．

図 92 *Nav. glob.* var. *nip.* は木曽川産の SEM 写真 2 珪殻，251 条線の点紋密度を計測したものである．点紋密度の分布範囲は (24)26-34(35)/10 μm と表せる．

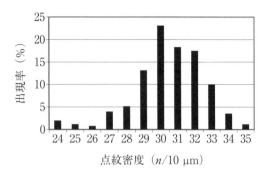

図 92 *Nav. glob.* var. *nip.* の点紋密度の頻度分布

分布・生態
　木曽川では朝日取水口，川島・左岸等下流部に見られる．
近似種との相違点
Navicula cataracta-rheni Lange-Bert. 1993
　珪殻の外形に丸みがあること，小形（殻長：22-48 μm，殻幅：6.3-8 μm）なこと，条線が少し密（12-13/10 μm, Lange-Bertalot 1993, 2001）なことで区別が可能である．
Navicula densilineolata（Lange-Bert.）Lange-Bert. 1993
　珪殻はやや小形で殻幅が狭く（殻長：28-60 μm，殻幅：6-7.5 μm, Lange-Bertalot 1993, 2001），条線は先端まで放射状配列になることで区別できる．時に平行または収斂する．
Nav. globulifera は両端部の突出が強く，*Nav. venerablis* は弱い特徴があるが，両種は同一とする説もある（Lange-Bertalot 2001）．
Navicula lanceolata（C. Agardh）Ehrenb. 1838
　計測値は殻長：28-70 μm，殻幅：(8)9-12 μm，条線密度：10-13/10 μm，点紋密度：約32/10 μm であり *Nav. radiosa* と大差はないが，珪殻に膨らみがあり，中心域は円状または四角状で，この形でも区別は可能である．
Navicula radiosa Kütz. var. *radiosa* 1844
　記載された計測値，殻長：40-120 μm，殻幅：8-12 μm，条線密度：10-12/10 μm に本種の計測値が包含され，珪殻の外形も似るが，条線を構成する点紋は *Nav. radiosa* の 28-32/10 μm に対し，*Nav. venerablis*（basionym, *N. globulifera*）は 35/10 μm である（Lange-Bertalot 2001）．
Navicula radiosafallax Lange-Bert. 1993
　Nav. radiosa に似ている．その計測値は Lange-Bertalot (1993, 2001) によると，殻長：30-50 μm，殻幅：5.6-6.6 μm，条線密度：13-14/10 μm で，殻長は *Nav. radiosa* の計測値に含まれるが，殻幅は狭くすらりとしており，条線密度は密である．なお，点紋密度も密である（33-35/10 μm, Lange-Bertalot 2001）．
Navicula stankovicii Hust. 1945
　珪殻の外形に丸みがあること，先端が尖円状であること，中心域が小さいこと，条線が密（16-18/10 μm, Lange-Bertalot 2001）であることで区別できる．
Navicula venerablis M. H. Hohn & Hellerman 1963

表5 *Nav. gon.* と近似2種の計測値の比較

		Nav. gondwana	*Nav. angusta*	*Nav. radiosa*
殻長	計測値	47-(57)-65	38-(45)-54	44-(54)-74
μm	初発表文	40-70	30-78	40-120
殻幅	計測値	7.2-(7.7)-8.3	5.9-(6.7)-7.5	7.4-(8.1)-9.1
μm	初発表文	7-7.5	5-8	8-12
条線密度	計測値	10.5-(12.3)-15	11-(13.1)-15.5	12-(14.1)-17
n/10 μm	初発表文	10-12	11-12	10-12
点紋密度	計測値	23-(27)-33	22-(26)-30	27-(29)-34
n/10 μm	初発表文	約32	約30	28-32

計測値：最小値-(平均値)-最大値

珪殻は狭い皮針形で両端部は弱く頭部状に突出する．その計測値は（殻長：35-75 μm，殻幅：8.5-10，条線密度：10-12 μm，Lange-Bertalot 2001）で，本種とほぼ似ているが，両端部の突出の有無で区別が可能である．

Navicula vulpina Kütz. 1844

計測値は（殻長：(50)75-140 μm，殻幅：(10)14-20 μm，条線密度：8-11/10 μm，Lange-Bertalot 2001）であり，殻幅が大で条線が粗である．

Navicula wildii Lange-Bert. 1993

小形で殻幅がやや狭く（殻長：23-50 μm，殻幅：5.5-7.5 μm，Lange-Bertalot 1993, 2001），中心域も小さい点で区別が可能である．

***Navicula gondwana* Lange-Bert. 1993**, Bibliotheca Diatomologica 27：P. 111, Taf. 57, Figs 1-6. 【Pl. 58, Figs 1-10】

Synonym：*Navicula radiosa* Kütz. *sensu* Krammer & Lange-Bert. *pro parte* 1985, Fig. 21：1, 1986, Fig. 29：4.

珪殻は細長い皮針形であり，両側縁が直線状の線状皮針形ではない．殻長：40-70 μm，殻幅：7-7.5 μm．縦溝は糸状で，両端部では distaff side 側へ曲がり，中央末端は staff side 側へ曲がる．条線密度：10-12/10 μm，点紋密度：約32/10 μm．

本種と近似2種，の3種は混同されていたこともあるほど似ており，上に記した相違点くらいしか明瞭な相違点は見つからない．そこで3種の各種計測値を表にして比べてみた（表5）．計測値は互いに重なり合っていて差があるようには見えない．しかし，殻幅だけは *Nav. gondowana* と *Nav. radiosa* の間は重なり合わず，有意な差があるように思える．

分布・生態

本種は *Nav. angusta*，*Nav. radiosa* と混同されていた．著者らもこれらを区別してこなかったので分布，生態について正確な記述はできない．木曽川では広い範囲に分布する．日本では蟹原湧水湿地，白樺湖，平川・沖縄県等から見いだしており，世界広汎種と考えている．

近似種との相違点

Navicula angusta Grunow 1860

外形は線状皮針形である．

Navicula radiosa Kütz. var. *radiosa* 1844
　珪殻が若干大形であり，特に殻幅が大である．

Navicula gregaria Donkin 1861, in Quarterly Journal of Microscopical Science. **1**：P. 1-15, Pl. 1, Fig. 10.；Krammer & Lange-Bertalot 1986, in Süsswasserflora von Mitteleuropa **2/1**：P. 116, Pl. 38, Figs 10-15.；Lange-Bertalot 2001, Diatoms of Europe **2**：P. 85, Pl. 38, Figs 8-18, Pl. 64, Fig. 4, Pl. 71, Fig. 4.　　　　　　　　　　　【Pl. 81, Figs 1-15, Pl. 82, Figs 1-17】

　珪殻は皮針形から楕円状皮針形，先端部は嘴状または頭部状に強く突出する．殻長：13-44 μm，殻幅：5-10 μm．縦溝は糸状で，中心孔は distaff side に偏在する．軸域は狭い線状で中心部の大きさは変化に富むが，多くは横広がりで左右不相称．条線は縦溝に対し直角に近い放射状で，先端部は強く収斂する．条線密度：(13)15-18(20)/10 μm，点紋密度：25-33/10 μm．

　Lange-Bertalot(2001)は本種を以下のように3つの sippen に分けている．Sippe 1 は汽水域に生育し *Nav. gregaria* のタイプに類似している．好塩性か中塩性かは未だに未知であり，実験的に確かめねばならないとしている．この sippe は太った形で殻長と殻幅の比が5：1で，点紋密度が最も密で約40/10 μm である．Sippe 2 は富栄養状態のとき，低い電解質レベルに耐性を有し，生態的に広適応性を示す．実験的には汽水でも海水でも同様に生育し(Cox 1995)好塩性である．殻長と殻幅の比は3つの sippen の中間で4：1，点紋密度が中間で約35/10 μm である．Sippe 3 は厳密に中塩性である．殻幅は 6.5 μm 以上ある幅広の珪殻であり，点紋密度は最も粗で 24-28/10 μm である．

　Kützing が調べた *Navicula cryptocephala, Navicula exilis* 等が入っている標本に *Navicula gregaria* が混在しているが，Kützing は *Nav. gregaria* を記載していない（Cox 1995）．本種を記載した Donkin(1861)は，海域から採取した *Nav. gregaria* は非常に多様な形態があると述べている．Krammer & Lange-Bertalot(1986)は *Nav. gregaria* は *Navicula* の中で最も間違いやすい taxon であるとしている．Donkin コレクションの type 標本を研究したすべての研究者は，問題を詳細にわたって解決することの困難さを強調している．

分布・生態
　世界広汎種．広塩性および中塩性とされ，海岸域，河口の汽水域や内陸の鹹水域に分布する．α-中腐水性種とされている．電解質が低い水域から高い水域まで，富栄養から超富栄養の淡水域にまで見られる．α-中腐水域までの汚濁耐性がある．富栄養化した水域の指標種ともされている．世界各地，日本各地，木曽川では特に下流部に見られる．

近似種との相違点
Navicula capitatoradiata H. Germ. ex Gasse 1986
　Lange-Bertalot 2001 によると珪殻は少し大形（殻長：24-45 μm，殻幅：7-10 μm）で，条線密度が少し粗（9-12/10 μm）であると記している．条線と縦溝の角度が直角に近くないこと，中心域を構成する条線が長短交互になっていることが多い点で区別が可能である．

Navicula cryptocephala Kütz. var. *cryptocephala* 1844
　珪殻の外形と計測値は似ている（殻長：20-40 μm，殻幅：5-7 μm，条線密度：14-18/10 μm）

が，条線と縦溝の角度が直角に近くないので容易に区別できる．

Navicula exilis Kütz. 1844

珪殻の外形とはやや大きさは似ている（殻長：20-45 μm，殻幅：6-8 μm）が，条線が少し粗（13-15/10 μm）で，条線と縦溝の角度が直角に近くないこと，中心域が大きいことで区別できる．

Navicula supergregaria Lange-Bert. & Rumrich 2000

珪殻の外形はやや似るが，珪殻の末端は頭部状でなく，むしろ嘴状から亜嘴状である．少し大形（殻長：28-48 μm，殻幅：7-8.5 μm）で，条線密度は少し粗（13-15/10 μm）で点紋密度も少し粗（24-27/10 μm）である．Lange-Bertalot(2001)は，北極地方の採集試料の中から *Nav. supergregaria* に属するものを見いだすことはあり得ると記しているが，著者らの調査した北極圏の試料中には見いだせなかった．

Navicula vandamii Schoeman & R. E. M. Archibald var. *vandamii* 1987

珪殻の外形は皮針形で殻幅が狭い（殻幅：4.6-5.8 μm）．中心域の staff side と distaff side の区別が明瞭で，前者は半皮針形，後者は四角形である．点紋密度が粗（20-24(28)/10 μm）である．

図93，94 *Nav. greg.* に示す各計測値の分布図は相模川産の分類群241珪殻を計測したものである．点紋密度は1珪殻，54条線を計測した．相模川の分類群の殻長，殻幅，条線密度ともレンジの幅は従来の記録，相模川，北極海の記録の順に狭くなっている．計測珪殻数と正比例する傾向があるのは当然である．それぞれのモードの位置はほぼ似ている．点紋密度は26-37/10 μm（Krammer & Lange-Bertalot 1986），25-33/10 μm（Lange-Bertalot 2001）とされているが相模川のレンジは30-40/10 μm で，少し異なる値を示している．

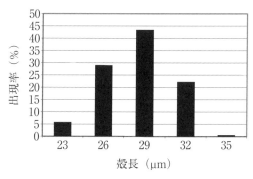

図93 *Nav. greg.* の殻長の頻度分布

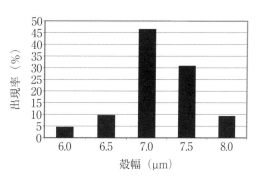

図94 *Nav. greg.* の殻幅の頻度分布

***Navicula heimansioides* Lange-Bert. 1993**, 85 Neue Taxa und über 100 weitere, Lange-Bertalot ed., Bibliotheca Diatomologica **27**：P. 114, Taf. 62, Figs 7-10.；Lange-Bertalot 2001, Diatoms of Europe **2**：P. 87, Pl. 40, Figs 10-15. 【Pl. 64, Figs 1-15】

珪殻は線状皮針形で，先端は嘴状に伸長する．条線は放射状で端部で収斂する．殻長：30-50 μm，殻幅：5-6 μm，条線密度：14-16/10 μm，点紋密度：32-35/10 μm．

分布・生態

淡水産．USA，日本，Nepal，Australia，New Zealand，Europa，South America 等から広く報告されている世界広汎種．

近似種との相違点

Navicula gondwana Lange-Bert. 1993

線状皮針形であるが，先端は伸長しない．少し大形（殻長：40-70 μm，殻幅：7-7.5 μm）で，条線密度は若干粗（10-12/10 μm）である．

Navicula leptostriata E. G. Jørg. 1948

狭皮針形で少し小形（殻長：25-35 μm，殻幅：4.5-5.5 μm）であり，条線密度（16-18/10 μm），点紋密度（40-45/10 μm）とも，より密である．縦溝の中央末端の間隔が短い特徴がある．

Navicula notha J. H. Wallace 1960

狭皮針形から線状皮針形で小形（殻長：19-32 μm，殻幅：4-5.5 μm）であり，条線密度（15-17/10 μm），点紋密度（約 38/10 μm）とも，より密である．

Navicula radiosafallax Lange-Bert. 1993

珪殻は線状皮針形で，先端が嘴状に突出することはない．計測値はよく似ている．

***Navicula hintzii* Lange-Bert. 1993**, 85 Neue Taxa und über 100 weitere, Lange-Bertalot ed., Bibliotheca Diatomologica **27**：P. 114, Taf. 61, Figs 15-18.；Lange-Bertalot 2001, Diatoms of Europe **2**：39, Pl. 21, Figs 1-12, Pl. 22, Figs 1-9. 【Pl. 52, Figs 8-14】

珪殻外形は皮針形から線状皮針形で，先端は突出せず，楔形で尖円状．Lange-Bertalot は上記の 2 文献で本種の計測値を殻長：30-38 μm，殻幅：6-8.5 μm，条線密度：12-13/10 μm，点紋密度：30-32/10 μm としている．木曽川で得た試料の計測値は，殻長：33-35 μm，殻幅：6-6.5 μm，条線密度：12-13/10 μm でありほとんど同じといえる．

分布・生態

木曽川・朝日取水口で得た．

近似種との相違点

Navicula cataracta-rheni Lange-Bert. 1993

殻長：22-48 μm，殻幅：6.3-8 μm，条線密度：12-13/10 μm であり原記載とほとんど差はない．また，本種の計測値ともよく似ている．珪殻の両側縁がほぼ平行な珪殻が見られないところが異なる．

Navicula chiarae Lange-Bert. & Genkal 1999

Lange-Bertolt（2001）に記された計測値は，殻長：24-30 μm，殻幅：5.5-6 μm，条線密度：14-15/10 μm であり，原記載と差はない．本種に比べ殻幅が少し狭いこと，条線が若干密である．

Navicula cryptotenella Lange-Bert. 1985

Lange-Bertalot（2001）によると計測値は殻長：12-40 μm，殻幅：5-7 μm，条線密度：14-16/10 μm で，原記載とほとんど差はない．条線がやや密である．

Navicula cryptotenelloides Lange-Bert. 1993

Lange-Bertalot（2001）の計測値は殻長：9-18 μm，殻幅：3.7-4.2 μm，条線密度：16-18/10 μm

と小形で，条線も密である点でも区別できる．

Navicula densilineolata Lange-Bert. (Lange-Bert.) 1993

原記載(1993)では殻長：30-60 μm，Lange-Bertalot(2001)で殻長：28-60 μm，両著書で殻幅：6-7.5 μm，条線密度：10-13/10 μm と記している．著者らの計測値はこの範囲に収まるが，写真を見ると当種は珪殻の先端部が弱く突出することがある点で区別できる．

Navicula exilis Kütz. 1844

両端部が僅かに突出する点と，中心域が大きい点で区別が可能である．

Navicula lundii E. Reichardt 1985

Lange-Bertalot(2001)は殻長：13-35 μm，殻幅：4-6.3 μm，条線密度：14-15/10 μm と記しており，条線密度が大であることで区別が可能である．

Navicula stankovicii Hust. 1945

Lange-Bertalot(2001)によると，殻長：22-46 μm，殻幅：6-8 μm で，本試料もこの範囲内であるが，条線が密（16-18/10 μm）であるので区別できる．

Navicula wildii Lange-Bert. 1993

Lange-Bertalot は原記載(1993)と(2001)で計測値を殻長：23-50 μm，殻幅：5.5-7.5 μm，条線密度：11-12.5/10 μm と記しており，条線が粗であること，両端部が弱く突出することがある点でも区別が可能である．

***Navicula irmengardis* Lange-Bert. 1996**, in Lange-Bertalot & Metzeltin, Oligotrophie-Indikatoren, Iconographia Diatomologica **2**：P. 78, Pl. 80, Figs 18-23.；Lange-Bertalot 2001, Diatoms of Europe **2**：P. 40, Pl. 26, Figs 1-7. 【Pl. 46, Figs 1-14】

イルメンガルドフネケイソウ（この珪藻の種名は Reichardt 教授夫人の Irmengard Reichardt を記念して命名されたものである）

珪殻は狭い皮針形で，両端部は徐々に細くなり，先端は鋭円状である．殻長：25-46 μm，殻幅：4.5-5.5 μm．中央裂溝は糸状で，軸域は狭い線状，中心域は皮針形．珪殻の中央部の条線は顕著な放射状で，中央は長く，その両側は短いものが多い．先端部は弱い収斂か平行．条線密度：15-16/10 μm，点紋密度：約 30/10 μm．

Zambezi Riv. の個体群を計測した結果，殻長：30-64 μm，殻幅：8.5-12 μm，条線密度：7-12/10 μm，点紋密度：27-35(39)/10 μm と表すことが適当とわかった．なお，**図 95** *Nav. irm.* の点紋密度は LM 写真 1 珪殻，93 条線を計測したものである．

分布・生態

Zambezi Riv. Pier, BWA., Plitvice Lake N. P., HRV. で見いだした．

近似種との相違点

Navicula aquaedurae Lange-Bert. 1993

小形（殻長：14-30 μm，殻幅：4.3-5.5 μm）のものが多く，特に殻長が小さいものが多いが，条線は粗（12.5-16.5/10 μm）なものが多い．また，珪殻の先端は短く突出している．

Navicula broetzii Lange-Bert. & E. Reichardt 1996

珪殻の外形はやや似るが，大形（殻長：38-70 μm，殻幅：6.5-9 μm）で，特に殻幅で顕著で

ある.さらに,条線密度が粗(11-13/10 μm)である.

Navicula cantonatii Lange-Bert. 2001

殻長は似ている(35-40 μm)が,殻幅が大(6.5-7 μm)で,条線密度は粗(12-13/10 μm)である.最も顕著な相違点は珪殻先端部の突出が著しいことである.

Navicula densilineolata(Lange-Bert.) Lange-Bert. 1993

殻長はやや似ている(28-60 μm)が,殻幅が少し大(6-7 μm)なので,ややずんぐりした外形に見える.条線密度は粗(10-13/10 μm)である.

Navicula hintzii Lange-Bert. 1993

珪殻の大きさは似る(殻長:30-38 μm,殻幅:6.5-8.5 μm)が,外見は明らかにずんぐり型である.条線密度は明らかに粗(12-13/10 μm)である.

Navicula leistikowii Lange-Bert. 1993

外形はずんぐり型で,殻長は小さい(17-30 μm)ものが多く,殻幅は大(5.2-6.5 μm)であり,その外形から区別できる.条線密度は粗(12-13/10 μm)である.

Navicula leptostriata E. G. Jørg. 1948

珪殻の大きさは似る(殻長:25-35 μm,殻幅:4.5-5.5 μm)が,条線密度は少し密(16-18/10 μm)である.珪殻の先端は大変弱いが,突出気味である.

Navicula lundii E. Reichardt 1985

珪殻の計測値に大きな差(殻長:13-35 μm,殻幅:4-6.3 μm,条線密度:14-15/10 μm)はないが,外形はずんぐり型で,中心域は皮針形でなく,円形から横長の四角形である.

Navicula radiosafallax Lange-Bert. 1993

殻長は似る(30-50 μm)が,殻幅が大(5.6-6.6 μm),条線密度は粗(13-14/10 μm)である.

Navicula subalpina E. Reichardt var. *subalpina* 1988

珪殻の外形はかなりよく似るが,先端がやや嘴状に突出する点で異なる.

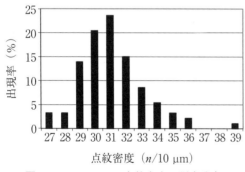

図95 *Nav. irm.* の点紋密度の頻度分布

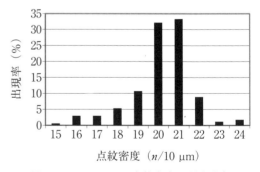

図96 *Nav. iser.* の点紋密度の頻度分布

***Navicula iserentantii* Lange-Bert. & Witk. 2000**, in Witkowski, Lange-Bertalot & Metzeltin, Iconographia Diatomologica **7**:P. 433, Pl. 115, Figs 1-5.;Lange-Bertalot 2001, Diatoms of Europe **2**:P. 41, Pl. 50, Figs 1-5.　　　　　　　　　　【Pl. 30, Figs 8, 9】

イセレンタントフネケイソウ

　珪殻は皮針形で，中央部より先端部に向かって徐々に細くなり，両端部は突出し，先端は広円状である．殻長：61-71 μm，殻幅：14-16 μm．軸域は狭く，線状で中心域に向かって徐々に太くなる．中心域は横長の楕円形から四角形．中心孔は distaff side に偏る．条線は中央部では放射状，両端部で収斂する．条線密度：5.5-7/10 μm，点紋密度：約 24/10 μm．

　図 96 *Nav. iser.* は手賀沼産の 2 珪殻，168 条線の点紋密度を計測したものである．点紋密度の分布範囲は(15)16-22(24)/10 μm と表せる．

分布・生態

　Gdansk（ポーランド）の湾の堆積物中と現生の試料，Arkona 入江（ドイツ）の堆積物中で知られているが，さらに広く分布していると考えられる．汽水性とされているが，かなり薄い汽水域まで生息すると考えられる．手賀沼，十勝川・北海道でも採集している．

近似種との相違点

Navicula hanseatica Lange-Bert. & Stachura ssp. *hanseatica* 1998

　珪殻先端部の突出が強く，小形（殻長：30-70 μm，殻幅：12-15 μm）の珪殻が多い．条線密度が密（8-9/10 μm）であることから区別できる．

Navicula oppugnata Hust. 1945

　珪殻両端部の突出が強いこと，小形（殻長：30-60 μm，殻幅：8.5-12 μm）で，条線密度が密（7-12/10 μm）である．

Navicula peregrina（Ehrenb.）Kütz. var. *peregrina* 1844

　大形（殻長：60-180 μm，殻幅：18-25(30？) μm）の珪殻があり，点紋密度が粗（18-20/10 μm）である．

Navicula rhynchocephala Kütz. var. *rhynchocephala* 1844

　珪殻は小形（殻長：40-60 μm，殻幅：8.5-10 μm）で，条線密度は密（10-12/10 μm）である．

Navicula vulpina Kütz. 1844

　大形（殻長：(50)75-140 μm，殻幅：(10)14-20 μm）の珪殻が多く，条線密度は密（8-11/10 μm）である．珪殻の先端部は突出しない．

***Navicula jakovljevicii* Hust. 1945**, in Arch. f. Hydrob. **40**：P. 930, Pl. 40, Figs 17, 18.；Simonsen 1987, Atlas and Catal. Diatom：P. 334, Pl. 511, Figs 5-11.；Lange-Bertalot 2001, Diatoms of Europe **2**：P. 41, Pl. 6, Figs 8-11, Pl. 71, Fig. 6. 　　　　　　【Pl. 76, Figs 1-4】

ヤコブルイエビーフネケイソウ（Dr. St. Jakovljevie を記念した種名）

　珪殻は皮針形から楕円状皮針形で，鈍円から広円状の先端をもつが突出はしない．殻長：26-85 μm，殻幅：3-11 μm．縦溝は線状で，軸域は大変狭い線状．中心域は小さく，やや不相称な円形で，中心域を形成する条線は徐々に短くなる．条線は中央部で放射状，両端部は平行になりさらに収斂する．条線密度：14-18/10 μm，点紋密度：29-32/10 μm．

分布・生態

　ユーゴスラビア（現セルビア・モンテネグロ），スイス，オーストリア等南部ヨーロッパで記録されているが，分布があまり広くない種である．数は少ないが，Khuvsgul L., MNG.,

Yosemite N. P. USA., 木曽川でも見いだしている．硬度が高い水質を好み，貧栄養から富栄養水域まで記録されている．

近似種との相違点

Navicula kefvingensis (Ehrenb.) Kütz. 1844

　　殻幅が大（(10?)16-18 μm）で，条線密度が粗（7-8.5/10 μm）である．

Navicula radiosa Kütz. var. *radiosa* 1844

　　珪殻の先端はやや尖円状．珪殻は大形（殻長：40-120 μm，殻幅：8-12 μm）の場合が多い．条線密度は粗（10-12/10 μm）である．珪殻の外形と条線の密度から区別可能である．

Navicula splendicula VanLand. 1975

　　珪殻は殻長：30-46 μm，殻幅：7-9 μmでやや小形．中央部条線は長短交互型．条線密度は少し粗（12-16/10 μm）で，点紋密度も粗（約25/10 μm）である．先端部の条線は平行に近い．

Navicula striolata (Grunow) Lange-Bert. 1985

　　珪殻の大きさに，大きな差はない（殻長：50-70，殻幅：10-14 μm）．中心域を構成する条線が長短交互型であることで区別できる．

Navicula venerablis M. H. Hohn & Hellerman 1963

　　珪殻の外形，大きさはやや似る（殻長：35-75 μm，殻幅：8.5-10 μm）が，中心域が大きく条線密度が粗（10-12/10 μm）である．

Navicula jakovljevicii 近似種の検索表

Ⅰ　中心域は大きい．
　Ⅰ）条線密度は極めて粗である（7-8.5/10 μm）．… *Navicula kefvingensis* (Ehrenb.) Kütz. 1844
　Ⅱ）条線密度が粗である（10-12/10 μm）．
　　（Ⅰ）珪殻の先端はやや尖円状である．………… *Navicula radiosa* Kütz. var. *radiosa* 1844
　　（Ⅱ）珪殻の先端はやや広円状で，時に弱い嘴状に突出する．
　　　　………………………………………*Navicula venerablis* M. H. Horn & Hellerman 1963
Ⅱ　中心域はやや小さい．
　Ⅰ）中心域を形成する条線は長短交互型である．
　　（Ⅰ）珪殻は大形（50-70×10-14 μm）で，条線密度は粗（7-9/10 μm）である．
　　　　……………………………………………*Navicula striolata* (Grunow) Lange-Bert. 1985
　　（Ⅱ）珪殻は小形（30-46×7-9 μm）で，条線密度は密（12-16/10 μm）である．
　　　　………………………………………………………*Navicula splendicula* VanLand. 1975
　Ⅱ）中心域を形成する条線は長短交互型でない．……………*Navicula jakovljevicii* Hust. 1945

Navicula joubaudii H. Germ. 1982, in Cryptog. Alg. **3**.；Krammer & Lange-Bertalot 1986, in Süsswasserflora von Mitteleuropa **2/1**：P. 231, Pl. 76, Figs 37, 38.　**【Pl. 38, Figs 1, 2】**

ジューバードフネケイソウ

　珪殻は線状楕円形，幅広くなった中央部と弱く突出した両端部をもち，先端は広円状．殻長：5-15 μm，殻幅：3-4.5 μm．軸域は狭い線状，中心域は大きく，横長の四角形．条線は放射状，条線密度：18-20/10 μm．

分布・生態
世界広汎種．貧～β-中腐水域に多い．著者らは湧水湿地である蟹原・五反田溝で見いだしたのみである．

近似種との相違点
Navicula minima Grunow 1880

珪殻は線状，線状皮針形から楕円形．稀に先端部が突出する．条線密度は密（25-30/10 μm）である．

Navicula obsoleta Hust. 1942

珪殻は皮針形から線状皮針形．両端部は広円状．殻幅は狭く（2-2.5 μm），条線密度は密（20-24/10 μm）である．

Navicula seminulum Grunow 1860

珪殻は狭い線状皮針形で，両端部は広円状．条線密度：18-22/10 μm．
（本種を，*Sellaphora joubaudii* （H. Germ.）M. Aboal として *Sellaphora* に組み合わせる見解もある．）

***Navicula krammerae* Lange-Bert. 1996**, in Lange-Bertalot & Metzeltin, Oligotorophie-Indikatoren, Lange-Bertalot ed., Iconographia Diatomologica **2**：P. 79, Pl. 80, Figs 3-8.；Lange-Bertalot 2001, Diatoms of Europe **2**：P. 43, Pl. 20, Figs 11-16. 【Pl. 54, Figs 1, 2】

珪殻は皮針形，先端は嘴状で鈍円あるいは鋭角ではない．殻長：28-36 μm，殻幅：6-7.5 μm．縦溝は糸状，軸域は狭く，中心域は中くらいの大きさで横長．条線は放射状，先端部は平行で収斂しない．条線密度：13-14/10 μm，点紋密度：28-31/10 μm．

分布・生態
ヨーロッパでアルプス地方の硬度の高い貧栄養水域に分布すると記されているが，木曽川・春日井浄水場でも見いだした．

近似種との相違点
Navicula capitatoradiata H. Germ. ex Gasse 1986

殻長はやや似る（24-45 μm）が，殻幅が大（7-10 μm）である．両端部は嘴状に長く突出する．条線は少し粗（11-14/10 μm）で，点紋密度は密（35/10 μm）である．

Navicula cryptocephala Kütz. var. *cryptocephala* 1844

計測値は似る（殻長：20-40 μm，殻幅：5-7 μm）が，条線密度：14-18/10 μm，点紋密度：約40/10 μm はともに密である．先端部の条線は収斂する．

Navicula hofmanniae Lange-Bert. 1993

珪殻の計測値は似ている（殻長：26-35 μm，殻幅：6.5-8 μm，条線密度：13-14/10 μm）が，点紋密度が密（35-38/10 μm）である．先端部の条線が収斂する点でも異なる．

Navicula subalpina E. Reichardt var. *subalpina* 1988

珪殻の大きさはやや似ている（殻長：20-52 μm，殻幅：5-7 μm）が，条線密度と点紋密度が少し密（条線：14-17/10 μm，点紋：30-33/10 μm）である．

Navicula lanceolata (**C. Agardh**) **Ehrenb. 1838**, in Cryptogamie Algologie **1**：P. 185, P. 30, Pl. 1, Figs 1-4, Pl. 8, Figs 1-4（1980）.；Krammer & Lange-Bertalot 1986, Süsswasserflora von Mitteleuropa **2/1**：P. 100, Fig. 29：5-7.；Lange-Bertalot 2001, Diatoms of Europe **2**：P. 87, Pl. 39, Figs 15-22, Pl. 69, Figs 3-4.　　　　　　【Pl. 65, Figs 7-12, Pl. 66, Figs 1-13】

Basionym：*Frustulia lanceolata* C. Agardh 1827, Flora oder Botanische Zeitung, zenter Jahrgand. **10**：626.

　珪殻は皮針形で，先端は僅かに突出することがある．先端は広円状．殻長：28-70 µm，殻幅：(8)9-12 µm．縦溝は糸状で，中心孔は distaff side 側に曲がる．軸域は狭い線状，中心域はかなり大きくほぼ円形．条線は放射状で，先端部は収斂する．条線密度：10-13/10 µm，点紋密度：約 32/10 µm．

　図 97-100 *Nav. lan.* は本種の各種計測値をヒストグラムに示したものである．殻長，殻幅，条線密度は相模川・昭和橋産の本種 252 珪殻を計測したものであり，点紋密度は十勝川産の LM 写真 4 珪殻，342 条線を計測したものである．点紋密度範囲は(23)27-36(37)/10 µm と表せる．

分布・生態

　世界広汎種で，寒帯から熱帯まで広く分布している．冷水性で冬季に多量に出現する．厳冬期の北上川で盛岡市から河口まで，ほとんどの地点で本種が優占種になっていたことがある．しばしばゼラチン質の筒の中に生育することがあり，このような場合汚濁耐性はかなり強い．

近似種との相違点

Navicula kefvingensis（Ehrenb.）Kütz. 1844

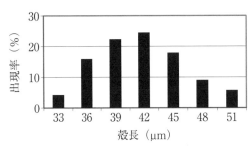

図 97　*Nav. lan.* の殻長の頻度分布

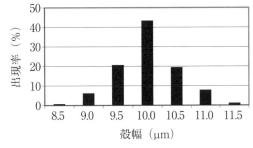

図 98　*Nav. lan.* の殻幅の頻度分布

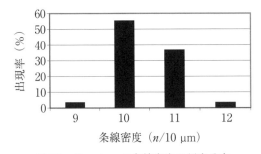

図 99　*Nav. lan.* の条線密度の頻度分布

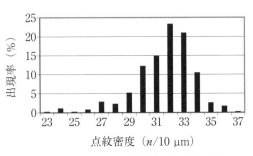

図 100　*Nav. lan.* の点紋密度の頻度分布

珪殻は大形（殻長：40-120 μm，殻幅：16-18 μm），条線密度，点紋密度とも粗（条線：7-8.5/10 μm，点紋：25-27/10 μm）で，中心域は大きい．

Navicula radiosa Kütz. var. *radiosa* 1844

やや大形（殻長：40-120 μm，殻幅：8-12 μm）で，大形の珪殻は両側縁が真っ直ぐになる傾向がある．中心域がやや小さく，外形は菱形に近く，条線を構成する点紋密度が少し粗（28-32/10 μm）である．

Navicula slesvicensis Grunow 1880

珪殻はやや小形（殻長：25-50 μm，殻幅：9-11 μm），条線密度は粗（8-9/10 μm）で，点紋密度も粗（約25/10 μm）である．中心域は小さい．

Navicula venerablis M. H. Hohn & Hellerman 1963

珪殻の大きさと外形はやや似るが，側縁はやや直線的で，点紋密度が少し密（約35/10 μm）である．

Navicula viridula（Kütz.）Ehrenb. var. *viridula* 1938

珪殻はやや大形（殻長：40-100 μm，殻幅：10-15 μm），条線密度はやや粗（8-11/10 μm）で，点紋密度も粗（約24/10 μm）である．

Navicula vulpina Kütz. 1844

やや大形（殻長：(50)75-140 μm，殻幅：(10)14-20 μm），点紋密度は粗（約22/10 μm）で，縦溝中央末端は中心域の一方に曲がらない．

> ***Navicula lanceolata* の種名に注意**
>
> 1980年，衝撃的なLange-Bertalotの論文が出た．Agardhのtype標本を検討した結果で，当時の珪藻研究者にとって同定に不可欠な文献とされていたHustedtのBacillariophyta（Die Süsswasser-Flora Mitteleuropas **10**）に示されている *Navicula viridula* の図は *Navicula lanceolata*（Agardh）Ehrenb. にすべきであり，*Navicula lanceolata* としている種は *Nav. pseudolanceolata*（Hust.）Lange-Bert. にするというものである．したがって，Hustedtのこの書を根拠にして同定された *Navicula viridula* は *Navicula lanceolata* ということになる．Süsswasser-Floraの珪藻の執筆者が1986年にKrammer & Lange-Bertalotになってから珪藻の同定に本書を用いる研究者が増えて *Navicula viridula* と *Navicula lanceolata* の混乱は解消してきたが，その過渡期に発表されたフロラでは上記の混乱に注意せねばならない．

***Navicula leistikowii* Lange-Bert. 1993**, 85 Neue Taxa, Bibliotheca Diatomologica **27**：P. 118, Pl. 50, Figs 1-8.；Lange-Bertalot 2001, Diatoms of Europe **2**：P. 441, Pl. 16, Figs 1-10, Pl. 64, Fig. 6, Pl. 68, Fig. 4. 【Pl. 38, Figs 3-13】

珪殻は普通皮針形で，時に，線状皮針形，先端部は楔形であるが，先端は鈍角状，殻長：17-30 μm，殻幅：5.2-6.5 μm．軸域は狭い線状で，中心域は円形から菱状，皮針形である．条線は放射状で，先端部で収斂する．条線密度：12-13/10 μm，点紋密度：30-35/10 μm．

分布・生態

世界広汎種かと考えられる．白亜を多く含んだ貧栄養から中栄養の貧腐水域に多い．

図101 *Nav. leist.* は4珪殻，150条線を計測した出現頻度図である．産地：湯河原温泉．点紋

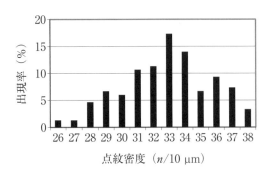

図 101　*Nav. leist.* の点紋密度の頻度分布

密度の範囲は(26)28-38/10 μm と表せる．

近似種との相違点

Navicula aquaedurae Lange-Bert. 1993

　珪殻の先端は少し突出する．少し小形（殻長：12.5-16.5 μm，殻幅：4.3-5.5 μm）である．

Navicula breitenbuchii Lange-Bert. 2001

　珪殻は線状皮針形から線状楕円形，中心域は中くらいから大形．条線密度はやや粗（10-12/10 μm）である．

Navicula cincta（Ehrenb.）Ralfs var. *cincta* 1861

　珪殻は少し小形（殻長：14-45 μm，殻幅：5.5-8 μm）で，先端は鈍円状．条線密度は粗（8-12/10 μm）である．

Navicula exilis Kütz. 1844

　珪殻はやや大形（殻長：20-45 μm，殻幅：6-8 μm）で，条線密度は密（13-15/10 μm）である．珪殻の先端は少し突出することがある．中心域は少し大形である．

***Navicula leptostriata* E. G. Jørg. 1948**, in Det Kongel. Danske Viden. Selsk., Biol. Skrifter. **5**(**2**)：P. 59, Pl. 2, Fig. 25.；Lange-Bertalot 2001, Diatoms of Europe **2**：P. 88, Pl. 40, Figs 1-9.

【no Fig.】

ホソスジフネケイソウ

　珪殻は狭い皮針形，先端部は時に僅かな部分が弱い嘴状に突出する．殻長：25-35 μm，殻幅：4.5-5.5 μm．軸域は狭く，中心域は小さく不定形で左右不相称．条線は弧状に湾曲し，強い放射状で，先端部は平行から収斂する．条線密度：16-18/10 μm．点紋密度は電子顕微鏡観察で 40-45/10 μm．

分布・生態

　世界広汎種．電解質が少なく，弱酸性で，貧腐水域に広く分布する．

近似種との相違点

Navicula cryptocephala Kütz. var. *cryptocephala* 1844

　珪殻の先端部は常に嘴状に突出する．中心域は小から中くらいの大きさで，円形から横長楕円形．殻幅：5-7 μm．

Navicula heimansioides Lange-Bert. 1993

　珪殻は中央部から先端にかけて徐々に細くなり，先端部は嘴状突出をしない．中心域は中くらいの大きさで，ほぼ菱状皮針形．条線密度が粗（14-16/10 μm）で，点紋密度も粗（32-35/10 μm）である．

Navicula notha J. H. Wallace 1960

　中心域は小から極めて小さい．殻長，殻幅も小（殻長：19-32 μm，殻幅：4-4.5 μm）である．点紋密度：約 38/10 μm．

Navicula libonensis Schoeman 1970, in Nova Hedw. Beih. **31**：P. 261, Fig. 13.；Lange-Bertalot 2001, Diatoms of Europe **2**：P. 45, Pl. 43, Figs 7-14. 【Pl. 32, Figs 1-4】

リボンフネケイソウ

　珪殻は線状皮針形，両端は広円状で，稀に弱く突出する．殻長：25-40 μm，殻幅：5.5-8 μm．縦溝は糸状，軸域は狭い線状で，中心域に向かい僅かに広がる．中心域は変化に富むが，四角状に横方向に，殻幅の約半分に広がる．条線の中央部は放射状で，両端部は収斂する．条線密度：12-13.5/10 μm，点紋密度：約 26/10 μm．

分布・生態

　世界広汎種．電解質の豊富な富栄養水域に生育する．著者らは Khuvsgul L., MNG. で見いだしている．

近似種との相違点

Navicula cincta（Ehrenb.）Ralfs var. *cincta* 1861

　中心域が小さく，条線密度がやや密（8-12/10 μm）である．

Navicula margalithii Lange-Bert. 1985

　珪殻の大きさが同等のものから大形のものまであり，殻幅が特に大きい傾向がある．殻長：30-70 μm，殻幅：8-10 μm．条線密度はやや粗（9-12/10 μm）で，点紋密度は少し密（約 30/10 μm）である．

Navicula recens（Lange-Bert.）Lange-Bert. 1985

　珪殻先端部の突出はさらに弱く中心域が小さい．

Navicula tripunctata（O. F. Müll.）Bory var. *tripunctata* 1822

　珪殻の大きさは同じくらいのものから大形（殻長：30-70 μm，殻幅：6-10 μm）のものまである．中心域も少し大きいものが多い．条線密度，点紋密度とも少し粗（条線：10-11/10 μm，点紋：約 32/10 μm）である．

Navicula longicephala Hust. 1944, in Ber. Dtsch. Bot. Ges. **61**：P. 277, Fig. 17.；Simonsen 1987, Atlas and Catalogue of the Diatom Types of Fr. Hustedt **1**：316, 3：Pl. 474, Figs 6-10.；Lange-Bertalot 2001, Diatoms of Europe **2**：P. 45, Pl. 32, Figs 41-47. 【Pl. 38, Figs 14-21】

　珪殻は線状楕円形で，先端部は長く引き伸ばされた嘴状から頭部状．殻長：12.5-18 μm，殻幅：2.5-3.5 μm．縦溝は糸状で，軸域は狭い線状である．中心域は皮針形から四角形まで変化に富む．条線は強い放射状配列で先端部は平行あるいは収斂する．条線密度：18-21/10 μm，点紋

密度：約 50/10 μm.

本種の形態，特に，珪殻の中央部と先端部での条線の配列の様子，中心域の形，大きさの記述が著者によって異なっている．Hustedt（1944）（初発表文）と Lange-Bertalot（2001）の例を挙げれば以下のようである．

Hustedt 1944

中心域は一様に短い条線で明瞭な円形を形成する．珪殻の先端部は平行な条線で収斂しない．

Simonsen（1987）は本種の holotype の上下殻，各2枚，isotype の写真1枚，計5枚の写真を示している．この写真では先端部の条線は平行から放射状と表現すべきものであり，中心域も一様に短い条線で明瞭な円形とは表現し難いものである．しかし国際植物命名規約7・2の命名法上のタイプが必ずしもその分類群の最も典型的または代表的要素である必要はないとの条項を理解しておく必要がある．この意味から type 標本の多くの顕微鏡写真の有効性が明らかである．

Krammer & Lange-Bertalot 2001

中心域は不規則に短くなる条線よりなるので，小さい皮針形から横長の四角形まで様々である．条線は強い放射状，末端は強い収斂である．

分布・生態

世界広汎種と考えられる．強サプロビ性水域（β〜α-中腐水域），汽水域に広く分布する．蟹原湿地，森林公園・岩本池，Holman, Victoria Isl., CAN. で見いだしている．

近似種との相違点

Navicula bicephala Hust. 1952

珪殻が少し大形である．殻長：20-26 μm，殻幅：3-4 μm．中央部の条線密度は粗（16-18/10 μm）であるが，先端部は密（20-26/10 μm）である．中心域は円形．

Navicula bjoernoeyaensis Metzeltin, Witk. & Lange-Bert. 1996

両端部の突出が短く弱い．

Navicula falaiensis Grunow var. *lanceola* Grunow 1880

珪殻が大形（殻長：27-29 μm，殻幅：4-5 μm）で，条線密度は密（23-27/10 μm）である．

Navicula ilopangoensis Hust. 1956

珪殻外形は皮針形で，殻長が大（22-32 μm）で，条線密度は密（22-24/10 μm）である．

Navicula vilaplanii（Lange-Bert. & Sabater）Lange-Bert. & Sabater 2000

珪殻は狭い線状皮針形で先端は尖円状で，突出しても短い両端部の突出が弱い点が明瞭な区別点である．

Navicula luciae Witk. & Lange-Bert. 1999, in Lange-Bertalot & Genkal, Iconographia Diatomologica **6**：P. 68, Pl. 16, Fig. 20, Pl. 17, Figs 7-10. 【Pl. 30, Figs 1-3】

ルキアフネケイソウ

珪殻は広皮針形，先端部は楔形，嘴状突出あるいは弱い頭部状嘴形突出し，先端はやや尖円状である．殻長：40-63 μm，殻幅：12-15 μm．軸域は大変狭く，中心域は中くらいの大きさで円形から四角形．条線は中央部で放射状，両端部では平行から収斂する．条線密度：11-12/10 μm，点紋密度：26-28/10 μm．

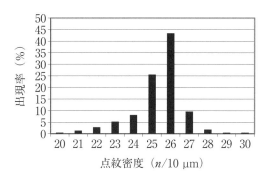

図102 *Nav. luc.* の点紋密度の頻度分布

図102 *Nav. luc.* は Herschel Isl., CAN. 産の2珪殻, 207条線の点紋密度を計測したものである. 点紋密度：(20)22-28(30)/10 μm と表せる.

分布・生態
Type locality はバルチック海グダンスク湾であるが，シベリアの Novaya Zemlya でも記録があり，著者らはカナダ北極圏で見いだした（Herschel Isl., CAN.）. 汽水性種である.

近似種との相違点
Navicula elsoniana R. M. Patrick & Freese 1961
　殻長が小さく（30-43 μm），中心域がやや大きく，点紋密度が粗（約22/10 μm）である.
Navicula hanseatica Lange-Bert. & Stachura ssp. *hanseatica* 1998
　中心域が少し大きく，条線密度が粗（8-9/10 μm）で，点紋密度も粗（約22/10 μm）である.
Navicula helmandensis Foged 1959
　殻幅が狭く（8-10 μm），珪殻先端部の条線は放射状配列である.
Navicula oligotraphenta Lange-Bert. & Hofmann 1993
　珪殻は小形（殻長：28-38 μm，殻幅：8-9.5 μm）である.
Navicula rhynchotella Lange-Bert. 1993
　条線密度が粗（8-11/10 μm）で，点紋密度も粗（20-25/10 μm）である.

***Navicula lundii* E. Reichardt 1985**, in Diatomeen an feuchten Felsen des südlichen Frankenjuras. Ber. Bayer Bot. Ges. **56**：P. 180, Pl. 1, Figs 29-33, Pl. 3, Fig. 14.；Lange-Bertalot 2001, Diatoms of Europe **2**：P. 46, Pl. 22, Figs 17-24. 　　　　【Pl. 51, Figs 1-12】

Synonym：*Navicula cryptocephala* Kütz. f. *terrestris* J. W. G. Lund 1946, in New Phytol. **45**：P. 86, Pl. 9, Figs H-W.

ルンドフネケイソウ
珪殻は皮針形であるが，時に少し左右不相称で *Cymbella* 型になることがある. 両端部は楔形であるが，先端は広円状で先端部は大変弱く突出する. 殻長：13-35 μm，殻幅：4-6.5 μm. 軸域は大変狭く，中心域は平均的な大きさで，円形から横長の四角形. 条線は放射状で弱く湾曲し，先端は平行から収斂する. 条線密度：14-15/10 μm.

分布・生態
分布は未詳．土壌藻ともいわれ，電解質を中〜多量に含んだ水域によく出現．蟹原・五反田溝，蟹原・才井戸流，蟹原・湿地の小流，平川・沖縄県，Plitvice Lake N. P., HRV. で見いだした．

近似種との相違点
Navicula cryptocephala Kütz. var. *cryptocephala* 1844
　珪殻の先端は弱く嘴状に突出するが，*Nav. lundii* の突出のほうが弱い．

Navicula margalithii **Lange-Bert. 1985**, in Krammer & Lange-Bertalot, Bibliotheca Diatomologica **9**：P. 79, Pl. 17, Figs 1-3, Pl. 28, Figs 1-4.；Krammer & Lange-Bertalot 1986, in Süsswasserflora von Mitteleuropa **2/1**：P. 95, Pl. 26, Figs 3, 4, Pl. 27, Figs 4-6.；Lange-Bertalot 2001, Diatoms of Europe **2**：P. 46, Pl. 1, Figs 9-15.　　【Pl. 58, Fig. 20】

マルガリスフネケイソウ（種形容語は献名された Prof. Dr. Joel Margalith による）
　珪殻は線状皮針形から皮針形，両端部は楔形で，先端は鈍円形．殻長：30-70 μm，殻幅：8-10 μm．軸域は大変狭い線状．中心域はやや小さく，殻幅の半分より小で，左右不相称である．条線の中央部は中くらいの放射状．条線密度：9-12/10 μm，点紋密度：約 30/10 μm．

分布・生態
　広汎種で耐塩性が強い．Holman, Victoria Isl., CAN. で見いだした．

近似種との相違点
Navicula cincta（Ehrenb.）Ralfs var. *cincta* 1861
　殻長：14-45 μm，殻幅：5.5-8 μm．中心域は小さい．条線は中央部では強い放射状，先端部は収斂する．点紋密度は密で約 40/10 μm．

Navicula normaloides Cholnoky 1968
　本種の初発表文では外形は皮針形，線状皮針形で，両端はやや尖円状で，先端は決して突出しないと記している．Krammer & Lange-Bertalot(1985)が示している本種の type 標本の写真は珪殻の外形が広皮針形で，両側縁の湾曲と両端部がやや尖円である点が目立つ．Cholnoky は初発表文に 7 珪殻の図を示しているが両側縁が平行なのは 1 珪殻（Fig. 86）だけであり，両端部はすべて楔形で先端は鋭円状である．

Navicula recens（Lange-Bert.）Lange-Bert. 1985
　殻長：16-51 μm，殻幅：5.5-9 μm．中心域の形はほぼ円形，横長，縦長の四角形等があり，大きさも変化が大きい．条線も変化が大きく，中央部は弱または強い放射状，両端部は弱く収斂．

Navicula tripunctata（O. F. Müll.）Bory var. *tripunctata* 1822
　中心域は横長の四角形で，殻幅の半分を越す大きさ，その両側縁の条線は 2, 3 本である．

Navicula martinii **Krasske 1939**, in Arch. f. Hydrob. **35**：391, Taf. 11, Fig. 30.；Lange-Bertalot et al. 1996, in Iconographia Diatomologica **3**：P. 127, Fig. 30, Taf. 19, Figs 1-9.
【Pl. 76, Fig. 6】

Basionym：*Navicula bahusiensis*（Grunow）Grunow var. *bahusiensis* 1884.
　珪殻は楕円状皮針形で，側縁は幅広く張り出し先端は広円状．殻長：7-11 μm，殻幅：4-5

μm. 軸域は大変狭く，中心域は横長の四角形．条線は放射状で，条線密度：18/10 μm，先端の数本は収斂する．種形容語は Dr. Christoph Martin を記念したものである．

新和名：**マルチンフネケイソウ**

初発表文中の図は1つで，中心域は横長の菱状楕円形で，先端の条線で収斂するのは1本程度である．Lange-Bertalot et al.(1996)は9珪殻の顕微鏡写真（Taf. 19, Figs 1-9）を示しており，その中の7枚は lectotype の写真と記している．それらを検討すると本種の形態変異は，珪藻としては普通程度か少し大きい程度である．著者らが検討した Orkney Islands の個体は，上記 Lange-Bertalot らの lectotype を含む9個体の写真と比べ，珪殻の先端部は明瞭な広円状である点が異なる．

分布・生態

本種の基準産地は南西チリで，著者らは北半球（Orkney Isl., GBR.）で見いだした．記録の少ない種である．

近似種との相違点

Navicula hustedtii Krasske var. *hustedtii* f. *obtusa*（Hust.）Hust. 1961

珪殻の先端部は頭部状でなく，短い嘴状突出である．この taxon は Hustedt が1934年に *Nav. hustedtii* の新変種 *Nav. hustedtii* var. *obtusa* として初発表文を記載したが，1961年に Hustedt が *Nav. hustedtii* f. *obtusa* の名で新ランクを発表した．

Navicula modica Hust. 1945

殻幅が僅かに幅広く（5-6 μm），中心域が僅かに小さい．条線はすべて放射状配列である．

Navicula pseudoventralis Hust. 1936

条線は少し密（20/10 μm）で，先端まで放射状配列である．

Navicula seminulum Grunow 1860

珪殻が小さく（殻長：3-18 μm，殻幅：2-4.5 μm），条線は先端まで放射状配列である．

Navicula vitabunda Hust. 1930

条線密度が密（25/10 μm）で，先端まで放射状配列である．

***Navicula mediocostata* E. Reichardt 1988**, in Diatom Res. **3**：P. 237-244, Figs 22-29.；Lange-Bertalot 2001, Diatoms of Europe **2**：P. 47, Pl. 9, Figs 11-13. 【Pl. 67, Figs 1-3】

珪殻は皮針形，先端は尖円状で突出しない．殻長：28-36 μm，殻幅：7-8 μm．縦溝は糸状，軸域は狭く，中心域は皮針形．条線は放射状で，先端部は平行から弱い収斂．条線密度：10-12/10 μm．点紋は光学顕微鏡では観察できないが，SEM 観察で点紋密度：35/10 μm．

分布・生態

ヨーロッパアルプスの数個の湖沼で知られている．蟹原・才井戸流で見いだしたのみである．

近似種との相違点

Navicula broetzii Lange-Bert. & E. Reichardt 1996

殻長：38-70 μm，殻幅：6.5-9 μm，条線密度：11-13/10 μm，点紋密度：31-35/10 μm．形は似ているが，大形である．

Navicula cryptocephala Kütz. var. *cryptocephala* 1844

殻幅が少し狭く（5-7 μm），条線密度が密（14-18/10 μm）で，珪殻の先端は嘴状に突出する．
Navicula cryptotenella Lange-Bert. 1985
　殻長：12-40 μm，殻幅：7 μm．計測値は重なるが，小形の珪殻が多いこと，条線が密（14-16/10 μm）であることから区別できる．
Navicula lundii E. Reichardt 1985
　珪殻がやや小形（殻長：13-35 μm，殻幅：4-6.3 μm）で，条線密度が密（14-15/10 μm）である．

***Navicula mendotia* VanLand. 1975**, in Catalogue of the fossil and recent genera and species of diatoms and their synonyms part V, *Navicula*：P. 2666.　　【Pl. 44, Figs 1-33】
Basionym：*Navicula dulcis* R. M. Patrick 1959, Acad. Nat. Sci. Philad. 111：P. 102, Pl. 7, Fig. 7. ; Patrick & Reimer 1966, The Diatoms of the United States：P. 534, Pl. 51, Fig. 8.

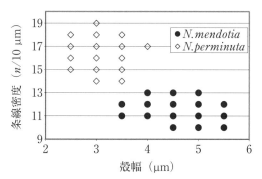

図 103　*Nav. mend.* と *Nav. perm.* の殻幅と条線密度の相関

本種名の変遷について

　本種は *Navicula dulcis* として1959年，Patrick により初めて記載された．しかし，同名の種はすでに1939年 Krasske によって発表されていて非合法名であるので，VanLandingham が1975年に *Navicula mendotia* の新名を与えたものである．Lange-Bertalot は2001年上記の *Navicula dulcis*，および *Navicula mendotia* を *Navicula perminuta* の synonym とした．

　著者らは宍道湖から得た標本から *Navicula perminuta* を，木曽川河口部から *Nav. perminuta* と，若干殻幅が狭い種を見いだした．この狭い形は真山・小林（1982：青野川），鈴木ら（2008），鈴木ら（2009）等で *Navicula mendotia* として示されている種と同じ taxa と考えられる．この2種を区別するため，計測値の差が大きい殻幅と条線密度を両軸に取りプロットしたものが**図103** *Nav. mend.*, *Nav. perm.*（殻幅と条線密度の相関）である．なお，計測には光学顕微鏡写真，*Nav. perminuta* は266珪殻，*Nav. mendotia* は340珪殻を計測した．結果，両者は明瞭に区別され，両者は異なる種と認めるほうが自然と考えられる．

　珪殻は皮針形，徐々に細くなり先端は丸い．殻は小形（殻長：9-16 μm，殻幅：2.5-4 μm）である．軸域は狭く，中心域は殻縁に達する．条線は中央部で放射状，末端は平行から僅かに収斂

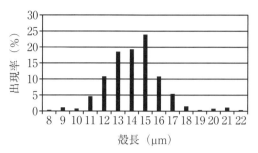

図 104 *Nav. mend.* の殻長の頻度分布

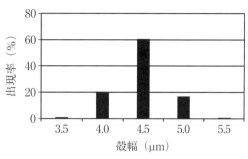

図 105 *Nav. mend.* の殻幅の頻度分布

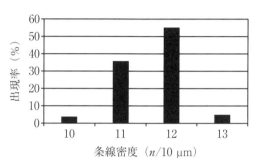

図 106 *Nav. mend.* の条線密度の頻度分布

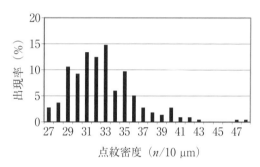

図 107 *Nav. mend.* の点紋密度の頻度分布

する．縦溝中央部は中心孔を形成し，珪殻端部（極裂）は同じ方向（相同型）に"？"状に曲がる．

図 104-107 *Nav. mend.* の 4 図のうち，殻長，殻幅，条線密度は 340 珪殻を測定し，点紋密度は SEM 写真 8 珪殻，216 条線の点紋密度を計測したものである．計測値は次のように表せる．殻長：8.5-21.5 μm，殻幅：(3.5)4-5(5.5)μm，条線密度：(10)11-12(13)/10 μm，点紋密度：(27)28-42(48)/10 μm，平均：32.8/10 μm．他の文献に示された殻長，殻幅，条線密度の値とはほとんど差はないといえる．点紋密度の記録はないが，このような結果である．

分布・生態

Patrick は汽水産で高電導度の水域と記し，真山・小林(1982)は青野川の河口域からのみ出現したと記し，鈴木ら(2008, 2009)，福島ら(1992)の報告も海水～汽水からの報告であり，上記の計測に用いたのも木曽川・河口で見いだしたものである．

近似種との相違点

Navicula acceptata Hust. 1950

殻先端はより広円形である．縦溝の末端は"？"状にならず直線状に終わり，中心側は弱い水滴状の中心孔となる．条線は末端まで放射状配列であることから区別できる．頂軸無紋域が *Navicula perminuta*，*Navicula mendotia* よりさらに広い．

Navicula pseudacceptata H. Kobayasi 1986

殻先端はより広円形である．縦溝末端は直線状に終わることから区別できる．

Navicula perminuta Grunow 1880

殻幅が広く（(3.5)4-5(5.5)μm），条線密度が粗（10-13/10 μm）で，点紋密度も粗（27-40(48)/10 μm：平均 32.8/10 μm）である．
（*Navicula perminuta* の項参照）

Navicula microcari Lange-Bert. 1993, Bibliotheca Diatomologica **27**：P. 121, Pl. 58, Figs 1-5.；Lange-Bertalot 2001, Diatoms of Europe **2**：P. 48, Pl. 52, Figs 30-36.；Krammer & Lange-Bertalot 1991, Süsswasserflora von Mitteleuropa **2/4**：P. 366, Pl. 59, Figs 4-7.

【Pl. 38, Fig. 22】

珪殻は楕円状皮針形から皮針形で，両端部は円錐状で極めて弱く嘴状に突出する．先端は鈍円状．殻長：19-24 μm，殻幅：4.8-5.5 μm．縦溝は糸状で，軸域は大変狭い．中心域は横長の四角形で，不規則に短くなった条線で囲まれる．条線は放射状で，両端部で収斂する．条線密度：13-14/10 μm，点紋密度：40-45/10 μm．

分布・生態

ヨーロッパに広く分布する．

近似種との相違点

Navicula aquaedurae Lange-Bert. 1993

珪殻の両端の突出がやや強く，先端はやや鋭円である．殻の大きさはほぼ同じ（殻長：14-30 μm，殻幅：4.3-5.5 μm）である．条線密度も似る（12.5-16.5/10 μm）．

Navicula arctotenelloides Lange-Bert. & Metzeltin 1996

珪殻の両端は鈍円状で突出はしない．大きさは似ている（殻長：14-20 μm，殻幅：4-4.8 μm）が小形のことがよくある．中心域が少し大きく，条線の角度が急でない．

Navicula cari Ehrenb. var. *cari* 1836

珪殻の形はやや似るが，少し大形（殻長：(13)20-40 μm，殻幅：5-5.8 μm）．中心域は大形で横長の四角形．条線密度，点紋密度とも粗（条線：9-12/10 μm，点紋：32-40/10 μm）である．

Navicula doehleri Lange-Bert. 2001

珪殻の外形は線状に近く，先端は突出しない．殻長は少し大（24-32 μm）．条線密度，点紋密度とも粗（条線：8-9/10 μm，点紋：約 30/10 μm）である．

Navicula tenelloides Hust. 1937

珪殻両端の突出は少し強く，先端はやや鋭円状．殻幅がやや狭く（2.5-4 μm），条線密度は少し密（15-17/10 μm）である．

Navicula moenofranconica Lange-Bert. 1993, Bibliotheca Diatomologica **27**：P. 123, Pl. 59, Figs 9-12.；Lange-Bertalot 2001, Diatoms of Europe **2**：P. 49, Pl. 12, Figs 15-21.

【Pl. 53, Fig. 1】

珪殻は楕円状皮針形．両端部は楔状で徐々に細くなり，先端部は突出しない．殻長：20-47 μm，殻幅：8-10 μm．軸域は狭い線状から弱い皮針形．中心域は中くらいの大きさで，左右不相称の楕円形である．条線は放射状で両端部は収斂する．条線密度：8.5-9.5/10 μm，点紋密度：約 32/10 μm．

分布・生態

ヨーロッパで記録されているが，本書に示したのは湧水湿地である蟹原・才井戸流から見いだした．

近似種との相違点

Navicula cryptotenella Lange-Bert. 1985

珪殻の外形はやや似るが小形（殻長：12-40 μm，殻幅：5-7 μm）で，条線密度が密（14-16/10 μm）である．

Navicula hintzii Lange-Bert. 1993

珪殻の外形，殻長はやや似る（30-38 μm）が，殻幅が狭く（6.5-6.8 μm），条線密度が密（12-13/10 μm）である．

Navicula nipponica（Skvortsov）Lange-Bert. 1993

珪殻の外形や大きさが似ている（殻長：34-50 μm，殻幅：8-9.5 μm）が，条線密度が密（9-13/10 μm：Fukushima et al. 1986）であり，中心域がやや小形である．

Navicula oppugnata Hust. 1945

珪殻の外形，大きさ，条線密度は似ているが，点紋密度が粗（約 24/10 μm）である．

***Navicula monilifera* Cleve 1895**, in Hustedt 1961-1966, Die Kieselalgen **3**：Fig. 1699.; Cleve 1953, Die Diatomeen von Schweden und Finnland, Teil Ⅲ：P. 114, Fig. 731.

【Pl. 76, Fig. 5】

Synonym：*Navicula granulata* Bréb. var. *granulata* 1858, in Donkin, Trans. Mier. Soc. **6**：17, Taf. 3, Fig. 10.；*Navicula granulata* var. *javanica* Leud.-Fortm. 1892, Ann. De Buitenzorg **11**：17, Taf. 2, Fig. 2 ?.；*Navicula monilifera* var. *heterosticha* Cleve.

珪殻は幅広い線状形から線状楕円形，側縁は平行から僅かに膨らみ，先端は僅かに嘴状である．殻長：50-100 μm，殻幅：30-50 μm．条線は放射状配列で，条線密度は 6.5-8/10 μm．

点紋密度のヒストグラムを**図108** *Nav. mon.* に示す．1珪殻，72条線を計測したものである．

分布・生態

報告例が少なく不明な点が多い．収録写真は Lake Tahoe, CA-USA. で得た．

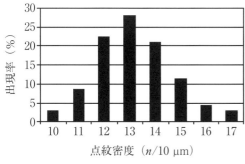
図108 *Nav. mon.* の点紋密度の頻度分布

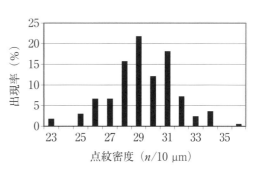
図109 *Nav. mosk.* の点紋密度の頻度分布

***Navicula moskalii* Metzeltin, Witk. & Lange-Bert. 1996**, in Metzeltin & Witkowski, Iconographia Diatomologica **4**：P. 20, Pl. 5, Figs 7-11.；Lange-Bertalot 2001, Diatoms of Europe **2**：P. 50, Pl. 14, Figs 1-14. 【Pl. 58, Figs 11-19】

和名：**モスカルフネケイソウ**（種形容語は Poland の極地研究者 P. W. Moskal 氏を記念したものである）

珪殻は幅広い皮針形で，先端部は亜嘴状に突出し，先端は広円状．殻長：19-27 μm，殻幅：6.5-9 μm，軸域は狭い線状，中心域は中くらいの大きさで横長の四角形から楕円形．条線は弧状に湾曲し，珪殻の中央部では放射状，先端部では収斂または平行．条線密度：12-16/10 μm，点紋密度：約 30/10 μm.

Metzeltin & Witkowski(1996)は初発表文の中で5個体群の顕微鏡写真（Taf. 5, Figs 7-11）を示している．これらは holotype とすべきものであるが，この5個体群は中心域の大きさから2群に分けることができる．Figs 7-9 は中心域が中くらいの大きさでの群で，Figs 10, 11 は中心域がやや小さい群である．しかし，初発表文には"中心域は中くらいの大きさで，横長の四角形から横長楕円形"と記しているだけである．Lange-Bertalot(2001)は本種の写真を14枚示している．そのうちの5枚（Pl. 14, Figs 1-5）は上記の holotype の写真と同じものである．しかし，写真の配列は同じではない．Pl. 14, Figs 6-13 は Hessen（ドイツ）産のものである．Fig. 14 は岩の上に滴る水としか記していないが，産地は Hessen と推定できる．この図の中で Figs 4, 10, 12, 14 は中心域が小さめであるが，その他の図はやや大きいほうである．著者らがカナダ北極圏の Coburg Isl. で得た個体群の中心域はさらに大きい．その他の形質は初発表文の記載に適合しているが，中心域の大きさが holotype と適合しない．以上の事実を国際植物命名規約 7.2（命名法上のタイプが必ずしもその分類群の最も典型的または代表的要素である必要はない）に則って，Coburg Isl. の個体群を *Navicula moskalii* と同定し，本種として扱う．

A. Z. Wojtal(2009)はポーランド産の1珪殻の写真を示しているが，この珪殻の両端部の突出は syntype のどの珪殻よりも少しではあるが強く突出している．中心域の大きさは holotype の大きい群とほぼ同じ大きさである．殻長は今まで発表された個体群の中では最大値の 29 μm を示し，殻幅は平均的な大きさであるので，珪殻の外形は一見別種を思わせるほどすらりとした形である．モンゴル産の個体群は先端部の突出がやや弱く，条線密度はやや粗に見えるが計測すると 12, 13/10 μm で，ドイツの個体群より少し粗である．中心域の形，大きさは syntype に似ている（Yanling, Lange-Bertalot & Metzeltin 2009）．これらの産地別の写真の計測値を**表6** *Nav. mos.* に示す．

D. Antoniades et al.(2008)はカナダ北極圏の Ellesmere Isl. と Prince Patric Isl. の試料から *Navicula* sp.-2 として6珪殻の顕微鏡写真を示している．この個体群は殻長がやや小さく，条線密度はやや粗（15-16/10 μm）である．Holotype と最も異なる点は中心域が大きいことである．

図 109 *Nav. mosk.* は Baffin Isl., CAN. 産の LM 写真，3 珪殻，165 条線の点紋密度を計測したヒストグラムである．点紋密度の範囲は (23) 25-34 (36) /10 μm と表せる．

分布・生態

本種の基準産地は北極圏の Bear Isl. であるが(1996)，その後ドイツ（Main 川支流），ポーランド，モンゴル，クロアチア等でも記録された．著者らは Baffin Isl., CAN., Coburg Isl., CAN.,

表6 *Navicula moskalii* Metzeltin, Witk. & Lange-Bert. の産地別計測値

産地	発表者	計測個体数	殻長 μm	殻幅 μm	条線密度 $n/10$ μm
Bear Isl. (holotype)	Metzeltin & Witkowski 1996	5	24-(24.6)-25.5	7-(7.3)-7.5	13-(14.4)-15
Hessen Germany	H. Lange-Bertalot 2001	9	19-(24.3)-28	7-(8.1)-9.0	12-(13.0)-14
Near Krakow Poland	A. Z. Wojtal 2009	1	29	7	13
Mongolia	L. Yaling 2009	7	19.5-(22.0)-24	6.5-(6.7)-7.0	12-(12.9)-13
Coburg Isl., CAN.	福島ら 2013	3	19-(20.3)-22	6.5-(6.7)-7.0	12-16
	最小値-最大値		19-29	6.5-9.0	12-16

Plitvice Lake N. P., HRV. から見いだしている.

近似種との相違点

Navicula antonii Lange-Bert. 2000

　珪殻両端部は全く突出しないか，ほとんど突出しない．中心域が小さい．

Navicula associata Lange-Bert. 2001

　珪殻の外形は似るが小形（殻長：12-26 μm，殻幅：6-6.6 μm）である．珪殻の突出部は繊細で，中心域は小さい．

Navicula cari Ehrenb. var. *cari* 1836

　珪殻が大形（殻長：29-40 μm，殻幅：5.5-8 μm）で，両端部は突出しない．条線密度が粗（9-12/10 μm）である．

Navicula parablis M. H. Hohn & Hellerman 1963

　珪殻の両端部は楔形で，先端は尖円状である．中心域は小さい．

Navicula reichardtiana Lange-Bert. 1989

　珪殻は小形（殻長：12-22 μm，殻幅：5-6 μm）で，珪殻の先端部の突出は細く，先端は鋭円状である．中心域は小さい．条線密度は密（14-16/10 μm）である．

Navicula splendicula VanLand. 1975

　珪殻は明らかに大形（殻長：30-46 μm，殻幅：7-9 μm）で，先端部も突出が弱い．中央部の条線は長短交互配列で，点紋密度はやや粗（約 25/10 μm）である．

Navicula streckerae Lange-Bert. & Witk. 2000

　珪殻の大きさは同じくらいのものがあるが大形（殻長：26-55 μm，殻幅：8-10.5 μm）のものが多く，先端部の突出がやや弱い．条線密度は明らかに粗（9-10/10 μm）で，点紋密度も粗（18-20/10 μm）である．中心域は様々な形であるが，横長の四角形が多くやや大きい．

Navicula upsaliensis (Grunow) Perag. 1903

　珪殻は大形（殻長：18-49 μm，殻幅：9.5-12 μm）のものが多く，先端は鋭円状で，先端部の突出が弱い．条線密度が粗（9-11.5/10 μm）である．

Navicula namibica Lange-Bert. & Rumrich 1993, in Bibliotheca Diatomologica **27**：P. 124, Pl. 58, Figs 16-24.；Lange-Bertalot 2001, Diatoms of Europe **2**：P. 250, Pl. 33, Figs 12-19.

【Pl. 32, Figs 5-10】

ナミブフネケイソウ

珪殻は皮針形で両端部は弱く突出し,先端は鈍円状.殻長：13-24 μm,殻幅：4.5-5.7 μm.縦溝は糸状,軸域は大変狭い線状,中心域は小から中くらいの大きさで横広がりである.条線は弱い放射状で,先端部は収斂する.条線密度：18-20/10 μm,点紋密度：25-30/10 μm.

分布・生態

Khuvsgul L., MNG. で見いだした.

近似種との相違点

Navicula notha J. H. Wallace 1960

珪殻両端部の突出が強い.殻長が大きい（殻長：19-32 μm,殻幅：4-5.5 μm）珪殻が多い.条線密度は粗（115-17/10 μm）で,点紋密度は密（約 38/10 μm）である.

Navicula perminuta Grunow 1880

珪殻は小形（殻長：5.5-20 μm,殻幅：2-4 μm）で,中心域は幅が狭い横長四角形.

Navicula tenelloides Hust. 1937

殻長は似ている（14-21 μm）が,殻幅が狭い（2.5-4 μm）.中心域は小さく不定形.条線密度は粗（15-17/10 μm）で,点紋密度は密（約 40/10 μm）である.

Navicula veneta Kütz. 1844

珪殻は同程度のものから大形（殻長：13-30 μm,殻幅：5-6 μm）のものまである.条線密度は粗（13.5-15/10 μm）で,点紋密度は密（約 35/10 μm）である.

***Navicula nipponica*（Skvortsov）Lange-Bert. 1993**, in 85 neue taxa und über 100 weitere, Lange-Bertalot ed., in Bibliotheca Diatomologica **27**：P. 126, Pl. 45, Figs 9-15.

【Pl. 59, Figs 1-20】

Basionym：*Navicula radiosa* f. *nipponica* Skvortsov 1936, in Philip. J. Sci. **61**：P. 273, Pl. 2, Fig. 2, Pl. 3, Fig. 20.；Fukushima et al. 1986, DIATOM **2**：P. 75, Pl. 1, Figs A-L.

Lange-Bertalot は 1993 年に statas を換えて種とした.その後,Lange-Bertalot & Metzeltin は 1996 年にも図示している.本種は最初,琵琶湖産の個体群を Skvortzow によって 1936 年に,*Navicula radiosa* f. *nipponica* として記載された.Skvortzow は次のように記している.珪殻は狭い皮針形で,徐々に細くなり,先端は鋭円状.殻長：40-42 μm,殻幅：6.8-8.5 μm.軸域は狭い線状,中央部で広がる.条線は放射状で縦溝に垂直ではない.条線密度：8-11/10 μm.基本種とは殻幅が狭いことで異なる.

小林弘(1979)は,基本種に比べるとやや短くずんぐりしていること,条線がより太く直線的であること,胞紋は細かい（約 30/10 μm）にもかかわらず,はっきり見分けられること,条線の配列が殻端部で僅かに収斂するか,ほとんど平行であることなどが特徴として挙げることができるとしている.

Fukushima, Ts. Kobayashi, Terao & Yoshitake(1986)は,殻長：34-50(モード 40) μm,殻幅：6-9.5(モード 8.5-9) μm,条線密度は中央部：9-13(モード 10)/10 μm,先端部：11-14(モード 12)/10 μm と変異幅を示し,珪殻外形の特徴として先端部で角度が変わることを挙げている.

Fukushima らの示した計測値の頻度分布図を **図 110-113** *Nav. nip.* に示す.殻長,殻幅,条

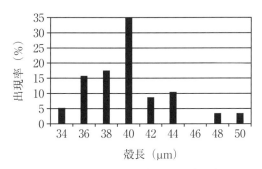

図110 *Nav. nip.* の殻長の頻度分布

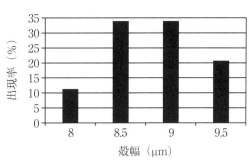

図111 *Nav. nip.* の殻幅の頻度分布

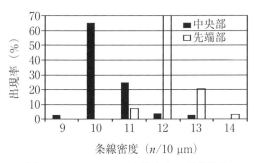

図112 *Nav. nip.* の条線密度の頻度分布

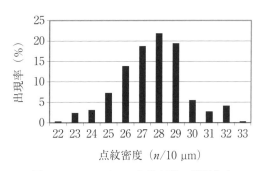

図113 *Nav. nip.* の点紋密度の頻度分布

線密度は木曽川産の87珪殻を計測した．点紋密度は木曽川産の4珪殻，288条線を計測した．点紋密度：(22)24-32(33)/10 μm と表せる．

分布・生態

　好清水性．タイプ産地は琵琶湖．日本各地の河川，湖沼から多くの報告がある．木曽川でも多くの地点から見いだされている．しかし，筆者らが外国で採集した記録はなく，精査しないとはっきりとはいえないが，外国には少ない可能性がある．

近似種との相違点

Navicula cryptotenella Lange-Bert. 1985

　殻幅が広く（5-7 μm），条線密度は粗（14-16/10 μm）で，点紋密度は光学顕微鏡で解像不能だが，約38/10 μm で粗い．

Navicula pseudolanceolata Lange-Bert. var. *pseudolanceolata* 1980

　条線が殻端部で収斂する点で異なる．

Navicula radiosa Kütz. var. *radiosa* 1844

　珪殻は大形（殻長：40-120 μm，殻幅：8-12 μm）で，条線密度はより粗（10-12/10 μm）である．殻端はより尖り，中心区が狭いことから区別できる．

Navicula upsaliensis（Grunow）Perag. 1903

　殻幅が広く（9.5-12 μm），条線の放射が強いことで区別できる

***Navicula notha* J. H. Wallace 1960**, in Notul. Nat. Acad. Nat. Sci., Philadelphia **331**：4, Pl. 1,

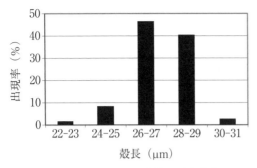

図114 *Nav. not.* の殻長の頻度分布

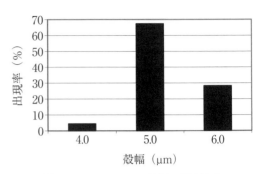

図115 *Nav. not.* の殻幅の頻度分布

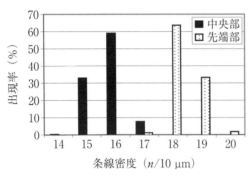

図116 *Nav. not.* の条線密度の頻度分布

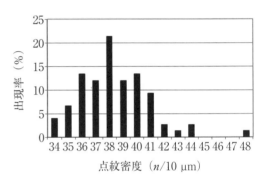

図117 *Nav. not.* の点紋密度の頻度分布

Fig. 4 A-D.；Terao, Fukushima & Ts. Kobayashi 1983, Taxonomical Studies on *Navicula notha* Wallace, Jpn. J. Wat. Treat. Biol. **19**(1)；Krammer & Lange-Bertalot 1991, Süsswasserflora von Mitteleuropa **2/4**：Taf. 70, Figs 15-24.；Lange-Bertalot 1993：Taf. 62. Figs 13-16.；Lange-Bertalot 2001, Diatoms of Europe **2**：P. 89, Pl. 40, Figs 16-28, Pl. 65, Fig. 7.
【Pl. 43, Fig. 32】

近似種の中では小形の種で，殻幅はほとんどが5 μm以下．殻面は狭皮針形から線状皮針形，両端は嘴状に突出する．軸域は狭い．条線は中央部は放射状，末端で軽く収斂する．中心域は2-3本の条線が短くなり形成されるがほとんどは小さい．殻長：19-39 μm，殻幅：4.1-5.5 μm，条線密度：14-17/10 μm，点紋密度：36-40/10 μm．

臥竜公園・須坂市・長野県で得た個体群，300珪殻を計測し，殻長，殻幅，条線密度の頻度分布図を作成し，**図114-116** *Nav. not.* に示す．点紋密度の頻度分布図（**図117**）は阿木川・小野川・根の上湖で得た本種のSEM写真1珪殻，75条線を計測したものである．

分布・生態

貧栄養，低電解質，中性〜弱酸性の水域に多く見られる．北米，南米，ニュージーランド，南極，日本等から報告されており，世界広汎種と考えられる．

近似種との相違点

Navicula capitatoradiata H. Germ. ex Gasse 1986

(Synonym：*Nav. cryptocephala* var. *intermedia* Grunow *sensu* Fukushima & Kimura 1973）

珪殻は幅広い（殻幅：6.5-10 μm）．

写真1 珪殻，75 条線を計測したものである．

Navicula cryptocephala Kütz. var. *cryptocephala* 1844

殻幅が広く（殻幅：5-7.5 μm），中心域が広い．

Navicula heimansioides Lange-Bert. 1993

外形はよく似ているが，大形（殻長：30-50 μm，殻幅：5-6 μm）である．

Navicula heimansii Van Dam & Kooyman 1982（Syn.：*Nav. leptostriata* E. G. Jørg. 1948）

縦溝中央末端間の距離が短いことで区別される．殻長が大（33-39 μm）でほっそりしている．

Navicula veneta Kütz. 1844

(Synonym：*Nav. cryptocephala* Kütz. var. *veneta*（Kütz.）Rabenh. 1864)

殻幅は若干広い（殻幅：4.5-6.5 μm）ものが多いが，重複するものもかなりある．外形が少し幅広い皮針形で，先端の嘴状突出が短いことで区別できる．

***Navicula oblonga*（Kütz.）Kütz. var. *oblonga* 1844**，in Die Kieselschaligen Bacillarien oder Diatomeen：P. 97, Pl. 4, Fig. 21.；Krammer & Lange-Bertalot 1986, in Süsswasserflora von Mitteleuropa **2/1**：P. 121, Pl. 41, Fig. 2.；Lange-Bertalot 2001, Diatoms of Europe **2**：P. 51, Pl. 6, Figs 12-14. 【Pl. 83, Figs 1-4】

Basionym：*Frustulia oblonga* Kütz. 1833, Synop. Diat.：P. 548, Pl. 14, Fig. 24.

ダエンフネケイソウ

珪殻は線状から線状楕円形，あるいは線状皮針形．先端は広円状，稀に弱く突出する．殻長：70-220 μm，殻幅：12-24 μm．軸域は中くらいの幅の線状，中心域は中くらいの大きさでほぼ円形．条線は放射状で，先端部条線は"へ"の字に曲がるので，軸域に近い部分は先端部も放射状であり，側縁側では収斂する．条線密度：6-9/10 μm，点紋密度：約 32/10 μm．

図118 *Nav. obl.* var. *obl.* は Tallinn Estonia 産と Suomenlinnaa Isl. Hersinki Finland 産の LM 写真2 珪殻，286 条線の点紋密度を計測したものである．また，殻中央部と殻端部の条線密度を32 箇所ずつ計測した．中央部：6-8(6.7)/10 μm，殻端部：6.5-9(7.8)/10 μm であった（括弧内は平均値）．

分布・生態

多少塩分を含んだ水域に生育し，世界広汎種と推定できる．著者らは上記 2 地点（Fountain, Tallinn, EST., Suomenlinnaa Isl.-4, FIN.）の他，Plitvice Lake N. P., HRV., Fountain Riquewihr, FRA. からも見いだしている．

近似種との相違点

Navicula jakovljevicii Hust. 1945

珪殻は小さい珪殻（殻長：26-85 μm，殻幅：8-11 μm）のほうが多い．中心域は小さく，弱い左右不相称の円形．条線密度は密（14-17/10 μm）である．

Navicula kefvingensis（Ehrenb.）Kütz. 1844

珪殻は中央部より先端部に向かってやや急に細くなる．珪殻はやや大形（殻長：40-100 μm，

殻幅：16-18 μm）で，中心域は大きく（殻幅の半分かそれ以上），横長の四角形から楕円形．条線密度：7-8.5/10 μm，点紋密度：25-27/10 μm．

Navicula peregrina（Ehrenb.）Kütz. var. *peregrina* 1844

珪殻の両側縁は中央部より先端部に向かってやや急に細くなる．珪殻は大きい珪殻が多い．殻長：60-180 μm，殻幅：18-25(30？) μm．中心域は大きく，円形から横長の楕円形．条線密度，点紋密度とも粗（条線：5-6.5/10 μm，点紋：18-20/10 μm）である．

Navicula splendicula VanLand. 1975

珪殻外形は *Navicuka striolata* 同様にやや似るが，さらに小形（殻長：30-46 μm，殻幅：7-9 μm）である．条線密度は密（12-16/10 μm）であり，先端部条線は平行に配列する．

Navicula striolata（Grunow）Lange-Bert. 1985

珪殻の外形は似るが小形（殻長：50-70 μm，殻幅：10-14 μm）であるので区別は容易である．

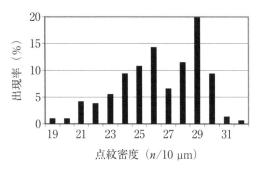

図 118 *Nav. obl.* var. *obl.* の点紋密度の頻度分布

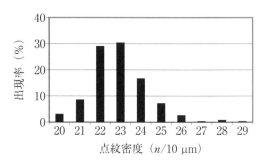

図 119 *Nav. obl.* var. *subcap.* の点紋密度の頻度分布

Navicula oblonga（Kütz.）**Kütz. var. *subcapitata* Pant. 1902**, in A Balaton Kovamoszatai vagy Bacillariái：P. 41, Pl. 16, Fig. 337.；Hustedt 1930, Die Süsswasser-Flora Mitteleuropas **10**：P. 308, Fig. 551.；Campeau, Pienitz & Héquette 1999, in Bibliotheca Diatomologica **42**：P. 116, Pl. 18, Figs 3, 4. 【Pl. 84, Figs 1-4】

珪殻は線状皮針形から線状楕円形で，先端部は弱く嘴状に突出し，先端は広円状．殻長：74-105 μm，殻幅：13.5-21 μm．軸域は中くらいの幅で，中心域はやや大きく円形，時に横長の楕円状四角形．条線は中央部で放射状，両端部で収斂する．条線密度：6-8/10 μm，点紋密度：18-20/10 μm．

本種の type locality は Balaton 湖（ハンガリー）で，原図の軸域はやや幅広く，中心域は円形から幅広い皮針形に近い形が示されているが，本書に示す taxon は同種と同定する．

Herschel Isl., CAN. 産の 2 珪殻，220 条線を計測した．点紋密度：20-25(29)/10 μm と表せる（**図 119** *Nav. obl.* var. *subcap.*）．

分布・生態

世界広汎種で淡水域から汽水域まで広く分布する．貧栄養から富栄養，貧腐水から β-中腐水域まで広く分布する．

近似種との相違点

Navicula aurora Sovereign 1958

　殻長に対し殻幅が広いずんぐり型が多い．一般に中心域が大きいが，大きさの変異が大きいようで *Navicula oblonga* var. *subcapitata* に近い形態の写真もある（Foged 1981, pl. 36, fig. 2）．

Navicula iserentantii Lange-Bert. & Witk. 2000

　珪殻先端の突出部の幅が狭く，点紋密度が密（約 24/10 μm）である．

Navicula kefvingensis（Ehrenb.）Kütz. 1844

　珪殻の外形や大きさの似る珪殻が多いが，中心域は大きく，横長四角形か楕円形で，点紋密度が密（25-27/10 μm）である．

Navicula oblonga（Kütz.）Kütz. var. *oblonga* 1844

　珪殻の先端部はほとんど突出せず，点紋密度は密（約 32/10 μm）である．

Navicula peregrina（Ehrenb.）Kütz. var. *peregrina* 1844

　珪殻先端部の突出が弱い珪殻が多い．珪殻が大きく（殻長：60-180 μm，殻幅：18-25(30) μm），条線密度が粗（5-6/10 μm）である．

Navicula slesvicensis Grunow 1880

　珪殻は小形（殻長：25-50 μm，殻幅：9-11 μm）で，条線密度，点紋密度とも密（条線密度：8-9/10 μm，点紋密度：約 25/10 μm）である．

Navicula viridula（Kütz.）Ehrenb. var. *viridula* 1938

　殻幅はやや狭く（10-15 μm），中心域が大きく，条線密度が密（8-11/10 μm）で，点紋密度もやや密（約 24/10 μm）である．

Navicula vulpina Kütz. 1844

　珪殻の先端部はほとんど突出せず，条線密度は密（8-11/10 μm）で，点紋密度もやや密（約 22/10 μm）である．

Navicula oblonga と形態の似た種の検索表

I　珪殻の中央部から先端に向かってやや急に細くなる．
　Ⅰ）ほとんどの珪殻の殻幅は 10 μm 以下である．
　　（Ⅰ）中心域を形成する条線は長短交互配列である．････ *Navicula splendicula* VanLand. 1975
　　（Ⅱ）中心域を形成する条線は徐々に短くなり，長短交互配列でない．
　Ⅱ）ほとんどの珪殻の殻幅は 10 μm 以上である．
　　（Ⅰ）条線密度，点紋密度とも粗（条線：5-6.5/10 μm，点紋：18-20/10 μm）である．
　　　･･････････････････････ *Navicula peregrina*（Ehrenb.）Kütz. var. *peregrina* 1844
　　（Ⅱ）条線密度，点紋密度とも上より密である．
　　　　1　殻幅が狭く（12-14 μm），点紋密度は粗（20-24/10 μm）である．
　　　　　･････････････････････････*Navicula striolata*（Grunow）Lange-Bert. 1985
　　　　2　殻幅が広く（16-18 μm），点紋密度が密（25-27/10 μm）である．
　　　　　･･････････････････････････ *Navicula kefvingensis*（Ehrenb.）Kütz. 1844
II　珪殻の中央部から先端に向かって徐々に細くなる．･････････････ *Navicula oblonga* Kütz. 1844

***Navicula oligotraphenta* Lange-Bert. & Hofmann 1993**, Lange-Bertalot, 85 neue taxa und über 100 weitere, Lange-Bertalot ed., Bibliotheca Diatomologica **27**：P. 128, Pl. 48, Figs 5-11, Pl. 49, Figs 3, 4.；Krammer & Lange-Bertalot 1986, Süsswasserflora von Mitteleuropa **2/1**：P. 110, Pl. 35, Figs 1-4.；Lange-Bertalot 2001, Diatoms of Europe **2**：P. 51, Pl. 29, Figs 7-14, Pl. 68, Fig. 3. 　　　　　　　　　　　　　　　　　　　　　　　　　　　　【Pl. 33, Figs 1-4】

珪殻は幅広く，楕円状皮針形から菱形状皮針形．先端は尖円状から鈍円状まで様々で，しばしば先端が突出する．特に大形の珪殻では突出する傾向が強い．殻長：28-38 μm，殻幅：8-9.5 μm．縦溝は糸状で，中心孔は *Nav. trivialis* より接近していて，*Nav. trivialis* のように鉤形に曲がることは決してない．中心域は *Nav. trivialis* より小さい．条線は強い放射状であるが，両端部では平行になる．条線密度：10-12/10 μm，点紋密度：26-28/10 μm．

木曽川，手賀沼産の 4 珪殻（各 2 珪殻），250 条線の点紋密度を計測し，**図 120** *Nav. olig.* に示した．分布範囲は(19)21-28(29)/10 μm と表せる．

分布・生態

ヨーロッパ，アラスカで記録がある．木曽川では阿木川・阿木川ダム等各地，手賀沼等，日本でも見いだされる．

近似種との相違点

Navicula antonii Lange-Bert. 2000

　珪殻は小形（殻長：11-30 μm，殻幅：6-7.5 μm）で，全般的にずんぐりしている．

Navicula gottlandica Grunow 1880

　珪殻はやや大形（殻長：35-60 μm，殻幅：8-12(15)μm）で，条線密度が密（16-18/10 μm）である．外形が全般的にすらりとしている．

Navicula parablis M. H. Hohn & Hellerman 1963

　珪殻の両端部は楔形で，先端は尖円状小形である．中心域は小さい．条線密度は若干密（11-13/10 μm）である．

Navicula trivialis Lange-Bert. 1980

　少し大形（殻長：25-65 μm，殻幅：9-12.5 μm）で，点紋密度は密（28-32/10 μm）である．中心域は大きく，中心孔の間隔が広く，鉤形に曲がる．

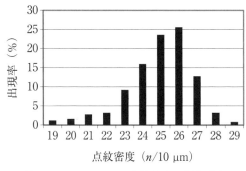

図 120 *Nav. olig.* の点紋密度の頻度分布

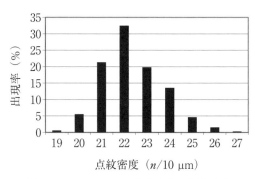

図 121 *Nav. opp.* の点紋密度の頻度分布

Navicula oppugnata **Hust. 1945**, Arch. f. Hydrob. **40**：925, Pl. 42, Fig. 1.；Krammer & Lange-Bertalot 1986, Süsswasserflora von Mitteleuropa **2/1**：121, Fig. 40：8, 9.；Lange-Bertalot 2001, Diatoms of Europe **2**：P. 52, Pl. 4, Figs 1-7.；Lange-Bertalot 2013（ed.）：Diatomeen im Süsswasser-Benthos von Mitteleuropa：391, Taf. 28, Figs 4-8, Koeltz Scientific Books.　　　　　　　　　　　　　　　　　　　　　　　　【Pl. 33, Figs 5-12】

珪殻は皮針形から線状皮針形で先端は広円状．殻長：30-60 μm，殻幅：8.5-12 μm．軸域は中くらいの幅で線状．中心域は中くらいの大きさで横長楕円形，中心域を形成する条線は長短交互型である．条線は殻の中央部で放射状，先端に向かって平行から収斂する．条線密度：7-12/10 μm，点紋密度：約 24/10 μm．**図 121** *Nav. opp.* は木曽川産 1 珪殻，63 条線，手賀沼産 4 珪殻，260 条線，合計 5 珪殻，323 条線の点紋密度を計測し，頻度分布を示したものである．分布範囲は(19)20-25(27)/10 μm と表せる．

分布・生態
世界広汎性種と考えられる．硬度が高い貧腐水から β-中腐水域に多く出現する．

近似種との相違点
Navicula concentrica J. R. Carter 1981
　計測値はやや似るが，条線が先端まで放射状である点が異なる．珪殻の先端はやや尖円で，中心域は少し大である．

Navicula menisculus Schum. var. *menisculus* 1867
　珪殻はやや幅広く，中心域が大きく，横長四角形である．

Navicula peregrina（Ehrenb.）Kütz. var. *peregrina* 1844
　珪殻は大形（殻長：60-180 μm，殻幅：18-25(30？) μm）で，条線密度は粗（5-6.5/10 μm），点紋密度も粗（18-20/10 μm）である．

Navicula pseudoppugnata Lange-Bert. & Miho 2001
　珪殻の先端はやや広円状である．

Navicula radiosa Kütz. var. *radiosa* 1844
　点紋密度は密（28-32/10 μm）である．

Navicula striolata（Grunow）Lange-Bert. 1985
　珪殻の先端は広円状である．

Navicula vaneei Lange-Bert. 1998
　珪殻の先端は突出し，中心域がやや大である．

Navicula vulpina Kütz. 1844
　珪殻は大形（殻長：(50)75-140 μm，殻幅：(10)14-25 μm）で，先端は広円状．中心域は大きい．

***Navicula peregrina*（Ehrenb.） Kütz. var. *peregrina* 1844**, in Die Kieselschaligen Bacillarien oder Diatomeen：Fig. 28/52c.；Krammer & Lange-Bertalot 1986, Süsswasserflora von Mitteleuropa **2/1**：P. 100, Pl. 30, Fig. 1.；Lange-Bertalot 2001, Diatoms of Europe **2**：P. 54, Pl. 48, Figs 1-4, Pl. 73, Fig. 1.　　　　　　　　　　　　　　【Pl. 92, Figs 1-3】

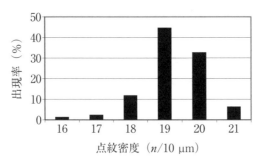

図122 *Nav. per.* の点紋密度の頻度分布

Basionym：*Pinnularia peregrina* Ehrenb. 1843, in Abhandl. Königl. Wissensch. Berlin, Teil **1**：P. 421, Pl. 1, Figs 1, 5.

　珪殻は皮針形で，先端は広円状．殻長：60-180 µm，殻幅：18-25 µm．縦溝は側性，中心裂孔は釣鉤形．軸域は狭い線状，中心域は様々な形であるが，横に広がり殻幅の半分までの大きさである．条線は放射状で，先端部は収斂する．条線密度：5-6.5/10 µm，点紋密度：18-20/10 µm．

　Skansen Isl., SWE., Kamchatka の池から得た各1珪殻，201条線を計測し，**図122** *Nav. per.* を作成した．点紋密度：(16) 18-21/10 µm と表せる．

分布・生態

　世界広汎種．木曽川・犬山橋，Vanpuzen Riv., CA-USA., Sibir P., RUS., Skansen Isl., SWE. で見いだしているが，多産する例は見ていない．

近似種との相違点

Navicula kefvingensis（Ehrenb.）Kütz. 1844

　珪殻は少し小形（殻長：40-100 µm，殻幅：(10?) 16-18 µm）．中心域は *Navi. peregrina* より大きい．条線密度は密（7-8.5/10 µm）で，点紋密度も密（25-27/10 µm）である．

Navicula viridula（Kütz.）Ehrenb. var. *viridula* 1938

　外形がやや似た大形種であるが，少し小形（殻長：40-100 µm，殻幅：10-15 µm）である．条線密度は密（8-11/10 µm）で中心域の形が左右異なる点でも区別が可能である．

Navicula vulpina Kütz. 1844

　外形のやや似た大形（殻長：(50) 75-140 µm，殻幅：(10) 14-20 µm）種であるが，少し小形で殻幅も狭い．軸域も幅が狭く，条線密度が密（8-11/10 µm）である．

Navicula perminuta Grunow 1880, in Van Heurck, Synopsis des Diatomées de Belgique：Taf. 14, Pl. 7.　　　　　　　　　　　　　　　　　　　　　　　　【Pl. 45, Figs 1-47】

Synonym：*Navicula cryptocephala* var. *perminuta*（Grunow）Cleve 1895.；*Navicula diserta* Hust. 1939：P. 627, Figs 78, 79.；*Navicula hansenii* M. Møller 1950：P. 205, Fig. 10.
　(Lange-Bertalot 2001 では *Navicula dulcis* R. M. Patrick 1959：P. 102, Fig. 7：7.；1966：P. 534, Pl. 51 Fig. 8.；*Navicula mendotia* VanLand. 1975 をも synonym としている)

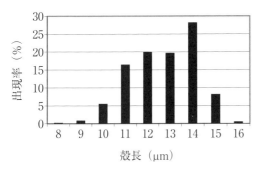

図 123 *Nav. perm.* の殻長の頻度分布

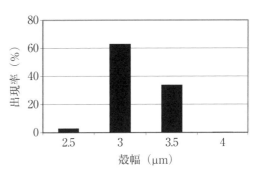

図 124 *Nav. perm.* の殻幅の頻度分布

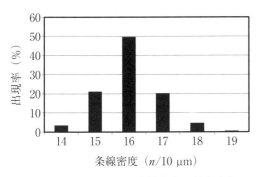

図 125 *Nav. perm.* の条線密度の頻度分布

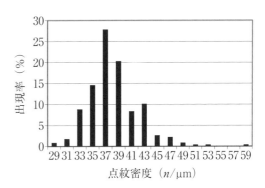

図 126 *Nav. perm.* の点紋密度の頻度分布

珪殻は線状皮針形から皮針形, 両端部は尖ることなく円形. 殻長：5.5-20 μm, 殻幅：2-4 μm. 縦溝は線状で末端は "?" 状になる. 軸域は極めて狭く, 中心域は側縁に達するものが多い. 条線は中央でのみ放射状で端部で収斂する. 条線密度：14-20/10 μm, 点紋密度：約 33/10 μm.

図 123-126 *Nav. perm.* に木曽川河口で得た 266 珪殻の計測値の分布図を示す. 点紋密度は SEM 写真 8 珪殻, 226 条線を計測した結果であり, 点紋密度：(29)32-49(59)/10 μm と表せる.

多くの珪殻を計測してみた結果, 殻長は初発表文等の記載とよく一致する. 殻幅は若干広いほうへ傾き, 条線密度は粗のほうに偏向するが, 形態は同じなので *Navicula perminuta* と同定する.

分布・生態

汽水産. 北海のプランクトンとして繁殖する例もあるようである. 著者らは宍道湖, 木曽川・河口で, 優占種になるほどの大量繁殖を観察している.

近似種との相違点

Navicula acceptata Hust. 1950

殻先端はより広円形である. 条線は末端まで放射状配列であることから区別できる.

Navicula dulcis R. M. Patrick & Reimer 1966

殻幅が広く (2.5-5.5 μm), 条線密度が粗 (10-13/10 μm) であること, 点紋密度が粗 (28-36/10 μm) であることから区別できる (*Navicula mendotia* 参照).

Navicula pseudacceptata H. Kobayasi 1986

殻先端はより広円形である．末端に窓状に並ぶ点紋列があることは *N. perminuta* と同じである．縦溝の末端は"?"状にならず，直線上に終わることから区別できる．

Navicula petrovskae Levkov & Krstic 2007, in Levkov, Krstic, Metzeltin & Nakov, Diatoms of Lakes Prespa & Ohrid, Iconographia Diatomologica **16**：P. 95, Pl. 44, Figs 1-11, Pl. 45, Fig. 2. 【Pl. 38, Figs 23-25】

和名：ペトロブスカフネケイソウ（Faculty of Natural Sciences in Skopje の Dr. L. Peterovska を記念した学名）

珪殻は幅広い皮針形で先端部は亜嘴状に突出する．殻長：18-30 μm，殻幅：6-7 μm．軸域は狭い線状で，中心域は楕円形から横長の楕円形である．条線は中央部で放射状，先端部で収斂する．条線密度：13-15/10 μm，点紋密度：35-37/10 μm．

分布・生態

基準産地は Lake Prespa である．筆者らは Croatia から得ている．

近似種との相違点

Navicula associata Lange-Bert. 2001

珪殻の外形はよく似ており，殻幅も似た値（6-6.6 μm）であるが，点紋密度が粗（28-30/10 μm）である．

Navicula moskalii Metzeltin, Witk. & Lange-Bert. 1996

殻長は似るが殻幅が大（殻長：24-27 μm，殻幅：6.8-8 μm）である．条線密度，点紋密度とも密（条線：11.5-15/10 μm，点紋：約 30/10 μm）である．珪殻の先端部は弱い広円状である．

Navicula reichardtiana Lange-Bert. 1989

珪殻の外形は殻幅が特に小さい．殻長：12-22 μm，殻幅：5-6 μm．

Navicula upsaliensis（Grunow）Perag. 1903

珪殻の外形は殻幅が特に大（9.5-12 μm）で，条線密度，点紋密度とも粗（条線：9-11.5/10 μm，点紋：25-27/10 μm）である．

Navicula phyllepta Kütz. 1844, in Die Kieselschaligen Bacillarien oder Diatomeen：Pl. 30, Fig. 56.；Cleve-Euler 1953, Die Diatomeen von Schweden und Finnland **3**：P. 139, Fig. 784.；Krammer & Lange-Bertalot 1986, Süsswasserflora von Mitteleuropa **2/1**：P. 104, Pl. 32, Figs 5-11.；Lange-Bertalot 2001, Diatoms of Europe **2**：P. 56, Pl. 46, Figs 1-9. 【no Fig.】

珪殻は皮針形で，多くの珪殻は先端部がやや突出する．先端は鋭円状．殻長：25-46 μm，殻幅：6.5-8.5 μm．縦溝は糸状，軸域は狭い．中心域は小さいか大変小さい円形である．条線は放射状，先端部は平行あるいは弱く収斂する．条線密度：17-20/10 μm，点紋密度：34-36/10 μm．

分布・生態

世界広汎種と考えられる．汽水，海水域にも分布する．

近似種との相違点

Navicula caterva M. H. Hohn & Hellerman 1963
　　珪殻は小形である．殻長：10.4-17 μm，殻幅：4.2-5.5 μm．

Navicula cryptocephala Kütz. var. *cryptocephala* 1844
　　珪殻はやや細め（5-7 μm）で，先端部の突出がやや強い．条線密度はやや粗（14-18/10 μm）である．

Navicula cryptotenella Lange-Bert. 1985
　　殻幅が僅かに狭く（5-7 μm），条線密度は粗（14-16/10 μm）で，点紋密度は僅かに密（約38/10 μm）である．

Navicula exilis Kütz. 1844
　　条線密度は粗（13-15/10 μm）で，中心域が大きい．

Navicula mediocostata E. Reichardt 1988
　　珪殻の外形，大きさは似るが，条線密度が粗（10-12/10 μm）である．

Navicula namibica Lange-Bert. & Rumrich 1993
　　珪殻は小形（殻長：16-24 μm，殻幅：4.5-5.7 μm）である．

Navicula oligotraphenta Lange-Bert. & Hofmann 1993
　　殻幅が広く（8-15 μm），条線密度が粗（10-12/10 μm）である．

Navicula phylleptosoma Lange-Bert. 1999
　　珪殻は小形（殻長：15-26 μm，殻幅：4.7-6.5 μm）である．

Navicula vandamii Schoeman & R. E. M. Archibald var. *vandamii* 1987
　　珪殻両端部の突出が弱く，殻幅が狭い（4.6-5.8 μm）．条線密度は粗（14-17/10 μm）である．

Navicula veneta Kütz. 1844
　　珪殻はやや小形（殻長：13-30 μm，殻幅：5-6 μm）で，条線密度は粗（13.5-15/10 μm）である．

Navicula phylleptosoma Lange-Bert. 1999, in Lange-Bertalot & Genkal, Diatoms from Siberia I, Iconographia Diatomologica **6**：P. 69, Pl. 13, Figs 1-15.；Lange-Bertalot 2001, Diatoms of Europe **2**：P. 237, Pl. 46, Figs 10-18.　　　　　　　　　【Pl. 38, Figs 26-36】

和名：ヒメハフネケイソウ

　珪殻はほぼ正確な皮針形，先端部は中くらいの尖円形から弱い鈍円形．時に先端部が突出した尖円形になる．殻長：15-26 μm，殻幅：4.7-6.6 μm．縦溝は真っ直ぐで糸状，やや接近した中心孔をもつ．軸域は大変狭く，中央部が僅かに広がる．中心域の形と大きさはかなり変化があるが，普通は円形で平均的な大きさである．条線は放射状配列が普通だが，先端部は平行から弱い収斂まである．条線密度：17-20/10 μm，点紋密度：40-45/10 μm．

分布・生態

　Lange-Bertalot(2001)は多分世界広汎種と考えられるが，正確には不明で，ヨーロッパでは汽水域に分布するとしている．著者らは Herschel Isl., CAN., 湯河原温泉で見いだしており，精査すれば広汎に見られる種と考えている．

近似種との相違点

Navicula antonii Lange-Bert. 2000
　珪殻の外形はかなりよく似る．点紋密度が粗（28-32/10 μm）で，中心域が小さい．

Navicula associata Lange-Bert. 2001
　殻幅が大（6-6.6 μm）で，先端部の突出が強く，中心域が小さい．

Navicula catalanogermanica Lange-Bert. & Hofmann 1993
　珪殻の外形はかなりよく似るが，先端部はやや鈍円状．殻幅は少し大（7.5-8.5 μm）．点紋密度が粗（25-27/10 μm）で，中心域は少し小さい．

Navicula caterva M. H. Hohn & Hellerman 1963
　珪殻はやや小形（殻長：10.4-17 μm，殻幅：4.2-5.5 μm）で，両端部の突出はやや強い．中心域は小さいか大変小さい．

Navicula cryptotenella Lange-Bert. 1985
　条線密度は粗（14-16/10 μm）である．

Navicula cryptotenelloides Lange-Bert. 1993
　珪殻は少し小形（殻長：9-18 μm，殻幅：3.7-4.2 μm）で，点紋密度は密（16-18/10 μm）である．

Navicula havena M. H. Hohn & Hellerman 1993
　珪殻先端の突出がやや強く，珪殻が小形（殻長：9.9-13.0 μm，殻幅：3.1-4.2 μm）で中心域が小さい．

Navicula lundii E. Reichardt 1985
　珪殻の先端がやや鈍円状で，条線密度は粗（14-15/10 μm）である．

Navicula mediocostata E. Reichardt 1988
　珪殻は少し大形（殻長：28-36 μm，殻幅：7-8 μm）で，条線密度も粗（10-12 μm）である．

Navicula moskalii Metzeltin, Witk. & Lange-Bert. 1996
　珪殻は大形（殻長：24-27 μm，殻幅：6.8-8 μm）で，先端部の突出が強い．条線密度は密（11.5-15/10 μm）で，点紋密度は粗（約30/10 μm）である．

Navicula parablis M. H. Hohn & Hellerman 1963
　珪殻の先端部の突出が長く強い．条線密度は密（11-13/10 μm）である．

Navicula phyllepta Kütz. 1844
　形態はよく似るが，大形（殻長：25-46 μm，殻幅：6.6-8.5 μm）である．条線密度は粗（17-20/10 μm）で，中心孔の間隔が大である．

Navicula reichardtiana Lange-Bert. 1989
　珪殻両端部の突出はやや弱く，中心域はやや小さく，条線密度は粗（14-16/10 μm）である．

Navicula reinhardtii (Grunow) Grunow var. *reinhardtii* 1877
　珪殻両端部の突出は少し大で，大形（殻長：37-70 μm，殻幅：11-18 μm）で，条線密度も粗（条線密度：7-9/10 μm）である．

Navicula upsaliensis (Grunow) Perag. 1903
　珪殻の大きさは殻長：18-47 μm，殻幅：9.5-12 μm で殻幅が特に大である．点紋密度は粗（9-11.5/10 μm）である．

***Navicula platystoma* Ehrenb. 1838**, in Hustedt 1930, Die Süsswasser-Flora Mitteleuropas **10**：P. 305, Fig. 539.；Krammer & Lange-Bertalot 1986, Süsswasserflora von Mitteleuropa **2/1**：P. 146, Fig. 51：3-5. 【Pl. 76, Fig. 8】

珪殻は楕円形から幅広い皮針形，先端は幅広く伸長し，丸くなった先端を有する．殻長：30-60 µm．殻幅：14-22 µm．縦溝は糸状のものから広い菱形から皮針形のものまで様々．条線は末端まで放射状．条線密度：14-18/10 µm．

分布・生態

ヨーロッパ，北アジアで知られている．本書収録写真は Michigan Lake, MI-USA. で得た．

近似種との相違点

本種は特有の形態，条線密度が密なこと，先端まで放射状配列であることなどから他種と誤認することはないと思える．

***Navicula polaris* Lagerst. 1873**, in Bih. till Kong. Svens. Vetensk.-Akad. Handl. **1**(14)：P. 24, Pl. 2, Fig. 3. 【Pl. 84, Fig. 5】

Synonym：*Navicula peregrina*（Ehrenb.）Kütz. var. *polaris*（Lagerst.）Cleve 1895, Nav. Diat. **2**：18.；Proschkina-Lavrenko 1950, Diat. Analiz. 182.；Sabelina et al. 1951, Diat. Vodor. 317.；Cleve-Euler 1953, Diatomeen Schw. u. Finn. **3**：150, Fig. 803h.

珪殻は線状皮針形で，両端部は弱く突出し，先端は広円状．殻長：51-72 µm，殻幅：14-16 µm．軸域は狭い線状．中心域の幅が広く，大きく横長四角形または楕円形．条線は放射状配列であるが先端部は収斂する．条線密度：6-8/10 µm，点紋密度：約 28/10 µm．

図 127 *Nav. pol.* は Byron Bay, Victoria Isl., CAN. で得た 1 珪殻，79 条線を計測したものである．

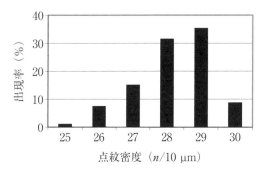

図 127 *Nav. pol.* の点紋密度の頻度分布

分布・生態

周北性．著者らは Byron Bay, Victoria Isl., CAN. で見いだした．

近似種との相違点

Navicula kefvingensis（Ehrenb.）Kütz. 1844

殻幅が大（10？，16-18 µm）で，中心域も大きい．点紋密度は粗（25-27/10 µm）である．

Navicula oblonga（Kütz.）Kütz. var. *oblonga* 1844

珪殻の先端は幅広い広円状．点紋密度は密（32/10 μm）である．

Navicula peregrina（Ehrenb.）Kütz. var. *peregrina* 1844

　珪殻が大きく，特に殻幅が大（殻長：60-180 μm，殻幅：18-25, 30？μm）である．条線密度，点紋密度とも粗（条線：5-6.5/10 μm，点紋：18-20/10 μm）である．

Navicula salsa R. M. Patrick & Freese 1960

　殻幅は少し狭い（10-13 μm）．条線密度は密（9-11/10 μm）で，点紋密度はやや粗（約 24/10 μm）である．

Navicula slesvicensis Grunow 1880

　殻長は少し大きく（25-50 μm），珪殻両端部の突出は強い．

Navicula striolata（Grunow）Lange-Bert. 1985

　軸域は幅広く，中心域はやや小さい．条線密度はやや粗（7-9/10 μm）である．

Navicula viridula（Kütz.）Ehrenb. var. *viridula* 1938

　珪殻の先端部の突出は少し強い．中心域も少し大きく，中心域を構成する条線数も少し多い．

Navicula vulpina Kütz. 1844

　中心域を構成する条線の数は多く，条線密度は中心部と先端部で大差はない．

Navicula praeterita Hust. 1945, in Arch. f. Hydrob. **40**：P. 923, Pl. 42, Figs 5-8.；Lange-Bertalot 2001, Diatoms of Europe **2**：P. 58, Pl. 10, Figs 1-7, Pl. 66, Fig. 2, Pl. 72, Fig. 1.

【Pl. 53, Fig. 2】

　珪殻は皮針形で大形の珪殻の両側縁はほぼ平行．先端部は嘴状から亜頭部状．殻長：25-40 μm，殻幅：5.5-8.5 μm．縦溝は糸状で中心孔は同じ側に曲がっている．軸域は大変狭く，中心域は狭い皮針形で，多少左右不相称．条線は放射状で，先端部は平行．条線密度：12-14/10 μm，点紋密度：22-25/10 μm．木曽川産の点紋密度は 22-24/10 μm である．

分布・生態

　ヨーロッパには広く分布していると考えられているが，他の地域での記録は多くない．硬度が高い貧腐水から中腐水域によく出現する．木曽川・朝日取水場で見いだした．

近似種との相違点

Navicula cryptocephala Kütz. var. *cryptocephala* 1844

　珪殻の大きさはやや似る（殻長：20-40 μm，殻幅：5-7 μm）が，条線密度が密（14-18/10 μm）で，点紋密度も密（約 40/10 μm）である．珪殻端の突出が弱い珪殻が多い．

Navicula cryptofallax Lange-Bert. & Hofmann 1993

　計測値はやや似ている（殻長：23-30 μm，殻幅：5.5-6 μm，条線密度：12.5-14/10 μm）．点紋密度が密（約 30/10 μm）である．

Navicula rhynchocephala Kütz. var. *rhynchocephala* 1844

　珪殻は大形（殻長：40-60 μm，殻幅：8.5-10 μm）で，条線密度が粗（10-12/10 μm）である．

Navicula subrhynchocephala Hust. 1935

　計測値はやや似ている（殻長：30-45 μm，殻幅：6-9 μm，条線密度：12-15/10 μm，点紋密度：約 24/10 μm）が，中心域が大きい．

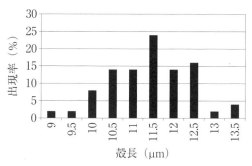
図128 *Nav. pseudac.* の殻長の頻度分布

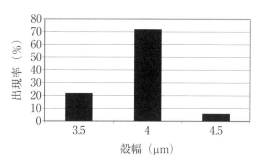
図129 *Nav. pseudac.* の殻幅の頻度分布

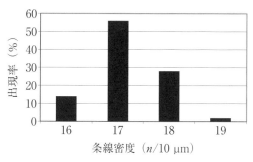
図130 *Nav. pseudac.* の条線密度の頻度分布

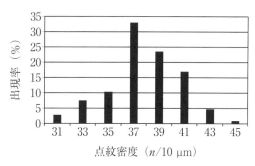
図131 *Nav. pseudac.* の点紋密度の頻度分布

***Navicula pseudacceptata* H. Kobayasi 1986**, in H. Kobayasi & Mayama, *Navicula pseudacceptata* sp. nov. and Validation of *Stauroneis japonica* H. Kobayasi, DIATOM **2**：95-102 　　　　　　　　　　　　　　　　　　　　　　　　　　　　【Pl. 39, Figs 1-45】

珪殻は線状皮針形，側縁は僅かに膨らみ，両端部は尖ることなく円形．殻長：6-15 μm，殻幅：4-5 μm．軸域は狭く，縦溝は，中央側では中心孔に，末端側は真っ直ぐか僅かに曲がって終わる．極域は広く明瞭である．中心域は1対の条線が短くなり横に長い長方形となる．条線は中央で僅かに放射状，しかし，末端では縦溝に対し直角から収斂する．条線密度は中央部で16/10 μm，端部で18/10 μm．

仁淀川と木曽川で得た試料，50珪殻の計測値を図128-130 *Nav. pseudac.* に示す．なお，点紋密度の頻度分布図はSEM写真を用いて3珪殻，106条線の点紋密度を計測した（図131）．分布範囲は(31)34-44(45)/10 μmと表せる．

分布・生態

基準産地は荒川である．木曽川と仁淀川から見いだした．

近似種との相違点

Navicula acceptata Hust. 1950

珪殻外形，計測値ともよく似ている．条線が末端まで放射状配列であること，極域が狭いことから区別できる．

Navicula dulcis R. M. Patrick & Reimer 1966

条線密度が粗（10-13/10 μm）であること，点紋密度が粗（28-36/10 μm）であることから区別できる．珪殻表面から見た縦溝の先端（極裂）は"？"状に曲がることからも区別が可能である．
Navicula perminuta Grunow 1880
殻幅が狭い（2.5-3.5 μm）こと，珪殻表面から見た縦溝の先端（極裂）は"？"状に曲がることから区別できる．

（p. 48, *Hippodonta pseudacceptata* 参照．）

Navicula pseudolanceolata Lange-Bert. var. pseudolanceolata 1980, in Cryptg. Algol. **1**：P. 32, Pl. 2, Figs 1, 3.；Krammer & Lange-Bertalot 1986, Süsswasserflora von Mitteleuropa **2/1**：P. 113, Pl. 36, Fig. 8.；Lange-Bertalot 2001, Diatoms of Europe **2**：P. 58, Pl. 10, Figs 16-22. 　　　　　　　　　　　　　　　　　　　　【Pl. 33, Figs 13-19】

珪殻は皮針形から菱状皮針形，中央から両端部に向け徐々に細くなり，楔状になる．殻長：30-50 μm，殻幅：7-9.5 μm．縦溝は糸状．軸域は狭い線状，中心域は小から中くらいの大きさまで，菱形から横長まで変化が見られる．条線はすべて放射状か，先端のみ平行．条線密度：9.5-11/10 μm．点紋は粗く，点紋密度：約24/10 μm.

木曽川の分類群を計測した結果は殻長：33-45 μm，殻幅：7-7.5 μm，条線密度：9-11/10 μm で，本種の範囲内である．Lange-Bertalot(1986)は条線を形成する点紋密度が粗（20-25/10 μm）であるほうを var. *pseudolanceolata* とし，密（30/10 μm）であるほうを var. *denselineolata* Lange-Bert. の2変種に分けている．

木曽川産の4珪殻，215条線の点紋密度を計測し，**図132** *Nav. pseudol.* に示す．点紋密度：(19)20-28(30)/10 μm と表せる．

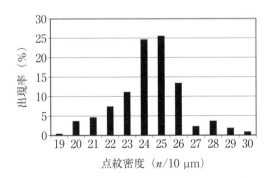

図132 *Nav. pseudol.* の点紋密度の頻度分布

分布・生態
北半球では広汎種，ヨーロッパでも広く分布するが中欧では稀．木曽川では個体数は多くないが，上流から河口まで広く分布している．

近似種との相違点
Navicula austrocollegarum Lange-Bert. & R. Voigt 2001
珪殻は狭い皮針形で，中央部から先端部に向かい急に細くなる．殻幅は少し細く（5.5-6.5 μm），条線密度も密（14-16/10 μm）である．

Navicula oppugnata Lange-Bert. 2001

殻長：30-30 μm，殻幅：8.5-12 μm，条線密度：7-12/10 μm としており，当種は殻幅が広い．先端の条線は平行か弱い収斂であるが，*Nav. pseudolanceolata* は放射状である．

Navvicula peregrina（Ehrenb.）Kütz. var. *peregrina* 1844

殻長：60-180 μm，殻幅：18-25（30？）μm としており，当種は殻長，殻幅ともかなり大形である．条線密度も粗（5-6.5/10 μm）であるので区別できる．

Navicula praeterita Hust. 1945

珪殻の大きさはほぼ同じ（殻長：25-40 μm，殻幅：5.5-8.5 μm，Lange-Bertalot 2001）であるが，先端が嘴状，亜頭部状に突出する点が異なる．条線密度もやや密（12-14/10 μm）である．

Navicula streckerae Lange-Bert. & Witk. 2000

原記載と Lange-Bertalot（2001）では殻長：26-55 μm，殻幅：8-10.5 μm，条線密度：9-10/10 μm としており，大形で，先端条線は収斂することで明らかに区別できる．

Navicula trophicatrix Lange-Bert. 1996

珪殻の先端の突出は僅かに強く，条線密度も少し密（11-13/10 μm）である．中心域が小さい点でも区別できる．

Navicula vaneei Lange-Bert. 1998

Lange-Bertalot（2001）では殻長：40-80 μm，殻幅：11-13（8）μm であり，大形で，先端部の条線が収斂するので区別が明瞭である．

Navicula pseudoppugnata Lange-Bert. & Miho 2001, in Diatoms of Europe **2**：P. 59, Pl. 30, Figs 1-7.　　　　　　　　　　　　　　　　　　　　　　　　【Pl. 34, Figs 1, 2】

珪殻は皮針形から楕円状皮針形，両端部は楔形で先端はやや広円状．殻長：34-60 μm，殻幅：8.5-10.5 μm．軸域は中くらいの幅である．中心域は中くらいの大きさで横に広がる．条線は放射状両端部で平行または弱く収斂する．中心域を形成する条線は長短交互型が多い．条線密度：7-8/10 μm，点紋密度：約 24/10 μm．

分布・生態

アルバニア地方で記録されている分布の狭い種．著者らは Herschel Isl., CAN. で見いだした．

近似種との相違点

Navicula broetzii Lange-Bert. & E. Reichardt 1996

珪殻の先端はやや広円状で，殻長が短い（31-36 μm）．条線密度は密（11-13/10 μm）で，中央部条線は長短交互構造でない．

Navicula cataracta-rheni Lange-Bert. 1993

条線密度は密（12-13/10 μm）である．

Navicula chiarae Lange-Bert. & Genkal 1999

殻幅がやや狭く（5.5-6 μm），条線密度が密（14-15/10 μm）である．

Navicula dealpina Lange-Bert. 1993

中心域は大きい横長四角形．条線密度はやや密（8-10/10 μm），点紋密度も密（26/10 μm）．

Navicula eidrigiana J. R. Carter 1979

珪殻は線状皮針形で，両端部は少し広円状である．

Navicula hintzii Lange-Bert. 1993

珪殻の外形はよく似ているが，条線密度が密（12-13/10 μm）である．

Navicula leistikowii Lange-Bert. 1993

珪殻はやや小形（殻長：17-30 μm，殻幅：5.2-6.5 μm）で，条線密度もやや密（12-13/10 μm）である．

Navicula lundii E. Reichardt 1985

殻幅は少し狭い（4-6.3 μm）．

Navicula mediocostata E. Reichardt 1988

条線密度がやや密（10-12/10 μm）である．

Navicula microdigitoradiata Lange-Bert. 1993

殻幅がやや狭く（5-7 μm），条線密度：14-17/10 μm である．

Navicula moenofranconica Lange-Bert. 1993

条線密度が少し密（8.5-9.5/10 μm）で，点紋密度も密（約 32/10 μm）である．

Navicula normalis Hust. 1955

珪殻は大形（殻長：53 μm，殻幅：9 μm），点紋密度が密（約 32/10 μm）である．

Navicula novaesiberica Lange-Bert. 1993

先端部が弱く嘴状に突出する．殻幅が狭く（7-8 μm），条線密度が密（9-11/10 μm）で，点紋密度も密（27-30/10 μm）である．

Navicula oppugnata Hust. 1945

中心孔の尖端は staff side 側に湾曲しない．珪殻の最大値は殻長：60 μm，殻幅：12 μm で，この値は *Nav. pseudoppugnata* より大である．

Navicula radiosiola Lange-Bert. 1993

珪殻は大形（殻長：38-52 μm）で，条線密度が密（12-13/10 μm）である．

Navicula recens（Lange-Bert.）Lange-Bert. 1985

条線密度がやや粗（9/10 μm）である．

Navicula ricardae Lange-Bert. 2001

珪殻の先端は大変弱く突出し，殻幅が狭く（7-8 μm），条線密度が密（10-12/10 μm）で，点紋密度も密（24-27/10 μm）である．

Navicula stankovicii Hust. 1945

珪殻の先端はより鋭円状で，条線密度は密（16-18/10 μm）である．

Navicula wiesneri Lange-Bert. 1993

珪殻の先端部は広円状で，殻幅がやや狭い（4.5-6 μm）．条線密度は密（11.5-14/10 μm）である．

***Navicula pseudotenelloides* Krasske 1938**, in Arch. f. Hydrob. **33**：P. 529, Pl. 95, Figs 16-19.；Lange-Bertalot, Külbs, Lauser, Nörpel-Schempp & Willmann 1996, in Iconographia Diatomologica **3**：Pl. 16, Figs 12-16.；Lange-Bertalot 2001, Diatoms of Europe **2**：P. 59, Pl. 32, Figs 21-27. 【Pl. 38, Figs 37, 38】

珪殻は狭い線状楕円形から線状皮針形，先端は広円状．殻長：18-25 μm，殻幅：3.5-4 μm．軸域は極めて狭い線状．中心域は両側縁の条線の2本が短くなり，少し広がる．条線は放射状に配列し，両端部は収斂する．条線密度：13.5-14.5/10 μm．

分布・生態

本種は Spitsbergen で見いだされ，Iceland, Bear Island で記録された．北極圏，亜北極圏の種とされているが，他にも分布すると予測されていた（Lange-Bertalot 2001）．著者らは Cambridge Bay, Victoria Isl., CAN., 矢落川・愛媛県で見いだした．Lange-Bertalot（2001）は貧腐水性種としている．

近似種との相違点

Navicula arctotenelloides Lange-Bert. & Metzeltin 1996

珪殻は楕円状皮針形で，両側縁は平行にはならない．条線密度が少し密（14.5-15/10 μm）で，中心域も少し大きく四角形である．周北性種である．

Navicula salinicola Hust. 1939

殻幅が小（2-4.5 μm）である．中心域は極めて小さく，ほとんど認められないものもある．

Navicula tenelloides Hust. 1937

中心域が不規則な形である．

Navicula ultratenelloides Lange-Bert. 1996

殻幅が少し狭く（2.8-3.2 μm），条線密度が密（25-26/10 μm）である．中央部両側縁の2-3本の条線が短くなり，その間に中心域が発達する．

Navicula vilaplanii（Lange-Bert. & Sabater）Lange-Bert. & Sabater 2000

珪殻は皮針形，両端部は嘴状で，先端は鋭円状．珪殻は小形（殻長：12-17 μm，殻幅：2.5-3.3 μm）で，条線密度は密（19-22/10 μm）である．

Navicula quechua Lange-Bert. & Rumrich var. *okinawaensis* Kimura, H. Fukush. & Ts. Kobayashi nom. nud. [Pl. 40, Figs 1-11]

珪殻は楕円状皮針形，両端部は楔形でその先端は広円状または鋭円状である．殻長：11-18 μm，殻幅：4.5-5.5 μm．裂溝は糸状で，軸域は幅が狭い．中心域は小さく，円形，楕円形，四角形等様々である．条線は弱い放射状で，収斂または縦溝に垂直．条線密度：14/10 μm．

分布・生態

平川・沖縄県で見いだした．

近似種との相違点

Navicula antonii Lange-Bert. 2000

珪殻両端部は鋭角をなす楔状．殻幅が少し大（6-7.5 μm）である．

Navicula cari Ehrenb. var. *cari* 1836

珪殻が大形（殻長：(13)20-40 μm，殻幅：5.5-8 μm）で，中心域が大きく，条線密度が粗（9-12/10 μm）である．

Navicula catalanogermanica Lange-Bert. & Hofmann 1993

珪殻が大形（殻長：18-35 μm，殻幅：7.5-8.5 μm）で，条線密度が粗（9.5-12/10 μm）であ

る．中心域が少し大きい．

Navicula cincta（Ehrenb.）Ralfs var. *cincta* 1861

　珪殻が大形（殻長：14-45 μm，殻幅：5.5-8 μm）で，条線密度がやや粗（8-12/10 μm）である．また，条線の角度が大である．

Navicula quechula Lange-Bert. & Rumrich 2000

　珪殻の外形，大きさが大変よく似ているが，条線密度が粗（10-12/10 μm）である．

Navicula recens（Lange-Bert.）Lange-Bert. 1985

　本種の小形の珪殻は形態がよく似ているが，Lange-Bertalot の記載より小形（殻長：16-51 μm，殻幅：5.5-8 μm）で，中心域も小さい．

***Navicula radiosa* Kütz. var. *radiosa* 1844**, in Die Kieselschaligen Bacillarien oder Diatomeen：P. 91, Pl. 4, Fig. 23.；Krammer & Lange-Bertalot 1986, Süsswasserflora von Mitteleuropa **2/1**：P. 99, Pl. 28, Figs 17-19.；Lange-Bertalot 2001, Diatoms of Europe **2**：P. 59, Pl. 8, Figs 1-7, Pl. 67, Figs 1, 2.　　　　　　【Pl. 60, Figs 1-8, Pl. 61, Figs 1-7】

ホウシャフネケイソウ

　珪殻は狭い皮針形で，両端部はやや鈍円状から鋭円状まで変化が大きい．殻長：40-120 μm，殻幅：8-12 μm．軸域は大変狭く，中心域は普通はやや菱形である．条線は中央部で強い放射状，両端部では収斂する．条線密度：10-12/10 μm，点紋密度：28-32/10 μm．本種は形態の変異が大きく，かつ，形態が似る taxa が多い．

　本書に示す形態も *Navicula radiosa* としては少ない形態であるが，Lange-Bertalot (2001) が Pl. 8, Fig. 6 に示している写真にやや近い．

　点紋密度の頻度分布図（**図 133** *Nav. rad.* var. *rad.*）に示したように点紋は本書に使用した写真は原記載と若干ずれがある．なお本図は Lake Tahoe, CA-USA., Swan Riv., Perth, AUS., Abacha Riv., Kamchatka, RUS. より得た3珪殻，240条線の点紋密度を計測したものである．

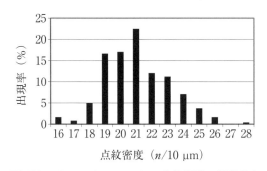

図 133　*Nav. rad.* var. *rad.* の点紋密度の頻度分布

分布・生態

　世界広汎種．日本各地，北南米，アジア，ヨーロッパ，アフリカ，オーストラリアで見いだしている．

近似種との相違点

Navicula broetzii Lange-Bert. & E. Reichardt 1996

　珪殻がやや小形（殻長：38-70 μm，殻幅：6.5-9 μm）のため，殻端もより尖円状に感じることが多い．なお中心域も小さい．

Navicula densilineolata（Lange-Bert.）Lange-Bert. 1993

　珪殻の先端がやや鋭円であること，殻幅が小さい（殻幅：6-7.5 μm）こと，中心域がやや小さいことから区別できる．

Navicula hintzii Lange-Bert. 1993

　珪殻は皮針形であるが，各辺に膨らみがあること，先端部の条線がほぼ平行である点で区別が可能である．なお，計測値は殻長：30-38 μm，殻幅：6.5-8.5 μm，条線密度：12-13/10 μm，点紋密度：30-32/10 μm で，小形であり条線が密である．

Navicula mediocostata E. Reichardt 1988

　珪殻は小形（殻長：28-36 μm，殻幅：7-8 μm）で，中心域が小さい．条線の中央部は放射状であるが，先端部は平行あるいは弱い放射状までの配列で，収斂しない点が特徴であり，本分類群と異なる．

Navicula nipponica（Skvortsov）Lange-Bert. 1993

　　（Basionym：*Navicula radiosa* f. *nipponica* Skvortsov 1936）

　条線密度が粗（8-11/10 μm）で，殻端の突出が小さく，中心域が小さい．

Navicula pseudolanceolata Lange-Bert. var. *pseudolanceolata* 1980

　珪殻は小形（殻長：30-50 μm，殻幅：7-9.5 μm）で，条線が強い放射状配列の部分が多い．点紋密度がやや粗（約 24/10 μm）である．

Navicula radiosafallax Lange-Bert. 1993

　珪殻の先端がやや鋭円であること，殻幅が小さい（殻幅：5.5-7 μm）こと，中心域が小さいこと，条線密度が密（13-14/10 μm）であることから区別できる．

***Navicula radiosafallax* Lange-Bert. 1993**, Bibliotheca Diatomologica **27**：P. 131, Pl. 52, Figs 1-4.；Krammer & Lange-Bertalot 1991, in Süsswasserflora von Mitteleuropa **2/4**：Taf. 67, Figs 1-4.；Lange-Bertalot 2001, Diatoms of Europe **2**：P. 60, Pl. 22, Figs 10-13.

【Pl. 62, Fig. 1】

Synonym：*Navicula radiosa* var. *parva* Wallace 1960.

ニセホウシャフネケイソウ

　珪殻は線状皮針形で先端部は楔形で，突出しない．先端は広円状．殻長：30-50 μm，殻幅：5.6-6.6(7) μm．背線は弱く湾曲し，軸域は狭い線状，菱形の中心域をもつ．条線は放射状で，先端部は収斂する．条線密度：13-14/10 μm，点紋密度：33-35/10 μm．

分布・生態

　北米で記録されている種であるが，北半球に広く分布すると推定されている．著者らは南半球の Zambezi Riv. Pier, BWA. で見いだした．電解質の少ない水域に分布する．

近似種との相違点

Navicula capitatoradiata H. Germ. ex Gasse 1986

　珪殻の先端部は嘴状に突出する．殻幅はやや広く（7-10 μm），中心域を形成する条線は長短交互型．

Navicula radiosa Kütz. var. *radiosa* 1844

　珪殻は大形（殻長：40-120 μm，殻幅：8-12 μm）で，条線密度，点紋密度とも粗（条線：10-12/10 μm，点紋：28-32/10 μm）である．

Navicula radiosiola Lange-Bert. 1993

　殻長が大（36-77 μm）で，殻幅がかなり大（6-8.5 μm）である．条線密度は少し粗（28-32/10 μm）である．

Navicula stankovicii Hust. 1945

　珪殻の先端は尖円状，殻幅はやや広い（6-8 μm）．中心域は中くらいでやや幅広い線状．条線密度は密（16-18/10 μm）で，点紋密度は粗（約 30/10 μm）である．

Navicula wildii Lange-Bert. 1993

　珪殻の先端部は弱く突出する．条線密度が粗（11-12.5/10 μm）である．

***Navicula radiosiola* Lange-Bert. 1993**, Bibliotheca Diatomologica **27**：P. 132, Pl. 53, Figs 4-8.；Lange-Bertalot 2001, Diatoms of Europe **2**：P. 61, Pl. 23, Figs 21-26.

【Pl. 71, Figs 1-14】

ホウシャフネケイソウモドキ

　珪殻は皮針形で，両端部は弱く突出し，先端はやや鋭円状．殻長：36-74 μm，殻幅：6-8.5 μm．縦溝は糸状，軸域は狭く線状で中心域に向かい僅かに広くなる．中心域は小形で皮針形から菱形である．条線は強い放射状で，先端部は収斂する．条線密度：12-15/10 μm，点紋密度：27-36/10 μm．

　1999 年 Zambezi Riv. で採集した本種を計測した結果を記すと次のようである．殻長，殻幅は 30 珪殻を計測した結果，殻長：44-74，殻幅：7.4-9.1 μm で初発表文に記された値とほとんど差はない．

　図 134, 135 *Nav. radios.* に条線密度と点紋密度の分布図を示す．条線密度は中央部と先端部，

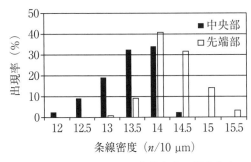

図 134 *Nav. radios.* の条線密度の頻度分布

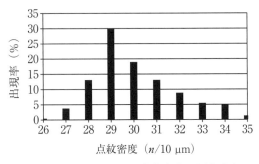

図 135 *Nav. radios.* の点紋密度の頻度分布

各120箇所を計測した．全体としては条線密度の分布範囲に差はないが，先端部のほうが密であるといえる．点紋密度は2珪殻，237条線の点紋密度を計測した．分布範囲は(26)27-34(35)/10 μm と表せる．

分布・生態

現在までに記録された産地は，デンマーク，スウェーデン，ロシアであるが，著者らはZambezi Riv. Pier, BWA. で得た．貧腐水性で，電解質の少ない水域に多い．

近似種との相違点

Navicula broetzii Lange-Bert. & E. Reichardt 1996

殻長：38-70 μm，殻幅：6.5-9 μm，条線密度：11-13/10 μm で，計測値に大きな差はない．珪殻先端部が突出しないこと，中心域が小さいことで区別できる．

Navicula densilineolata (Lange-Bert.) Lange-Bert. 1993

珪殻の先端は強い鋭円状である．中心域は縦長の狭い菱形から皮針形．条線密度は粗（10-13/10 μm），点紋密度も粗（27-30/10 μm）である．

Navicula hofmanniae Lange-Bert. 1993

珪殻の先端部は急激に突出する．殻長が短く（28-35 μm），殻幅はほぼ同じ（6.5-8 μm）であるのでずんぐりした形である．条線密度は密（15-16/10 μm）である．

Navicula pseudohasta Manguin 1961

珪殻の先端部は急激に突出する．殻長は小（34-47 μm）であるが，殻幅は小でない（8-9 μm）ので，珪殻の外形はずんぐりした形である．条線密度は粗（約10/10 μm）で，先端まで放射状に配列する．

Navicula radiosa Kütz. var. *radiosa* 1844

珪殻は大きいものが多く，先端はほとんど突出しない．殻長：40-120 μm，殻幅：8-12 μm．中心域は大きい．

Navicula radiosafallax Lange-Bert. 1993

殻幅が若干狭いが計測値はよく似ている．殻長：30-50 μm，殻幅：5.6-6.6 μm，条線密度：13-14/10 μm，点紋密度：33-35/10 μm．両端部がほとんど突出せず，鈍円状であることで区別できる．

Navicula subalpina E. Reichardt var. *subalpina* 1988

珪殻はやや小形（殻長：20-50 μm，殻幅：5-7 μm）のものが多く，先端部の突出が少し強い．条線密度は少し密（14-17/10 μm）である．

Navicula wildii Lange-Bert. 1993

珪殻の先端はかなり細くなっている．中心域は縦長の狭い菱形から皮針形．

***Navicula recens* (Lange-Bert.) Lange-Bert. 1985**, in Krammer & Lange-Bertalot, Bibliotheca Diatomologica **9**：P. 91, P. 129, Figs 5, 6.；Krammer & Lange-Bertalot 1986, in Süsswasserflora von Mitteleuropa **2/1**：P. 95, Pl. 27, Figs 7-11.；Lange-Bertalot 2001, Diatoms of Europe **2**：P. 62, Pl. 1, Figs 16-22. **[Pl. 62, Figs 2-23]**

Basionym：*Navicula cari* var. *recens* Lange-Bert. 1980, Cryptog. Algol. **1**：P. 37, Pl. 6, Figs 8-14.

珪殻は楕円状皮針形から線状皮針形．先端は鋭角から鈍円状の楔形．殻長：16-51 μm，殻幅：5.5-9 μm．縦溝は糸状で，軸域は大変狭い．中心域を形成する短い条線は2-4本で，3本の場合が多く，2本，4本と続く．組み合わせでは3本：3本，2本：2本が多く，4本：4本，4本：3本，3本：2本と続く．中心域は正方形から横長の四角形まで様々の形，大きさである．条線は弱い放射状から強い放射状まで様々で，先端は弱く収斂する．条線密度：10.5-14/10 μm，点紋密度：28-32/10 μm．

著者らが調査した池田湖，Khuvsgul L., MNG.の個体群の珪殻は線状皮針形で，先端部は楔形で鈍円形．条線は弱い放射状で，先端部は収斂する．中心域を形成する短い条線は2本である．中心域はほぼ皮針形で，左右で大きさが異なる．計測値は殻長：24-25 μm，殻幅：5-6 μm，条線密度：11-12/10 μm である．

利根川産のSEM写真6珪殻，311条線を計測し，作成した点紋密度の頻度分布図を図136 *Nav. rec.* に示す．点紋密度：(30)34-41(47)/10 μm と表せる．中心域を形成する短い条線は片側0-4本までで，最も多いのは3本，次いで1本と2本である．短い条線の両側の組み合わせで多いのは1本：1本，1本：3本であり，3本：4本が次いで多い．

分布・生態

世界広汎種．汽水域に多い．池田湖，木曽川・(広く分布)，神流川・群馬県，三瓶温泉・鳥取県，利根川，Khuvsgul L., MNG., Holman, Victoria Isl., CAN. から得ている．

近似種との相違点

Navicula cari Ehrenb. var. *cari* 1836

珪殻の中央部の条線は強い放射状配列をすること，中心域は横長の四角形で，特に横幅が広いこと，点紋密度が密（32-40/10 μm）であることから区別できる．中心域を形成する短い条線は2本から7本まであり，3本が最多で，5本，4本と続く．組み合わせで最も多いのは3本：3本と3本：2本で7本：6本と5本：5本，5本：4本，4本：4本，その他へと続く．

Navicula cincta（Ehrenb.）Ralfs var. *cincta* 1861

中央部条線の角度が大きいこと，点紋密度が大変密（40/10 μm）な点で区別できる．

Navicula erifuga Lange-Bert. 1985

珪殻は全般的に細身で，中心域が少し大きい．中心域を形成する短い条線は片側が3-7本で，4-5本が多く，組み合わせでは4本：3本が多い．

Navicula margalithii Lange-Bert. 1985

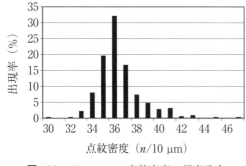

図136 *Nav. rec.* の点紋密度の頻度分布

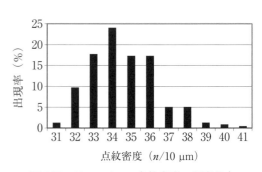

図137 *Nav. reic.* の点紋密度の頻度分布

殻長が大 (30-70 μm) で，中心域は殻幅の半分より小さく，左右不相称であることが特徴である．Lange-Bertalot(2001)は当種の写真6珪殻を示している．それによると中心域を形成する短い条線は片側が2-5本で，多い本数から順に記すと次のようである．4本 (7側)，3本 (4側)，5本 (2側)，1本 (1側)．組み合わせの多い順に記すと3本：4本 (3珪殻)，4本：5本 (2珪殻)，3本：2本，4本：4本 (各1珪殻)．

Navicula normaloides Cholnoky 1968

当種の形態は初発表文に珪殻は皮針形，線状皮針形で先端は多少とも尖円状になると記し，本種の図を5つ示しているが，その両端部は楔形になり，先端はやや尖円状である．また Lange-Bertalot(2001)が示している当種の type 標本の写真も同様である．北極圏の個体群は両側縁が平行で両端部は広円状に近い形態であった．

Navicula tripunctata（O. F. Müll.）Bory var. *tripunctata* 1822

殻長が大 (30-70 μm)，中心域が横長の四角形で，殻幅の半分を超すことが特徴である．Lange-Bertalot(2001)が示している9珪殻の顕微鏡写真によると，中心域を形成する短い条線は片側が2-9本で，最多から順に示すと3本 (9側)，2本 (3側)，4本 (2側)，6, 9本 (各1側) で，組み合わせを多い順に記すと2本：3本 (4珪殻)，2本：4本，3本：3本，3本：4本，6本：9本 (各1珪殻) である．

***Navicula reichardtiana* Lange-Bert. 1989**, in Lange-Bertalot & Krammer, Bibliotheca Diatomologica **18**：P. 163, Pl. 98, Figs 19-27.；Krammer & Lange-Bertalot 1991, Süsswasserflora von Mitteleuropa **4/2**：Pl. 68, Figs 10-15, Pl. 69, Fig. 11.；Lange-Bertalot 2001, Diatoms of Europe **2**：P. 63, Pl. 13, Figs 25-35, Pl. 28, Fig. 5. 　　**[Pl. 40, Figs 12-39]**

ライチャルドフネケイソウ

珪殻は皮針形で，殻端部は嘴状に弱く突出する．殻長：12-22(26) μm，殻幅：5-6 μm．縦溝は糸状，軸域は狭く線状．中心域は小さく，形は不規則．条線は放射状で，普通湾曲し，先端部では収斂する．条線密度：14-16/10 μm，点紋密度：33-36/10 μm．

本種は *Navicula* の典型的な小舟形をしているので，*Navicula* の他種と混同されていたようで，新しい taxon にすべきとの考えは比較的近年になって出てきたようである．Krammer & Lange-Bertalot(1985)は本種を Tafel 19, Figs 11-16 に示し，*Navicula* sp. とし，Lange-Bertalot(1979) で上記は *Navicula exilis* とした種の一部であると記している．これは Lange-Bertalot(1979)の Fig. 73 を指していると推定できる．Krammer & Lange-Bertalot(1986)では本種を *Navicula* sp.-2 とし，Fig. 33：23-25 の3珪殻の顕微鏡写真を示している．*Navicula reichardtiana* Lange-Bert. の初発表文は Lange-Bertalot & Krammer 1989, P. 163, Taf. 98, Figs 19-27 に記された．ICBN の規定に従うと本種の syntype の写真は Lange-Bertalot & Krammer 1989, Taf. 98, Figs 19-27 になる．さらに，Lange-Bertalot(2001)は本種は Lange-Bertalot(1979) が *Navicula exilis* Kütz. と考えた種であって，Kützing が指定した type に相当する種と異なることを強調している．

図137 *Nav. reic.* は河津温泉産の SEM 写真3珪殻，237条線の点紋密度を計測したものである．点紋密度の分布範囲は (31)32-38(41)/10 μm と表せる．

分布・生態

世界広汎種．淡水から汽水域まで広く分布する．富栄養水域，電解質が中程度に多い水域に多く生息する α-中腐水性種である．本種の基準産地は Chiem 湖（Oberbayern）流出河川である．Orkney Isl., GBR., Khuvsgul L., MNG., 木曽川・春日井浄水場，十勝川・北海道，矢落川・愛媛県，蟹原・才井戸流，蟹原・五反田溝，森林公園・岩本池等で広く見いだしている．

近似種との相違点

Navicula antonii Lange-Bert. 2000

珪殻は幅広い（6-7.5 μm）皮針形で，先端の突出が大変弱い点で区別が可能である．条線密度がやや粗（10.5-15/10 μm）である．

Navicula cari Ehrenb. var. *cari* 1836

珪殻は皮針形から線状皮針形，さらに線状と変異の幅が広く，*Nav. reichardtiana* に似ることもある．大きさも重なるところがある（殻長：(13)20-40 μm，殻幅：5-6 μm）が，条線密度は粗（9-12/10 μm）である．珪殻の先端は *Nav. reichardtiana* のように突出しない．

Navicula catalanogermanica Lange-Bert. & Hofmann 1993

珪殻の外形はやや似るが，少し大形（殻長：18-35 μm，殻幅：7.5-8.5 μm）で，先端が突出しない点でも区別が可能である．条線密度も少し粗（9.5-12/10 μm）である．

Navicula caterva M. H. Hohn & Hellerman 1963

珪殻の外形は似るが，先端部の突出が強く，鋭円状．条線密度はやや密（16-21/10 μm）で，点紋密度も密（約 40/10 μm）である．

Navicula cryptocephala Kütz. var. *cryptocephala* 1844

珪殻は皮針形から線状皮針形．殻幅は似るが殻長は長い（殻長：20-40 μm，殻幅：5-7 μm）ので区別できる．

Navicula cryptotenelloides Lange-Bert. 1993

珪殻両端部の突出は弱い．珪殻はやや小形（殻長：9-18 μm，殻幅：3.7-4.2 μm）で，条線密度は密（16-18/10 μm）である．点紋密度は光学顕微鏡では観察不可能．電子顕微鏡観察で 42-44/10 μm である．

Navicula leistikowii Lange-Bert. 1993

珪殻の中央部は平行で，外形は線状皮針形である．やや大形（殻長：17-30 μm，殻幅：5.2-6.5 μm）で，条線密度は粗（12-13.5/10 μm）で，中心域が少し大きい．

Navicula moskalii Metzeltin, Witk. & Lange-Bert. 1996

珪殻の外形は似るが，大形（殻長：24-27 μm，殻幅：6.8-8 μm）で，条線密度は粗（11.5-15/10 μm）で，点紋密度も粗（約 30/10 μm）である．

Navicula namibica Lange-Bert. & Rumrich 1993

珪殻の外形は似るが，条線密度は密（18-20/10 μm），点紋密度は粗（25-30/10 μm）である．

Navicula parablis M. H. Hohn & Hellerman 1963

珪殻の外形はやや似るが，先端は鋭円状．大形（殻長：22.4-27 μm，殻幅：5.7-6.2 μm）で，条線密度は粗（11-13/10 μm）である．

Navicula phylleptosoma Lange-Bert. 1999

中心域は中くらいの大きさで，形は様々．条線密度は密（17-20/10 μm）である．点紋は光学

顕微鏡では観察不可能，電子顕微鏡観察で 40-45/10 μm の密度である．

Navicula veneta Kütz. 1844

殻長は同程度から大形（殻長：13-30 μm）のものもある．中心域は横長の四角形でやや大きい．

Navicula reichardtiana 近縁種の検索表

I 珪殻の幅は狭い（5-6 μm）．・・・・・・・・・・・・・・・・・・・・・・・・・*Navicula reichardtiana* Lange-Bert. 1989
II 珪殻の幅は広い．
 I) 珪殻の先端部はほとんど突出しない．
  （I）条線密度は粗（10.5-15/10 μm），点紋密度（28-32/10 μm）．
  ・・・・・・・・・・・・・・・・・・・・・・・・・・・・・・・・ *Navicula antonii* Lange-Bert. 2000
  （II）条線密度は密（16-18/10 μm），点紋密度も密（27-30/10 μm）．
  ・・・・・・・・・・・・・・・・・・・・・・・ *Navicula pseudoantonii* Levkov & Metzeltin 2007
 II) 珪殻の先端部はやや強く突出する．
  （I）殻幅は 8 μm 以内．
   1 殻幅は狭い（6-6.6 μm）．・・・・・・・・・・・・・・・*Navicula associata* Lange-Bert. 2001
   2 殻幅は上より幅広い（6.8-8 μm）．
  ・・・・・・・・・・・・・・・・・・・・・・・*Navicula moskalii* Metzeltin, Witk. & Lange-Bert. 1996
  （II）殻幅は 8 μm 以上．
   1 条線密度は粗（9-10/10 μm），点紋密度も粗（18-20/10 μm）．
  ・・・・・・・・・・・・・・・・・・・・・・・・・ *Navicula streckerae* Lange-Bert. & Witk. 2000
   2 条線密度は密（9.5-12/10 μm），点紋密度も密（25-27/10 μm）．
  ・・・・・・・・・・・・・・・・・・・ *Navicula catalanogermanica* Lange-Bert. & Hofmann 1993

Navicula reinhardtii (Grunow) Grunow var. *cuneata* 1877 nom. nud.

【Pl. 79, Figs 1-6】

珪殻の両端部は嘴状から楔状に突出する．殻長：48-65 μm，殻幅：17.5-21.5 μm．縦溝は糸状で，先端の曲がる方向は相同型あるいは相互型．軸域は普通の幅であるが中央に向かって僅かに幅広くなる．中心域は横長でほぼ四角形．中心域を形成する条線はほぼ長短交互型．条線は中央部で放射状，両端部で平行．条線密度：6.5-8/10 μm，点紋密度：(18)20-24(25)/10 μm．

 Nav. reinhardtii の初発表文には外形が楕円形から楕円状皮針形，先端は広い円形だが，時に嘴状に突出すると記されている．Khuvsgul L., MNG. 産の個体群は先端が楔状あるいは嘴状に突出するものばかりである．計測値に大きな差は認められないが，点紋密度は比較的差が認められた項目であるので，**図138** *Nav. rein.* に比較を示す．var. *reinhardtii* と var. *cuneata* の点紋密度の平均値はそれぞれ 21.6，22.9/10 μm であり，僅かに var. *cuneata* のほうが密である．分布範囲は (17)21-25(29)/10 μm と表せる．

 Khuvsgul L., MNG. 産の個体群は外形が特異的に異なるので，裸名であるが基本種と区別して扱う．

Navicula reinhardtii (Grunow) Grunow var. *reinhardtii* 1877, in Cleve & Möller, Diatoms Exsiccata 25.; Grunow 1880-1885, in Van Heurck, Synopsis des Diatomées de Belgique Atlas：P. 86, Pl, 7, Figs 5, 6.; Krammer & Lange-Bertalot 1986, in Süsswasserflora

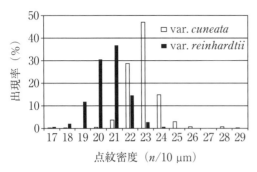

図138 *Nav. rein.* の2 taxa の点紋密度の比較

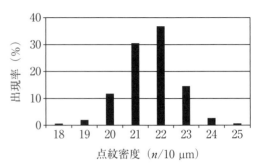

図139 *Nav. rein.* var. *rein.* の点紋密度の頻度分布

von Mitteleuropa **2/1**：P. 120, Pl. 40, Figs 1, 2.；Lange-Bertalot 2001, Diatoms of Europe **2**：P. 63, Pl. 3, Figs 1-5, Pl. 66, Figs 5, 6, Pl. 68, Fig. 6. 【Pl. 78, Figs 1-3】

Basionym：*Stauroneis reinhardtii* Grunow 1860, in Verhandl. Kais.-Königl. Zool.-Bot. Ges. Wien **10**：P. 566, Pl. 6, Fig. 19.

ラインハルドフネケイソウ

　珪殻は広楕円状から楕円状皮針形，両端部はしばしば嘴状に突出する．先端は広円状からやや鋭円状．殻長：35-70 μm，殻幅：11-18 μm．縦溝は糸状で，先端の曲がる方向は相同型あるいは相互型．軸域は普通の幅であるが中央に向かって僅かに幅広くなる．中心域は横長でほぼ四角形．中心域を形成する条線はほぼ長短交互型．条線は中央部で放射状，両端部で平行．条線密度：7-9/10 μm，点紋密度：20-22/10 μm（Lange-Bertalot（2001）は，条線密度：7-12/10 μm としている）．

　図139 *Nav. rein.* var. *rein.* は阿寒湖，屈斜路湖産の2珪殻，144条線の点紋密度を計測したものである．分布範囲は(18)20-24(25)/10 μm と表せる．

分布・生態

　世界広汎種．β-中腐水性種．上記の他，Khuvsgul L., MNG. で見いだされる．

近似種との相違点

Navicula digitradiata（W. Greg.）Ralfs 1861

　殻幅が大きく（18-28 μm），中心域は中くらいより小さい．点紋密度が密（18-20/10 μm）である．

Navicula peregrina（Ehrenb.）Kütz. var. *peregrina* 1844

　珪殻は大形（殻長：60-180 μm，殻幅：18-25 μm）．条線密度は粗（5-6.5/10 μm）で，中心域を形成する条線は長短交互型でない．点紋密度は粗（18-20/10 μm）である．

Navicula striolata（Grunow）Lange-Bert. 1985

　中心域は横長の四角形でなく，少し小さい不定形．

Navicula vulpina Kütz. 1844

　珪殻は普通は大形（殻長：(50)75-140 μm，殻幅：(10)14-20 μm）である．中心域はほぼ円形から楕円形で，これを形成する条線は明らかな長短交互型でない．条線密度は少し密（8-11/10 μm）である．

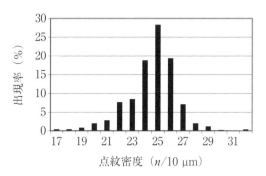

図140 *Nav. rhy.* の点紋密度の頻度分布

***Navicula rhynchocephala* Kütz. var. *rhynchocephala* 1844**, in Die Kieselschaligen Bacillarien oder Diatomeen: P. 152, Pl. 30, Fig. 35.; Krammer & Lange-Bertalot 1986, Süsswasserflora von Mitteleuropa **2/1**: P. 101, Pl. 30, Figs 5-8, Pl. 31, Figs 1, 2.; Lange-Bertalot 2001, Diatoms of Europe **2**: P. 64, Pl. 9, Figs 6-10. 【Pl. 29, Figs 1-11】

珪殻は皮針形で両端部は長く伸び嘴状または亜頭部状に突出する．殻長：40-60 μm，殻幅：8.5-10 μm．縦溝は弱い側性で，内裂溝と外裂溝は平行，軸域は狭い線状で，中心域に向かい徐々に広がる．中心域は中くらいの大きさで，横長の楕円から四角形．条線は放射状，先端部で平行から収斂する．条線密度：10-12/10 μm，点紋密度：約25/10 μm，中心孔は水滴状．

図140 *Nav. rhy.* に示した点紋密度の分布図は蟹原水源・安田池，森林公園・岩本池，蟹原水源・大久手池，十勝川・北海道の個体群の電子顕微鏡写真6珪殻，495条線を計測したものである．点紋密度の範囲は(17)20-28(32)/10 μm である．

分布・生態

世界広汎種．電解質の少ない水域に広く分布する．貧栄養から富栄養水域まで分布する．サプロビ階級は貧腐水域よりα-中腐水域まで生育するが，貧腐水域に優占的に多い．

近似種との相違点

Navicula capitatoradiata H. Germ. ex Gasse 1986

殻長：24-45 μm，殻幅：7-10 μm，条線密度：11-14/10 μm．小形で先端部は急に細くなり，嘴状から嘴状頭部形になる点で区別できる．

Navicula globulifera Hust. var. *globulifera* 1927

両端部が頭部状に突出するので区別できる．

Navicula gottlandica Grunow 1880

殻長：35-60 μm，殻幅：8-12(15?) μm で大きさは似ているが，小形のものが多い．条線密度：12-18/10 μm で密である．なお，*Nav. rhynchocephala* は中心域が小さく，両端の突出が長く，ややすらっとした珪殻が多いといえる．

Navicula praeterita Hust. 1945

殻長：25-40 μm，殻幅：5.5-8.5 μm，条線密度は密（12-14/10 μm）である．中心域も小さく，珪殻先端部は *Nav. rhynchocephala* のほうがすらりとしている．

Navicula radiosiola Lange-Bert. 1993

珪殻の先端が亜頭部状に突出することが多い．殻幅が狭く（7.5-8 µm），中央部から先端に向け徐々に細くなる．これらの点で区別ができる．

Navicula subrhynchocephala Hust. 1935

殻長：30-45 µm，殻幅：6-9 µm，条線密度：12-15/10 µm．小形で条線が密であること，条線が縦溝に直角に近いことから容易に区別できる．

Navicula venerablis M. H. Hohn & Hellerman 1963

珪殻両端部の幅が広い特徴がある．

Navicula riediana Lange-Bert. & Rumrich 2000, in Rumrich, Lange-Bertalot & Rumrich, Iconographia Diatomologica **9**：P. 169, Pl. 43, Figs 9-14.；Lange-Bertalot 2001, Diatoms of Europe **2**：P. 90, Pl. 34, Figs 1-7, Pl. 70, Fig. 5. 【Pl. 86, Figs 6-8】

リードフネケイソウ

珪殻は線状皮針形，両端部は楔形で先端部は短く弱く突出し，先端は鈍円状．殻長：35-50 µm，殻幅：6.5-7.5 µm．縦溝は糸状で staff side 側に寄って僅かに膨らむ．軸域は狭く，中心域はやや大きく，横長四角形または楕円形．条線はやや強い放射状で，先端部は平行から収斂．条線密度：10.5-11.5/10 µm，点紋密度：40-44/10 µm．

分布・生態

アンデス，カナリー諸島，マディラ島，ニューカレドニア，日本等で記録されている．電解質に富むアルカリ性，α-中腐水域に多く生息する．

近似種との相違点

Navicula erifuga Lange-Bert. 1985

珪殻の外形はやや似るが先端部は突出しない．殻長：20-40 µm，殻幅：3.5-7 µm．条線密度がやや密（12-14/10 µm）である．

Navicula germainii J. H. Wallace 1960

珪殻の外形も大きさも似る（殻長：26-40 µm，殻幅：5-8 µm）が，条線密度が密（13-15/10 µm）である．

Navicula novaesiberica Lange-Bert. 1993

珪殻の外形はやや似るが殻長に対し殻幅がやや大である．殻長：25-40 µm，殻幅：7-8 µm．条線，点紋とも粗である．条線密度：9-14/10 µm，点紋密度：29-50/10 µm．

Navicula rostellata Kütz. 1844

珪殻の外形は似るが幅広い．殻長：34-50 µm，殻幅：8-10 µm．条線密度がやや密（11-15/10 µm）である．

Navicula rostellata Kütz. 1844, Die Kieselschaligen Bacillarien oder Diatomeen：P. 95, Fig. 3：65.；Krammer & Lange-Bertalot 1986, Süsswasserflora von Mitteleuropa **2/1**：P. 115, Pl. 37, Figs 5-9.；Lange-Bertalot 2001, Diatoms of Europe **2**：P. 91, Pl. 35, Figs 1-6, Pl. 65, Fig. 5, Pl. 71, Fig. 11. 【Pl. 88, Figs 1-21】

Synonym：*Navicula rhynchocephala* var. *rostellata*（Kütz.）Cleve & Grunow 1880, Beiträge zur

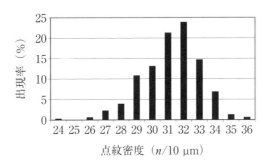

図 141 *Nav. rost.* の点紋密度の頻度分布

Kenntniss der arctischen Diatomeen. K. Svenska Vet. Akad. Handl. **17/2**：P. 33.；*Navicula viridula* var. *rostellata*（Kütz.）Cleve 1895, Synopsis of the naviculoid diatoms, K. Svenska Vet. Akad. Handl. **26**：P. 95.

珪殻はほぼ皮針形で先端部は嘴状に突出し，先端は広円状．殻長：40-100 μm，殻幅：10-15 μm．軸域は狭い線状．中心域は大形である．Staff side の中心域を構成する条線は徐々に短くなり，ほぼ半円形の中心域を形成するが，distaff side の中心域を構成する条線は第 2 本目が急に短くなるので，中心域の外形はコの字形になる傾向が強い．この傾向はよく似た種である *Navicula viridula* var. *rostrata* もほぼ同じである．したがって，形態が似ているこれらの種の中心域はほとんどが左右不相称であるといえる．条線は中央部で放射状，両端部で収斂する．条線密度：11-14(15)/10 μm，点紋密度：30/10 μm．

図 141 *Nav. rost.* は荒川と十勝川産の 4 珪殻，305 条線の点紋密度を計測したものである．分布範囲は(24)27-34(36)/10 μm と表せる．

分布・生態

Navicula viridula var. *rostellata*，*Navicula viridula* var. *capitata* の名での報告がかなり見られる．これらを整理すると，貧腐水〜α-中腐水性までの水域に見られ，河川，池沼等に広く分布すると考えられる．世界広汎種，日本からの報告も多い．著者らも木曽川を始め，荒川，十勝川・北海道，蟹原水源・滝の水池，西表島・大見謝川等，広く見いだしている．

近似種との相違点

Navicula alineae Lange-Bert. 2000

　両端部の突出が弱い点で区別できる

Navicula amphiceropsis Lange-Bert. & Rumrich 2000

　外形がよく似るが，小形（殻長：28-45 μm，殻幅：7.5-10 μm）であるので区別は明らかである．

Navicula slesvicensis Grunow 1880

　両端部の突出が弱く，両側縁の湾曲も弱く，条線密度が粗（8-9/10 μm）である点で区別できる．

Navicula viridula（Kütz.）Ehrenb. var. *viridula* 1938

　両端部の突出が弱いこと，条線密度が粗（10-11/10 μm）であることでも区別できる．

Navicula viridula Kütz. var. *rostrata* Skvortsov 1938

　珪殻の両側縁はほぼ平行，両端部は楔形で，突出は大変弱いことで区別できる．

Navicula viridulacalcis Lange-Bert. ssp. *viridulacalcis* 2000

　両端部の突出が弱く，両側縁が平行または極めて僅かに張り出すこと，条線密度が粗（7-11/10 μm）である点で区別できる．

Navicula salinarum Grunow var. *salinarum* f. *minima* Kolbe 1927, in Pflanzenforsch. **7**：P. 74, Taf. I, Fig. 16.；Witkowski, Lange-Bertalot & Metzeltin 2000, Iconographia Diatomologica **7**：P. 304, Pl. 123, Figs 15-19. =（Lange-Bertalot 2001, Diatoms of Europe **2**：P. 65, Pl. 45, Figs 15-19.） 【Pl. 73, Figs 1-24】

　Kolbe(1927)の初発表文の図は両側縁の張り出しが強いため，珪殻の外形はやや楕円形で両端部は短く，亜嘴状に突出するもので，Cleve & Grunow(1880)，Van Heurck(1880)に示されている自動名をもつ種の外形が広皮針形であるのと著しく形が異なる．しかし，日本の汽水域に生育している f. *minima* の外形は広皮針形のものも多い．計測値は Kolbe の初発表文では殻長：19 μm，殻幅：8 μm，条線密度：16-17/10 μm で，その後の諸研究者の値も大差はない．

　著者らの木曽川，侍従川，新堀川のサンプルの計測値は **図 142-147** *Nav. sal.* f. *min.* に示すように値は少し広がっている．なお，同図には f. *salinarum* の計測値を併記し，その差を図示した．各計測値の範囲は次のように表せる．殻長：(14)16.5-27(34)μm，殻幅：(6)6.5-8.5(9.5) μm，条線密度：(15)16-18.5(19.5)/10 μm，点紋密度：(30)40-49(56)/10 μm.

　条線密度が珪殻の中央部より先端部のほうで密である種類は非常に多くある．特に先端部の条線が収斂する種類ではその傾向が強い．本種で調べた結果を（条線密度の部位の比較）に示した．平均値で比べると中央部：15.3/10 μm，先端部：16.4/10 μm で，先端部のほうが1.1/10 μm 密という結果であった．なお，条線密度の各部位は8珪殻，32箇所ずつを計測した．点紋密度も中央部より先端部のほうが密である種類は多く見られる．本種の場合，中央部，先端部およびその間の中間部とも差異はほとんど認められなかった．なお，点紋密度の各部位は8珪殻，320条線を計測した．

分布・生態
　生息水域は汽水域，河川の感潮域，内陸の塩湖，高電導率を有する淡水域と記載されている．侍従川・横浜市，新堀川・名古屋市，相模川・神奈川県，十勝川・北海道等で見いだしている．

近似種との相違点
Navicula salinarum Grunow var. *salinarum* f. *salinarum* 1878

　珪殻の外形は幅広い皮針形，先端は尖円状あるいは嘴状から頭部状．少し大形（殻長：22-38 μm，殻幅：8-10.5 μm）で，条線密度，点紋密度とも粗（条線：12-15/10 μm，点紋：(28)34-42/10 μm）である．

Navicula salinarum Grunow var. *nipponica* Skvortsov 1936

　条線密度が粗（9/10 μm）である点で異なる．当種は type 標本の指定が必要となった1958年以前の発表なので正式発表である．当種が報告されたのは初発表（in Philipp. J. Sci. **61**(1)：36, Pl. 5, Fig. 21）の1回だけのようである．

Navicula salinarum（Grunow）var. *rostrata*（Hust.）Lange-Bert. 2001

　　　（Basionym：*Navicula digitoradiata*（W. Greg.）Ralfs var. *rostrata* Hust. 1939）

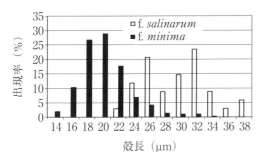

図 142　*Nav. sal. f. min.* の殻長 2 taxa の比較

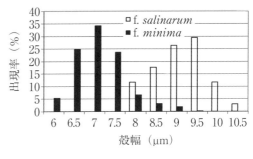

図 143　*Nav. sal. f. min.* の殻幅 2 taxa の比較

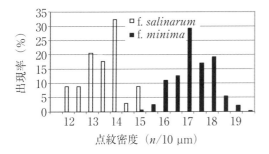

図 144　*Nav. sal. f. min.* の条線密度 2 taxa の比較

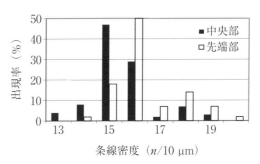

図 145　*Nav. sal. f. min.* の条線密度の頻度分布

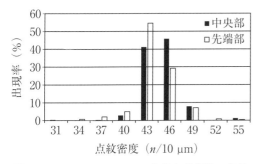

図 146　*Nav. sal. f. min.* の点紋密度部位の比較

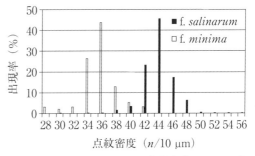

図 147　*Nav. sal. f. min.* の点紋密度 2 taxa の比較

　Lange-Bertalot(2001)は条線密度が var. *salinarum* は 14-16/10 μm であるのに対し，12.5-14/10 μm でより粗ある点で異なるとしている．しかし，外形や大きさはよく似ており，検討すべき課題が残されていると思える．

***Navicula salinarum* Grunow var. *salinarum* f. *salinarum* 1878**, in Cleve & Möller, Diatoms (Exiccata) No. 107.；Cleve & Grunow 1880, Kongl. Sven. Vet. Akad. Handl. **17**(2)：P. 33, Pl. 2, Fig. 34.；Krammer & Lange-Bertalot 1986, Süsswasserflora von Mitteleuropa **2/1**：P. 110, Pl. 35, Figs 5-8.；Lange-Bertalot 2001, Diatoms of Europe **2**：P. 65, Pl. 45, Figs 1-19, Pl. 70, Fig. 3.　　　　　　　　　　　　　　　　　　　　　　　　【Pl. 72, Figs 1-16】

珪殻は幅広い皮針形で，両端部は嘴状に突出する．殻長：18-50 μm，殻幅：6.5-12 μm．軸域は狭い．中心域の大きさは小から中くらいの大きさで，ほぼ円形．条線は強い放射状で湾曲する．先端部は平行から弱い収斂まで．中央部条線は長短交互型で短くなり，中心域を形成する．条線密度：12.5-17/10 μm．点紋は，Lange-Bertalot(1986)によると，光学顕微鏡では観察困難か不可能であり，電子顕微鏡観察で約40/10 μm と記されている．

相模川産の本種で計測した頻度分布図は，"*Navicula salinarum* Grunow var. *salinarum* f. *minima* Kolbe 1927" に両 taxa を比較してヒストグラムに示す．本種の出現範囲は，殻長：(22)24-38 μm，殻幅：8-10(10.5)μm，条線密度：12-15/10，点紋密度：(28)33-40(43)/10 μm と表せる（図142-147 *Nav. sal. f. min.* を参照）．

分布・生態
世界広汎種．中鹼性で河口など汽水域に多く出現する．満潮時，潮の影響を受ける地点に見られることが多く，木曽川でも下流域に見られた．溶存酸素が約75％くらいのやや高い水域を好み，サプロビ指数はβ-中腐水性，栄養状態は eutraphentic としている（Van Dam et al. 1994）．

近似種との相違点
Navicula capitatoradiata H. Germ. ex Gasse 1986
　殻幅が小（7-10 μm）で，痩せ型，すらりとしている．

Navicula cryptocephala Kütz. var. *cryptocephala* 1844
　殻幅が小（5-7 μm）で，中央部条線が長短交互型になることは少ない．

Navicula expecta VanLand. 1975
　殻幅が小（約9 μm）である．

Navicula praeterita Hust. 1945
　殻幅が小（5.5-8.5 μm）で，痩せ型，すらりとしている．中央部条線は長短交互型でない．

Navicula rostellata Kütz. 1844
　珪殻は典型的な皮針形ではない．中央部条線は長短交互型でない．

Navicula trivialis Lange-Bert. 1980
　両端の突出が弱い．

Navicula salinicola Hust. 1939, in Abhandl. Naturw. Ver. Bremen **31**(3)：P. 638, Figs 61-69.；Krammer & Lange-Bertalot 1986, Süsswasserflora von Mitteleuropa **2/1**：P. 111, Pl. 35, Figs 9, 10.；Lange-Bertalot 2001, Diatoms of Europe **2**：P. 99, Pl. 31, Figs 14-20.

【Pl. 41, Figs 1-12】

Synonym：*Navicula incerta* Grunow 1880-1885, in Van Heurck, Synop. Diat. Belg.：P. 107, Pl. 14, Fig. 43（non Ehrenberg 1837, p. 47).；*Navicula incertata* Lange-Bert. 1985, Bibliotheca Diatomologica **9**：P. 75, Pl. 35, Figs 21-24.

珪殻は線状皮針形，先端は広円状．殻長：7-20 μm，殻幅：2-4.5 μm．軸域，中心域とも大変狭い．条線は平行または弱い放射状．条線密度：13-20/10 μm．

分布・生態
世界広汎種．汽水に広く分布する．Khuvsgul L., MNG., 木曽川・春日井浄水場，平川・沖縄

県，蟹原・湿地の小流等で広く採集している．

近似種との相違点

Navicula arctotenelloides Lange-Bert. & Metzeltin 1996

　中心域が大きい．

Navicula aquaedurae Lange-Bert. 1993

　珪殻の先端部は弱く嘴状に突出する．

Navicula cryptotenella Lange-Bert. 1985

　大形の珪殻（殻長：12-40 μm，殻幅：5-7 μm）が多い．珪殻先端は鋭円状，条線の角度が大きい．

Navicula leistikowii Lange-Bert. 1993

　少し大形（殻長：17-30 μm，殻幅：5.2-6.5 μm）で，珪殻の先端部は円錐形である．条線密度は粗（12-13/10 μm）である．条線の配列角度が大きく，中心域が少し大きい．

Navicula microcari Lange-Bert. 1993

　殻幅が少し大（4.8-5.5 μm）で，条線の角度が大である．中心域が大きい．

Navicula namibica Lange-Bert. & Rumrich 1993

　条線密度が密（18-20/10 μm）である．

Navicula wiesneri Lange-Bert. 1993

　珪殻は少し大形で，殻長：13-38 μm，殻幅：4.5-6 μm．条線密度は少し粗（11.5-14/10 μm）で，配列角度が大である．中心域は大きい．

Navicula satoshii nom. nud. 【Pl. 42, Fig. 44】

　大きさは *Nav. veneta* に似ていて，計測値も重なって差異を認められないが，Pl. 42, Fig. 44 に示すような分類群がある．*Nav. veneta* より先端の突出が細く明瞭である．この taxon は荒川で大量に出現したときに気づいたが，日本全国に広く分布するようである．

　荒川産の本種4珪殻，233条線を計測した点紋密度を**図 148** *Nav. sat.* に示す．

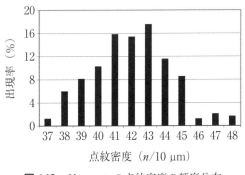

図 148　*Nav. sat.* の点紋密度の頻度分布

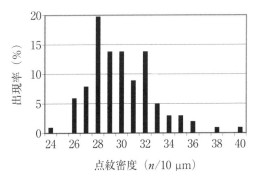

図 149　*Nav. sim.* の点紋密度の頻度分布

Navicula simulata **Manguin 1942**, in Hofmann, Lange-Bertalot & Werum 2013, Diatomeen

im Süsswasser-Benthos von Mitteleuropa：P. 400, Taf. 38, Figs 6-11.　【Pl. 53, Figs 9-21】
Synonym：*Navicula schroeteri* F. Meister var. *symmetrica*（R. M. Patrick）Lange-Bert. 1991.；*Navicula symmetrica* R. M. Patrick 1944, in Bol. Mus. Nac.（Rio de Janeiro）Nova Serie Bot. **2**：P. 5, Fig. 6.；R. M. Patrick & Reimer 1966, The Diatoms of the United States **1**：P. 513, Pl. 49, Fig. 2.；Krammer & Lange-Bertalot 1991, Süsswasserf. von Mitteleur. **2/4**：Taf. 73, Figs 4, 5.

珪殻外形は長楕円形，楕円状皮針形，皮針形で，先端は鈍円形から広円形．殻長：32-35 μm，殻幅：5-7 μm．縦溝は糸状，中心孔は distaff side の方向へ曲がる．軸域は狭く，中心域の大きさは中くらいから大まで様々である．Staff side は半円形，distaff side は四角形で，distaff side のほうが大きく広い場合が多い．条線は放射状に配列する．条線密度：15-17/10 μm，点紋密度：24-28/10 μm．

図149 *Nav. sim.* は名古屋市香流川産の個体群の走査型電子顕微鏡写真を計測した点紋密度の分布図である．点紋密度の範囲は(24)26-35(40)/10 μm と表せる．

分布・生態

世界広汎種．Synonym に挙げたように様々な種名で報告されていたため，整理されていない．本書では *Nav. escambia* との2種に整理して用いた．矢田川・香流川，阿木川・岩村川・中橋，国場川下流・沖縄県から見いだした．

近似種との相違点

Navicula breitenbuchii Lange-Bert. 2001

珪殻の外形，大きさ，中心域の形もかなり似ているが，条線密度は粗（10-11/10 μm）で，先端部の条線は収斂する．

Navicula cincta（Ehrenb.）Ralfs var. *cincta* 1861

珪殻の外形はかなりよく似ているが，条線密度は粗（8-12/10 μm）で，先端部は収斂するか平行である．点紋密度は密（約 40/10 μm）である．

Navicula eidrigiana J. R. Carter 1979

珪殻の外形は似るが，大きさには差がある．条線密度は粗（13-15/10 μm）で，先端部は収斂する点で異なる．中心域は菱形のものが多い．

Navicula erifuga Lange-Bert. 1985

珪殻の両側縁の中央部は平行であっても，その部分は大変少ない．条線密度は粗（12-14/10 μm）で，先端部は収斂する．点紋密度：27-30/10 μm でやや密である．

Navicula escambia（R. M. Patrick）Metzeltin & Lange-Bert. 2007

殻形はよく似るが，少し大形（殻長：28-49 μm，殻幅：6.3-9.1 μm）．条線密度は粗（10-13/10 μm），点紋密度も粗（22-25/10 μm）である．これらの計測値を用いて区別できる．

Navicula libonensis Schoeman 1970

珪殻は皮針形で，中央部も平行にならない．中心域の形は変異が大きい．条線密度は粗（12-13.5/10 μm）で，先端部は収斂する．

Navicula schroeteri F. Meister var. *schroeteri* 1932

珪殻はやや大形（殻長：30-55 μm，殻幅：5-9 μm）で，条線密度，点紋密度とも粗（条線：12-16/10 μm，点紋：20-28/10 μm）である．

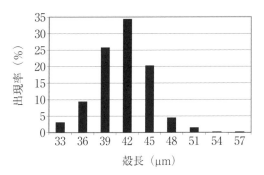

図 150 *Nav. sles.* の殻長の頻度分布

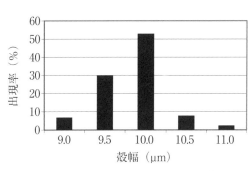

図 151 *Nav. sles.* の殻幅の頻度分布

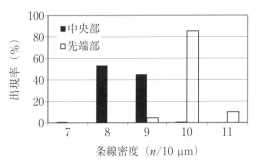

図 152 *Nav. sles.* の条線密度（部位の比較）

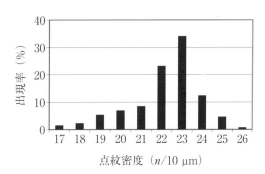

図 153 *Nav. sles.* の点紋密度の頻度分布

Navicula slesvicensis **Grunow 1880**, in Van Heurck, Synopsis des Diatomées de Belgique Atlas：Pl. 7, Figs 28, 29.；Krammer & Lange-Bertalot 1986, Süsswasserflora von Mitteleuropa **2/1**：P. 101, Pl. 31, Figs 3-5.；Lange-Bertalot 2001, Diatoms of Europe **2**：P. 67, Pl. 44, Figs 1-7, Pl. 64, Fig. 5, Pl. 70, Fig. 2. 【Pl. 29, Figs 12-17】

Synonym：*Navicula viridula* var. *slesvicensis*（Grunow）Van Heurck 1885.

スレスビフネケイソウ

　珪殻は線状，時に，線状皮針形から線状楕円形．先端部は短い広円状．殻長：25-50 μm，殻幅：9-11 μm．軸域は狭く，中心域は中くらいの大きさで横長の楕円形から四角形．条線の傾斜は放射状で，弱いものからやや強いものまで差があり，先端部は収斂する．条線密度：8-9/10 μm，点紋密度：25/10 μm．

　福島ら(1980)は境川・高知県の本種 320 珪殻を計測し，殻長，殻幅，条線密度の出現頻度分布を示している．カムチャッカの池で得た本種，3 珪殻，129 条線の点紋密度を計測した．これらを**図 150-153** *Nav. sles.* に示す．

分布・生態

　多分世界共通と考えられ，河川の下流部，海水遡上域等，塩分を含んだ水域に多く出現する．

近似種との相違点

Navicula iserentantii Lange-Bert. & Witk. 2000

珪殻は大形（殻長：60-71，殻幅：14-16 μm）で，区別は可能である．条線密度も粗（5.5-7/10 μm）である．

Navicula jakovljevicii Hust. 1945

珪殻先端部の突出はやや弱く，中心域は小さい．条線密度は密（14-17/10 μm）で，点紋密度も密（29-32/10 μm）である．

Navicula oppugnata Hust. 1945

珪殻の先端部はほとんど突出しない点で異なる．

Navicula riediana Lange-Bert. & Rumrich 2000

殻幅が狭く（6.5-7.5 μm），条線密度，点紋密度とも密（条線：10.5-11.5/10 μm，点紋：40-44/10 μm）である．

Navicula splendicula VanLand. 1975

殻幅が若干狭く（7-9 μm），条線密度は密（12-16/10 μm）で，中央部の条線は長短交互の傾向が強い．

Navicula streckerae Lange-Bert. & Witk. 2000

珪殻は典型的な皮針形である．条線密度：9-10/10 μm，点紋密度：18-20/10 μm．

Navicula vaneei Lange-Bert. 1998

珪殻は少し大形（殻長：40-80，殻幅：11-13 μm）で，先端部の突出が極めて弱い点が明瞭な区別点である．

Navicula viridulacalcis Lange-Bert. ssp. *viridulacalcis* 2000

珪殻の外形は線上で，両側縁がほぼ平行の珪殻が多い．中心域はやや大形である．

Navicula witkowskii Lange-Bert., Iserentant & Metzeltin 1998

珪殻両端部の突出が細いこと，条線密度，点紋密度とも密（条線：10-12/10 μm，点紋：約33/10 μm）である点で区別は容易である．

Navicula sp. [Pl. 78, Figs 4-6]

***Navicula streckerae* Lange-Bert. & Witk. 2000**, in Diatom Flora of Marine Coasts, in Iconographia Diatomologica **7**：P. 307, P. 436, Pl. 118, Figs 8-15.；Lange-Bertalot 2001, Diatoms of Europe：P. 70, Pl. 14, Figs 15-22, Pl. 44, Figs 8-15.；Fukushima, Kimura, Ts. Kobayashi, Yoshitake & Lepskaya 2012, in Antarctic Record（南極資料）**56**(3)：259-283, Pl. 1-7.；Fukushima, Kimura & Ts. Kobayashi 2013, in Antarctic Record（南極資料）**57**(2)：201, Pl. 2, Figs 51-54.；Hirota, Kihara, Arita & Ohtsuka 2013, in DIATOM **29**：24, Fig. 131.　**[Pl. 28, Figs 12, 13]**

ストレッカーフネケイソウ

珪殻の外形は皮針形から線状皮針形で，両側縁が弧状に張り出すものからほとんど張り出さない幅広い線状形まである．両端部は楔状に徐々に細くなり，ほとんどの場合，やや嘴状に突出する．先端はほぼ広円状である．殻長：21-55 μm，殻幅：7-10.5 μm．軸域は狭く，先端から中心部に向かって徐々に幅広くなる．中心域の大きさもかなり変異があり，小形のものもあるが中くらいの大きさのものが多い．Staff side と distaff side で大きさの異なるのが普通で，その形は横

長四角形，楕円形，菱形等である．条線は明瞭な点紋で形成され，珪殻の中央部は強い放射状配列で，両端部に近付くにつれ，平行になり収斂する．条線密度：8.5-10.5/10 μm，点紋密度：15-26/10 μm であるが，21-24/10 μm の範囲に普通は収まる．

　Lange-Bertalot & Witkowski は Breitzbach（ドイツ）の試料中の珪藻を新種と認め *Navicula streckerae* という種名で初発表文を記した（Witkowski et al. 2000）．次に Lange-Bertalot(2001) は Kinzig 川（ドイツ）の個体群の顕微鏡写真と Weser 川産の写真を示している．それらの3箇所の個体群は同一種とされているが，産地によって形態がかなり異なっている．本種の分布は上記の北緯50度以北のドイツの2地点と北極海，計3地点だけであった．Szabó et al.(2005) は Tisza 川（ハンガリー）で得た本種の電子顕微鏡写真を示している．外形は似ているが，中心域は夾雑物のため不鮮明ではあるが大きすぎる．この写真を計測すると，殻長：24 μm，殻幅：6 μm で，殻幅が初発表文の 8-10.5 μm より狭いようである．また，条線密度：16-18/10 μm，点紋密度：26-30/10 μm で，初発表文に示された各々 9-10/10 μm，18-20/10 μm より密であり，本種と同定するには無理がある．さらに Bahls(2005) は米国モンタナ州で得た本種の2500倍の顕微鏡写真を示している．計測値は *Nav. streckerae* にほぼ適合するが，殻長に比較して殻幅が少し大である．福島ら(2012)はカムチャツカ産で中心域が中くらいから大きい個体群を Pl. 3, Figs 31-36 に示しているが，Bahls(2005)の写真は中心域がこれより大きく，同種と同定するには無理がある．したがって，本種の分布は北極海と北ドイツの2地点だけである．本種は現在までは北極海と緯度50度以北のユーラシア大陸の西部にのみ見いだされていただけであるが，今回著者らはユーラシア大陸の東端のカムチャツカと中央近くのフブスグル湖で得たので，北緯50度以北のユーラシア大陸に分布していると推定できるようになった．著者らは2003年に Pond Inlet（Buffin Isl. Canada）で見いだし，広田ら(2013)は湖山池（鳥取県）でも本種を記録し，近年報告例が多くなった．

　Type 標本は1993年8月4日 Dr. Susanne Strecker が汽水域の珪藻の博士論文用の試料として Hassia（ドイツ）で採集したもので，種形容語は同博士を記念して付けられた．

　カムチャツカ産の LM 写真を用いて各計測を行った．殻長，殻幅，条線密度は 280 珪殻を計測し，**図 154-156** *Nav. str.* に示した．点紋密度は中心域を避け，中心域に近い部分は計測値が安定しているので，この部分で点紋密度を計測した 280 珪殻と，全条線を計測した 5 珪殻，273 条線の点紋密度の計測結果を比較し，**図 157** *Nav. str.*（計測法による差）に示した．安定している部分（適正範囲）の分布範囲は(20)21-25(26)/10 μm，全条線を計測したものの分布範囲は(16)19-25(29)/10 μm と表せ，適正範囲での計測が安定しているといえる．

分布・生態

　電解質が多い水域で，汽水域，海洋にも出現する．近年報告が増えており，かなり広汎に分布すると考えられる．Khuvsgul L., MNG., Baffin Isl., CAN. で見いだした．

近似種との相違点

Navicula bourrellyivera Lange-Bert., Witk. & Stachura 1998

　Lange-Bertalot(2001) は *Nav. streckerae* に最も似ているのは *Nav. bourrellyivera* であると記し，両種の区別は珪殻の外形で可能で後者の先端の突出部は狭く，先端はより尖円状をなし，点紋密度は前種 18-21/10 μm，後種 20-21/10 μm で，密であるとしている．著者がカムチャツカで得た *Nav. streckerae* の点紋密度を計測した結果は，(20)21-25(26)/10 μm，平均 23/10 μm で

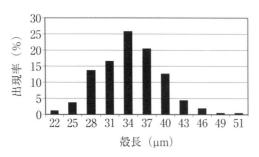
図154 *Nav. str.* の殻長の頻度分布

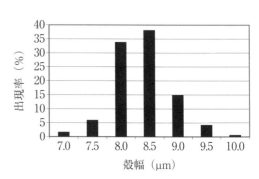
図155 *Nav. str.* の殻幅の頻度分布

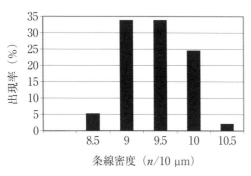
図156 *Nav. str.* の条線密度の頻度分布

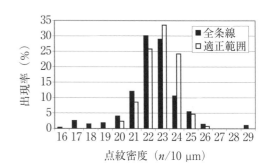
図157 *Nav. str.* の点紋密度（計測法による差）

あり，点紋密度は両種を区別するにはあまり重要視できないといえる．両種の区別には殻幅を加えることが必要で，*Nav. streckerae* は 7-10.5 μm に対し *Nav. bourrellyivera* は 10-12 μm である．さらに *Nav. bourrellyivera* のほうが中心域がやや大きい傾向がある．

Navicula hintzii Lange-Bert. 1993

　少し小形（殻長：30-38 μm，殻幅：6.5-8.5 μm）で，珪殻の外形は皮針形から線状皮針形で先端部は突出せず尖円状，条線密度が密（12-13/10 μm）である．中心域の形は皮針形．

Navicula iserentantii Lange-Bert. & Witk. 2000

　珪殻は大形（殻長：60-71 μm，殻幅：14-16 μm）で，特に殻幅が大きい．条線密度は粗（5.5-7/10 μm）である．

Navicula jakovljevicii Hust. 1945

　珪殻先端部の突出がやや弱く，条線密度が密（14-17/10 μm）で，中心域が小さい点で異なる．

Navicula radiosiola Lange-Bert. 1993

　珪殻先端の突出部の幅は狭く，先端も狭い．殻幅はやや細めで，条線密度，点紋密度とも密（条線：12-13/10 μm，点紋：約 36/10 μm）である．

Navicula rhynchocephala Kütz. var. *rhynchocephala* 1844

　本種は中心域が大きめで，条線密度，点紋密度とも密（条線：10-12/10 μm，点紋：約 25/10 μm）である．

Navicula riediana Lange-Bert. & Rumrich 2000

殻幅が狭く（6.5-7.5 μm），条線密度，点紋密度とも密（条線：10.5-11.5/10 μm，点紋：40-44/10 μm）である．

Navicula slesvicensis Grunow 1880

珪殻は線状あるいは線状皮針形で，両側縁の中央部はより平行に近く，両端部は通常幅広く突出する．条線密度は粗（8-9/10 μm）で，点紋密度は密（約 25/10 μm）である．

Navicula splendicula VanLand. 1975

中心域がやや小さく，条線密度，点紋密度とも密（条線：12-16/10 μm，点紋：約 25/10 μm）である．

Navicula vaneei Lange-Bert. 1998

珪殻先端部の突出が全般的に弱いことで区別が可能である．珪殻は大きめ（殻長：40-80 μm，殻幅：11-13 μm），条線密度はやや密（約 8/10 μm）で，中心域は少し大形の珪殻が多い．

Navicula viridulacalcis Lange-Bert. ssp. *viridulacalcis* 2000

珪殻の外形は線状で，両側縁が平行な珪殻が多い．中心域が大きく，点紋密度が少し密（21-25/10 μm）である．

Navicula witkowskii Lange-Bert., Iserentant & Metzeltin 1998

両端の突出の幅が狭く，条線密度，点紋密度とも密（条線：10-12/10 μm，点紋：約 33/10 μm）で，中心域がやや大である．

***Navicula subalpina* E. Reichardt var. *schweigeri*（Bahls）H. Fukush., Kimura & Ts. Kobayashi 2014**, in 貧腐水～β-中腐水性種 *Navicula subalpina* var. *schweigeri* の新ランク・新組み合せ，日本水処理生物学会誌 **50**(2)：71-83.

[Pl. 47, Figs 1-9, Pl. 48, 1-18]

Basionym：*Navicula schweigeri* Bahls 2012, in Nova Hedwigia, Beiheft **141**：29, Figs 45-50.

Synonym：*Navicula cryptocephala* Kütz. var. *intermedia* Grunow *sensu* Fukushima & Kimura 1973, in Jour. Yokohama City Univ. Biol. Ser. **3**(2)：45, Pl. 16, Fig. D.

珪殻は皮針形で両端部は嘴状に突出する．その突出の程度に変異はあるが，突出の弱い珪殻の頻度は小さい．軸域は狭い線状，中心域は縦長の皮針形から菱形であるが，皮針形のほうが多く，staff side より distaff side のほうが大きい珪殻が多い．珪殻中央部の条線は放射状に配列し，両端部ではかなり強く収斂する．中央部条線は両側縁とも短長短型が多く，次いで片側が短長短型，他方が長短長型が多い．条線の傾きは中央部で放射状，先端部で弱い収斂といえる．縦溝は中央部，先端部とも staff side 側へ曲がる．その曲がり方は中央部，先端部とも Round et al.（1990）がいう「強い鉤状」である．

寒河江川産の本種 222 珪殻と木曽川産 34 珪殻，合計 256 珪殻について各種計測を行った．その結果を**図 158-161** *Nav. sub.* var. *sch.* に示す．殻長：(28)30-43(52)μm，殻幅：7-8(8.5)μm．条線密度を中央部と先端部に分け計測した結果，中央部，(12.5)13-15/10 μm，先端部，(14)14.5-116(17)/10 μm であり，中央部より先端部のほうが明らかに密である．条線を形成する点紋の密度は珪殻の中央部で 31-39(42)/10 μm，先端部は(30)31-44(50)/10 μm であり，先端部のほうが安定性に欠けるといえる．

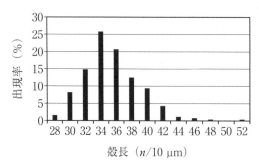

図 158 *Nav. sub.* var. *sch.* の殻長の頻度分布

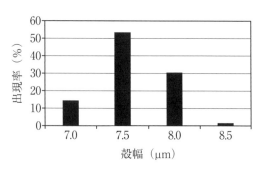

図 159 *Nav. sub.* var. *sch.* の殻幅の頻度分布

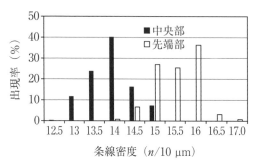

図 160 *Nav. sub.* var. *sch.* の条線密度の頻度分布

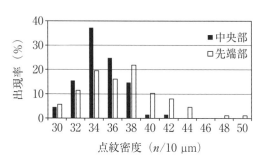

図 161 *Nav. sub.* var. *sch.* の点紋密度の頻度分布

分布・生態

Mineral Creek MT USA で記録された．日本では寒河江川・山形県，檜原湖から報告され，木曽川では多くの地点で見いだしていて，広く分布すると考えられる．

近似種との相違点

Navicula capitatoradiata H. Germ. ex Gasse 1986

　珪殻の両端の突出が強いこと，殻幅がやや大であることで区別が可能である．

Navicula hofmanniae Lange-Bert. 1993

　原記載文と syntype の顕微鏡写真（Lange-Bertalot 1993, P. 116, Plate 48, Figs 12-18, Plate 49, Figs 1, 2）によると，本種は珪殻の両端部の突出が強く，中心域が大きく，中心域を構成する条線の長さが揃っており，条線密度が粗（13-14/10 μm）である．また，珪殻先端部の条線は放射状か弱い収斂である特徴がある．

Navicula krammerae Lange-Bert. 1996

　珪殻の先端部の条線が収斂でなく，ほぼ平行または弱い収斂である点で区別できる．

Navicula radiosiola Lange-Bert. 1993

　珪殻の先端部の条線は平行か弱い収斂で，中心域が大きい点で区別できる．

Navicula subalpina E. Reichardt var. *subalpina* 1988

　珪殻両端部の突出が細く強いことで区別が可能である．

Navicula zanoni Hust. 1949

　殻幅が大（7-11 μm）で，中心域も大きい．

Navicula subalpina E. Reichardt var. *schweigeri* の近縁種の検索表
Ⅰ　珪殻先端部の突出がやや強い．
　Ⅰ）点紋密度が密で 35/10 μm 以上である．
　　（Ⅰ）中心域を形成する条線は長短交互型が多い．
　　　‥‥‥‥‥‥‥‥‥‥‥‥‥‥‥‥ *Navicula capitatoradiata* H. Germ. ex Gasse 1986
　　（Ⅱ）中心域を形成する条線の長短交互型はほとんどない．
　　　‥‥‥‥‥‥‥‥‥‥‥‥‥‥‥‥‥‥‥‥‥ *Navicula hofmanniae* Lange-Bert. 1993
　Ⅱ）点紋密度は上よりやや粗で 28-31/10 μm である．‥‥ *Navicula krammerae* Lange-Bert. 1996
Ⅱ　珪殻先端部の突出は強くない．
　Ⅰ）珪殻は大形で殻長は 50 μm 以上で，多くは 50-60 μm である．
　　　‥‥‥‥‥‥‥‥‥‥‥‥‥‥‥‥‥‥‥*Navicula arkona* Lange-Bert. & Witk. 2001
　Ⅱ）殻長は大形の珪殻では 50 μm を越すことがあるが，普通はそれ以下である．
　　（Ⅰ）条線密度は密で 14-17/10 μm である．
　　　‥‥‥‥‥‥‥‥‥‥‥‥‥‥‥ *Navicula subalpina* E. Reichardt var. *subalpina* 1988
　　（Ⅱ）条線密度は少し粗で 12-14/10 μm である．
　　　　1　中心域は小さい．‥‥‥‥‥ *Navicula subalpina* E. Reichardt var. *schweigeri*（Bahls）
　　　　　　　　　　　　　　　　　　　　　　　　H. Fukush., Kimura & Ts. Kobayashi 2014
　　　　2　中心域はやや大きい．
　　　　　1）中央部条線の長短交互配列形成が強い．‥‥‥‥‥‥ *Navicula zanoni* Hust. 1949
　　　　　2）中央部条線の長短交互配列形成が弱い．‥‥*Navicula radiosiola* Lange-Bert. 1993

***Navicula subalpina* E. Reichardt var. *subalpina* 1988**, in Diatom Research **3**：P. 241, Figs 30-41.；Lange-Bertalot 2001, Diatoms of Europe **2**：P. 71, Pl. 20, Figs 1-10, Pl. 72, Fig. 5.

【Pl. 46, Figs 15-26】

アルプスフネケイソウ

　珪殻は狭いものから幅広いものまであり，皮針形である．両端部は短く嘴状に突出する．殻長：20-52 μm，殻幅：5-7 μm．縦溝は糸状，軸域は大変狭く，中心域は小さく不規則な形．中央部の条線は強い放射状で，両端部は強く収斂する．条線密度：14-17/10 μm，点紋密度：30-33/10 μm．

分布・生態

　世界広汎種．北半球では特に多く記録されている．白亜地帯，石灰分を多く含んだ水域，貧腐水域，β-中腐水域に多く出現すると記されている．著者らは Khuvsgul L., MNG., Plitvice Lake N. P., HRV., 国内では木曽川，寒河江川で見いだしている．

近似種との相違点

Navicula aquaedurae Lange-Bert. 1993
　やや小形で殻幅が狭く（殻長：14-30 μm，殻幅：4.3-4.5 μm），中心域が大きい．

Navicula arkona Lange-Bert. & Witk. 2001
　珪殻は大形（殻長：50-60 μm，殻幅：9.5-10.5 μm）で，条線密度は粗（11-12/10 μm）である．

Navicula capitatoradiata H. Germ. ex Gasse 1986

　珪殻の殻長はやや似る（殻長：24-45 μm）が，殻幅は大（7-10 μm）で，条線密度は粗（11-14/10 μm）である．珪殻先端部は嘴状から嘴状頭部形に強く突出する．

Navicula hintzii Lange-Bert. 1993

　珪殻の外形は厳密な皮針形でなく，線状皮針形から線状楕円形で，両端部は嘴状突出をしない．中心域は少し大で条線密度は粗（12-13/10 μm）である．

Navicula hofmanniae Lange-Bert. 1993

　計測値はやや似る（殻長：28-35 μm，殻幅：6.5-8 μm，条線密度：10-13/10 μm）が，点紋密度が密（35-38/10 μm）である．

Navicula krammerae Lange-Bert. 1996

　珪殻の大きさは似る（殻長：28-36 μm，殻幅：6-7.5 μm）が，条線密度が少し粗（13-14/10 μm）である．点紋密度も似る（28-31/10 μm）．中心域は少し大である．

Navicula senjoensis H. Kobayasi 1977

　珪殻の中央部から先端部にかけて急に細くなり，先端はやや頭部状になる．条線密度，点紋密度とも粗（条線：12/10 μm，点紋：24/10 μm）である．

Navicula subalpina E. Reichardt var. *schweigeri*（Bahls）H. Fukush., Kimura & Ts. Kobayashi 2014

　計測値（殻長：27.5-51 μm，殻幅：7-8.5 μm，条線密度：12.5-15/10 μm）は自動名をもつ変種に似ているが，殻幅が大きいこと，珪殻両端部の突出が弱いことで区別が可能である．

Navicula zanoni Hust. 1949

　殻幅が大（7-11 μm）で，中心域も大きい．

　本種の先端部の条線密度は中央部より密に見える個体があるので，部位による密度の差を調べてみた．結果は**図162** *Nav. sub.* var. *sub.* に示すように，中央部と中間部には差はなく，先端部も似ているが，密なものも見られることがわかった．なお，各部位とも73条線を計測した．

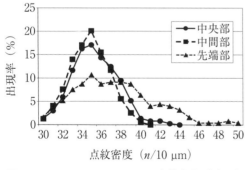

図162　*Nav. sub.* var. *sub.* の点紋密度（計測部位による差）

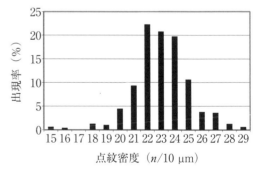

図163　*Nav. subrhync.* の点紋密度の頻度分布

Navicula subrhynchocephala Hust. 1935, in Arch. f. Hydrob. suppl. **14**："Trop. Binnengew. 6"：P. 156, Pl. 1, Fig. 11.；Simonsen 1987, Atlas and Catalogue of the Diatom Types of Friedrich Hustedt **1**：P. 170；**2**：Pl. 281, Figs 1-6.；Lange-Bertalot 2001, Diatoms of Europe **2**：P. 72, Pl. 31, Figs 6-13. 【Pl. 28, Figs 2-11】

珪殻は楕円状皮針形，先端は急に突出し，嘴状あるいは亜頭部状になる．殻長：30-45 μm，殻幅：6-9 μm．軸域は狭い線状．中心域は小から中くらいの大きさで，円形から横長の楕円形．中心域を構成する条線は，主として4本，または5本である．条線密度：12-15/10 μm，点紋密度：約 24/10 μm．

図 163 *Nav. subrhync.* の点紋密度の分布図は宮古島・池間島・湿地産の個体群の光学顕微鏡写真 8 珪殻，471 条線の点紋密度を計測したものである．点紋密度の範囲は (15) 20-27 (29) /10 μm と表せる．

分布・生態

世界広汎種と考えられているが，電解質に富む，暖かい水域に多いようである．宮古島・池間島・湿地，Swan Lake, AUS., Philadelphia Riv., PA-USA. で見いだしている．

近似種との相違点

Navicula alineae Lange-Bert. 2000

珪殻の先端部は楔形から嘴状に突出した楔形．殻幅がやや大（殻幅：9.5-11 μm），条線密度は粗（10-11/10 μm），点紋密度は密（37-39/10 μm）である．

Navicula amphiceropsis Lange-Bert. & Rumrich 2000

珪殻先端の突出がやや強い．条線密度が粗（10-12/10 μm）である．

Navicula rhynchocephala Kütz. var. *rhynchocephala* 1844

珪殻の中央部から先端に向かって徐々に細くなり，先端の突出は弱い．少し大形（殻長：40-60 μm，殻幅：8.5-10 μm）で，条線密度は粗（10-12/10 μm）である．

Navicula rostellata Kütz. 1844

珪殻外形は広楕円状皮針形で幅広く感じる．中心域を構成する条線は主として6本，または5本である．点紋密度は密（約 30/10 μm）である．

Navicula tanakae **H. Fukush., Ts. Kobayashi & Yoshit. 2002**, in DIATOM **18**：P. 13-21, Figs 1-110.；Tanaka 2014, Atlas of freshwater fossil Diatoms in Japan. 490, Pl. 227, Figs 1-10.；*Navicula* sp. Tanaka & Nakajima 1985, in Bulletin of the Gunma prefectural Museum of History **6**：10, Pl. 4, Figs 27-29, 34, 35. 【Pl. 89, Figs 1-56】

新和名：**タナカフネケイソウ**

本種の最初の記載者田中宏之博士を記念した種小名である．本種は群馬県の温泉で田中宏之・中島啓治両氏によって *Navicula* sp. として最初に記録されたことを記念したものである．

　　Holotype：TNS-AL-53967（Fig. 108）

　　Isotype：TNS-AL-83968（Figs 109, 110）（国立科学博物館）

　　　（Fig. No. は初発表文：DIATOM **18** に掲載された図版号である）

珪殻は楕円状から線状皮針形，両側縁は湾曲（67.5%）するか，中央部がほぼ平行（32.5%）である．珪殻の両端部は楔状円形または嘴状に弱く突出（53.0%）するもの，強く突出（23.8%）するもの，突出しない（23.2%）ものがあり，突出しないものは先端が広円状から尖円状と変化が大きい．

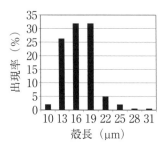
図164 *Nav. tan.* の殻長の頻度分布

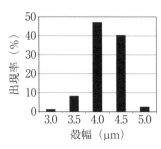
図165 *Nav. tan.* の殻幅の頻度分布

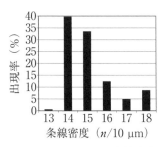
図166 *Nav. tan.* の条線密度の頻度分布

表7 *Navicula tanakae* H. Fukush., Ts. Kobayashi & Yoshit. の type locality（群馬県磯部温泉）での主要形態の出現頻度

諸　形　質		頻度（％）
珪殻の先端部	突出しない	23.8
	弱く突出する	53.0
	強く突出する	23.2
珪殻の両側縁	ほぼ平行	32.5
	張り出す	67.5
中央部条線	縦溝に垂直	63.3
	放射状	36.7
中心域の大きさ	小さい	28.0
	小さくない	72.0
中心域の左右の大きさ	staff side ≒ distaff side	39.9
	staff side ＞ distaff side	27.7
	staff side ＜ distaff side	32.4

殻長：9-24(30) μm，殻幅：3-5 μm．縦溝は線状，軸域は狭い線状，中心域は小さくほぼ円形．条線は中央部の数本は縦溝にほぼ垂直であるが弱い放射状のものもある．条線密度：13-18/10 μm．殻長が大で，殻の外形がやや乱れている個体は本種の増大胞子の初生殻と推定でき，この殻長は23 μm以上あり，したがって正常の形態を示すのは本試料では殻長23 μmまでと考えられる．殻長，殻幅，条線密度の頻度分布図を図164-166 *Nav. tan.* に示す．

分布・生態

温泉，特に塩類泉で数箇所で記録されている．本種の基準産地は群馬県磯部温泉雀の湯である．

湯河原温泉でも見いだした．上記の計測値はこれを計測したものである．

近似種との相違点

Navicula aquaedurae Lange-Bert. 1993

両端部が嘴状突出をしない珪殻の頻度が大（約77％）である．中心域が大きい点，中央部条線は縦溝と直交しない点，殻が大形の珪殻が多い点でも異なる．

Navicula arctotenelloides Lange-Bert. & Metzeltin 1996

両端部が嘴状突出しない珪殻の頻度が大（約77％）である．殻の両端部が突出しない，中央

部条線が縦溝と直交しない，中心域が大形である．

Navicula bjoernoeyaensis Metzeltin, Witk. & Lange-Bert. 1996
　珪殻は狭い皮針形で先端部が突出し，外形はやや類似するが，殻幅が2.7-3.1 μmでやや狭いこと，殻の中央部側縁が平行な珪殻がない点で区別できる．

Navicula caterva M. H. Horn & Hellerman 1963
　殻長に対する殻幅が広く，ずんぐり型である．殻の両端部は短く亜嘴状に突出すること，中央部条線は多くの珪殻で湾曲し，放射状配列をする点が異なり，さらに条線密度が *Nav. tanakae* の13-18/10 μmに対し18-21/10 μmと密である．

Navicula cryptotenelloides Lange-Bert. 1993
　珪殻の大きさ，条線密度もかなりよく似ている．しかし，殻は皮針形で，両側縁が平行の珪殻はないこと，珪殻の先端部が尖円状で突出する個体はない．

Navicula germanopolonica Witk. & Lange-Bert. 1993
　小形の珪殻は外形が似るが，先端部が突出する珪殻はない．

Navicula heufleri Grunow var. *leptocephala* (Bréb.) Perag. 1901
　珪殻の外形は似るが，*Nav. tanakae* は殻の両側縁が平行な珪殻の多いことと，両端部が突出する珪殻がかなり多いこと，中央部条線が縦溝に直交するものが多く，中心域が小さい点で異なる．殻長×殻幅で大きさを比べると *Nav. tanakae* の9-24×3-5 μmに対し20-45×5-7 μmで，大形である．

Navicula leistikowii Lange-Bert. 1993
　珪殻は大形（殻長：17-30 μm，殻幅：5.2-6.5 μm）で，先端部が突出する珪殻は大変少ない．珪殻の外形がかなりよく似ているが，特に突出部の形の変異が少なく，中心域がやや大きい点，中央部条線が縦溝に直交しない点が異なる．条線密度は粗（12-13.5/10 μm）である．

Navicula lundii E. Reichardt 1985
　珪殻が大形（殻長：13-35，殻幅：4-6.5 μm）で，中心域が少し大きく，先端部の突出は稀で弱い．殻の外形は両側縁が平行な珪殻が大変少ないこと，中央部条線が直交しないことで区別できる．

Navicula microcari Lange-Bert. 1993
　両側縁が平行にならず，中心域が大きく，中央部条線が縦溝と直交しない点で異なる．

Navicula namibica Lange-Bert. & Rumrich 1993
　両側縁が平行にならないこと，中央部条線が縦溝と直交しないこと，中心域が大きいこと，条線密度が密（18-20/10 μm）であることで区別ができる．

Navicula notha J. H. Wallace 1960
　珪殻の両端部が突出しないか，徐々に突出する．中央部条線が強い放射状配列である．中心域がやや大きく，殻長が大（19-32 μm）である．

Navicula parablis M. H. Hohn & Hellerman 1963
　珪殻の外形はやや似るが，両側縁の中央部が平行にならないこと，両端部の突出が強いこと，中央部条線が縦溝と直交しないこと，中心域が大きい点が異なる．

Navicula perminuta Grunow 1880
　中心域が大きく，ほとんど両側縁に達する横長の四角形であることが大きな特徴で，小形化し

ても殻が楕円形にならないことが明瞭な相違点である．殻幅も少し狭く2-4 μmである．

Navicula pseudotenelloides Krasske 1938

珪殻の先端部が嘴状に突出しないこと，中央部条線が縦溝に直交しないこと，中心域が大きいことから区別できる．

Navicula reichardtiana Lange-Bert. 1989

珪殻の両側縁が平行な珪殻はなく中央部，条線が縦溝に直交することがないことが明瞭な区別点である．殻長に大きい差はないが，殻幅が広い（5-6 μm）ので，殻全体がずんぐりした形になる．

Navicula tenelloides Hust. 1937

珪殻の外形はかなり似ているが，中央部条線が放射状であること，中心域の大きい珪殻が多いことで区別が可能である．また，殻幅は2.5-4 μmで大きい差はないが，全般的に細身の珪殻が多い．

Navicula vandamii Schoeman & R. E. M. Archibald var. *vandamii* 1987

やや大形（殻長：18.5-30.5 μm，殻幅：4.6-5.8 μm）で，中心域も大きく，中央部条線が放射状配列である．

Navicula vekhovii Lange-Bert. & Genkal 1999

珪殻の外形は皮針形で，先端部が突出しないこと，両側縁の平行な珪殻がないことで区別できる．中心域は大形で，中央部条線は放射状で縦溝に直交しない．条線密度はやや粗（12-13/10 μm）である．

Navicula veneta Kütz. 1844

大形の珪殻と外形が似ているが，小形化して形態の単純化した珪殻は，本種と似ていない．外形の似ている大形の珪殻でも，中心域が大きく，中央部条線は放射状配列をしている．珪殻も大きく特に殻幅が大きい（殻長：13-30 μm，殻幅：5-6 μm）．

Navicula vilaplanii (Lange-Bert. & Sabater) Lange-Bert. & Sabater 2000

珪殻の両端部は突出せず，細身（殻長：2-17，殻幅：2.5-3.3 μm）である．条線密度は密（19-22/10 μm）である．珪殻先端部の突出が少なく，中央部条線が強い放射状であるので区別できる．

Navicula wiesneri Lange-Bert. 1993

珪殻の両端部が嘴状突出をせず，中央部条線が縦溝に直交しない（小形個体を除く）こと，中央部条線の間隔が他より広いことから区別できる．各種計測値も異なっている（殻長：13-38，殻幅：4.5-6 μm，条線密度：11.5-14/10 μm）．

Navicula wigaschii Lange-Bert. 2001

珪殻の両端部が嘴状突出をしないこと，中央部条線は縦溝に垂直に配列しないことで明らかに区別が可能である．さらに，やや大形（殻長：18-30，殻幅：4.5-5.5 μm）で，条線密度は密（16-18/10 μm）である．

Navicula tenelloides Hust. 1937, in Arch. Hydrob. Suppl. **15**：P. 269, Pl. 19, Fig. 13.；Simonsen 1987, Atlas and Catal. Diatom：P. 221, Pl. 329, Fig. 27.；Krammer & Lange-Bertalot 1986, Süsswasserflora von Mitteleuropa **2/1**：P. 117, Pl. 38, Figs 16-2.；Lange-

Bertalot 2001, Diatoms of Europe **2** : P. 72, Pl. 32, Figs 1-10.　　【Pl. 90, Figs 1-10】

ホソフネケイソウモドキ

　珪殻は皮針形から線状皮針形，先端部は広円状から鋭円状，時に突出する珪殻もある．殻長：14-21 µm，殻幅：2.5-4 µm．縦溝は糸状，軸域は大変狭い線状で，中心域は狭く様々な形である．条線は放射状で先端部は収斂する．条線密度：15-18/10 µm.

　本種の初発表文には珪殻の先端部が突出するとは記しておらず，図でも突出していない．Simonsen (1987) の示している holotype の写真も突出していない．Lange-Bertalot (2001) が示している本種の9枚の写真は珪殻の先端部が弱く突出しているように見え，記載文にも珪殻の先端はしばしば突出すると記している．また，Krammer & Lange-Bertalot (1986) は *Navicula carimiolensis* Hust. 1945 を本種の synonym にしているが，これは検討する必要がある．

分布・生態

　世界広汎種．耐塩性があり，かなりの汚濁水（α-中腐水域）中にも生育する．著者らは矢落川・愛媛県，十勝川・北海道，Khuvsgul L., MNG. から見いだしている．この大きさの種類は多いので，誤認されている例も多くあると思われる．非常に広汎な地域，水域に見られると考えられる．

近似種との相違点

Navicula cryptotenella Lange-Bert. 1985
　珪殻は皮針形，先端部は尖円形，殻幅が大（5-7 µm）である．

Navicula cryptotenelloides Lange-Bert. 1993
　珪殻は皮針形，先端部は尖円形で突出はしない．中心域は大変小さい．

Navicula lundii E. Reichardt 1985
　殻幅が大（4-6.3 µm）で，条線密度がやや粗（14-15/10 µm）である．

Navicula pseudotenelloides Krasske 1938
　北極圏．亜北極圏に分布し，珪殻は線状楕円形から線状楕円状皮針形である．

Navicula salinicola Hust. 1939
　珪殻の外形は楕円状皮針形である．

Navicula vekhovii Lange-Bert. & Genkal 1999
　中心域はやや大きく，珪殻の外形は楕円状皮針形である．

***Navicula tokachensis* H. Fukush., Kimura & Ts. Kobayashi nom. nud.**
　　　　　　　　　　　　　　　　　　　　　　　　　【Pl. 41, Figs 13-58】

　珪殻は楕円形で先端は弱い楔状になることが多く，稀に珪殻の先端が広円状あるいは僅かに突出する．各計測値は次のように表せる．

　殻長：6.2-7.0(7.5) µm，平均6.7 µm，殻幅：(2.5)2.6-3.2 µm，平均2.9 µm，条線は放射状配列で条線密度：(24)25-28/10 µm，平均26.4/10 µm，点紋密度：38-71(77)/10 µm，平均54.6/10 µm である．これらを**図 167-170** *Nav. tok.* に示す．なお，計測数は殻長，殻幅は75珪殻，条線は1珪殻の両側縁を（150箇所計測），点紋は9珪殻，219条線である．軸域は線状，縦溝は糸状で相同型，中心域の形と大きさは distaff side と staff side で異なる．中心域の大きさを

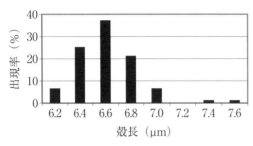

図167 *Nav. tok.* の殻長の頻度分布

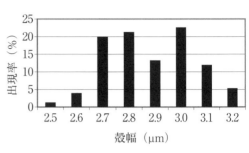

図168 *Nav. tok.* の殻幅の頻度分布

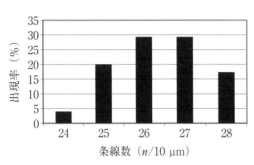

図169 *Nav. tok.* の条線密度の頻度分布

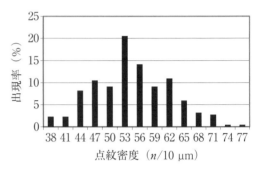

図170 *Nav. tok.* の点紋密度の頻度分布

仮に大中小に分けるなら中が最も多い．中心域を形成する条線は2：2（36％），1：2（26％），2：3（18％），1：1（13％）等である．

分布・生態

北海道十勝支庁を流下する十勝川の十勝温泉が流入する付近の杭と，十勝温泉の下流で合流する十勝川・北海道の2箇所からしか見つけられていない．

近似種との相違点

Navicula facilis Krasske 1949

珪殻は楕円形，先端は鈍い円形と記し，付図では珪殻の上端がやや角張った角度の大きい円状の図を描いている．殻長：8.5 µm，殻幅：4 µm で大形である．条線が放射状配列であることは同じであるが，条線密度は粗（20/10 µm）である．Krasske は *Navicula facilis* に近い種として，その初発表文に *Navicula plana* Hust. を挙げている．

Navicula martinii Krasske 1939

珪殻は楕円形で，両端部は幅広く突出し，先端は広円状．軸域は大変狭く，中心域は横長の四角形．やや大形（殻長：7-11 µm，殻幅：4-5 µm）で，条線は放射状配列で同じであるが条線密度は粗（18/10 µm）である．*Nav. martinii* は両端部の突出がやや強い点でも異なる．

Navicula plana Hust. 1936

当種は Hustedt が Schmidt の Atlas der Diatomaceen-Kunde **402** 1936, Figs 69, 70（nec 68！）に記されたのが最初の図である．当種の記載文と図が同時に発表されたのは1937年で，holotype の顕微鏡写真は Simonsen（1987）に示されている．これらの描画，顕微鏡写真は数が少ないが，すべて珪殻の先端が弱く突出している．珪殻は大きく（殻長：12 µm，殻幅：7 µm），特に殻幅

が大である．殻長/殻幅の値は 1.71-1.96（Hustedt 1936, Simonsen 1987 を計測）に対し，十勝川の taxon は 2.0-2.7 で明らかに差がある．さらに，条線密度は，中央部 12-14/10 μm，両端部 18/10 μm で，かなり粗である．十勝川の taxon は珪殻の形態，計測値から明瞭に区別が可能である．

Navicula pseudofossalis Krasske 1948

珪殻は楕円状，両端は円錐状で先端は突出しないと初発表文に記され，同様の図も示されている．Lange-Bertalot et al.(1996) の示している holotype の写真も同様である．十勝川の taxon は *Nav. pseudofossalis* に似た外形といえる．初発表文の図の中心域の左右の形と大きさは，右側が小さく，左右同形同大ではないように見られる．十勝川の taxon はこの型が 96% を占めている．中心域を形成する条線は，十勝川の taxon では 2：2 のものが多いが，初発表文の図は 3：3 のように見える．この型は十勝川の taxon では 3% にすぎない．初発表文では殻長：9 μm，殻幅：4.5 μm とされ，大形である．十勝川の taxon を *Nav. pseudofossalis* Krasske 1948 の初発表文，Lange-Bertalot ら(1996) の holotype の写真と比較すると，珪殻の外形，条線の配列，条線密度は似ているが，中心域の形，中心域を形成する条線数に差がある．十勝川の taxon を *Nav. pseudofossalis* と同定することは困難である．

Navicula schoenfeldii Hust. var. *minor* Skabitsch 1942

自動名をもつ種より小形（殻長：8.3-9.4 μm，殻幅：4.7 μm）であるが，十勝川の taxon より大形で，条線密度も粗（15-17/10 μm）である．Foged(1964) は，Spitsbergen 産の taxon を *Nav. schoenfeldii* forma として記述している．その計測値は（殻長：10.3 μm，殻幅：4.3 μm）としているので十勝川の taxon より少し大形である．その記載文に *Nav. schoenfeldii* より小形の不明種で，殻の中央部の中心域を形成する条線の中の 1 本が短くなることはないと記されている．その図（plate X, fig. 1）を見ると中心域を形成する条線が左右各 1 本である．この型は十勝川の taxon にも見られ，出現頻度は 19% である．以上記したように十勝川の taxon は本種とは同定できない．

Navicula schoenfeldii Hust. var. *schoenfeldii* 1930

本種はかなり形態変異の多い種であることは，Hustedt(1937) が示している 6 珪殻が形態の異なるものであることからも推定できる．その中に十勝川の taxon と形態の似たものもあるが，本種は大形（殻長：12-25 μm，殻幅：6-8 μm）で，条線密度が粗（12-14/10 μm）である点で区別が明瞭である．

Navicula seminuloides Hust. 1936

当種は図だけが Schmidt の Atlas der Diatomaceen-Kunde：Taf. 401, Figs 68-71 に示され，記載文と図の揃ったものは 1937 年に出版された．このように Hustedt の記載した新種には，図だけが先に出版され記載文が後から印刷された例がいくつかあり，その中の 1 つである．*Nav. seminuloides* の珪殻は線状楕円形で両端部は広円状であるが，稀に楔形に近くなり，先端が鋭尖状になることがある．殻は若干大きく（殻長：5-15 μm，殻幅：3-6 μm），背線は真っ直ぐで糸状，軸域は狭い線状．中心域は横長の四角形から不定形．条線は放射状配列で，条線密度は粗（20-24/10 μm）である．十勝川の taxon は珪殻の外形，特に先端部が楔形になる珪殻が多い．中心域の形と大きさがほとんどすべての珪殻で staff side と distaff side で異なる．これらの点で区別できる．

当種の命名者が描いた図（Schmidt 1874-1959, Hustedt 1937-1939, 1962）と type 標本の写真（Simonsen 1987）を著者らが区分した結果は次のようである．珪殻の先端が円状と判定できるもの76％，やや楔形と判定できるもの24％である．十勝川の taxon ではそれぞれ9％，84％，その他7％で，その頻度はかなり異なっている．*Nav. seminuloides* の中心域を形成する条線の型で最も多いのは3：3（33％）である．これに対し十勝川の taxon では，3：3の頻度は3％である．これらから十勝川の taxon を *Navicula seminuloides* とは同定できない．

渡辺ら（2005）の図，写真を計測すると，やや大形（殻長：8.5-17 μm，殻幅：4-8.5 μm）で，条線密度は粗（20-24/10 μm）であるので，十勝川の taxon は渡辺らが同定した *Nav. seminuloides* と同一種とはいえない．

Eolimna subminuscula（Manguin）Moser, Lange-Bert. & Metzeltin 1998

外形は楕円状皮針形，先端は楔形，軸域は線状である点，また，大きさが若干大きめであるが，一見，本種に極めてよく似た印象をあたえる．しかし，本種に比べ，条線の傾きが平行に近いこと，条線密度，点紋密度とも粗（条線：15-26(35)/10 μm，点紋：約30/10 μm）であることから区別は可能である．

属を越えて似た taxa があることから，本種の属名も検討する余地があると考え，nom. nud. として記載する．

Navicula tridentula Krasske var. *tridentula* 1923, in Bot. Arch. **3**：P. 198, Fig. 1.; Lange-Bertalot, Külbs, Lauser, Nörpel-Schempp & Willmann 1996, in Iconographia Diatomologica **3**：P. 151, Pl. 17, Figs 12-17.; Krammer & Lange-Bertalot 1986, Süsswasserflora von Mitteleuropa **2/1**：P. 210, Pl. 80, Figs 1-3. 【Pl. 77, Figs 3-11】

珪殻は3回波打つ線状形が多いが，稀に2回あるいは4回波打つもの，全く波打たないものがある．両端は嘴状または頭部状に突出する．殻長：11-19 μm，殻幅：3.5-4 μm．縦溝は糸状，軸域は大変狭い線状である．中心域は形，大きさに変異が多い．条線は繊細で光学顕微鏡では計数しにくい珪殻が多い．

分布・生態

世界広汎種．湿原の水コケ中にしばしば多量に生息するのが観察される（安藤1969, 小林弘1960, 福島，寺尾，小林1985）．木曽川・春日井浄水場で見いだした．

近似種との相違点

Navicula difficillima Hust. 1950

珪殻は楕円形または線状で，両側縁は緩く張り出すか平行である．殻長：8-15 μm，殻幅：3-4 μm．

Navicula gerloffii Schimanski 1978

珪殻は線状楕円形から楕円状皮針形で，先端部は弱く突出するか，嘴状に強く突出する．殻長：10-21 μm，殻幅：3-4.5 μm．

Navicula indifferens Hust. 1942

珪殻は楕円状皮針形で，先端部が短く突出した広円状の両端部をもつ．殻長：6-8 μm，殻幅：2.5-3 μm．

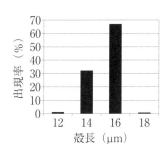
図171 *Nav. tri.* var. *tri.* の殻長の頻度分布

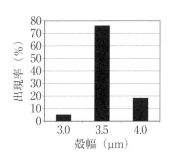
図172 *Nav. tri.* var. *tri.* の殻幅の頻度分布

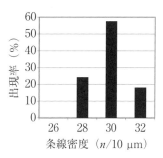
図173 *Nav. tri.* var. *tri.* の条線密度の頻度分布

Navicula tridentula Krasske var. *tenuis* (Krasske) Lange-Bert. & Willmann 1996

自動名をもつ変種より少し大形である．殻長：20 μm，殻幅：4.5 μm．

Navicula vitiosa Schimanski 1978

珪殻は楕円状または線状楕円形で，両端は広円状．殻長：8-17 μm，殻幅：3-4 μm．

福島・寺尾・小林 (1985) は自然教育園産の *Navicula tridentula* var. *tridentula* 110珪殻を計測した（**図171-173** *Nav. tri.*）．その結果は次のとおりである．殻長：12.5-18 μm，最頻値：16-17 μm，殻幅：3-4 μm，最頻値：3.5 μm．殻長と殻幅の相関係数：$r=0.150$ で，両者に相関があるとはいい切れない．条線密度：28-32/10 μm で，最頻値は 30/10 μm である．

Navicula tripunctata (**O. F. Müll.**) **Bory var. *arctica* R. M. Patrick & Freese 1961**, in Proc. Acad. Nat. Sci. Phil.：P. 112, P. 216, Pl. 2, Fig. 15. 【Pl. 68, Figs 10, 11】

珪殻は線状皮針形から皮針形，両端部は楔形で先端部はやや広円状．殻長：50-64 μm，殻幅：7-9 μm．軸域は狭く，中心域は不規則な長さの条線，片側 7, 8 本で囲まれ，不規則な形であるが菱形が多い．条線はほぼ並行であるが，中心域付近は弱い放射状で，先端は弱く収斂する．条線密度：12-13/10 μm．

分布・生態

北部アラスカでの記録があるのみ (Patrick & Freese 1961) であるが，著者らは Byron Bay, Victoria Isl., CAN. で見いだした．

近似種との相違点

Navicula tripunctata (O. F. Müll.) Bory var. *schizonemoides* (Van Heurck) R. M. Patrick 1959

条線の角度が少し強い．中心域が小さく，中心域を形成する条線が少なく片側 2, 3 本である．

Navicula tripunctata (O. F. Müll.) Bory var. *tripunctata* 1822

条線の角度が少し強く，中心域を形成する条線が片側 2, 3 本である点で区別できる．また中心域は横長四角形が多い．

Navicula tripunctata (**O. F. Müll.**) **Bory var. *tripunctata* 1822**, in Bory de Saint-Vincent, J. B. G. M. 1822-31, Dictionnaire Classique d'Histoire Naturelle. 128.；Krammer &

Lange-Bertalot 1986, Süsswasserflora von Mitteleuropa **2/1**：P. 95, Pl. 27, Figs 1-3.；Lange-Bertalot 2001, Diatoms of Europe **2**：P. 73, Pl. 1, Figs 1-8, Pl. 67, Figs 3, 4.

【Pl. 67, Figs 4-15, Pl. 68, Figs 1-9】

Basionym：*Vibrio tripunctatus* O. F. Müll. 1786, Diatomaceen **7/2**：a-b.
《本種の新基準標本（neotype）の選定は R. Patrick 1959 によって Van Heurck, Types du Synopsis (81) で行われ，副基準標本（isotype）の写真は Cox (1979) figs 7, 8 に示されている．》

珪殻は線状皮針形から皮針形，両端部は楔形で先端部はやや広円状．殻長：30-70 μm，殻幅：6-10 μm．軸域は大変狭く，中心域は多くはほぼ四角形で，殻幅の半分を超えるくらいの大きさが多く，左右不相称で，その両側には不等長の 2, 3 本の条線がある．条線は弱い放射状で，先端は平行から弱い収斂で終わる，あるいは弱く収斂する．条線密度：9-12/10 μm であるが，10-11/10 μm の場合が多い．点紋は斜光で認められ，点紋密度：約 32/10 μm．

分布・生態

世界広汎種．淡水・汽水性で β〜α-中腐水性水域に多い．アラスカ（Patrick & Freese 1961），北極圏カナダ（福島, 木村ら 2012）で *Navicula tripunctata* var. *arctica* が報告されているが，それとは異なり自動名をもつ種である．Missouri Riv., IA-USA., River flow in Great Salt Lake, UT-USA., Sun Luis Res.-1, CA-USA., Hehizel N. P. Stream-1, RUS., Skinnarviks parken SWE., the Rhine, DEU. 等，日本からも神流川・埼玉県，知床五湖から見いだしている．

近似種との相違点

Navicula breitenbuchii Lange-Bert. 2001
　中心域は横長四角形ではない．点紋密度はやや粗（28-30/10 μm）である．

Navicula cincta（Ehrenb.）Ralfs var. *cincta* 1861
　珪殻はやや小形（殻長：14-45 μm，殻幅：5.5-8 μm）である．珪殻の先端はやや鈍円状で，中心域は小さい．点紋密度は密（約 40/10 μm）である．

Navicula margalithii Lange-Bert. 1985
　中心域がやや小さく，線状皮針形の珪殻が多い．

Navicula oppugnata Hust. 1945
　珪殻の両端は狭い楔形で，中心域が小さい．

Navicula recens（Lange-Bert.）Lange-Bert. 1985
　珪殻がやや小さく（殻長：16-40 μm，殻幅：6.5-9 μm），条線密度がやや密（11-14/10 μm）で，中心域も小さい．

Navicula tripunctata（O. F. Müll.）Bory var. *arctica* R. M. Patrick & Freese 1961
　初発表文によると条線密度がやや密（12-13/10 μm）で，条線は中心域の周辺部を除いて平行に配列しているとしている．中心域は菱形から円形である．

Navicula tripunctata（O. F. Müll.）Bory var. *schizonemoides*（Van Heurck）R. M. Patrick 1959
　条線の角度が少し強い．中心域が小さく，中心域を形成する短い条線は 2 対 3 である．

Navicula trivialis Lange-Bert. 1980, in Cryptog. Algol. **1**：P. 31, Pl. 1, ; Figs 5-9.；Krammer & Lange-Bertalot 1986, Süsswasserflora von Mitteleuropa **2/1**：P. 110, Pl. 35, Figs 1-4.；Lange-Bertalot 2001, Diatoms of Europe **2**：P. 73, Pl. 29, Figs 1-6, Pl. 54, Fig. 1, Pl. 68,

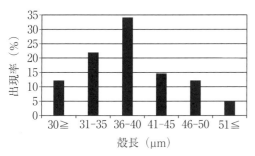

図174 *Nav. triv.* の殻長の頻度分布

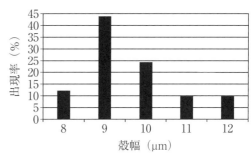

図175 *Nav. triv.* の殻幅の頻度分布

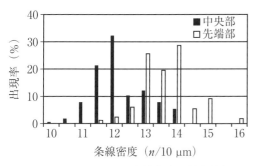

図176 *Nav. triv.* の条線密度の頻度分布

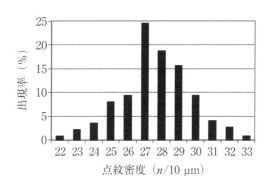

図177 *Nav. triv.* の点紋密度の頻度分布

Figs 1, 2.　　　　　　　　　　　　　　　　　　　　　　　　　　　【Pl. 54, Figs 3-17】

　珪殻は大変幅広い皮針形で両端は弱く突出する．殻長：25-65 μm，殻幅：9-12.5 μm．縦溝は糸状で，軸域は狭い線状，中心域はやや大きく円形．条線はほとんど先端まで放射状で，先端部のごく僅かで平行，収斂するものがある．条線密度：11-13/10 μm，点紋は不明瞭で，点紋密度：28-32/10 μm である．

　著者らが本種と同定した41珪殻の計測値を図174-177 *Nav. triv.* に示す．殻長，殻幅の頻度分布図は計測数41，条線密度は側縁，中央から上下に向かって1珪殻，4箇所，先端から中央に向かって1珪殻，4箇所，合計中央部と先端部，各々164箇所を計測し，中央部と先端部の条線密度の差を図に示した．初発表文やLange-Bertalotの文献に示された計測値は中央部の計測値とよく一致しているが，先端部はより密である．点紋密度は4珪殻，224条線を計測したもので，その範囲は(22)24-32(33)/10 μm と表すことが適当である．

分布・生態

　渡辺ら(2005)は強腐水からβ貧腐水まで出現する汚濁好適応性種，pHは中性適応種で，稀産種としている．Lange-Bertalot(2001)では電解質がやや多い富栄養水域から貧腐水性〜中腐水性まで生息し，堆積物表性，干上がりに耐える，と記している．世界広汎種で日本からの報告も多い．著者らは木曽川では下流部から広く見いだしている．その他日本からは阿木川・木曽川合流前，十勝川・北海道，矢落川・愛媛県，蟹原・湿地，東山公園・入口の池等から見いだしている．

外国からは Zambezi Riv. Pier, BWA., Pond in Amiens, FRA., Big Bear Lake, CA-USA., Arrow Head Lake, CA-USA., 他にも Missouri Riv., IA-USA., Stream from Utah Lake, UT-USA. 等の河川，湖沼等から広く見いだしている．しかし，優占種になるほど多数見いだした例はない．

近似種との相違点

Navicula flanatica Grunow 1860

　中心域が大変小さい特徴がある．

Navicula oligotraphenta Lange-Bert. & Hofmann 1993

　珪殻の外形は似るが，やや小形（殻長：28-38 μm，殻幅：8-9.5 μm）で，中心域も小さい．条線密度：10-12/10 μm，点紋密度：26-28/10 μm で，ともにやや粗である．

Navicula salinarum Grunow var. *salinarum* f. *salinarum* 1878

　珪殻形態がよく似た珪殻があるが，中央部の条線が長短交互構造である点で区別できる．

Navicula trophicatrix **Lange-Bert. 1996**, in Lange-Bertalot & Metzeltin, Oligotrophic-Indikatoren, Lange-Bertalot ed., Iconographia Diatomologica **2**：P. 80, Taf. 103, Figs 28-31.；Lange-Bertalot 2001, Diatoms of Europe **2**：P. 74, Pl. 10, Figs 8-15, Pl. 66, Fig. 1, Pl. 72, Fig. 2.

【Pl. 34, Fig. 3】

　珪殻は皮針形から菱状皮針形，先端部は楔状に徐々に細くなり，先端は尖円状．殻長：25-50 μm，殻幅：7.5-10 μm．軸域は狭く，中心域は狭い皮針形が基本であるが，外形は様々．条線は放射状，先端部は平行あるいは収斂する．条線密度：11-13/10 μm，点紋密度：21-24/10 μm．

　図 178 *Nav. trop.* は阿寒湖産の本種 1 珪殻，78 条線の点紋密度を計測したものである．点紋密度の範囲は(16)17-23(24)/10 μm，平均 20.7/10 μm と表せる．

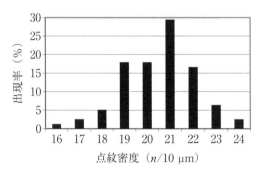

図 178　*Nav. trop.* の点紋密度の頻度分布

分布・生態

　多分，北半球に限定された世界広汎種と考えられる．貧腐水性と推定できる．著者らは阿寒湖，木曽川・王滝川・白川で見いだしている．

近似種との相違点

Navicula bourrellyivera Lange-Bert., Witk. & Stachura 1998

　珪殻は少し幅広い（10-12 μm）．条線密度は粗（9-11/10 μm）で，先端部の条線が平行あるいは収斂する部分が広い．

Navicula praeterita Hust. 1945
　珪殻先端の突出が強い．
Navicula pseudolanceolata Lange-Bert. var. *pseudolanceolata* 1980
　珪殻の先端は徐々に細くなり，ほぼ楔形．条線は先端近くまで放射状．
Navicula sieminskiae Lange-Bert. & Witk. 2001
　殻幅が大（10-12 μm）で，条線密度が粗（9-10/10 μm）である．先端の条線が平行あるいは収斂する部分が大である．中心域が大きい．

Navicula upsaliensis（Grunow）**Perag. 1903**, in Catal. Gén. Diat. 642.；Lange-Bertalot 2001, Diatoms of Europe **2**：P. 75, Pl. 12, Figs 8-14. 【Pl. 28, Fig. 1】
Basionym：*Navicula menisculus* Schum. var. *upsaliensis* Grunow 1880, in Cleve & Grunow, Kongl. Svenska. Vet. Akad. Handl. Bd. **17**(2)：P. 33.；Krammer & Lange-Bertalot 1986, in Süsswasserf. von Mitteleur. **2/1**：P. 105, Pl. 32, Figs 16, 17.

ウプサラフネケイソウ
　珪殻は幅広い皮針形で両端部は単純な楔状，または先端が短く突出する．殻長：18-47 μm，殻幅：9.5-12 μm．軸域は狭い線状，中心域は中くらいの大きさで横長の楕円形または四角形．中心域を形成する短い条線は大形の珪殻では長短交互型，小形の珪殻はほぼ同じ長さになる．条線は中央部では放射状，両端部は収斂する．条線密度：9-11.5/10 μm，点紋密度：25-27/10 μm．
　本種の basionym の初発表文では "N.（menisculus Schum. var. ?）Upsaliensis Rrun.（N. Gastrum var. ? in Cl. u. Möll. Diat Nr. 242）" と記しており，条線密度は 9-12/0.01 mm と記されている．この taxon の図が最初に示されたのは H. Van Heurck（1880-1885）：Synopsis des Diatomées de Belgique の Pl. 8, figs 23, 24 でその説明は "N. MENISCULUS SCHUM. var. UPSALIENSIS GRUN." と記されている．fig. 23 は珪殻の中央部がやや平行な皮針形で本書に示す手賀沼の珪殻によく似ている．fig. 24 は典型的な皮針形で中心域はやや小形，中心域を形成する条線は fig. 23 では目立って短いものはないが，fig. 24 では中央の 1 本がやや短く描かれている．
　本種の type 標本の写真は Krammer & Lange-Bertalot(1986)，Lange-Bertalot(2001)に示されている．それらと比較すると手賀沼の個体は珪殻の中央部がやや平行であると見られる．

分布・生態
　世界広汎種．淡水から汽水まで生育する．著者らは手賀沼で見いだした．

近似種との相違点
Navicula apiulatorein var. *hardtii* Edlund & Soninkhishig 2009
　珪殻は似るが大形（殻長：35.9-60.6 μm，殻幅：15-18 μm），条線密度は粗（6.3-7.6/10 μm），点紋密度も粗（20.8-21.7/10 μm）である．
Navicula bourrellyivera Lange-Bert., Witk. & Stachura 1998
　珪殻先端の突出が強く，殻長がやや長め（殻長：30-55 μm，殻幅：10-12 μm）である．
Navicula menisculus Schum. var. *menisculus* 1867
　Navicula upsaliensis の変種にする研究者もあるくらいで外形はかなり似ているが，当種の先

端は楔形で突出しない．また珪殻はやや大形（殻長：32-50 μm，殻幅：11-12.5 μm）である．
Navicula sieminskiae Lange-Bert. & Witk. 2001
　中心域が大きく，横長楕円状から四角形で，これを形成する条線は短いだけで長短交互型ではない．

***Navicula vaneei* Lange-Bert. 1998**, in Witkowski, Lange-Bertalot & Stachura 1998, Cryptog. Alg. **19**（1-2）：P. 89, Figs 28-32.；Lange-Bertalot 2001, Diatoms of Europe **2**：P. 76, Pl. 48, Figs 5-9.；Lange-Bertalot 2013(ed.)：Diatomeen im Süsswasser-Benthos von Mitteleuropa：Taf. 28, Figs 17-19, Koeltz Scientific Books. 【Pl. 27, Figs 5-9】

和名：ブアンネフネケイソウ
　珪殻は皮針形で両端部は稀に弱く突出するが普通は突出しない．先端は鈍い広円状．殻長：40-80 μm，殻幅：11-13 μm．軸域は狭い線状で，中心域に向かって徐々に幅広くなる．中心域は左右不相称で，横長の四角形から楕円形．条線は放射状で，両端部は収斂する．条線密度：約 8/10 μm，点紋密度：20-24/10 μm．

　図 179 *Nav. van.* は Herschel Isl., CAN., 十勝川・北海道, 手賀沼, Sibir P., RUS. の 4 珪殻, 279 条線の点紋密度を計測したものである．点紋密度：(17)19-25(28)/10 μm と表せる．

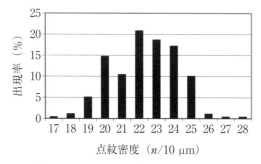

図 179　*Nav. van.* の点紋密度の頻度分布

分布・生態
　ヨーロッパと北西シベリアで記録されていた．渡辺(2005)はウラジオストク（ロシア）で，日本でも Ohtsuka(2002) は斐伊川で，著者らは上記の他，印旛沼，Kuril L., RUS. で記録している．電解質を多く含んだ水域に生息する．

近似種との相違点
　本種には形態の似た種が多いので種名の同定には注意を要する．
Navicula bourrellyivera Lange-Bert., Witk. & Stachura 1998
　珪殻の先端部は突出する．中心域は左右ほぼ相称．条線密度はやや密（9-11/10 μm）で，点紋密度は粗（20-21/10 μm）である．
Navicula kohlmaieri Lange-Bert. 1998
　珪殻は中央部から先端部に向かって急に狭くなり，珪殻の先端は短く弱く突出する．中心域は大きく，2-4 本の短い条線で形成される．点紋密度：21.5-23/10 μm．

Navicula menisculus Schum. var. *menisculus* 1867
　珪殻の外形は幅広い皮針形で外形が異なる.
Navicula oppugnata Hust. 1945
　珪殻の両端部はほとんど突出しない. 中心域を構成する条線は 3-4 本で長短交互型.
Navicula peregrina（Ehrenb.）Kütz. var. *peregrina* 1844
　珪殻は皮針形, 尖端は広円状で大形（殻長：60-180 μm, 殻幅：12-25(30?) μm）である. 条線密度は粗（5-6.5/10 μm）で, 点紋密度も粗（18-20/10 μm）である.
Navicula radiosa Kütz. var. *radiosa* 1844
　殻幅は少し狭く（8-12 μm）, 条線密度は密（10-12/10 μm）である.
Navicula rhynchocephala Kütz. var. *rhynchocephala* 1844
　珪殻の先端部は強く突出する. 殻幅が狭く（8.5-10 μm）, 中心域は不相称で少し大. 条線密度は少し密（10-12/10 μm）である.
Navicula rhynchotella Lange-Bert. 1993
　珪殻の両端部の突出が強い. 殻幅は広い（(10?)13-14(16?) μm）.
Navicula sieminskiae Lange-Bert. & Witk. 2001
　殻幅は少し広く（8-11 μm）, 中心域が少し大きい.
Navicula slesvicensis Grunow 1880
　殻幅がやや狭く（9-11 μm）, 両端が広円状である.
Navicula streckerae Lange-Bert. & Witk. 2000
　珪殻の先端部は突出する. 殻長が小さい（26-55 μm）珪殻が多い. 殻幅は狭い（8-10.5 μm）. 中心域はほぼ左右相称. 点紋密度は粗（18-20/10 μm）である.
Navicula trivialis Lange-Bert. 1980
　珪殻の先端は細く, 中心域はやや大きい. 条線密度は密（11-13/10 μm）で, 点紋密度も密（28-32/10 μm）である.
Navicula wildii Lange-Bert. 1993
　殻幅が小さく（5.5-7.5 μm）, 中心域は狭く, 皮針形から細い菱形である. 中心域を形成する条線は長短交互型が主である. 条線密度は密（11-12.5/10 μm）である.

Navicula venerablis M. H. Hohn & Hellerman 1963, in Trans. Amer. Micr. Soc.：P. 313, Fig. 3：1.；Lange-Bertalot 2001, Diatoms of Europe **2**：P. 77, Pl. 9, Figs 2-5.

【Pl. 90, Figs 11-14】

Synonym：*Navicula bourrellyivera* Lange-Bert., Witk. & Stachura 1998.；*Navicula praeterita* Hust. 1945.；*Navicula pseudolanceolata* Lange-Bert. var. *pseudolanceolata* 1980.；*Navicula sieminskiae* Lange-Bert. & Witk. 2001.

　珪殻は皮針形から線状皮針形. 先端は突出するが, その程度は頭部状から弱い嘴状まで様々である. 殻長：35-75 μm, 殻幅：8.5-10 μm. 軸域は狭く, 中心域はやや大きく横長である. 条線は中央部で放射状, 両端部で収斂する. 条線密度：10-12/10 μm, 点紋密度：約 35/10 μm, Voigt fault は明瞭.

分布・生態
北半球の広汎種（北米，日本，中欧，北欧，西欧）．貧腐水性，電解質の少ない水域に多い．

近似種との相違点
Navicula arkona Lange-Bert. & Witk. 2001

　側縁は丸みを帯び，両端は嘴状に突出するが狭い．中心域を形成する条線は長短交互型が少なくとも片側には見られる．

Navicula broetzii Lange-Bert. & E. Reichardt 1996

　外形は似るが，両端部の突出は小さく楔形で，先端は小さく丸く終わる．端部条線は平行で収斂しない．軸域は狭く，中心域もあまり広がらず狭い．

Navicula globulifera Hust. var. *globulifera* 1927

　形態の似た種を Hustedt は青木湖から *Nav. globlifera* として報告している．この種はやや大形（殻長：70 µm，殻幅：9 µm）で，条線密度も粗いほう（12/10 µm）で，両端部が頭部状に強く突出することから区別することができる．また，Lange-Bertalot(2001)では *Nav. venerablis* の synonym として（？）を付け，"（？）*Navicula globlifera* Hust. 1927" と記載している．Pl. 9, Fig. 1 には *Nav. globlifera* の写真を示しているが，先端が強く頭部状に突出し，*Nav. venerablis* とは異なるように見える．

Navicula radiosa Kütz. var. *radiosa* 1844

　大形（殻長：40-120 µm，殻幅：8-12 µm）の珪殻が多い．両端部は楔状に引き伸ばされ先端は丸い．先端部の突出の差で区別できる．中心域を形成する条線は側縁に見られ，中心域は小さい．

Navicula rhynchocephala Kütz. var. *rhynchocephala* 1844

　両側縁が丸みを帯びることで外形が異なる．両端は嘴状から頭部状に狭く突出する先端部の条線は角度が小さいが収斂する．

***Navicula veneta* Kütz. 1844**, in Die Kieselschaligen Bacillarien oder Diatomeen：P. 95, Pl. 30, Fig. 76.；Krammer & Lange-Bertalot 1986, in Süsswasserflora von Mitteleuropa **2/1**：P. 104, Pl. 32, Figs 1-4.；Lange-Bertalot 2001, Diatoms of Europe **2**：P. 78, Pl. 14, Figs 23-30, Pl. 65, Fig. 3. 　　　　　　　　　　　　　　　　　　　　　　　　　　【Pl. 42, Figs 1-43】

Synonym：*Navicula cryptocephala* Kütz. var. *veneta*（Kütz.）Rabenh. 1864, Flora europaea algarum aquae dulcis et submarinae：198.；Hustedt 1930, in Die Süsswasser-F. Mitteleur. **10**：P. 295, Fig. 497a.

　珪殻は線状皮針形から菱状皮針形，先端部は楔形で先端は突出する．軸域は狭いが，中央部から先端に向け狭くなる．殻長：13-30 µm，殻幅：5-6 µm．縦溝は糸状で軸域は狭い線状，中心域は中くらいでほぼ左右相称の横長四角形．条線は弱い放射状配列で，殻端部は収斂する．条線密度：13.5-15/10 µm，点紋密度：約 35/10 µm．

　本種の原産地はベネチアの植物園の汽水の堀で，その初発表文の図は×420 と記されていて，4×1 mm ほどの小さなもので外形と縦溝が描かれているだけのもので，その後の研究者の図も簡単なものであった．Van Heurck(1880-1885)で一段と詳しく，現在も通用するほど正確なもの

になり，さらに珪殻の両側縁が平行に近い線状皮針形の図が加わった．しかし，その後もこの形態の図を示す研究者は大変少なかった．Lange-Bertalot が本種の lectotype に線状皮針形の珪殻を 1979 年に選定し，その写真を Süsswasserflora von Mitteleuropa **2/1**（1986：H. Ettl ら編）に示した．この頃より，本種の写真に線状皮針形の珪殻が加わる率が急増するようになった．著者らの調査では外形が皮針形の珪殻のほうが多く，ヨーロッパ（ポーランド）で約 60％，極東（台湾，日本）で 70-90％．北極圏では調査個体数が大変少なかったが 100％である．珪殻の先端部は弱い嘴状に突出するものとしないものに 2 分することができ，突出する形態は 1960 年頃以前の研究者の図に多く描かれている．北極圏の個体はこれに属する．中心域は左右相称のものと非相称のものがある．北極圏の個体は非相称である．Lange-Bertalot(1979) の lectotype の記載文で中心域は円形でなく，明瞭に横長に拡張しているとしている．Schoeman & Archibald(1988) は一方は横長に広がり，他方は皮針形になっているとしている．北極圏の個体は横長四角形といえる．

分布・生態

世界広汎種で，電解質に富んだ水域，汽水域によく出現する．有機汚濁にも耐性が強い．著者らは国内の多くの河川（木曽川等），小流（高田川，奈良県・広陵町），溜池（蟹原・大久手池），温泉（伊東温泉，湯河原温泉，河津温泉）や，外国では知本・台湾，ポーランド，USA 等世界各地から見いだしている．

近似種との相違点

Navicula antonii Lange-Bert. 2000

珪殻先端部は突出しないか，ほとんど突出しないこと，少し広いことで区別できる．

Navicula catalanogermanica Lange-Bert. & Hofmann 1993

珪殻先端はほとんど突出しない．殻幅が大（7.5-8.5 μm）である．

Navicula caterva M. H. Hohn & Hellerman 1963

条線密度が密（(16)18-21/10 μm）である．

Navicula cryptocephala Kütz. var. *cryptocephala* 1844

珪殻の両端部の突出が強い珪殻が多い．中心域を形成する条線の数は少し多く，条線は長いので，中心域は小さい．

Navicula leistikowii Lange-Bert. 1993

各種計測値は重複する部分が多く外形もよく似ている．先端は楔形に細くなり先端は鈍円状で突出しない珪殻が多く，時に嘴状に僅かに突出する．軸域は中央から末端まで狭い．

Navicula wildii Lange-Bert. 1993

条線密度は少し粗（11-12.5/10 μm）で，中心域は皮針形から菱形．

図 180-183 *Nav. veneta* は，各計測値を産地別に比較したものである．殻長，殻幅，条線密度の計測数は同じで，河津温泉：509，Croatia：141，Poland：214，木曽川：120 珪殻である．点紋密度は LM では測定限界の密度で，測定しても誤差の大きい値になってしまうので，SEM 写真を計測した．香流川は 3 珪殻，182 条線を，河津温泉は 13 珪殻，237 条線を計測した．

Navicula vilaplanii **(Lange-Bert. & Sabater) Lange-Bert. & Sabater 2000**, in
  Rumrich, Lange-Bertalot & Rumrich, Iconographia Diatomologica **9**：P. 173, Pl. 56, Figs 24,

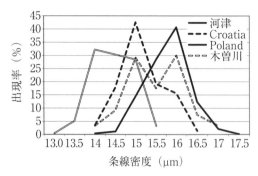

図180 *Nav. veneta* の4産地の条線密度の比較

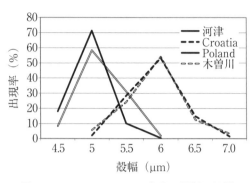

図181 *Nav. veneta* の4産地の殻幅の比較

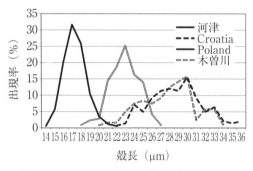

図182 *Nav. veneta* の4産地の殻長の比較

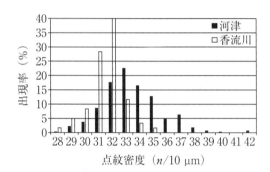

図183 *Nav. veneta* の2産地の点紋密度の比較

25.：Lange-Bertalot 2001, Diatoms of Europe **2**：P. 78, Pl. 32, Figs 48-53. 【Pl. 43, Figs 1-7】
Basionym：*Navicula longicephala* var. *vilaplanii* Lange-Bert. & Sabater 1990, in Sabater, Tomás, Cambra & Lange-Bertalot, Nova Hedw. **51**：P. 180, Pl. 3, Figs 27-28, Pl. 5, Figs 7-10.

珪殻は狭い線状披針形，先端は，普通は鋭円状で突出しないが，稀に弱く突出する．殻長：12-17 μm，殻幅：2.5-3.5 μm．軸域は大変狭く線状である．中心域は小さく，不明瞭．条線は強い放射状で，中央部は間隔が大で，両端に近くなるに従い，間隔が狭くなり収斂する．条線密度：19-22/10 μm．

分布・生態

世界広汎種．富栄養水域で，電解質を多く含んだ流水に多く見られる．著者らは湧水湿地である蟹原で見いだしている．

近似種との相違点

Navicula arctotenelloides Lange-Bert. & Metzeltin 1996

殻長はほぼ似る（14-20 μm）が，殻幅が大（4-4.8 μm）で，条線密度が大変粗（14.5-15/10 μm）である．分布の中心が北極圏である．

Navicula pseudotenelloides Krasske 1938

珪殻が少し大形（殻長：18-25 μm，殻幅：3.5-4 μm）で，先端部は広円状．中心域は少し大きく，ほぼ2本の短い条線で形成される．条線密度は粗（13.5-14.5/10 μm）である．

Navicula salinicola Hust. 1939

珪殻の大きさ（殻長：7-20 μm，殻幅：2-4.5 μm）はほぼ似るが，先端部はやや広円状で，条線密度は粗（13-20/10 μm）である．

Navicula tenelloides Hust. 1937

珪殻の大きさ（殻長：14-21 μm，殻幅：2.5-4 μm）はほぼ似るが，先端部は尖円状でなく，広円状から鋭円状である．条線密度が粗（15-17/10 μm）である．

Navicula vekhovii Lange-Bert. & Genkal 1999

殻長はやや似る（10-22 μm）が，殻幅が大（3.9-4.2 μm）で，条線密度が大変粗（12-13/10 μm）である．

Navicula viridula（Kütz.）**Ehrenb. var.** ***viridula*** **1938**, in Die Infusionsthierchen als vollkommene Organismen.：183, 13/17, 21/14.；Krammer & Lange-Bertalot 1986, in Süsswasserflora von Mitteleuropa **2/1**：P. 114, Pl. 37, Figs 1, 2.；Lange-Bertalot 2001, Diatoms of Europe **2**：P. 94, Pl. 36, Figs 1-3.；Lange-Bertalot, H. 2013（ed.）：Diatomeen im Süsswasser-Benthos von Mitteleuropa：407, Taf. 37：1-4, Koeltz Scientific Books.

【Pl. 85, Figs 1-8】

Basionym：*Frustulia viridula* Kütz. 1833, in Linnaea **8**：P. 551, Pl. 13, Fig. 12.
（注意：初発表が不完全なので研究者により意見が分かれる．）

ミドリフネケイソウ

珪殻は皮針形から線状皮針形で，両端部は普通は嘴状に突出するが，稀に広円状で突出しない個体もある．殻長：40-100 μm，殻幅：10-15 μm．軸域は狭い線状で，中心域は大きく円形の場合もあるが，横長の四角形の場合もある．中心孔は distaff side 側に曲がる．条線は中央部で放射状，両端部で収斂する．条線：8-11/10 μm（中央部），点紋密度：約 24/10 μm．

図 184-186 *Nav. vir.* は浅瀬石川・青森県より得た 304 珪殻を計測した頻度分布図である．点紋密度は手賀沼産と Chanplane Lake CA-USA 産の 4 珪殻，369 条線の点紋密度を計測したものである（**図 187**）．点紋密度：(21)25-36(37)/10 μm と表せる．

分布・生態

世界広汎種．β～α-中腐水性．浅瀬石川・青森県，相模川，木曽川，Chanplane Lake, CA-USA., Natural Bridge-1, LA-USA., Mammoth, Cave N. P., KY-USA., the Rhine-2, Freiburg, DEU., Loire Riv., Tours, FRA. 等，各地で見いだしている．

近似種との相違点

Navicula kefvingensis（Ehrenb.）Kütz. 1844

珪殻は皮針形で両端部の突出は弱い．殻幅が広い（(10?)16-18 μm）．

Navicula iserentantii Lange-Bert. & Witk. 2000

条線密度が粗（5.5-7/10 μm）で，中心域が少し小形である．

Navicula lanceolata（C. Agardh）Ehrenb. 1838

珪殻の外形と中心域が大きいことが似ており，1980 年以前は混同されることが多かった．しかし，中心域の形と点紋密度が密（約 32/10 μm）なことから区別できる．

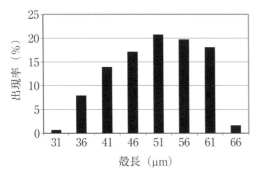

図184 *Nav. vir.* の殻長の頻度分布

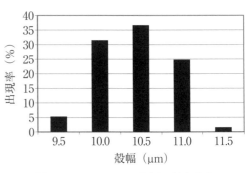

図185 *Nav. vir.* の殻幅の頻度分布

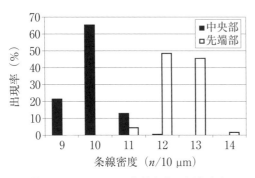

図186 *Nav. vir.* の条線密度の頻度分布

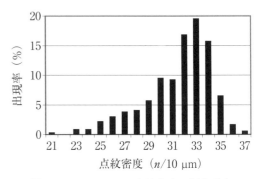

図187 *Nav. vir.* の点紋密度の頻度分布

Navicula peregrina（Ehrenb.）Kütz. var. *peregrina* 1844
　珪殻が大形（殻長：60-180 μm，殻幅：18-25(30) μm）で両端部はほとんど突出しない．条線，点紋とも粗である．条線密度：5-6.5/10 μm，点紋密度：18-20/10 μm．

Navicula sieminskiae Lange-Bert. & Witk. 2001
　珪殻の先端部は楔形で突出は強くない．殻幅が広く（8-11 μm），中心域が少し大きい．

Navicula slesvicensis Grunow 1880
　珪殻は線状披針形で両端部は突出するが，その程度は *Nav. viridula* ほど強くない．

Navicula viridulacalcis Lange-Bert. ssp. *viridulacalcis* 2000
　珪殻の両側縁はほぼ平行で，少し膨出する．中心域は *Nav. viridula* より小形である．

Navicula vulpina Kütz. 1844
　珪殻の両端部は突出しない．中心域がほぼ円形の場合が多く，殻幅が広い（(10)14-20 μm）．

Navicula viridulacalcis Lange-Bert. ssp. *neomundana* Lange-Bert. & Rumrich 2000, in Iconographia Diatomologica **9**：P. 175, Pl. 38, Figs 1-4, Pl. 37, Figs 5-8.；Lange-Bertalot 2001, Diatoms of Europe **2**：P. 96, Pl. 36, Figs 5-9, Pl. 65, Fig. 6. 【Pl. 86, Figs 1-5】

　珪殻は線状で両側縁は弱く湾曲する．両端部は嘴状に突出し，さらに先端は鈍円状に終わる．縦溝は糸状，軸域は狭い線状で，中心域はやや大きく，staff side は半円形，distaff side は四角

形．条線は放射状で両端部は収斂する．条線密度：8-11/10 μm，点紋密度：21-25/10 μm.

図188 *Nav. vir.* ssp. *neomound.* は Zambezi Riv. 産の分類群，1珪殻，95条線の点紋密度をを計測したものである．点紋密度の範囲は(21)23-28(29)/10 μm と表せる．

分布・生態

タイプの産地はチリ中央部であるが，世界広汎種と考えられる．硬度が高い水質で，貧〜中腐水域に多く出現する．Zambezi Riv., Chobe N. P.-3, BWA. で見いだした．

近似種との相違点

Navicula kohlmaieri Lange-Bert. 1998
　珪殻は皮針形で，両側縁は弱い．条線の傾きが弱い．

Navicula lanceolata (C. Agardh.) Ehrenb. 1838
　珪殻の形は似るが，両端部の突出が弱く，条線密度が粗（10-13/10 μm）である．

Navicula viridula (Kütz.) Ehrenb. var. *viridula* 1938
　珪殻は線状皮針形で，両側縁は強く湾曲する．

Navicula viridulacalcis Lange-Bert. ssp. *viridulacalcis* 2000
　殻幅は大きくない（10 μm 以下）．両端部の突出は弱くほぼ楔状．

Navicula vulpina Kütz. 1844
　珪殻は大形（殻長：(50)75-140 μm，殻幅：(10)14-20 μm）で，両端部の突出が大変弱い．

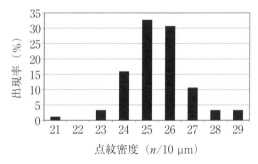

図188 *Nav. vir.* ssp. *neomound.* の点紋密度の分布

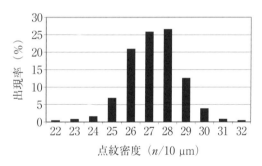

図189 *Nav. vir.* ssp. *vir* の点紋密度の頻度分布

***Navicula viridulacalcis* Lange-Bert. ssp. *viridulacalcis* 2000**, in Rumrich, Lange-Bertalot & Rumrich, Diatoms of the Andes, Lange-Bertalot ed., Iconographia Diatmologica **9**：P. 174-176, Pl. 37, Figs 5-8, Pl. 38, Fig. 5.；Lange-Bertalot 2001, Diatoms of Europe **2**：P. 95, Pl. 36, Figs 4-7.　【Pl. 84, Figs 6-11】

Synonym：*Navicula viridula* (Kütz) Ehrenb. var. *linearis* auct. non Hust. 1936, Schmidt's Atlas：Taf. 405, Figs 13, 14.

珪殻は線状で両側縁は僅かに湾曲する．両端部は楔形で先端は嘴状に突出し，さらに先端はやや鋭円状に終わる．殻長：30-65 μm，殻幅：8-12 μm．縦溝は糸状，軸域は狭い線状で，中心域はやや大きく円形または横長の楕円形から四角形．条線は放射状で両端部は収斂する．条線密

度：8-11/10 μm，点紋密度：21-25/10 μm．

図 **189** *Nav. vir.* ssp. *vir.* は点紋密度の分布を示したものである．木曽川，手賀沼，仁淀川，荒川産のLM写真11珪殻，264条線の点紋密度を計測したものである．

分布・生態
世界広汎種と考えられる．硬度が高い水質，貧〜β-中腐水域に多く出現する．

近似種との相違点
Navicula exilis Kütz. 1844

小形（殻長：20-45 μm，殻幅：6-8 μm）で，特に殻幅が狭い．条線密度：13-15/10 μm，点紋密度：約 40/10 μm ともに密である．

Navicula recens（Lange-Bert.）Lange-Bert. 1985

やや小形（殻長：16-51 μm，殻幅：5.5-9 μm）で，条線密度と点紋密度はやや密（条線：10.5-14 μm，点紋：28-32/10 μm）である．中心域は小さく両端部の突出が弱い．

Navicula slesvicensis Grunow 1880

珪殻両側縁の湾曲が強く，先端はやや広円状である．中心域は僅かに小形．条線を構成する点紋は僅かに密（25/10 μm）である．

Navicula viridula（Kütz.）Ehrenb. var. *viridula* 1938

両側縁の湾曲が強く，少し大形（殻長：40-100 μm，殻幅：10-15 μm）で，中心域が大きい．

Navicula volcanica Bahls & Potapova 2015, in Diatom of the United States：Two new species of *Navicula*（Bacillariophyta, Naviculales）from the Cascade Mountains of the American Northwest. Phytotaxa **218**(3)：253-267. 【Pl. 77, Figs 1, 2】

Basionym：*Navicula ludloviana* A. W. F. Schmidt 1876：Taf. 46, Fig. 15.

珪殻は大きく菱形で先端は広円形．殻長：100-176 μm，殻幅：30-37 μm．軸域は先端から中心に向かって広くなり菱形であり，中心域で軸域の幅は全幅の 1/3 〜 1/2 を占める．中心域は菱形で，形成する条線は長短交互型である．条線は全面強い放射状で，先端ほど傾斜は強くなる．条線密度：中央部，6/10 μm，両端部，8/10 μm．

分布・生態
本種は米国オレゴン州のカスケード山脈を流れる川の源流近くで記録された．著者らは Lake Tahoe, CA-USA. で2回採集し（1971, 1972年），2回とも見いだしている．

近似種との相違点
Navicula aurora Sovereign 1958

珪殻は皮針形で若干小さい（殻長：65-130 μm，殻幅：18-28 μm）．先端は嘴状に突出する．軸域は狭い線形．条線は先端部で収斂する．中心域は横長の四角形．

Navicula sovereignii Bahls 2011

珪殻は皮針形で若干小さい（殻長：52-87 μm，殻幅：12.8-16.5 μm）．先端は嘴状に突出する．軸域は狭い線形．条線は先端部で収斂する．中心域は円形．

Navicula vulpina Kütz. 1844, in Die Kieselschaligen Bacillarien oder Diatomeen：P. 92, Pl.

3, Fig. 43.；Hustedt 1930, Bacill.：297, Fig. 504.；Cleve-Euler 1953, Die Diatomeen von Schweden und Finnland **3**：155, Fig. 815.；Patrick & Reimer 1966, Diat. USA **1**：P. 531, Pl. 50, Fig. 18.；Krammer & Lange-Bertalot 1986, Süsswasserflora von Mitteleuropa **2/1**：P. 121, Pl. 41, Fig. 1.；Metzeltin & Witkowski 1996, in Iconographia Diatomologica **4**：Pl. 4, Fig. 1.；Lange-Bertalot & Genkal 1999, in Icon. Diat. **6**：Pl. 11, Fig. 1.；Lange-Bertalot 2001, Diatoms of Europe **2**：P. 79, Pl. 5, Figs 1-4.：Pl. 4, Fig. 1.；Zimmermann, Poulin & Pienitz 2010, in Iconographia Diatomologica **21**：P. 113, Pl. 38, Figs 4, 5.；Lange-Bertalot 2013(ed.), Diatomeen im Süsswasser-Benthos von Mitteleuropa：409, Taf. 27, Fig. 1, Koeltz Scientific Books. 【Pl. 27, Figs 1-4】

ブルピナフネケイソウ

珪殻は線状皮針形で両端部は広円状で突出しない．殻長：(50)75-140 μm, 殻幅：(10)14-20 μm．条線は糸状，軸域は狭く，中心域は徐々に短くなる条線から形成され，円形から菱形で大きい．中心節を囲む条線は distaff 側が発達し大きい．条線は放射状で，極付近は収斂する．条線密度：8-11/10 μm, 点紋密度：約 22/10 μm.

図 190 *Nav. vul.* は Khuvsgul L., MNG. 産の 2 珪殻，201 条線の点紋密度を計測したものである．点紋密度範囲は(19)21-29(31)/10 μm と表せる．

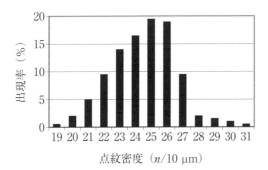

図 190 *Nav. vul.* の点紋密度の頻度分布

分布・生態

北半球では広汎種とされており，北極周辺部にも広く分布している．中腐水域～貧腐水域に多い．

近似種との相違点

Navicula iserentantii Lange-Bert. & Witk. 2000
　先端部の突出がやや強く，条線密度が粗（5.5-7/10 μm）である．

Navicula kefvingensis (Ehrenb.) Kütz. 1844
　珪殻の先端が広円状，中心域が大きい．

Navicula peregrina (Ehrenb.) Kütz. var. *peregrina* 1844
　条線，点紋とも粗である．条線密度：5-6.5/10 μm, 点紋密度：18-20/10 μm.

Navicula radiosa Kütz. var. *radiosa* 1844
　珪殻の外形は似るが，すらり型で殻幅がやや狭い（8-12 μm）．点紋密度は密（28-32/10 μm）

である．

Navicula striolata（Grunow）Lange-Bert. 1985

珪殻は小形（殻長：50-70 μm，殻幅：10-14 μm）で，中心域は小さく，中心域を形成する条線は長短交互型が多い．

Navicula viridula（Kütz.）Ehrenb. var. *viridula* 1938

珪殻は小形のものが多い．殻長：40-100 μm，殻幅：10-15 μm．中心域がやや大きく，その形は distaff side が四角形，staff side が半月形の個体が多い．

Navicula watanabei H. Fukush., Kimura & Ts. Kobayashi 2014, in Japanese Journal of Water Treatment Biology **50**（1）：33-41. 【Pl. 86, Figs 9-11, Pl. 87, Figs 1-19】

Basionym：*Navicula subrostellata* Watanabe et al. 2005 nom. nud., Watanabe ed., 淡水珪藻生態図鑑．

本種の葉緑体の形は Cox (1996) の分類に従うと単一の H 形葉緑体の大きな裂片がそれぞれの帯面にあり，それが狭い地峡部でつながっている形である（Pl. Figs 1-4）．この形の葉緑体をもつ *Navicula* はかなり多い．

珪殻の外形は線状披針形から披針形である．珪殻の両側縁が明らかに湾曲しているものが約 25％，ほぼ平行といえるものが約 40％あり，残りは中間型である．両側縁は湾曲するものから平行な形まで連続的に変化するといえる．

珪殻先端部の突出が弱いものが約 20％，強いものが約 30％であり，残りはその中間型といえ，先端部の突出は強いものから弱いものまで連続的に変化する．

中心域の大きさに関しては，小さいものが約 30％，やや大きいものが約 20％であり，残りはその中間型で，中心域の大きさも大きいものから小さいものまで連続的に変化するといえる．

中心域の形は左右で異なり，distaff side は 3, 4 本の条線が短くなって梯形の中心域を形成している．Staff side は 6-8 本の条線が徐々に短くなり，角度の大きい半月形を形成している．中心域の形は distaff side は縦長四角形，staff side は円弧形と見ることができ，中心域全体の形はキノコを横にした形と表現できる．

Voigt fault が明瞭に認められる珪殻が多い．Staff side の上下にあるものが約 70％，上下の一方にあるものが各々約 10％，不明瞭なものは 10％以下である．

条線は中央部で放射状，両端部で収斂する．縦溝は線状で，staff side 側へ張り出すように少し曲がる．極裂は"？"状に曲がり，中心孔は水滴状形で，珪殻の表裏とも distaff side 側へ傾く．

373 珪殻の光学顕微鏡写真から殻長，殻幅，条線密度，点紋密度を計測した．殻長：20.5-32 μm，殻幅：6.5-9 μm，条線密度：9.5-11.5/10 μm の計測結果を得た．点紋密度は 371 個体を各 1 条線ずつ計測した結果は 26-34/10 μm である．各計測値の出現ヒストグラムを **図 191-193** *Nav. wat.* に示す．*Navicula subrostellata* nom. nud. の計測値は，殻長：18-35 μm，殻幅：6.5-8.5 μm，条線密度：10-12/10 μm，点紋密度：29-32/10 μm と記されている（渡辺ら 2005）．この値は上記の値とほぼ同じといえる．

点紋密度は SEM 写真を使えば 1 珪殻の全条線の点紋密度を計測できる．SEM 写真 6 珪殻，311 条線の点紋密度は(22)26-33(37)/10 μm の範囲である．LM 写真は 13 珪殻，371 条線を計測

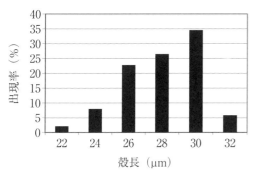

図 191 *Nav. wat.* の殻長の分布

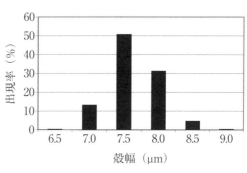

図 192 *Nav. wat.* の殻幅の分布

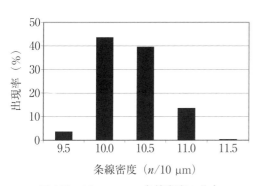

図 193 *Nav. wat.* の条線密度の分布

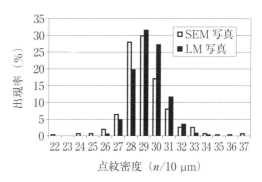

図 194 *Nav. wat.* の点紋密度の比較（SEM，LM 写真）

し，(26)27-32(34)/10 μm である．SEM と LM 写真を比較すると SEM 写真のほうが分布範囲が広くなっている．この差は光学顕微鏡写真では両端部の条線の点紋が明瞭に写っていない場合が多いので計測の対象としていないが，SEM 写真では末端まで計測したことが原因と考えられる．平均値は光学顕微鏡写真で 29.1/10 μm，SEM 写真で 29.3/10 μm であり，ほとんど差はない．両者を比較したヒストグラムを **図 194** *Nav. wat.* に示す．

なお，本 taxon は日本の河川で広く見いだしていたが，これに該当する種名が見当たらないので，新種とすべきと考えていた．2005 年，渡辺仁治編の淡水珪藻生態図鑑が出版され，*Navicula subrostellata* Watanabe et al. nom. nud. として発表されたので，故渡辺仁治日本珪藻学会会長(当時)と相談の結果，福島らが，*Navicula watanabei* H. Fukush., Kimura & Ts. Kobayashi として初発表文を発表することになった．2006 年 5 月，渡辺仁治博士も出席され，新潟市で開催された第 27 回日本珪藻学会大会で口頭発表し，2014 年，日本水処理生物学会誌 **50**(1)に正式発表された種である．

分布・生態

日本の河川に広く分布し（岩木川，米代川，最上川，阿武隈川，阿賀野川，信濃川，那珂川，利根川，荒川・坂戸市，多摩川，相模川，酒匂川，天竜川，豊川，矢作川，木曽川，長良川，揖斐川等），場所によっては多量に出現する．本種の生育環境は β-中腐水性，好アルカリ性で，上記のように広く分布し，多量に出現することもかなりあるので，環境指標種としても重要であ

る.
近似種との相違点
Navicula amphiceropsis Lange-Bert. & Rumrich 2000

　珪殻には本 taxon より大形のものがある（殻長：28-45 μm, 殻幅：7.5-10 μm). 両端部の突出は強く嘴状. 中心域はキノコ形であるが, 中心域を形成する distaff side 側の条線が 3 本のものもあるが 4-7 本のものが多く, 中心域は大形のものが多い. 点紋密度は粗（約 27/10 μm）である.

Navicula capitatoradiata H. Germ. ex Gasse 1986

　外形は皮針形から楕円状皮針形で両側縁が平行にはならない. 先端部は嘴状に突出する. 条線密度, 点紋密度とも密（条線：11-14/10 μm, 点紋：約 35/10 μm）である. 中心域を形成する条線は長短交互配列をすることが多い.

Navicula dealpina Lange-Bert. 1993

　本 taxon に見られないほど大形の珪殻を含む（殻長：25-86 μm). 外形は線状皮針形から楕円形で, 先端は突出せず円錐形である. 中心域はキノコ形でなく, 横長四角形から楕円形. 条線はやや粗（8-10/10 μm）である. 珪殻先端の形態, 中心域の形と大きさは *Nav. watanabei* と区別する重要な要素である. 点紋密度は著者らの計測では(20)21-29(32)/10 μm であり, 粗の傾向がある.

Navicula germainii J. H. Wallace 1960

　Nav. watanabei より大形（殻長：26-40 μm, 殻幅：5-8 μm）のものが多いが, 小形のものはよく似ている. 珪殻は皮針形, 両端部は嘴状に弱く突出する. 中心域の形は楕円形, 菱形, 円形から左右不相称のものまで様々であるが, 比較的小さい. 条線密度：13-15/10 μm, 点紋密度：約 33/10 μm で, 共に密である. 特に条線密度は値が離れていて, よい識別要素の 1 つである.

Navicula rostellata Kütz. 1844

　珪殻は楕円状皮針形, 中心域を形成する条線数が多い. 先端部はやや狭い嘴状. 条線密度, 点紋密度とも密（条線：11-14/10 μm, 点紋：約 30/10 μm）である.

Navicula slesvicensis Grunow 1880

　珪殻の先端部はともに円錐形であるが, *Nav. watanabei* は尖円状であるのに対し本種はやや広円状である. *Nav. watanabei* より大形（殻長：25-50 μm）の傾向が見られる. 中心域はキノコ形でなく, 横長四角形から楕円形である. 中心域の形, 大きさも両種の識別要因として重要である. 先端部条線は僅かに収斂するか平行であるがその程度は *N. watanabei* より弱い. 条線密度, 点紋密度とも粗（条線：8-9/10 μm, 点紋：25/10 μm）である.

Navicula viridulacalcis Lange-Bert. ssp. *viridulacalcis* 2000

　珪殻は線状皮針形のものが多く, 少し大形（殻長：30-65 μm, 殻幅：8-12 μm）である. 先端は短い嘴状で楔形ではない. 中心域の形は横長四角形でキノコ形でない. 点紋密度が粗（21-25/10 μm）である.

Navicula viridula Kütz. var. *rostrata* Skvortsov 1938

　初発表文の記載文では珪殻の両側縁は平行と記し, 図でも両側縁が平行な形を示している. 本試料でこの形態を示す珪殻の出現頻度は 23.6% で, 両側縁が張り出す形のほうが多い. しかし, Skvortzow は初発表文中に外形は *Nav. rostellata* Kütz. に似ているとも記している. *Nav.*

rostellata の両側縁は平行でなく張り出している形がほとんどを占める．このような矛盾はあるが初発表文に示されている図と，上記の記載文から *Navicula viridula* var. *rostrata* の両側縁は平行と理解することにする．珪殻の両端部が嘴状に突出することは両 taxa の間で共通に見られる形質である．中心域を形成する条線は Skvortzow の初発表文の図で見る限りでは 6-9 本の条線が徐々に短くなっているが，*Nav. watanabei* では distaff side の 3，4 本が急に短くなり，staff side では 6-8 本の条線が徐々に短くなっている．このように中心域の形は両 taxa の間で異なっている．

***Navicula wiesneri* Lange-Bert. 1993**, 85 Neue Taxa und über 100 weitere, Lange-Bertalot ed., Bibliotheca Diatomologica **27**：P. 140, Pl. 41, Figs 23-37, Pl. 42, Figs 3-6.；Lange-Bertalot 2001, Diatoms of Europe **2**：P. 80, Pl. 23, Figs 1-13.；Yanling, Lange-Bertalot & Metzeltin 2009, Diatoms in Mongolia. Lange-Bertalot ed., Iconographia Diatomologica **20**：Pl. 42, Figs 18-20.　　　　　　　　　　　　　　　　　　　　　　　　　　【Pl. 43, Figs 11-25】

ウイエスナーフネケイソウ（本種の種小名は Dr. Johannes Wiesner を記念したものである）

珪殻は楕円形から楕円状披針形，先端は広円状．殻長：13-38 μm，殻幅：4.5-6 μm．縦溝は糸状，軸域は大変狭く，中心域は小さくて形は様々．条線は中央部で放射状，先端部は収斂する．条線密度：11.5-14/10 μm，点紋密度：37-40/10 μm である．

Lange-Bertalot（1993）が本種の初発表文に示している顕微鏡写真は 15 枚で大変多い．この中に holotype プレパラートより写した写真が 4 珪殻含まれている．この 4 珪殻の中で珪殻の先端がやや尖状と表現できるのは 3 珪殻だけである．その他の写真はほとんどが鈍円形と表現できるものである．

日本産の本種の写真では尖円と表現できるのは約 60％である．

分布・生態

Lange-Bertalot（2001）は，ヨーロッパに極めて普通に分布しており，多分世界広汎種であろうとしている．塩分を含む水域，普通栄養の水域に多いとされている．日本では平川・沖縄県で見いだしている．

近似種との相違点

Navicula antonii Lange-Bert. 2000

珪殻の両端部は鋭角の円錐状でその先端はより細い尖円状である．珪殻の計測値は殻長：11-30 μm，殻幅：6-7.5 μm で殻幅が小である．条線密度：10.5-15/10 μm で差はない．

Navicula cataracta-rheni Lange-Bert. 1993

少し大形で，特に殻幅が大である（殻長：22-48 μm，殻幅：6.3-8 μm）．珪殻の先端が，より鋭円状である．

Navicula cincta（Ehrenb.）Ralfs var. *cincta* 1861

外形はやや似るが，殻幅が少し広く（殻長：14-45 μm，殻幅：5.5-8 μm），両側縁の平行な部分が長く，条線密度が粗（8-12/10 μm）である．木曽川の試料は，これより殻幅が狭く，条線が密である．

Navicula lundii E. Reichardt 1985

珪殻は皮針形で，時々先端が弱く突出する点が本種と異なる．条線が密（14-15/10 μm）である．

Navicula recens（Lange-Bert.）Lange-Bert. 1985

珪殻の外形はやや似るが，珪殻の先端部は角度が大である．全般的に大形で（殻長：16-51 μm，殻幅：5.5-9 μm）である．条線密度は似る（10.5-14/10 μm）が，点紋密度は密（28-32/10 μm）である．

***Navicula wildii* Lange-Bert. 1993**, 85 Neue Taxa, Iconographia Diatomologica **27**：P. 141, Pl. 46, Figs 9-13.；Krammer & Lange-Bertalot 1991, Süsswasserflora von Mitteleuropa **2/4**：Pl. 62, Figs 1-10.；Lange-Bertalot 2001, Diatoms of Europe **2**：P. 80, Pl. 25, Figs 11-19, Pl. 68, Fig. 5. 【Pl. 63, Figs 1-4】

珪殻は皮針形で中央部から先端方向に向け徐々に細くなる．先端部は僅かに突出する．殻長：23-50 μm，殻幅：5.5-7.5 μm．縦溝は通常糸状で，中心孔は鉤状．軸域は狭い線状で中央に向かって徐々に広くなる．中心域は小形で，ほぼ菱形である．条線は強い放射状，先端部は収斂する．条線密度：11-12.5/10 μm．

図 195 *Nav. wil.* は木曽川産の2珪殻，130条線の点紋密度を計測したものである．点紋密度の分布範囲は(20)21-28/10 μm と表せる．

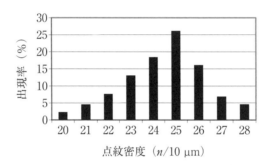

図 195 *Nav. wil.* の点紋密度の頻度分布

分布・生態

世界広汎種とされている．石灰岩地帯の水域に広く分布している．木曽川・大治浄水場で見いだした．

近似種との相違点

Navicula densilineolata（Lange-Bert.）Lange-Bert. 1993

Lange-Bertalot(2001)の図によると，珪殻の先端部の突出がやや弱いようである．

Navicula krammerae Lange-Bert. 1996

珪殻の先端部の突出が強く，条線密度が少し密（13-14/10 μm）である．

Navicula radiosafallax Lange-Bert. 1993

珪殻の先端部の突出が弱く，条線密度が少し密（13-14/10 μm）である．

Navicula radiosiora Lange-Bert. 1993

殻幅が僅かに幅広い（殻幅：7.5-8 μm）．分布はさほど広くなく，記録されているのはデンマーク，スウェーデン，ロシア等である．

Navicula witkowskii **Lange-Bert., Iserentant & Metzeltin 1998**, in Witkowski et al. Cryptog. Algol. **19**：P. 89, Figs 7-11.；Lange-Bertalot & Genkal 1999, Iconographia Diatomologica **6**：Taf. 11, Figs 4-7.；Lange-Bertalot 2001, Diatoms of Europe **2**：P. 81, Pl. 50, Figs 6-12.　　　　　　　　　　　　　　　　　　　　　　　　　　　　　【Pl. 74, Figs 1-11】

Synonym：*Navicula digitoradiata sensu* C. Brockmann 1950.

初発表文に示された本種の外形は皮針形であり，丸みを帯びたものでも楕円状皮針形である．また，先端の突出は明らかに弱く，頭部状ではなく，嘴状である．ところが相次いで発表された同種の写真（Icon. Diat. **6**）は著者らが検討した十勝川の個体群と同じで，楕円形で先端の突出は亜頭部状〜頭部状である．先端条線は平行から収斂，中心域は円形から楕円形に伸び，遊離点はない．

各種計測をした結果を図196-199 *Nav. witk.* に示す．十勝川産の光学顕微鏡写真，150珪殻を計測したところ，殻長：24-33(35)μm，殻幅：8-10(10.5)μm，条線密度：(11.5)12-15.5(16)/10 μm，点紋密度：(30)32-56/10 μmと表せる．条線密度の図を見ると，少数ずつだが粗の条線が不自然に尾を引いている．これは中央部の短い条線が光学顕微鏡写真では明瞭に認められなかったものがあるからである．電子顕微鏡写真では短い条線がすべて正確に計数されるので，値は安

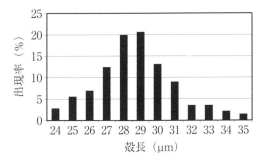

図 196　*Nav. witk.* の殻長の頻度分布

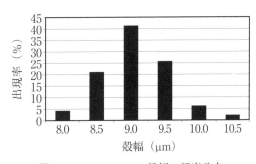

図 197　*Nav. witk.* の殻幅の頻度分布

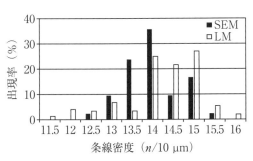

図 198　*Nav. witk.* の条線密度の比較（SEM, LM 写真）

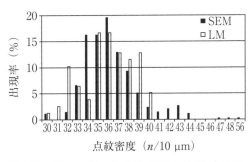

図 199　*Nav. witk.* の点紋密度の比較（SEM, LM 写真）

定し，密度分布範囲は狭くなっている．点紋密度は LM で 30-40/10 μm であるが，SEM 写真を用いることにより，狭い部分が正確に計測でき，分布範囲は広くなった．これらの計測値を初発表文の記載と比べると，殻長に差はないが，殻幅は大（9-12 μm）である．条線密度が粗（10-12/10 μm）で，点紋密度も粗（約 23/10 μm）である．加えて形態に差もあり，初発表文（Icon. Diat. **6**）と十勝川の分類群とは区別が必要と考えられるが，初発表文（Icon. Diat. **6**，Diatoms of Europe **2**）の著者である Lange-Bertalot に従い本書では同一種として扱う．

分布・生態

河口域，稀に高電導率の淡水に生息するが，汽水産である．

近似種との相違点

Navicula constans Hust. var. *constans* 1944

極めてよく似た種類で外形は楕円形で先端は丸い嘴状，条線は先端まで放射状．中心域は横に伸長し，中心域の片側に 1 個の遊離点がある．殻長：25-30 μm，殻幅：10-14 μm，条線密度：中央部，14/10 μm，先端部，20/10 μm．

Navicula constans var. *symmetrica* Hust. 1957

初発表文に記載された計測値はその図版を計測した値と合致しない．Simonsen の holotype を計測した値は次のとおり．殻長：27.5-29 μm，殻幅：9.5-10 μm，条線密度：12-13.5/10 μm．先端が引き伸ばされていないこと，先端条線が放射状であり，収斂しないこと，中心域が横に引き伸ばされ縦に引き伸ばされないこと，条線密度が 9.5-10/10 μm と粗である．外形は楕円形，先端は嘴状，条線は先端まで放射状，中心域は横に伸長し，遊離点はない．これらのことから区別が可能である．

Navicula salinarum（Grunow）var. *rostrata*（Hust.）Lange-Bert. 2001

　　（Basionym：*Navicula digitoradiata*（W. Greg.）Ralfs var. *rostrata* Hust. 1939）

外形は皮針形から楕円状皮針形で皮針形のものが多い．先端は嘴状だが，伸長が弱い．中心域は短い菱形．殻幅が狭い（7.5-9 μm）．

Navicula salinarum var. *salinarum* f. *minima* Kolbe 1927

楕円形の珪殻が多く，先端がさほど伸長しない嘴状．中心域が小さく横に広がり，殻幅が小さい（6-10.5 μm）．条線密度が密（12-19.5/10 μm）で，点紋密度も密（41-53/10 μm）である．

（なお Kolbe が記載した計測値は次のとおり．殻長：19 μm，殻幅：8 μm，条線密度：16-17/10 μm）

Navicula salinarum Grunow var. *salinarum* f. *salinarum* 1878

珪殻は幅広い皮針形から楕円状皮針形で皮針形のものが多い．先端は嘴状に伸長．皮針状楕円形であり，先端の伸びが小さい．殻幅が少し大で，先端条線は平行，中心域は縦に伸びた菱形から楕円形である．

Navicula yuraensis Negoro & Gotoh 1983, in Acta Phytotax. Geobot. **34**(1-3)：P. 91, Figs 1A-C.；Fukushima et al. 1990, Taxonomical studies on Pennate Diatom *Navicula yuraensis* Negoro et Gotoh, Jpn. J. Wat. Treat. Biol. **26**(2)：P. 68-70.

【Pl. 69, Figs 1-24】

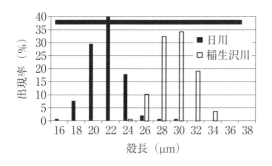
図 200　*Nav. yur.* の殻長の頻度分布

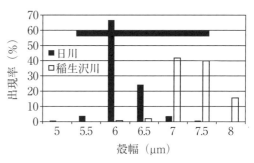
図 201　*Nav. yur.* の殻幅の頻度分布

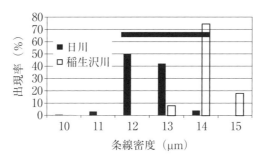
図 202　*Nav. yur.* の条線密度の頻度分布

　珪殻は皮針形，両端部は楔形，その先端は広円状と鋭円状の中間の形．殻長：18-37 μm，殻幅：5.5-7.5 μm．縦溝は真っ直ぐな糸状，軸域は線状，両端は少し広がる．中心域は上下に長い皮針形から円形で，左右で形が異なることが多く，形，大きさに変異が大きい．条線は弱い放射状，先端部で弱く収斂する．条線密度：中央部，12-14/10 μm，両端部，14-16/10 μm，点紋密度：約 32-34/10 μm．

　日川・笛吹川・山梨県の分類群 388 珪殻と，稲生沢川・蓮台寺温泉・静岡県の分類群 448 珪殻をかって *Navicula cinctaeformis* として発表した．その計測値から**図 200-202** *Nav. yur.* を作成した．図中に記した横線は Negoro & Gotoh (1983) に示された *Nav. yuraensis* の各々の項目の範囲である．

　なお，Lange-Bertalot (1985) で，*Navicula cinctaeformis* は *Navicula erifuga* の synonym とされている．日川と稲生沢川の種は Negoro & Gotoh が示した計測範囲にほぼ含まれてしまうが，図に示したように両河川の分類群は明瞭に 2 分され，稲生沢川の分類群を *Nav. yuraensis* と見なすことは無理がある．*Navicula erifuga* の synonym とされた種に *Navicula heufleri* var. *leptocephala* (Bréb.) Peraallo がある．本種と同定し，記載された論文の条線密度は 13-14/10 μm (Patrick 1966, Watanabe et al. 1982)，13-15/10 μm (Wujek et al. 1980) と記されていて，稲生沢川の種の条線密度はこれと一致する．また，中心域の形を比べると，*Nav. cinctaeformis* は staff side が半皮針形，distaff side が半円形であるのに対し，*Nav. yuraensis* は staff side が半皮針形，distaff side が半円形の珪殻は 7%でしかなく，多くは逆になっている．したがって，日

川産の個体群は *Nav. yuraensis*，稲生沢川産の個体群は *Nav. erifuga* と考えられる．

分布・生態

日本の淡水域〜汽水域まで，特に河川に極めて広く分布する．好清水性，β-中腐水域に多く見られる．木曽川には広く分布する．

近似種との相違点

Navicula cremorne M. H. Hohn & Hellerman var. *salinarum* Negoro & Gotoh 1983

殻面の形態は似るが，大形（殻長：44.7 μm，殻幅：7.9 μm）である．条線と縦溝がなす角度は直角に近くはなく，条線が中央部では湾曲し，両端部では真っ直ぐである．条線，点紋密度とも少し粗で，条線密度：中央部，10.5-12.5/10 μm，両端部，13-14/10 μm，点紋密度：約28-32/10 μm である．

Navicula erifuga Lange-Bert. 1985（Synonym Hust. 1937）

珪殻の膨らみが強く，幅広くやや大形（殻長：35-43 μm，殻幅：7.5-8 μm）である．*Navicula yuraensis* が発表される前は，*Nav. cinctaeformis* と混同されていた．

Navicula exilis Kütz. 1844

珪殻の両端部の突出が強く，中心域が大で，条線の傾斜が強く，湾曲することがある．点紋密度が密（40/10 μm）である．

Navicula hintzii Lange-Bert. 1993

珪殻の先端は鋭円状ある．条線密度はやや粗（12-13/10 μm）で，傾斜は強い．点紋密度がやや粗（30-32/10 μm）である．

Navicula leistikowii Lange-Bert. 1993

珪殻の両端部が弱く突出する．条線の傾斜が強く，条線密度はやや粗（12-13/10 μm）である．

Navicula libonensis Schoeman 1970

殻面の両端はやや尖円状で，中心域が大である．条線の傾斜が強く，点紋密度が粗（約26/10 μm）である．

Navicula normalis Hust. 1955

珪殻の両端部はより楔形で，先端は尖円状．中心域は大きく楕円形である．殻長：53 μm，殻幅：9 μm と大形で，条線密度は粗（10-12/10 μm）である．

Navicula stankovicii Hust. 1945

珪殻の先端は鋭円状で，条線の傾斜角が強く，中心域は小さい．条線密度は密（16-18/10 μm）で，点紋密度は粗（30/10 μm）である．

Navicula zanoni Hust. 1949, in Exploration du Parc National Albert：Mission H. Damas **8**：P. 92, Pl. 5, Figs 1-5（1935-1936）．；Simonsen 1987, Atlas and Catalogue of the Diatom Types of Friedrich Hustedt：P. 343, Pl. 524, Figs 1-5. **[Pl. 63, Figs 5-14]**

珪殻は皮針形で両端部は弱く嘴状に突出する．殻長：27-64 μm，殻幅：7-11 μm．縦溝は糸状軸域は大変狭い．中心域は中くらいから狭いほうで，皮針形．条線は中央部で放射状，両端部は収斂する．中央部条線は長短交互配列．条線密度：12-14/10 μm，点紋密度：36/10 μm．

図203 *Nav. zan.* は Zambezi Riv. 産の LM 写真2珪殻，222条線を計測した点紋密度頻度分布

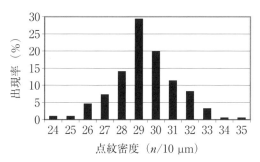

図 203　*Nav. zan.* の点紋密度の頻度分布

図である．点紋密度：(24)26-33(35)/10 μm と表せる．

分布・生態

アフリカに広く分布しているようである．Zambezi Riv., BWA. で広く採集している．

近似種との相違点

Navicula arkona Lange-Bert. & Witk. 2001

珪殻の外形，大きさもかなり似ている．しかし，殻長，殻幅がやや大きめで，条線密度は粗である（殻長：50-60 μm，殻幅：9.5-10.5 μm，条線密度：11-12/10 μm）．分布域が異なり当種は北ヨーロッパから北極圏に分布する．

Navicula subalpina E. Reichardt var. *schweigeri* (Bahls) H. Fukush., Kimura & Ts. Kobayashi 2014

珪殻の外形，大きさも似る．殻幅がやや小さめ（7-8.5 μm）で，条線密度が密（12.5-15/10 μm）である．分布が狭く，現在は日本だけで見いだされている．

Navicula subalpina E. Reichardt var. *subalpina* 1988

殻幅が狭く（5-7 μm），条線密度が密（14-17/10 μm）である．オセアニアに広く分布する．

Genus *Naviculadicta*

Naviculadicta absoluta (Hust.) Lange-Bert. 1994　　　　　【Pl. 93, Figs 2-5】

Naviculadicta parasemen Lange-Bert. 1999, in Iconographia Diatomologica **6**：P. 72, Pl. 25, Figs 1-5, Pl. 26, Figs 1-4.　　　　　【Pl. 93, Fig. 1】

珪殻は楕円形から先端が鈍い広円状の楕円状披針形で，時には多少突出する．殻長：40-60 μm，殻幅：20-25 μm（殻長：120 μm，殻幅：30 μm の記録もある）．縦溝は曲がりくねっている．中心孔はやや離れている．軸域は中くらいの幅で，中心域は横長の楕円形から四角形，または円形である．条線は放射状配列で，先端部は平行あるいは収斂する．条線密度：中央部，10-12/10 μm，点紋密度：約 27/10 μm．

分布・生態

北極海周域に分布し，冷水域に出現する．Byron Bay, Victoria Isl., CAN. で見いだした．

近似種との相違点

Navicula amphibola Cleve var. *amphibola* 1891
　珪殻両端部の突出が強く，中心域は大きく，横長である．

Navicula magnifica Hust. 1934
　珪殻の先端部は楔状で，先端はやや尖円状である．縦溝は真っ直ぐで曲がりくねらない．条線は大変細かい点で構成され，放射状配列で，条線密度は密（9-11/10 μm）である．

Navicula platystoma Ehrenb. 1838
　珪殻が少し小形で，特に殻幅が狭い（殻長：30-60 μm，殻幅：14-22 μm）．中心域は大きく横長の菱状楕円形である．条線を構成する点紋は不明瞭である．

Navicula placentula (Ehrenb.) Kütz. var. *placentula* 1844
　珪殻は小形（殻長：30-70 μm，殻幅：12-28 μm）で，両端部の突出の狭さが明瞭である傾向が強い．縦溝は曲がりくねらず，ほぼ真っ直ぐである．条線を構成する点紋は明瞭でなく，放射状配列である．

Navicula semen Ehrenb. 1843
　中心域はほぼ円形，条線密度は粗で中央部で 6-8/10 μm, 点紋密度も粗（15-21/10 μm）である．

Naviculadicta ventraloconfusa (Lange-Bert.) **Lange-Bert. 1994**, Bibliotheca Diatomologica **29**：P. 87, Pl. 52, Figs 37, 38. 　　　　　**[Pl. 93, Figs 6-8]**
Basionym：*Navicula ventroconfusa* Lange-Bert. 1989, Bibliotheca Diatomologica **18**：P. 165, Pl. 79, Figs 37, 38（nec. 36）.
Synonym：*Navicula ventralis sensu* Lange-Bert. 1986, Krammer & Lange-Bertalot, in Süsswasserf. von Mitteleur. **2/1**：P. 197, Pl. 71, Figs 1, 2.

　珪殻は楕円状で両端部は丸く強く頭部状に突出し，両側縁中央部は強く張り出す．殻長：11.5-25 μm，殻幅：4.5-6.5 μm．縦溝は糸状，軸域は狭い糸状で中心域に向かって徐々に幅広くなる．中心域は横長の四角形．条線は放射状，条線密度：24-29/10 μm．中心域を構成する条線は 4-6 本．

分布・生態
　世界広汎種．著者らは平川・沖縄県で得ている．

近似種との相違点

Sellaphora japonica (H. Kobayasi) H. Kobayasi 1998
　珪殻中央部の張り出しが強く，中心域が小さい点で区別が可能である．

Genus *Parlibellus*

　Parlibellus は E. J. Cox が 1988 年に *Parlibellus delognei* を type species として，Diatom Research（国際珪藻学会誌）で設立した属である．細胞は舟形で，帯面に多数の中間体をもつ．しばしば粘液管を形成し，細胞はその中で生活する．帯面から見ると蝶形で中央で繋がり，殻面から見ると両サイドの側壁に沿い，上下に分かれたように見えるが，中央で繋がる葉緑体をもつ（E. J. Cox 1988 参照）．

Parlibellus crucicua (**W. Sm.**) **Witk., Lange-Bert. & Metzeltin 2000**, Iconographia Diatomologica **7**：P. 321, Pl. 103, Figs 11-13.　　　　　　　　　　　【Pl. 93, Figs 9-16】

Basionym：*Stauroneis crucicula* W. Sm. 1853, Synop. Brit. Diat. **1**：P. 60, Pl. 19, Fig. 192.

Synonym：*Navicula crucicula* (W. Sm.) Donkin 1871, Nat. Hist. Brit. Diat. 2：P. 44, Pl. 6, Fig. 14.；Krammer & Lange-Bertalot 1986, Süsswasserf. von Mitteleur. **2/1**：P. 161, Pl. 54, Figs 1-5（6, 7）.

　珪殻は楕円状から楕円状披針形で，先端部は弱く突出するが，その変異は大きく，広円状から尖円状まで変化する．殻長：(20)35-100 µm，殻幅：8-23 µm．軸域は狭い線状で，中心域は変異が大きく，小円形から大きい楕円状披針形まで様々な形がある．条線は弱い放射状，先端部は平行になるものもある．条線密度は先端部のほうが若干密になる．中央部：14-17/10 µm，末端部：18-22/10 µm．点紋密度：13-22/10 µm．

分布・生態

　世界広汎種で，内陸塩水域や海岸の汽水域に広く分布する．木曽川・尾張大橋，Skansen Isl., SWE. 等の感潮域から得ている．

近似種との相違点

Parlibellus cruciculoides (C. Brockmann) Witk., Lange-Bert. & Metzeltin 2000

　中心節を囲む条線は十文字状（Stauros）に広がらない．また，*Parlibellus crucicua* ほど広くならない．

Parlibellus delognei (Van Heurck) E. J. Cox 1988

　帯面はよく発達している．中心節を囲む条線は十文字状に広がらない．条線はすべてほぼ平行．

Parlibellus gravilleoides (Hust.) E. J. Cox 1988

　珪殻は菱状楕円形，先端は広円状．殻長：58-72 µm，殻幅：15-17 µm．条線はほぼ平行．

Parlibellus integra (**W. Sm.**) **Ralfs 1861**, in A history of Infusoria：P. 895.

【Pl. 94, Figs 1-6】

Basionym：*Pinnularia integra* W. Sm. 1856, Synop. Brit. Diat. **2**：P. 96.

Synonym：*Navicula integra* (W. Sm.) Ralfs 1962, in Pritchard. Hist. Infus.：P. 895 (1861).；Krammer & Lange-Bertalot 1986, in Süsswasserf. von Mitteleur. **2/1**：P. 162, Pl. 55, Figs 1-3.

　珪殻は披針形から楕円状披針形，殻縁は3回波打ち，両端部は嘴状に突出する．殻長：25-45 µm，殻幅：8-10 µm．軸域は狭く，中心域は小さいほうで楕円状から四角形．条線は放射状で，先端部はほぼ平行に近い．条線密度は密で，先端部のほうがより密である（中央部：16-21/10 µm，先端部：17-25/10 µm）．点紋密度：27-35/10 µm．

分布・生態

　世界広汎種．電解質を多く含む水域に多く出現する．淡水域にも生育するが稀で，汽水域や内陸の鹹水域に多く生育する．手賀沼，Pond Buckingham Palace, GBR., Madeleine Falls-1, NCL., Plitvice Lake N. P., HRV., Pond in Kamchatka, RUS. から得ているが，多産する例は見ていない．

近似種との相違点

　珪殻の外形は3回波打つ特徴があるので，近縁の種と区別しやすい．

2008年,本種を新属 *Prestauroneis* に所属を変える,次のような提案がなされた.
Prestauroneis integra (W. Sm.) Bruder 2008, Diatoms of the United States
Basionym：*Pinnularia integra* W. Sm. 1856
Synonym：*Navicula integra* (W. Sm.) Ralfs in Pritchard 1861
著者らは本論文について検討していないので紹介にとどめる.

Parlibellus protracta (Grunow) Witk., Lange-Bert. & Metzeltin var. *protracta* f. *protracta* 2000, Iconographia Diatomologica **7**：P. 324, Pl. 103, Figs 9・10, Pl. 134, Figs 13・14.

【Pl. 94, Figs 7-10】

Basionym：*Navicula protracta* Grunow 1880, in Kongl. Svenska Vet. Akad. Handl. **17**(2)：P. 35, Pl. 2, Fig. 38.；Krammer & Lange-Bertalot 1986, in Süsswasserf. von Mitteleur. **2/1**：P. 163, Pl. 55, Figs 5-10.；U. Rumrich, Lange-Bert. & M. Rumrich 2000, in Icon. Diat. **9**：P. 197, Pl. 75, Figs 14-16.

珪殻の外形は変化に富み,線状,楕円状披針形から楕円形まで見られる.先端部は丸く突出した形にはならない.嘴状から亜頭部状まで変化があり,幅広い丸みのある先端をなす.殻長：17-60 μm,殻幅：5-10 μm.軸域は狭い線状で,中心域は小さくほぼ円形.条線は弱い放射状からほぼ並行である.条線密度は中央部で 18-22/10 μm.先端部では若干密になり,19-24/10 μm.条線は不明瞭な点紋で構成されている.光学顕微鏡写真では点紋の計測はほぼできないが,極めてよく焦点が合っている部分の条線は10000倍に拡大すると点紋の計測は可能である.3珪殻,20条線の点紋を計測しただけであるが,点紋密度の範囲は 21-28/10 μm であった.

Krammer & Lange-Bertalot(1986)は *Navicula protoractoides* Hust. を *Navicula protracta* (Grunow) Cleve の形態変異の中に入ると考え *Navicula protracta* (Grunow) Cleve の synonym とした.

Krammer & Lange-Bertalot(1986)の *Navicula protracta* の顕微鏡写真には *Navicula protractoides* の syntype の写真 (figs 55-9, 10),*Navicula protracta* f. *elliptica* の写真 (fig. 55-5) も含まれている.

E. J. Cox(1987)は珪殻の大きさ,形から Krammer & Lange-Bertalot(1986)の示している *Navicula protracta* とは別の taxon と考え,元の Hustedt の考えに戻すべきとした.

Witkowski, Lange-Bertalot & Metzeltin(2000)は,上記 taxon を Cox が 1988 年に設立した *Parlibellus* に組み合わせ *Parlibellus protracta*,*Parlibellus protractoides* とした.

分布・生態
世界広汎種,淡水の高い電解質の水域,汽水域に多く見られる.

近似種との相違点
Parlibellus berkeleyi (Kütz.) E. J. Cox 1988
珪殻は楕円状披針形で,両端部は突出しない.殻長：12-30 μm,殻幅：5-7 μm.
Parlibellus calvus Witk., Lange-Bert. & Metzeltin 2000
珪殻は線状披針形で,両端部は突出しない.殻長：13-18 μm,殻幅：3-5 μm.
Parlibellus coxiae Witk., Lange-Bert. & Metzeltin 2000
珪殻は幅広い線状形,両端部はやや幅広い円形で突出はしない.小形(殻長：9-12.5 μm,殻

幅：2.5-3 μm）である．

Parlibellus protractoides Hust. 1957

　珪殻は両端部が頭部状に突出する．殻長は短く（17-19 μm），殻幅も小（4-5 μm）である．条線は放射状配列で，条線密度は密（中央部，20/10 μm，先端部，28/10 μm）である．

***Parlibellus protracta*（Grunow）var. *protracta* f. *elliptica*（Gallik）Witk., Lange-Bert. & Metzeltin 2000**, in Iconographia Diatomologica **7**：P. 324, Pl. 103, Figs 6, 7.【Pl. 94, Fig. 15】

Basionym：*Navicula protracta* Grunow 1880.

　珪殻は楕円形から長楕円形で，両端部は広円状に突出する．殻長：25-53 μm，殻幅：10-11 μm．軸域は狭い線状で，中心域は小さい楕円形．条線は中くらいの放射状，先端は平行から収斂するものまである．中央部の条線密度：12-13/10 μm，先端部では密になり，18-19/10 μm．

　この品種の特徴は，両端部が突出しない点である．

　本種はGallikが1935年に*Navicula protracta* f. *elliptica*として記載した．Hustedt（1950）は北ドイツの湖沼で得た本種を*Navicula protracta*と同定した（Arch. f. Hydrob. p. 401, pl. 37, figs 19, 20）．このtaxonを1957年にAbh. Naturw. ver. Bremen 343e号，p. 283で*Navicula protracta* f. *elliptica* Hust. との新品種の記載を行った．しかし，Hustedt（1962）（Die Kieselalgen **3**(1)：P. 316, Fig. 1435）ではこの種名を用いず，*Navicula protracta* f. *elliptica* Gallikを用いている．なお，Simonsen（1987）は*Navicula protracta* f. *elliptica* Hust. のlectotypeの写真として，Pl. 659, Figs 1, 2に本種の写真を示している．

分布・生態

　木曽川・尾張大橋で得ているので，var. *protracta*と同様，鹹水性と推察されるが観察例が少ないので，判然としない．

***Parlibellus protractoides*（Hust.）Witk., Lange-Bert. & Metzeltin 2000**, Iconographia Diatomologica **7**：P. 325, Pl. 134, Figs 15, 16.；Hofmann, Lange-Bertalot & Werum 2013, Diatomeen im Süsswasser-Benthos von Mitteleuropa：P. 474, Figs 50：11-17.

【Pl. 94, Figs 11-14】

Basionym：*Navicula protractoides* Hust. 1957, Abhandlungen Naturwissenschaftlichen Verein Bremen **34**(3)．P. 283, Figs 32, 33.

　珪殻の外形は変化に富み，側縁は線状から膨らむものまである．先端部は細く引き伸ばされ，嘴状から頭部状まで変化し，先端は広円状である．殻長：17-19 μm，殻幅：4-5 μm．縦溝は真っ直ぐで，中央部は直線状，末端部は上下とも同じ側へ曲がる．軸域は狭い線状で，中心域は小さく楕円形．条線の配列は明瞭な放射状で，条線密度：15-22/10 μm，中央部，15-21/10 μm，先端部，16-22/10 μmでほとんど差異はない．条線は不明瞭な点紋で構成され，点紋密度：21-32/10 μm（*Parlibellus protracta*の項参照）．

分布・生態

　世界広汎種．淡水の高い電解質の水域，汽水域に多く見られる．木曽川等日本はもとより，米国，Sweden, Herschel Isl., CAN. で見いだしている．

近似種との相違点

Parlibellus berkeleyi（Kütz.）E. J. Cox 1988

珪殻は楕円状披針形で，両端部は突出しない．殻長：12-30 μm，殻幅：5-7 μm．

Parlibellus calvus Witk., Lange-Bert. & Metzeltin 2000

珪殻は線状披針形で，両端部は突出しない．殻長：13-18 μm，殻幅：3-5 μm．

Parlibellus coxiae Witk., Lange-Bert. & Metzeltin 2000

珪殻は幅広い線状形，両端部はやや幅広い円形で突出はしない．小形（殻長：9-12.5 μm，殻幅：2.5-3 μm）である．

Parlibellus protracta（Grunow）var. *protracta* f. *elliptica*（Gallik）Witk., Lange-Bert. & Metzeltin 2000

珪殻は線状で，両端部は幅広く突出するが頭部状にはならない．殻長は長いものも多く（17-60 μm），殻幅も広く（5-10 μm）で，条線配列は弱い放射状からほぼ平行で，条線密度は 18-24/10 μm で，若干密である．

Genus *Pinnuavis*

***Pinnuavis elegans*（W. Sm.）Okuno 1975**, in Advance Phycol. Japan：P. 109.

【Pl. 94, Fig. 17, Pl. 95, Figs 1-4】

Basionym：*Navicula elegans* W. Sm. 1853, Synop. Brit. Diat. **1**：P. 49, Pl. 16, Fig. 137.；Hustedt 1930, in Süsswasser-F. Mitteleur. **10**：P. 312, Fig. 562.；Krammer & Lange-Bertalot 1986, in Süsswasserf. von Mitteleur. **2/1**：P. 236, Pl. 82, Figs 7, 8.

Synonym：*Pinnularia elegans*（W. Sm.）Krammer 1992, in Bibl. Diat. **26**：P. 73, Pl. 16, Figs 1-4.

珪殻の変異は大きいが，皮針形で，先端は嘴状に突出する．殻長：38-115 μm，殻幅：13-30 μm．軸域は幅広い線状，中心域は大きく，形に変異が大きく，四角形から円形が多い．条線は幅広く，弓形あるいはS字形に湾曲することが多く，放射状で，先端部は収斂する．条線密度：8-12/10 μm．

分布・生態

世界広汎種．淡水から汽水域に広く分布するが，汽水域に多く出現する．日本各地，Yosemite N. P., CA-USA 等米国各地，Herschel Isl. CAN., Patagonia 等で広く採集している．

近似種との相違点

Pinnuavis は数種記録されているが，本種に形態，大きさの似た種は他にない．

***Pinnuavis genustriata*（Hust.）Lange-Bert. & Krammer 1999**, in Lange-Bertalot & Genkal, Diatomeen aus Sibirien Ⅰ：Lange-Bertalot(ed.), Iconographia Diatomologica **6**：P. 81, Pl. 48, Figs 6, 7. 【Pl. 94, Fig. 16】

Basionym：*Navicula genustriata* Hust. 1942, Internationale Revue der gesamten Hydrobiologie und Hydrographie **42**(1/3)：P. 77, Figs 143, 144.

珪殻は楕円状披針形で両端は嘴形というより頭部状に突出し，その先端は広円状．殻長：13-

37 μm, 殻幅：5.5-9.5 μm. 縦溝は真っすぐで，軸域は狭い線状．中心域は円形で大きい．条線は放射状配列で，中央部付近で急に折れ曲がる．先端部では縦溝に水平か収斂する．条線密度：14.5-19/10 μm.

分布・生態

本種の原産地はハワイ，オアフ島（池：407）で，Hustedt（1942）は大変稀と記している．Simonsen（1987）はこの holotype の写真を示している（Pl. 410, Figs 8-10）．Witkowski, Lange-Bertalot & Metzeltin（2000）はグダニスク（ポーランド）地方の塩湿地に多いとしている．Khuvsgul L., MNG. で見いだした．

Pinnuavis sp. 【Pl. 95, Fig. 5】

Genus *Placoneis*

Placoneis Mereschkowsky, emend. E. J. Cox, Diatom Research **2**(2)：P. 145-157, 1987 に上記の記載がある．

Placoneis は属名，Mereschkowsky はこの属を設立した人の名．

emend. は「日本植物学記国際命名規約邦訳委員会（委員長：大橋広好）訳（2012），：国際藻類・菌類・植物命名規約（メルボルン規約），北隆館発行：2014」，命名法用語集によると "Altered (by), emended, emendatus, emendavit,（タイプを除くことなしに分類群の判別形質または範囲が）訂正されたこと（→勧告 47A）．分類群の範囲を訂正した著者名の前におく"と記されている．

なお，本項に関連する国際植物命名規約は次のとおりである．

第 47 条

47.1. 分類群の判別形質や範囲をそのタイプを除くことなく変更することは，その分類群の学名の著者引用を変える根拠とならない．

勧告 47A

47A.1. 第 47 条で述べられたような変更がかなりなものであるとき，次のような語を，必要に応じて省略して加えることによって改変された性質を示してもよい．"emendavit (emend.)"「訂正した（その改変に責任のある著者の名前の前に置く）」…（中略）… "*sensu lato*" (*s. l.*)「広義の」："*sensu stricto*" (*s. str.*)「狭義の」などがある．

以上よりこの項は Mereschkowsky が設立した *Placoneis* の分類群の範囲を E. J. Cox が訂正した形質を記してあることがわかる．

「次いで，*Placoneis* の特徴を次のように記している．」

珪殻は左右不相称，中央部は楕円状から平行，先端部は嘴状から頭部状まで各種あり，先端は円状である．各細胞には中央にピレノイドをもつ 1 個の葉緑体がある．葉緑体は細胞の下部に横たわる側葉とは狭い部分（橋）で連なっている．核はこの橋の片方にある．2 つのリブロプラスト（Libroplast：光を屈折する円形の粒子で，細胞内に存在するが，位置は決まっていない）があり，その 1 つは細胞の先端にある．条線は殻の中央部では時々弱い放射状である．遊離点は

Gomphonema, *Cymbella* や *Navicula mutica* のような遊離点ではない．上記の諸属の場合は孔の内部に閉鎖構造が認められる．中心域はしばしば大きく広がっており，その形と条線の配列は種によって異なる．軸域は一般に狭く，極節の末端は同じ側に湾曲するもの，反対側に湾曲する種がある．縦溝の中心域側の末端は真っ直ぐで，弱く広がる．縦溝先端の曲がる方向の組み合わせを図のように定義し，本書では定義した型の名前を用いる．

　Placoneis は淡水に優勢で，汽水にも見られる．この属の type は *Plac. gastrum*（Ehrenb.）Mereschk. 1903 である．

　「*Navicula* について同様に記すなら，次のようになる．」

　Navicula J. B. M. Bory de St.-Vincent 1822 *sensu stricto*

　珪殻は舟形で，中央部は披針形から線状形，先端は鋭円から鈍円錐で嘴状より嘴状頭部形に突出する．帯面は狭い四角形である．2枚の板状葉緑体が各々の長い面に添ってある．葉緑体の縁は平滑で切れ込みはない．縦溝は中央部にあり，左右相称である．縦溝はほぼ真っ直ぐで，両端部は釣り針形に同じ方向に曲がる．条線を構成する点紋は明瞭または不明瞭．淡水，汽水，海水域に広く分布する．

　Navicula の type は *Nav. punctata*（O. F. Müll.）Bory 1822（= *Vibrio tripunctatus* 1786）である．

　Placoneis は Mereschkowsky が 1903 年に設立した属であるが，長年省みられることはなかった．しかし，E. J. Cox 1987（Diatom Research **2**(2)：P. 145-157）の論文が発表され，多くの研究者が *Placoneis* を用いるようになった．現在では非常に多くの種を含む大きな属となっている．

　主要な種をできるだけ多く含む検索表を次に記す．

Placoneis 属内分類群の検索表

I　中心域に遊離点がある．
 I）遊離点は両側性である．
 　（I）常に両側性で，遊離点は各2個である．
 　　…… *Placoneis clementis*（Grunow）E. J. Cox var. *quadristigmata*（Manguin）1960
 　（II）普通は1側性であるが，時には両側性で片側2個，他方は2個．またはそれ以上になる．中心域を形成する条線は長短交互型でない．
 　　…………*Placoneis clementis*（Grunow）E. J. Cox var. *japonica*（H. Kobayasi）H. Fukush., Kimura & Ts. Kobayashi 2006
 II）遊離点は1側性で普通は2個，または1個である．
 　（I）遊離点は普通2個である．
 　　1　遊離点は常に2個である；中心域を構成する条線は長短交互型でない．
 　　　………………………… *Placoneis clementioides*（Hust.）E. J. Cox 1987
 　　2　遊離点は常に2個とは限らない；中心域を構成する条線は普通長短交互型である．
 　　　1）珪殻の先端部は典型的な嘴状突出をする．
 　　　　………… *Placoneis clementis*（Grunow）E. J. Cox var. *linearis*（Brander）E. Y. Haworth & M. G. Kelly nom. inval.（非正式名）2002
 　　　2）珪殻の先端部は亜嘴状突出をする．

.... *Placoneis clementis*（Grunow）E. J. Cox var. *clementis* 1987
（Ⅱ）遊離点は普通1個である.
　1　珪殻は *Cymbella* 状に弱く湾曲し，両端の突出は弱く，先端は広円状である.
　　　　............... *Placoneis gastrum*（Ehrenb.）Mereschk. var. *signata*（Hust.）
　　　　　　　　　　　　　　　　　　　　　　H. Fukush., Kimura & Ts. Kobayashi 2006
　2　このような形態でない.
　　1）条線は弱い放射状であるが，縦溝と直角に近い個体もある.
　　　　........ *Placoneis pseudanglica*（Lange-Bert.）E. J. Cox var. *signata*（Hust.）
　　　　　　　　　　　　　　　　　　　　　　H. Fukush., Kimura & Ts. Kobayashi 2006
　　2）条線は放射状に配列する.
　　　（1）中心域を構成する条線は，主として長短交互型配列である.
　　　　　A　珪殻の両端部は嘴状に強く突出する.
　　　　　　　............ *Placoneis constans*（Hust.）E. J. Cox var. *constans* 1987
　　　　　B　珪殻の両端部は亜鈍楔状で，強く突出することはない.
　　　　　　　............ *Placoneis porifera*（Hust.）E. J. Cox var. *porifera* 1987
　　　（2）中心域を構成する条線は，長短交互型配列でない.
　　　　　.......... *Placoneis exigua*（W. Greg.）Mereschk. var. *signata*（Hust.）
　　　　　　　　　　　　　　　　　　　　　　H. Fukush., Kimura & Ts. Kobayashi 2006
Ⅱ　中心域に遊離点がない.
　Ⅰ）両側縁が3回波打つか，その傾向がある.
　　　　.......................... *Placoneis undulata*（Østrup）Lange-Bert. 2000
　Ⅱ）他の形態である.
　　（Ⅰ）珪殻は *Cymbella* 状に弱く湾曲し，両端の突出は弱く，先端は広円状である.
　　　　...................... *Placoneis gastrum*（Ehrenb.）Mereschk. var. *gastrum* 1903
　　（Ⅱ）珪殻は *Cymbella* 状に湾曲しない．殻端は広円状でない.
　　　1　中央部と先端部を除き，条線はやや強い放射状である.
　　　　1）中心域は大きい.
　　　　（1）横長の四角形が多い.
　　　　　A　珪殻の先端は嘴状から頭部状に突出する.
　　　　　　A）点紋密度は20-25/10 μm，分布は主として北方性.
　　　　　　　.....*Placoneis abiskoensis*（Hust.）Lange-Bert. & Metzeltin 1996
　　　　　　B）点紋密度は28/10 μm，世界広汎種.
　　　　　　　............................. *Placoneis elginensis*（W. Greg.）
　　　　　　　　　　　　　　　　　　　　　　　　　　E. J. Cox var. *elginensis* 1987
　　　　　B　珪殻の先端はほとんど突出しない.
　　　　　　A）殻長/殻幅の値はほぼ2.8-3.4.
　　　　　　　.......... *Placoneis elginensis*（W. Greg.）E. J. Cox var. *cuneata*
　　　　　　　　　　　　　　　　　　　　　　　　（M. Møller）Lange-Bert. 1985
　　　　　　B）殻長/殻幅の値はほぼ1.6-2.0.
　　　　　　　.........*Placoneis porifera*（Hust.）H. Fukush. var. *opportuna*
　　　　　　　　　　　　　　　　（Hust.）H. Fukush., Kimura & Ts. Kobayashi 2006
　　　　（2）横長の楕円が多い.
　　　　　...................... *Placoneis explanata*（Hust.）Lange-Bert. 2000
　　　　2）中心域は中くらいから小さいものが主である.
　　　　（1）中心域を構成する条線は長短交互型である.

A　中央の条線が特に長く，その両側の2本の条線は特に短い．
                ・・・・・・・・・・・・・・・・・・・・・・・ *Placoneis hambergii*（Hust.）Bruder 2007
            B　上のような規則正しい極端な長短交互型でない．
                A）珪殻の両端部は嘴状に強く突出する．
                    ・・・・・・・・・・・・・・・*Placoneis symmetrica*（Hust.）Lange-Bert. 2005
                B）珪殻の両端部はそれほど強く突出しない．
                    ・・・・・・・・・・・・・・・・*Placoneis subplacentula*（Hust.）E. J. Cox 1987
      （2）中心域を構成する条線は長短交互型でない．
            A　中心域を構成する条線は常に長短交互型でない．
                A）珪殻の先端は嘴状に強く突出する．
                    ・・・・・・・ *Placoneis exigua*（W. Greg.）Mereschk. var. *exigua* 1903
                B）珪殻の先端は強く突出しない．
                    ・・・・・・・・・・・・・・・・・・・・・・・・・ *Placoneis diluviana*（Krasske）1933
            B　中心域を構成する条線は長短交互型でないが，稀に長短交互型になる．
                ・・・・・・ *Placoneis placentula*（Ehrenb.）Heinzerl. var. *placentula* 1908
        2　条線は弱い放射状であるが，縦溝と直角に近い個体もある．
            ・・・・・・・・・ *Placoneis pseudanglica*（Lange-Bert.）E. J. Cox var. *pseudanglica* 1987

Placoneis abundans Metzeltin, Lange-Bert. & García-Rodríguez 2005, Diatoms of Uruguay, Iconographia Diatomologica **15**：P. 166, Pl. 73, Figs 1-14., Pl. 77, Figs 1-3A.

【Pl. 101, Figs 1-18】

Synonym：*Navicula similis* var. *nipponica* Skvortsov 1936.；*Navicula clementis* var. *japonica* H. Kobayasi 1968.；*Placoneis clementis* var. *nipponica*（Skvortsov）Ohtsuka 2002, in Ohtsuka & Tuji.

　珪殻の外形は初生殻を除いては完璧な楕円形から皮針状楕円形，先端は切ったような亜頭部状，頭部状から嘴形に引き伸ばされる．殻長：21-31 μm，殻幅：7.5-11.7 μm．縦溝は糸状で，中央部末端で，より明瞭に膨らむ．軸域は狭く，中央に向かって広がる．中心域の形は様々であるが概ね横長である．中心域を構成する条線は長短交互，遊離点は通常片方に2個，時に1, 3, 4個ある場合もある．条線密度：12-17.5/10 μm，点紋密度：約40-45/10 μm．縦溝の末端は逆の方向に曲がる（相互型）のものが多いが，相同型（同方向に曲がる型），片直型（片方は湾曲せず真っ直ぐに終わる型），両直型（両方とも曲がらない型）もある．

分布・生態

　木曽川では広く見られるが生息数は多くない．日本では手賀沼，外国ではLake Baikal等，かなりの地点で見いだしているが，やはり生息数は多くない．

近似種との相違点

Placoneis clementis（Grunow）E. J. Cox var. *clementis* 1987

　当種の珪殻の典型的な形は広皮針形で，先端部は鈍角状嘴形であるが，*Plac. abundans* は楕円形で，先端部は頭部形から嘴形である．決定的な差は条線を構成する点紋が *Plac. clementis* では約28/10 μmに対し，*Plac. abundans* では約40/10 μmと点紋密度に差異があることである．

Placoneis clementioides（Hust.）E. J. Cox var. *clementioides* 1987

　中心域を構成する条線は長短交互型でない．中心域にある遊離点は常に1個である．縦溝の先端部は相互型である．さらに明瞭な区別点は点紋が粗く，約30/10 μmと差があることである．

Placoneis elginensis（W. Greg.）E. J. Cox var. *elginensis* 1987
当種は中心域が横長で大きいことと，点紋が約 28/10 μm と粗であることで区別できる．

Placoneis abundans 諸形質の出現頻度

縦溝先端の曲がる方向の組み合わせを，(P. xii) に示したように定義した．

木曽川では，本属の生息場所は数種を除いて大変狭い．また，生息数は多くなく，筆者らは優

表8　諸形質の出現頻度（*Plac. abundans*）

両側縁	平行に近い	22.8%		5本	0.9%
	弓形に張り出す	77.2%		6本	10.1%
中心域	特に大きい	18.5%	中心域形成条線数	7本	23.5%
	大きい	70.8%		8本	31.9%
	中くらい	10.8%		9本	20.9%
遊離点数	0	4.1%		10本	9.9%
	1	20.9%		11本	1.7%
	2	46.7%		12本	1.1%
	3	16.5%	縦溝の型	相互型	60.0%
	4	7.8%		相同型	10.0%
	5	4.0%		片直型	24.0%
				両直型	5.0%

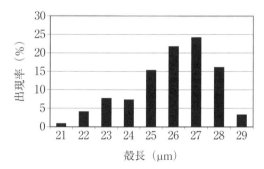

図 204　*Plac. abund.* の殻長の頻度分布

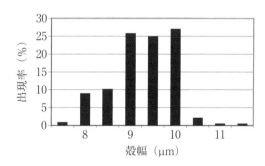

図 205　*Plac. abund.* の殻幅の頻度分布

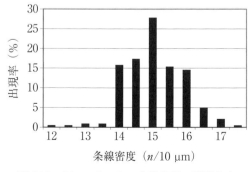

図 206　*Plac. abund.* の条線密度の頻度分布

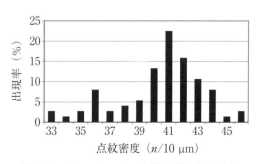

図 207　*Plac. abund.* の点紋密度の頻度分布

占種になる例を観察していない．本種は生息域が広いほうである．
　木曽川産の *Plac. abundans* の顕微鏡写真 325 枚を撮り，形態の変異を調査したデータがある（日本珪藻学会第 26 回研究集会 2006，長野）（**表 8**）．それによると，珪殻外形は楕円形から楕円状皮針形のものが多い．中心域は大きく，中心域を構成する条線は 7-9 本が多いことがわかる．中心域にある遊離点の数は 1-3 個が多いが，0 個から 6 個あるものまである．縦溝先端の曲がる方向は光学顕微鏡観察では判然としないものが多いが，約 20% で判別できた．相互型：61%，相同型：10%，片直型：24%，両直型：5% であった．殻長，殻幅，条線密度の変異幅を **図 204-206** に示す．殻長：21-29 μm（初発表文 21-31 μm），殻幅：7.5-11.5 μm（7.5-11.7 μm），条線密度：11-18 μm（12-17.5/10 μm）であり，初発表文とほとんど差は認められなかった．条線を構成する点紋は SEM 写真で計測したところ，点紋密度：33-46/10 μm（原記載 40/10 μm）で，これも初発表文と大差はなかった（**図 207**）．

***Placoneis amphibola*（Cleve）E. J. Cox var. *amphibola* f. *amphibola* 2003**, in Bot. Jour. Linnean Soc. **141**：72, Figs 103, 104, 107.；Zimmermann, Poulin & Pienitz 2010, in Iconographia Diatomologica **21**：P. 134, Pl. 41, Figs 1-3, Pl. 42, Fig. 1　【Pl. 108, Figs 1, 2】
Basionym：*Navicula amphibola* Cleve var. *amphibola* 1891, in Acta Soc. Fauna et Flora Fenn. **8**(2)：33.；Hustedt 1961-1966, Die Kieselalgen **3**：P. 793, Figs 1767.；Patrick & Reimer 1966, Diat. U. S. 1：P. 445, Pl. 39, Figs 7, 8.；Krammer & Lange-Bertalot 1986, in Süsswasserf. von Mitteleur. **2/1**：P. 146, Pl. 51, Fig. 1.

　珪殻は線状楕円形から楕円状皮針形で，時に弱い左右非対称になる．両端部は嘴状に突出し，先端は広円状．殻長：30-80 μm，殻幅：23-30 μm．軸域はやや幅広い線状皮針形．中心域は大きく，ほぼ横長の四角形．縦溝極端部の方向は相同型．条線は放射状配列で中央部：約 5-6/10 μm，両端部：10/10 μm．点紋密度：12-16/10 μm．
　図 208 *Plac. amphib.* は Byron Bay, Victoria Isl., CAN. で得た本種 2 珪殻，174 条線の点紋密度を計測したものである．初発表文とはかなり差があるが，Zimmermann et al.(2010) には点紋密度：21/10 μm の記録も見られる．

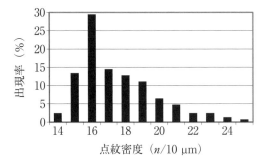

図 208　*Plac. amphib.* の点紋密度の頻度分布

分布・生態
　Davos 湖のような，ヨーロッパの高山地帯と Bear Island, Iceland, Franz Josef land 等北極周辺に広く分布する．また，水中だけでなくコケの間のような所に気性生活もする．

近似種との相違点

Placoneis amphibola（Cleve）E. J. Cox var. *amphibola* f. *alaskaensis*（Foged）H. Fukush. et al. 2012, Basionym：*Navicula amphibola* Cleve f. *alaskaensis* Foged 1981, in Bibl. Phycol. **53**：P. 107, Pl. 34, Figs 4, 6.

珪殻は楕円状四角形で先端は頭部状から嘴形に突出する．

Placoneis amphibola（Cleve）E. J. Cox var. *amphibola* f. *rectangularis*（Foged）H. Fukush. et al. 2012, Basionym：*Navicula amphibola*（Cleve）E. J. Cox f. *rectangularis* Foged 1971, in Nova Hedw. **21**：P. 957, Pl. 2, Fig. 2.

珪殻は長四角形で両端部は亜嘴形，先端は嘴状から頭部形に突出する．

Placoneis amphibola（Cleve）E. J. Cox var. *arctica*（R. Patrick & Freese）H. Fukush. et al. 2012, Basionym：*Navicula amphibola* Cleve var. *arctica* R. Patrick & Freese 1961, in Proceed. Acad. of Nat. Sciences of Philad. **112**：P. 219, Pl. 2, Fig. 6.

珪殻は楕円状で両端部は嘴状に突出する．中心域は四角状であるが外形に変位が大きい．自動名をもつ変種より条線が密（12-18/10 μm）で，殻長と殻幅の比が大きく，中心域が小さい．

Placoneis amphipunctata Kimura, H. Fukush. & Ts. Kobayashi nom. nud.
【Pl. 99, Figs 1-8】

（*Placoneis scharfii* auct. non Lange-Bert. & Rumrich 2000, in Iconographia Diatomologica **9**：P. 211, Pl. 59, Figs 5-7.）

ツブレヒトエケイソウ

D. Metzeltin & H. Lange-Bertalot（2002）はマダガスカルの Ivato 産の顕微鏡写真を示し，（？）*Placoneis scharfii* としている．その計測値は殻長：34-44 μm，殻幅：13-18 μm，条線密度：9.5-11/10 μm，点紋密度：27-30/10 μm である．Zambezi 川の分類群の珪殻の外形はよく似ている．計測値は殻長：26-35 μm，殻幅：11-12 μm，条線密度：12-12.5/10 μm，点紋密度：(16) 18-25 (29)/10 μm.

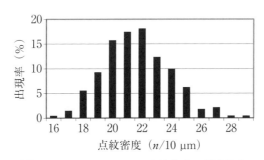

図 209　*Plac. amphip.* の点紋密度の頻度分布

図 209 *Plac. amphip.* は 5 珪殻，294 条線の点紋密度計測値から作成した頻度分布図である．両者の計測値は点紋密度以外は重なっている．点紋密度の差が大きいので同種とは考えにくく，本書では裸名で報告する．

珪殻は楕円状から楕円状披針形で，両端部は嘴状から嘴状頭部形に突出する．縦溝は僅かに湾曲し糸状，先端部は相同型．軸域は線状で，中心域は中くらいの大きさで，菱形あるいはその他の形となる．中心域を形成する条線はほぼ長短交互型．中央部条線は放射状，両端部では収斂する．

分布・生態

Zambezi Riv. Pier, BWA. で見いだした．

近似種との相違点

Placneis constans（Hust.）E. J. Cox var. *constans* 1987

珪殻の先端は嘴状に突出し，縦溝の先端部は相互型である．先端部で条線が平行になる珪殻もある．

Placneis constans var. *symmetrica*（Hust.）H. Kobayasi 2002

縦溝の先端部は相互型である．中心域は横長の四角形で，形成する条線の長短は不規則．

Placoneis elginensis（W. Greg.）E. J. Cox var. *elginensis* 1987

中心域は大きく，横長の四角形である．中心域を構成する条線は長短交互型ではない．点紋は小さく密で，光学顕微鏡では不明瞭．

Placoneis modica（Hust.）Kimura, H. Fukush. & Ts. Kobayashi nov. comb

珪殻は小形（殻長：10-13 μm，殻幅：5-6 μm）である．点紋は不明瞭．

Placoneis pseudanglica（Lange-Bert.）E. J. Cox var. *pseudanglica* 1987

中心域は小さく円形か，やや横長である．中心域を構成する条線は長短交互的でない．点紋は光学顕微鏡でも明瞭に見られるが，*Plac. amphipunctata* より密（約 30/10 μm）である．

Placoneis scharfii U. Rumrich, Lange-Bert. & M. Rumrich 2000

中心域は菱形に近い，形成する条線の長短の配列は不規則である．点紋は密（27-30/10 μm）である．

Placoneis anglica（Ralfs）E. J. Cox 2003　　　　　　　　　　　　　　　　【Pl. 98, Figs 9-14】

Placoneis anglophila（Lange-Bert.）Lange-Bert. var. *anglophila* 2005, in Iconographia Diatomologica **15**：P. 168.　　　　　　　　　　　　　　　　【Pl. 96, Figs 6-15】

Basionym：*Navicula anglophila*（Lange-Bert.）Lange-Bert. 1987, Bibliotheca Diatomologica **15**：P. 121. Synonym：*Navicula pseudanglica*（Lange-Bert.）Krammer & Lange-Bert. 1985, Bibliotheca Diatomologica **9**：P. 86, Pl. 23；Krammer & Lange-Bert. 1986, Süsswasserf. von Mitteleur. **2/1**：P. 137, Pl. 46, Figs 13, 14.；*Navicula pseudanglica* A. Cleve 1948, Acta Geographica **10**(1)：P. 24, Pl. 1, Fig. 23.；non *Navicula anglophila*（Lange-Bert.）E. J. Cox 1987, Diatom Research **2**：P. 145.

珪殻は楕円形で，両端は亜頭部状に突出する．殻長：20-40 μm（50？ μm），殻幅：8-14 μm（20？ μm）．軸域は狭く，中心域は小さく，円形から横長の楕円形．中心域を構成する条線は放射状，条線密度：9-12/10 μm，点紋密度：約 20/10 μm.

分布・生態

電解質を多く含む水域，β-中腐水域に広く分布する．木曽川・可児川・広瀬橋，Victoria Falls-2, BWA., Mammoth Cave N. P., KY-USA. で見いだした．

近似種との相違点

Placoneis anglophila（Lange-Bert.）Lange-Bert. var. *signata*（Hust.）Lange-Bert. 2005
中心域の片側に遊離点をもつ．

Placoneis clementis（Grunow）E. J. Cox var. *clementis* 1987
中心域を構成する条線数が多く，やや長短交互型である．

Placoneis clementioides（Hust.）E. J. Cox var. *clementioides* 1987
中心域は小形から中くらいの大きさで，円形，菱形，横長の円形等様々．中心域の片側に2個の遊離点がある．

Placoneis elginensis（W. Greg.）E. J. Cox var. *elginensis* 1987
中心域が横長の楕円形で，大形である．

Placoneis clementioides（Hust.）E. J. Cox var. clementioides 1987, in Diatom Research **2**(2)：P. 145.；Metzeltin & Witkowski 1996, Iconographia Diatomologica **4**：Taf. 6, Figs 13-15, Taf. 70, Fig. 17.；Levkov, Krstic, Metzeltin & Nakov 2007, Iconographia Diatomologica **16**：Pl. 89, Figs 8-12. 【Pl. 100, Figs 15, 16】

Basionym：*Navicula clementioides* Hust. 1944, in Ber. Dtsch. Bot. Ges. **61**：P. 285, Figs 19, 20.；Simonsen 1987, Atlas and Catal. Diatom Types of Fr. Hustedt **1**：P. 318：**3**：Pl. 476, Figs 6-10.；Krammer & Lange-Bertalot 1986, Süsswasserf. von Mitteleur. **2/1**：P. 140, Pl. 48, Figs 3-8.

珪殻は線状楕円形から楕円状披針形で，両端部は亜円錐状から嘴状に突出する．殻長：17-30 μm，殻幅：7-12 μm，条線密度：13-14/10 μm．軸域は狭い線状，中心域は小さいものから中くらいの大きさまで，形は様々で，円形，菱形または四角形で，中心域の片側に2個の遊離点をもつ．中心域を形成する条線は長短交互型ではない．縦溝の極裂の方向は普通相互型．

分布・生態

中欧，北欧，北極海の島，東シベリア，日本で記録されている．貧栄養水域産とされている．

近似種との相違点

Placoneis abundans Metzeltin, Lange-Bert. & García-Rodríguez 2005
珪殻の先端は急に亜嘴状，嘴状あるいは亜頭部状に突出する．遊離点は通常は片側だけで2つ，時に3または4つと初発表文に記されている．その初発表文に示された17珪殻の顕微鏡写真の中心域の両側に認められる遊離点の数を数えると次のようである．0：0, 3珪殻，1：0, 1珪殻，1：1, 1珪殻，1：2, 2珪殻，1：3：1珪殻，2：0：2珪殻，2：2：6珪殻，3：1：1珪殻．中心域にある遊離点の合計で示すと0：3珪殻，1：1珪殻，2：3珪殻，3：2珪殻，4：8珪殻であり，文章で記されている数とはずれがある．縦溝の極端部の湾曲は相互型である．

Placoneis clementis（Grunow）E. J. Cox var. *clementis* 1987
中心域は中くらいからやや大きく，中心域を形成する条線は普通は長短交互型．

Placoneis constans（Hust.）E. J. Cox var. *constans* 1987
中心域は中くらいの大きさで，横長の四角形．中心域を形成する条線は長短交互型．遊離点は1個，縦溝の極端部の湾曲は普通相互型．

Placoneis gastrum（Ehrenb.）Mereschk. var. *gastrum* 1903

珪殻先端の突出は幅広い嘴状，中心域は中くらいの大きさで，形成する条線は長短交互型．中心域に遊離点をもたない．

Placoneis signata（Hust.）Mayama 1998

中心域に遊離点が1個ある．

Placoneis symmetrica（Hust.）Lange-Bert. 2005

遊離点をもたない．点紋密度はやや粗で約28/10 μmである．

Placoneis clementis（Grunow）E. J. Cox var. *clementis* 1987, in Diatom Research **2**(2)：155.　　　　　　　　　　　　　　　　　　　　　　　　　　　【Pl. 100, Figs 1-14】

Basionym：*Navicula clementis* Grunow var. *clementis* 1882, in Beitr. Paläont. Öster.-Ungar. Orients **2**(4)：P. 144, Pl. 30, Fig. 52.；Krammer & Lange-Bertalot 1986, Süsswasserf. von Mitteleur. **2/1**：P. 77, P. 139, Pl. 47, Figs 1-9, Pl. 53, Fig. 3.

珪殻は楕円状，披針形，菱状披針形，先端は円錐状から嘴状突出まで，末端はほぼ鋭尖から広円状まで変異がある．殻長：15-50 μm, 殻幅：7-15 μm. 縦溝は糸状，軸域は狭い，中心域は中くらいからやや大きい．中心域は横長の四角形から不定形，中心域を構成する条線は5-8本で長短交互が基本であるが，数え方によってずれはある．中心域にある遊離点は1側性で，普通は2個であるが，稀にないこともあり，1あるいは数個のこともある．条線は放射状配列で，条線密度：8-15/10 μm. 極裂の湾曲は普通は相互型．

分布・生態

ヨーロッパ，アメリカ，日本でも記録されている広汎種．淡水から汽水まで広く分布する．

近似種との相違点

Placoneis clementioides（Hust.）E. J. Cox var. *clementioides* 1987

中心域は小さく，中心域を形成する条線は3-8本で，長短交互ではない．遊離点は1側性で2個である．縦溝末端部の湾曲は相互型．

Placoneis clementioides Grunow var. *japonica*（H. Kobayasi）H. Fukush., Kimura & Ts. Kobayashi 2006

中心域の片方に通常は2個の遊離点をもつが，反対側に2個以上の遊離点を時にもつ．なお，中心域を構成する条線が5-8本で長短交互でない．

Basionym：*Navicula clementis* var. *japonica* H. Kobayasi 1968, in Japanese Journal of Botany **20**：93-122.

H. Kobayasi(1968)は多々良沼を原産地とする本変種を記載している．その特徴として次のように記している．珪殻は楕円状披針形で先端は嘴状頭部形である．殻長：約30 μm, 殻幅：約10 μm. 縦溝は真っ直ぐな糸状，極列は反対方向に曲がる（相互型）．軸域は狭い線状，中心域は不規則であるが，少し横に広がる．条線は強い放射状で，珪殻の中央部では12/10 μm, 先端部では16/10 μmを数える．中心域を構成する条線の中央の2本の先端に各々1個の遊離点をもつ．この変種は自動名をもつ変種と，嘴状頭部形の先端の形と少し密な条線で区別できる．普通は中心域の片方に2個の遊離点をもつ．しかし，さらに2つ以上の遊離点を反対側の中心域に時々もつ．と記し，中心域を構成する条線の長さについては記していない．この著者の描画（Pl. 3, Fig. 56）では中心域を形成する条線は長短交互とはいえず，その顕微鏡写真（Pl. 4, Figs 54,

55）も長短交互とはいい難い．この形質を重要視して，この変種を *Navicula clementioides* とし，*Placoneis* に所属を代える．なお，Ohtsuka & Tuji(2002) は *Navicula clementis* var. *japonica* を *Placoneis abundans* の synonym としていて，そこに掲載されている写真は中心域を形成する条線が長短交互である．

Placoneis concinna（Hust.）Kimura, H. Fukush. & Ts. Kobayashi nov. comb.
【Pl. 103, Figs 3-7】

Basionym：*Navicula concinna* Hust. 1944, in Ber. Dtsch. Bot. Ges. **61**：78, Fig. 19.
Synonym：*Navicula concinna* Hust. 1944, Simonsen 1987, Atlas and Catal. Diatom：P. 117, Pl. 475, Figs 1-4.

ミヤビヒトエケイソウ（殻形，条線の並びが優雅である）

　珪殻は楕円状皮針形で先端は大変短く，刺状に尖り突出する．殻長：30-50 μm，殻幅：15-19 μm．縦溝は糸状，極裂は相互型．軸域は狭い皮針形で，その中央は舟形に広がり，中心域を形成する．その大きさはほぼ中くらい．条線は放射状配列で，中心域を形成する条線は長短交互型．条線を形成する点紋は明瞭．条線密度：11-16/10 μm，点紋密度：約 30/10 μm.

　Zambezi Riv., BWA. 産の本種の SEM 写真 1 珪殻，117 条線の点紋密度を計測し，作成した頻度分布図が **図 210** *Plac. con.* である．点紋密度の範囲は(20)22-29(30)/10 μm と表せる．

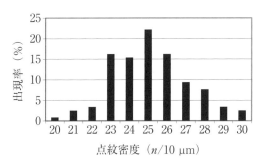

図 210 *Plac. con.* の点紋密度の頻度分布

　本書で示している，Zambezi 川の顕微鏡写真は Hustedt が示している *Navicula concinna* の原図（Ber. Dtsch. Bot. Ges. **61**, Taf. 8, Fig. 18）と比較すると，珪殻先端の幅と外形が異なっている．原図の先端部は円錐形で突出していないが，Zambezi 川のすべての珪殻は珪殻の先端部が僅かに突出している．これらの点で比較すると異なる分類群と判定したくなる．しかし，Hustedt の type の顕微鏡写真（Simonsen 1987, Pl. 475, Figs 1-4）は holotype と paratype で，その先端は Zambezi 川のものより弱いが僅かに突出しているように見える．Type locality はカメルーンの海岸湖で，北緯 2-4 度の間に位置している．本試料は南緯約 18 度の Zambezi 川で採集している．同じアフリカでも，採集位置はかなり離れており，珪殻先端の形態の差は上記位置の差，海岸湖と山地河川の差，水質の差と考え，本種として扱う．

分布・生態
　アフリカ（カメルーン，ザンビア：Zambezi Riv.）．著者らは Zambezi Riv., Chobe N. P.-2, BWA. で得た．

近似種との相違点

Placoneis diversipunctata（Hust.）H. Fukush., Kimura & Ts. Kobayashi nov. comb.

　　（Basionym：*Navicula diversipunctata*（Hust.）Simonsen 1987, Atlas and Catal. Diatom Types of Fr. Hustedt **3**：Pl. 473, Figs 10-12）

　珪殻先端の突出が刺状でないこと，中心域に2個の遊離点をもつことで区別できる．

Placoneis maculata（Hust.）Levkov 2007

　当種は大きい珪殻があること（殻長：35-90 μm，殻幅：15-29.5 μm），珪殻先端の突出が刺状でないこと，条線密度が粗（8-12/10 μm）であること，中心域を形成する条線が長短交互でないことから区別できる．

Placoneis mirifica（Kraske）H. Fukush., Kimura & Ts. Kobayashi nov. comb.

　珪殻先端は刺状突出でない．縦溝は弱く弧状に湾曲する．中心域を形成する条線は長短交互型でなく，条線密度は粗（中央部，8-10/10 μm，両端部，8-10/10 μm）で，条線を構成する点紋の密度も粗（約18/10 μm）である．

Placoneis ohridana Lange-Bert. & Metzeltin 2007

　珪殻先端の突出はやや大きく，太く刺状とはいい難い．条線が粗（10-11/10 μm）で，中心域を形成する条線はほとんどは長短交互型ではない．

Placoneis omegopsis（Hust.）Kimura, H. Fukush. & Ts. Kobayashi nov. comb.

　　（Basionym：*Navicula omegopsis* Hust., in Simonsen 1987, Atlas and Catal. Diatom Types of Fr. Hustedt **3**：Pl. 473, Figs 13-16）

　珪殻先端の突出が刺状でない．条線密度が粗（12-14/10 μm）で，条線を形成する点紋密度も粗（16-20/10 μm）である．中心域を形成する条線は長短交互でない．これらから区別できる．

***Placoneis constans*（Hust.）E. J. Cox var. *constans* 1987**, in Diatom Research **2**(2)：P. 145-157.　　　　　　　　　　　　　　　　　　　　　　　　　　　【Pl. 97, Fig. 12】

Basionym：*Navicula constans* Hust. var. *constans* 1944, in Ber. Dtsch. Bot. Ges. **61**：P. 284, Fig. 13.

マサヒトエケイソウ（マサは一般に周知であるの意）

　珪殻は楕円状で，両端部は嘴状に突出し，先端は広円状．殻長：25-44 μm，殻幅：10-14 μm．縦溝は真っ直ぐで糸状，先端部は相互型．軸域は狭い線状，中心域は中くらいの大きさで横長の四角状，1個の遊離点が中心域の片側にある．条線は放射状配列，中央部は長短交互型．条線密度：10-14/10 μm，点紋密度：約30/10 μm．先端部の条線はやや密で放射状である．

　図211 *Plac. cons.* var. *cons.* は Zambezi Riv., BWA. 産の本種3珪殻，178条線の点紋密度を計測し，作成した頻度分布図である．分布範囲は(24)26-33(35)/10 μm と表せる．

分布・生態

　北方性で北ヨーロッパ，北西ヨーロッパで多くの記録がある．貧腐水生と考えられている．

近似種との相違点

Placoneis constans var. *symmetrica*（Hust.）H. Kobayasi 2002

　中心域に遊離点をもたない分類群である．

Placoneis elginensis（W. Greg.）E. J. Cox var. *elginensis* 1987

中心域は大きく，横長の四角形で，中心域を形成する条線は明瞭な長短交互型ではない．極裂の曲がる方向は相同型．

Placoneis exigua (W. Greg.) Mereschk. var. *exigua* 1903

中心域に遊離点がない．中心域を構成する条線は長短交互型．極裂は相同型．

Placoneis pseudanglica (Lange-Bert.) E. J. Cox var. *pseudanglica* 1987

珪殻は楕円状で両端部は嘴状，あるいは頭部状に突出する．中心域は中くらいまでの大きさで大きくはなく，円形から楕円形．中心域を形成する条線は長短交互的でない．中心域に遊離点はない．極裂は相同型または相互型．

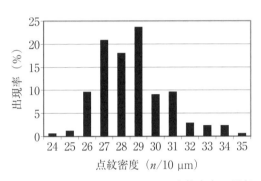

図 211　*Plac. cons.* var. *cons.* の点紋密度の頻度分布

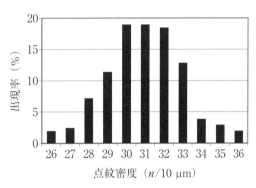

図 212　*Plac. den.* の点紋密度の頻度分布

Placoneis densa **(Hust.) Lange-Bert. 2005**, in Iconographia Diatomologica **15**：P. 173, Pl. 73, Figs 20-24, Pl. 76, Fig. 6. 　　　　　　　　　　　　　　　　　【Pl. 108, Figs 3-5】

Basionym：*Navicula densa* Hust. 1944, in Ber. Dtsch. Bot. Ges. **61**：P. 284, Pl. 8, Fig. 28.；Simonsen 1987, Atlas and Catal. Diatom：P. 318, Pl. 475, Figs 12-16.

ハヒトエケイソウ（珪殻の両端が1本の歯のように突出している）

珪殻は楕円状皮針形で両端部は短く嘴状に突出し，その先端は広円状である．

殻長：約 30-34 μm，殻幅：約 11.5-12.5 μm．縦溝は真っ直ぐで糸状，極裂は相互型．軸域は狭い線状，中心域は小さく，円状あるいは少し横に広がる．遊離点はない．条線密度：13-18/10 μm，中央部の条線は長短交互型で，中央部は先端部よりやや粗，中央部は弱い放射状で，端部の条線は縦溝に垂直．点紋密度：約 30/10 μm．

Zambezi Riv. Zambia で得た本種3珪殻，212 条線の点紋密度を計測し，作成した分布図が**図 212** *Plac. den.* である．点紋密度の分布範囲は (26)27-35(36)/10 μm と表せる．

分布・生態

Africa（カメルーン，ザンビア：Zambezi Riv.）．

近似種との相違点

Placoneis abundans Metzeltin, Lange-Bert. & García-Rodríguez 2005

珪殻両端の突出が少し発達していること，殻長に対し殻幅が少し小であること，中心域が大きいことから区別が可能である．

Placoneis clementioides (Hust.) E. J. Cox 1987

表9 *Placoneis densa* と *Plac. constans* の比較

	試料	殻長 μm	殻幅 μm	条線密度 n/10 μm	点紋密度 n/10 μm	中心域	各面先端の突出	遊離点
Plac. densa	Type 標本	約12	約31	14-18	30 (30-33)	小	小	なし
	Zambezi Riv. 産	29-33	10.5-13	13-15	29-33(40)	小	小	なし
Plac. constans	Type 標本	25-30	10-14	中央14 先端18	(34-40)	中くらい	やや小	1個

珪殻の外形は楕円状皮針形である．中心域に遊離点がある．中央部の条線は長短交互型でない．

Placoneis clementis（Grunow）E. J. Cox var. *clementis* 1987

両端の突出が強いこと，条線が先端部まで放射状配列であること中心域が四角形であることから区別できる．

Placoneis constans（Hust.）E. J. Cox var. *constans* 1987

当種は両端部の突出が弱く，中心域に1個の遊離点があることなどで両種の区別は可能である．大きさや条線密度は似ているが，点紋密度は密（34-40/10 μm）である（表9参照）．

Placoneis constans var. *symmetrica*（Hust.）H. Kobayasi 2002

中心域に遊離点があり，先端部の突出が強い．

Plac. densa と *Plac. constans* は大変類似している．両種と Zambezi 川で得た試料の計測値等を比較し，表9に2 taxa の比較を示す．

Placoneis elginensis（W. Greg.）E. J. Cox var. *elginensis* 1987

珪殻の外形は楕円状で，両側縁の張り出しが弱く，両端部の突出は強い．中心域を構成する条線は長短交互でなく，中心域は横長の四角形である．これらの点で区別は比較的容易である．

Placoneis exiguiformis（Hust.）Lange-Bert. f. *exiguiformis* 2005

珪殻は幅狭い楕円状で両端部の突出が強く，明瞭な嘴状突出をすること，中心域に1個の遊離点があることで区別できる．なお，条線は末端まで放射状配列である．

Placoneis intergracialis（Hust.）H. Fukush., Kimura & Ts. Kobayashi nov. comb.

　　（Basionym：*Navicula intergracialis* Hust., in Simonsen 1987, Atlas and Catal. Diatom Types of Fr. Hustedt **3**：Pl. 477, Figs 5-9）

珪殻は小形（殻長：22 μm，殻幅：9 μm）で，中心域に1個の遊離点があり，中心域を形成する条線は長短交互ではない．点紋密度は粗（22-24/10 μm）である．

Placoneis latens Krasske 1937

中心域に遊離点がある．

Placoneis elginensis（W. Greg.）E. J. Cox var. elginensis 1987, in Diatom Research **2**
　(2)：P. 145.　　　　　　　　　　　　　　　　　　　　【Pl. 97, Figs 1-11, Figs 13-25】

Basionym：*Pinnularia elginensis* W. Greg. 1856, in Quart. Journ. Microsc. Sci. new Ser. **4**：Pl. 1, Fig. 33.

Synonym：*Navicula elginensis*（W. Greg.）Ralfs var. *elginensis* 1861, in Pritchard, A History of

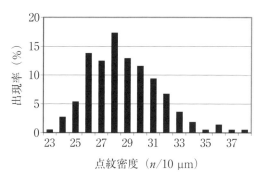

図213 *Plac. elg.* var. *elg.* の点紋密度の頻度分布

Infusoria：P. 902.；Krammer & Lange-Bertalot 1986, Süsswasserf. von Mitteleur. **2/1**：P. 136, Pl. 46, Figs 1-12.；*Navicula dicephala* var. *elginensis*（W. Greg.）Cleve 1895, Synop. Nav. Diat. **2**：P. 21.

エルギンヒトエフネケイソウ

珪殻は幅広い線状から幅広い楕円状で，両端部は強く突出し，嘴状から頭部状．外形は変異に富み，両側縁は弧状に湾曲する．殻長：20-40 µm，殻幅：8-15 µm．縦溝は線状で，中心孔は同じ側へ曲がる．極端部の湾曲は相同型．軸域は狭く，中心域は中くらいより大きく，形は変異に富むが横長の四角形が多い．中心域に遊離点をもたない．条線は放射状で，両端部は平行，あるいは弱く収斂する．条線密度：8-12/10 µm，点紋密度：約 28/10 µm．

本種を採録してある文献を見ると様々な形態のものを本種として見いだすことができる．Krammer & Lange-Bertalot 1986, Süsswasserf. von Mitteleur. **2/1**：Fig. 46：1-9 では *Navicula* としての記載であるが，先端突出が亜頭部状から弱い嘴状突出のものまで，外形は楕円状皮針形から線状皮針形のもの，外縁が3回波打ち *Plac. undulata* と見えるものまで多様な形態のものが同一種に含まれている．外形が楕円状皮針形のものも中心域が横長四角形で大きく，殻幅が広いもの（Werum & Lange-Bertalot 2004）と殻幅も少し狭い小形のもの（Moser, Steindorf & Lange-Bertalot 1995）に分かれるように見える．

図213 *Plac. elg.* var. *elg.* は小形のもの，4珪殻，226条線の点紋密度を計測し作成した点紋密度の頻度分布図である．両者については検討の余地があると考えられるが，本書では同一種として扱う．

***Placoneis elginensis* var. *cuneata*（M. Møller）Lange-Bert. 1985 について**

Krammer & Lange-Bertalot（1986）は先端は突出しないか，短く突出し，中心域は普通の大きさと記している．1985年に示している顕微鏡写真の4珪殻は両端部の突出が弱く，1986年の著書に示している3珪殻の両端部の突出はさらに弱い．var. *cuneata* は自動名をもつ変種より両端部の突出が弱く，中心域が大きい．

分布・生態

世界広汎種．β-中腐水性種．

近似種との相違点

Placoneis clementioides（Hust.）E. J. Cox var. *clementioides* 1987

　中心域が小さく，中心域の1側に2個の遊離点がある．中心域を構成する条線は長短交互型でない．縦溝の極端部の湾曲は相互型．

Placoneis clementis（Grunow）E. J. Cox var. *clementis* 1987

　珪殻は楕円状から幅広い菱状披針形．中心域は中くらいからやや大きい．中心域を構成する条線は長短交互であるが，数え方によりずれがある．中心域は横長の四角形であるが，*Plac. elginensis* のほうが大きく，横長が目立つ．中心域にある遊離点は1側性で普通2個であるが，欠けることもあり，あるいは数個のこともある．点紋密度は約28/10 μm．縦溝の極端部の湾曲は普通相互型．

Placoneis exigua（W. Greg.）Mereschk. var. *exigua* 1903

　中心域は小から中くらいの大きさである．中心域に遊離点をもたない．縦溝の極裂の湾曲は相互型（*sensu* Grunow），または相同型（*sensu* Hust.）．

Placoneis gastrum（Ehrenb.）Mereschk. var. *gastrum* 1903

　珪殻先端部の幅が広い中心域を構成する条線は長短交互型．中心域に遊離点はない．

Placoneis pseudanglica（Lange-Bert.）E. J. Cox var. *pseudanglica* 1987

　中心域は小さく，丸形であるので区別できる．縦溝極裂の湾曲は相同型，または相互型．

Placoneis exigua（W. Greg.）Mereschk. var. *exigua* 1903, in Beih. Bot. Centralbl. **15**：P. 13, Pl. 1, Fig. 17. 【Pl. 99, Figs 9–12】

Basionym：*Pinnularia exigua* W. Greg. 1854, in Quart. Journ. Microsc. Sci. **2**：P. 71, Pl. 1, Fig. 20.

Synonym：*Navicula exigua*（W. Greg.）Grunow var. *exigua* 1880, in Van Heurck, Synop. Diat. Belg.：Pl. 8, Fig. 32.；Krammer & Lange-Bertalot 1986, Süsswasserflora von Mitteleuropa **2/1**：P. 138, Pl. 46, Figs 16, 17.；*Navicula exigua*（W. Greg.）O. Müll. 1910, in Engler's Bot. Jahrb. Syst. Pflanzengesch. Pflanzengeogr. **45**：P. 97.；Krammer & Lange-Bertalot 1986, Süsswasserf. von Mitteleur. **2/1**：P. 305, Fig. 538.

チビヒトエフネケイソウ

　珪殻は線状楕円形から楕円状披針形．両端は突出し，しばしば嘴状から頭部状をなす．殻長：15-40 μm，殻幅：7-15 μm．軸域は狭い線状．中心域は小から中くらいの大きさまであり，形は横長の四角形，横長の楕円形，菱形と様々で，遊離点はない．条線は放射状，先端部は平行である．中心域を形成する条線は長短交互型，あるいは特に短い条線がある．条線密度：10-14/10 μm，点紋密度：約30/10 μm．縦溝の極端部は相同型（*sensu* Hustedt），相互型（*sensu* Grunow）．

分布・生態

　世界広汎種．木曽川・濃尾第一頭首工で得た．日本でも広く分布すると思える．

近似種との相違点

Placoneis abundans Metzeltin, Lange-Bert. & García-Rodríguez 2005

　片方の中心域に普通2個の遊離点をもつ．点紋は密で約40/10 μm である．

Placoneis elginensis（W. Greg.）E. J. Cox var. *elginensis* 1987

中心域は中くらいより大きく，形は変異に富むが横長の四角形が多い．

Placoneis exigua (W. Greg.) Mereschk. var. *signata* (Hust.) H. Fukush., Kimura & Ts. Kobayashi 2006（Basionym：*Navicula exigua* (W. Greg.) Grunow var. *signata* Hust. 1944, in Ber. Dtsch. Bot. Ges. **61**：P. 287, Fig. 14.）

中心域に遊離点を1個もつことで自動名をもつ変種と区別できる．

Placoneis explanata (Hust.) Lange-Bert. 2000

中心域は大きく，横長のものをもつ．

Placoneis pseudanglica (Lange-Bert.) E. J. Cox var. *pseudanglica* 1987

中心域は小さく，円形から楕円形．中心域を構成する条線は長短交互型．

Placoneis exiguiformis (Hust.) Lange-Bert. f. *capitata* H. Fukush., Kimura & Ts. Kobayashi 2005 nov. comb. 【Pl. 76, Figs 9-17】

Basionym：*Navicula exiguiformis* f. *capitata* Hust. 1944. Ber. Dtsch. Bot. Ges. **61**：271-290；Simonsen 1987, Atlas and Catal. Diatom Types of Fr. Hustedt **1**：317；**3**：Pl. 475, Figs 8-11.

本種はHustedtによって1944年に発表されたが，図も示されず*exiguiformis*との差異を論じられたのみである．SimonsenはHustedtの個人的な覚え書きの中に本種を見いだし，図を示している（1987）．Lange-Bertalot(2005)は*Navicula exiguiformis*を*Placoneis*に組み換えたが，所属する変種，品種については触れていない．Zambezi川産の本種について記す．

珪殻は楕円形，端部は亜頭部状から頭部状に広く伸長する特徴がある．殻長：17.5-21 μm，殻幅：6-7 μm，縦溝は糸状で真っ直ぐ，条線は端部で平行になる．条線密度は中央部：17-21/10 μm，先端部：19-22/10 μm である．

Zambezi川産の3珪殻，145条線の点紋密度を計測し，**図214** *Plac. exiguif.* に示した．点紋密度の分布範囲は(16)22-33(34)/10 μm と表せる．

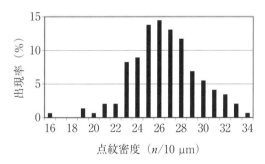

図214 *Plac. exiguif.* の点紋密度の頻度分布

生態・分布

淡水産．基準産地：Ivato Riv., Madagascar, Zambezi Riv. Pier, BWA. でも見いだした．

近似種との相違点

Placoneis elginensis (W. Greg.) E. J. Cox var. *elginensis* 1987

大きさはよく似ている．外形は極めて弱く3回波打つように見える．時に縦溝が*Cymbella*型に弱く曲がる．

Placoneis exiguiformis（Hust.）Lange-Bert. f. *exiguiformis* 2005

　大形で，特に殻幅が大である．条線，点紋密度とも粗である（Simonsen の写真を比較して）．

Placoneis madagascariensis Lange-Bert. & Metzeltin 2002

　殻形はよく似ているが，極めて弱く 3 回波打つように見える．殻幅が大（8-9 μm）である．点紋密度が密（30-34/10 μm）であることから区別できる．

Placoneis molestissima Metzeltin, Lange-Bert. & García-Rodríguez 2005

　殻形はよく似ているが少し大形（殻長：24-30，殻幅：8.5-10）で，条線密度は中央部，13-14/10 μm，先端部，18/10 μm であり，少し粗である．点紋密度は密（45-50/10 μm）である．

Placoneis explanata（Hust.）**Lange-Bert. 2000**, in Rumrich, Lange-Bertalot & Rumrich, Iconographia Diatomologica **9**：P. 207. 【Pl. 98, Fig. 17】

Basionym：*Navicula explanata* Hust. 1948, in Schweizer. Zeits. Hydrologie **11**：P. 202, Figs 7, 8.；Krammer & Lange-Bertalot 1986, Süsswasserf. von Mitteleur. **2/1**：P. 143, Pl. 49, Figs 1-3.

ヒラタヒトエフネケイソウ

　珪殻は披針形から線状披針形，両端はやや長い嘴状に突出し，先端は広円状．殻長：28-40 μm，殻幅：9-12 μm．軸域は狭い線状，中心域は大きく横長の楕円形．中心域に遊離点をもたない．条線密度：10-12/10 μm で，放射状，先端は約 20/10 μm で，ほぼ平行．点紋密度：28-35/10 μm．縦溝の極裂の湾曲は相互型．

分布・生態

　高山域，北方性とされており，日本にも分布する．

近似種との相違点

Placoneis clementioides（Hust.）E. J. Cox var. *clementioides* 1987

　中心域は小から中くらいまで，中心域を形成する条線は 3-8 本で，長短交互型ではない．中心域の遊離点は 1 側性で，2 個である．縦溝の極端部の湾曲は相互型．

Placoneis clementis（Grunow）E. J. Cox var. *clementis* 1987

　中心域は中くらいからやや大きく，中心域を形成する条線は 5-8 本で，長短交互型が基本である．中心域の遊離点は 1 側性で，2 個が普通である．縦溝の極端部の湾曲は相互型．

Placoneis elginensis（W. Greg.）E. J. Cox var. *elginensis* 1987

　珪殻は幅広い線状から，幅広い楕円形で，その形は変異に富む．両側縁は時々 3 回波打つ．縦溝の極端部の湾曲は相同型．

Placoneis gastrum（Ehrenb.）Mereschk. var. *gastrum* 1903

　両端の突出部は幅広い．

Placoneis flabellata（F. Meister）**Kimura, H. Fukush. & Ts. Kobayashi 2015**, in Bunrui **15**(2)：125-136. 【Pl. 104, Figs 1-8, Pl. 105, Figs 1-11】

Basionym：*Navicula flabellata* F. Meister 1932, Kieselalgen aus Asien：P. 36, Taf. 12, Fig. 94.；Hustedt 1936, in A. W. F. Schmidt, Atlas der Diatomaceen-Kunde：Taf. 405, Fig. 12.；Hustedt 1937, Systematische und ökologische Untersuchungen über die Diatomeen-Flora von Java, Bali und Sumatra：Taf. XVIII, Fig. 17.；加藤君雄・小林弘・南雲保 1977, 八郎潟調整池のケイソウ類，八郎

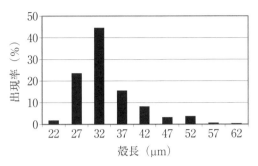

図 215 *Plac. flab.* の殻長の頻度分布

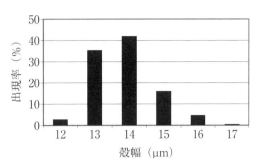

図 216 *Plac. flab.* の殻幅の頻度分布

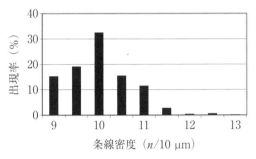

図 217 *Plac. flab.* の条線密度の頻度分布

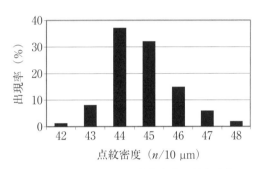

図 218 *Plac. flab.* の点紋密度の頻度分布

潟調整池生物相調査会報告：63-137, Pl. 11, Fig. 146.；原口和夫・三友清史 1986, 埼玉県幸手町高須賀沼の珪藻について, 埼玉県立自然史博物館研究報告 **4**（C. No. 22）：31-47, Pl. 1, Figs 1, 2.；原口和夫 1997, 青木湖の湖底泥から得た珪藻, DIATOM **13**：215-231, Fig. 31.；Gyeongje, J. 2013, Journal of Ecology and Environment **36**(4)：371-390.

珪殻は楕円形（加藤ら 1977 はレモン形と表現），両端部は尖り，縦溝は明瞭で真っ直ぐ．条線は末端まで放射状に配列する．中心域は不規則な長短交互に配列する条線からなり，横長四角形といえる．殻長：27-33 μm，殻幅：12-14 μm，条線密度：11-12/10 μm．スラウエシ島で得た本種，424 珪殻を計測した．殻長：22-62 μm，殻幅：12-17 μm，条線密度：8.5-13/10 μm の結果を得た．また，SEM 写真で観察した結果，縦溝の末端は"？"マーク状になり相互型．中心域に 1 個の遊離点があり，縦溝の中心域側の末端は遊離点の反対方向に曲がる．SEM 写真を用いて計測した点紋密度は 42-48/10 μm である（4 珪殻，279 条線）．これらを **図 215-218** *Plac. flab.* に示す．

分布・生態

本種は最初ベトナムのサイゴン（ホーチミン）で見いだされた（F. Meister 1932）．次いで Hustedt がジャワ島から報告している（1937）．日本では八郎潟（加藤ら 1977），高須賀沼（原口ら 1986），青木湖（原口 1997）から報告されている．韓国では Nakdong Riv. の河口域から報告されている（Gyeongje, J. 2013）．以上の地点では少数個体しか見いだしていない．インドネシアのスラウエシ島で優占種となっているのを見いだした．現地は石灰岩地帯を流れる川で，川幅が急激に広くなり流速が僅かしかない池のような場所であり，川岸に繁茂したアオミドロと

河床の堆積物から大量に採集した（Bantimurung Reserve-4, IDN., Bantimurung Reserve-5, IDN.）

近似種との相違点

Navicula pseudodahurica H. Kobayasi 1977 nom. nud.

　珪殻の形，大きさ，条線密度，縦溝の極裂は相互型であるところまでよく似ている．点紋密度は粗（32/10 μm）である．中心域を形成する条線は長短交互にならず中心域は楕円形である．条線は *Plac. flabelata* ほど曲がることなく直線的である．

　加藤ら（1977）は，レモン形と表現するほど特異な形をしているので，他種と混同することはないとした．

***Placoneis gastrum*（Ehrenb.）Mereschk. var. *gastrum* 1903**, in Beihef. Bot. Centralbl. **15**：P. 13, Pl. 1, Fig. 17.　　　　　　　　　　　　　　　【Pl. 106, Figs 1-7, Pl. 107, Figs 1-4】

Basionym：*Navicula gastrum*（Ehrenb.）Kütz. var. *gastrum* 1844, Die Kieselschaligen Bacillarien oder Diatomeen **94**：P. 28, Fig. 56c.；Schmidt 1934, Atlas der Diatomaceen-Kunde：Taf. 398, Figs 1, 2.

Synonym：*Pinnularia gastrum* Ehrenb.（1841, 1843），in Abh. Königl. Akad. Wiss. Berlin：P. 291-445, Pl. 3/7, Fig. 23.

ハラヒトエフネケイソウ

　珪殻は *Cymbella* 状に弱く曲がる．外形は楕円状披針形で幅広く，短く突出し，先端は広円状．殻長：20-60 μm，殻幅：10-20 μm．縦溝は糸状で弧状に弱く湾曲する．縦溝先端の湾曲は相同形．軸域は狭い線状，中心域は中くらいの大きさ，不規則な形であるが，しばしば横長になる．遊離点はない．条線は放射状で，中心域を構成する条線の長短は不規則配列．条線密度：8-13/10 μm，点紋密度：約 25/10 μm．

　図 219 *Plac. gas.* var. *gas.* は Zambezi 川産の個体群，2 珪殻，175 条線を計測した点紋密度の頻度分布図である．点紋密度の分布範囲は(24)25-30(32)/10 μm と表せる．

分布・生態

　世界広汎種，木曽川では下流域で普通に見られる．

近似種との相違点

Placoneis clementis（Grunow）E. J. Cox var. *clementis* 1987

　両端部の突出の幅が狭いことで区別は明瞭である．

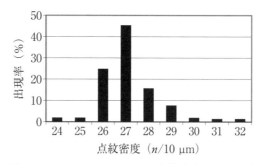

図 219　*Plac. gas.* var. *gas.* の点紋密度の頻度分布

Placoneis clementioides（Hust.）E. J. Cox 1987
　両端部の突出の幅が狭いことで区別は明瞭である．
Placoneis explanata（Hust.）Lange-Bert. 2000
　両端部の突出が強く，先端部の幅が狭い．中心域を構成する条線の長さはほぼ揃っている．中心域は大きく，横長の形である．縦溝はほとんど湾曲しない．縦溝先端の湾曲は相互型である．条線の点紋密度は密で 28-35/10 μm．
Placoneis gastriformis（Hust.）H. Fukush., Kimura, Ts. Kobayashi & S. Fukush. 2007
　中心域に遊離点が 1 個あり，両端の突出が強いのが特徴である．

Placoneis gastrum var. *rostrata* Kimura & H. Fukush. nom. nud. 【Pl. 107, Figs 5-14】

　Placoneis gastrum（Ehrenb.）Mereschk. var. *gastrum* 1903 とその basionym, synonym の写真や図を見ていると，大形で先端が広嘴状で，いわゆる *Plac. gastrum* とされている大形の taxa と，少し小形で先端が嘴状に強く突出し，var. *gastrum* 程先端が幅広くない taxa が混在しているように思える．*Placoneis gastrum* とされているが小形の taxa の例として次のものが挙げられる．

　Krammer & Lange-Bertalot 1986, Süsswasserflora von Mitteleuropa **2/1**：Pl. 49, Fig. 6（Figs 4, 5.：var. *gastrum*）．；Gasse 1986, Bibliotheca Diatomologica **11**：Pl. 17, Figs 6, 7.；Cocquyt 1998, Bibliotheca Diatomologica **39**：Pl. 23, Fig. 2.；渡辺編 2005, 淡水珪藻生態図鑑, Pl. ⅡB3-27, Fig. 13.；Jung Ho Lee 2012, Algal Flora of Korea **3**(8)：Fig. 4-D.

　これらの小形の taxa も中心域に遊離点をもたず，var. *gastrum* に比べ先端部が細く，嘴状突出が強いので，裸名であるが *Placoneis gastrum* var. *rostrata* とし，基本種と区別して各種計測を行った．

　文献に示された var. *gastrum* の写真と var. *rostrata* とすべきと考える写真を計測したところ，殻長と殻幅に大きな差が見うけられた．これを図示したのが 図 220 *Plac.*（2 taxa の比較：文献）であり，殻長と殻幅の相関を見れば，両 taxa は明瞭に 2 分される．アフリカの Zambezi Riv., から両 taxa を，the Nile から var. *rostrata* を大量に見いだした．この計測値から同様に殻長と殻幅の相関を示したのが 図 221 *Plac.*（2 taxa の比較：2 河川）である．やはり，両 taxa は明瞭に 2 分される．

　条線密度（図 222 *Plac.*（2 taxa の比較：条線密度）），点紋密度（図 223 *Plac.*（2 taxa の比較：点紋密度））の頻度分布を比較してみると，両 taxa の密度範囲はほぼ重なっており，また平均値の差も小さく，条線密度，点紋密度では区別しがたい．これらを踏まえたうえで，var. *gastrum* の内の小形の taxa を *Placoneis gastrum* var. *rostrata* nom. nud. とする．

　外形は楕円状皮針形，先端は嘴状に突出（var. *gastrum* に比べ細く長く突出して見える），条線は末端まで放射状，縦溝は弓形（*Cymbella* 型）に僅かに曲がる．中心域を形成する条線は長短交互の珪殻が多く，小さな円形をなす．中心域に遊離点はない．

Placoneis hambergii（Hust.）**Bruder 2007**, in Bruder & Medlin, Nova Hedwigia **85**：3-4
331-352.　　　　　　　　　　　　　　　　　　　　　　　　　　　　【Pl. 96, Figs 1-4】

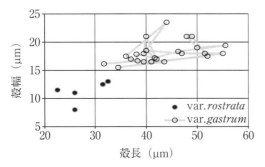

図 220　*Plac.* の 2 taxa の比較（文献）

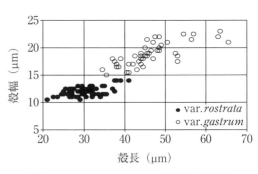

図 221　*Plac.* の 2 taxa の比較（2 河川）

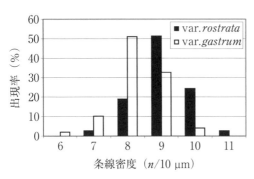

図 222　*Plac.* の 2 taxa の比較（条線密度）

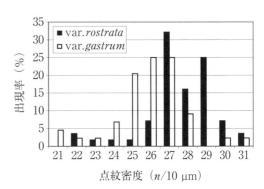

図 223　*Plac.* の 2 taxa の比較（点紋密度）

Basionym：*Navicula hambergii* Hust. 1924.

　珪殻は楕円状皮針形で両端部は短く突出する．殻長：12-24 μm，殻幅：5-8 μm．縦溝は糸状で，軸域は狭く中央部で僅かに皮針形に広がる．中心域は発達しない．中央部の条線が長くなり，その隣の各 1 本が大変短くなっている．条線は放射状配列で，条線密度は 13-17/10 μm である．

分布・生態
　世界広汎種．緑地公園・岩本池で見いだしたのみである．

近似種との相違点
　本種は中央の左右各 1 本の条線が特に長くなっているので，中心域が全く発達していない．この形態から他の種と区別が可能である．

Placoneis intermixta（Hust.）Kimura, H. Fukush. & Ts. Kobayashi nov. comb.
【Pl. 102, Figs 1-3】

Basionym：*Navicula intermixta* Hust. 1966, in Rabenhorst's Kryptogamen-Flora **7**(3)4：P. 724, Fig. 1705.
Synonym：*Navicula intermixta* Hust., Simonsen 1987, Atlas and Catal. Diatom：P. 503, Pl. 767, Figs 3, 4.

カメヒトエケイソウ
　珪殻は楕円状披針形で，両端部は弱く突出し，広円状である．殻長：42-51 μm，殻幅：20-21 μm．縦溝は糸状で真っ直ぐであるが，中心節から 80% くらいのところで僅かに湾曲するので，

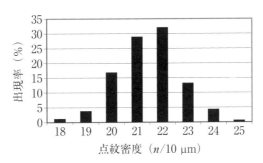

図 224 *Plac. int.* の点紋密度の頻度分布

縦溝全体は僅かに S 字状に湾曲する．縦溝先端部の極節は相互型である．条線は放射状，条線密度は中央部，9-10/10 μm，両端部，13/10 μm．点紋密度：18-22/10 μm．中心域はほぼ円形から横長の楕円形，普通，片側に 1 個の遊離点があるが，ないこともある．

Zambezi Riv. の 2 珪殻，191 条線の点紋密度の頻度分布を**図 224** *Plac. int.* に示す．その分布範囲は (18) 20-23 (25)/10 μm と表せる．

分布・生態

アフリカ（カメルーン，Zambezi Riv., Chobe N. P.-3, BWA. で見いだした）．

近似種との相違点

Placoneis demeraroides (Hust.) Metzeltin & Lange-Bert. 1998

珪殻は少し大形（殻長：60-66 μm，殻幅：27-30 μm）である．条線密度は密（13-14/10 μm）で，点紋密度も密（25-28/10 μm）である．

Placoneis disparis (Hust.) Metzeltin & Lange-Bert. 1998

珪殻先端部の変異は大きく，円錐状から短い嘴状まで多様である．先端部の条線は収斂する．条線密度は密で，中央部，約 12/10 μm，両端部，約 20/10 μm である．

Placoneis gastrum (Ehrenb.) Mereschk. var. *gastrum* 1903

珪殻の外形はやや似るが，縦溝は弧状に湾曲する．点紋密度は密（約 25/10 μm）である．中心域に遊離点がない．極節部の湾曲は相同型．

Placoneis neotropica Metzeltin & Lange-Bert. 1998

珪殻の殻幅がやや狭く（12-16.5 μm），両端部の突出は尖円状，円錐状から嘴状まで変異は大きい．中心域は小さく，条線密度は密（15-16.5/10 μm）である．

Placoneis omegopsis (Hust.) Kimura, H. Fukush. & Ts. Kobayashi nov. comb.

珪殻の先端部の突出は尖円状．条線密度は密（13-14/10 μm）で，点紋密度は粗（13-14/10 μm）である．

***Placoneis maculata* (Hust.) Levkov 2007**, in Iconographia Diatomologica **16**：P. 111, Pl. 94, Figs 1-4, Pl. 95, Figs 1-7. 　　　　　　　　　　　　　　　　　　　　　**【Pl. 103, Figs 1, 2】**

Basionym：*Navicula placentula* var. *maculata* Hust. 1934, in Schmidt's Atlas Diat.：Taf. 399, Fig. 18.

Synonym：*Navicula placentula* var. *maculata* Hust., Simonsen 1987, Atlas and Catal. Diatom：P. 171, Pl. 274, Figs 1, 2.

アミメヒトエケイソウ

　珪殻は楕円状披針形で，先端部は弱く突出する．先端は亜円錐状．殻長：30-89 µm，殻幅：12-28 µm．縦溝は糸状でほぼ真っ直ぐ，両端部は同方向に湾曲する．軸域はやや幅広い帯状で，中心域は横長の楕円形．条線密度：7-12/10 µm．条線を構成する点紋は光学顕微鏡で識別できる珪殻は少ない（Zambezi 川の試料では 21-30/10 µm）．

分布・生態

　世界広汎種．貧腐水性，低～中程度の電解質濃度の水域に生息．

近似種との相違点

Placoneis apicalicostata Metzeltin & Lange-Bert. 2002（*Plac. omegopsis* の項参照）

　縦溝の先端は相互型，条線を構成する点紋は明瞭で，粗（15-16/10 µm）である．中心域に1個の遊離点がある．

Placoneis concinna（Hust.）Kimura, H. Fukush. & Ts. Kobayashi nov. comb.

　珪殻先端部の突出が弱く，先端は尖円状である．条線密度は密（11-16/10 µm）で，条線を構成する点紋は明瞭．縦溝の先端部は相互型．

Placoneis gastrum（Ehrenb.）Mereschk. var. *gastrum* 1903

　珪殻の先端は広円状で，縦溝は弧状に湾曲する．中心域を形成する条線は長短交互配列である．

Placoneis subplacentula（Hust.）E. J. Cox 1987

　形態はよく似ているが，縦溝の先端部は相互型である．

Placoneis modica（Hust.）Kimura, H. Fukush. & Ts. Kobayashi nov. comb.
【Pl. 96, Fig. 5】

Basionym：*Navicula modica* Hust. 1945, Arch. f. Hydrob. **40**(4)：P. 916, Figs 21-23.
Synonym：*Navicula modica* Hust. 1945.；Simonsen 1987, Atlas and Catal. Diatom：P. 328, Pl. 507, Figs 17-21.

ナミヒトエケイソウ（ナミは"普通の"の意）

　珪殻は楕円状で，両端部は幅広く，短く突出し，その先端は広円状で平たい．殻長：10-16 µm，殻幅：5-6 µm．縦溝は真っ直ぐで糸状，軸域は線状で狭い．中心域は小さく横長の四角形．条線は放射状で約 18/10 µm（本試料は殻長：15.5 µm，殻幅：7 µm，条線密度：19.5/10 µm）．

近似種との相違点

Navicula dilviana Krasske 1933

　条線密度が少し粗（9-15/10 µm）である．

Navicula submulalis Hust. 1945

　珪殻の外形は楕円状で，両端部は広円状であるが，先端が突出しない点で異なる．

Placoneis hambergii（Hust.）Bruder 2007

　条線密度が少し粗（13-17/10 µm）である．

Placoneis porifera（Hust.）H. Fukush. var. *opportuna*（Hust.）H. Fukush., Kimura & Ts. Kobayashi 2006

　珪殻の先端は突出せず，幅の狭い角錐状である．

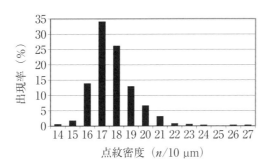

図 225 *Plac. omeg.* の点紋密度の頻度分布

Placoneis omegopsis（Hust.）Kimura, H. Fukush. & Ts. Kobayashi nov. comb.
【Pl. 102, Figs 4-6】

Basionym：*Navicula omegopsis* Hust. 1944, in Ber. Dtsch. Bot. Ges. **61**：275, Fig. 8.；Hustedt 1961-1966, Die Kieselalgen **3**：Fig. 1683.

Synonym：*Navicula omegopsis* Hust. 1944, in Rabenhorst's Kryptogamen-Flora **7**(3)4：P. 685, Figs 1683, 1966.；Simonsen 1987, Atlas and Catal. Diatom：P. 315, Pl. 473, Figs 13-16.；*Placoneis apicalicostata* Metzeltin & Lange-Bert. 2002, in Icon. Diat. **11**：P. 53, Pl. 30, Figs 1-7.

ツブカメヒトエケイソウ

　珪殻は幅広い楕円状披針形，先端は短い嘴状に突出する．殻長：30-70 μm，殻幅：18-20 μm．縦溝は糸状で真っ直ぐであるが，中央より3分の2くらいのところで弱く曲がり，全体ではS字状になる．軸域はやや幅広く，披針形で，中心域は中くらいの大きさでほぼ円形，1個の遊離点をもつ．中心域を形成する条線はほぼ長短交互配列である．条線は放射状で両端部のほうが中央部よりやや密で，点紋は粗である．

　条線密度の計測値は中央部：12-14/10 μm，両端部：15/10 μm．点紋密度は Zambezi Riv. の4珪殻，430条線を計測した結果を**図 225** *Plac. omeg.* に示す．点紋密度の分布範囲は(14)16-21(27)/10 μm と表すことが適当とわかった．

　カメルーン産の holotype（Simonsen 1987, pl. 473, figs 14, 15），paratype（Simonsen 1987, pl. 473, figs 13, 16.）ともに，Zambezi 川の試料より両端部の突出が少し強くなっている．

分布・生態

　アフリカ（カメルーン，Zambezi Riv., Chobe N. P.-3, BWA. で見いだした）．

近似種との相違点

Placoneis concinna（Hust.）Kimura, H. Fukush. & Ts. Kobayashi nov. comb.

　当種の珪殻の先端は刺状に大変短く突出する．点紋密度は密（20-30/10 μm）である．

Placoneis demeraroides（Hust.）Metzeltin & Lange-Bert. 1998

　珪殻は大形（殻長：60-66 μm，殻幅：27-30 μm）で，両端部は短い嘴状に突出し，先端は広円状．点紋密度は密（20-22/10 μm）である．

Placoneis gastrum（Ehrenb.）Mereschk. var. *gastrum* 1903

　珪殻の先端は広円状で，縦溝は弧状に湾曲し，条線密度は粗（8-13/10 μm）である．中心域を形成する条線はやや長短交互的である．

Placoneis intermixta (Hust.) Kimura, H. Fukush. & Ts. Kobayashi nov. comb.
珪殻両端部の突出は幅広く短い嘴状で先端は広円状，条線密度は密（12-14/10 μm）である．

***Placoneis placentula* (Ehrenb.) Heinzerl. var. *placentula* 1908**, in Bibl. Bot. **69**：1-38.；Hofmann, Lange-Bertalot & Werum 2013, Diatomeen im Süsswasser-Benthos von Mitteleuropa：P. 502, Pl. 46：44-46. 【no Fig.】

Basionym：*Pinnularia placentula* Ehrenb. 1843, Verbreitung und Einfluss des mikroskopischen Lebens in Süd-und Nord-Amerika. in Abhandlungen der Königlichen Akademie der Wissenschaften zu Berlin, Teil **1**：P. 421, Pl. 3/7, Fig. 22.

Synonym：*Navicula placentula* (Ehrenb.) Kütz. var. *placentula* 1844, Die Kieselschaligen Bacillarien oder Diatomeen：P. 94. Pl. 28, Fig. 57c.；Krammer & Lange-Bertalot 1986, Süsswasserf. von Mitteleur. **2/1**：P. 145, Pl. 50, Figs 1-4.

珪殻は楕円状披針形で，両端部は嘴状に突出し，先端は広円状．殻長：30-70 μm，殻幅：12-28 μm．軸域は狭い線状，中心域はかなり小さいものから中くらいの大きさで，円形から横長の楕円形，遊離点はない．条線は放射状配列で，中央の条線の1本が時々短くなっている．条線密度：6-9(12)/10 μm

分布・生態
世界広汎種で，貧腐水性～β-中腐水性とされている．

近似種との相違点
Placoneis clementioides (Hust.) E. J. Cox 1987
　　外形はよく似るが小形（殻長：20-26 μm，殻幅：9-10 μm）で，中心域に遊離点がある．
Placoneis symmetrica (Hust.) Lange-Bert. 2005
　　外形はよく似るが少し小形（殻長：27-31 μm，殻幅：9-11 μm）で，中心域は *Plac. placentula* より幅広く横長四角形である．

***Placoneis placentula* var. *latiuscula* (Grunow) Bukhtiyarova 1995**, in Z. Levkov, S. Krstic, D. Metzeltin & T. Nakov 2007, Iconographia Diatomologica **16**：Pl. 96, Figs 1-11.
【Pl. 108, Figs 6-8】

Synonym：*Navicula placentula* var. *latiuscula* (Grunow) Meister, *Placoneis placentula* f. *latiuscula* F. Meister 1932.

珪殻は菱状皮針形，先端は嘴状に僅かに突出し，その先端は狭い円状．軸域は狭く，中心域も小さい．条線の配列は放射状で先端のほうが傾きが強い．

近似種との相違点
Placoneis macedonica Levkov & Metzeltin 2007
　　少し小形，中心域を形成する条線の配列が異なる．
Placoneis prespanensis Levkov, Krstic & Nakov 2007
　　少し小形であり（殻長：16-38 μm，殻幅：7-14 μm），特に殻幅が狭いことが目立つ．

***Placoneis pseudanglica* (Lange-Bert.) E. J. Cox var. *pseudanglica* 1987**, in Diatom

Research **2**(2)：p. 145. 【Pl. 98, Figs 1-8】

Basionym：*Navicula pseudanglica* Lange-Bert. 1985, in Krammer & Lange-Bertalot, Bibl. Diat. **9**：P. 86, Pl. 23, Figs 8-12.；Krammer & Lange-Bertalot 1986, Süsswasserf. von Mitteleur. **2/1**：P. 137, Pl. 46, Figs 13, 14.

Synonym：*Navicula pseudanglica* Lange-Bert. 1985.；Krammer & Lange-Bertalot 1986, Süsswasserf. von Mitteleur. **2/1**：P. 137, Pl. 46, Figs 13-15.；*Navicula anglica* Ralfs *sensu* Hust. 1930, in Süsswasser-F. Mitteleur. **10**：P. 303, Figs 530, 531.

カドヒトエフネケイソウモドキ

珪殻は楕円形で両端は嘴状から頭部状に突出する．殻長：20-40(50)μm，殻幅：8-14(20)μm．軸域は狭い線状，中心域は小さく，円形から楕円形．条線は放射状に配列する．中心域を形成する条線は，普通は長短交互でない．条線密度：9-12/10 μm，点紋密度：約30/10 μm．縦溝の極裂は相同型または相互型．中心域に遊離点がないものが var. *pseudanglica*，1個あるものが var. *signata*（Hust.）とされている．

分布・生態

ヨーロッパ，南米，日本等で記録されている世界広汎種．電解質の多い水域に広く分布し，β-中腐水域に多く出現する．

近似種との相違点

Placoneis anglica（Ralfs）H. Fukush., Kimura & Ts. Kobayashi nov. comb.

大英博物館所蔵の当種の lectotype BM23510（Krammer & Lange-Bertalot 1986, pl. 46, figs 2・3）の中心域は大きく，横長の四角形である．

Placoneis clementis（Grunow）E. J. Cox var. *clementis* 1987

珪殻は楕円形から菱状皮針形で，中心域は横長で大きい．中心域は中くらいからやや大きく，中心域を構成する条線は長短交互型．中心域の片側に遊離点をもつ．遊離点は1側性で，普通は2個ある．縦溝の極裂部の湾曲は相互型．

Placoneis clementioides（Hust.）E. J. Cox var. *clementioides* 1987

中心域は円形が主で，大きさは小さいものからやや大きいものまで変化がある．中心域の片側に2個の遊離点がある．中心域を形成する条線は長短交互型でない．

Placoneis constans（Hust.）E. J. Cox var. *constans* 1987

縦溝の極裂は交互型．中心域は中くらいの大きさで，横長の四角形．1個の遊離点がある．中心域を形成する条線は長短交互型．

Placoneis elginensis（W. Greg.）E. J. Cox var. *elginensis* 1987

中心域が横長で大きい．縦溝の極裂の湾曲は相同型．

Placoneis exigua（W. Greg.）Mereschk. var. *exigua* 1903

珪殻は線状楕円形から楕円状皮針形で，両端はしばしば嘴状から頭部状に突出する．中心域は小から中くらいの大きさで，形は変化に富み，横長の四角形，横長の楕円形，菱形等である．縦溝の先端は相同型．

Placoneis gastrum（Ehrenb.）Mereschk. var. *gastrum* 1903

珪殻先端の突出は幅広い嘴状．中心域に遊離点はない．縦溝の極端部の湾曲は相同型．

Placoneis sp.-1 【Pl. 99, Figs 13-15】

Placoneis sp.-2 【Pl. 100, Fig. 17】
Placoneis densa（Hust.）Lange-Bert. 2005 と検討を要する．

Placoneis subplacentula(Hust.)E. J. Cox 1987, in Diatom Research 2(2). 【Pl. 98, Figs 15, 16】
Basionym：*Navicula subplacentula* Hust. 1930, in Schmidt's Atlas：Taf. 370, Fig. 7.
Synonym：Simonsen 1987, Atlas and Catal. Diatom：P. 124, Pl. 199, Figs 3, 4, Pl. 200, Figs 1-3.；
　Krammer & Lange-Bertalot 1986, Süsswasserf. von Mitteleur. **2/1**：P. 145, Pl. 50, Figs 5-8.

珪殻は楕円状披針形で，両端部は大変弱く亜嘴状に突出する．先端は弱い尖円状から弱い広円状．殻長：30-70 μm，殻幅：12-28 μm．縦溝は糸状で極裂は相互型．軸域は狭い線状，中心域は小形，中くらいの大きさでやや円形，または横長の楕円形．条線は放射状配列で，中心域を形成する条線は不規則に短くなる．条線密度は両端部のほうが中央部よりやや密である．条線密度：6-9(12)/10 μm．

分布・生態
世界広汎種．著者らは Khuvsgul L., MNG. で見いだした．

近似種との相違点
Placoneis clementioides（Hust.）E. J. Cox var. *clementioides* 1987
　珪殻の両端部の突出が強い固体が多い．珪殻はやや小形（殻長：17-32 μm，殻幅：7-12 μm）で，条線は密（13-14/10 μm）である．中心域の片側に2個の遊離点がある．
Placoneis clementis（Grunow）E. J. Cox var. *clementis* 1987
　珪殻両端部の突出が弱い場合が多く，中心域も少し大きい場合が多い．中心域を形成する条線は長短交互型．極裂は相互型．
Placoneis placentula（Ehrenb.）Heinzerl. var. *placentula* 1908
　縦溝の極裂は相同型である．
Placoneis porifera（Hust.）E. J. Cox var. *porifera* 1987
　条線密度は少し密（13-16/10 μm）で，中央部条線は長短交互型，中心域の片側に1個の遊離点がある．縦溝の湾曲はしばしば認めるのが困難なことがある．極裂は相互型．
Placoneis porifera（Hust.）H. Fukush. var. *opportuna*（Hust.）H. Fukush., Kimura &
　Ts. Kobayashi 2006
　中心域に遊離点がない．

Placoneis undulata（Østrup）Lange-Bert. 2000, in U. Rumrich, Lange-Bertalot & M.
　Rumrich, Iconographia Diatomologica **9**：P. 212, Pl. 60, Figs 11, 12. 【Pl. 96, Figs 16-31】
Basionym：*Pinnularia undulata* W. Greg. 1854, non *Pinnularia undulata* Pant. & Greguss 1913.
Synonym：*Navicula undulata*（W. Greg.）Hust. 1909.；non *Navicula undulata* Schum. 1869.；non
　Navicula undulata Ralfs 1861.；non *Navicula undulata* O'Meara 1876.；non *Navicula undulata*
　（Grunow）Wolle 1980.；non *Navicula undulata* Skvortsov 1936.；*Navicula elginensis*（W. Greg.）
　Ralfs var. *elginensis* 1861, (*pro parte*) in Pritchard, P. 902.；Krammer & Lange-Bertalot 1986,

Süsswasserf. von Mitteleur. **2/1**：P. 136, Pl. 46, Figs 1-9 (*pro parte*). ; *Navicula elginensis* (W. Greg.) Ralfs var. *neglecta* (Krasske) R. M. Patrick 1966, Diat. United States **1**：P. 525, Pl. 30, Fig. 5. ; *Navicula dicephala* Ehrenb. var. *undulata* Østrup 1918, in Bot. Iceland **2**(1)：P. 25, Pl. 3, Fig. 33. ; *Navicula dicephala* Ehrenb. var. *neglecta* (Krasske) Hust. 1930, in Süsswasser-Flora Mitteleuropas **10**：P. 303, Fig. 527. ; *Navicula neglecta* Krasske 1929, in Bot. Arch. **27**(3/4)：P. 354, Fig. 5. ; non *Navicula neglecta* Kütz. 1844. ; non *Navicula neglecta* (Thwaites 1848) Bréb. ex Brun 1880. ; non *Navicula neglecta* Krasten 1899. ; *Placoneis elginensis* (W. Greg.) Ralfs var. *undulata* (Østrup) Lange-Bert. 1996, in Lange-Bertalot et al., Dokum. Revis. G. Krasske beschr. Diat.-Taxa, Icon. Diat. **3**：P. 133. ; *Placoneis neglecta* (Krasske) Tuji 2003, in Bull. Nat. Sci. Museum Ser. B (Botany) **29**(2)：P. 71, Pl. 9, Figs 13-15 (*pro parte*).

ナミヒトエフネケイソウ

珪殻は幅広い楕円状で，両側縁は3回波打つ．両端は嘴状または頭部状嘴形に強く突出する．殻長：20-40 μm，殻幅：8-15 μm．軸域は狭い線状，中心域は変異が大きく，大きさは小さいものからやや大きいものまで，形は円形から横長の四角形まで様々である．条線は中央部放射状，中心域を形成する条線は長短交互型が多く，両端部ではほぼ平行から弱い収斂まで多様である．条線密度：8-12/10 μm，点紋密度：約 28/10 μm.

分布・生態

世界広汎種．Disney World, FL-USA., Honolulu Res., HI-USA., Mulu N. P.-2, MYS., 日本でも木曽川等から広く見いだしている．

近似種との相違点

Placoneis clementioides (Hust.) E. J. Cox var. *clementioides* 1987
　中心域を構成する条線は長短交互型が基本ではない．中心域の片側に2個の遊離点がある．

Placoneis clementis (Grunow) E. J. Cox var. *clementis* 1987
　珪殻の外形は楕円形から広披針形まで変異が大である．中心域を構成する条線は長短交互型が基本である．通常，2個の遊離点が中心域の同一側にある．

Placoneis elginensis (W. Greg.) E. J. Cox var. *elginensis* 1987
　両側縁は湾曲し，しばしば3回波打つ．中心域を構成する条線は長短交互型が基本である．中心域に遊離点がない．

Placoneis signata と *Placoneis nipponica* について
Placoneis signata* (Hust.) Mayama 1998, in DIATOM **14**：P. 70, Fig. 5
Basionym：*Navicula gastrum* (Ehrenb.) Kütz. var. *signata* Hust. 1936, in Schmidt's Atlas：Pl. 403, Figs 27, 28.
Synonym：*Navicula gastrum* var. *signata* Hust. 1936. ; Krammer & Lange-Bertalot 1986, Süsswasserf. von Mitteleur. **2/1**：P. 143, Pl. 49, Figs 7-9.

　珪殻は披針状楕円形から楕円形，両端部は幅広く弱く突出し，先端は広円状．縦溝は糸状で弧状に弱く湾曲し，軸域は狭い．先端の湾曲は相同型．条線は放射状で，中央部は長短交互配列が多い．条線：8-13/10 μm．中心域は小より中くらいまでの大きさで，1個の遊離点をもつ．

***Placoneis nipponica* (Skvortsov) Ohtsuka nom. nud.**：琵琶湖博物館 WEB 図鑑「珪藻」

Basionym：*Cymbella nipponica* Skvortsov 1936, Philipp. J. Sci. **61**：283, Pl. 2, Fig. 8, Pl. 4, Fig. 4.
Synonym：*Navicula gastrum* var. *signata* Hust. 1936.；*Placoneis signata*（Hust.）Mayama 1998, in Mayama & Kawashima

　Placoneis gastrum に似る．中心域に1個の遊離点をもつことで区別できる，と Ohtsuka は記している．*Navicula gastrum* var. *signata* Hust. 1936 を Mayama は *Placoneis signata* の synonym としている．Ohtsuka は *Navicula gastrum* var. *signata* Hust. 1936 を *Placoneis nipponica* の synonym としている．すなわち Ohtsuka によれば，*Placoneis signata* と *Placoneis nipponica* は同じ taxa を表していることになる．

　Skvortzow（1936）は琵琶湖産の *Cymbella nipponica* Skvortsov を報告している．Ohtsuka & Tuji（2002）は本種の lectotype を選定した．しかし，大塚泰介編，日本珪藻電子図鑑によるとこの種には *Placoneis nipponica*（Skvortsov）Ohtsuka nom. nud. という種名が裸名であるが付けられている．
　Hustedt（1936）は *Navicula gastrum* var. *signata* という新変種を発表した．
　Krammer & Lange-Bertalot（1985, 1986）は Hustedt が 1935 年に発表した *Navicula gastriformis* は本種のシノニムとした．Simonsen（1987）は Hustedt が研究に用いたスライド（N13/28, Ladoga-see）を lectotype に選定した．Mayama（1998）は阿寒湖で得た本種を *Placoneis signata*（Hust.）Mayama という新組み合わせ，新ランクを発表した．しかし，これらの諸論文に示されている顕微鏡写真を見ると，それぞれ形が異なるところが見られるので再検討する必要があるだろう．
　（*Placoneis gastrum*（Ehrenb.）Mereschk. var. *gastrum* 1903 の項参照．）

《*Placoneis signata*（Hust.）Mayama の有効性》
　本種の学名の変遷などをかなり詳しく記したが，この学名が有効であるのは *Navicula gastriformis* Hust. と *Navicula gastrum* var. *signata* Hust. が異なる taxon であるという条件下である．しかし，Krammer & Lange-Bertalot（1985）は以下のように記述している．
　Navicula gastrum var. *signata* Hust., p. 283, Hustedt in A. W. F. Schmidt et al. 1934, fig. 398, 17-19（これは明らかなミスプリントで次のように記すべきである．：1936, fig. 403, 27, 28）．Synonym：*Navicula gastriformis* Hust. in A. W. F. Schmidt et al. 1934, fig. 398, 17-19
　すなわち，*Navicula gastriformis* Hust. 1935 は *Navicula gastrum* var. *signata* Hust. 1944 のシノニムであると記されている．しかし，本来なら優先権を基本とする命名規約の原則から，*Navicula gastrum* var. *signata* 1936 は，*Navicula gastriformis* Hust. 1935 のシノニムであるとすべきである．ところが，その本文によると，遊離点が1個あるという特徴を重視し，Krammer & Lange-Bertalot（1985）は種ではなく変種にしたかったように推測される．このような種の形質に対する考えも年とともに変化するもので，その後 Lange-Bertalot は遊離点を1個もつという形質を種レベルの特徴にしている（Metzeltin, Lange-Bertalot & García-Rodríguez 2005, Diatoms of Uruguay の中で，Lange-Bertalot が *Navicula exigua* var. *signata* Hust. を basionym にして，*Placoneis significans*（Hust.）Lange-Bert. という新ランク，新組み合わせを行っている大きい根拠が遊離点1個という形質にある）．
　このように変種に重点を置いたため，発表年が後の *Navicula gastrum* var. *signata* をあえて用いている．発表年が古い *Navicula gastriformis* を用いて変種にするためには学名のランク変更をし，新変種にすべきであったと考えられる．このように種の帰属を問題にする場合，原記載文は重要であるが描画図は重要視できないことがしばしば起こり，type 標本の顕微鏡写真が大変重要になる．
　Navicula gastriformis の顕微鏡写真は Simonsen（1987）が holotype 2 珪殻，4 殻面を示している．

しかも重要な holotype で，大形の個体と小形の個体の写真を示しているので本種の形態変異の推定に役立つ．さらに isotype 1 珪殻，1 殻面，paratype 1 珪殻，2 殻面の合計 4 珪殻，7 殻面を示している．Krammer & Lange-Bertalot(1986) は fig. 49：8 を *Navicula gastrum* var. *signata* としている．しかし，この標本は Hustedt が *Navicula gastriformis* と同定した，Hustedt の採集品の N3/19 と記された Typenprap. 中の写真が示されている．ちなみに Simonsen(1987) によると N3/20 が holotype を選定したプレパラートである．Hustedt が *Navicula gastriformis* と同定した標本は 5 珪殻，8 殻面の写真があるが，*Navicula gastrum* var. *signata* は lectotype の 1 珪殻，2 殻面の写真があるだけである．

Navicula gastriformis と *Navicula gastrum* var. *signata* の小形珪殻の計測値を比較すると，殻長：24, 25 μm，殻幅：10, 12.5 μm，条線密度：10, 11/10 μm で，計測値は似ているが後者が少し幅広い．また，後者の殻端の突出部は著しく幅広い．両種はそれぞれ別の分類群として発表されているが，Lange-Bertalot (Krammer & Lange-Bertalot 1985)，Krammer & Lange-Bertalot のように同一種とする考えもある．両分類群の holotype, lectotype などの顕微鏡写真では，やはり別の分類群とすべきように考えられるが，これを論じる資料が少なく，今後の研究を待たざるを得ない．なお，Mayama & Kawashima(1998) の示している *Placoneis signata* の顕微鏡写真は両端部の突出部が幅広い点は前種に，突出が強い点は後種に似ているようにも見える．

Genus *Sellaphora*

Sellaphora は 1902 年，Mereschkowsky が設立した属である．以来，多くの種が報告されてきたが，区別点が曖昧な taxa も多くあるようである．D. G. Mann, S. J. Thomas & K. M. Evans (2008) は *Sellaphora* を 5 つのグループに分けることを提唱した．これによって，区別点が明らかになった種もかなりあるが，グループ内の種の整理は今後に期待せざるを得ない．

Sellaphora グループ分け検索表

I 極域に条線と異なる一文字の構造（殻内面に極域を隔てる肥厚部分）がある．
 I）多くの種の外形は先端が伸長する．中心域を形成する条線は少数で，中心域は横長で大きく，外縁に達するほど大きい種もある． pupula group
 II）先端は丸く終わる種が多い．中心域を形成する条線は数多く，中心域は小さい． bacillum group
II 上のような構造はない．
 I）軸域は広い． americana group
 II）軸域は狭い
  1 珪殻は小さい． seminulum group
  2 中心域は菱形から円形．側縁は主として線状． laevissima group

Sellaphora americana (Ehrenb.) D. G. Mann var. *americana* 1989, in Br. Phycol. J. **24**：2. 【Pl. 110, Fig. 16】

Basionym：*Navicula americana* Ehrenb. 1843, in Abhandl. Königl. Akad. Wissensch. Berlin **1**：P. 129 (417).；Krammer & Lange-Bert. 1986, Süsswasserf. von Mitteleur. **2/1**：P. 188, Pl. 67, Fig. 1.

アメリカエリツキケイソウ

珪殻は線状で，両側縁はしばしば強く張り出す両端は広円状．殻長：30-140 μm，殻幅：10-

30 µm. 軸域は狭い線状，中心域は披針状楕円形．条線は放射状で，中央部はほぼ平行．条線の長さは中央部では，側縁から縦溝までの約60%くらいである．条線密度：13-18/10 µm.

分布・生態

世界広汎種だが多くはない．主として止水域に見られる．森林公園・岩本池で見いだした．

近似種との相違点

Sellaphora moesta（Temp. & Perag.）Ohtsuka 2015

  Basionym：*Sellaphora americana*（Ehrenb.）D. G. Mann var. *moesta* Temp. & Perag. 1908

珪殻は大形で（殻長：61-159 µm，殻幅（中央部）：21-27 µm,（最大幅部位）：22-31 µm）珪殻の中央部がくびれることから，var. *americana* と区別が容易である．

Sellaphora urguayensis Metzeltin, Lange Bert. & García-Rodríguez 2005

  珪殻は線状で両端部は広円状．殻長：40-48 µm，殻幅：13-13.5 µm．条線は周縁性で短く，条線密度：12.5-13.5/10 µm．点紋密度：13-14/10 µm.

Sellaphora bacilloides（Hust.）**Levkov, Krstic & Nakov 2006**, in Diatom Research **21**（2）：297-312. 【Pl. 114, Figs 14-16】

Basionym：*Navicula bacilloides* Hust. 1945, in Archiv für Hydrobiologie **40**：P. 117, Fig. 1250.；Krammer & Lange-Bertalot 1986, in Ettl et al. eds. Süsswasserf. von Mitteleur. **2/1**：P. 188, Pl. 67, Fig. 5.

  珪殻は広円状の先端をもつ楕円形．殻長：17-30 µm，殻幅：8-12 µm．縦溝は糸状で，軸域は大変狭く，中心域はやや大きくほぼ楕円形．条線は放射状配列．条線密度：21-26(30)/10 µm，点紋密度：約40/10 µm.

分布・生態

ユーゴスラビア，フランス，英国，フィンランド，北米等で記録されているが，分布はさほど広くない．著者らは Khuvsgul L., MNG., Lake Baikal, RUS. で見いだした．

  Skvortzow & Meyer(1928)は *Navicula pupula* var. *baicalensis* Skvortsov & Meyer を記載しているがその初発表文（A contribution to the Diatoms of Baikal p. 15, pl. 1, fig. 39）は極めて簡単で本文は3行である．VanLandingham(1975)は本種を *Nav. pupula* var. *elliptica* Hust. 1911 の synonym にしているが，*Sellaphora bacilloides* の synonym にすべきものかもしれない．*Sellaphora baicalensis* である可能性も高い．バイカル湖には実際に本種が生育しているのだから．それにしても，type 標本が保存されていないのだから，結論を出すのは容易ではない．なお，Skvortzow は1937年に *Nav. pupula* Kütz. var. *baicalensis* Skvortsov という新変種を発表している（Bottom diatoms from Odhon gate of Baikal, Siberia. p. 325, pl. 8, fig. 21）．この初発表文も記載文が5行で，図も小さく簡単なものである．1928年発表の taxon の計測値は殻長：30.6 µm，殻幅：10.2 µm，条線密度：18/10 µm で，1937年の taxon は殻長：44 µm，殻幅：6.8 µm，条線密度：15, 20/10 µm で，その図を見ると異なる taxon にすべきことは明らかである．同一命名者（完全にではないが）による異物同名の数少ない例になる．VanLandingham はこの種名を認め，Proschkina-Lavrenko(1950)は p.165 に，Sabelina et al.(1951)は P. 252, Pl. 165,

Fig. 7 に引用していることを記している．

Sellaphora bacillum（Ehrenb.）D. G. Mann 1989, in Brit. Phycol. Journ. **24**.

【Pl. 115, Figs 1–12】

Basionym：*Navicula bacillum* Ehrenb. 1838, in Abhandl. Königl. Akad. Wissensch. Berlin, P. 130.；Krammer & Lange-Bertalot 1986, in Süsswasserf. von Mitteleur. **2/1**：P. 187, Pl. 67, Figs 2-4.

コンボウエリツキケイソウ

珪殻は線状で，両側縁は多くの珪殻で湾曲するが，平行のもの，稀に湾入するものもある．両端部は広円形．殻長：(25)30-90 μm，殻幅：10-20 μm．縦溝は糸状，軸域は狭い線状．中心域は楕円形，または円形でかなり大きい．条線は放射状で，条線密度の記録の多くは 12-14(16)/10 μm であるが，22(24)/10 μm の記録もある．

分布・生態

世界広汎種．*β*-強腐水域に多い．

近似種との相違点

Sellaphora laevissima（Kütz.）D. G. Mann 1989

珪殻は線状で，両側縁はほぼ平行から弱く湾曲する．両端部は広円状．やや小形（殻長：20-70 μm，殻幅：6-11 μm）でほっそりとしている．

Sellaphora pupula（Kütz.）Mereschk. var. *pupula* 1902

両端部はしばしば突出し，稀に嘴状または頭部状になることもある．中心域は変異が大きいが横長の四角形が多く，帯状で両側縁に達することがある．

図 **226** *Sell. bac.* の点紋密度分布図は利根川と江戸川産の分類群を走査型電子顕微鏡で撮影し，6 珪殻，377 条線を計測したものである．点紋密度の分布範囲は (43)49-63(70)/10 μm と表せる．

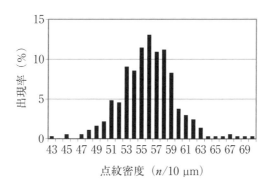

図 **226** *Sell. bac.* の点紋密度の頻度分布

Sellaphora capitata D. G. Mann & S. M. McDonald 2004. in D. G. Mann, S. J. Thomas & K. M. Evans 2008, Revision of the diatom genus *Sellaphora*：a first account of the larger species in the British Isles. Fottea Olomouc. **8**(1)：15-78, Fig. 47；K. M. Evans, V. A. Chepurnov, H. J. Sluiman, S. J. Thomas, B. M. Spears & D. G. Mann 2009, Highly

differentiated populations of the freshwater diatom *Sellaphora capitata* suggest limited dispersal and opportunities for allopatric speciation. Journal of Ecology and Environment **36** (4)：386-396. 【Pl. 113, Figs 1-16】

Synonym：*Navicula pupula* f. *capitata* Skvortsov & Meyer 1928.；Hustedt 1961-1966, Die Kieselalgen **3**：Fig. 1254 i-m.

本種は長い間 *Sellaphora pupula* の一部とされていた．本種の外縁は直線的でなく，両端は広い頭部状で多少なりともくびれる．殻内面に極域を隔てる肥厚部分があり，pupula group に属する．殻長：19-35(44)μm，殻幅：7-8.25(9.3)μm と，かなり大形である．条線は曲がり，中央部の条線密度：(16)18.2-20.5(22)/10 μm.

分布・生態

世界広汎種．日本でも河川，池沼，湿地等広く見いだせる．

Sellaphora disjuncta（**Hust.**）**D. G. Mann 1989**, in Round, Crawford & Mann 1990, The diatoms：P. 552. 【Pl. 114, Figs 9, 10】

Basionym：*Navicula disjuncta* Hust. f. *disjuncta* 1930, Die Süsswasser-F. Mitteleur. **10**：P. 274, Fig. 451.；Hustedt 1962, Kryptogamen-Flora Deut. Öster. Schw. **7**(3)1：P. 143, Fig. 1275.；Krammer & Lange-Bertalot 1986, Süsswasserf. von Mitteleur. **2/1**：P. 196, Pl. 70, Figs 16, 17.；Simonsen 1987, Atlas and Catal. Diatom：P. 119, Pl. 194, Figs 1-3.

珪殻は線状皮針形で，両側縁は膨らみ，両端部は弱い頭部状に突出する．殻長：18-28 μm，殻幅：4.5 μm．縦溝は糸状で，軸域は狭い．中心域はやや大きく，横長の四角形から楕円形．条線密度：約 25/10 μm.

分布・生態

ヨーロッパ，アラスカ，日本から報告がある．貧腐水性．蟹原・才井戸流で見いだした．

近似種との相違点

Navicula disjuncta Hust. f. *anglica* Hust. 1961

珪殻は少し小形（殻長：13-17 μm，殻幅：4-5 μm）で，中心域は小さく，先端部の条線は平行に近い．

Sellaphora japonica（**H. Kobayasi**）**H. Kobayasi 1998**, in Mayama & Kawasima, DIATOM **14**：P. 69-71, Fig. 6. 【Pl. 109, Figs 42-58】

Basionym：*Stauroneis japonica* H. Kobayasi 1986, DIATOM **2**：P. 95-101, Figs 13-21.

Synonym：*Navicula ventralis* Krasske 1923, *sensu* Watanabe et al. 2005.

（Watanabe et al.(2005)の *Nav. ventralis* は Krasske, Hustedt のいう *Nav. ventralis* と異物同名）

珪殻は皮針形から楕円状皮針形で，広い嘴状，殻端で長軸方向に圧縮される．条線は末端まで強い放射状で中央付近 24/10 μm，末端部 29/10 μm．殻長：15-25 μm，殻幅：5-6 μm．中心域は横長の四角形で，両側縁に 4-6 本の短い条線があり，長短交互構造とはいえない．

図 227 *Sell. jap.* は矢田川・香流川産の SEM 写真 1 珪殻，80 条線の点紋密度を計測したものである．点紋密度の分布範囲は (28)30-41/10 μm と表せる．

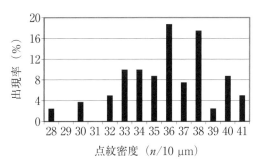

図 227 *Sell. jap.* の点紋密度の頻度分布

分布・生態

好清水性で，河川，湖沼共に出現する．基準産地は荒川・埼玉県である．野州川・滋賀県，北山川・奈良県，沖縄，蟹原湿地・愛知県，木曽川等，日本各地から報告されている．

近似種との相違点

Navicula absoluta Hust. 1950

条線密度が若干粗（18-24/10 μm）である．中心域を形成する短い条線は 2-4 本で，中心域は小さい．

Navicula protractoides Hust. 1957

少し大形（殻長：17-60 μm, 殻幅：5-10 μm）で，条線密度は粗（14-20/10 μm）である．軸域は狭く，中心域は小さい．

Navicula thienemannii Hust. 1936

条線密度がやや粗（22-24/10 μm）で，条線は先端部で平行になる．先端部が明瞭な頭部状になる．

Sellaphora lanceolata D. G. Mann & S. Droop 2004

殻幅が広く（5.4-6.1 μm），先端の頭部状突出が明瞭である．中心域を形成する条線は長短交互である．

***Sellaphora laevissima* (Kütz.) D. G. Mann 1989**, in Brit. Phycol. Jour. **24**：p. 2.；Hofmann, Lange-Bertalot & Werum 2013, Diatomeen im Süsswasser-Benthos von Mitteleuropa：P. 538, Taf. 41, Figs 24-28. 　　　**[Pl. 110, Figs 1-9, Pl. 111, Figs 1-7]**

Basionym：*Navicula laevissima* Kütz. 1844, Die Kieselschaligen Bacillarien oder Diatomeen：p. 96, pl. 21, fig. 14.；Krammer & Lange-Bert. 1986, in Süsswasserf. von Mitteleur. **2/1**：p. 159, pl. 67, figs 6-13.

Synonym：*Stauroneis witrockii* Lagerst. 1873, in Bih. K. Sv. Vet.-Akad. Handl. **1**(14)：p. 38, 2/15.

珪殻は線状で両側縁は平行か弱く膨らみ，先端は広円状．殻長：20-70 μm, 殻幅：6-11 μm. 軸域は狭く，中心域は菱形から四角形まで様々．条線は弱く弧状に湾曲し，放射状に配列する．条線密度は珪殻の中央部で 12-15/10 μm, 先端部で 20-22/10 μm.

国内と国外で得た個体群とでは，国外の個体群のほうが若干条線密度が粗で，中心域が大きく見えるが，本書では同一種とした．

分布・生態

世界広汎種で，貧腐水性の水域に多い．著者らは木曽川・立田樋門，森林公園・岩本池，Holman, Victoria Isl., CAN., Green Valley Lake, CA-USA., J. F. Kenedy Space Center, FL-USA. で見いだしている．

近似種との相違点

Sellaphora bacillum（Ehrenb.）D. G. Mann 1989

珪殻は広線状形から線状楕円形，中心域が小さく，中心域を形成する条線は数が多い．

Sellaphora pupula（Kütz.）Mereschk. var. *pupula* 1902

中心域を形成する条線は数多く，密である．

Sellaphora lange-bertalotii **Metzeltin 2002**, in Metzeltin & Lange-Bertalot, Iconographia Diatomologica **11**：P. 60, Pl. 34, Figs 1-12. 【no Fig.】

珪殻はかなり幅広く，多少菱状皮針形，末端は大変広く丸まり，時にほんの僅かに伸長する．殻長：23-33 μm，殻幅：8.5-10 μm．縦溝は完全な糸状で真っ直ぐ，中心孔は小さく曲がらない．極裂は小さな極域の中にあり目立たない．軸域は狭い縦溝の両脇に翼を形成し，谷となって分割され，両端は圧迫されたかのように深い孔となる．中心域は目立たないが横に引き伸ばされ，長短交互の条線で形成される．条線は強い放射状配列で，条線密度：20-22 μm．点紋密度：50-55 μm．

分布・生態

止水，貧～僅かに中腐水性．ドイツ，イタリア．

Sellaphora mantasoana **Metzeltin & Lange-Bert. 2002**, Diatoms from the "Island Continent" Madagascar, Iconographia Diatomologica **11**：P. 63, Pl. 32, Figs 3-5, 4A.

【Pl. 114, Figs 1-8】

珪殻は楕円状皮針形，両端部は広円状で，しばしば突出し広嘴状．殻長：30-42 μm，殻幅：11-12 μm．縦溝は糸状で殻端部は真っ直ぐに終わる両直型．軸域は狭く，両側縁の短くなる条線は長さが不等長で，中心域は様々であるが概ね横長四角形が多い．条線は先端まで放射状に配列する．条線密度：15-16/10 μm．

Zambezi Riv., BWA. で得た本種を計測した結果は殻長：30-43 μm，殻幅：11-12 μm，条線密度は：中央部：14-18/10 μm，先端部：17-22/10 μm であった．点紋密度：25-31(33)/10 μm であった．よく似た種である *Sellaphora omuelleri* との点紋密度の比較を図 228 *Sell*. に示す．

生態・分布

淡水産．基準産地は Madagascar．著者らは Zambezi Riv. Pier, BWA. から見いだしたのみである．生息域はかなり狭いように思える．

近似種との相違点

Sellaphora mantatoides Lange-Bert. & Metzeltin 2002

珪殻先端の突出はより狭く嘴状である．少し小形（殻長：20-35 μm，殻幅：6.6-8.5 μm で，条線密度は密（20-22/10 μm）である．

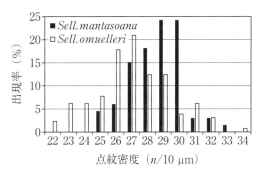

図228 *Sell.* の点紋密度の頻度分布（2 taxa の比較）

Sellaphora omuelleri Metzeltin & Lange-Bert. 2002

珪殻先端部の条線が波形に曲がり，平行から収斂に配列する．また先端は幅広く亜頭部状に伸長する．各計測値に差は認められない．2種の点紋密度を比較し，図228 *Sell.* に示したが，点紋密度でも差異は認められなかった．

Sellaphora mutata（**Krasske**）**Lange-Bert. 1996**, in Iconographia Diatomologica **3**：P. 131, Taf. 18, Figs 29-32. 【Pl. 112, Figs 12-14】

Basionym：*Navicula mutata* Krasske 1939, Botan. Arch. 27.

Synonym：*Navicula pupula* var. *mutata*（Krasske）Hust. 1930.；Krammer & Lange-Bertalot 1986, Süsswasserf. von Mitteleur. **2/1**：P. 190, Fig. 68：17-19.；Patrick & Reimer 1966, The Diatoms of the United States：P. 496, Pl. 47, Figs 9, 10.

本種，basionym，synonym の写真を比べてみると先端の突出や外形に微妙な違いが見てとれる．しかし，各種計測値は似ていること，条線の傾きが似ていることなどから同一種と見なす．

分布・生態

Zambezi Riv. Pier, BWA., the Amazon, Village of Koffan, ECU. で得た．南米，アフリカに見られたことから世界広汎種と思われる．

Sellaphora mutatoides **Lange-Bert. & Metzeltin 2002**, Iconographia Diatomologica **11**：P. 64, Pl. 31, Figs 23, 24, Pl. 34, Fig. 13.；廣田・大塚2009，鳥取県千代川の礫付着珪藻，DIATOM **25**：52-72，Fig. 178. 【Pl. 112, Figs 7-11】

Synonym：*Navicula nyassensis* O. Müll. *sensu* H. Germ. 1981.；*Navicula pupula* var. *mutata*（Krasske）Hust *sensu* Krammer & Lange-Bert. 1986.；*Sellaphora mutata sensu* Lange-Bert. & Metzeltin 1996.

珪殻は楕円状皮針形から皮針形であるが，幅広い楕円形が多い．先端は徐々に伸長し先は丸いというより，短く嘴形に伸びる．殻長：20-35 μm，殻幅：6.6-8.5 μm（殻長：14-20 μm，殻幅：6-7 μm でない）縦溝は糸状で真っ直ぐ，軸域は狭い線状．中心域の形は短い帯状で側縁までは遠い．条線は強い放射状配列で，先端部では平行．中心域は長短交互構造で，条線密度は20-22/10 μm で23-24/10 μm ではない．

分布・生態

他種と混同されたりして記録が不正確である．大塚らは千代川・鳥取県から報告している．著者らは the Nile, EGY., Zambezi Riv., BWA. で見いだしている．

近似種との相違点

Sellaphora lange-bertalotii Metzeltin 2002

珪殻は菱状皮針形，末端は広く丸まり，時にほんの僅かに伸長する．殻幅が広い（8.5-10 µm）．軸域は狭い縦溝の両脇に翼を形成し，谷となって分割され，SEM 写真で観察すると谷の両端は深い孔となる．

Sellaphora omuelleri **Metzeltin & Lange-Bert. 2002**, Diatoms from the "Island Continent" Madagascar, Iconographia Diatomologica **11**：P. 65, Pl. 32, Fig. 1, 1A.

【Pl. 114, Figs 11-13】

Replaced synonym：*Navicula pupula* var. *major* O. Müll. 1910.

外形は線状楕円形，両端部は広円状で，亜頭部状に突出する．殻長：約 60 µm，殻幅：14-15 µm．軸域は狭い線状で，中心域は両側縁で短くなる条線は長さが不等長である．したがって，中心域の形は一定でないが，横長の四角形が多い．条線は中央部で放射状，両端部は平行から弱い収斂まで変化がある．条線は先端部で弧状に湾曲する．条線密度：約 15/10 µm．

Zambezi Riv. Pier, BWA. で得た本種の計測値は少し小形（殻長：43 µm, 殻幅：13 µm）で，条線密度：約 17-20/10 µm．点紋密度の分布範囲は(22)23-32(34)/10 µm と表せる（*Sell. mantasoana* の項：図 228 *Sell*. 参照）．

生態・分布

淡水産．基準産地は Zambezi 川である．著者らも Zambezi Riv. Pier, BWA. から少数見いだしたのみである．稀産種と思える．

近似種との相違点

Sellaphora mantasoana Metzeltin & Lange-Bert. 2002

珪殻先端は *Sellaphora omuelleri* より幅狭く嘴形に突出する．条線は先端まで放射状で，先端条線が波打つこともない．

Sellaphora parapupula Lange-Bert. 1996

珪殻の両側縁はより平行で，先端の円形突出は幅広い．先端部の条線は平行から収斂で同じだが，大きく波打つことはない．

Sellaphora parapupula **Lange-Bert. 1996**, in Lange-Bertalot & Metzeltin, Iconographia Diatomologica **2**：P. 101, Pl. 81, Figs 20, 21, Pl. 82, Figs 1-5.；河島・真山 1997，自然環境科学研究 **10**：44，図 11, G-L.

【Pl. 113, Figs 17-19】

Synonym：*Navicula pupula* f. *capitata* Skvortsov & Meyer 1928, in Proceedings of the Sungaree River Biological Station **1**(5)：P. 15, Pl. 1, Fig. 40.；*Navicula pupula* Kütz. var. *capitata* Hust. 1930, Bacill. in A. Pascher(ed.), Die Süsswasser-F. Mitteleur. **10**：P. 281, Fig. 467c.；Hustedt 1934, in Schmidt's Atlas der Diatomaceen-Kunde：P. 396, Figs 22-25.；Hustedt 1961-1966, Die Kieselalgen **3** Teil, Lief. 1：P. 121, Figs 1254 i-m.；Simonsen 1987, Atlas and Catal. Diatom Types of Fr. Hustedt **1**：P. 119；

2：Pl. 194, Figs 6, 7.

珪殻は中央部が弱く膨らんだ円筒形で，両端部は頭部状に弱く突出する．軸域は狭い線状，中心域は横長の四角形で大きい．殻幅は 10 µm 以上．条線は放射状で先端部は平行，条線密度：16-20/10 µm.

分布・生態
白樺湖，宮古島・池間島・湿地，Yakutsk, Siberia, RUS. で見いだした．

近似種との相違点
Sellaphora laevissima（Kütz.）D. G. Mann 1989
  珪殻は中央部が膨らんだ長四角形で，条線は放射状，中心域部では長短不規則である．
Sellaphora pupula（Kütz.）Mereschk. var. *pupula* 1902
  殻幅が小さく 10 µm 以下か，両端部が頭部状に突出しない（コラム 17：参照）．

Sellaphora pupula（Kütz.）Mereschk. var. *pupula* 1902, in Ann. Mag. Nat. Hist. Ser. 7, vol. **9**：P. 186, Pl. 4, Figs 1-4. 【Pl. 111, Figs 8-21】

Basionym：*Navicula pupula* Kütz. var. *pupula* 1844, Die Kieselschaligen Bacillarien oder Diatomeen：P. 93, Pl. 30, Fig. 40.；Krammer & Lange-Bertalot 1986, Süsswasserf. von Mitteleur. **2/1**：P. 189, Pl. 68, Figs 1-12, 15.

ヒトミエリツキケイソウ
珪殻の外形の変化は著しく，楕円形，線状楕円形から線状まで各種ある．両端部は広円状で，しばしば突出し，嘴状であったり，頭部状であったりする．殻長：10-90 µm，殻幅：4.2-12 µm．軸域は狭い線状，中心域は様々で，両側縁の短くなる条線は長さが不等長である．したがって，中心域の形は一定でないが，横長の四角形が多い．条線は中央部で放射状，両端部は平行から収斂する．なお，条線は弧状に湾曲することが多い．条線密度：16-26/10 µm．点紋密度の分布範囲は(37)38-48(53)/10 µm と表せる．

不動川・神奈川県産の本種 500 珪殻を測定し，殻長，殻幅，条線密度の頻度分布図を作成した（**図 229-231**）．点紋密度の頻度分布図は木曽川産の SEM 写真 1 珪殻，78 条線の計測結果である（**図 232**）．

分布・生態
世界広汎種．日本からも非常に多くの報告がある．有機汚濁に対する耐性がかなり強く，α-中腐水域に多く見られる．

近似種との相違点
Sellaphora aquaeductae（Krasske）Krasske 1925
  珪殻は線状で両側縁は平行のことが多いが，中央部は時々弱く湾入する．両端部は嘴状から頭部状に突出する．殻長：24-26 µm，殻幅：4 µm．中心域は楕円状．
Sellaphora pseudopupula（Krasske）Lange-Bert. 1996
  珪殻は線状楕円形で，両側縁は平行，先端部は広円状であるが，稀に両側縁が弱く湾入し，両端部が弱く嘴状に突出する．殻長：26-40 µm，殻幅：6-8 µm，条線密度：26/10 µm.
Sellaphora pupula（Kütz.）Mereschk. var. *mutata*（Krasske）Hust. 1930

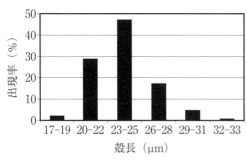
図 229 *Sel. pup.* の殻長の頻度分布

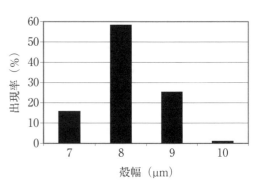
図 230 *Sel. pup.* の殻幅の頻度分布

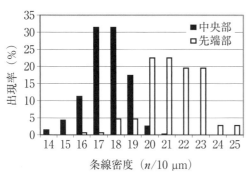
図 231 *Sel. pup.* の条線密度の頻度分布

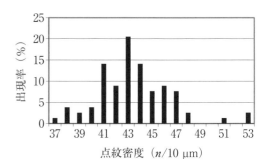
図 232 *Sel. pup.* の点紋密度の頻度分布

　珪殻は幅広い楕円状で両端部は狭く短い嘴状．殻長：14-25 μm，殻幅：6-8 μm，条線密度：23-27/10 μm．

Sellaphora pupula (Kütz.) Mereschk. var. *nyassensis* (O. Müll.) Lange-Bert. 1985
　珪殻は楕円状披針形，あるいは線状楕円形で，幅広く，やや長い嘴状の先端をもつ．殻長：28-73 μm，殻幅：7.5-21 μm，条線密度：15-20/10 μm．

Sellaphora rectangularis (W. Greg.) Lange-Bert. & Metzeltin 1996
　珪殻の両側縁は平行で，両端部は広円状で突出しない．

Sellaphora rectangularis (W. Greg.) Lange-Bert. & Metzeltin 1996, Iconographia Diatomologica **2**：P. 102, Taf. 25, Figs 10-12, Taf. 125, Fig. 7.　　【Pl. 112, Figs 1-6】

Basionym：*Stauroneis rectangularis* W. Greg. 1854, Quart. J. Micr. Grunow osc. Sci. Bd. **2**：P. 99, Taf. 4, Fig. 17.

Synonym：*Navicula pupula* var. *rectangularis* (W. Greg.) Grunow 1960, in Hustedt, Die Kieselalgen **3**：Figs 1254 n-q.；*Sellaphora pupula* var. *rectangularis* (W. Greg.) Mereschk.；*Navicula pupula* var. *bacillaroides* Grunow.

　珪殻は長楕円形で中央部がやや膨らむこともあるが，両側縁はほぼ平行のものが多い．中心域

は横長の四角形．殻長：42-53 μm, 殻幅9-12 μm. 条線は放射状配列, 先端部は緩い放射状から平行, あるいは僅かに収斂する. 条線密度（中央部, 14/10 μm, 両端部, 22/10 μm）.

分布・生態

塩分, pH, 流れに対し不定性. Everglades N. P.-1, FL-USA., 蟹原・中央湧水付着, 木曽川では下流部に多く見られる.

近似種との相違点

Sellaphora americana（Ehrenb.）D. G. Mann var. *americana* 1989

珪殻は大形（殻長：30-140 μm, 殻幅：10-30 μm）である. 両側縁は平行である. 中心域は楕円形.

Sellaphora bacilloides（Hust.）Levkov, Krstic & Nakov 2006

珪殻の外形は楕円状皮針形で, 先端は楔状に終わる. 条線は先端まで放射状配列. 中心域の形はほぼ楕円形である.

Sellaphora bacillum（Ehrenb.）D. G. Mann 1989

縦溝の両側に明瞭な肋がない. 中心域の形は円形で異なる.

Sellaphora seminulum（Grunow）D. G. Mann 1989, in The diatom genus *Sellaphora*, Br. Phycol J. **24**：1-20.；Hofmann, Lange-Bertalot & Werum 2013, Diatomeen im Süsswasser-Benthos von Mitteleuropa：P. 538, Taf. 42, Figs 22-26. 【Pl. 109, Figs 15-41】

Synonym：*Navicula seminulum* Grunow 1860, in Verhandl. Kais.-Königl. Zool.-Bot. Ges. Wien **10**：P. 552, Pl. 4, Fig. 3.；Krammer & Lange-Bertalot 1986, in Süsswasserf. von Mitteleur. **2/1**：P. 230, Pl. 76, Figs 30-36.

珪殻は線状楕円形で, 両端部は広円状. 殻長：3-21 μm, 殻幅：2-5 μm. 縦溝は真っ直ぐまたは少し湾曲する. 軸域は狭い線状で, 中心域は横長の四角形で, 形成する条線は短く等長である.

条線は中央部は放射状, 先端部は多くは放射状から平行, 稀に弱く収斂するものもある. 条線密度：18-22/10 μm.

分布・生態

世界広汎種. α-中腐水性. 著者らは蟹原・才井戸流で大量に繁殖しているのを見ている.

近似種との相違点

Navicula joubaudii H. Germ. 1982

珪殻は線状皮針形であるが, 中央部は幅広くなり, 両端部は突出し, 先端は広円状. 条線はやや粗（18-20/10 μm）である.

Navicula minima Grunow 1880

珪殻は線状, 線状楕円形から楕円形で, 先端は広円状. 条線密度は密（25-30/10 μm）である.

Navicula obsoleta Hust. 1942

珪殻は皮針形から線状皮針形で両端部は広円状. 殻幅は狭く（2-2.5 μm）, 条線密度も密（20-24/10 μm）である.

***Sellaphora* sp.** 【Pl. 110, Figs 13-15】

　Zambezi Riv., BWA. 産の *Sellaphora* の光学顕微鏡写真の中に *Sell. mantasoana* に形や条線の傾きがそっくりであるが，点紋密度を計測できない分類群が認められた．通常に撮影したネガフィルムをコンピューターに取り込み，5000～20000倍の画像を作ったとき，ピントが最適に撮影された画像では点紋密度 33-35/10 μm より粗のものは計測できる．これより密なものは通常の撮影では計測できない．これは筆者の経験から導き出した限界値である．斜光照明，位相差顕微鏡，微分干渉顕微鏡を用いればさらに精度は向上するといわれている．

　Sell. mantasoana と計測値を比べてみると，少し小形（殻長：25-30 μm，殻幅：9-11 μm）で，条線密度は少し密（16-24/10 μm：平均 20.8/10 μm）である．*Sell. mantasoana* の条線密度を同じように表せば次のようになる（14-22/10 μm：平均 17.3/10 μm）．点紋密度は上記のように明らかに密である．

　写真を示し *Sellaphora* sp. として記録する．

***Sellaphora stroemii*（Hust.）H. Kobayasi 2002**, in S. Mayama, M. Idei, K. Osada & T. Nagumo 2002, Nomenclatural changes for 20 diatom taxa occurring in Japan, DIATOM **18**：89-91.；Hofmann, Lange-Bertalot & Werum 2013, Diatomeen im Süsswasser-Benthos von Mitteleuropa：P. 538, Taf. 42, Figs 17-21. 【Pl. 109, Figs 1-14】

Basionym：*Navicula stroemii* Hust. 1931, in Arch. f. Hydrob. **22**：Diatomeen aus dem Feforvatn in Norwegen.：Fig. 3.；Simonsen 1987, Atlas and Catal. Diatom Types of Fr. Hustedt **2**：Pl. 211, Figs 9-16；Krammer & Lange-Bertalot 1986, Süsswasserf. von Mitteleur. **1/2**：P. 194, Pl. 69, Figs 1-10, Pl. 83, Fig. 3.

Synonym：*Navicula subbacillum* Hust. 1937, in Arch. f. Hydrob. Suppl. **15**：P. 256, Pl. 18, Figs 3-6.；*Navicula vasta* Hust. 1936, in Schmidt et al., Atlas der Diat. 401：Figs 77-80.；Hustedt 1937, Arch. f. Hydrob. Suppl. **15**：P. 273, Pl. 19, Figs 19-21.；*Navicula rivularia* Hust. 1942, in Internat. Rev. Hidrobiol. **42**：P. 52, Figs 77-78.；*Navicula ventraloides* Hust. 1945, in Arch. f. Hydrob. **40**：P. 916, Pl. 41, Figs 25-28.；*Navicula aggerica* E. Reichardt 1982, in Ber. Bayer. Bot. Ges. **53**：P. 101, pl. 1, Figs 25-33, Pl. 4, Figs 9-11.

　珪殻はほぼ長四角形で両側縁はほぼ平行である．しばしば弱く湾曲する．先端は広円状．殻長：7.8-24 μm，殻幅：3.2-5 μm．軸域は狭い線状，中心域は小さく円形，あるいは横に広がる．条線は放射状．条線密度：23-28/10 μm．

分布・生態

　世界広汎種．冷水性．Reichardt（1982）は 8～10℃ の一定の水温の水域に見られるとしている．

採集地点について

　木曽川から取水する名古屋市の春日井浄水場の原水開渠には，油膜除去のためフローティングゲートが設置してある．フローティングゲートは水位の変動に影響されず，船の吃水線のように常に水と接する位置は一定である．水との境界線が最も汚れやすいといえる．このような特殊な環境の場所から採集した．*Adlafia bryophila*, *Adlafia muscola* もここから採集した．なおフローティングゲートの材質は塩化ビニルである．

***Sellaphora uruguayensis* Metzeltin Lange-Bert. & García-Rodríguez 2005**, Diatoms of Uruguay, Iconographia Diatomologica **15**：P. 215, Pl. 63, Figs 3-6.　【Pl. 110, Figs 10-12】

外形は *Sell. americana* に極似し，幅広く，両側縁は直線的で両端は非常に広い円形に終わり，軸域は狭い．殻長：40-48 μm，殻幅：12.8-13.3 μm，条線密度：12.5-13.5，点紋密度：約 13-14/10 μm．

分布・生態

あまり多くはないが世界広汎種と思える．the Amazon, Camp Bakuya, ECU., 木曽川・鳥居松沈殿池，蟹原・才井戸流等から見いだしている．

図版と図版解説

Plate

1～115 · 264～493

コラム

1　*Adlafia* の命名者 · 264
2　"*pro parte*"（*p. p.*）「その一部」（*Navicula cuspidata* var. *ambigua* の場合） · · · · · · · · · · · · · · · · · 266
3　*Diadesmis* · 268
4　*Navicula tenera* Hust. の人騒がせな命名 · 276
5　幻の珪藻 *Navicula terebrata* Hust. 1944 · 280
6　*Navicula similis* Krasske に形態の異なる 2 種類の lectotype がある？ · · · · · · · · · · · · · · · · · 284
7　Holotype 研究の重要性 · 290
8　*Navicula radiosa* Kütz. 1844 と *Navicula angusta* Grunow 1860 · 294
9　珪藻の分類のオーソリティも迷う？ · 296
10　記されている計測値を鵜呑みにしてよいか？ · 298
11　種の記載の *sensu* の意味 · 302
12　昔の原図が語ること，*Navicula exigua* の例 · 306
13　珪藻分類の風潮と *Navicula gastrum* var. *signata* · 308
14　良い変種名とはいえない var. *signata* · 312
15　*Placoneis* の特徴 · 314
16　*Placoneis* について · 318
17　*Navicula pupula* var. *capitata* と *Navicula pupula* f. *capitata* の命名者は？ · · · · · · · · · · · · · · 326
18　分類群によって"なじみやすい","なじみにくい"種形容詞がある？ · · · · · · · · · · · · · · · · · 336
19　E. Østrup：Fresh-Water diatoms from Iceland の出版年の謎 · 340
20　所変われば品変わる，アトラスの場合 · 342

Plate 1

Figs 1-8 ：Scale 2（×1800） LM,
Figs 9-11 ：Scale 2（×1800） SEM
Figs 12, 13：Scale 5（×4500） SEM,
Figs 14-16：Scale 8（×7200） SEM　　　Scale bar：10 μm

Figs 1-16：*Adlafia muscora*（Kociolek & Reviers）Moser, Lange-Bert. & Metzeltin 1998

　Figs 1-5, 9-16：平川・沖縄県
　Figs 6-8　　　：自然教育園

―― コラム1 ――

***Adlafia* の命名者**

　この属は *Adlafia muscora*（Kociolek & Reviers）Moser, Lange-Bert. & Metzeltin（Basionym：*Navicula muscora* Kociolek & Reviers 1996）をタイプとして1998年に設立された．その時点では正式に名付けられた *Adl. aquaeductae*, *Adl. bryophila*, *Adl. muscora*, *Adl. parabryophila*, *Adl. suchlandtii* の5種から構成されていた．しかし，初発表文での属，種の記述で，属名の場合 *Adlafia* の後 nov. gen. だけ，種名の場合，種小名の後に nov. comb. と記しただけで命名者名が記入されていない．この場合，命名者名はこの著書の著者，すなわち Moser, Lange-Bertalot & Metzeltin になるべきである．

　しかし，Diatoms of Europe **2** では著者の一人である Lange-Bertalot 一人を誤用している．また，Vijver, Frenot & Beyens（2002）は Bibliotheca Diatomologica Bd. **46** で，*Adlafia* の属名の命名者は正しく用いられているが，*Adlafia bryophila* の命名者は Lange-Bertalot 一人と誤記し，さらに，この種名の初発表文は Krammer & Lange-Bertalot と誤記され，さらに，発表の文献も *Adlafia* 発表の1998年より前の，1966年発表の文献を誤用している．

　誤りは1つ生じると連鎖反応を引き起こすもののようである．

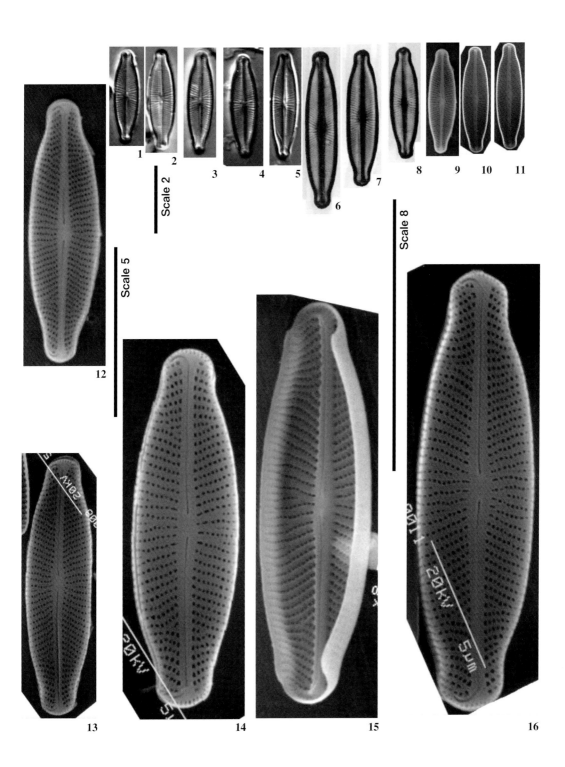

Plate 1

図版と図版解説

Plate 2   Figs 1-10 ：Scale 2（×1800） LM,
Figs 11-16 ：Scale 2（×1800） SEM,
Figs 11′-14′：Scale 10（×9000） SEM   Scale bar：10 μm

Figs 1-16, 11′-14′：*Adlafia* sp.
（*Adlafia bryophila* var. *bryophila*（J. B. Petersen）Moser, Lange-Bert. & Metzeltin 1998 ?）

Figs 1-16, 11′-14′：木曽川・春日井浄水場

コラム 2

"pro parte"（*p. p.*）「その一部」（*Navicula cuspidata* var. *ambigua* の場合）

　Krammer, Lange-Bertalot 1986, Süsswasserflora von Mitteleuropa **2/1**, Bacillariophyceae 1. Teil, P. 126 を開くと，最初に *Navicula cuspidata* の記載文がある．

　第1行目に *Navicula cuspidata*（Kützing）Kützing 1844 と記されている．著者等は，ここではこの種名を用いることを明らかにしている．

　第2行目に記されている *Frustulia cuspidata* Kützing 1833 は，ここで扱うこの種は Kützing が 1833 年に *Frustulia cuspidata* と命名した種と同一であることを意味している（Krammer, Lange-Bertalot が用いている種名とは種形容語が同じであるが，属が変わっている．このような種名を基礎異名：basionym という）．

　続いて，*Navicula cuspidata* var. *ambigua*（Ehrenberg 1843）Cleve 1894…と記されている．

　これは，*Navicula cuspidata* var. *ambigua* と Cleve が 1894 年の論文に記載した種を，ここでは *Navicula cuspidata* の synonym として扱う…ということを意味している．

　次に同書 P. 526, 2 行目に Fig. 1-8（4 ? ）：は *Navicula cuspidata* Kützing の図であると記している．しかし，4 行目に（Fig. 2：*ambigua*-Form…）と記し，Fig. 2 は *Navicula cuspidata* var. *ambigua*（Ehrenberg 1843）Cleve 1894 ともされている種であるとしている．

　以上より，本書で *Navicula cuspidata* としている種に *Navicula cuspidata* var. *ambigua* が含まれていることが明らかになった．したがって，*Navicula cuspidata* var. *ambigua* の引用に *Navicula cuspidata* を用いる場合は，その一部しか用いることができないわけである．Süsswasserflora von Mitteleuropa **2/1** を引用する場合，国際藻類・菌類・植物命名規約（2012），勧告 47A によると次のようになる．*Navicula cuspidata* Kütz. *pro parte* Krammer & Lange-Bertalot 1986 in Süsswasserflora von Mitteleuropa **2/1**：P. 126, Fig. 43：1-8.

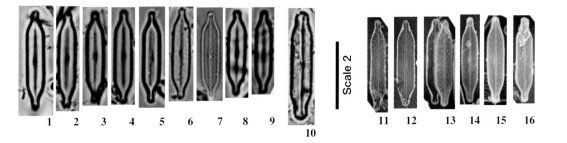
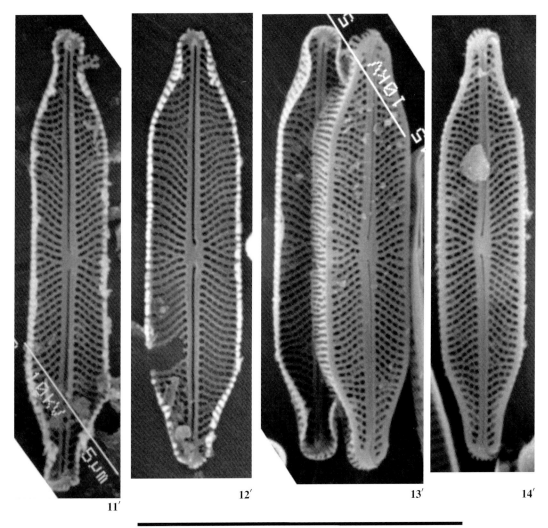

Plate 3   Figs 1-10：Scale 2（×1800）   Scale bar：10 μm

Figs 1, 2 ： *Aneumastus apiculatus*（Østrup）Lange-Bert. 1999
FIgs 3-7 ： *Aneumastus balticus* Lange-Bert. 2001
Fig. 8   ： *Aneumastus minor*（Hust.）Lange-Bert. 1993
Figs 9, 10： *Aneumastus tusculus*（Ehrenb.）D. G. Mann & Stickle 1990

  Figs 1, 2：Khuvsgul L., MNG.
  Figs 3, 4：the Rhine-1, Freiburg, DEU.
  Figs 5-7：Khuvsgul L., MNG.
  Fig. 8　 ：Khuvsgul L., MNG.
  Fig. 9　 ：Bear Lake-1, UT-USA.
  Fig. 10 ：Holman, Victoria Isl., CAN.

── コラム 3 ──

Diadesmis

　Diadesmis は F. T. Kützing が 1844 年に *Diad. confervacea* を type species として設立した属である．1880 年に Grunow が *Navicula* の synonym にしてから約 100 年間，ほとんどの研究者は *Navicula* を使用してきた．しかし，1990 年に Round, Crawford & Mann がこの属の復活を提唱してから，これを用いる研究者が増えてきた．この属に入る珪藻は淡水産で比較的小形（普通は殻長 20 μm 以下）で，時々単一細胞で生活するが，しばしば帯状の群体を形成する．水中に生活する場合もあるが，ほとんどは湿ったコケや岩に限定される．

　この属のタイプである *Diad. confervacea* は Kützing が 1844 年に命名した．Specific epithet の *confervacea* の conferva については，著者の一人が東京文理科大学の生物学科（植物学専攻）の学生であった 70 数年前，先輩から "糸状の藻類のような藻をすべて conferva と呼んだ" と教わり，辞書を引いたこともなかったが，今回初めて辞書を調べてみた．

　　Cassels Latin Dictionary：記載なし
　田中秀央編，羅和辞典，研究社：conferva：水生草の一種
　豊国秀夫編，植物学ラテン語辞典，至文堂：confervoides：糸藻（confervoid；resembling Conferva, Water plannel）
　　W. T. Stern Botanical Latin, Nelson：confervaceus, confervoideus；composed of loose filaments resembling genus Conferva.

（P. 270 へ続く）↗

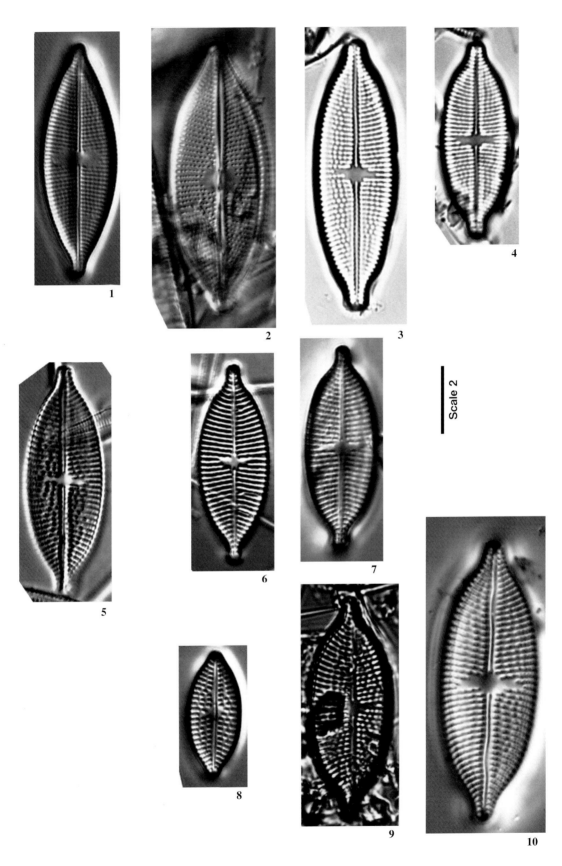

図版と図版解説　　　269

Plate 4　　Figs 1-23：Scale 2（×1800）　　　　　　　　Scale bar：10 μm

Fig. 1　　：*Caloneis amphisbaena*（Bory）A. Cleve var. *fuscata*（Schum.）Cleve 1894
Figs 2-15　：*Cavinula pseudoscutiformis*（Hust.）D. G. Mann & Stickle 1990
Figs 16-23：*Cavinula scutelloides*（W. Sm.）Lange-Bert. 1996

　　Fig. 1　　　：Herschel Isl., CAN.
　　Figs 2-4　　：木曽川
　　Fig. 5　　　：蟹原水源・安田池
　　Figs 6-8　　：Pond near Penguin habitat, CHL.
　　Figs 9-11　 ：Sun Luis Res.-1, CA-USA.
　　Figs 12, 13：Lake Tahoe, CA-USA.
　　Figs 14, 15：Washington Lake, WA-USA.
　　Figs 16-20：Victoria Falls-3, ZWE.
　　Figs 21-23：Washington Lake, WA-USA.

↘（P. 268 より）
以上のようで，著者のもっているイメージと大差ないようである．
　Diadesmis confervacea の原記載が記してある．F. T. Kützing(1844)：Die Kieselschaligen, Bacillarien oder Diatomeen によると，本種は trinidad 島（ベネズエラ）の River Maravel で Krieger 氏が採集したものである．Kützing が手にしたこの標本は原図にも描かれているが，かなり立派な糸状群体を形成していたので，Kützing はこの種の命名に当たり，この specific epithet がすぐ浮かんだと考えられる．

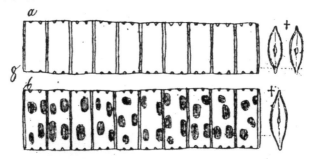

Diadesmis confervacea Kütz. の 1844 年に発表された原図（240％拡大）

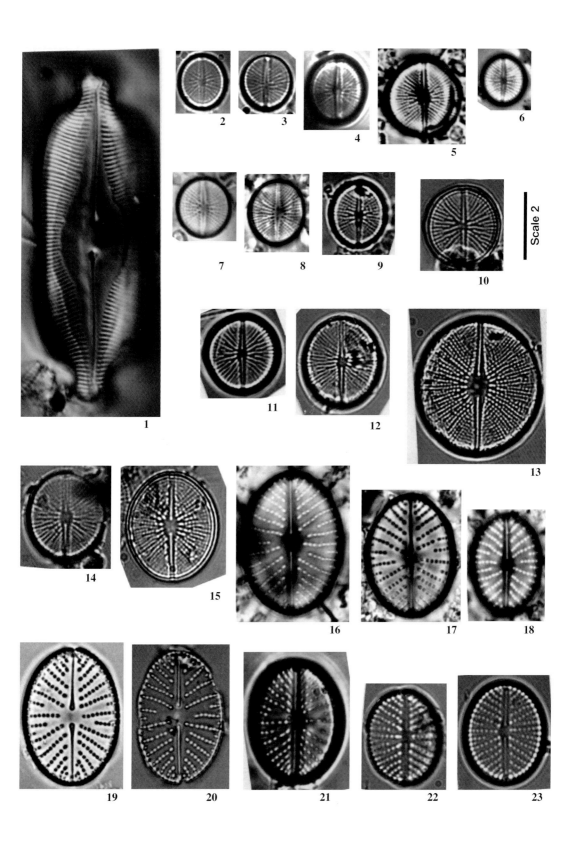

Plate 4

Plate 5 Figs 1-16 : Scale 2 (×1800) Scale bar : 10 μm

Figs 1-4　: *Cavinula cocconeiformis* (W. Greg. ex Grev.) **D. G. Mann & Stickle 1990**
Figs 5, 6　: *Cavinula* **sp.**
Figs 7-10　: *Cavinula scutiformis* (Grunow ex A. W. F. Schmidt) **D. G. Mann & Stickle 1990**
Figs 11-16 : *Cavinula jaernefeltii* (Hust.) **D. G. Mann & Stickle 1990**

　　Figs 1-4　: Khuvsgul L., MNG.
　　Figs 5-13 : Lake Tahoe-2, CA-USA.
　　Figs 14-16 : Khuvsgul L., MNG.

Plate 5

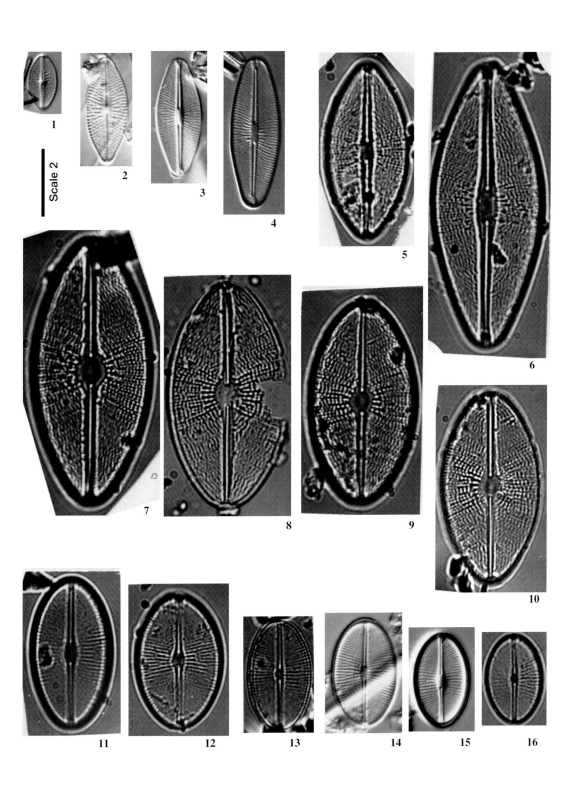

Plate 6   Figs 1-46：Scale 2（×1800）   Scale bar：10 μm

Figs 1, 2 ： *Chamaepinnularia circumborealis* Lange-Bert. 1999
Fig. 3 ： *Chamaepinnularia krasskei* Lange-Bert. 1999
Figs 4-10 ： *Chamaepinnularia soehrensis*（Krasske）Lange-Bert. & Krammer var. *hasiaca* 1996
Figs 11-16： *Chamaepinnularia soehrensis*（Krasske）Lange-Bert. & Krammer var. *capitata* Veselá & J. R. Johans 2009
Figs 17, 18： *Chamaepinnularia gandrupii*（J. B. Petersen）Lange-Bert. & Krammer var. *gandrupii* 1996
Figs 19, 20： *Chamaepinnularia gandrupii*（J. B. Petersen）Lange-Bert. & Krammer var. *simplex* 1996
Figs 21-23： *Chamaepinnularia soehrensis*（Krasske）Lange-Bert. & Krammer var. *linearis*（Krasske）H. Fukush., Kimura, Ts. Kobayashi, S. Fukush. & Yoshit. 2012
Figs 24-26： *Chamaepinnularia bremensis* Lange-Bert. 1996
Figs 27, 28： *Chamaepinnularia krookiformis*（Krammer）Lange-Bert. & Krammer 1999
Figs 29-45： *Chamaepinnularia plinskii* Żelazna-Wieczorek & Olszyśnki 2016
Fig. 46 ： *Chamaepinnularia* sp.

    Fig. 1   ：Smoking Hill, CAN.
    Figs 2, 3   ：Herschel Isl., CAN.
    Figs 4-6   ：木曽川・（広く多くの地点）
    Fig. 7   ：小幡緑地・人工流下流
    Figs 8-10   ：L. Roca, Swamp-3, ARG.
    Figs 11-13   ：Byron Bay, Victoria Isl., CAN.
    Fig. 14   ：Devon Isl., CAN.
    Figs 15, 16   ：Julianehab, GRL.
    Figs 17-21   ：Coburg Isl., CAN.
    Figs 22, 23   ：Herschel Isl., CAN.
    Figs 24-26, 29：Julianehab, GRL.
    Figs 27, 28   ：Baffin Isl., CAN.
    Figs 30-45   ：L. Roca, Swamp-3, ARG.
    Fig. 46   ：the Amazon, Camp Bakuya, ECU.

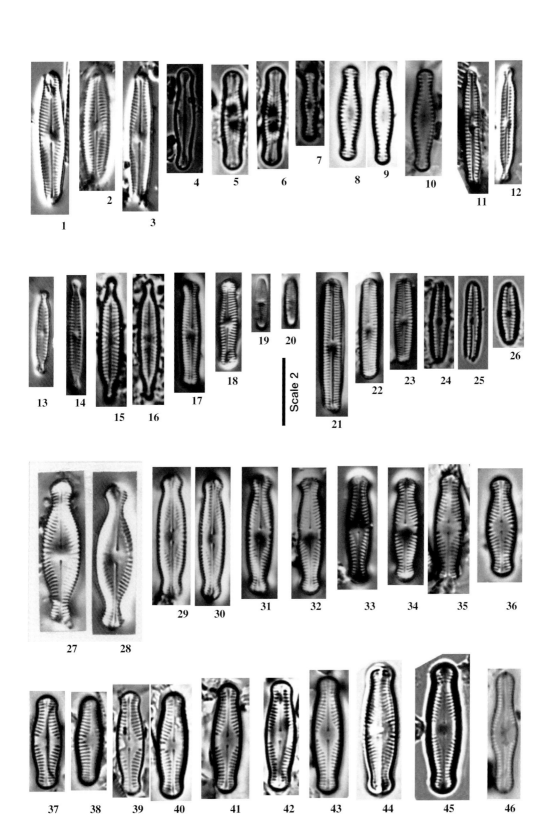

Plate 6

275

Plate 7　　Fig. 1：Scale 3（×2700）　SEM,　Figs 2-9：Scale 2（×1800）

Scale bar：10 μm

Figs 1-9：*Cosmioneis pusilla*（W. Sm.）D. G. Mann & Stickle 1990

　　Figs 1-3：木曽川・尾張大橋
　　Figs 4, 5：Franz Josef land, DNK.
　　Fig. 6　　：Krakow, POL.
　　Fig. 7　　：Skansen Isl., SWE.
　　Fig. 8　　：L. Roca, Swamp-3, ARG.
　　Fig. 9　　：Okeechobee Lake, FL-USA.

コラム 4

***Navicula tenera* Hust. の人騒がせな命名**

　Navicula tenera Hust. の type の写真を見たいので，身近なところから探そうと，まず Krammer & Lange-Bertalot の Süsswasserflora von Mitteleuropa **2/1** を開いた．Fig. 66：19-23 の 5 枚の写真を本種としている．Figs 19-22 の 4 枚はどのような標本を写したのかを記していない．Fig. 23 については *Navicula insociabilis* var. *dissipatoides*, holotypes, Coll, Hustedt N. 11/2 としている．同書の P. 175 には *Navicula insociabilis* var. *dissipatoides* Hust. 1957 は *Navicula tenera* Hust. の synonym と記している．このことが一般的に認められているのかがわからないので，VanLandingham の Catalogue を調べたところ，本種を独立の種として扱っている．少なくとも，VanLandingham は本書を出版した 1975 年当時，独立の種として認めていたことになる．Krammer & Lange-Bertalot (1986)の考えと異なっている．*Navicula tenera* Hust. の type の写真を見る次の手段として，Simonsen の Atlas Catal. Diat. を調べた．この方法が常道で，本来この書から調べるべきであったのだが，小形で軽いのでいつも手近にある Krammer & Lange-Bertalot(1986)を最初に調べたのがいけなかったのかもしれない．さて，Simonsen の 1 巻の Index を調べると 162 頁に記されているとある．162 頁の Op. 83 の最後に "注意（N. B.）" として本種についての記事があった．Opus 89（Schmidt's Atlas der Diatomaceen-Kunde, Hefte 101, 102t, 401-408, 1936）の t405（1936 "訂正"）に *Nav. tenera* の記事があると記されている．この t405 の説明の脚注に Beriehtigungen（訂正）という項があり，3 種について訂正されている．本種はその真ん中で次のように記されている．"Tafel 392, Fig. 24-27 の *Navicula uniseriata* Hust. の命名は *Nav. uniseriata* Ostr., Dansk Bot. Ark. Bd. **1**, S. 8（1913 著者註）があるため，*Navicula tenera* Spec. nov. とする" 結局これが *Navicula tenera* Hust. の正式発表の 1 つということになる．現在の国際命名規約の下では考えられないことであるが（これを認める研究者もあるが認めない研究者もある）．Simonsen はこのような発表の仕方は如何なものであろうか？と気になったのかもしれない．

　Hustedt(1937)（in Arch. f. Hydrob. Suppl. Bd. **15**, p. 259）d で再び「188 *Navicula tenera* nov. nom.（=*Nav. uniseriata* Hust., A. S. Atl. T. 392, F. 24-37）」として新組み合わせの形式をとっている．これが 2 番目の正式発表の形をとっている（これも認める研究者もあるが認めない研究者もある）．

　Simonsen(1987)は，Hustedt(1934)が Atlas の pl. 392 に記した *Navicula uniseriata* Hust.（Hustedt 1936 は自ら *Nav. tenera* に訂正した）は，そのまま *Navicula uniseriata* Hust. の種名を用い，lectotype，paralectotype も指定している．結局 Simonsen は筋を通して *Navicula tenera* Hust. としての lectotype の指定は行っていない．

（P. 278 へ続く）↗

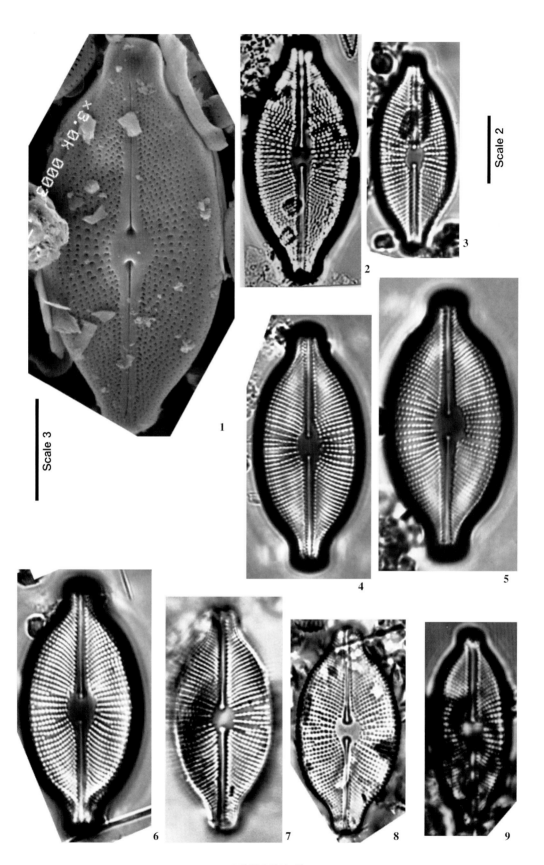

図版と図版解説

Plate 7

Plate 8　　Figs 1, 2：Scale 1（×900），　Fig. 3：Scale 2（×1800）

Scale bar：10 μm

Figs 1-3：*Craticula* sp.

Figs 1-3：Horbar Lake, CA-USA.

↘(P. 276 より)
　したがって，*Navicula tenera* Hust. の type 標本は，Hustedt(1936) がその synonym とした *Navicula uniseriata* Hust. の lectotype，paralectotype として Simonsen が選定した標本を用いることになる．以上の経過から，*Navicula tenera* Hust. の正式発表を何年とするかの見方が分かれてしまった．1936 年の Atlas, Tafel 405 の脚注と考える場合と，1937 年の Archiv f. Hydrob. Supplement と考える場合である．前者をとる研究者は VanLandingham(1975) があり，後者をとる研究者は Krammer & Lange-Bertalot(1986)，D. G. Mann(1990) である．発表方法はあまり感心したものではないが，著者らは前者をとることにしたい．
　Navicula tenera Hust. は正式発表年さえ研究者によって意見が合わない妙な種といえよう．

Plate 8

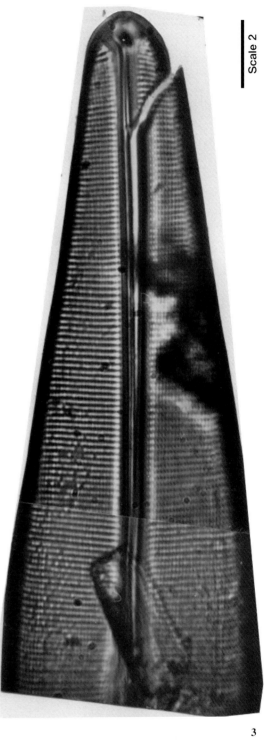

1
2
3

Plate 9   Figs 1-3：Scale 1.5（×1350）   Scale bar：10 μm

Figs 1-3：*Craticula perrotettii* Grunow 1867

Fig. 1：木曽川・河口
Fig. 2：Zambezi Riv., Chobe N. P.-2, BWA.
Fig. 3：Honolulu Res., HI-USA.

―― コラム 5 ――

幻の珪藻 *Navicula terebrata* Hust. 1944

　Hustedt は Neue und Wenig Bekannte Diatomeen という表題で 9 回論文を発表している．あちこちの論文に新種を発表すると，後世の研究者（同世代の研究者でも同じであるが）がプロトローグを探すのに苦労するが，まとめて発表すると後世の研究者は大変楽なので，Hustedt のこの発表方法に，Hustedt の論文をよく見ていない人は感心させられるかもしれない．Hustedt のこの頃の論文も，他の珪藻研究者の論文のように，珪藻相についてのものが多く，それらの中にプロトローグを発表し，それ以外で見いだした新しい taxa や稀少種をまとめて発表したのがこのシリーズである．

　この論文の発表を始めた 1944 年は Hustedt の 47, 48 歳にかけてのときで，普通は人生の一番充実した時期である．この論文で Hustedt は *Navicula terebrata* Hust. 1944 という新種を記載している．そのプロトローグ中に"中心域に 1 個の遊離点があり，それは中心域の中央部にある"と記し，この部分を活字の間隔を広げて印刷し，Hustedt(1944) はこの特徴を重要視していることを示している．

　Simonsen(1987) は Hustedt のタイプ標本の写真集を出版した際，本種について "この種名に該当するものはなかった．しかし，精査し，Hustedt が *Nav. exguiformis* Østrup としている標本から 1 つの標本を選定し，これを *Navicula terebrata* Hust. 1944 の lectotype に選定した．" と記している．

　しかし，Hustedt(1949) は，かって私は *Navicula terebrata* を記載したが，それは *Nav. exguiformis* Østrup の畸形であり，シノニムであると記している．さらに，Krammer & Lange-Bertalot(1985) はこの taxon を *Nav. decussis* Østrup 1910 のシノニムにしている．

（P. 282 に続く）↗

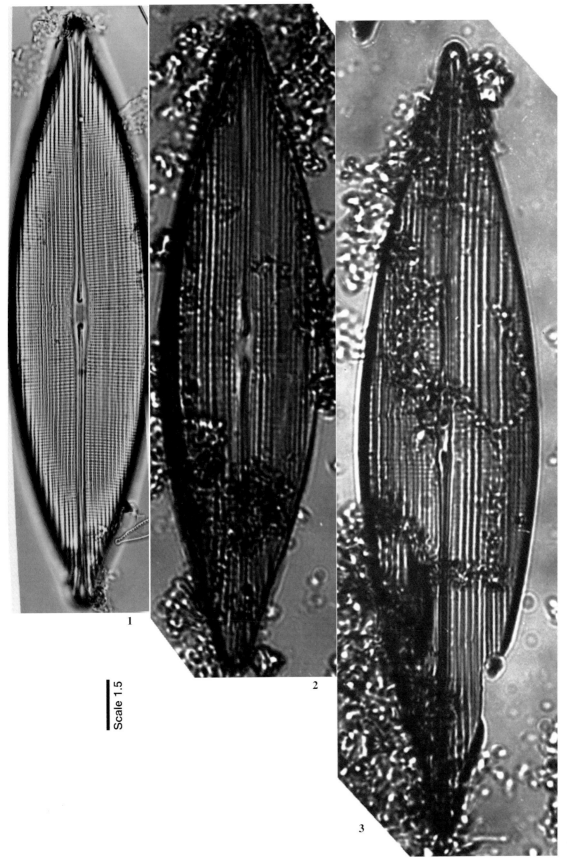

Scale 1.5

Plate 9

Plate 10　　Figs 1, 2：Scale 2（×1800），　Fig. 3：Scale 1.5（×1350）

Scale bar：10 μm

Figs 1-3：*Craticula cuspidata*（Kütz.）D. G. Mann 1990

Fig. 1：蟹原・才井戸流
Fig. 2：木曽川・大治浄水場（木曽川下流部に普通に見られる）
Fig. 3：蟹原・五反田溝

↘（P. 280 より）
　Simonsen(1987)は *Navicula terebrata* Hust. 1944 の lectotype に選定し，フォーカスを変えた4枚の写真を示している．Pl. 477, Figs 1, 2 は同一殻の写真で，Hustedt がこの taxon の特徴として最も強く主張したかった中心域の遊離点の位置が，Hustedt のプロトコールの図（Hustedt 1944, Fig. 11）ほど中央に寄っていない．プロトコールの図は手描きで，中心域の遊離点は縦溝の延長上に位置するように描かれている．Hustedt が *Navicula terebrata* Hust. の図(11)を示したのと，同じ図版に *Navicula exguiformis* Østrup の図(23)も記しているので，参考までにそれらを示す．Simonsen (1987) Pl. 477, Figs 3, 4 は Hustedt の図の位置にあるように見える．
　以上より遊離点の位置は同一の個体でも上殻と下殻によって，その位置が異なる場合があるようなので，この形質からすると Hustedt が *Navicula terebrata* Hust. 1944 を *Nav. exguiformis* Østrup のシノニムにしたのは正しかったと考えられる．Krammer & Lange-Bertalot(1985)はこの taxon をさらに *Nav. decussis* Østrup 1910 のシノニムにしたことは前に記したとおりである．

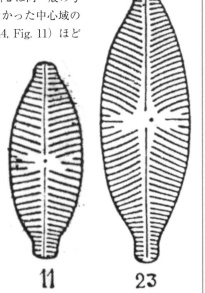

Plate 10

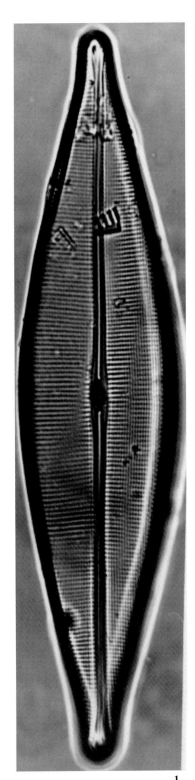
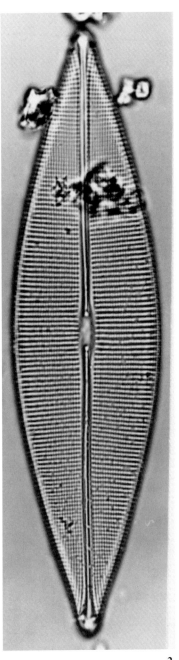
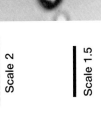
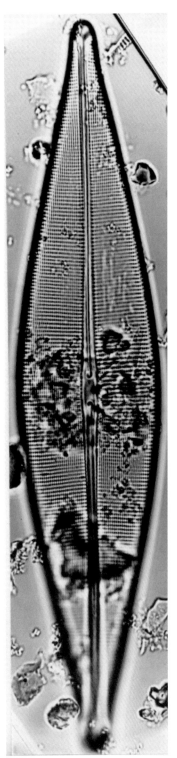

Plate 11   Figs 1, 2：Scale 2（×1800）, Fig. 3：Scale 1.5（×1350）

Scale bar：10 μm

Fig. 1-3：*Craticula cuspidata*（Kütz.）D. G. Mann 1990
　　Fig. 1：正常殻, Fig. 2：heribaudii 殻, Fig. 3：craticula 殻

Fig. 1：Byron Bay, Victoria Isl., CAN
Fig. 2：蟹原・才井戸流
Fig. 3：Missisippi Riv.-1, IA-USA.

―― コラム6 ――

Navicula similis Krasske に形態の異なる2種類の lectotype がある？

　必要があって *Navicula similis* Krasske 1929 の type の写真を探した．この種は Krasske が1929年に発表した種である．普通，type の写真を見るには発表論文を見るのだが，本種に関してはその発表年から写真はないものと考えねばならない．Georg Krasske の発表した新分類群については Lange-Bertalot らが Krasske の残した標本を調査し，holotype や syntype のあるものはそれらの写真を撮影し，ないものには lectotype を指定して，その写真を写し，他の種の写真と共に一冊の論文として出版した．H. Lange-Bertalot, K. Külbs, T. Lauser, M. Nörpel-Schempp & M. Willmann 1996, Dokumentation und Revision der von Georg Krasske beschriebenen Diatomeen-Taxa で Koeltz Scientific Books 1996年発行の Iconographia Diatomologica **3**（P. 1-358）がそれである．同じ年に発刊された Iconographia Diatomologica **2** で Lange-Bertalot & Metzeltin は *Geissleria* という新属を *Geissleria moseri* Metzeltin, Witkowski & Lange-Bert. を type として設立している．同書 P. 68 に今回問題にしている *Navicula similis* Krasske を *Geissleria similis*（Krasske）Lange-Bert. & Metzeltin にするという新組み合わせを発表しているが，この種の図や写真は示されていない．
　さて，話を戻して，Krasske が新種 *Navicula similis* Krasske とした種がどのような形であったかを知るために Iconographia Diatomologica **3** の巻末の Index で調べると，P. 143, 228, 270 の3箇所に記されていることがわかる．最初の P. 143 を開くと，*Navicula similis* Krasske 1929, P. 354, Fig. 15 と1行目に記されている．2行目に（Tafel 13, Fig. 1-5, Tafel 34, Fig. 12-15）と記され，この本の図の位置が示されている．3行目に Protolog：と記されている．独和辞典や英和辞典で protolog を調べても載っていないものが多いが，国際植物命名規約には次のように記されている．
　初発表文（プロトローグ）初発表文（ギリシャ語 protos（最初の）および logos（論述）に由来する）：学名の正式発表に際して，その学名に関連して発表されたすべてのもの．すなわち，記載文 description または判別文 diagnosis, 図解 illustration, 引用文献 references, 異名 synonym, 地理的分布 geographical data, 引用標本 citation of specimens, 論議 discussion および解説 comments である．
　この3行目の Protolog とされた部分は Krasske が Bot. Arch. に発表したとおりで，文章の書き方などを変えていないので Krasske の記載文そのままと考えてよい．図もコピーのようで手を加えていないので，この Protolog は種名の同定のために重要なものになる．

（P. 286 に続く）↗

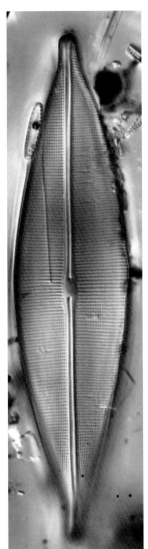

1

Scale 2

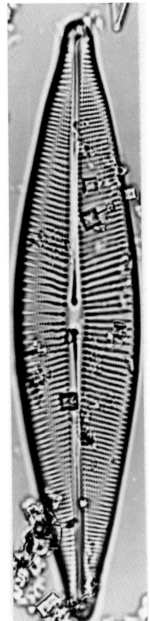

2

Scale 1.5

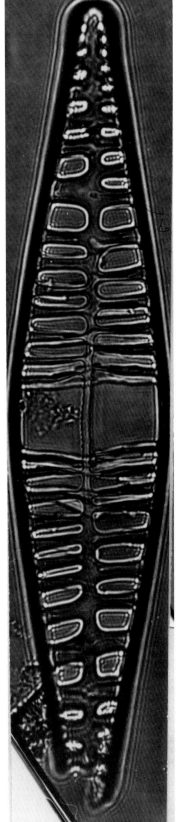

3

図版と図版解説

Plate 12　　　Figs 1-6：Scale 2（×1800）　　　　　　Scale bar：10 μm

Figs 1-6：*Craticula ambigua*（Ehrenb.）D. G. Mann 1990

　　　Fig. 5：craticula 殻, Fig. 6：craticula 殻, heribaudii 殻とも写っている.

Fig. 1：蟹原・才井戸流
Fig. 2：Yuba State P., UT-USA.
Fig. 3：Yellowstone-5, WY-USA.
Fig. 4：Lake Mead, CA-USA.
Fig. 5：Missisippi Riv.-2, IA-USA.
Fig. 6：小幡緑地・湿地

↘（P. 284 より）
　次に Lectotypus：の項にその説明があり, 本種の写真は先に記した Tafel 13, Fig. 1-5, Tafel 34, Fig. 12-15 に示されているので, 図版 13 を開く. 右頁に写真が, 左頁にその説明が記されている. 左頁の説明は 2 段に分けられ, 上段に種名, 下段に用いた標本の説明がある. 上段の説明によると, 図版 13 はすべて 1500 倍であると記され, さらに Fig. 1-5 は *Navicula similis* Krasske とされている. 本種は上述のように Iconographia Diatomologica **2** で *Geissleria similis* に組み換えが行われているが, この論文は Krasske の業績の補填のようなものであるので種名は *Geissleria similis* でなく *Navicula similis* にしてある. 下段（P. 228）を見ると, *Navicula similis* とした Fig. 1-5 のうち Fig. 1-4 を Lectotypus とし, Fig. 5 は Coll. Krasske A Ⅶ 151 と記されている. これに属するプレパラートは 1 ～ 300（219）あって, これらは各所から集められた化石であると記されている（P. 20）. Fig. 1-4 と Fig. 5 は産地が全く異なる標本である. しかし, 5 枚の写真は形態がかなりよく似ており, 筆者らが採集した木曽川や沖縄等の標本を *Geissleria similis* と同定する根拠となった.
　さらに他に 1 箇所 Tafel 34, Fig. 12-15 に図があるのでそれを開くと, 一見してこれらの個体はすべて殻長が長く, やや左右不相称で, 縦溝が湾曲し, *Cymbella* 的な形態で *Navicula similis* とは異なることに気づく. 左頁上段には Fig. 12-15：*Navicula similis* Krasske とあり, 下段には Fig. 12-14：Lectotypus, …（参照, Krammer & Lange-Bertalot 1986, fig. 135：6, 10）と記されている. 以上で *Navicula similis* に形の異なる 2 つの lectotype が存在するという奇妙なことが判明した. そこで, Krammer & Lange-Bertalot 1986, Süsswasserflora von Mitteleuropa **2/1** を調べると, Fig. 135：6-10 には同じ形態の写真があって, その説明には *Cymbella similis* Krasske となっており, Fig. 6, 10 は Typenpräp と記している.
　ここで疑問が明確に解明した. 上記の経過では *Navicula similis* に形態の異なる 2 種類の lectotype があることになっていたが, これは種の形容詞を同じくする *Navicula similis* Krasske と *Cymbella similis* Krasske が何らかの理由で混同し, *Cymbella similis* Krasske と印刷すべき所を *Navicula similis* Krasske と印刷されてしまったものであろう. 重要なミスプリントが生じてしまったというわけである.
　タイプの指定が有効に発表された場合, 優先権が認められることになっている. 今回の場合は本当の *Navicula similis* に優先権があるので幸いであったが, 万一逆の場合には間違いの *Navicula similis* に優先権があることになるので, 初発表文との間に重要な不一致が生じ, lectotype の変更をせねばならなくなる所であった.

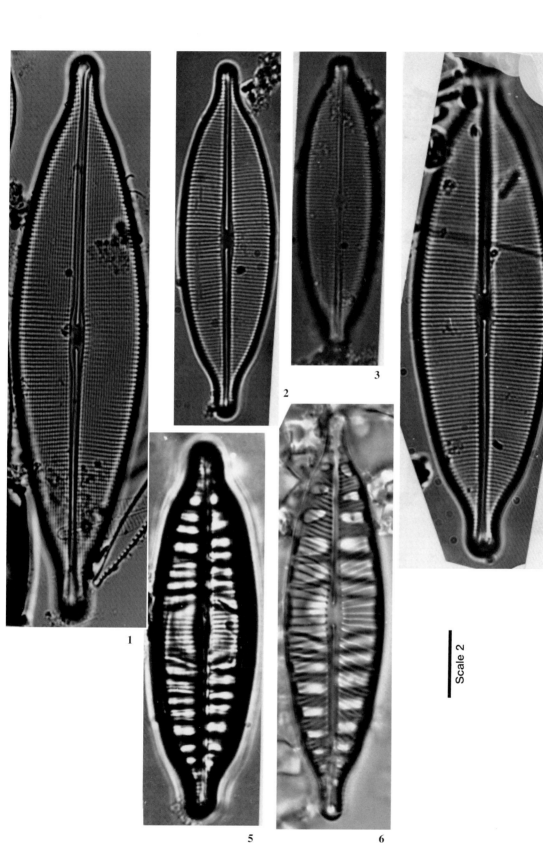

図版と図版解説

Plate 12

287

Plate 13 Figs 1-13：Scale 2（×1800） Scale bar：10 μm

Figs 1-10 ：*Craticula riparia* var. *riparia*（Hust.）**Lange-Bert. 1993**
Figs 11-13：*Craticula buderi*（Hust.）**Lange-Bert. 2000**

Figs 1, 10 ：森林公園・岩本池
Fig. 2　　：蟹原水源・安田池
Figs 3, 4　：蟹原水源・大久手池
Figs 5, 6　：蟹原水源・滝の水池
Figs 7-9　：小幡緑地・竜が池
Fig. 11　　：the Seine Riv. Louvre, FRA.
Fig. 12　　：J. F. Kenedy Space Center, FL-USA.
Fig. 13　　：the Seine Riv. Eiffel, FRA.

Plate 13

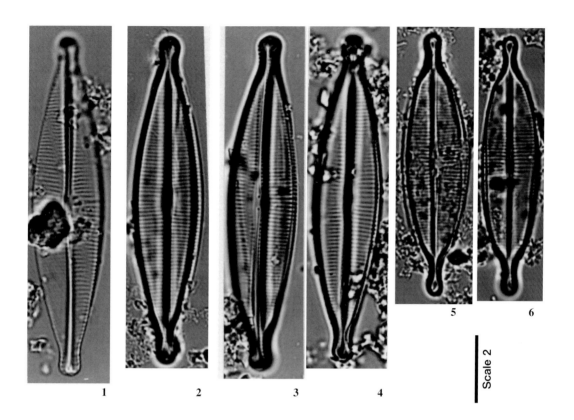

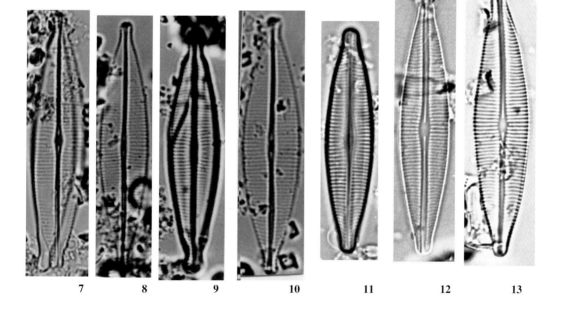

図版と図版解説

Plate 14   Figs 1-17：Scale 2（×1800）   Scale bar：10 μm

Figs 1-6　：*Craticula riparia*（Hust.）var. *mollenhaueri* Lange-Bert. 1993
Figs 7, 8　：*Craticula accomoda*（Hust.）D. G. Mann 1990
Fig. 9　　：*Craticula halophila*（Grunow）D. G. Mann 1990
Figs 10, 11：*Craticula subhalophila*（Hust.）Lange-Bert. 1993
Figs 12, 13：*Craticula vixnegligenda* Lange-Bert. 1993
Figs 14, 15：*Craticula molestiformis*（Hust.）Lange-Bert. 2001
Figs 16, 17：*Craticula submolesta*（Hust.）Lange-Bert. 1996

Figs 1-3 　：森林公園・岩本池
Figs 4-6 　：小幡緑地・緑が池・放流
Figs 7, 8 　：Cape Roca-2, PRT.
Fig. 9 　　：蟹原・湿地の小流
Fig. 10 　　：Smoking Hill, CAN.
Fig. 11 　　：Monkey Mia-2, AUS.
Figs 12, 13：蟹原水源・大久手池
Figs 14, 15：十勝川・北海道
Figs 16, 17：森林公園・岩本池

コラム7

Holotype 研究の重要性

　1970年代後半から1980年にかけての珪藻研究の特徴は，type標本の研究が盛んになり，今まで使い慣れた学名を捨て，全く異なる学名を用いるべきとの提案が次々と発表されたことである．その「晴天の霹靂」ともいうべき論文はH. Lange-Bertalotが1980年にパリの植物園（通称）で発行された藻類の専門雑誌 Cryptogamie：Algologieの創刊号に発表した論文である．1986年以前，研究者が珪藻の同定によく用いたHustedtのBacillariophyta（Pascher's Die Süsswasser-Flora Mitteleuropas **10**）にも図示された *Navicula viridula* はtype標本の調査の結果 *Navicula lanceolata* を用いるべきという結論である．この種は日本でも冬季には，陸水域に極めて広く分布し，かつ多量に生育する種であるので，学名変更の影響は大きかった．

　以上は分類の研究で，タイプの研究は極めて重要であるという一例であるが，タイプ標本を見るのは簡単ではない．しかし，タイプ標本の写真は研究に多大な利益をもたらしてくれる．Krammer & Lange-Bertalot の Bacillariophyceae 1-4. Teil（1986〜1991）：H. Ettl, J. Gerloff, H. Heynig & D. Mollenhauer ed., Süsswasserflora von Mitteleuropa **2/1-2/4** に多くのタイプ標本の写真があるので，その功績は大である．

　Hustedt はその生涯に多くの新種を記載した．Holotype などを多数残したので，Simonsen（1987）は holotype があるものはそれを，指定されていない種については lectotype を指定して，その写真集を出版した．この Atlas and Catalogue of the Diatom Types of Friedrich Hustedt は珪藻研究に極めて重要な文献である．

（P. 292 に続く）

Plate 14

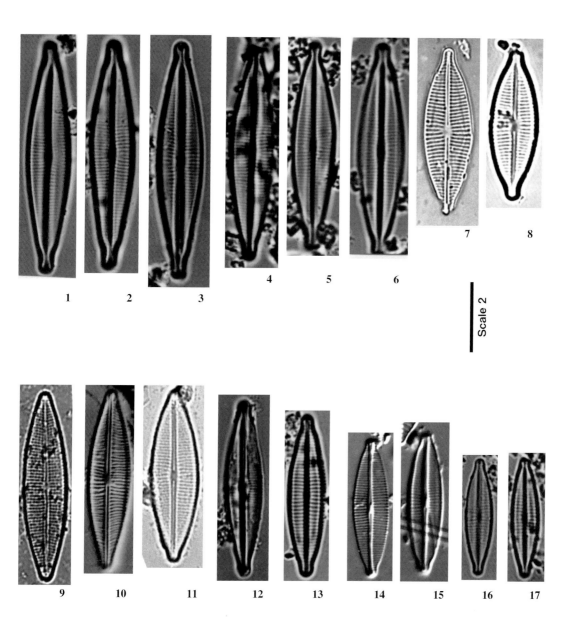

Plate 15　　　Figs 1-7：Scale 2（×1800）　　　Scale bar：10 μm

Figs 1-6：*Decussata obutusa*（F. Meister）H. Fukush., Kimura & Ts. Kobayashi
　　　　comb. nov. et stat. nov.
Fig. 7　：*Decussata hexagona*（Torka）Lange-Bert. 2000

　　Figs 1, 2：木曽川・大治浄水場
　　Fig. 3　：蟹原・五反田溝（フサモ付着）
　　Fig. 4　：西表島・浦内川・カンピラ滝の上
　　Fig. 5　：石垣島・民俗園
　　Fig. 6　：蟹原・才井戸流
　　Fig. 7　：西表島・浦内川・カンピラ滝の上

↘（P. 290 より）
　H. Heiden & R. W. Kolbe は Deutsche Südpolar-Expedition 1901-1903. の珪藻の研究結果を Die Marinen Diatomeen der Deutschen Südpolar-Expedition 1901-1903, Dtsch. Südpolar-Exped. **8** Bot. (5). 447-715 (1928) として発表し, 多くの新種を記載している. その書には写真がないので, その写真集を Simonsen が出版している (1992). その中に多数の lectotype を指定してその写真を載せている. R. Simonsen (1992)：The diatom types of Heinrich Heiden in Heiden & Kolbe 1928, Bibl. Diat. **24**：1-100, Pl. 1-86. この書も重要なものである.
　G. Krasske (1889-1951) は珪藻の論文を 35 編発表し, 新しい種 169 種, 72 変種を記載した. 各種の訳註に発表されたので Lange-Bertalot ら (1996) はそれらの記載文と図を集め, holotype の写真を付け, ない種には lectotype を指定してその写真を付け, それらの種で synonym にすべきものは synonym にして, 1 冊の書にまとめた. H. Lange-Bertalot, K. Külbs, T. Lauser, M. Nörpel-Schempp & M. Willmann (1996)：Dokumentation und Revision der von Georg Krasske beschriebenen Diatomeen-Taxa, Iconographia Diatomologica **3**：p.1-358. この書も珪藻研究者にとって非常に重要な書である.
　珪藻の新種発表には, holotype の選択と保存が国際命名規約で義務づけられたので, 今後日本でもタイプ標本による研究はしやすくなるが, 過去に発表されたタイプ標本の保存はヨーロッパが中心であるので, 日本の研究者にとって困難なところが多く, 既存のタイプ写真に頼らざるを得ない事情もある.
　これらの著者の労苦に感謝しよう.

Plate 15

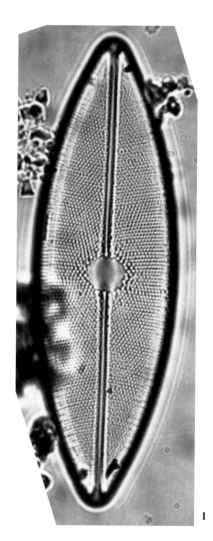
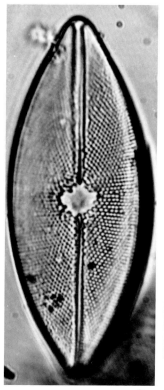
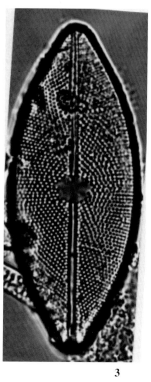
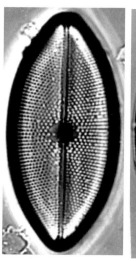
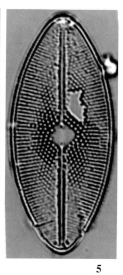
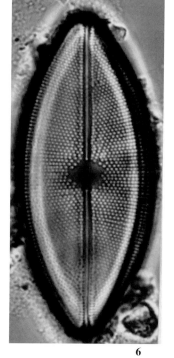

Scale 2

図版と図版解説

Plate 16　　Figs 1-22：Scale 2（×1800）　　　　　　　Scale bar：10 μm

Figs 1, 2　：*Decussata placenta*（Ehrenb.）Lange-Bert. & Metzeltin var. *placenta* 2000
Figs 3-10　：*Diadesmis confervacea* Kütz. 1844
Figs 11-19：*Humidophila contenta*（Grunow）Lowe, Kociolek, Johansen, Van de Vijver, Lange-Bert. & Kopalová 2014
　　　　　　（11-16：biceps type, 17-19：genuinum の区別はしない）
Figs 20-22：*Diploneis oculata*（Bréb.）Cleve var. *oculata* 1894

　　Fig. 1　　：木曽川・今渡ダム
　　Fig. 2　　：石垣島・荒川
　　Fig. 3　　：平井川-1・多摩川支流
　　Figs 4, 5　：木曽川・春日井浄水場（魚類監視水槽）
　　Figs 6, 7, 10：the Amazon, Camp Bakuya, ECU.
　　Figs 8, 9　：木曽川・犬山橋
　　Figs 11-14：木曽川・（広く分布）
　　Fig. 15　　：蟹原・湿地の小流
　　Fig. 16　　：蟹原・才井戸流
　　Figs 17-19：木曽川・（広く分布）
　　Fig. 20　　：蟹原・才井戸流
　　Figs 21, 22：蟹原水源・大道平池

コラム 8

Navicula radiosa Kütz. 1844 と Navicula angusta Grunow 1860

　Navicula radiosa は狭い皮針形で，*Navicula angusta* は明白な線状形である．珪殻の先端は前者では徐々に細くなり尖円状であり，後者も徐々に細くなるが広円状である．以上のように形態の典型的なものは区別が明瞭である．しかし，両側縁を狭い皮針形と表現すべきか，線状形と表現すべきか迷う珪殻も多々見られる．このような場合，どちらに同定すべきか判断の 1 要因として，珪殻の計測値が用いられることがある．両種の計測値を Lange-Bertalot 2001 の Diatoms of Europe **2** から拾うと次のようになる．

Nav. radiosa；
　　殻長：40-120 μm，殻幅：8-12 μm，条線密度：10-12/10 μm，点紋密度：28-32/10 μm

Nav. angusta；
　　殻長：30-78 μm，殻幅：5-8 μm，条線密度：11-12/10 μm，点紋密度：約 30/10 μm

　以上の計測値によると上記の疑問は殻幅の比較で解決できそうである．もちろん，他の諸形質も参考にすべきではあるが．なお，*Nav. angusta* の殻長が小さい個体群は両側縁が平行でなく，弱く膨出することを忘れないことが肝要である．

Plate 16

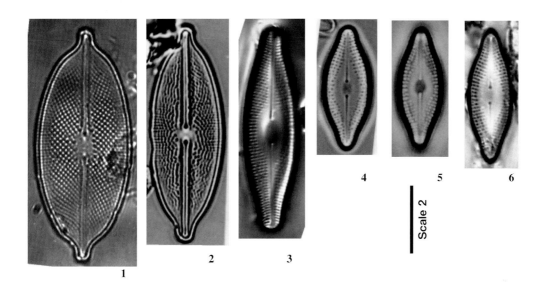

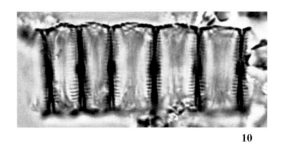
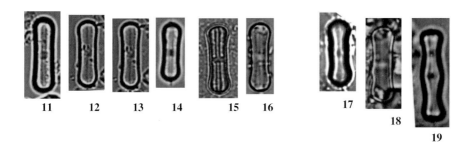
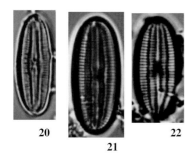

295

Plate 17	Figs 1-10, 15-31：Scale 2（×1800）	Scale bar：10 μm
	Figs 11-14　　　：Scale 10（×9000）	Scale bar： 2 μm

Figs 1-12 ：*Eolimna minima*（Grunow）Lange-Bert. & Moser 1998
Figs 13-31：*Eolimna subminuscula*（Manguin）Moser, Lange-Bert. & Metzeltin 1998

　Figs 1-12 ：荒川・坂戸市
　Figs 13-31：十勝川・北海道

コラム 9
珪藻の分類のオーソリティも迷う？

　珪藻は細胞分裂を繰り返す毎に小さくなり，増大胞子を作り初生殻を形成する段階で大きくなり，また分裂して小形化する．その過程で形の変化が小さい種と大きい種がある．1箇所で初生殻，典型的な殻，矮小形が揃っている場合はよいが，結びつけるのが困難な場合もある．純粋培養により，変化の状況は明らかとなるが，純粋培養が困難な種もある．そのような例を示そう．

　Navicula streckerae は Lange-Bertalot と Witkowski によって，西ドイツの Hassia の汽水の川 Breitzback を原産地として新種発表された種である．この初発表文は Iconographia Diatomologica **7** に記され，顕微鏡写真は北極海産の3珪殻（Pl. 118, Figs 8-10）と Weser 川の汽水域の流域産の5珪殻（Pl. 118, Figs 11-15）を示している（そして，Lange-Bertalot(2001)によると，Figs 11-15 が type の写真であることが明らかである）．

　Lange-Bertalot は Diatoms of Europe **2**（2001）にこの8枚の写真を示して（Pl. 44, Figs 8-15）いる．中で Weser 川産のものが type の写真であることが明らかである．さらに，本書では離れたところ（Pl. 14, Figs 15-22）に同じ種の写真を示し，産地はドイツの Hessen 地方の Kinzig 川で，独立の種あるいは *Navicula streckerae* の矮小集団（エコデーム）と記している．この矮小集団を著者らはキンチック川型と仮称したが，Lange-Bertalot 自ら命名した *Navicula streckerae* の初発表文に用いなかった形態の写真を初発表文の写真とかなり離れた所に，形態が似た種の近くに配列し，その説明で *Navicula streckerae* の矮小集団（エコデーム）としていることから考えると，この型の同定には Lange-Bertalot も迷ったのではないだろうか？

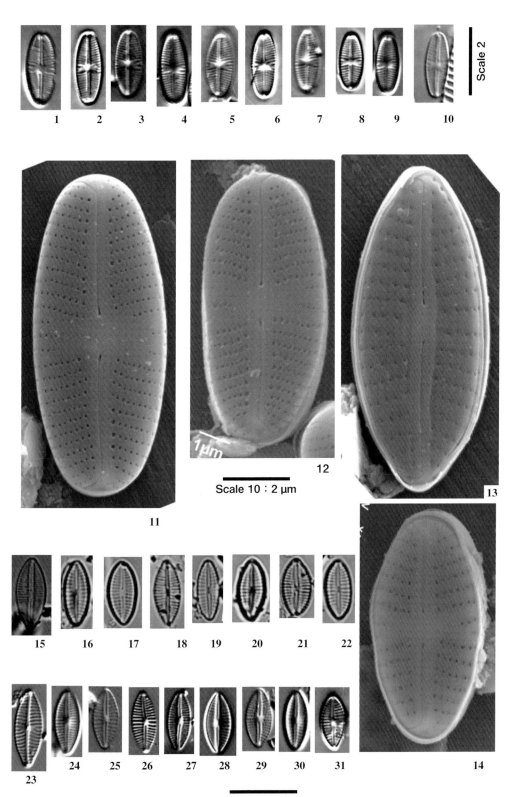

Plate 18　　Figs 1-21, 23-26：Scale 2（×1800），
　　　　　　　　Fig. 22　　　　：Scale 5（×4500）　SEM　　Scale bar：10 μm

Figs 1-7 　：*Fallacia pygmaea*（Kütz.）Stickle & D. G. Mann 1990
Figs 8-11 ：*Fallacia tenera*（Hust.）D. G. Mann 1990
Figs 12-16：*Fallacia monoculata*（Hust.）D. G. Mann 1990
Figs 17-22：*Fallacia helensis*（Schulz）D. G. Mann 1990
Figs 23-26：*Fallacia losevae* Lange-Bert., Genkal & Vekkov 2004

　　Figs 1-4 　：J. F. Kenedy Space Center, FL-USA.
　　Fig. 5 　　：Skansen Isl., SWE.
　　Figs 6, 7 　：L. Roca, Swamp-2, ARG.
　　Fig. 8 　　：木曽川・朝日取水場
　　Figs 9-11 ：the Nile, Aswan, EGY.
　　Fig. 12 　 ：蟹原・湿地の小流
　　Figs 13-16：Zambezi Riv., Chobe N. P.-3, BWA.
　　Figs 17-22：木曽川・木曽川橋
　　Figs 23-26：Herschel Isl., CAN.

コラム10

記されている計測値を鵜呑みにしてよいか？

　形態変異を調べるため，*Placoneis* の顕微鏡写真を沢山写した．調べても調べても種名に辿りつかない．Metzeltin, Lange-Bertalot & García-Rodríguez(2005)の Diatoms of Uruguay（Iconographia Diatomologica **15**）に似た種が載っている．*Placoneis abundans* という新種である．記載文によると条線を構成する点紋は光学顕微鏡で見分けられない．SEM 写真で約 40/10 μm（化石の試料について Hustedt が A. W. F. Schmidt の Atlas の Figs 398：8・9 に描画している約 28/10 μm でない）と記している．さらに，Patrick & Reimer(1966, Fig. 49：22)は Grunow が *Navicula clementis* と同定した，Van Heurck の types du Synopsis, no. 99 中の個体群の条線を構成する点紋を計数し，約 30/10 μm と記している．なお，このスライド中の標本は Krammer & Lange-Bertalot(1986, Figs 47：3-5)が写真に写しているとも記されている．

　まず Atlas の Tafel 398 を出すと，*Navicula clementis* の図は 8-12 まで 5 個描かれ，Figs 9・12 が 1000 倍で，他は 2000 倍の図である．この本の特徴であるが，記載文はないので，どこに点紋数が図示されているかを探してみる．Fig. 8 以外の条線は線で示され，Fig. 8 は珪殻の中央部だけが 2000 倍で示され，条線は点で描かれている．Metzeltin らはこの点の数を数えたわけである．Hustedt の図は概して正確であるが，そこまで正確に描いたかどうか，本人に聞いてみたいところだが，もうそれができないことは残念である．なお，余談であるが，Fig. 8 と 9 が描かれた標本は type locality の Dubravica の化石標本である．

（P. 300 へ続く）↗

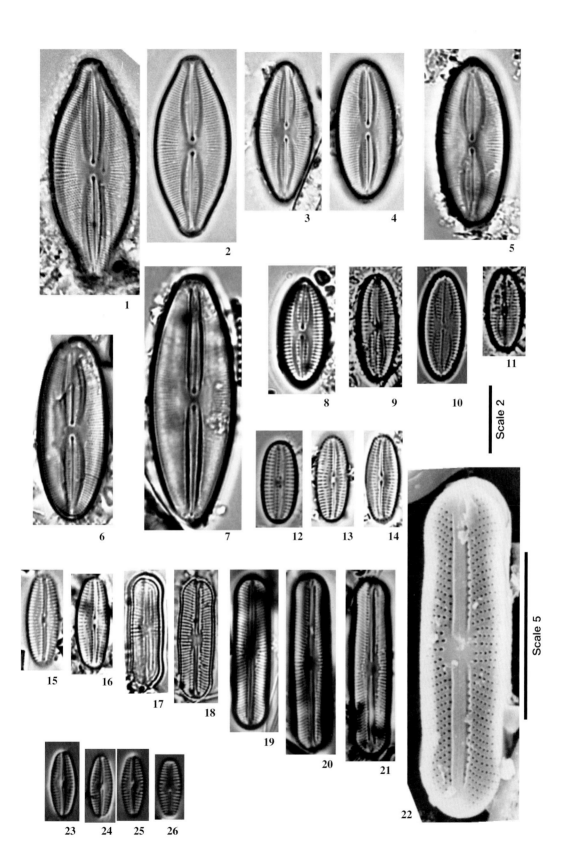

Plate 18

図版と図版解説

Plate 19   Figs 1-8, 10-23：Scale 2（×1800）， Fig. 9：Scale 5（×4500） SEM
Scale bar：10 μm

Figs 1, 2　：*Geissleria acceptata*（Hust.）Lange-Bert. & Metzeltin 1996
Figs 3-17　：*Geissleria decussis*（Østrup）Lange-Bert. & Metzeltin 1996
Figs 18, 19：*Geissleria ignota*（Krasske）Lange-Bert. & Metzeltin 1996
Figs 20-23：*Geissleria similis*（Krasske）Lange-Bert. & Metzeltin 1996

　Figs 1-9　：木曽川・春日井浄水場
　Figs 10, 11：Lake in Stone Mt., GA-USA.
　Figs 12, 13：Washington Lake, WA-USA.
　Figs 14, 15：the Nile, Luxor, EGY.
　Figs 16, 17：Zambezi Riv., Chobe N. P.-3, BWA.
　Figs 18-23：木曽川・愛岐大橋

↘(P. 298 より)
　次に，Patrick & Reimer(1966)の Diatoms of the United States(1)の 521 頁を開く．この研究者の Pl. 49, Fig. 22 は上記 Van Heurck の no. 99 の標本によったことが図版説明に記してある．本文に形態の記述はあるが，条線を構成する点紋については全くふれていない．図の条線は点で構成されていることがわかるように，点紋で描かれている．図の横に 10 μm のスケールが付いているので，Metzeltin らはこのスケールで点紋の数を数えたに違いない．この図版に 25 の珪藻の図があり，それぞれ 1 珪殻ごとに極めて多数の条線がある．その 1 本 1 本を種ごとに異なった間隔に描いたものだろうか，それとも本種の約 30/10 μm というのは偶然の一致だろうか．
　話は飛ぶが，*Navicula similis* Krasske var. *nipponica* Skvortsov の記載が The Philippine Journal of Science **61**(2)(1936) 276 頁に載っている．問題の種と形態がやや似ている．この雑誌に発表されている図は小さいので，2000 倍に伸ばすことにした．記載文に殻長：0.018 mm，殻幅：0.0068 mm と 1 つの値のみが幸か不幸か記されているので，ことは簡単である．0.018 mm×2000=3.6 cm であるので，図の殻長が 3.6 cm になるよう拡大，引き伸ばしをすれば×2000 の図が得られる．このようにして倍率を×2000 に統一した図を念のため計測したら，殻幅で 10% 以上，条線密度で 13% 以上の差があった．この程度の誤差はあるものと考えねばならないのかもしれない．

Plate 19

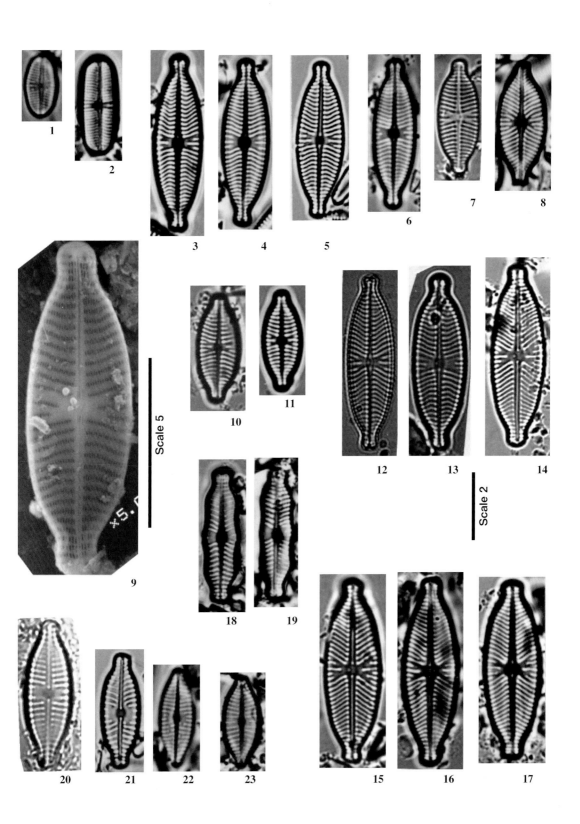

Plate 20　　Figs 1-37：Scale 2（×1800）　　　　　　　　Scale bar：10 μm

Figs 1-37：*Hippodonta capitata*（Ehrenb.）Lange-Bert., Metzeltin & Witk. 1996

　　Figs 1-2　　：手賀沼
　　Figs 3-7　　：十勝川・北海道
　　Figs 8-18　：木曽川・（全域に広く分布）
　　Fig. 19　　：東山公園・ボート池
　　Fig. 20　　：蟹原・才井戸流
　　Fig. 21　　：蟹原水源・大道平池
　　Figs 22, 23：森林公園・岩本池
　　Figs 24, 25：蟹原・湿地内小流
　　Fig. 26　　：Zambezi Riv., Chobe N. P.-1, BWA.
　　Fig. 27　　：NamBang N. P., AUS.
　　Fig. 28　　：Rend Lake, IL-USA.
　　Figs 29, 30：Honolulu RES., HI-USA.
　　Figs 31-33：Sun Luis Res., CA-USA.
　　Fig. 34　　：Mammoth Cave N. P., KY-USA.
　　Fig. 35　　：Mt. Rushmore, SD-USA.
　　Fig. 36　　：Yuba State P., UT-USA.
　　Fig. 37　　：Yellowstone-4, WY-USA.

コラム 11

種の記載 *sensu* の意味

　Navicula exigua（Gregory）Grunow var. *exigua sensu* Hust. non Grunow in Van Heurck Krammer & Lange-Bertalot(1986)の138頁に上記の記載がある．*sensu* は田中秀央編，羅和辞典にⅠ．1．感覚，2．知覚，3．意識，Ⅱ．1．理性，知能，判断，2．自然の感情，3．意見，考え，4．意義，観念，内容，Ⅲ．1．同情，2．気分，感動，3．格言，と記されている．

　この種について Grunow が Van Heurck の著書の中で示している見解と異なる Hustedt の意見が示されている，という意味である．そうなると，その意見が Hustedt のどの著書に記されているかを知りたいので探し始めた．このような場合，一番手っ取り早いのは VanLandingham(1975) の Catalogue of the fossil and recent genera and species of diatoms and their synonyms で Hustedt がこの種について記している著書，論文名とその頁を探し出し，片っ端から当たることである．この Catalogue が出版される前に Hustedt は活動を終えているので，ことは容易である．それによると，1930年の有名な著書（Die Süsswasser-Flora Mitteleuropas）と1934年の Atlas (der Diatomaceen-Kunde) の Pl. 398 の2箇所だけのようである．この種の特徴として記されている um den Zentralknoten meistens ein bis wenig kurzen Str.《eingeshoben》の特徴に合う図がない．行き詰まりである．

（P. 304 へ続く）

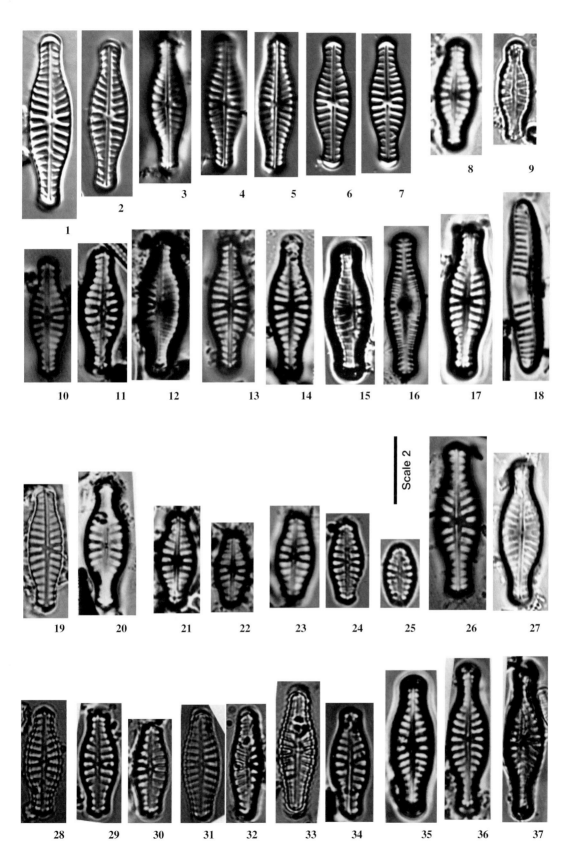

| Plate 21 | Figs 1-31：Scale 2（×1800） | Scale bar：10 μm |

Figs 1-7　：*Hippodonta hungarica*（Grunow）Lange-Bert., Metzeltin & Witk. 1996
Figs 8-10　：*Hippodonta costulata*（Grunow）Lange-Bert., Metzeltin & Witk. 1996
Fig. 11　　：*Hippodonta subcostulata*（Hust.）Lange-Bert., Metzeltin & Witk. 1996
Figs 12-31：*Hippodonta linearis*（Østrup）Lange-Bert., Metzeltin & Witk. 1996

Fig. 1 　　：Lake Mead, CA-USA.
Figs 2, 3 　：J. F. Kenedy Space Center, FL-USA.
Figs 4-7 　：蟹原・才井戸流
Fig. 8 　　：Lake Tahoe-2, CA-USA.
Figs 9, 10 ：Marth Riv., NLD.
Fig. 11 　 ：森林公園・岩本池
Figs 12-15：木曽川・源済橋（橋端の小流）
Figs 16-23：Kuril L., RUS.
Figs 24-31：L. Roca, Swamp-2, ARG.

↘（P. 302 より）
　Hustedt が発表した新品種，新変種の図からヒントが得られないか．Hustedt は f. *undulata* を 1942 年，var. *elliptica* を 1927 年，var. *signata* を 1944 年に発表しているので，その原図と比較したが合致しない．Hustedt が研究に用いたプレパラートが残されていて，同氏が発表した新分類群の holotype や lectotype の標本の写真のすべてを写した写真集を Simonsen が 1987 年に出版している．この著書の写真も調べたが Krammer & Lange-Bertalot の記述に合う形態を見いだすことはできなかった．そこで，振り出しに戻って Krammer & Lange-Bertalot の著書を調べると，それに示されている写真はまさにあの記載通りである．この標本の出所は in Coll. Hustedt と記してある．それが *sensu* Hustedt か！　なるほど，これも *sensu* Hustedt？　これでは *sensu* Krammer & Lange-Bertalot (1986) としたいところだ．私は Hustedt が著書，論文に発表しているものと早合点してしまった．もう少しで Hustedt の著書，論文をすべて調べるところであった．これで何日かを費やした．もちろん，調査している間には新しい発見もあり，得るところも沢山あったのだが．
　1つの種名の確認には時間がかかることが多い．先輩達の業績の山に，頭が下がるばかりである．

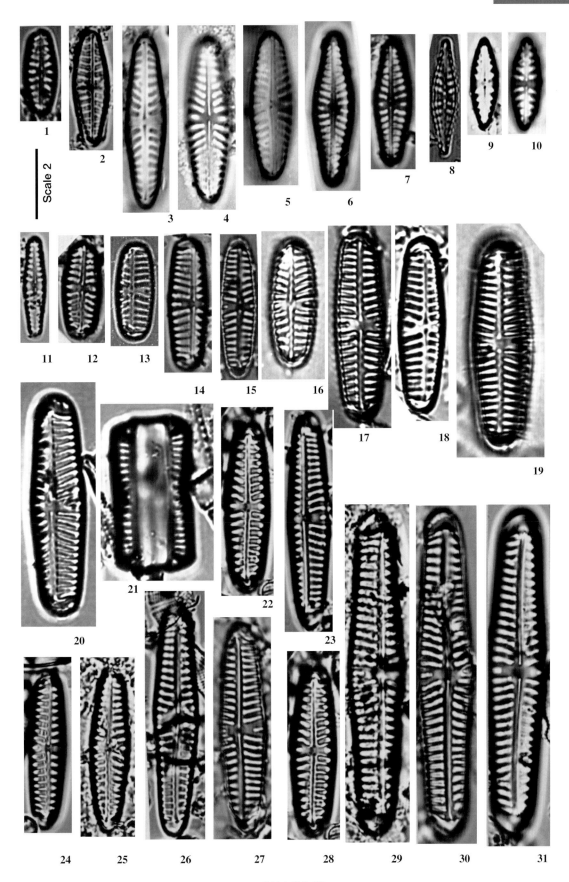

Plate 22　　Fig. 1：Scale 4（×3600）　SEM,　Figs 2-15：Scale 2（×1800）
Scale bar：10 μm

Figs 1-10 ：*Luticola goeppertiana*（Bleisch）D. G. Mann 1990
Figs 11-15：*Luticola cohnii*（Hilse）D. G. Mann 1990

Fig. 1　　：矢田川・香流川
Figs 2-4　：木曽川・（極めて広く分布する）
Fig. 5　　：Kentucky Dam-1, KY-USA.
Figs 6-8　：Newbury Canal, GBR.
Fig. 9　　：the Amazon, Agalico Wharf, ECU.
Fig. 10　 ：Wahiawe Res., HI-USA.
Fig. 11　 ：Missouri Riv., IA-USA.
Fig. 12　 ：the Amazon, nature trail, ECU.
Fig. 13　 ：Marth Riv., NLD.
Fig. 14　 ：the Amazon, Camp Bakuya, ECU.
Fig. 15　 ：蟹原・才井戸流

コラム12

昔の原図が語ること，*Navicula exigua* の例

　必要があって *Placoneis exigua* の原図を探しだした．本種は *Pinnularia exigua* Gregory 1854 を basionym（基礎異名）とする組み合わせで，1987 年に E. J. Cox によって発表された新名である．しかし，1880 年に Grunow が Van Heurck の著書（Synopsis des Diatomées de Belgique）で *Navicula exigua* に組み換えたので，100 年あまりの間，*Navicula exigua* の種名が用いられてきた．であるから，*Placoneis exigua* の原図は 1854 年に Gregory が Quarterly Journal of Microscopical Science 2 巻，図版 4 の 14 図に発表した *Pinnularia exigua* の図ということになる．*Pinnularia exigua* を *Navicula exigua* に組み換えた Grunow 1880 年の論文に示されている．

　Navicula exigua の図を示す．前者には 44，後者には 32 の図番号が付いている．前者には計測値も図の倍率も記されていない．後者には図の倍率が記されているので，1800 倍に調整し，前者もほぼ同じ大きさにし，図に示した．

　Gregory と Grunow の図を比較すると，研究者の描画力以外に，顕微鏡の発達を含め，この 25 年間の珪藻学の発展に驚かざるを得ない．

　なお，52 の図は *Placoneis clementis* の basionym である *Navicula clementis* の原図（Grunow 1882）を 1800 倍にしたものである．

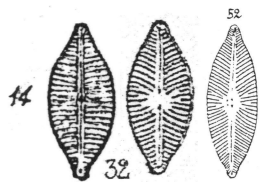

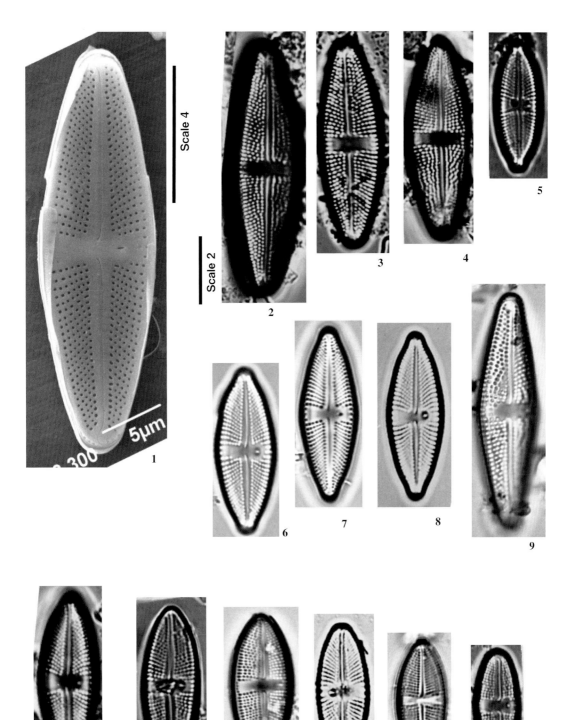

図版と図版解説

Plate 22

Plate 23   Figs 1-19：Scale 2（×1800）   Scale bar：10 μm

Figs 1-7　：*Luticola mutica*（Kütz.）D. G. Mann 1990
Figs 8-14　：*Luticola saxophila*（Bock & Hust.）D. G. Mann 1990
Figs 15-17：*Luticola seposita*（Hust.）D. G. Mann var. *lanceolata*（Haraguti）comb. nov.
Fig. 18　　：*Luticola muticoides*（Hust.）D. G. Mann 1990
Fig. 19　　：*Luticola* sp.-1

　Figs 1-7　：木曽川・（下流部に普通）
　Figs 8, 9　：Moat of Castle, Calais, FRA.
　Figs 10-14：日本橋川
　Figs 15-18：木曽川・（下流部に普通）
　Fig. 19　　：Franz Josef land, DNK.

---── コラム 13 ──

珪藻分類の風潮と *Navicula gastrum* var. *signata*

　Navicula gastrum で中心域に遊離点がある種をその新変種として var. *signata* と命名し，Hustedt が Schmidt の Atlas の 403 図版に，Finland の Ancylustan の淡水化石と Ladoga 湖産の図を示したのが 1936 年である．

　1953 年に Cleve-Euler は本種を *Navicula gastrum* Ehrenb. var. *exigua*（W. Greg.）f. *signata*（Hust.）A. Cleve としている．

　Mayama & Kawashima は阿寒湖の珪藻を調べ，1998 年に属を換え，種に格を上げ *Placoneis signata*（Hust.）Mayama とした．

　発見されて半世紀余の間に変種，品種，別の属の種と 2 転した．この変化は珪藻分類の傾向の歴史を如実に物語っているように思われる．

　1920〜70 年頃は種をまとめる傾向が強かった．1936 年にこの変種が発見されたが，その頃の風潮で，その特徴は軽く扱われ，1953 年には発見当時よりランクが低い品種に格下げになった．しかし，1970 年頃から電子顕微鏡による微細構造の研究の進展などにより，種をさらに細分する傾向が強くなってきた．その傾向に符合するかのように，本種は属が換わり品種から一転，種に格上げされ 1998 年に *Placoneis signata*（Hust.）Mayama とされた．

　本種を記録した Hustedt は正規基準標本（holotype）を指定しなかったので，Simonsen (1987) は Hustedt が調べた Ladoga 湖のプレパラートから選定基準標本（lectotype）を定めた．したがって type locality は Finland の Ladoga 湖である．

　180 度反対側にある琵琶湖で，川村多実二京都大学教授が採集された標本を調査したハルビン在住であった B. V. Skvortzow は，新種 *Cymbella nipponica* を奇しくも Hustedt と同じ 1936 年の The Philippine Journal of Science **61**(2)，283 頁，図版 5，図 20，23 に発表している．

（P. 310 へ続く）↗

Plate 23

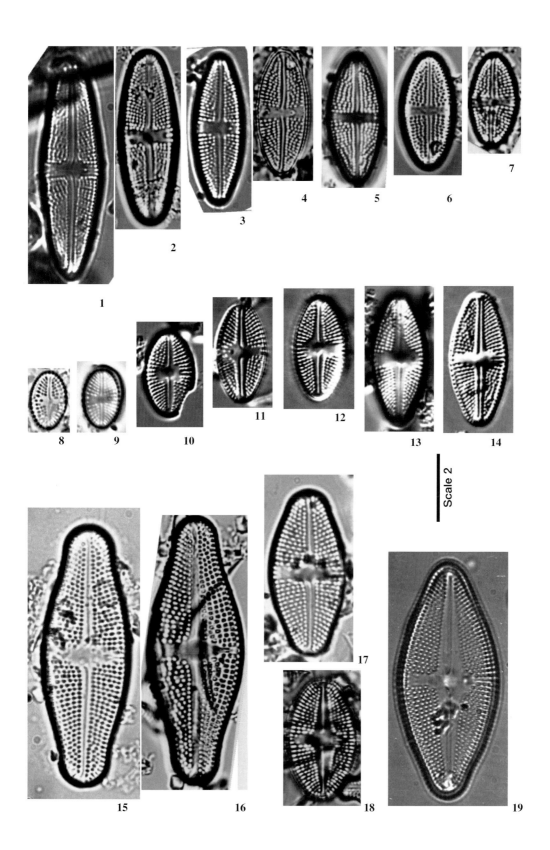

図版と図版解説

309

Plate 24   Figs 1, 13, 14 ：Scale 4 （×3600）　SEM，
　　　　　　　Figs 2-12, 15-18：Scale 2 （×1800）　　　　　Scale bar：10 μm

Figs 1-7 ：*Luticola nivalis*（Ehrenb.）D. G. Mann 1990
Figs 8-14 ：*Luticola ventricosa*（Kütz.）D. G. Mann var. *ventricosa* 1990
Figs 15, 16：*Luticola aequatorialis*（Heiden）Lange-Bert. & Ohtsuka 2002
Figs 17, 18：*Luticola mitigata*（Hust.）D. G. Mann 1990

　　Figs 1-5　：Franz Josef land, DNK.
　　Figs 6, 7　：Bristol（S. A. Free Way），GBR.
　　Fig. 8　　：Pond in Amiens, FRA.
　　Figs 9-14 ：木曽川・（下流部に普通）
　　Figs 15, 16：the Amazon, Agalico Wharf, ECU.
　　Fig. 17　 ：紹興市・魯迅堀，CHN.
　　Fig. 18　 ：Land's End, Bristol, GBR.

↘（P. 308 より）
　Ohtsuka & Tuji(2002)は本種の lectotype を選定した．その論文の中で，この種は多分 *Placoneis* Mereschkowsky に分類されるだろう．しかし，本種が標本中に多くないことと，すべての標本が壊れるか破片で覆われており，本種の所属を確認することができなかった．琵琶湖の他の標本で追試が必要であるとしている．大塚泰介編，日本産珪藻電子図鑑では *Cymbella* から *Placoneis* に属を換え *Placoneis nipponica* という裸名にしている．
　示している 5 つの図の多くは，前記 *Navicula gastrum* var. *signata* の lectotype の写真 Simonsen (1987)と珪殻の外形がかなり似ている．しかし，珪殻先端の突出が *Placoneis nipponica* のほうが強くなっている．
　Krammer & Lange-Bertalot(1985)によると *Navicula gastriformis* 1935 は *Nav. gastrum* var. *signata* 1936 のシノニムとしている．そこで，両者の原図が載っている Schmidt の Atlas の図を比較すると *Nav. gastriformis* の珪殻先端部の突出が強く，両者は区別が可能と考えられる．描画では微妙な区別は困難であるので，両種の顕微鏡写真が載っている Simonsen(1987)で比較しても両種の区別は可能と考えられる．しかし，示されている *Nav. gastriformis* の写真は 7 珪殻であり，*Nav. gastrum* var. *signata* の写真は 3 珪殻しかない．両種の形態変異の調査がこの問題を解く鍵になるだろう．
　Skvortzow は上記の琵琶湖の論文で *Navicula gastrum* var. *nipponica* Skvortsov という新変種を記載している．その図によると珪殻はほぼ楕円状で両端部は嘴状に突出し，珪殻の外形は *Navicula gastriformis* にかなりよく似ている．特に Simonsen(1987)の plate 273 に示している holotype (figs 6, 7, isotype (fig. 8), paratype (figs 9, 10) の図，すなわち大形の個体群と珪殻の外形が特によく似ている．*Navicula gastriformis* はその形態から *Placoneis* に属すべき種と考えられる．Ohtsuka & Tuji(2002)は，*Navicula gastrum* var. *nipponica* Skvortsov の lectotype をも選定しているが，その珪殻の外形は Skvortzow のより Ohtsuka & Tuji の図のほうが殻長/殻幅の比率が小さく，*Placoneis signata* と形態が似ている．

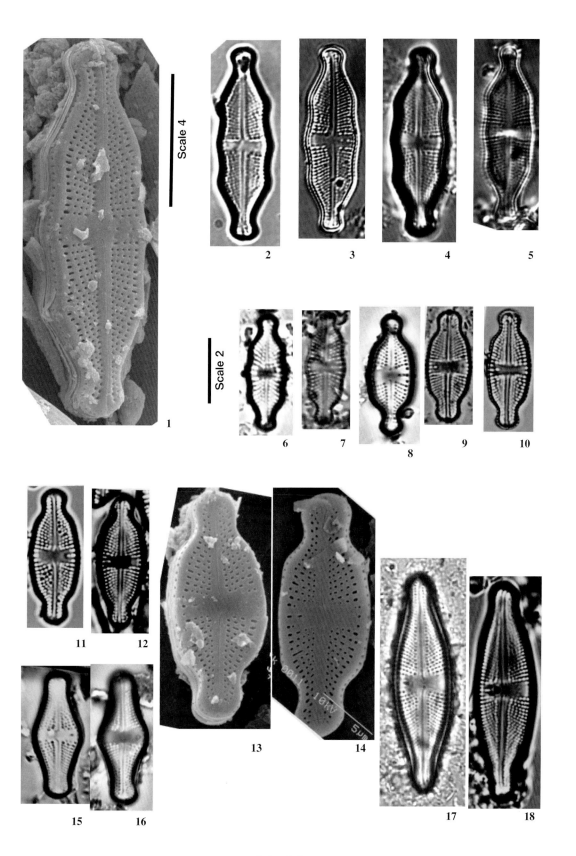

Plate 24

| Plate 25 | Figs 1-14：Scale 2（×1800） | Scale bar：10 μm |

Figs 1-5 ：*Luticola palaearctica*（Hust.）D. G. Mann 1990
Figs 6-11 ：*Luticola minor*（R. M. Patrick）Mayama 1998
Figs 12-14：*Luticola* sp.-2

Figs 1-5 ：Franz Josef land, DNK.
Figs 6-8 ：蟹原・才井戸流
Figs 9, 10 ：木曽川・（下流部に普通）
Fig. 11 ：蟹原・五反田溝
Figs 12-14：Philadelphia Riv., PA-USA.

コラム 14

良い変種名とはいえない var. *signata*

　D. Metzeltin, H. Lange-Bertalot & F. García-Rodríguez(2005), Diatoms of Uruguay, Lange-Bertalot ed., Iconographia Diatomologica **15** の中で，*Placoneis symmetrica*（Hust.）Lange-Bertalot(2005)という新ランク，新組み合わせの学名が発表された．*Placoneis* を少し勉強したものなら，この basionym は *Navicula constans* Hust. var. *symmetrica* Hust.(1957)であると，すぐ想いつくであろう．それは種形容語に，変種形容語にも，他に *symmetrica* を用いている種がないからである．これとは反対に，*signata* という形容語をもつ種は大変多い．*Placoneis* には中心域の片側に遊離点を1個または2個もつ種が多い．このような個体群を遊離点をもたない個体群と区別し，別変種にする考え方が残っている．この点紋をもつ個体群を var. *signata* とした．これを実行したのが Hustedt で，同氏は *Placoneis* を用いなかったので，*Navicula* で var. *signata* の属形容語，変種形容語をもつ種は次の4種である．一番早く発表されたのは *Navivula gastrum* var. *signata* の 1936年で，*Nav. anglica* var. *signata*，*Nav. exigua* var. *signata*，*Nav. pseudanglica* var. *signata* の 3変種は 1944年の同一の論文で発表された．Hustedt は *signata* の変種形容語がお好きだったようである．しかし，これらの新ランクなどの発表が行われると，先に記した *Placoneis symmetrica* の例のように，その basionym が何であるかすぐに想像できるだろうか？　このような種形容語，変種形容語はよい種名といえないように考えられるが？

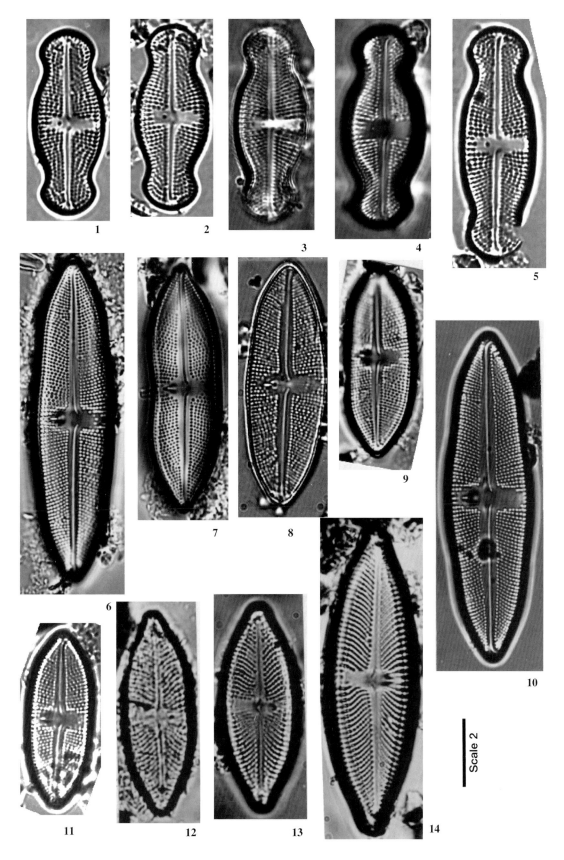

Plate 26　　Figs 1-8：Scale 2（×1800）　　　　　　　　　　Scale bar：10 μm

Fig. 1　　：*Luticola paramutica*（Bock）D. G. Mann var. *paramutica* 1990
Figs 2-4：*Luticola uruguayensis* Metzeltin, Lange-Bert. & García-Rodríguez 2005
Figs 5-7：*Luticola dapaloides*（Freng.）Metzeltin & Lange-Bert. var. *dapaloides* 1998
Fig. 8　　：*Luticola dapaloides*（Freng.）Metzeltin & Lange-Bert. f. *rostrata* Kimura 1998 nom. nud.

Fig. 1　　：Cornwall Isl., CAN.
Figs 2-7：the Amazon, nature trail, ECU.
Fig. 8　　：Peris Meer Riv.-1, CRI.

―― コラム 15 ――

Placoneis の特徴

　Placoneis は Mereschkowsky によって 1903 年に，*Placoneis gastrum*（Ehrenb.）Mereschk. を type species とし，*Pinnularia gastrum* Ehrenb. を basionym として，Beih. z. Bot. Centralbl. **15** で設立された属である．その後，この属名を使用する研究者は少なく，永い間 *Navicula* が用いられてきた．
　Placoneis Mereschkowsky, emend. E. J. Cox
　Diatom Research 1987, Vol. 2 に上の記載がある．
　Placoneis は属名，Mereschkowsky はこの属を設立した人の名である．
　emend. は，大橋広好（委員長）訳（2012）：国際藻類・菌類・植物命名規約（メルボルン規約），北隆館，命名法用語集によると，"Altered（by），emended, *emendatus, emendavit,*（タイプを除くことなしに分類群の判別形質または範囲が）訂正されたこと（→勧告 47A）．分類群の範囲を訂正した著者名の前におく"と記されている．
　なお，本項に関連する国際植物命名規約は次のとおりである．
第 47 条
　47.1. 分類群の判別形質や範囲をそのタイプを除くことなく変更することは，その分類群の学名の著者引用を変える根拠とならない．
　勧告　47A
　47A. 1. 第 47 条に述べられたような変更がかなりのものであるとき，次のような語を，必要に応じて省略して加えることによって改変された性質を示してもよい．"emendavit（*emend.*）"「訂正した」（その改変に責任ある著者名の前に置く）；…（中略）…"*sensu lato*"（*s.l.*）「広義の」；
　以上よりこの項は Mereschkowsky が設立した *Placoneis* の分類群の範囲を E. J. Cox が訂正した形質を記してあることがわかる．

（P. 316 へ続く）↗

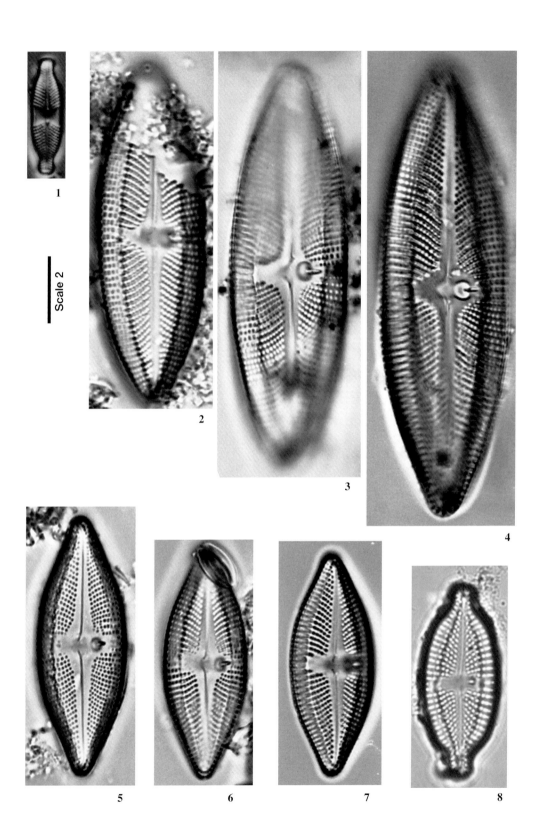

Plate 27 Figs 1-9：Scale 2（×1800） Scale bar：10 µm

Figs 1-4：*Navicula vulpina* **Kütz. 1844**
Figs 5-9：*Navicula vaneei* **Lange-Bert. 1998**

Fig. 1　　：Khuvsgul L., MNG.
Figs 2-4：Devon Isl., CAN.
Figs 5, 6：Franz Josef land, DNK.
Fig. 7　　：十勝川・北海道
Fig. 8　　：Kuril L., RUS.
Fig. 9　　：Khuvsgul L., MNG.

↘（P. 314 より）
　次いで，*Placoneis* の形質を次のように記している．
　珪殻は左右不相称．中央部は楕円状から平行，先端部は嘴状から頭部状まで各種あり，先端は円状である．各細胞には中央にピレノイドをもつ１個の葉緑体がある．葉緑体は細胞の下部に横たわる側葉とは狭い部分（橋）で連なっている．核はこの橋の片方にある．２個のリブロプラスト（libroplast：光を屈折する円形の粒子で，細胞内に存在するが，位置は決まっていない）があり，その１個は細胞の先端にある．条線は殻の中央部では時々弱い放射状である．遊離点は *Gomphonema*，*Cymbella* や *Navicula mutica* のような遊離点ではない．上記の諸属の場合は孔の内部に閉鎖構造が認められる．中心域はしばしば大きく広がっており，その形と条線の配列は種によって異なる．軸域は一般に狭く，極節の末端は同じ側に湾曲するもの，反対側に湾曲する種がある．縦溝の中心域側の末端は真っぐで，弱く広がる．
　Placoneis は淡水に優勢で，汽水にも見られる．この属の type は *Plac. gastrum* (Ehrenberg) Mereschkowsky 1903 である．

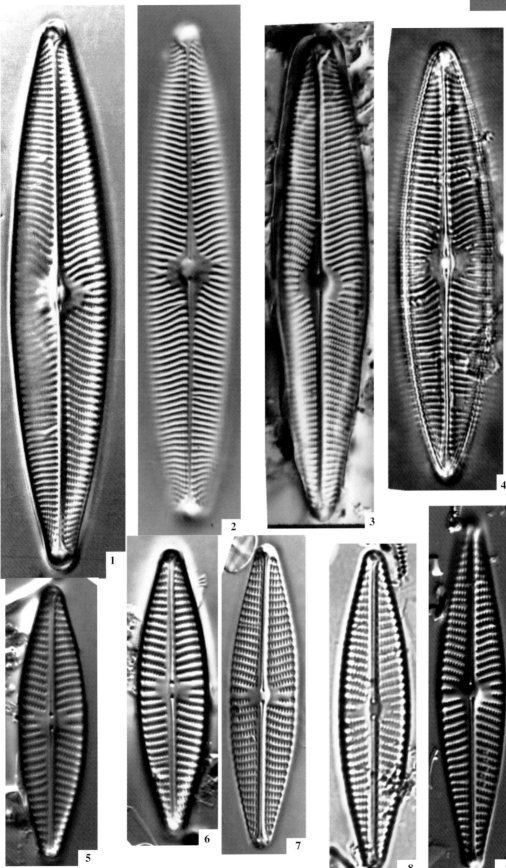

Plate 27

図版と図版解説 317

| Plate 28 | Figs 1-13：Scale 2（×1800） | Scale bar：10 μm |

Fig. 1　　：*Navicula upsaliensis*（Grunow）Perag. 1903
Figs 2-11：*Navicula subrhynchocephala* Hust. 1935
Figs 12, 13：*Navicula streckerae* Lange-Bert. & Witk. 2000

  Fig. 1　　：手賀沼
  Fig. 2　　：the Amazon, Village of Koffan, ECU.
  Fig. 3　　：J. F. Kenedy Space Center, FL-USA.
  Figs 4, 5　：Nakongnayok P. P., THA.
  Figs 6, 7　：Yanchep N. P., AUS.
  Figs 8-11：宮古島・池間島・湿地
  Fig. 12　：Khuvsgul L., MNG.
  Fig. 13　：Baffin Isl., CAN.

コラム 16

***Placoneis* について**

　コラム 15 で述べたように，*Placoneis* は Mereschkowsky によって 1903 年に設立された属である．その後，この属名を使用する研究者は少なく，永い間 *Navicula* が用いられてきた．しかし，E. J. Cox は 1987 年に国際珪藻学会誌（Diatom Research）2 巻で，この属の復活を提唱した．その中でこの属に入れるべきとしているが，命名規約上認め得ない種があるので，以下に合法的な記述を行う．なお，その他の種でこの属に入れるべきものを加えた．

　Cox(1987)は Diatom Research **2**(2)：P. 155 に *Nav. constans* Hust., *Nav. porifera* Hust., *Nav. subplacentula* Hust., *Nav. interglacialis* Hust. should be considered possible members. と記している．しかし，この記述は下記の国際植物命名規約，32.4, 33.2, 33.4 に照合して，*Placoneis constans, Plac. porifera, Plac. subplacentula, Plac. interglacialis* の学名の正式発表になり得ないことは明白である．

《国際藻類・菌類・植物命名規約：メルボルン規約 33 条参照》

　32.4　学名の正式な発表のためには，すでに有効に発表された記載文または判別文の出典引用は直接的でも間接的でもよい（第 32.5 条）．しかしながら，1953 年 1 月 1 日以後に発表された学名では，正式発表は第 33.2 条で明記されているように，十分でかつ直接に出典引用しなければならない．

　33.1　1973 年 1 月 1 日以後に発表された学名は，正式に発表のための種々の条件を同時に満たされていない場合には，正式に発表されたものではない．ただし，正式発表のための条件を以前に満たした出典を十分かつ直接的に出典引用している場合は，その限りではない．すなわち，その基礎異名 basionym（学名または形容詞を担った異名）または（新名が提案されるときには）入れ替えられた異名が指示されておらず，そしてその著者とページまたは図版の引用の日付を伴った正式な発表が十分でかつ直接的に引用されていない場合である．すなわち，新組み合わせ，新ランク名，または置換名を正式に発表するためには，基礎異名または被置換異名の出典引用を伴わなければならない（41.5）．

　33.4　*Index kewensis, Index of fungi*，またはそれに類する著作のような，そこで新学名が正式に発表されていない文献を引用しただけでは，その学名の原発表を十分かつ直接的に参照引用したことにならない．

（P. 320 へ続く）↗

Plate 28

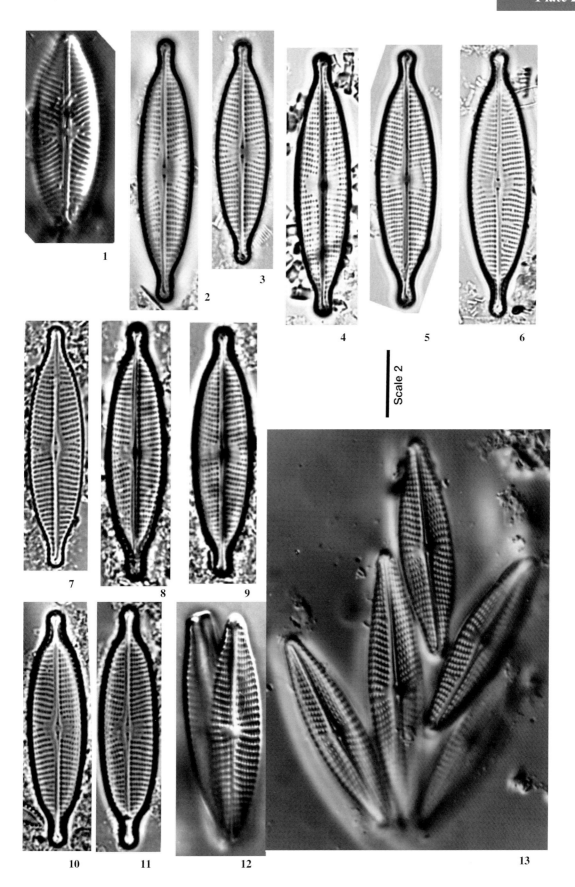

| Plate 29 | Figs 1-17：Scale 2（×1800） | Scale bar：10 μm |

Figs 1-11 ：*Navicula rhynchocephala* Kütz. var. *rhynchocephala* 1844
Figs 12-17：*Navicula slesvicensis* Grunow 1880

Figs 1, 2 ：十勝川・北海道
Figs 3-6 ：蟹原・才井戸流
Figs 7, 8 ：蟹原水源・安田池
Figs 9, 10 ：蟹原・五反田溝
Fig. 11 ：小幡緑地・緑が池・東
Figs 12-17：Hehizel N. P. Stream-3, RUS.

↘（P. 318 より）
Placoneis constans（Hust.）**E. J. Cox 1987**
Basionym：*Navicula constans* Hust., in Ber. Dtsch. Bot. Ges. **61**：P. 284, Fig. 13（1944）.
　Placoneis constans の種名は，Rumrich, Lange-Bertalot & Rumrich(2000)，Diatomeen der Anden, Iconographia Diatomologica **9**：P. 358, Fig. 3 に *Placoneis? constans*（Hust.）と記述されている．しかし，この記述は上記国際植物命名規約の条項に照合すると，学名の正式発表とは見なしがたいといわねばならない．

Placoneis clementioides **Grunow var.** ***japonica***（**H. Kobayasi**）**H. Fukush. & Ts. Kobayashi 2006**
Basionym：*Navicula clementis* Grunow var. *japonica* H. Kobayasi 1968, in Japanese Journal of Botany **20**(1)：P. 105, Pl. 4, Figs 54-56（1968）.
　H. Kobayasi(1968)は多々良沼を原産地とする本変種を記載している．その特徴として次のように記している．基本種より，珪殻の先端は嘴状頭部形で，条線は少し密である．中心域の片方に通常は2個の遊離点をもつが，反対側に2個以上の遊離点を時にもつ．なお，中心域を構成する条線が5-8本で長短交互でない写真と図を示している．中心域を構成する条線の長短交互構造を重視していないようである．

Placoneis elginensis（W. Greg.）**E. J. Cox var.** ***cuneata***（**M. Møller**）**Longe-Bert. 1985**
Basionym：*Navicula dicephala* f. *cuneata* M. Møller & Foged 1977, in Biblioth. Phycol. **34**：P. 78, Pl. 29, Fig. 6.（1977）.
　Foged(1977)は f. *cuneata* の自動名をもつ変種との相異点は，両端部が短く，頭部状でなく，広円状であること，珪殻が小さい（殻長：24 μm, 殻幅：9 μm）こと，条線密度が粗（11-12/10 μm）であることとしている．
Synonym：*Navicula elginensis* var. *cuneata*（M. Møller & Foged）Lange-Bert., Bibliotheca Diatomologica **9**：P. 68, Pl. 23, Figs 3-6（1985）.；Krammer & Lange-Bertalot, in Ettle et al. eds. Süsswasserflora von Mitteleuropa **2/1**：P. 136, Pl. 46, Figs 10-12（1986）.

（P. 322 へ続く）↗

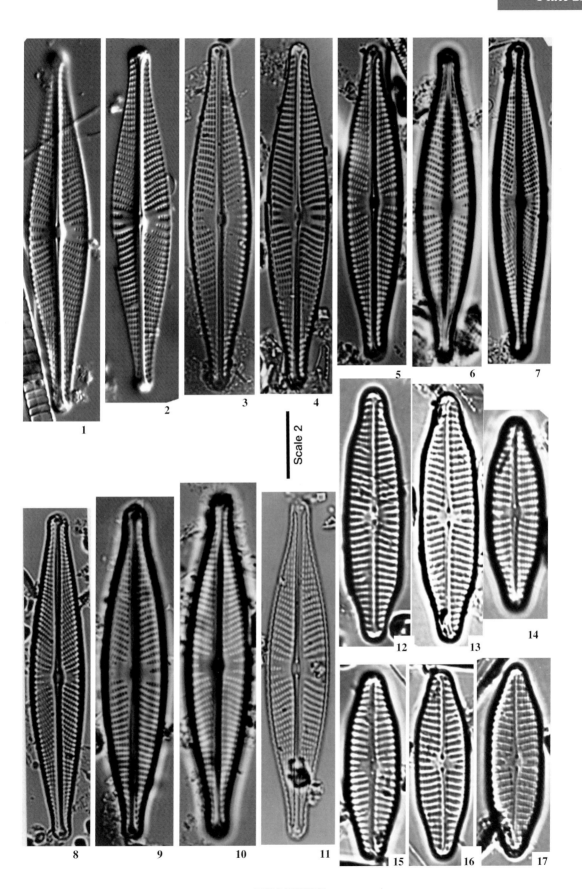

Plate 30   Figs 1-9：Scale 2（×1800）   Scale bar：10 μm

Figs 1-3：*Navicula luciae* Witk. & Lange-Bert. 1999
Figs 4, 5：*Navicula expecta* VanLand 1975
Fig. 6　：*Navicula bourrellyivera* Lange-Bert., Witk. & Stachura 1998
Fig. 7　：*Navicula eidrigiana* J. R. Carter 1979
Figs 8, 9：*Navicula iserentantii* Lange-Bert. & Witk. 2000

Figs 1-3：Herschel Isl., CAN.
Fig. 4　：Spitsbergen, NOR.
Fig. 5　：木曽川・朝日取水場
Fig. 6　：Khuvsgul L., MNG.
Fig. 7　：Smoking Hill, CAN.
Fig. 8　：手賀沼
Fig. 9　：十勝川・北海道

↘（P. 320 より）

***Placoneis exigua*（W. Greg.）Mereschk. var. *signata*（Hust.）H. Fukush., Kimura & Ts. Kobayashi 2006 comb. nov.**
Basionym：*Navicula exigua* W. Greg. var. *signata* Hust. in Ber. Dtsch. Bot. Ges. **61**：P. 287, Fig. 14.；Krammer & Lange-Bertalot, Süsswasserflora von Mitteleuropa **2/1**：P. 139, Pl. 46, Fig. 18 （1986）.

***Placoneis gastriformis*（Hust.）H. Fukush., Kimura & Ts. Kobayashi comb. nov.**
Basionym：*Navicula gastriformis* Hust., in Schmidt's Atlas Diat. Pl. 398, Figs 17-19 （1934）.
Synonym：*Navicula gastrum*（Ehrenb.）Kütz. var. *signata* Hust.（1936）.；Krammer & Lange-Bertalot, Naviculaceae, Bibliotheca Diatomologica **9**：P. 71（*pro parte*）（1985）.

***Placoneis interglacialis*（Hust.）H. Fukush., Kimura & Ts. Kobayashi comb. nov.**
Basionym：*Navicula intergracialis*（Hust.），in Ber. Dtsch. Bot. Ges. **61**：P. 286, Fig, 27 （1944）.

***Placoneis opportuna*（Hust.）H. Fukush., Kimura & Ts. Kobayashi comb. nov.**
Basionym：*Navicula opportuna* Hust., in Arch. Hydrob. **43**：P. 436, Pl. 39, Figs 21, 22 （1950）.
Synonym：*Navicula forifera* var. *opportuna* Lange-Bert., in Bibliotheca Diatomologica **9**：P. 86, （1985）.；in Ettle et al. eds. Süsswasserflora von Mitteleuropa **2/1**：P. 142, Pl. 47, Figs 2-24 （1986）.

（P. 324 へ続く）↗

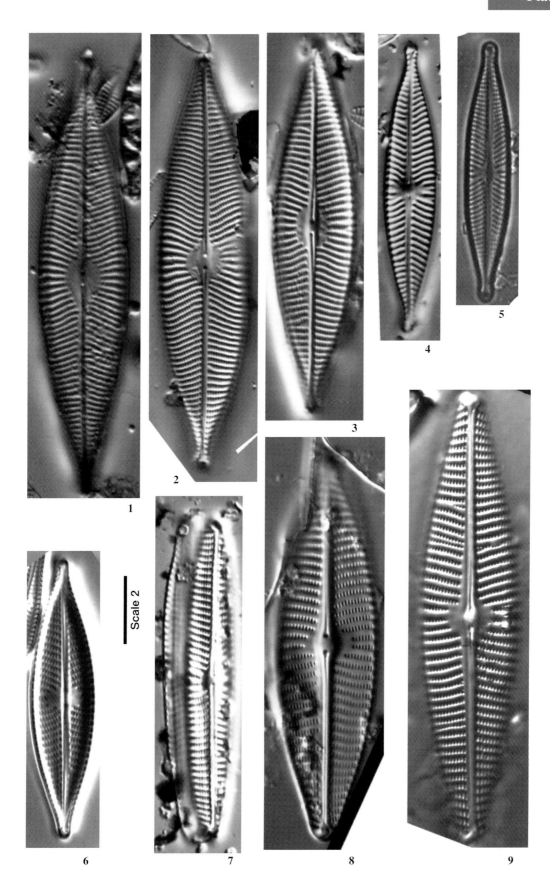

Plate 30

図版と図版解説

323

Plate 31   Figs 1-14：Scale 2（×1800）   Scale bar：10 μm

Figs 1-6　：*Navicula elsoniana* R. M. Patrick & Freese 1961
Figs 7-12　：*Navicula dealpina* Lange-Bert. 1993
Figs 13, 14：*Navicula breitenbuchii* Lange-Bert. 2001

　Figs 1-6　：Herschel Isl., CAN.
　Figs 7-9　：木曽川・（極めて広範囲に分布）
　Figs 10-12：Khuvsgul L., MNG.
　Figs 13, 14：木曽川・木曽川大堰左岸

↘（P. 322 より）
***Placoneis porifera*（Hust.）H. Fukush., Kimura & Ts. Kobayashi 2006**
Basionym：*Navicula porifera* Hust., in Ber. Dtsch. Bot. Ges. **61**：P. 284, Fig. 25（1944）.

***Placoneis pseudanglica*（Lange-Bert.）E. J. Cox var. *cuneata*（M. Møller & Foged）H. Fukush., Kimura & Ts. Kobayashi comb. nov.**
Basionym：*Navicula dicephala* f. *cuneata* M. Møller & Foged, in Biblioth. Phycol. **34**：P. 78, Pl. 29, Fig. 6（1977）.
　Foged（1977）はこの新品種の基本種との相異点は，両端部が短く，頭部状でなく，広円状であること，珪殻が小さい（殻長：24 μm，殻幅：9 μm）こと，条線密度が密（11-12/10 μm）であることを挙げている.
Synonym：*Navicula elignensis* var. *cuneata*（M. Møller & Foged）Lange-Bert., Bibliotheca Diatomologica **9**：P. 68, Pl. 23, Figs 3-6（1985）.；Krammer & Lange-Bertalot, in Ettle et al. eds., Süsswasserflora von Mitteleuropa **2/1**：P. 136, Pl. 46, Figs 10-12（1986）.

***Placoneis pseudanglica*（Lange-Bert.）E. J. Cox var. *signata* 1987**
Basionym：*Navicula pseudanglica* Lange-Bert. var. *signata*（Hust.）Lange-Bert., Krammer & Lange-Bertalot, in Ettle et al. eds., Süsswasserflora von Mitteleuropa **2/1**：P. 137, Pl. 46, Fig. 15（1986）.
Synonym：*Navicula anglica* Ralfs var. *signata* Hust., Ber. Dtsch. Bot. Ges. **61**：P. 287, Fig. 26（1944）.

***Placoneis subplacentula*（Hust.）E. J. Cox 1987**
Basionym：*Navicula subplacentula* Hust., in Schmidt, Atlas Diat. Heft **93**：Pl. 199, Figs 3, 4, Pl. 200, Figs 1-3（1930）.

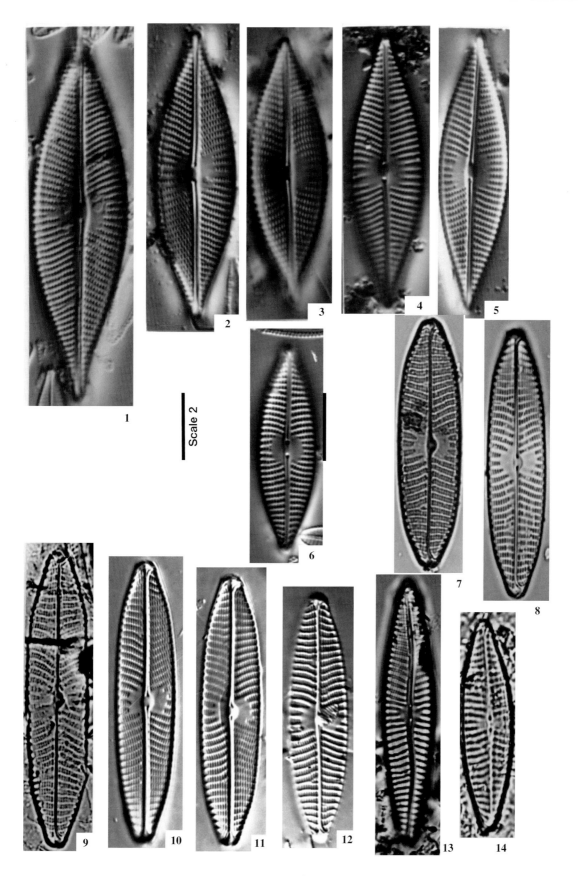

Plate 32　　Figs 1-17：Scale 2（×1800）　　　　Scale bar：10 μm

Figs 1-4 　：*Navicula libonensis* Schoeman 1970
Figs 5-10 　：*Navicula namibica* Lange-Bert. & Rumrich 1993
Figs 11-14：*Navicula concentrica* J. R. Carter 1981
Figs 15-17：*Navicula densilineolata*（Lange-Bert.）Lange-Bert. 1993

　　Figs 1-10 ：Khuvsgul L., MNG.
　　Figs 11, 12：西表島・浦内川・軍艦岩
　　Fig. 13　　：西表島・浦内川・カンピラ滝の上
　　Fig. 14　　：石垣島・荒川
　　Figs 15-17：蟹原・才井戸流

コラム 17

Navicula pupula var. *capitata* と *Navicula pupula* f. *capitata* の命名者は？

　この命名者を知るために手元にある Krammer & Lange-Bertalot 1986, Süsswasserflora von Mitteleuropa **2/1** の Index を開いたが載っていない．このような場合，VanLandingham(1975) の Catalogue を調べることが最も正道であろう．というわけで，その 2752 頁を開いた．

*────var. *capitata* Skvortsov et Meyer 1928, p. 15, 1/40
　　　　NAVICULA PUPULA f. CAPITATA（Hustedt 1930）Hustedt 1957, p. 282
　────var. *capitata* Hustedt 1930, p. 281 fig. 567
　　　　（7 行省略）
　　　　NAVICULA PUPULA f. CAPITATA（Hustedt 1930）Hustedt 1957, p. 282

最初の 2 行は "var. *capitata* は Skvortsov et Meyer 1928, p. 15, pl. 1, fig. 40 に記されているが，この種は 1934 年に完成した Mils の Index に記録されていないので，本変種の変種名を用いず NAVICULA PUPULA f. CAPITATA（Hustedt 1930）Hustedt 1957 を用いる" ということを意味している．そこで著者がもっている Mils の Index を調べたがこの変種名は見あたらなかった．

　後ろの 2 行は次のことを意味している．──── var. *capitata* Hustedt 1930 は basionym にして，本種は NAVICULA PUPULA f. CAPITATA（Hustedt 1930）Hustedt 1957 の品種名を用いるということである．

　Navicula pupula var. *capitata* を何故 basionym に用いないかの理由には全く触れていない．

　Navicula pupula var. *capitata* の学名を一番早く使っているのは Skvortzow & Meyer(1928) で，その論文が載っている雑誌は Proceedings of the Sungaree River Station 1 巻, 5 号で, この会報は中国, Harbin で出版された．この 1 巻 5 号には Skvortzow & Meyer の A contribution to the diatoms of Baikal, p. 1-55, pl. 1-3 一編が印刷されている．

　問題の *Navicula pupula* var. *capitata* Skvortsov et Meyer は p. 15 に 2 行のごく簡単なラテン語の記述があり, pl. 1, fig. 40 に図があるが，その倍率は記載されていない．しかし変種名の次に新変種であることを示す var. nov. の記述はある．

(P. 328 へ続く)↗

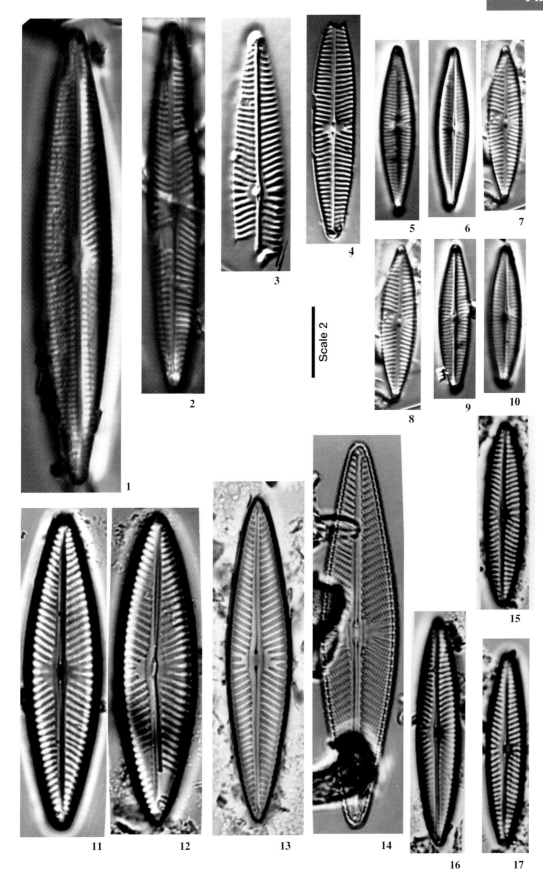

Plate 32

図版と図版解説

Plate 33　　　Figs1-19：Scale 2（×1800）　　　　　　　　Scale bar：10 μm

Figs 1-4　：*Navicula oligotraphenta* Lange-Bert. & Hofmann 1993
Figs 5-12　：*Navicula oppugnata* Hust. 1945
Figs 13-19：*Navicula pseudolanceolata* Lange-Bert. var. *pseudolanceolata* 1980

　Figs 1-4　：阿木川・岩村川・中橋
　Figs 5-12　：手賀沼
　Figs 13-19：木曽川・上松（中流域に多い）

↘(P. 326より)
　次にこの種名が出てくる文献はHustedt 1930, Süsswasser-Flora Mitteleuropas **10**のBacillariophytaでp. 281とfig. 467に記載文と図があり，その命名者はHustedtである．この書で新種や新変種として記載されたものにはすべて通ずることであるが，nov. sp., nov. var. とそれに準じる記述がない．Simonsen(1987)はこの種のlectotypeとして，本種名に*Navicula pupula* Kütz. var. *rectangularis* Greg. に加えて，鉛筆書きされたFinlandの1枚のスライドを選んだと記しているので，本種の原産地はフィンランドである．
　A. W. F. SchmidtのAtlas der Diatomaceen-Kunde, Tafel 396, 1934はHustedtが担当しており，figs 22, 23は*Navicula pupula* var. *capitata*であるが，命名者名はHustedtを用いている．Proschkina-Lavrenko(1950)，Sabelina et al.(1951)は共にvar. *capitata*の命名者にHustedtを用いている．これら，特に後者はHustedt(1930)の影響が強い本であるので当然のことと考えられる．奥野(1952)のAtlas fossil diatoms from Japanese Diatomite deposits p. 43, pl. 25, fig. 10でもvar. *capitata* Hustedtを用いている．A. Cleve-Euler(1953)もvar. *capitata* Hust. を用いている．
　次にどうしても調べなければならないのはHustedt(1957)の論文である．その282頁に次のように記されている．forma *capitata* HUSTEDT, l. c. 6行上に*Navicula pupula* Kützing—Hustedt Bacill. S. 281と記されているので，この文献（Hustedt 1930：Süsswasser-Flora Mitteleuropas **10**）を指すことは明らかである．そのF. 467cはHustedt(1930)では*Navicula pupula* var. *capitata*と記されている．この5行下に記されているのはvar. *mutata*でHustedt(1930)と分類群の同じランクであるが，forma *capitata*の2行上のforma *rostrata*とforma *capitata*が分類群の異なるランクで記している．この両分類群の記述の中に異なるランクにするというような字句は使用されていない．同文献283頁の下から10行目に記されているような新品種（n. f.）の語もないし，st. nov. の文字も見あたらないので，282頁の書き方からすると，Hustedtの勘違い，あるいはミスプリントとも考えられるので，後者であると考えたい．Van der Werff & H. Huls(1960)もvar. *capitata* Hust. を用いている．
　Hustedt(1961)，Kryptogamen-Flora **7**(3)1では，121頁の下から10行目に，forma *capitata* Skvortzow und Meyer, l. c(1928！)，Fig. 40—と記されている．前にも書いたが，この当時の国際命名規約上のランクはformaでなくvar. であるが，Hustedtはここでも異なるランクのformaと記している（これもまた，ミスプリントだろうか）．

　　　　　　　　　　　　　　　　　　　　　　　　　　　　　　　　（P. 330へ続く）↗

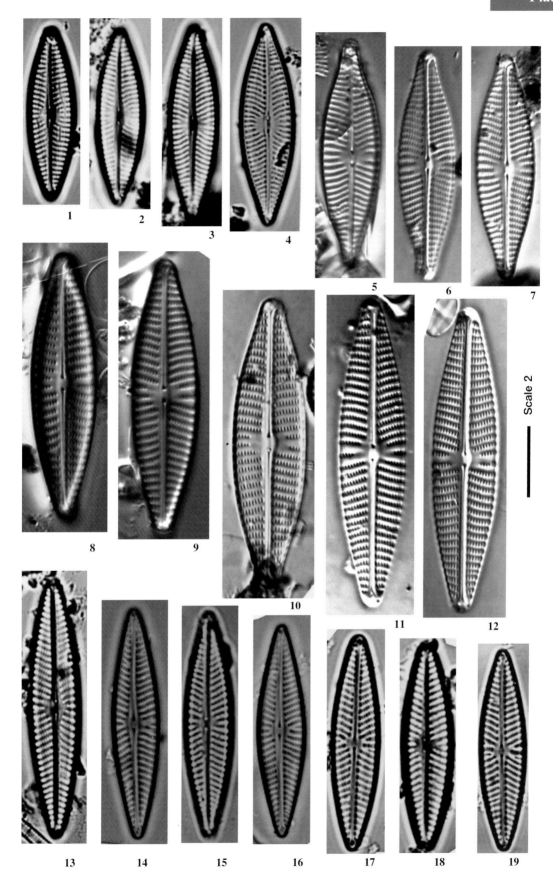

Plate 33

図版と図版解説

Plate 34   Figs 1-34：Scale 2（×1800）   Scale bar：10 μm

Figs 1, 2　：*Navicula pseudoppugnata* Lange-Bert. & Miho 2001
Fig. 3　　：*Navicula trophicatrix* Lange-Bert. 1996
Fig. 4　　：*Navicula arenaria* Donkin var. *arenaria* 1861
Figs 5-10　：*Navicula arenaria* Donkin var. *rostellata* Lange-Bert. 1985
Figs 11-13：*Navicula aquaedurae* Lange-Bert. 1993
Figs 14-32：*Navicula arctotenelloides* Lange-Bert. & Metzeltin 1996
Figs 33, 34：*Navicula barrowiana* R. M. Patrick & Freese 1961

　　　Figs 1, 2　：Herschel Isl., CAN.
　　　Fig. 3　　：阿寒湖
　　　Fig. 4　　：大沼公園
　　　Figs 5-10　：Kuril L., RUS.
　　　Figs 11-14：河津温泉
　　　Fig. 15　　：Khuvsgul L., MNG.
　　　Figs 16-32：Spitsbergen, NOR.
　　　Figs 33, 34：Herschel Isl., CAN.

↘(P. 328 より)
　Hustedt は 1961 年になって *capitata*（ランクの違いはさておき）の発見者は Hustedt 自身でなく，Skvortzow & Meyer で，その発見は Hustedt の 2 年前の 1928 年であることに初めて気づいたようである．このことは Hustedt に大きな影響を与えたようで，Simonsen(1987) は Skvortzow und Meyer(1928！)の年号の後に感嘆符を付けているのはその証だろうという．
　現行の命名規約によると "優先権については合法名だけが考慮の対称とされる．しかしながら，すでに発表されている先行同名があれば，それが合法的であろうとなかろうと，保存または認可されない限り，後続同名は廃棄される（国際植物命名規約 15・4 条）．というわけで，Hustedt(1930)の Süsswasser-Flora Mitteleuropas **10** の Bacillariophyta の出版と同時に *Navicula pupula* var. *capitata* Hust. なる後続同名は廃棄されるべきものであった．" しかし，廃棄されるべき変種名が長年に渡って使用されてきた事実がある．したがって，上記変種名の廃棄の意味を込めて，Hustedt(1961)の表現かもしれないが，先行同名のランクをその著者が扱っていないランクで印刷してしまったミスプリントとも考えられる．先行同名，後続同名の関係をはっきりした形で，珪藻研究の最高峰としてのけじめを付けてほしかった．これは著者らの小さいことへのこだわり過ぎなのだろうか．
　Hustedt が var. *capitata* 新変種名を発表してから 30 年経って，初めて後続同名であることに気づいたのはどうしてだろうという疑問が生じる．先行同名の印刷されている Proceedings は中国，Harbin という小都市の Sungaree River Biological Station という小研究所で発行された小冊子であるが，Hustedt が入手していなかったとは考えられない．そのプロトローグは僅か 2 行で，図の大きさは 1.7×0.5 cm ほどの小さなものだったので，つい見落としてしまったのかもしれない．その先行同名に気づいたのは VanLandingham の Catalogue かと，出版年を調べたら *Navicula* の載っている Part V は 1975 年で年が開きすぎる．何らかの機会に Skvortzow & Meyer(1928)の論文を見たと考えるのが妥当なようである．

　　　　　　　　　　　　　　　　　　　　　　　　　　　　　　　（P. 332 へ続く）↗

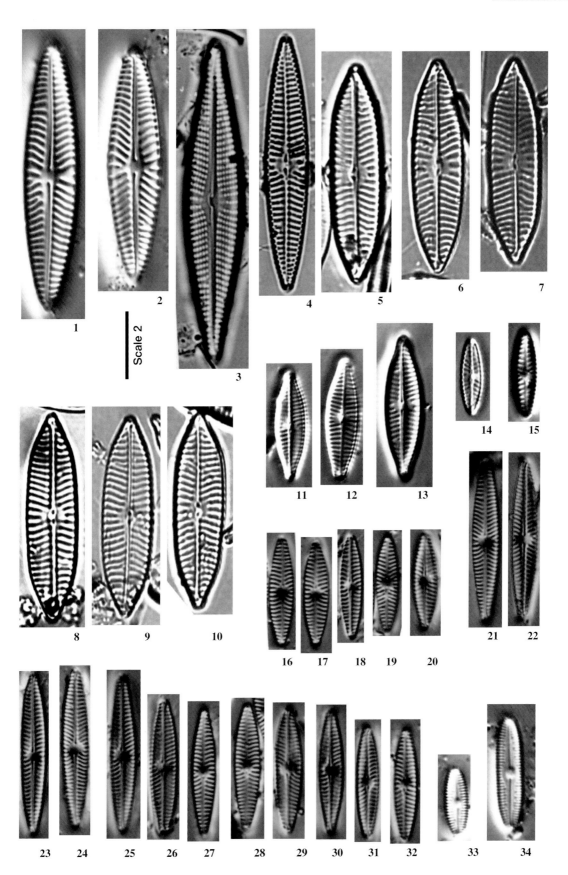
Plate 34

図版と図版解説

Plate 35   Figs1-4：Scale 5（×4500） SEM, Figs 5-27：Scale 2（×1800）
Scale bar：10 µm

Figs 1-27：*Navicula absoluta* Hust. 1950

Figs 1-27：池田ラジウム鉱泉・鳥取県

↘(P. 330 より)
　ここまで書いた以上，後日談が必要だろう．
　K. Starmoch が中心で FLORA SKODKOWODNA POLSKI という膨大な図鑑がポーランドで出版され，珪藻は TOM 6 で J. Siemińska(1964)が Chrysophyta Ⅱ，Bacillariophyceae Okrzemki として出版された．その中では *Navicula pupula* var. *capitata* Hust. が採用されている．
　Patrick & Reimer(1966)は，大英博物館で *Navicula pupula* の命名者である Kützing の標本を調べているだけあって，文献もよく調べているようで，その変種名を var. *capitata* Skvortsov & Meyer と記している．
　Schoeman & Archibald(1979)も大英博物館所蔵の Kützing, Tempére et Peragallo, Gregory, W. Smith や南アフリカなどの標本を調べ，*Navicula pupula* の描画 4，SEM, TEM を含む顕微鏡写真 70 枚を示している．結論として，*Nav. nyassensis* O. Müller var. *minor* Kholnoky, *Nav. pupula* f. *capitata*（Skvortsov & Meyer）Hust., *Nav. pupula* f. *elliptica*（Hust.）Hust., *Nav. pupula* f. *minutula* Kholnoky, *Nav. pupula* f. *rectangularis*（Greg.）Hust., *Navicula pupula* var. *capitata* Hust., *Navicula pupula* var. *capitata* Skvortsov & Meyer, *Navicula pupula* var. *elliptica* Hust., *Nav. pupula* var. *rectangularis*（Greg.）Grunow in Cleve & Grunow 1880, *Stauroneis rectangularis* Greg. を *Navicula pupula* の synonym にしている．*Nav. pupula* f. *capitata*（Skvortsov & Meyer）Hust. という品種名はこの論文で初めて出てきたもので，この論文の著者らの勘違いと推定できる．
　Germain(1981) は var. *capitata* Hust. を用いている．Krammer & Lange-Bertalot(1986) は var. *capitata* を載せていない．上記の Schoeman & Archibald(1979)の意見を入れて，自動名を持つ種の synonym と考えたのかもしれない．
　Sellaphora は Mereschkowsky が 1902 年に提案した属名であるが，あまり用いられることはなかった．その後 D. G. Mann(1989)は色素体，Areora, Raphe の構造で *Navicula sensu stricto* と区別が明瞭なので，*Navicula* から分けるべき属で，これに含めるべき種は *Sel. pupula*, *Sel. bacillum*, *Sel. laevissima*, *Sel. seminulum*, *Sel. disjuncta* とした．また，lectotype *Sellaphora pupula* を選定した．引き続き Round, Crawford & Mann(1990)でも独立した種として扱っている．

(P. 334 へ続く)↗

Plate 35

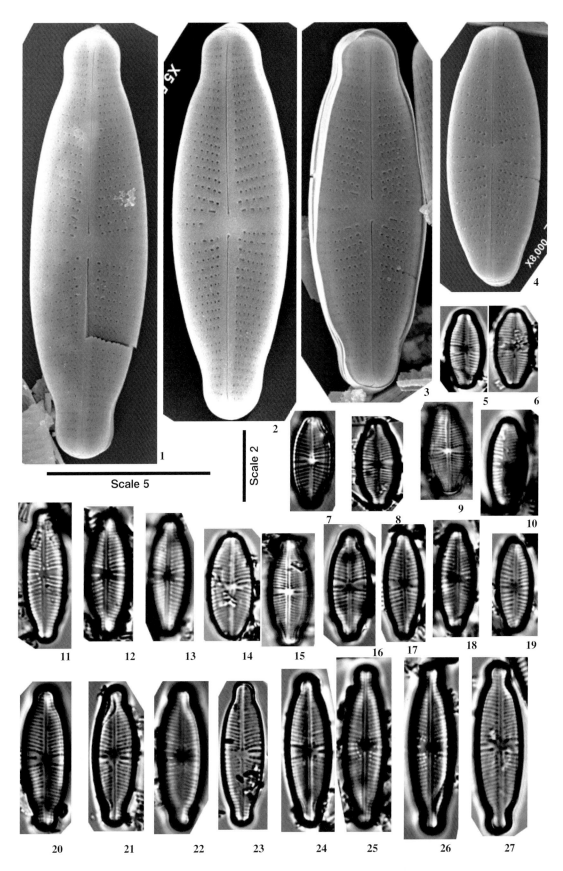

| Plate 36 | Figs1-42：Scale 2（×1800） | Scale bar：10 μm |

Figs 1-42：*Navicula caterva* M. H. Hohn & Hellerman 1963

Figs 1-42：平井川-1・多摩川支流

↘（P. 332 より）
　Bibliotheca Diatomologica は珪藻の叢書の中で冊数が一番多いものである．Round らの著書が出版された 1990 年には，Bd. 21 が出版されている．この叢書は毎年何冊か出版されているが，*Sellaphora* の属名が初めて出てくるのは Bd. 29 の Lange-Bertalot & Moser(1994)の著書のようである．新しい属の名はなかなか馴染めないようで，この叢書では発表後 4 年で用いられるようになった．*Navicula pupula* の種名は Bd. 22(1991)，Bd. 25(1992)，Bd. 32(1995)，Bd. 35(1997)，Bd. 39(1998)，Bd. 41(1999)，Bd. 42(1999)，Bd. 45(2000)，Bd. 46(2002) に見られる．他方 *Sellaphora pupula* の種名は Bd. 29(1994)，Bd. 38(1998)，Bd. 48(2003) だけである．*Navicula pupula* と *Sellaphora pupula* の使用されている論文の比率は 9 対 3 で，*Navicula pupula* のほうが大変多い．因みにこの叢書の編集者は，Bd. 1 ～ Bd. 33 は Lange-Bertalot で，Bd. 34(1997) 以降は Lange-Bertalot と P. Kociolek の二人になっている．
　Iconographia Diatomologica は Lange-Bertalot が編集している叢書であるが，*Navicula pupula* の種名は Vol. 2(1996)に載っているだけで，*Sellaphora* の属名は Vol. 3(1996)以降毎巻のように載っている．*Sellaphora* の使用率に Bibliotheca Diatomologica と大きな差があるのは，この叢書の既刊 18 冊中 12 冊で Lange-Bertalot が著者の一人になっていることに関係しているのだろう．

Plate 36

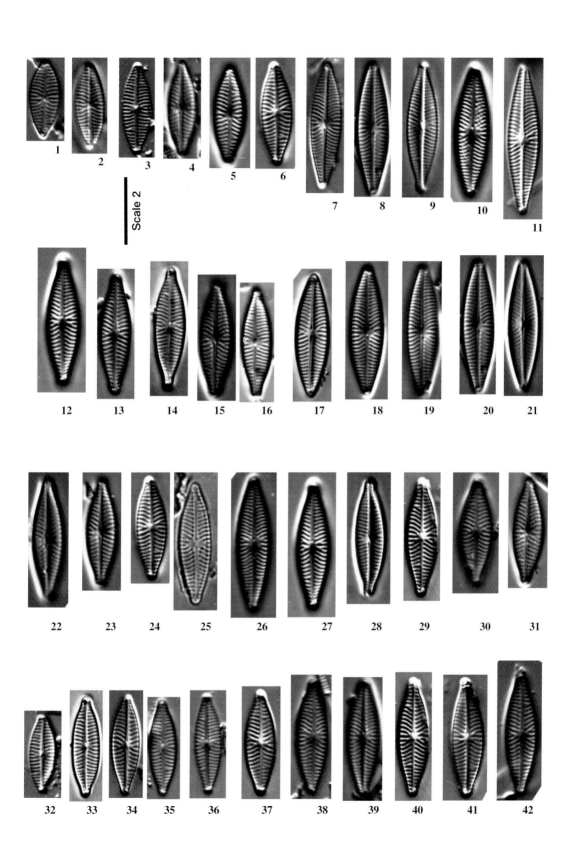

| Plate 37 | Figs 1-34：Scale 2（×1800） | Scale bar：10 μm |

Figs 1-20 ：*Navicula cincta*（Ehrenb.）Ralfs var. *cincta* 1861
Figs 21-29：*Navicula exilis* Kütz. 1844
Figs 30-34：*Navicula exiloides* H. Kobayasi & Mayama 2003

Figs 1-3 ：木曽川・(広く分布)
Figs 4-6 ：Holman, Victoria Isl., CAN.
Fig. 7 ：Byron Bay, Victoria Isl., CAN.
Figs 8-10 ：Herschel Isl., CAN.
Figs 11-20：平川・沖縄県
Figs 21-26：Devon Isl., CAN.
Figs 27, 28：Byron Bay, Victoria Isl., CAN.
Fig. 29 ：Cambridge Bay, Victoria Isl., CAN.
Fig. 30 ：荒川・坂戸市
Figs 31-34：平井川-2・多摩川支流

コラム 18

分類群によって"なじみやすい"，"なじみにくい"種形容語がある？

　ある池の藻類を見ていて，太い螺旋形の藍紫色の藻類に出会った．その形といい，色調といい，ほれぼれするもので，大きかったら置物にして飾りたいほどのものであった．Geitler(1932)のCyanophyceae（Rabenhorst's Kryptogamen-Flora Bd. 14）で確認したら，*Spirulina princeps* W. et G. S. West であった．*princeps* というと，すぐ *Oscilatoria princeps* Vanch. を想い出す．福島が東京第一臨時教員養成所博物学科に入学して間もない頃，私たちの仮の学舎でもあった，東京文理科大学植物学教室で，藍藻の浸透圧の研究をされていた植田利喜造助手（後，筑波大学教授）が日比谷公園の池から採集してくる，実験材料であった *Oscilatoria princeps*，よく聞かされた懐かしい学名である．私が最初に覚えた藻類の学名でもある．80年近くも経った今も懐かしく想い出される．

　田中秀央編，羅和辞典（研究社：1966）によると *princeps* は1. 発起人，創立者．2. 提案（起案）．3. 長，主．4. 首謀者．5. 君主，王侯．とある．*Spirulina princeps* と *Oscilatoria princeps* の共通していることは大形で，形が整い，色調も鮮やかで，目立つことである．

　珪藻の種形容語としての *princeps* はどの程度使用されているか知りたくなり，De Toni(1891-1894)の Sylloge algarum omnium hucusque cognitarum の珪藻の部を調べてみた．この叢書はありがたいことに，門ごとに形容語だけで引ける検索表が付いている．*Asterolampra princeps* Rott. 1890 が 1405 頁に，*Trinacria princeps* Witt. 1885 が 859 頁に記述され，それぞれ海と化石から記録されていることがわかった．最近の情報と淡水，汽水域からの報告を知るため，Krammer & Lange-Bertalot(1986)の検索表を探したが *princeps* を種形容語にしている種は見あたらない．

(P. 338 へ続く)↗

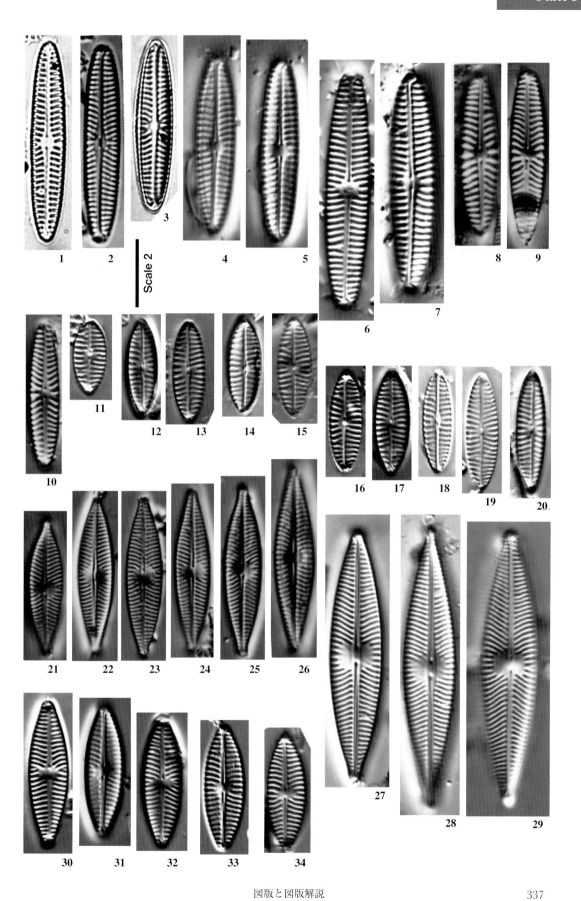

Plate 37

図版と図版解説

Plate 38   Figs 1-38：Scale 2（×1800）   Scale bar：10 μm

Figs 1, 2 ：*Navicula joubaudii* H. Germ. 1982
Figs 3-13 ：*Navicula leistikowii* Lange-Bert. 1993
Figs 14-21：*Navicula longicephala* Hust. 1944
Fig. 22 ：*Navicula microcari* Lange-Bert. 1993
Figs 23-25：*Navicula petrovskae* Levkov & Krstic 2007
Figs 26-36：*Navicula phylleptosoma* Lange-Bert. 1999
Figs 37, 38：*Navicula pseudotenelloides* Krasske 1938

    Figs 1, 2 ：蟹原・五反田溝
    Figs 3-12 ：河津温泉
    Fig. 13 ：阿寒湖
    Figs 14, 15：蟹原・才井戸流
    Figs 16, 17：森林公園・岩本池
    Fig. 18 ：蟹原・（湿地帯に広く分布）
    Figs 19-21：Holman, Victoria Isl., CAN.
    Fig. 22 ：Khuvsgul L., MNG.
    Figs 23-25：Plitvice Lake N. P., HRV.
    Figs 26-34：Herschel Isl., CAN.
    Figs 35, 36：Holman, Victoria Isl., CAN.
    Fig. 37 ：矢落川・愛媛県
    Fig. 38 ：Cambridge Bay, Victoria Isl., CAN.

↘（P. 336 より）
  なお，緑藻では如何にとと上記 De Toni(1889) の緑藻の部を調べた．*Chaetmorpha princeps* Kütz., *Conferva princeps* Kütz., *Conjugata princeps* Vaucher, *Oedogonium princeps* Wittrock, *Spyrogyra princeps* Cleve, *Vesiculifera princeps* Hass. と緑藻では6種も記録されている．
  Kützing は *princeps* を種形容語とする新種を緑藻で2種発表しているのに，珪藻の新種を沢山発表している Kützing が，珪藻では全く用いていないのは如何なる理由によるのだろうか（Kützing は藍藻でも用いていないようであるが）．分類群によって"なじみやすい"，"なじみにくい"種形容語があるのだろうか．
  私は *Spirulina princeps* と *Oscilatoria princeps* を顕微鏡で見るたびに，その風貌ピタリの学名をよく付けたものだと感心している．

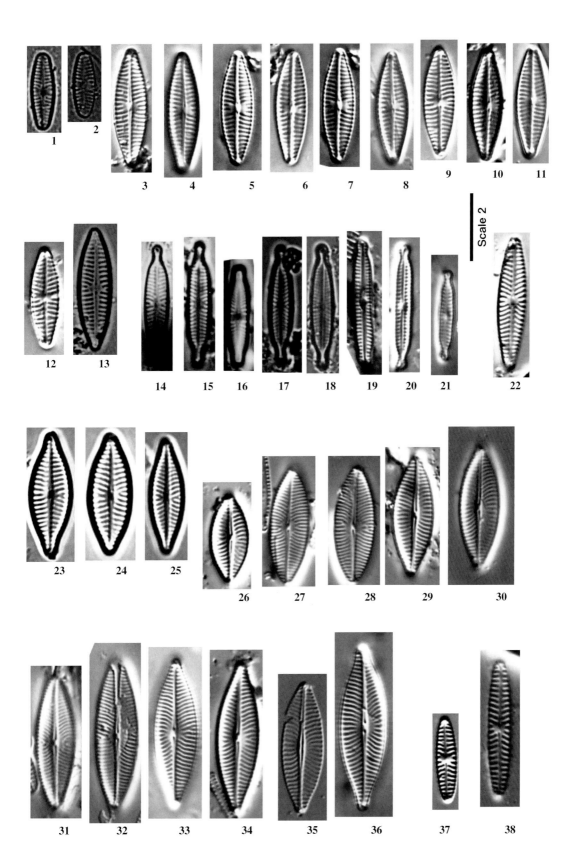

Plate 39   Figs 1-41 ：Scale 2（×1800）， Fig. 42：Scale 5（×4500） SEM
Scale bar：10 μm

Figs 43-45：Scale 10（×9000） SEM   Scale bar： 5 μm

（Figs 1-40：LM 写真，Figs 41-45：SEM 写真）

Figs 1-45：*Navicula pseudacceptata* H. Kobayasi 1986
（*Hippodonta pseudacceptata*（H. Kobayasi）Lange-Bert., Metzeltin & Witk. 1996）

Figs 1-45：仁淀川

― コラム 19 ―

E. Østrup：Fresh-Water diatoms from Iceland の出版年の謎

　この論文が必要になり探しだした．私のもっているこの論文は黒いクロス製本がしてあり，背に Botany of Iceland Ⅱ 1920-1926 と金色で記されている．クロスの模様等から，この製本は日本でしたものではないようである．表紙を開けると，この当時の北欧の学術誌によく用いられた草色の表紙がついている．仮製本であった発行当時の表紙で，The Botany of Iceland と大きく印刷し，その下に Vol Ⅱ Part Ⅰ と記し，その次に 5 と 6 の論文の表題を印刷している．5 は上記の Østrup の論文である．その下にコペンハーゲンとロンドンの書店名を記し，1 番下に発行年の 1920 年を印刷している．表紙の次は 5 の表題と著者名を入れ，その下に 1918 と印刷されている．すなわち，発行年を表紙には 1920 年とし，扉には 1918 年としているのである．その後の研究者はこの論文の発行年をどのように見ているかを 2, 3 当たってみた．Krammer & Lange-Bertalot(1986-1991)の参考文献では 1920 年とし，VanLandingham の Catalogue(1986)では 1918 年を採用している．この論文の印刷には何かいきさつがあるのかもしれない．何年に印刷されたかを本人に聞くのも 1 つの方法であるが，故人になられてはそれも無理である．その後の本人の著書の引用を調べる手もあるが，この論文が絶筆の論文であるようで，これも無理である．では当時の同国の研究者はどう考えていたのか．J. B. Petersen(1928)：The aërial algae of Iceland. Bot. Iceland 2 の引用文献に上記論文の発表は 1918 年となっている．我々はこれを用いることにしよう．この論文には約 80 の新分類群の記載がある．その意味からも発行年の確認は重要である．

Plate 39

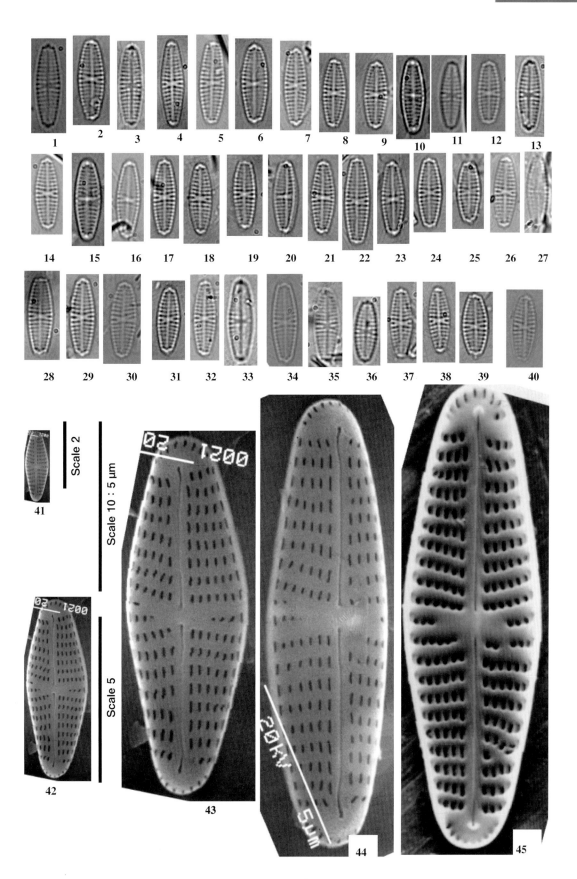

図版と図版解説

341

Plate 40　　Figs 1-33：Scale 2（×1800），　Figs 34-39：Scale 5（×4500）　　SEM
Scale bar：10 μm

Figs 1-11　：*Navicula quechua* Lange-Bert. & Rumrich var. *okinawensis* Kimura, H. Fukush. & Ts. Kobayashi nom. nud.
Figs 12-39：*Navicula reichardtiana* Lange-Bert. 1989

　Figs 1-11　：平川・沖縄県
　Figs 12-22：矢落川・愛媛県
　Figs 23-33：平井川-1・多摩川支流
　Figs 34-39：河津温泉

コラム 20

所変われば品変わる，アトラスの場合

　本屋さんで"アトラスを下さい"といえば，"世界地図ですか""日本地図ですか"と問い返されるだろう．英語もドイツ語もフランス語の場合も Atlas と書く．辞書には地図集の後に図表集という訳が出てくるが，図表集をすぐ想い浮かべる人は少ないと思える．しかし，珪藻を学ぶものなら，あの大形で膨大な Schmidt の Atlas der Diatomaceen-Kunde が Atlas そのものである．その珪藻研究者で原本をコンプリートでもっている人はどれくらいいるのだろうか．残念ながら私ももっていない．私の原本は Hustedt 担当の部分だけで，それも全部ではない．原本を探した時代もあった．昭和 30 年後半，本の輸入業者に頼み，頼んだことも忘れた頃連絡があった．いそいそと駆けつけ現物を見たら，コピーが数十枚入っており，その当時でも大変高価であった．あの膨大な本をコピーし製本したこともあって，原本探しはあきらめた．その後，リプリント版が出版されたので購入し，今でもこの両方を使用している．

　昔はこの大形のフォーリー版の本が結構沢山あった．探検隊の報告書等は，好んでこの版が用いられたものである．しかし今ではその大きさ故に本箱の困りものになっている．本書は 1874 年 1 月に Tafel 1-4 が出版され，1959 年 10 月に Tafel 473-480 が印刷されたという大変息の長い出版物である．なお，Tafel 421-432 は未発行であり，1960 年以降は発行されていない．80 年余にわたって出版されたので，著者も入れ替わって煩雑であるが，順に記すと次のようになる．A. W. F. Schmidt, M. Schmidt, F. Fricke, H. Heiden, O. Müller, F. Hustedt．顕微鏡写真は Tafel 433（1940）以後にあるが，それは Hustedt によるものである．

（P. 344 へ続く）↗

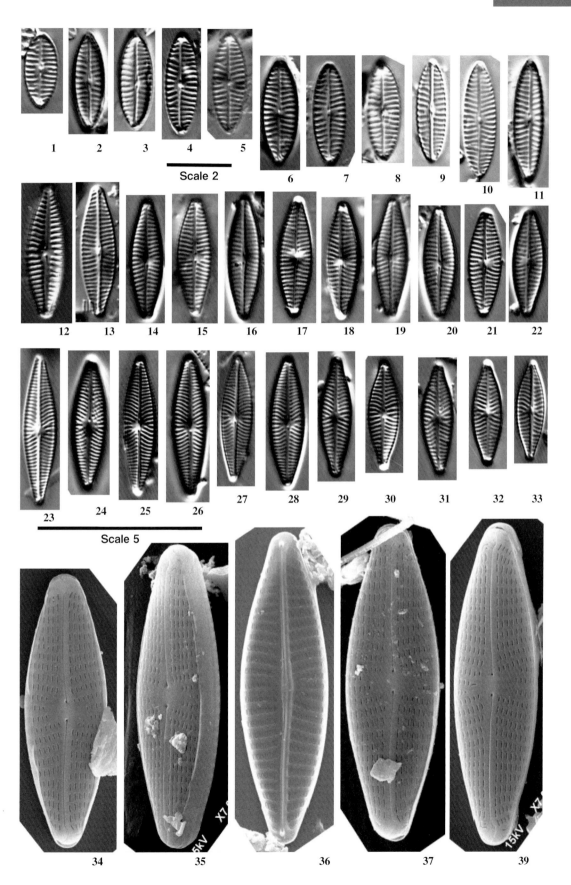

Plate 40

図版と図版解説

343

Plate 41

Figs 1-12, 23-58：Scale 2（×1800）　　　　　Scale bar：10 μm
Figs 13-16　　　：Scale 10（×9000）　SEM,
Figs 17-22　　　：Scale 5（×4500）　SEM　　Scale bar： 5 μm

Figs 1-12 ：*Navicula salinicola* Hust. 1939
Figs 13-58：*Navicula tokachensis* H. Fukush., Kimura & Ts. Kobayashi nom. nud.

Figs 1-12 ：Khuvsgul L., MNG.
Figs 13-58：十勝川・北海道

↘(P. 342 より)
　最初に発行された Tafel 1-4 は海産の珪藻で，その産地はペルー（グアノ），ボリビア（グアノ），シンガポール，この位置はわかるが，ザンジバル，カーペンチェ湾，プエルトカベーヨ，カーペンタリア湾となると，私にはどこだか見当もつかない．これら産地の中に横浜がよく出てくる．船員に採集を依頼したと想像でき，珍しい種を探そうと，世界中から標本を集めた様子が浮かんでくる．初期のものは産地，種名と図の倍率が記されているだけで，稀にごく簡単に形態の特徴が記されているのみであった．Tafel 213(1899)から rec Mar・r M（現世海産），rec Sw・r S（現世淡水産），foss Mar・f M（海性化石），foss Sw・f S（淡水性化石）などの生育環境の略記が加わった．
　この本の最も大きな特徴は，その当時の権威者が著者になり，この書で多くの新分類群の記述がなされたことではないだろうか．本書は 1960 年より発行されていない．この間に国際植物命名規約が改正され，新分類群の発表には記載文または判別分，または以前に有効に発表された記載文，あるいは判別分の出典引用を伴わなければならなくなり，純粋の Atlas で新分類群の発表が不可能になった．このことで，Atlas の重要な役割は終了したと考えている研究者がかなり多いようである．しかし，継続出版されると本来の Atlas としての役割は充分果たし得ると私は信じている．本書の出版を中止している間に専門の叢書が出版された．Bibliotheca Phycologica, Bibliotheca Diatomologica, Iconographia Diatomologica, Diatom Monographs, Diatoms of Europe 等で，Atlas にとっての出版環境は益々悪くなってきた．

Plate 41

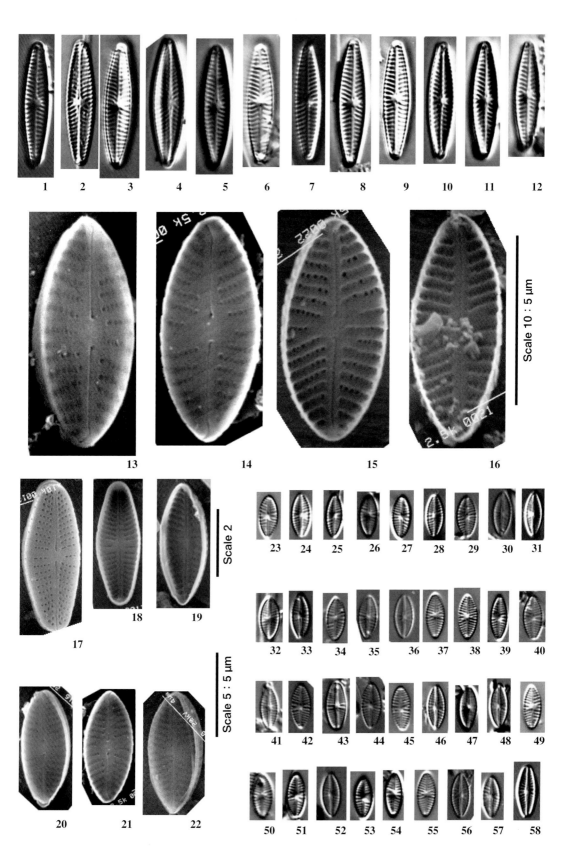

図版と図版解説

Plate 42   Figs 1, 2, 44：Scale 5（×4500）　SEM,
　　　　　　　Figs 3-43　 ：Scale 2（×1800）　　　　　　　Scale bar：10 μm

Figs 1-43：*Navicula veneta* **Kütz. 1844**
Fig. 44　：*Navicula satoshii* **nom. nud.**

　Figs 1-3　：Herschel Isl., CAN.
　Figs 4-30　：河津温泉
　Figs 31-43：Khuvsgul L., MNG.
　Fig. 44　　：荒川・坂戸市

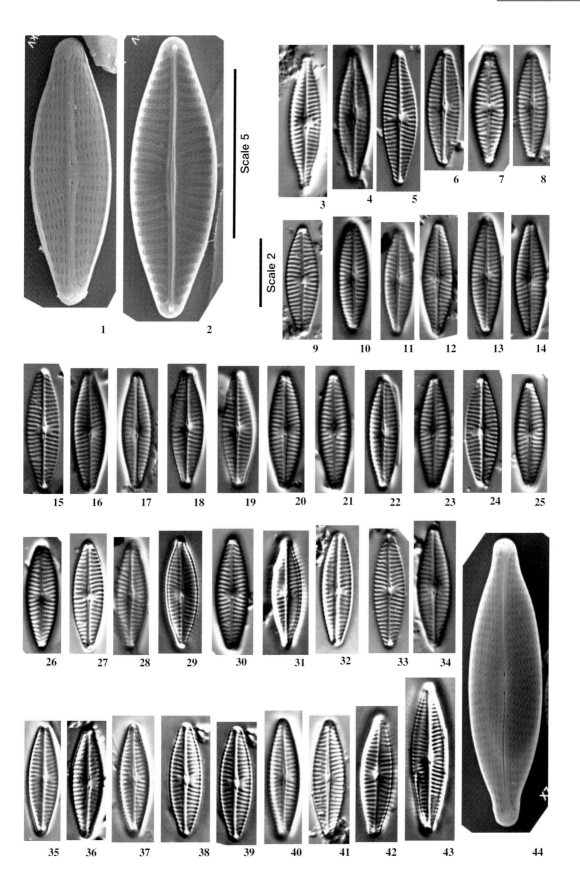

Plate 43　　Figs 1-31：Scale 2（×1800），　Fig. 32：Scale 5（×4500）　SEM
　　　　　　　　　　　　　　　　　　　　　　　　　　　　　　　　Scale bar：10 μm

Figs 1-7 　：*Navicula vilaplanii*（Lange-Bert. & Sabater）Lange-Bert. & Sabater 2000
Figs 8-10 ：*Navicula cryptofallax* Lange-Bert. & Hofmann 1993
Figs 11-25：*Navicula wiesneri* Lange-Bert. 1993
Figs 26-31：*Navicula antonii* Lange-Bert. 2000
Fig. 32　　：*Navicula notha* J. H. Wallace 1960

　　Figs 1-3 　：蟹原・才井戸流
　　Figs 4-6 　：蟹原・湿地の小流
　　Fig. 7 　　：森林公園・岩本池
　　Figs 8-10 ：Plitvice Lake N. P., HRV.
　　Figs 11-25：平川・沖縄県
　　Figs 26-31：阿木川・両島橋
　　Fig. 32　　：阿木川・小野川・根の上湖

Plate 43

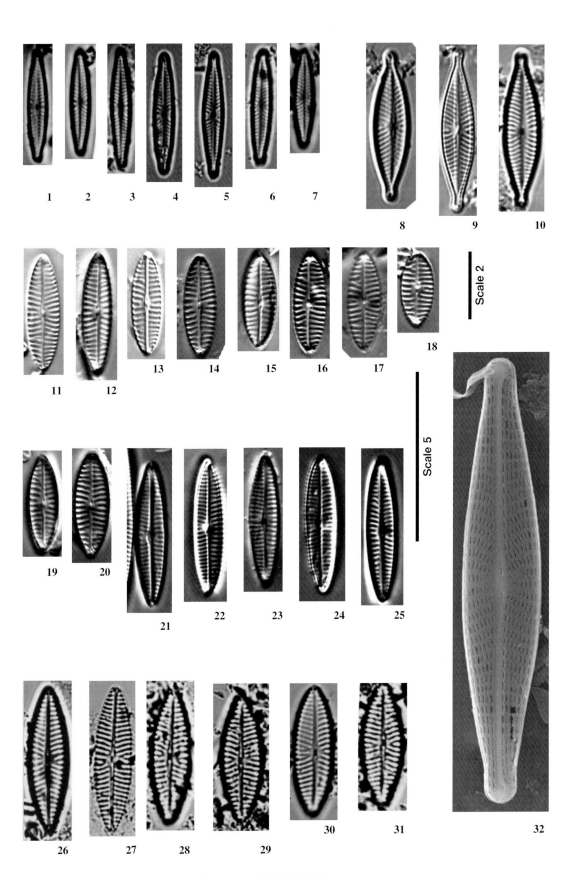

図版と図版解説

Plate 44　　Figs 1-5：Scale 5（×4500）　SEM,　Figs 7-33：Scale 2（×1800）
　　　　　　　　　　　　　　　　　　　　　　　　　　　　　　　　Scale bar：10 µm
　　　　　　　　Fig. 6　：Scale 10（×9000）　SEM　　　　Scale bar： 5 µm

Figs 1-33：*Navicula mendotia* VanLand. 1975

Figs 1-33：木曽川・河口

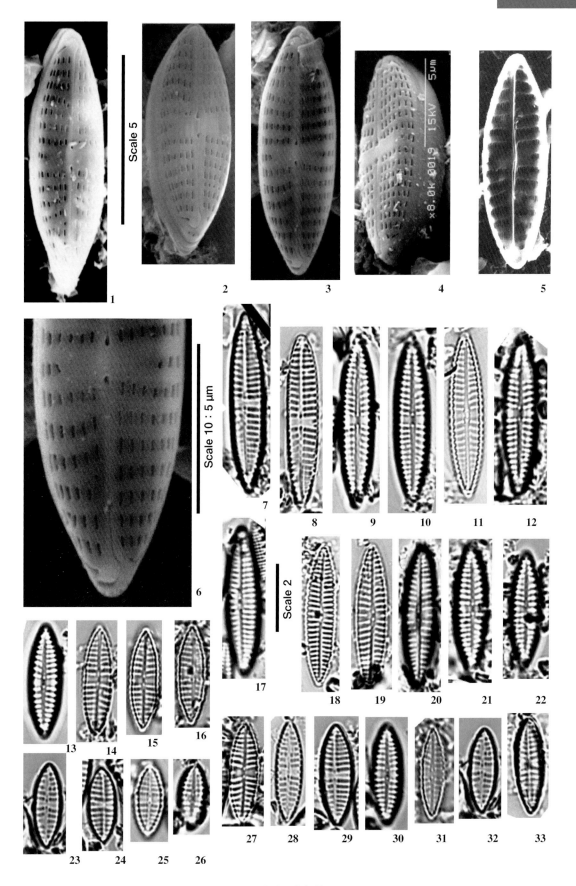

Plate 45   Figs 1-7 ：Scale 5（×4500）　SEM,　Figs 9-47：Scale 2（×1800）
Scale bar：10 μm
Fig. 8　：Scale 10（×9000）　SEM　　Scale bar： 5 μm

Figs 1-47：*Navicula perminuta* Grunow 1880

Figs 1-47：木曽川・河口

Plate 45

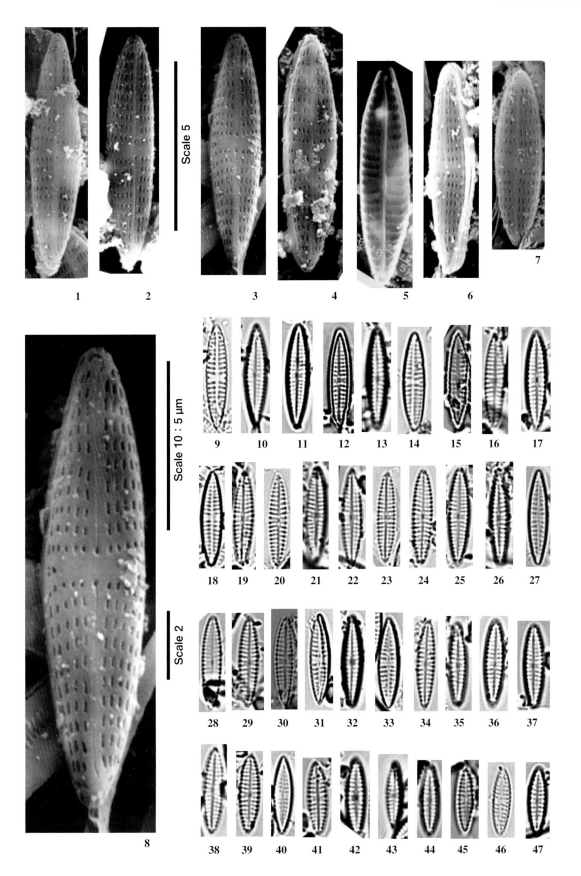

Plate 46   Figs 1-26 : Scale 2 (×1800)   Scale bar : 10 μm

Figs 1-14 : *Navicula irmengardis* **Lange-Bert. 1996**
Figs 15-26 : *Navicula subalpina* **E. Reichardt var.** *subalpina* **1988**

Figs 1-25 : Plitvice Lake N. P., HRV.
Fig. 26   : Khuvsgul L., MNG

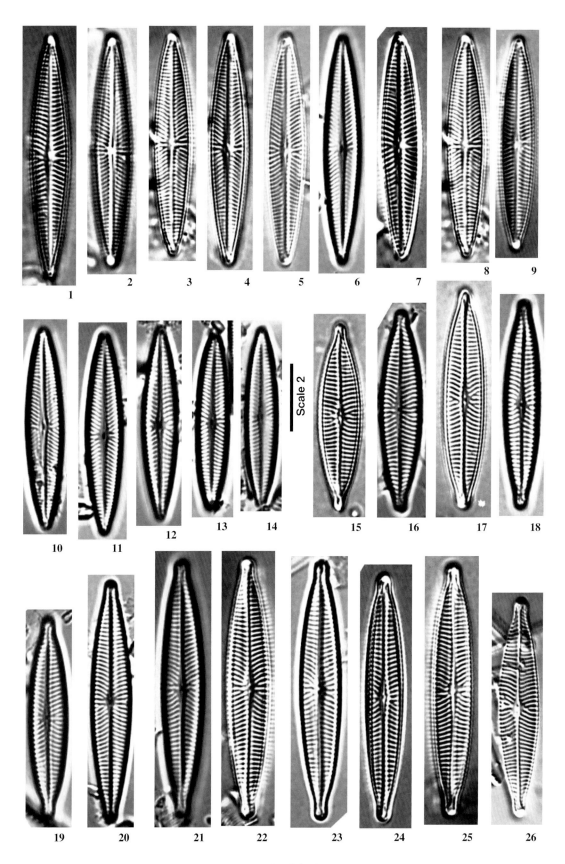

Plate 46

Plate 47　　Figs 1-5：Scale 2（×1800）　SEM,　Fig. 6：Scale 5（×4500）　SEM
　　　　　　　　　　　　　　　　　　　　　　　　　　　　　　　　Scale bar：10 μm
　　　　　　　　Figs 7-9：Scale 10（×9000）　SEM　　　　　Scale bar： 5 μm

Figs 1-9：*Navicula subalpina* E. Reichardt var. *schweigeri*（Bahls）H. Fukush., Kimura & Ts. Kobayashi 2014

Figs 1-9：寒河江川・山形県

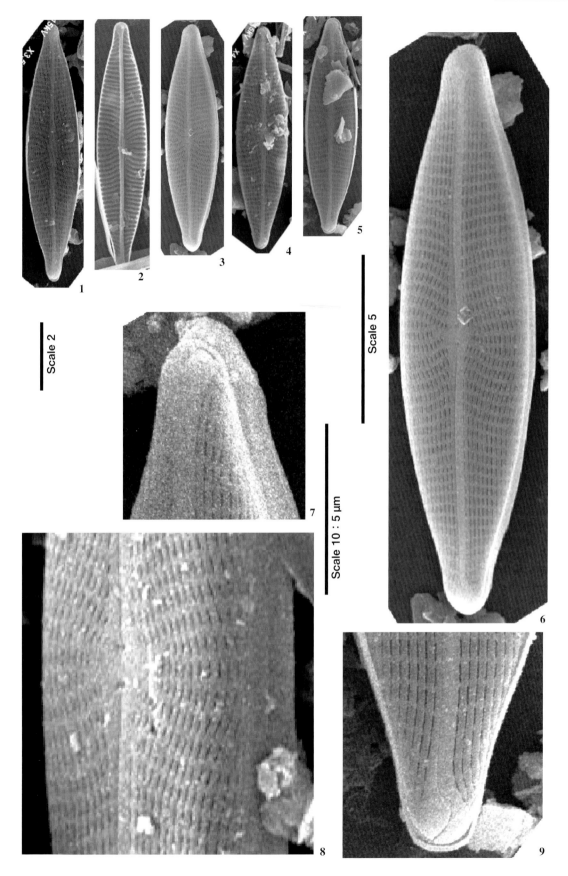

Plate 47

Plate 48　　Figs 1-18：Scale 2（×1800）　　　　　　　Scale bar：10 μm

Figs 1-18：*Navicula subalpina* E. Reichardt var. *schweigeri*（Bahls）H. Fukush.,
　　　　　Kimura & Ts. Kobayashi 2014
　　Figs 1, 2　：すらり型
　　Figs 3, 4　：ずんぐり型
　　Figs 5, 6　：先端部突出弱い
　　Figs 7, 8　：先端部突出強い
　　Figs 9-11　：中心域：非常に小さい
　　Figs 12-14：中心域：比較すれば大きい
　　Figs 15, 16：中心部条線：短長短；短長短
　　Figs 17, 18：中心部条線：短長短；長短長

　　Figs 1-18　：寒河江川・山形県

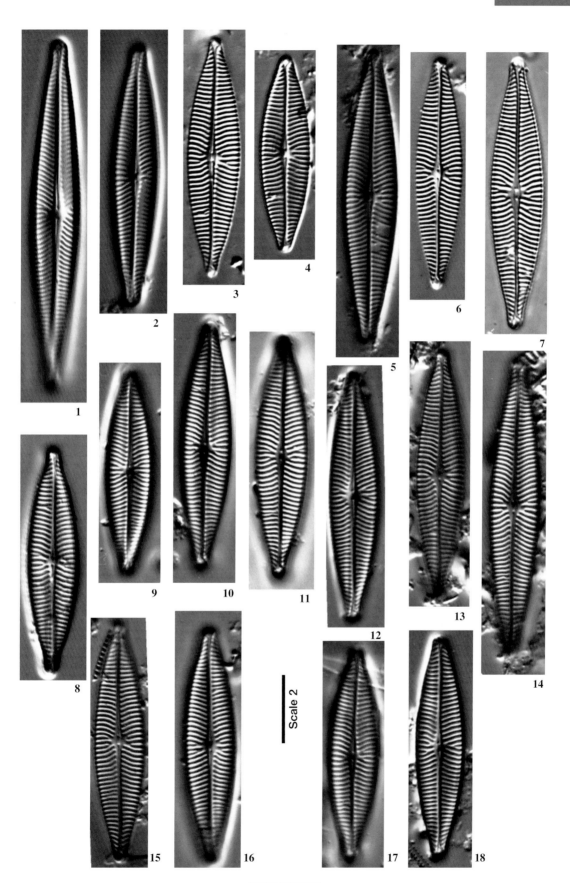

Plate 49　　Figs 1-21, 23, 24：Scale 2（×1800），
　　　　　　　　Fig. 22　　　：Scale 5（×4500）　SEM　　Scale bar：10 μm

Fig. 1　　：*Navicula cryptotenella* Lange-Bert. 1985
Figs 2-24：*Navicula cryptocephala* Kütz. var. *cryptocephala* 1844

　　　Fig. 1　　　：木曽川・濃尾大橋・左岸
　　　Fig. 2　　　：Holman, Victoria Isl., CAN.
　　　Fig. 3　　　：Byron Bay, Victoria Isl., CAN.
　　　Fig. 4　　　：Khuvsgul L., MNG.
　　　Figs 5, 6　 ：十勝川・北海道
　　　Figs 7-9　 ：松川温泉
　　　Figs 10, 11：瑞浪化石博物館・小川
　　　Figs 12, 13：平井川-1・多摩川支流
　　　Figs 14, 15：蟹原・中央湧水
　　　Figs 16-22：木曽川・（各地に広く分布）
　　　Figs 23, 24：森林公園・岩本池

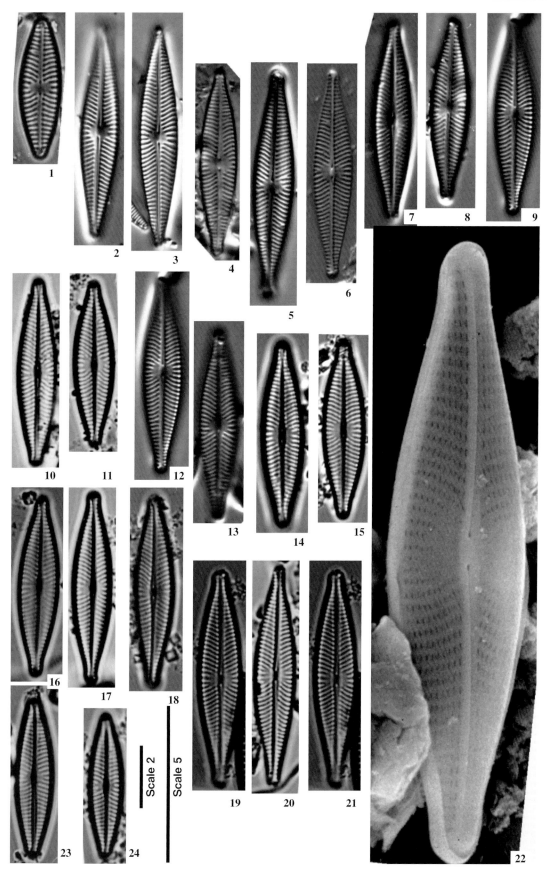

Plate 49

図版と図版解説

361

Plate 50　　Figs 1-28：Scale 2（×1800）,　Fig. 29：Scale 5（×4500）　SEM

Scale bar：10 μm

Figs 1-5 ：*Navicula cryptocephala* var. *kisoensis* H. Fukush., Kimura & Ts. Kobayashi
　　　　　nom. nud.
Figs 6-29：*Navicula cryptotenella* Lange-Bert. 1985

　Figs 1-5　：木曽川・（上流域各所）
　Figs 6-10 ：十勝川・北海道
　Figs 11-18：木曽川・（各所に広く分布）
　Figs 19-29：平川・沖縄県

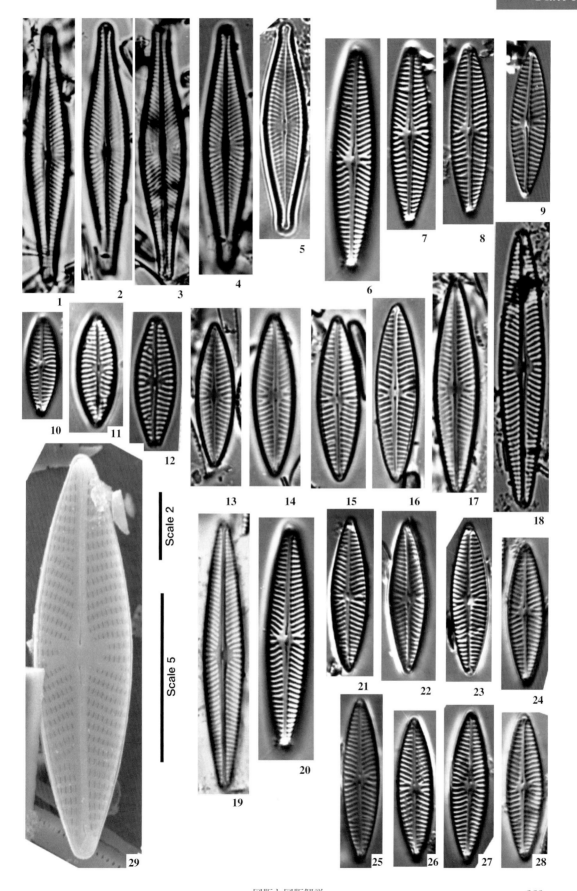

Plate 50

図版と図版解説

363

Plate 51　　Figs 1-27：Scale 2（×1800）　　　　Scale bar：10 μm

Figs 1-12 ：*Navicula lundii* **E. Reichardt 1985**
Fig. 13　　：*Navicula curtisterna* **Lange-Bert. 2001**
Figs 14-27：*Navicula cari* **Ehrenb. var.** *cari* **1836**

　　Figs 1-7　　：蟹原・五反田溝，蟹原・才井戸流
　　Fig. 8　　　：平川・沖縄県
　　Fig. 9　　　：Plitvice Lake N. P., HRV.
　　Figs 10-12：蟹原・湿地の小流
　　Fig. 13　　：木曽川・愛岐大橋
　　Figs 14-27：木曽川・（下流域に多い）

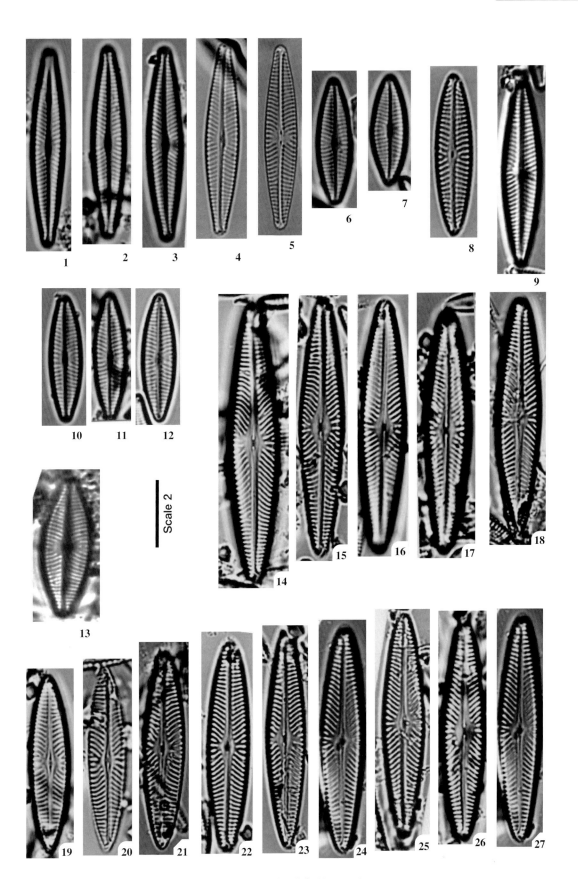

Plate 51

Plate 52 Figs 1-14：Scale 2（×1800）   Scale bar：10 μm

Figs 1-7 ：*Navicula digitoradiata*（W. Greg.）**Ralfs 1861**
Figs 8-14：*Navicula hintzii* **Lange-Bert. 1993**

Figs 1-7 ：木曽川・立田樋門
Figs 8-14：木曽川・朝日取水場

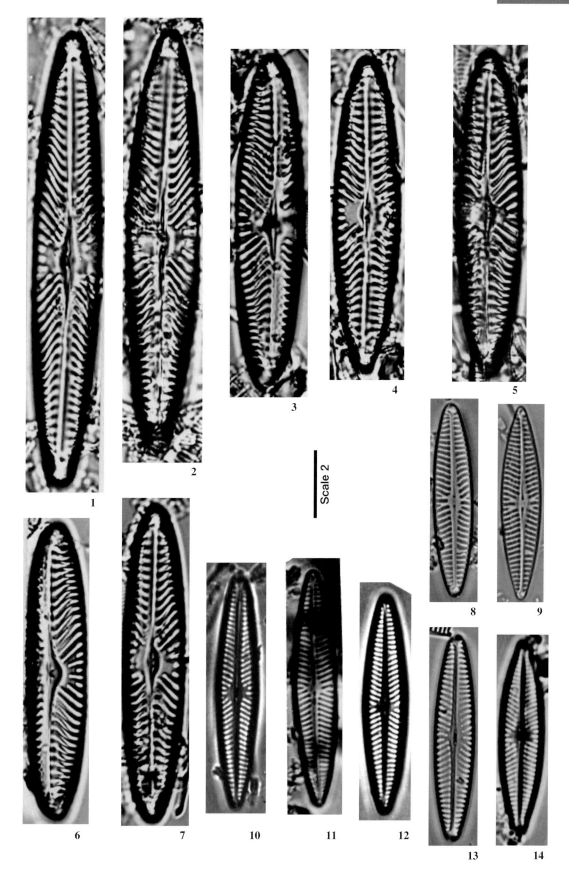

Plate 52

図版と図版解説

Plate 53　　Figs 1-20：Scale 2（×1800），　Fig. 21：Scale 5（×4500）　SEM
　　　　　　　　　　　　　　　　　　　　　　　　　　　　　　　　Scale bar：10 μm

Fig. 1 　：*Navicula moenofranconica* Lange-Bert. 1993
Fig. 2 　：*Navicula praeterita* Hust. 1945
Figs 3-8 ：*Navicula escambia*（R. M. Patrick）Metzeltin & Lange-Bert. 2007
Figs 9-21：*Navicula simulata* Manguin 1942

　　Fig. 1　　：蟹原・才井戸流
　　Fig. 2　　：木曽川・東海大橋
　　Fig. 3　　：木曽川・木曽川大堰右岸
　　Fig. 4　　：蟹原・才井戸流
　　Fig. 5　　：the Amazon, Agalico Wharf, ECU.
　　Fig. 6　　：the Amazon, Village of Koffan, ECU.
　　Figs 7, 8 ：西表島・大見謝川
　　Figs 9-19：阿木川・岩村川・中橋
　　Fig. 20　 ：沖縄・国場川下流
　　Fig. 21　 ：矢田川・香流川

Plate 53

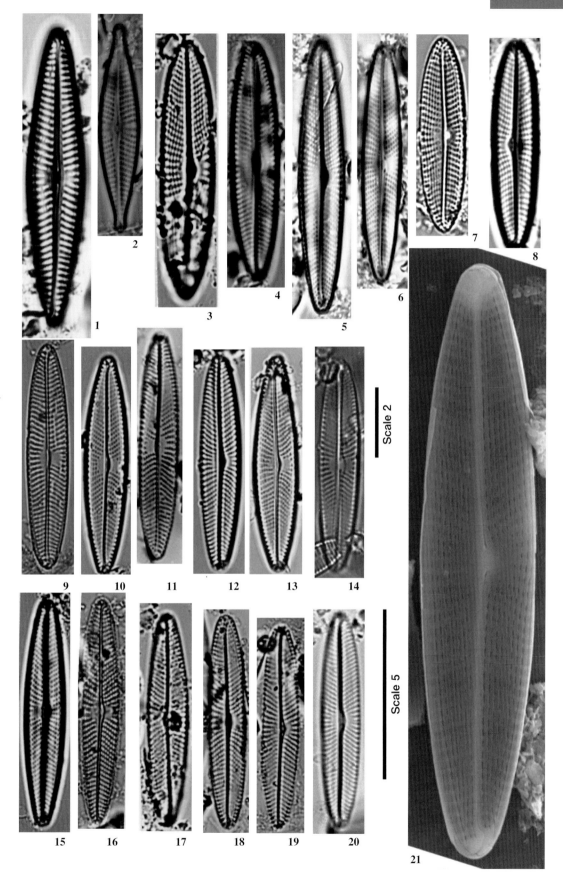

図版と図版解説

Plate 54　　Figs 1-17：Scale 2（×1800）　　　　　Scale bar：10 μm

Figs 1, 2 ：*Navicula krammerae* **Lange-Bert. 1996**
Figs 3-17：*Navicula trivialis* **Lange-Bert. 1980**

Figs 1, 2 　：木曽川・春日井浄水場
Fig. 3 　　：Rend Lake IL-USA.
Fig. 4 　　：Missouri Riv.-3, IL-USA.
Figs 5, 6 　：Zambezi Riv. Pier, BWA.
Fig. 7 　　：Big Bear Lake, CA-USA.
Figs 8-11 ：東山公園・ボート池
Figs 12-14：矢落川・愛媛県
Figs 15, 16：Mammoth, Cave N. P., KY-USA.
Fig. 17 　　：Pond in Amiens, FRA.

Plate 54

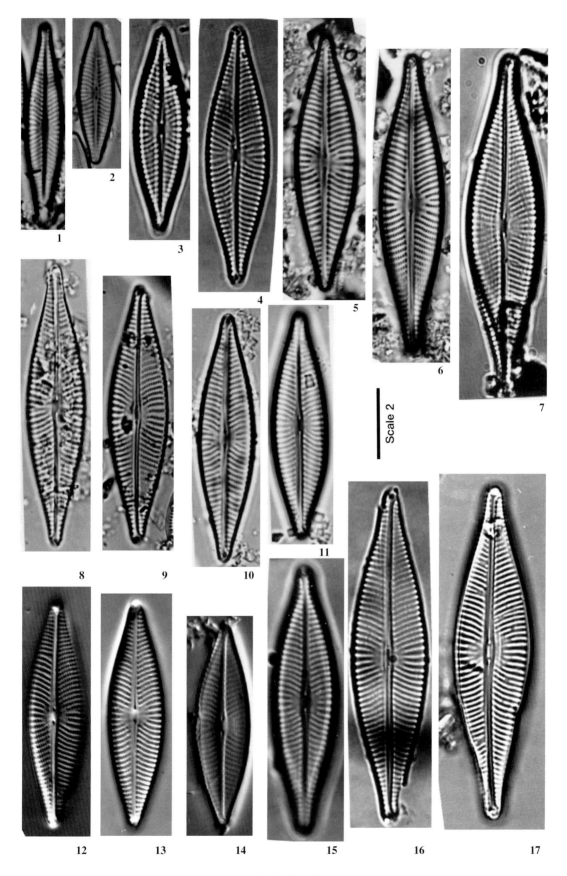

Plate 55　　　Figs 1-13：Scale 2（×1800）　　　　　Scale bar：10 μm

Figs 1-13：*Navicula broetzii* Lange-Bert. & E. Reichardt 1996

　　Figs 1, 3, 6-13：木曽川・（下流域に広く分布）
　　Figs 2, 4, 5　　：Khuvsgul L., MNG.

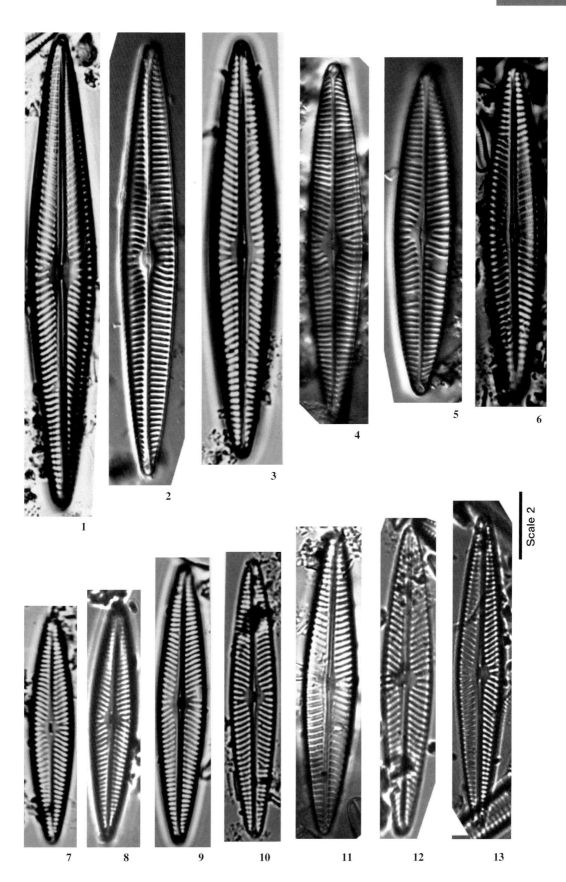

Plate 55

図版と図版解説

Plate 56　　Figs 1-24：Scale 2（×1800）　　　　　　Scale bar：10 μm

Figs 1-24：*Navicula cataracta-rheni* Lange-Bert. 1993

Figs 1-24 ：寒河江川・山形県

Figs 1, 2　：珪殻の外形は皮針形　　　　　　　（42.9%）
Figs 3, 4　：珪殻の外形は線状皮針形　　　　　（57.1%）
Figs 5, 6　：珪殻の先端部は菱形　　　　　　　（25.1%）
Figs 7, 8　：珪殻の先端部は弱い嘴状突出　　　（74.9%）
Figs 9, 10　：中心域は大きい　　　　　　　　（10.4%）
Figs 11, 12：中心域は大きくない　　　　　　　（89.6%）
Figs 13, 14：中心域の大きさ・staff side＜distaff side（34.7%）
Figs 15, 16：中心域の大きさ・staff side＞distaff side（37.5%）
Figs 17, 18：中心域の大きさ・staff side≒distaff side（25.1%）
Figs 19, 20：中心域の形は楕円形　　　　　　　（24.3%）
Figs 21, 22：中心域の形は矩形　　　　　　　　（14.7%）
Figs 23, 24：中心域の形は菱形　　　　　　　　（61.0%）

Plate 56

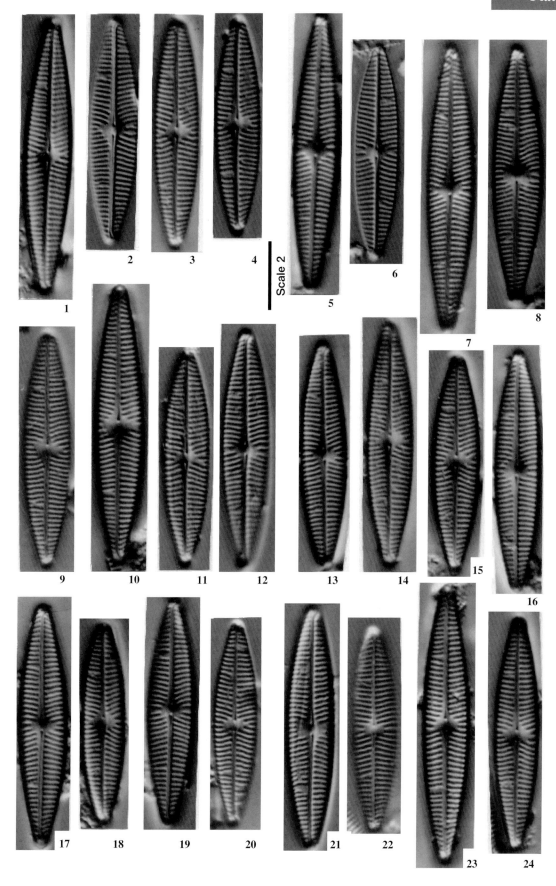

図版と図版解説

Plate 57　　Figs 1-12：Scale 2（×1800），　Fig. 13：Scale 4（×3600）　SEM
　　　　　　　　　　　　　　　　　　　　　　　　　　　　　Scale bar：10 μm

Figs 1-13：*Navicula angusta* **Grunow 1860**

　　Figs 1-3, 10, 12, 13：木曽川・（水系全域に見られる）
　　Figs 4, 5, 7　　　　：蟹原・才井戸流
　　Fig. 6　　　　　　　：森林公園・岩本池
　　Fig. 8　　　　　　　：小幡緑地・緑が池・放流
　　Fig. 9　　　　　　　：瑞浪化石博物館・人工池
　　Fig. 11　　　　　　：沖縄・源河川・水道取水口

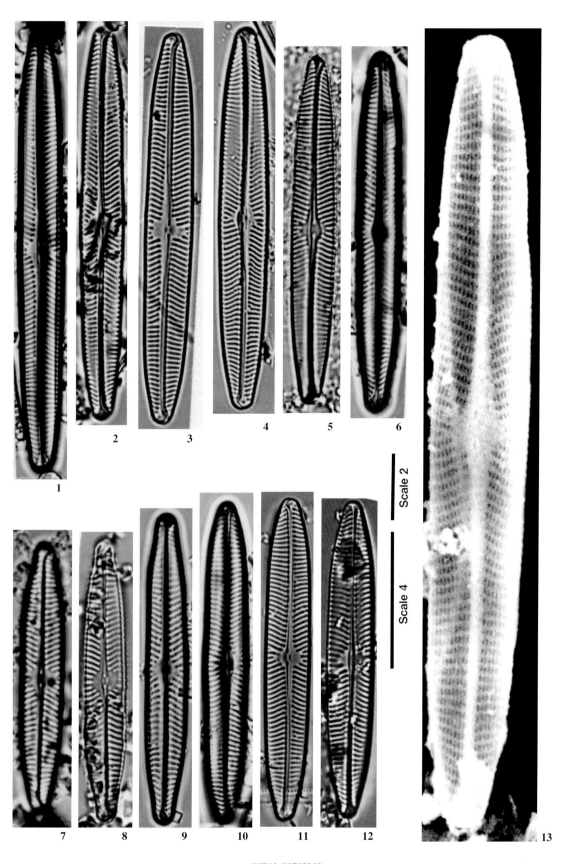

Plate 57

Plate 58　　Figs 1-20：Scale 2（×1800）　　　　Scale bar：10 μm

Figs 1-10 ：*Navicula gondwana* Lange-Bert. 1993
Figs 11-19：*Navicula moskalii* Metzeltin, Witk. & Lange-Bert. 1996
Fig. 20　　：*Navicula margalithii* Lange-Bert. 1985

　　Figs 1-6　　　　：木曽川・（広域に分布）
　　Fig. 7　　　　　：白樺湖
　　Fig. 8　　　　　：森林公園・岩本池
　　Fig. 9　　　　　：平川・沖縄県
　　Fig. 10　　　　：瑞浪化石博物館・小川
　　Figs 11, 12, 15　：Baffin Isl., CAN.
　　Figs 13, 14, 16-19：Plitvice Lake N. P., HRV.
　　Fig. 20　　　　：Holman, Victoria Isl., CAN.

Plate 58

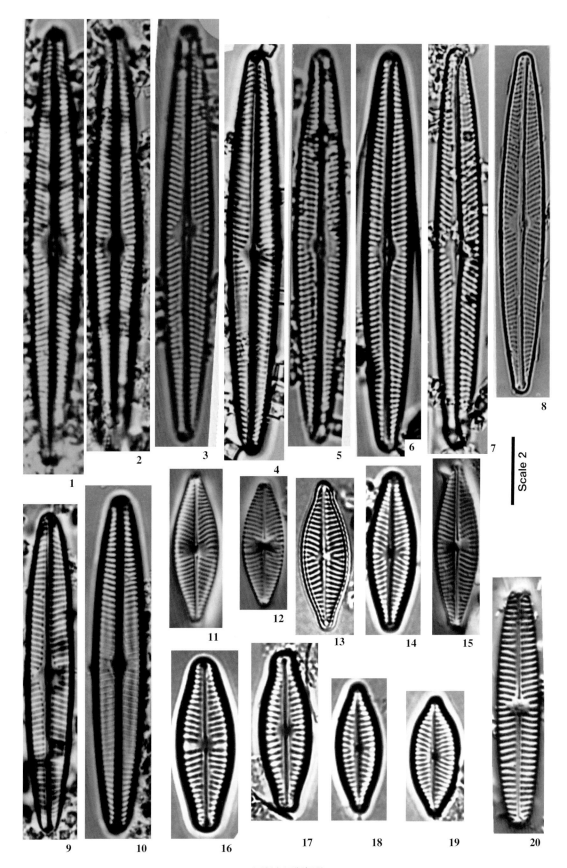

図版と図版解説

| Plate 59 | Figs 1-20：Scale 2（×1800） | Scale bar：10 μm |

Figs 1-20：*Navicula nipponica*（Skvortsov）Lange-Bert. 1993

Figs 1-20：木曽川・(全域に広く分布)
(Figs 15-20 は条線を形成する点紋が粗に見え，異なる分類群としてもよさそうである．根来・後藤 1983 で *Nav. radiosa* f. *nipponica* と同定された写真がよく似ている．これに従い本書では *Nav. nipponica* として扱う)

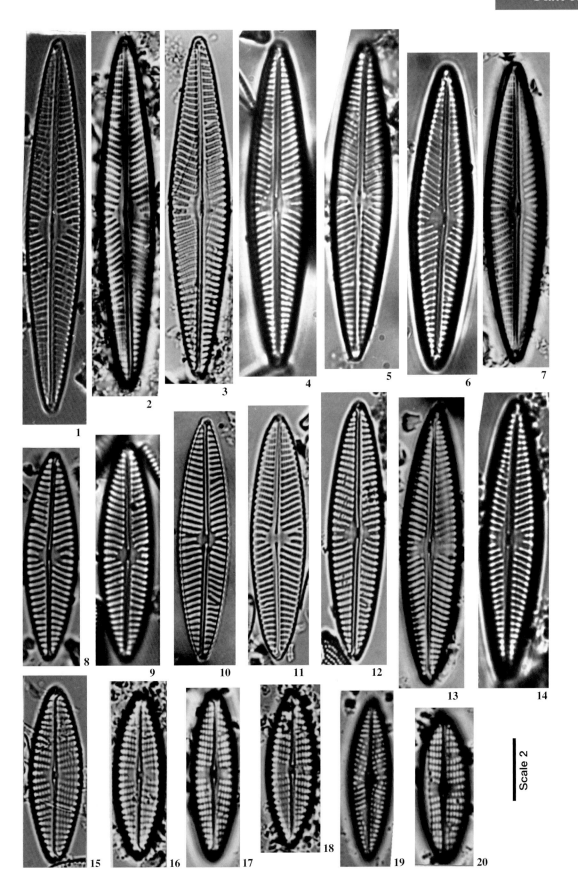

Plate 59

Plate 60   Figs 1-8：Scale 2（×1800）   Scale bar：10 μm

Figs 1-8：*Navicula radiosa* Kütz. var. *radiosa* 1844

    Fig. 1：Bear Lake-1, UT-USA.
    Fig. 2：Yosemite Riv., CA-USA.
    Fig. 3：Pond Chicago IL-USA.
    Fig. 4：Yuba State Park, UT-USA.
    Fig. 5：Uluru, AUS.
    Fig. 6：Abacha Riv., Kamchatka, RUS.
    Fig. 7：ARG.（Patagoniaに広く分布）
    Fig. 8：Natural Bridge-2, LA-USA.

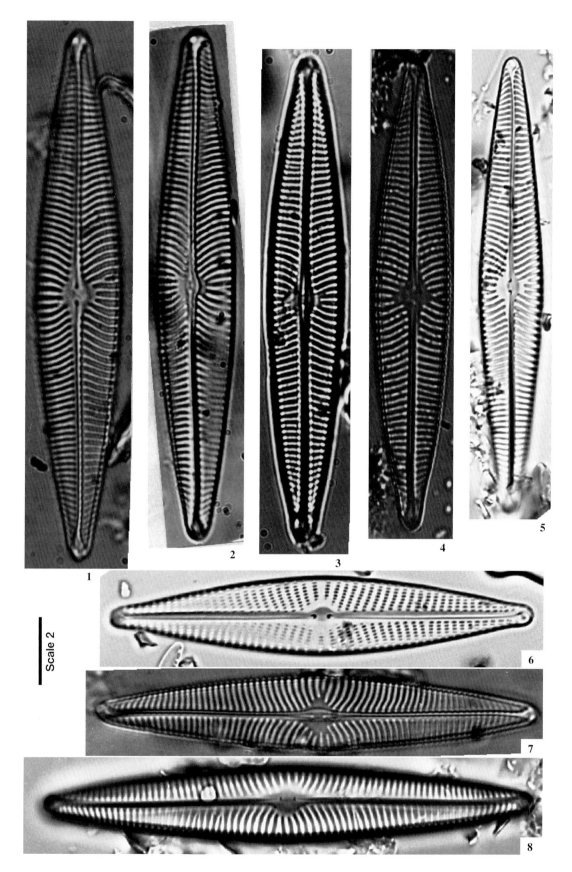

Plate 60

Plate 61　　Figs 1-6：Scale 2（×1800），　Fig. 7：Scale 5（×4500）　SEM

　　　　　　　　　　　　　　　　　　　　　　　　　　　　　Scale bar：10 μm

Figs 1-7：*Navicula radiosa* **Kütz. var.** *radiosa* **1844**

- Fig. 1　　　：Lake Tahoe, CA-USA.
- Fig. 2　　　：Plitvice Lake N. P., HRV.
- Fig. 3　　　：沖縄・西原海岸・排水路
- Figs 4, 5, 7：森林公園・岩本池
- Fig. 6　　　：蟹原・才井戸流

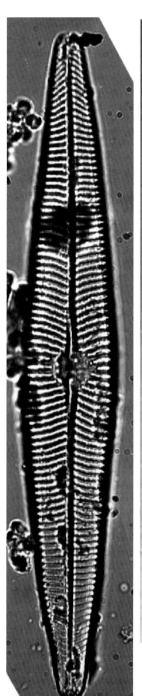

1

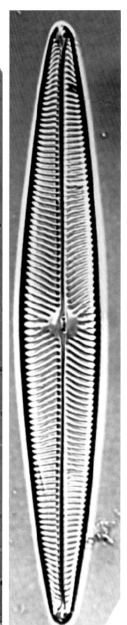

2

3

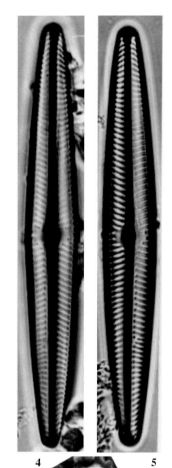

4 5

Scale 2
Scale 5

6

7

図版と図版解説

Plate 61

385

Plate 62   Figs 1, 2, 6-23：Scale 2（×1800），
　　　　　　　Figs 3-5　　　：Scale 5（×4500）　SEM　　　Scale bar：10 μm

Fig. 1　　：*Navicula radiosafallax* Lange-Bert. 1993
Figs 2-23：*Navicula recens*（Lange-Bert.）Lange-Bert. 1985

　　Fig. 1　　：Victoria Falls-3, ZWE.
　　Fig. 2　　：Khuvsgul L., MNG.
　　Figs 3-6　：利根川
　　Figs 7-13：三瓶温泉・鳥取県
　　Figs 14, 15：Holman, Victoria Isl., CAN.
　　Figs 16-23：池田ラジウム鉱泉・鳥取県

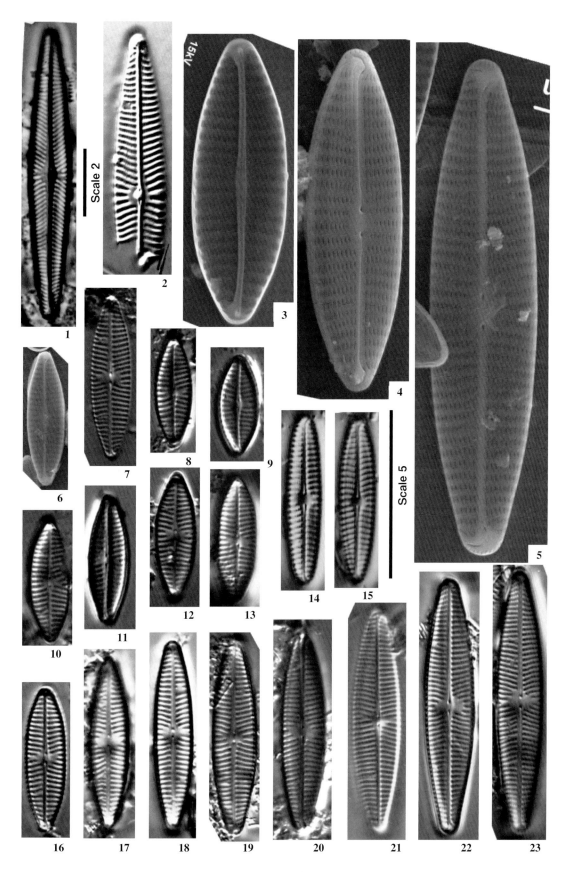

Plate 63　　Figs 1-14：Scale 2（×1800）　　　　Scale bar：10 μm

Figs 1-4 ：*Navicula wildii* Lange-Bert. 1993
Figs 5-14：*Navicula zanoni* Hust. 1949

　Figs 1-4 ：木曽川・大治浄水場
　Figs 5-7 ：Swan Valley Winery, AUS.
　Figs 8-14：Zambezi Riv. Pier, BWA.

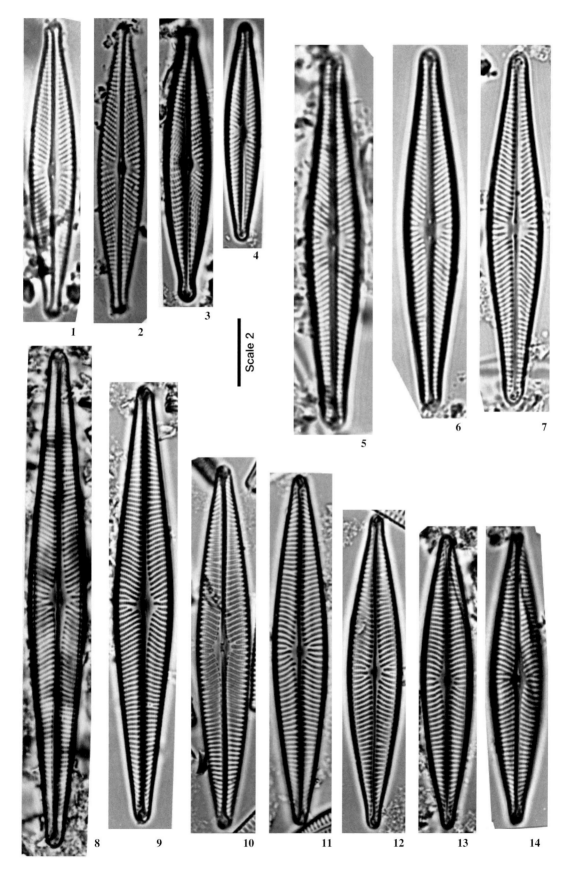

Plate 64 Figs 1-18 ：Scale 2（×1800），
Figs 19, 20：Scale 2（×1800）　SEM　　　Scale bar：10 μm

Figs 1-15 ：*Navicula heimansioides* Lange-Bert. 1993
Figs 16-20：*Navicula globulifera* Hust. var. *nipponica* Skvortsov 1936

Figs 1-5 　：森林公園・岩本池
Figs 6-15 　：小幡緑地・（広く分布）
Figs 16-20：木曽川・川島左岸

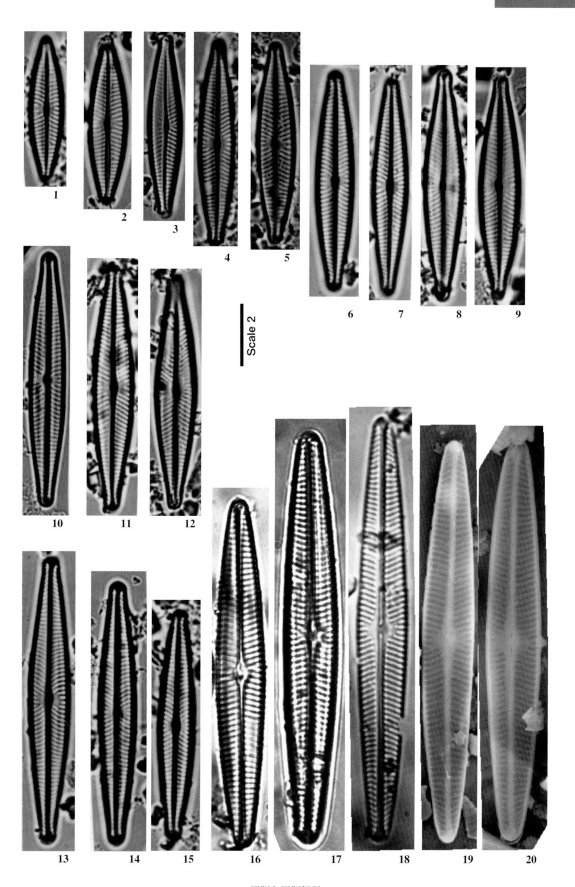

Plate 64

Plate 65 Figs 1-12：Scale 2（×1800） Scale bar：10 μm

Figs 1-6 ：*Navicula defluens* Hust. 1944
Figs 7-12：*Navicula lanceolata*（C. Agardh）Ehrenb. 1838

Figs 1-4：Zambezi Riv., Chobe N. P.-3, BWA.
Fig. 5 ：Stream（Los Angeles），CA-USA.
Fig. 6 ：Lake Mead, CA-USA.
Figs 7-9：木曽川・（広く分布）
Fig. 10 ：Stream from Utah L., UT-USA.
Fig. 11 ：Vanpuzen Riv., CA-USA.
Fig. 12 ：Pond, Dusserdolf, DEU.

Plate 65

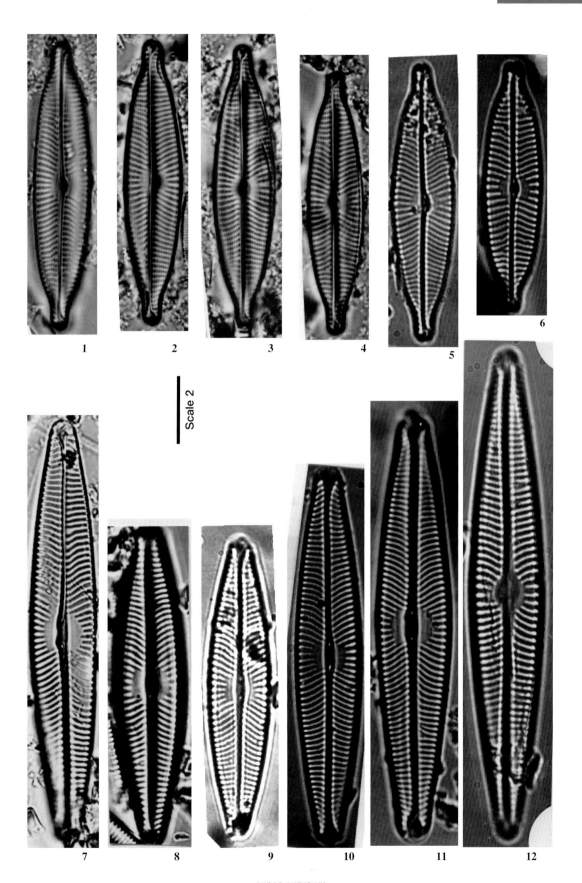

Plate 66　　　Figs 1-13：Scale 2（×1800）　　　Scale bar：10 µm

Figs 1-13：*Navicula lanceolata*（C. Agardh）Ehrenb. 1838

　　Figs 1-6　　：十勝川・北海道
　　Fig. 7　　　：Missouri Riv., IL-USA.
　　Figs 8-10　：Abacha Riv., Kamchatka, RUS.
　　Fig. 11　　：Stream from Utah Lake, UT-USA.
　　Figs 12, 13：River flow in Great Salt Lake, UT-USA.

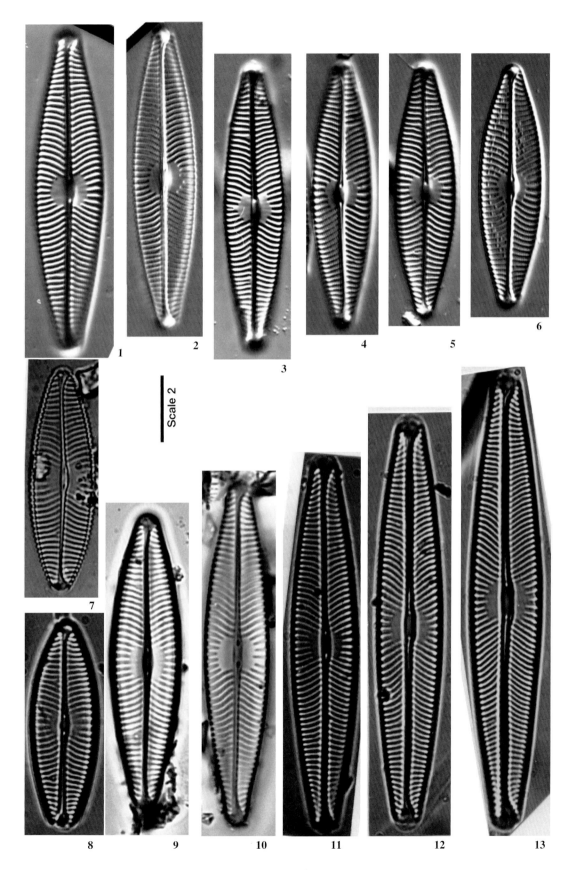

Plate 66

図版と図版解説

395

Plate 67　　Figs 1-15：Scale 2（×1800）　　　　　Scale bar：10 μm

Figs 1-3 ：*Navicula mediocostata* **E. Reichardt 1988**
Figs 4-15：*Navicula tripunctata*（O. F. Müll.）Bory var. *tripunctata* **1822**

　　Figs 1-3　　：蟹原・才井戸流
　　Figs 4, 5　 ：Missisippi Riv.-1, IA-USA.
　　Figs 6, 7　 ：Stream（Los Angeles），CA-USA.
　　Fig. 8　　　：River flow in Great Salt Lake, UT-USA.
　　Fig. 9　　　：Sun Luis Res.-2, CA-USA.
　　Figs 10-12：Skinnarviks parken, SWE.
　　Fig. 13　　：the Rhine-2, Freiburg, DEU.
　　Figs 14, 15：Hehizel N. P. Stream-3, RUS.

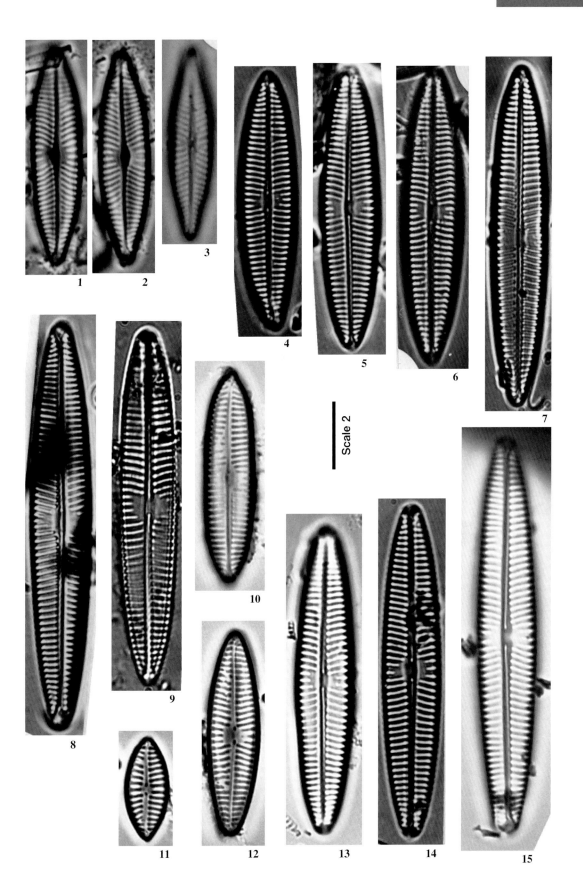

Plate 67

図版と図版解説　　　397

Plate 68   Figs 1-11：Scale 2（×1800）   Scale bar：10 μm

Figs 1-9　：*Navicula tripunctata*（O. F. Müll.）Bory var. *tripunctata* 1822
Figs 10, 11：*Navicula tripunctata*（O. F. Müll.）Bory var. *arctica* R. M. Patrick & Freese 1961

Fig. 1　　　：神流川・埼玉県
Figs 2, 3　 ：Snake Riv., NV-USA.
Figs 4, 5　 ：Stream（Los Angeles），CA-USA.
Fig. 6　　　：知床五湖-3
Fig. 7　　　：Sun Luis Res.-2, CA-USA.
Figs 8, 9　 ：Vanpuzen Riv., CA-USA.
Figs 10, 11：Byron Bay, Victoria Isl., CAN.

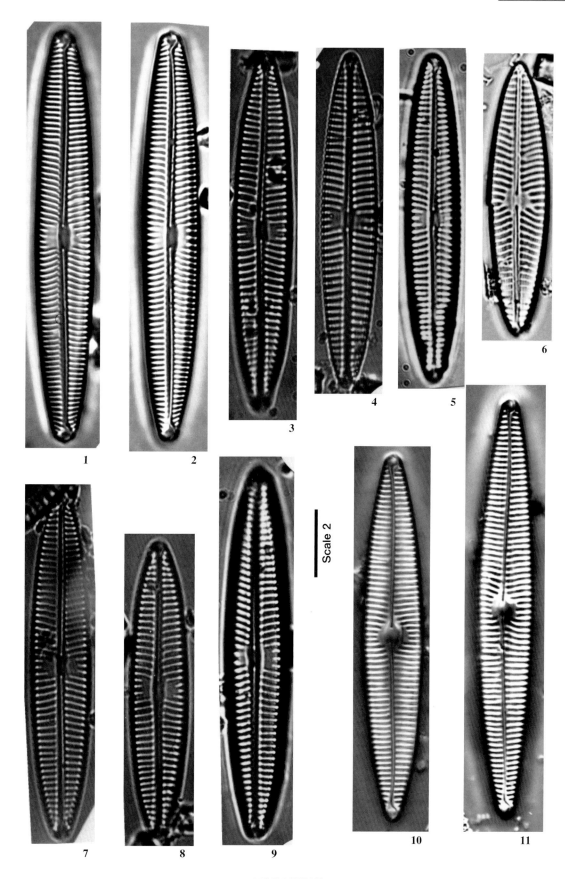

Plate 68

図版と図版解説 399

Plate 69   Figs 1-24：Scale 2（×1800）   Scale bar：10 µm

Figs 1-24：*Navicula yuraensis* **Negoro & Gotoh 1983**

Figs 1-16 ：阿木川・岩村川・中橋
Figs 17-20：木曽川・春日井浄水場
Figs 21-24：木曽川・濃尾第一頭首工

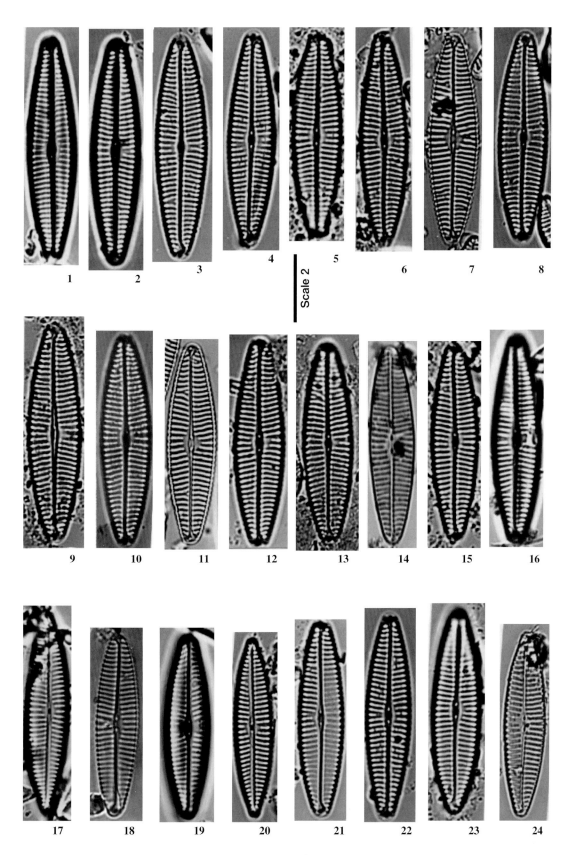

Plate 69

Plate 70　　Figs 1-23：Scale 2（×1800）　　　　Scale bar：10 μm

Figs 1-23：*Navicula capitatoradiata* H. Germ. ex Gasse 1986

　Figs 1-6　：十勝川・北海道
　Figs 7-12　：荒川・坂戸市
　Figs 13-18：平井川-1・多摩川支流
　Figs 19-23：寒河江川・山形県

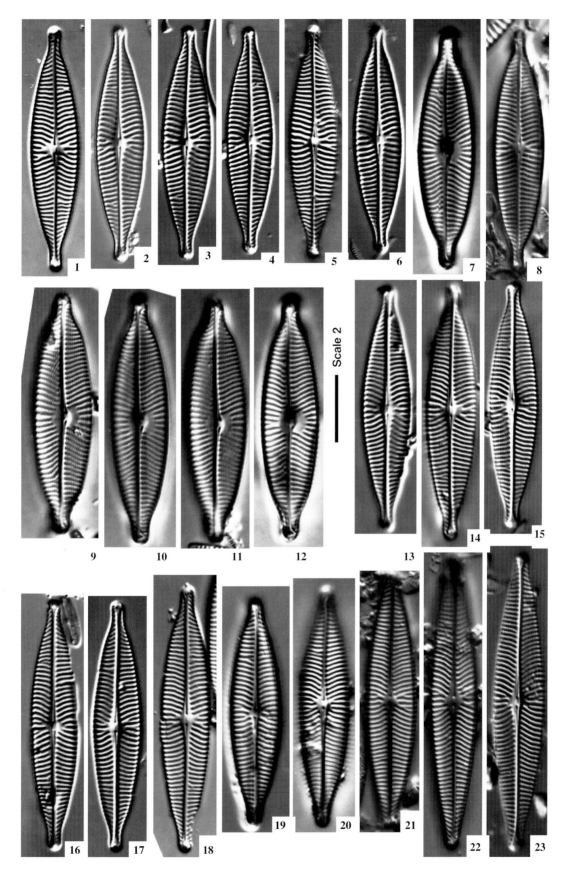

Plate 70

図版と図版解説　　403

Plate 71 Figs 1-14：Scale 2（×1800）　　　　Scale bar：10 µm

Figs 1-14：*Navicula radiosiola* **Lange-Bert. 1993**

Figs 1-14：Zambezi Riv., Chobe N. P.-3, BWA.

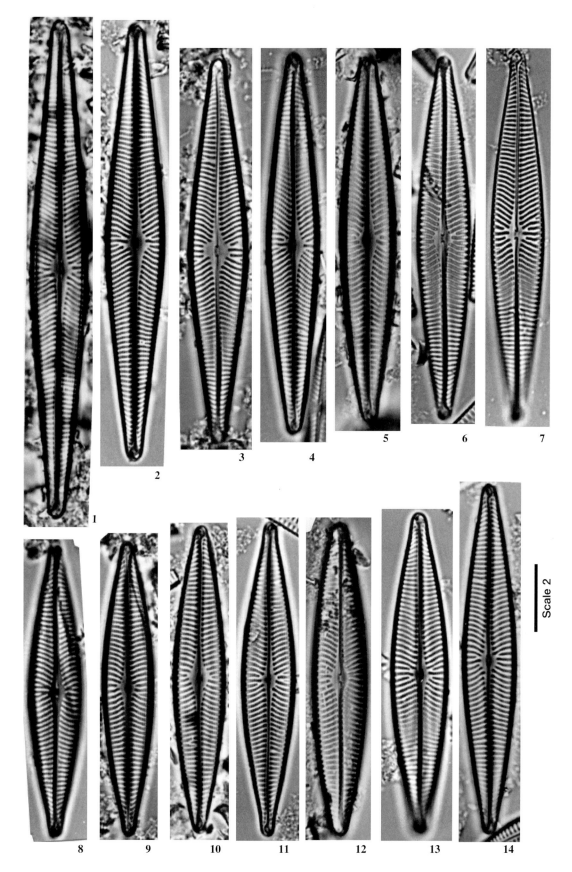

図版と図版解説

Plate 71

Plate 72　　Fig. 1：Scale 5（×4500）　SEM,　Figs 2-16：Scale 2（×1800）
　　　　　　　　　　　　　　　　　　　　　　　　　　　　　Scale bar：10 μm

Figs 1-16：*Navicula salinarum* Grunow var. *salinarum* f. *salinarum* 1878

　Figs 1-9　：十勝川・北海道
　Figs 10-16：阿木川・岩村川・中橋

Plate 72

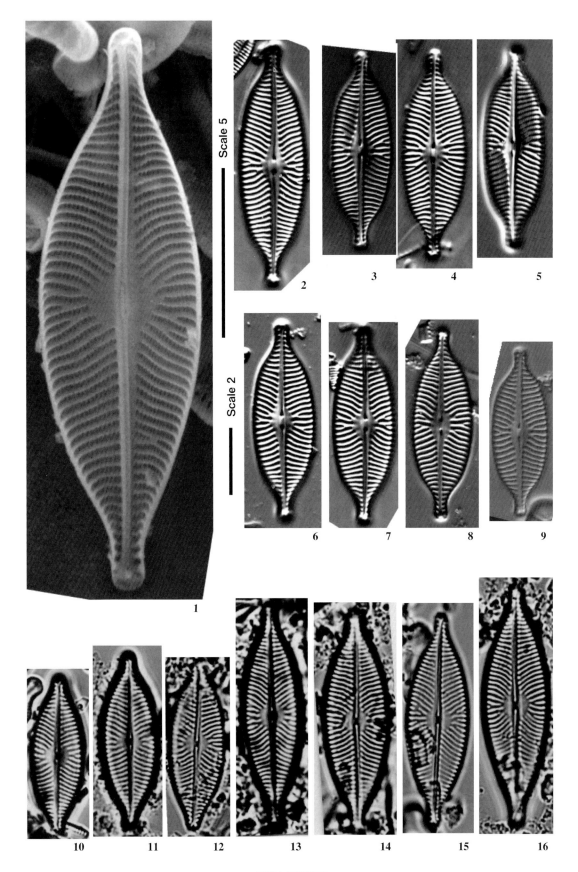

図版と図版解説

Plate 73　Figs 1-4：Scale 1.5（×1350）（未処理：葉緑体），
Figs 5-7：Scale 5（×4500）　SEM，　Figs 8-24：Scale 2（×1800）
Scale bar：10 µm

Figs 1-24：*Navicula salinarum* Grunow var. *salinarum* f. *minima* Kolbe 1927

Figs 1-24：新堀川・名古屋市

Plate 73

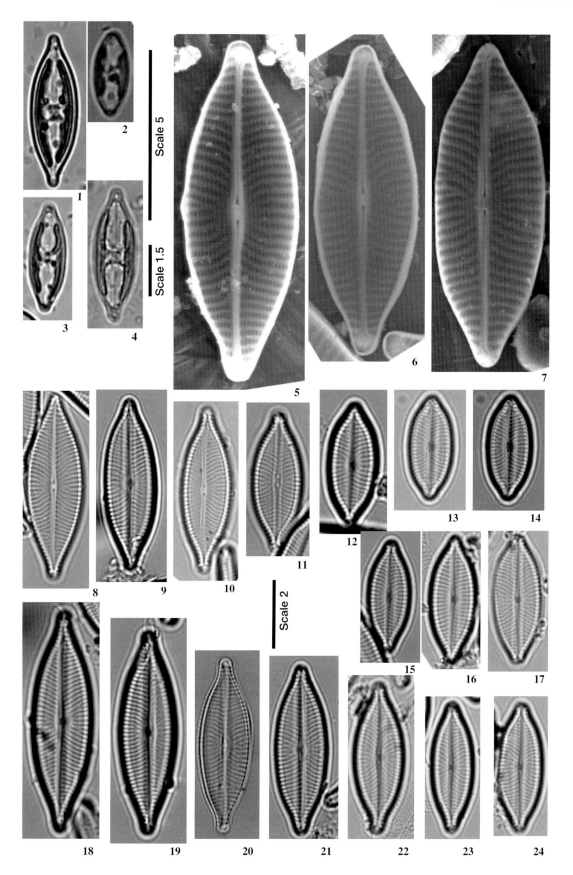

図版と図版解説

Plate 74　　Figs 1-3：Scale 5（×4500）　SEM,　Figs 4-11：Scale 2（×1800）
Scale bar：10 µm

Figs 1-11：*Navicula witkowskii* Lange-Bert., Iserentant & Metzeltin 1998

Figs 1-11：十勝川・北海道

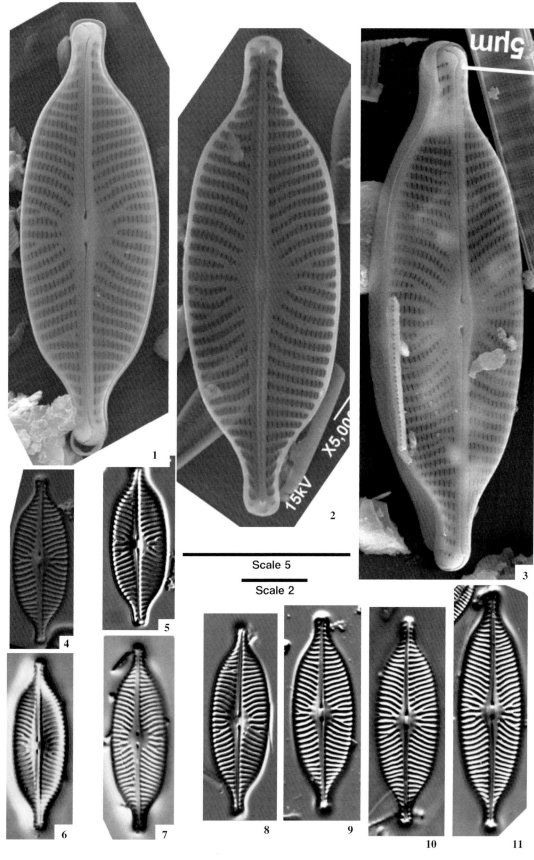

Plate 74

図版と図版解説

411

Plate 75 Figs 1-12：Scale 2（×1800） Scale bar：10 μm

Figs 1-12：*Navicula arkona* Lange-Bert. & Witk. 2001

Figs 1-12：Khuvsgul L., MNG.

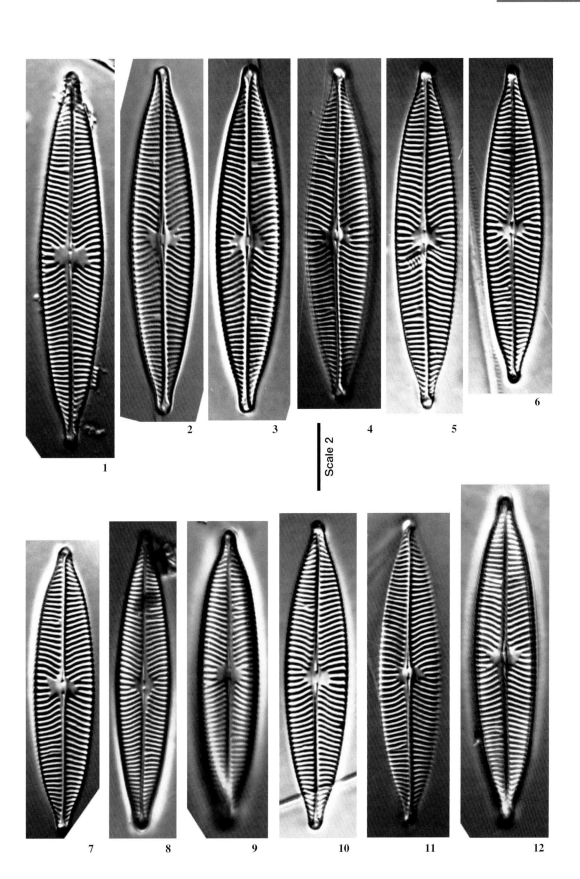

Plate 76 Figs 1-17：Scale 2（×1800） Scale bar：10 μm

Figs 1-4 ：*Navicula jakovljevicii* **Hust. 1945**
Fig. 5　：*Navicula monilifera* **Cleve 1895**
Fig. 6　：*Navicula martinii* **Krasske 1939**
Fig. 7　：*Navicula adversa* **Krasske 1938**
Fig. 8　：*Navicula platystoma* **Ehrenb. 1838**
Figs 9-17：*Placoneis exiguiformis*（Hust.）**Lange-Bert. f.** *capitata* **H. Fukush., Kimura & Ts. Kobayashi 2005 nov. comb.**

　　Fig. 1　　：Neretva Riv., HRV.
　　Figs 2-4　：Yosemite Pond-6, CA-USA.
　　Fig. 5　　：Lake Tahoe, CA-USA.
　　Fig. 6　　：木曽川大堰・右岸
　　Fig. 7　　：Coburg Isl., CAN.
　　Fig. 8　　：Michigan Lake, MI-USA.
　　Figs 9-11　：Mammoth Cave N. P., KY-USA.
　　Figs 12-17：Zambezi Riv., Chobe N. P.-3, BWA.

Plate 76

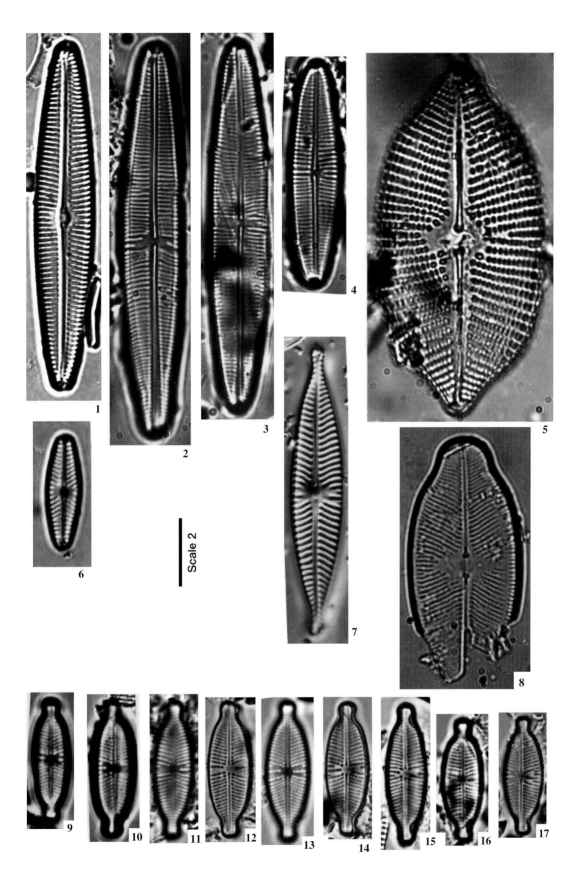

図版と図版解説

Plate 77   Fig. 2：Scale 1.5（×1350），　Figs 1, 3-14：Scale 2（×1800）

Scale bar：10 μm

Figs 1, 2 　：*Navicula volcanica* **Bahls & Potapova 2015**
Figs 3-11 ：*Navicula tridentula* **Krasske var.** *tridentula* **1923**
Figs 12-14：*Navicula bahusiensis*（**Grunow**）**Grunow var.** *bahusiensis* **1884**

　Figs 1, 2 　：Lake Tahoe, CA-USA.
　Figs 3-11 ：木曽川・春日井浄水場
　Figs 12-14：Orkney Isl., GBR.

Plate 77

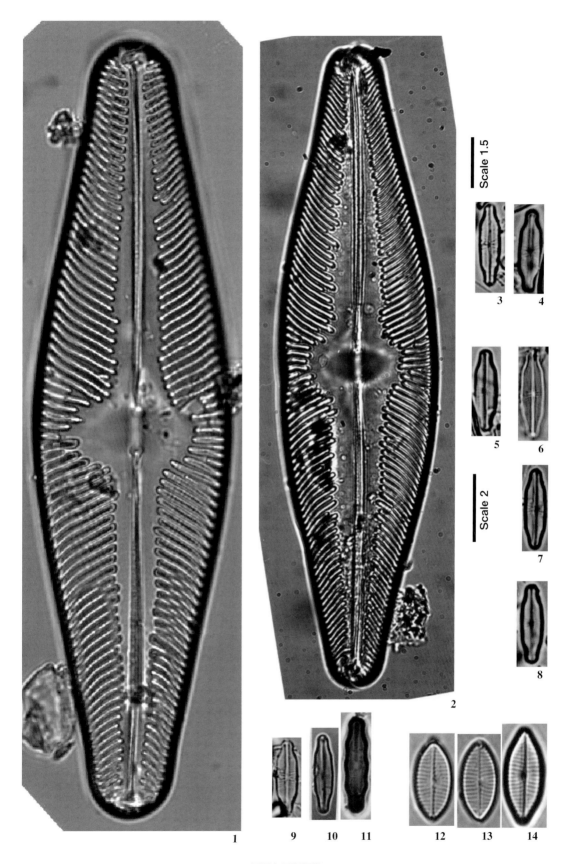

図版と図版解説 417

Plate 78 Figs 1-6：Scale 2（×1800） Scale bar：10 µm

Figs 1-3：*Navicula reinhardtii*（Grunow）Grunow var. *reinhardtii* 1877
Figs 4-6：*Navicula* sp.

Figs 1-3：Khuvsgul L., MNG.
Figs 4-6：L. Roca, Swamp-4, ARG.

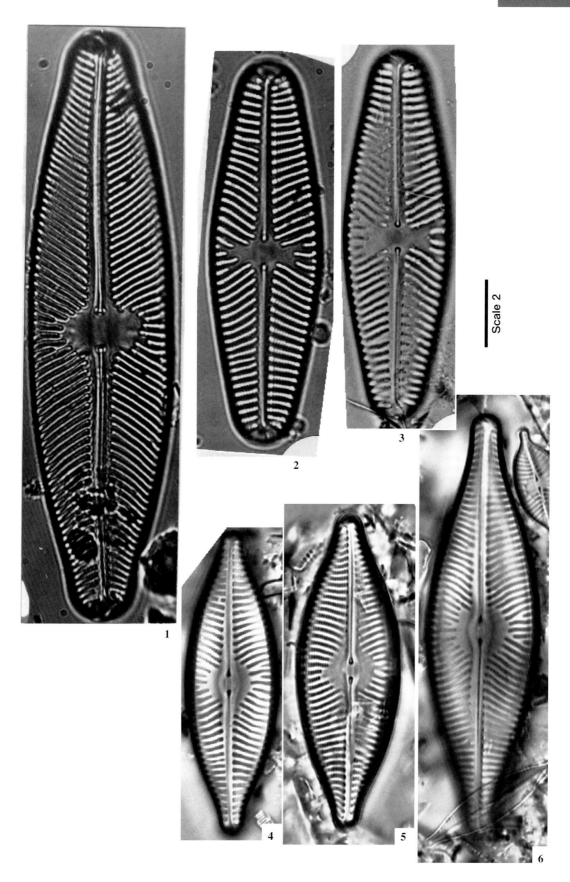

Plate 79   Figs 1-6：Scale 2（×1800）   Scale bar：10 μm

Figs 1-6：*Navicula reinhardtii*（Grunow）Grunow var. *cuneata* 1877 nom. nud.

Figs 1-6：Khuvsgul L., MNG.

Plate 79

1

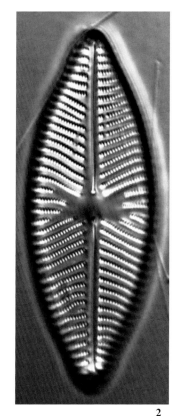

2

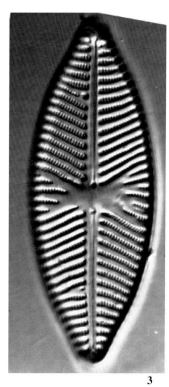

3

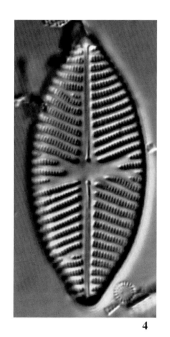

4

Scale 2

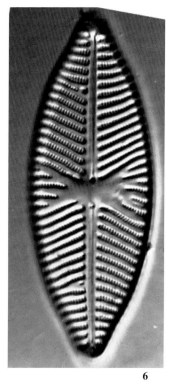

5

6

図版と図版解説

421

Plate 80 Figs 1-12：Scale 2（×1800） Scale bar：10 μm

Figs 1-12：*Navicula germainii* **J. H. Wallace 1960**

Figs 1-12：Lake Baikal, RUS.

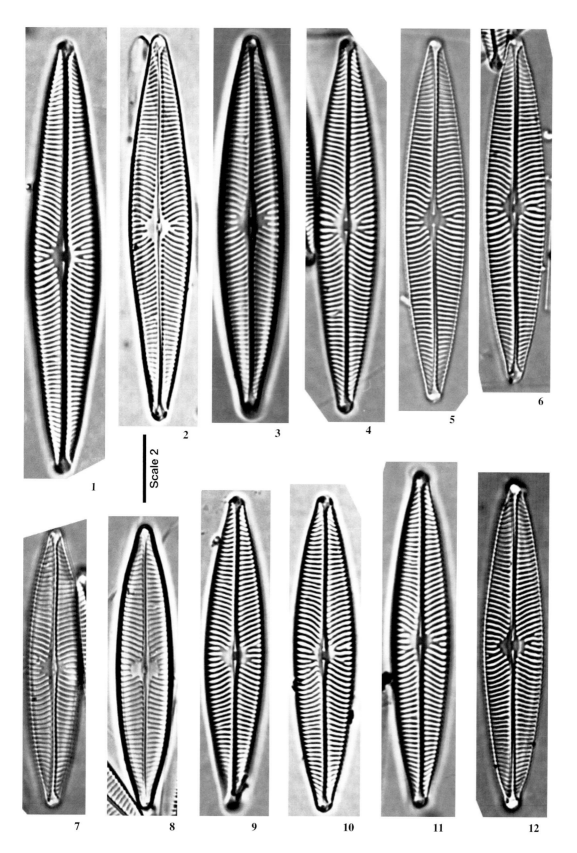

Plate 80

図版と図版解説

| Plate 81 | Figs 1-3：Scale 8（×7200）　SEM,　Figs 4-15：Scale 2（×1800） |

Scale bar：10 μm

Figs 1-15：*Navicula gregaria* **Donkin 1861**

Figs 1-15：木曽川・（広く分布：下流域に多い）

Plate 81

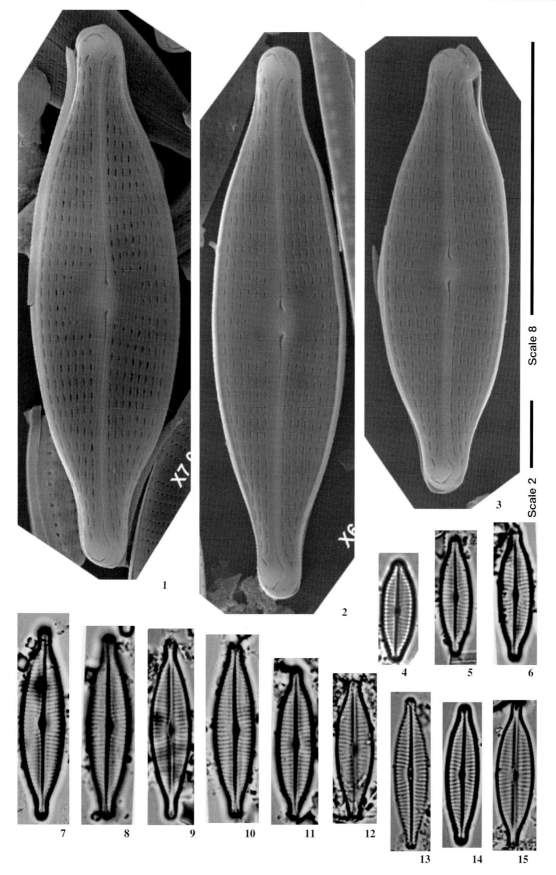

図版と図版解説

425

Plate 82 Figs 1-6：Scale 20 （×18000）　SEM,　　　Scale bar：2.5 μm
Figs 7, 8：Scale 10 （×9000）　SEM,
Figs 9-17：Scale 2 （×1800）　　　　　　　Scale bar：10 μm

Figs 1-17：*Navicula gregaria* Donkin 1861
　　Figs 1-6　：縦溝，相同型
　　Figs 7, 8　：縦溝中央，同一方向に曲がる

　　Figs 1-8　：木曽川・(全域に広く分布，特に下流部に多い)
　　Figs 9, 10　：荒川・坂戸市
　　Fig. 11　　：平井川-2・多摩川支流
　　Figs 12-17：Herschel Isl., CAN.

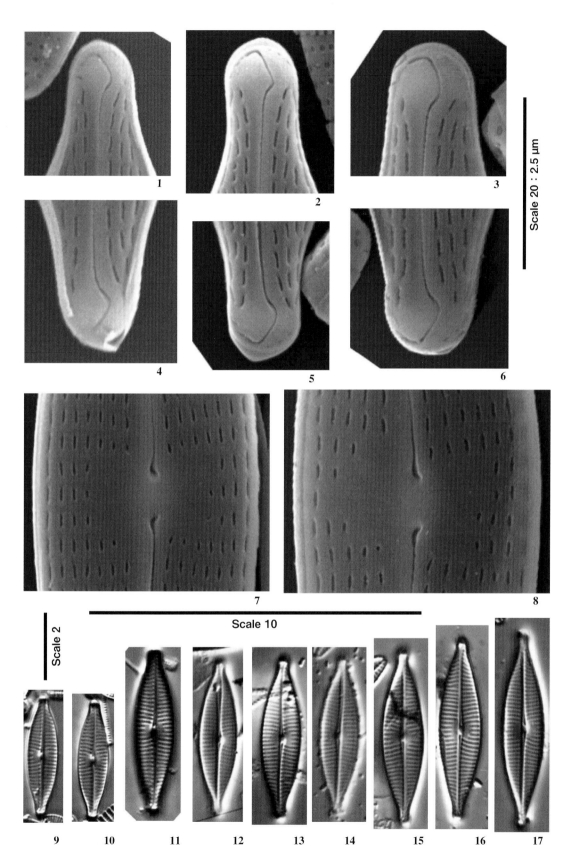

Plate 83   Fig. 1：Scale 2（×1800）， Figs 2-4：Scale 1.5（×1350）
Scale bar：10 μm

Figs 1-4：*Navicula oblonga*（Kütz.）Kütz. var. *oblonga* **1844**

Fig. 1　　：Fountain, Tallinn, EST.
Fig. 2　　：Plitvice Lake N. P., HRV.
Figs 3, 4：Suomenlinnaa Isl.-4, FIN.

Plate 83

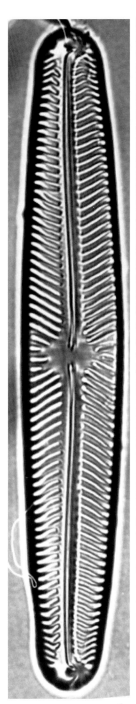

1

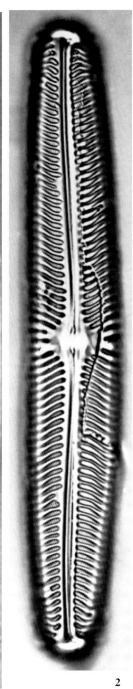

2

Scale 2

Scale 1.5

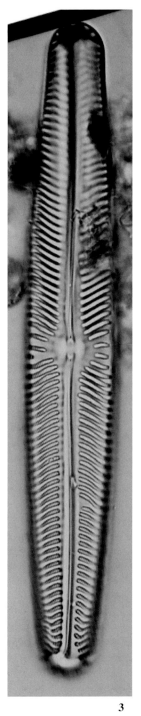

3

4

図版と図版解説

Plate 84 Figs 1-11：Scale 2（×1800） Scale bar：10 μm

Figs 1-4 ：*Navicula oblonga*（Kütz.）Kütz. var. *subcapitata* Pant. 1902
Fig. 5　　：*Navicula polaris* Lagerst. 1873
Figs 6-11：*Navicula viridulacalcis* Lange-Bert. ssp. *viridulacalcis* 2000

Figs 1-4 ：Herschel Isl., CAN.
Fig. 5　　：Byron Bay, Victoria Isl., CAN.
Figs 6, 7 ：荒川・坂戸市
Figs 8-11：手賀沼

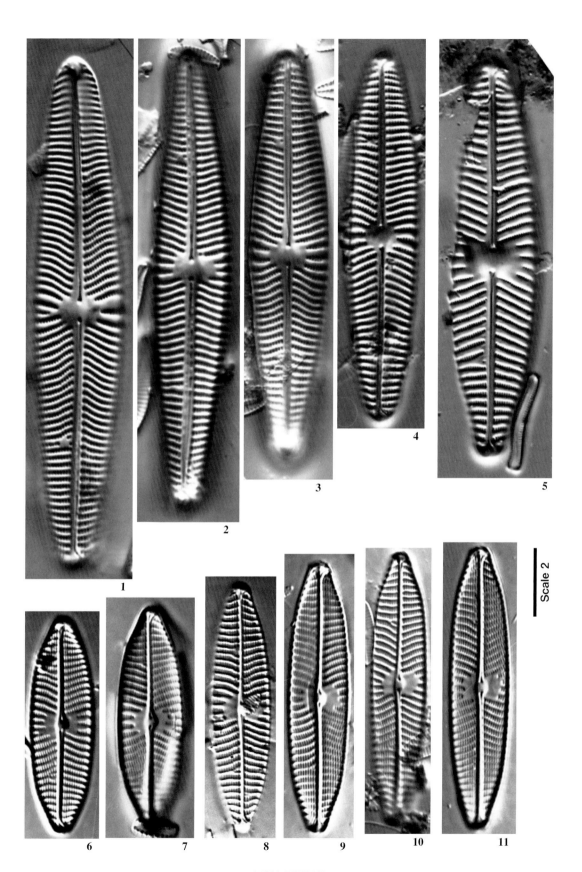

図版と図版解説

Plate 84

Plate 85　　Figs 1-8：Scale 2（×1800）　　　　　　Scale bar：10 μm

Figs 1-8：*Navicula viridula*（Kütz.）Ehrenb. var. *viridula* 1938

　　Fig. 1　：Chanplane Lake, CA-USA.
　　Figs 2, 3：手賀沼
　　Fig. 4　：Moss on Icefall, Gullfoss, ISL.
　　Fig. 5　：Mammoth Cave N. P., KY-USA.
　　Figs 6-8：手賀沼

Plate 85

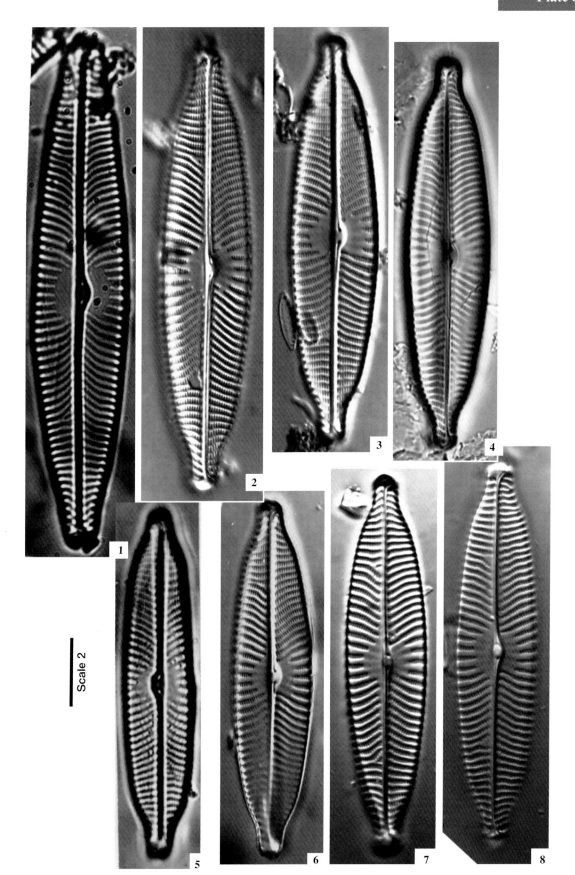

図版と図版解説

Plate 86   Figs 1-11：Scale 2（×1800）   Scale bar：10 μm

Figs 1-5 ：*Navicula viridulacalcis* Lange-Bert.
　　　　　ssp. *neomundana* Lange-Bert. & Rumrich 2000
Figs 6-8 ：*Navicula riediana* Lange-Bert. & Rumrich 2000
Figs 9-11：*Navicula watanabei* H. Fukush., Kimura & Ts. Kobayashi 2014（葉緑体）

　　Figs 1-4 ：Zambezi Riv., Chobe N. P.-3, BWA.
　　Fig. 5 　 ：Byron Bay, Victoria Isl., CAN.
　　Figs 6-8 ：蟹原水源・大久手池
　　Figs 9-11：荒川・坂戸市

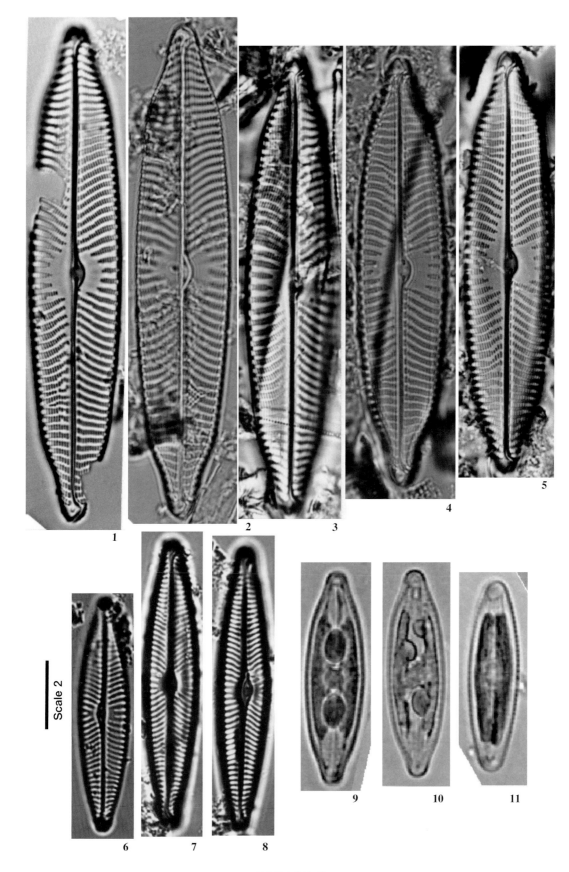

図版と図版解説

Plate 86

Plate 87 Figs 1-4：Scale 5（×4500） SEM, Figs 5-19：Scale 2（×1800）
Scale bar：10 µm

Figs 1-19：*Navicula watanabei* H. Fukush., Kimura & Ts. Kobayashi 2014

Figs 1-19：荒川・坂戸市

Plate 87

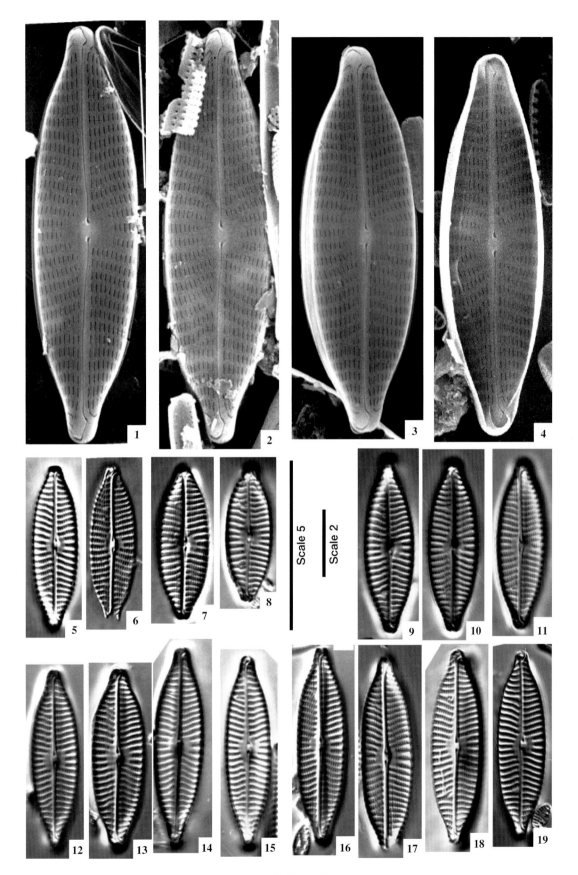

Plate 88　　Figs 1-21：Scale 2（×1800）　　　　Scale bar：10 μm

Figs 1-21：*Navicula rostellata* **Kütz. 1844**

  Figs 1-5　：木曽川・（下流部に広く見られる）
  Figs 6, 7　：十勝川・北海道
  Fgs 8-10　：西表島・牧場を流れる川
  Figs 11, 12：蟹原水源・滝の水池
  Figs 13-21：荒川・坂戸市

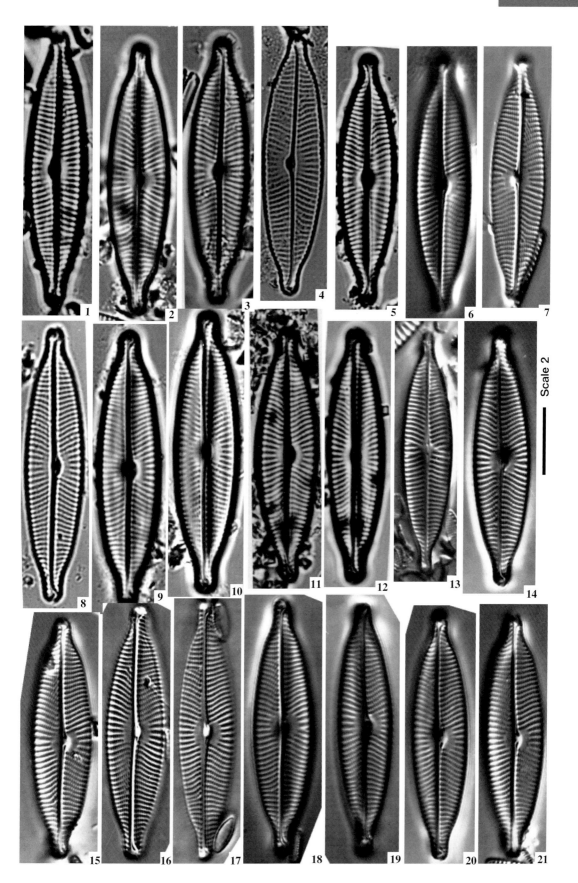

Plate 88

図版と図版解説

Plate 89　　Figs 1-56：Scale 2（×1800）　　　　　　　Scale bar：10 μm

Figs 1-56：*Navicula tanakae* H. Fukush., Ts. Kobayashi & Yoshit. 2002

　　Figs 1-56　　：湯河原温泉

　　Figs 1-4　　：珪殻の先端部は突出しない
　　Figs 5-8　　：先端部は強く突出する
　　Figs 9-12　　：珪殻の両側縁の中央部は強く湾曲する
　　Figs 13-16　：両側縁は平行である
　　Figs 17-20　：珪殻中央部の条線はほぼ平行である
　　Figs 21-24　：中央部の条線は放射状配列である
　　Figs 25-28　：小さい中心域をもつ
　　Figs 29-32　：中心域の大きさは staff side と distaff side はほぼ等しい
　　Figs 33-36　：中心域の大きさは stsff side のほうが distaff side より大きい
　　Figs 37-40　：Staff side より distaff side のほうが大きい
　　Figs 41-47　：Voigt fault は staff side の上と下にある
　　Fige 48, 49　：Distaff side の上側にのみある
　　Figs 50-53　：増大胞子の初生殻
　　Fig. 54　　　：Holotype
　　Figs 55, 56　：Isotype

Plate 89

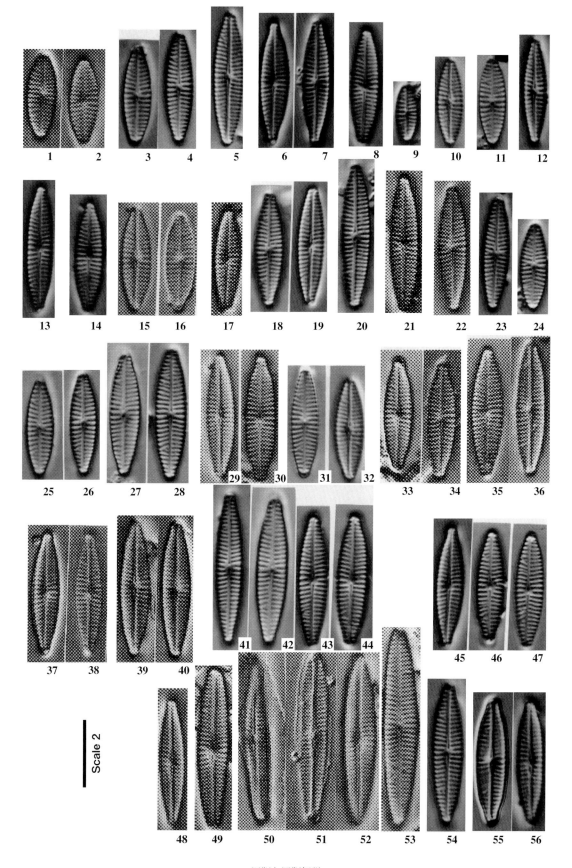

図版と図版解説

441

Plate 90　　Figs 1-18：Scale 2（×1800）　　　　Scale bar：10 µm

Figs 1-10 ：*Navicula tenelloides* Hust. 1937
Figs 11-14：*Navicula venerablis* M. H. Hohn & Hellerman 1963
Figs 15-18：*Navicula globulifera* Hust. var. *nipponica* Skvortsov 1936

Fig. 1　　　：十勝川・北海道
Fig. 2　　　：矢落川・愛媛県
Figs 3-10　：Khuvsgul L., MNG.
Fig. 11　　：小幡緑地・緑が池・北
Figs 12-14：木曽川・濃尾第一頭首工
Figs 15-18：木曽川・朝日取水場

Plate 90

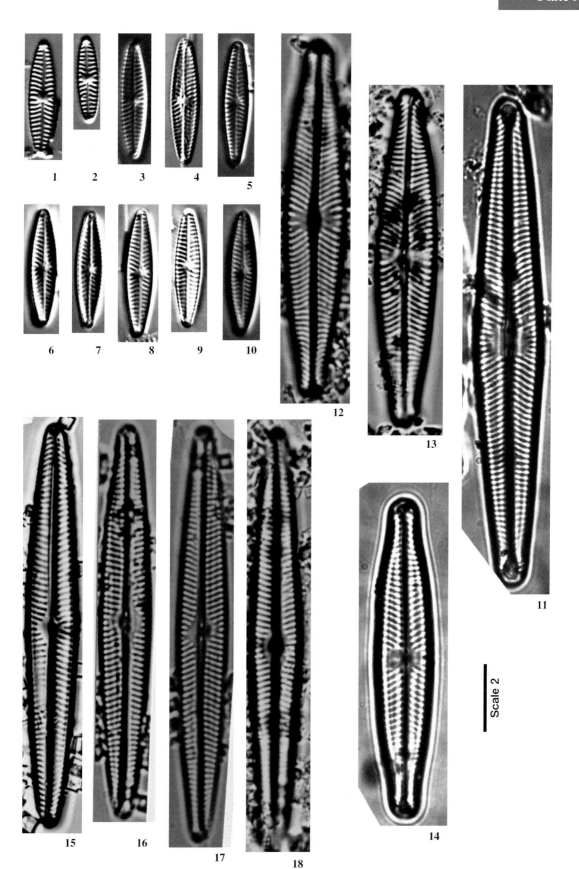

Plate 91　　Figs 1-20：Scale 2（×1800）　　　　Scale bar：10 μm

Figs 1-20：*Navicula amphiceropsis* Lange-Bert. & Rumrich 2000

　　Figs 1-8　　：木曽川・大治浄水場
　　Figs 9-11　：荒川・坂戸市
　　Fig. 12　　 ：平井川-1・多摩川支流
　　Figs 13, 14：沖縄・龍潭池
　　Figs 15, 16：与那国島・東崎・池
　　Figs 17-20：宮古島・池間島・湿地

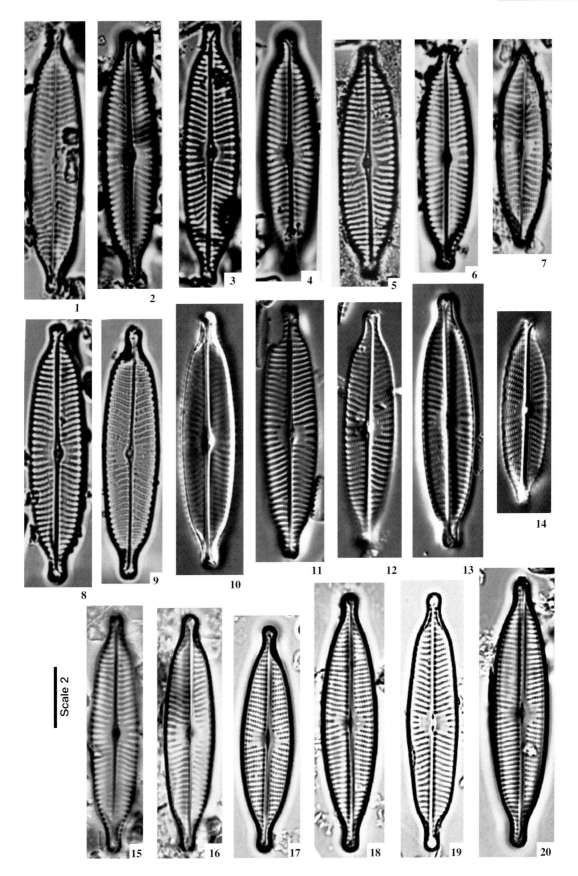

Plate 91

図版と図版解説 445

Plate 92   Figs 1-6：Scale 2 (×1800)　　　　Scale bar：10 μm

Figs 1-3：*Navicula peregrina* (Ehrenb.) Kütz. var. *peregrina* 1844
Figs 4-6：*Navicula erifuga* Lange-Bert. 1985

Fig. 1　：Skansen Isl., SWE.
Fig. 2　：木曽川・朝日取水口
Fig. 3　：Sibir P., RUS.
Figs 4-6：木曽川・犬山取水口

Plate 92

1

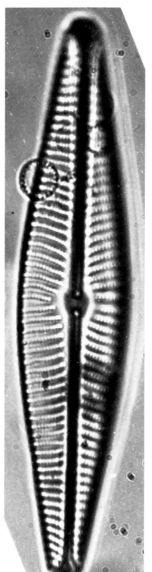

2

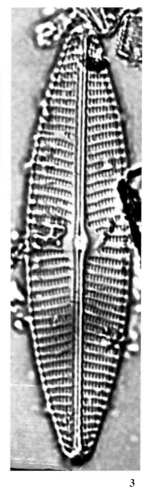

3

4　　5　　6

図版と図版解説　　447

Plate 93   Figs 1-16：Scale 2（×1800）   Scale bar：10 μm

Fig. 1　：*Naviculadicta parasemen* Lange-Bert. 1999
Figs 2-5　：*Naviculadicta absoluta*（Hust.）Lange-Bert. 1994
Figs 6-8　：*Naviculadicta ventraloconfusa*（Lange-Bert.）Lange-Bert. 1994
Figs 9-16：*Parlibellus crucicua*（W. Sm.）Witk., Lange-Bert. & Metzeltin 2000

Fig. 1　　：Byron Bay, Victoria Isl., CAN.
Figs 2, 3　：蟹原・湿地の小流
Figs 4, 5　：蟹原・才井戸流
Figs 6-8　：平川・沖縄県
Figs 9-15：木曽川・尾張大橋
Fig. 16　：Skansen Isl., SWE.

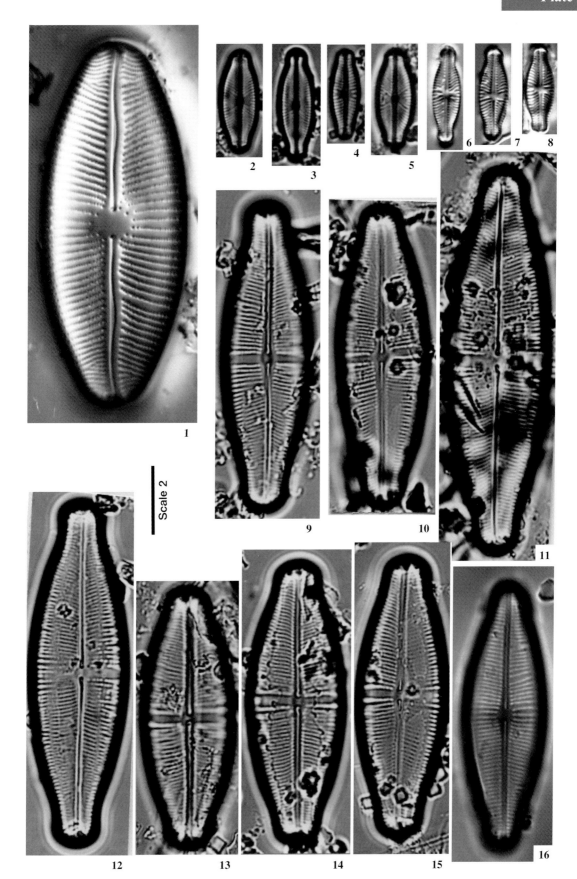

| Plate 94 | Figs 1-17：Scale 2（×1800） | Scale bar：10 μm |

Figs 1-6　：*Parlibellus integra*（W. Sm.）Ralfs 1861
Figs 7-10 ：*Parlibellus protracta*（Grunow）Witk., Lange-Bert. & Metzeltin var. *protracta* f. *protracta* 2000
Figs 11-14：*Parlibellus protractoides*（Hust.）Witk., Lange-Bert. & Metzeltin 2000
Fig. 15　 ：*Parlibellus protracta*（Grunow）var. *protracta* f. *elliptica*（Gallik）Witk., Lange-Bert. & Metzeltin 2000
Fig. 16　 ：*Pinnuavis genustriata*（Hust.）Lange-Bert. & Krammer 1999
Fig. 17　 ：*Pinnuavis elegans*（W. Sm.）Okuno 1975

Figs 1, 2 ：手賀沼
Fig. 3　　：Madeleine Falls-1, NCL.
Fig. 4　　：Pond Buckingham Palace, GBR.
Fig. 5　　：Plitvice Lake N. P., HRV.
Fig. 6　　：Sibir P., RUS.
Figs 7-10：Herschel Isl., CAN.
Fig. 11　 ：Stream, Venlo N., NLD.
Fig. 12　 ：Skinnarviks parken, SWE.
Fig. 13　 ：木曽川・立田樋門
Fig. 14　 ：Enam claw, WA-USA.
Fig. 15　 ：木曽川・（感潮域）
Fig. 16　 ：Khuvsgul L., MNG.
Fig. 17　 ：Tierra del Fuego N. P.-2, ARG.

Plate 94

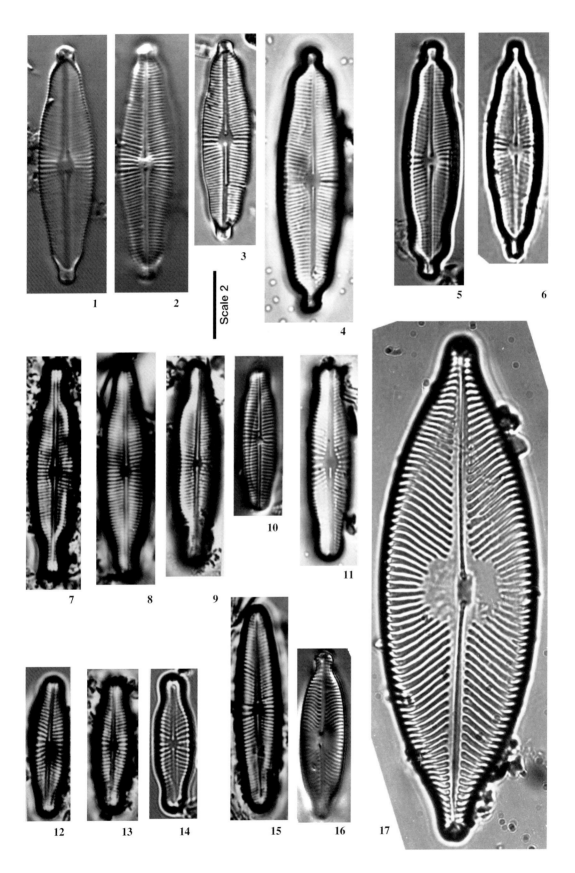

図版と図版解説   451

Plate 95　　Figs 1-4：Scale 1.5（×1350），　Fig. 5：Scale 2（×1800）

Scale bar：10 μm

Figs 1-4：*Pinnuavis elegans*（W. Sm.）**Okuno 1975**
Fig. 5　：*Pinnuavis* **sp.**

　　Figs 1, 2：Stream（Trail side），ARG.
　　Fig. 3　：Herschel Isl., CAN.
　　Fig. 4　：Yosemite Pond-3, CA-USA.
　　Fig. 5　：Chanplane Lake, CA-USA.

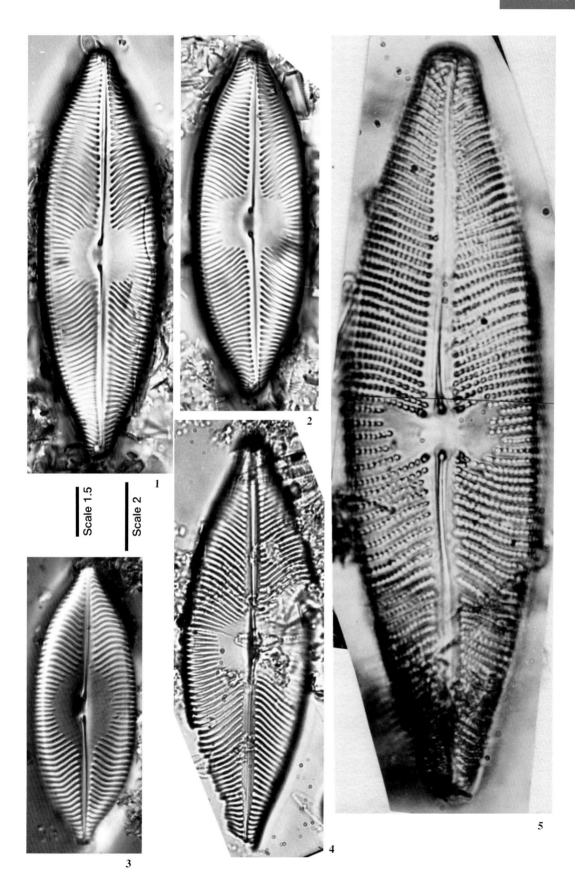

Plate 95

図版と図版解説 453

Plate 96 Figs 1-31：Scale 2（×1800） Scale bar：10 μm

Figs 1-4 ：*Placoneis hambergii*（Hust.）Bruder 2007
Fig. 5 ：*Placoneis modica*（Hust.）Kimura, H. Fukush. & Ts. Kobayashi nov. comb.
Figs 6-15 ：*Placoneis anglophila*（Lange-Bert.）Lange-Bert. var. *anglophila* 2005
Figs 16-31：*Placoneis undulata*（Østrup）Lange-Bert. 2000

Fig. 1 ：森林公園・岩本池
Figs 2-4 ：the Nile（wharf）, Aswan, EGY.
Fig. 5 ：Zambezi Riv. Pier, BWA.
Figs 6, 7 ：Mammoth Cave N. P., KY-USA.
Figs 8-13 ：Zambezi Riv., Chobe N. P.-3, BWA.
Figs 14, 15：the Nile, Aswan, EGY.
Figs 16-27：木曽川・（広く分布）
Fig. 28 ：Honolulu Res., HI-USA.
Figs 29, 30：Disney World, FL-USA.
Fig. 31 ：Mulu N. P.-2, MYS.

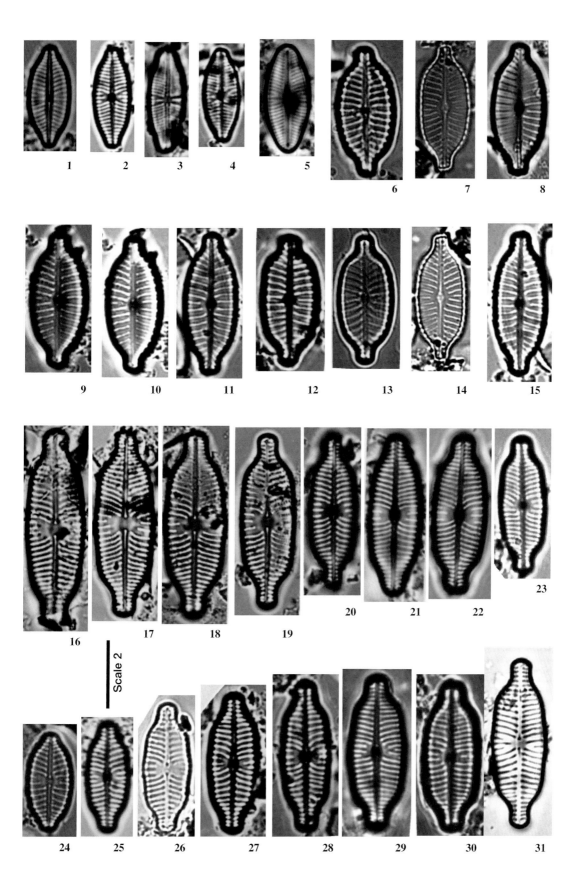

Plate 96

| Plate 97 | Figs 1-25：Scale 2（×1800） | Scale bar：10 μm |

Figs 1-11 ：*Placoneis elginensis*（W. Greg.）E. J. Cox var. *elginensis* 1987
Fig. 12　　：*Placoneis constans*（Hust.）E. J. Cox var. *constans* 1987
Figs 13-25：*Placoneis elginensis* Moser, Steindorf & Lange-Bert. 1995（P. 233 参照）

　　Figs 1-10 ：木曽川・草井～濃尾大橋
　　Fig. 11　　：Zambezi Riv. Pier, BWA.
　　Fig. 12　　：森林公園・岩本池
　　Fig. 13　　：小幡緑地・緑が池・東
　　Figs 14-25：蟹原・才井戸流

Plate 97

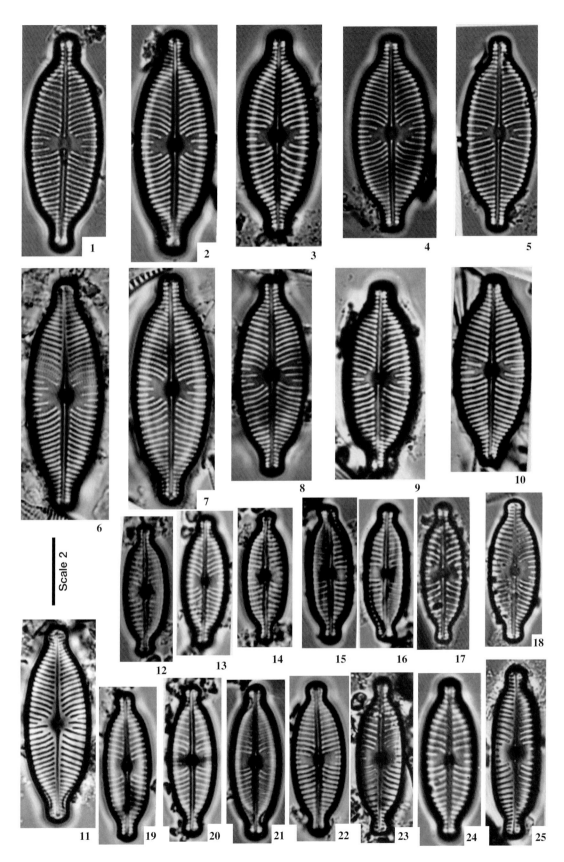

図版と図版解説

457

Plate 98   Figs 1-17：Scale 2（×1800）   Scale bar：10 μm

Figs 1-8　：*Placoneis pseudanglica*（Lange-Bert.）E. J. Cox var. *pseudanglica* 1987
Figs 9-14　：*Placoneis anglica*（Ralfs）E. J. Cox 2003
Figs 15, 16：*Placoneis subplacentula*（Hust.）E. J. Cox 1987
Fig. 17　　：*Placoneis explanata*（Hust.）Lange-Bert. 2000

Figs 1-6　　：沖縄・龍潭池
Figs 7-10　：Victoria Falls-2, BWA.
Figs 11, 12：木曽川・可児川・広瀬橋
Figs 13, 14：Mammoth Cave N. P., KY-USA.
Figs 15, 16：Khuvsgul L., MNG.
Fig. 17　　：木曽川・朝日取水口

Plate 98

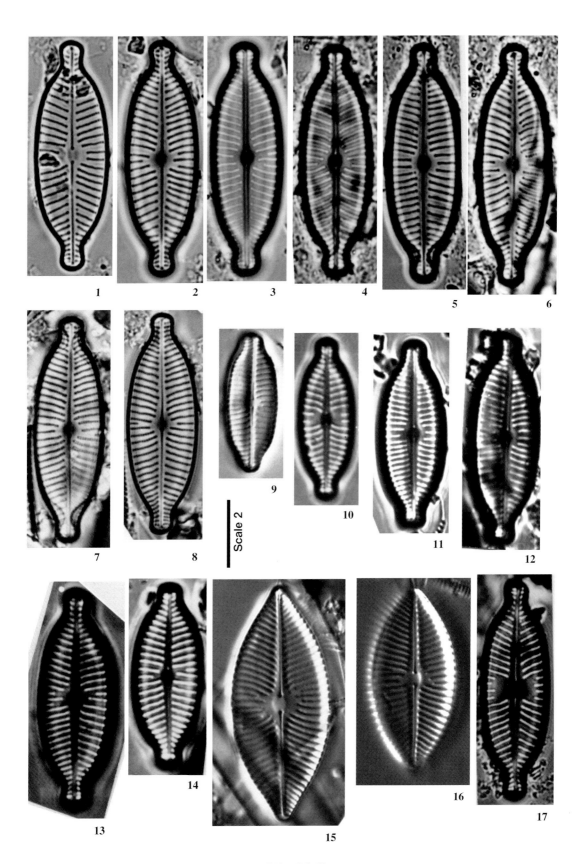

図版と図版解説

Plate 99   Figs 1-15：Scale 2（×1800）   Scale bar：10 μm

Figs 1-8　：*Placoneis amphipunctata* Kimura, H. Fukush. & Ts. Kobayashi nom. nud.
Figs 9-12 ：*Placoneis exigua*（W. Greg.）Mereschk. var. *exigua* 1903
Figs 13-15：*Placoneis* sp.-1

　Figs 1-8　 ：Zambezi Riv. Pier, BWA.
　Figs 9-12 ：木曽川・濃尾第一頭首工
　Figs 13-15：Zambezi Riv. Pier, BWA.

Plate 99

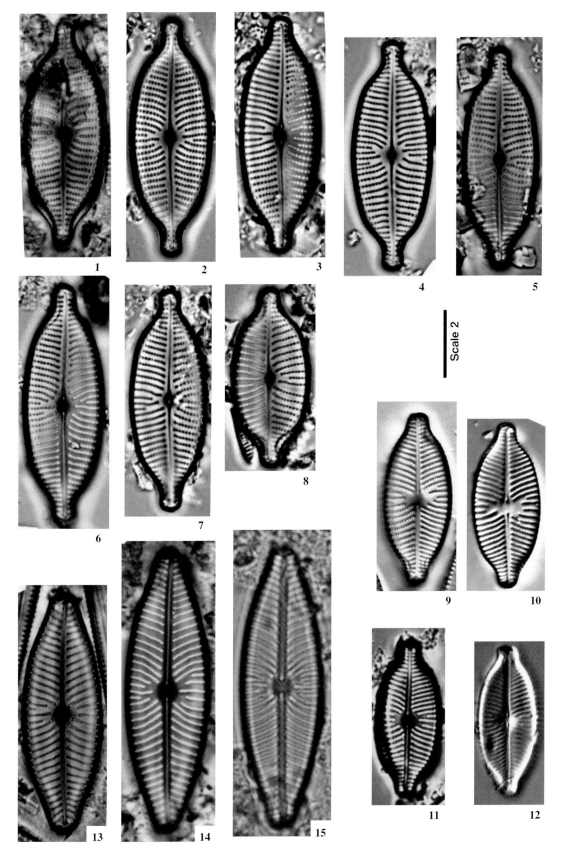

図版と図版解説

Plate 100   Figs 1-17：Scale 2（×1800）   Scale bar：10 μm

Figs 1-14 ：*Placoneis clementis*（Grunow）E. J. Cox var. *clementis* 1987
Figs 15, 16：*Placoneis clementioides*（Hust.）E. J. Cox var. *clementioides* 1987
Fig. 17　　：*Placoneis* sp.-2

Figs 1-14 ：木曽川・（下流域に普通に見られる）
Figs 15, 16：Khuvsgul L., MNG.
Fig. 17　　：Lake Baikal, RUS.

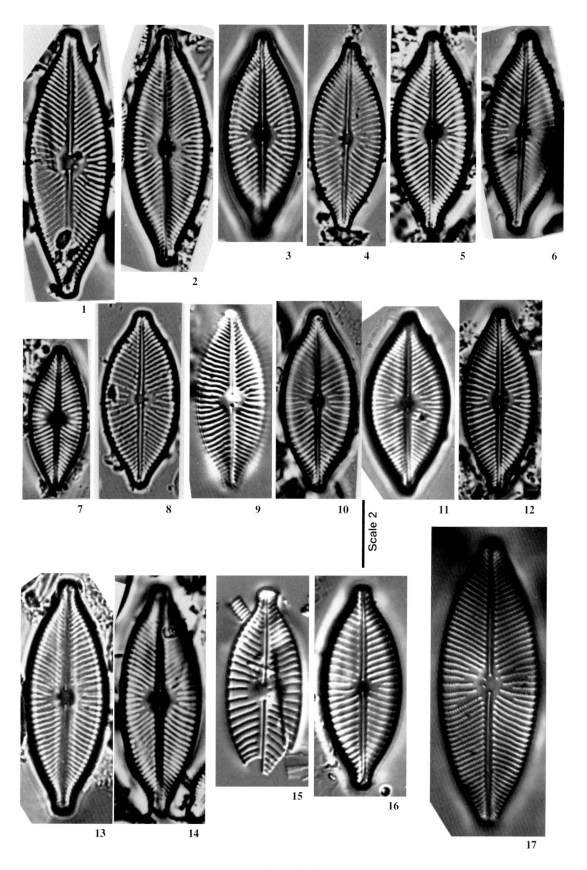

図版と図版解説

| Plate 101 | Figs 1-18：Scale 2（×1800） | Scale bar：10 μm |

Figs 1-18：*Placoneis abundans* Metzeltin, Lange-Bert. & García-Rodríguez 2005

Figs 1-18：木曽川・(下流部で普通に見られる)
　Figs 1-6 の上の数字は遊離点数
　Figs 7-12 の上の数字は中心域を形成する条線数

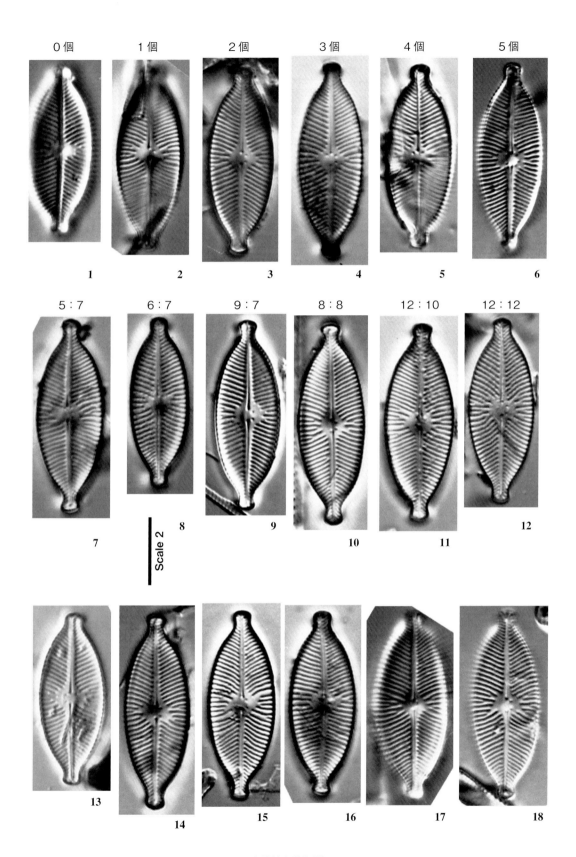

Plate 101

Plate 102　　Figs 1-6：Scale 2（×1800）　　　　　　Scale bar：10 μm

Figs 1-3：***Placoneis intermixta***（Hust.）**Kimura, H. Fukush. & Ts. Kobayashi nov. comb.**

Figs 4-6：***Placoneis omegopsis***（Hust.）**Kimura, H. Fukush. & Ts. Kobayashi nov. comb.**

Figs 1-6：Zambezi Riv., Chobe N. P.-3, BWA.

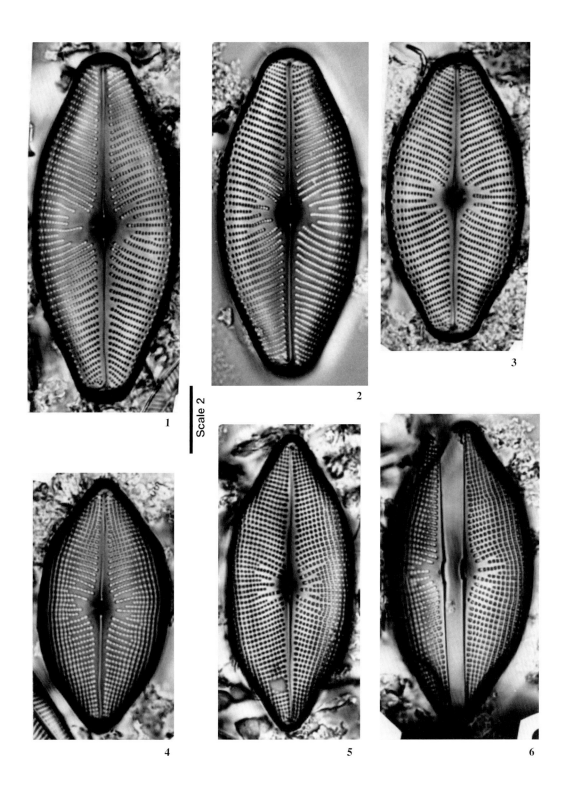

Plate 103   Figs 1-7：Scale 2（×1800）   Scale bar：10 μm

Figs 1, 2：*Placoneis maculata*（Hust.）**Levkov 2007**
Figs 3-7：*Placoneis concinna*（Hust.）**Kimura, H. Fukush. & Ts. Kobayashi nov. comb.**

Figs 1-7：Zambezi Riv., Chobe N. P.-2, BWA.

Plate 103

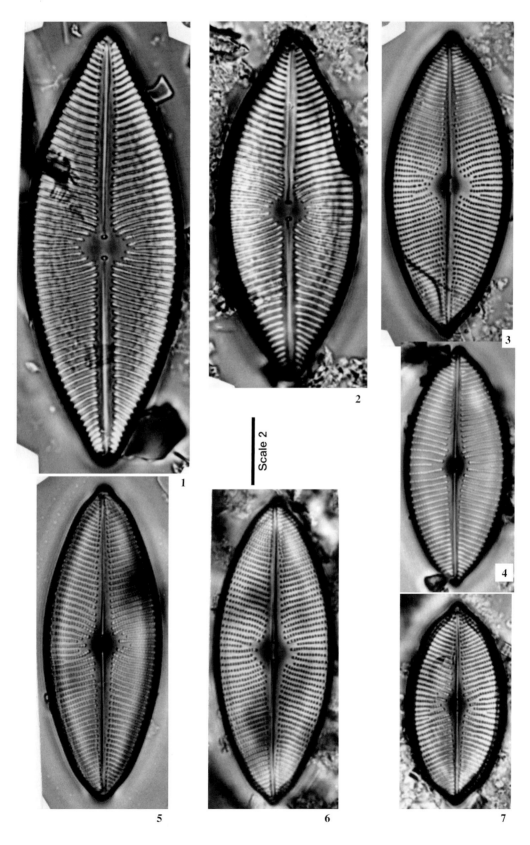

図版と図版解説

469

Plate 104   Figs 1-6：Scale 2（×1800），   Figs 7, 8：Scale 4（×3600）   SEM
Scale bar：10 µm

Figs 1-8：*Placoneis flabellata*（F. Meister）Kimura, H. Fukush. & Ts. Kobayashi 2015

Figs 1-8：Bantimurung Reserve-2, IDN.

Plate 104

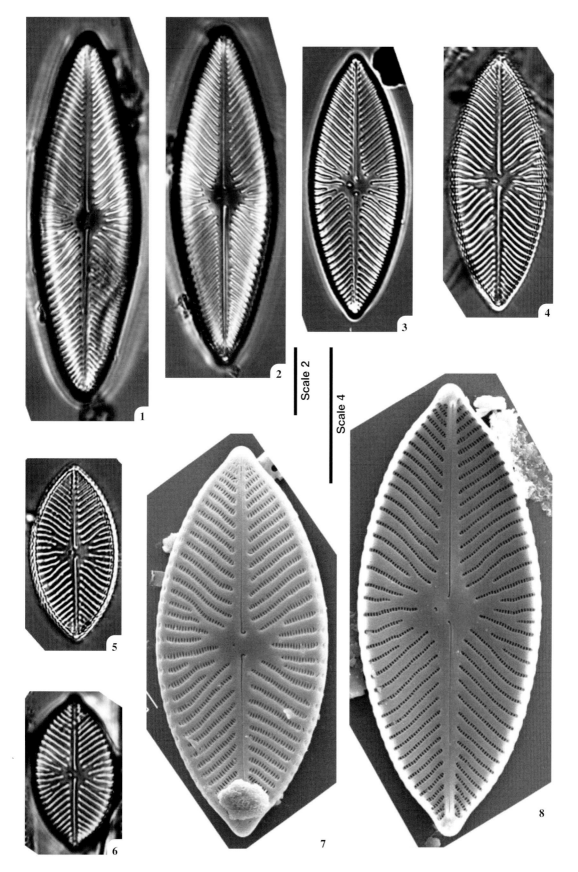

Plate 105 Figs 1-6：Scale 20（×18000）　　　　Scale bar： 1 μm
　　　　　　 Figs 7-11：Scale 2（×1800）　　　　　Scale bar：10 μm

Figs 1-11：*Placoneis flabellata*（F. Meister）Kimura, H. Fukush. & Ts. Kobayashi 2015
　　1-3：表面，4-6：裏面，7-11：LM, Scale 2, 11：増大胞子初生殻？

Figs 1-11：Bantimurung Reserve-2, IDN.

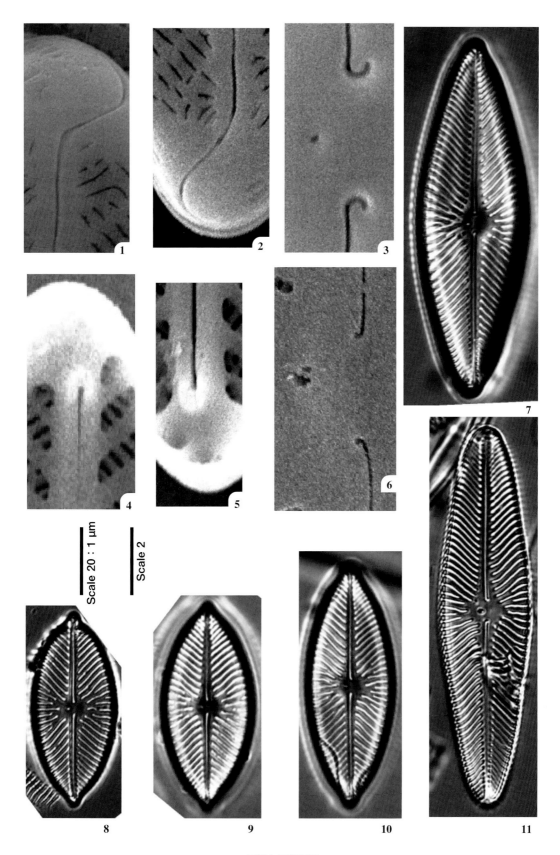

Plate 105

図版と図版解説

Plate 106　　Figs 1-7：Scale 2（×1800）　　　　　Scale bar：10 μm

Figs 1-7：*Placoneis gastrum*（Ehrenb.）**Mereschk. var.** *gastrum* **1903**

　Figs 1-4：木曽川・濃尾大橋・右岸
　Figs 5-7：Victoria Falls-3, ZWE.

Plate 106

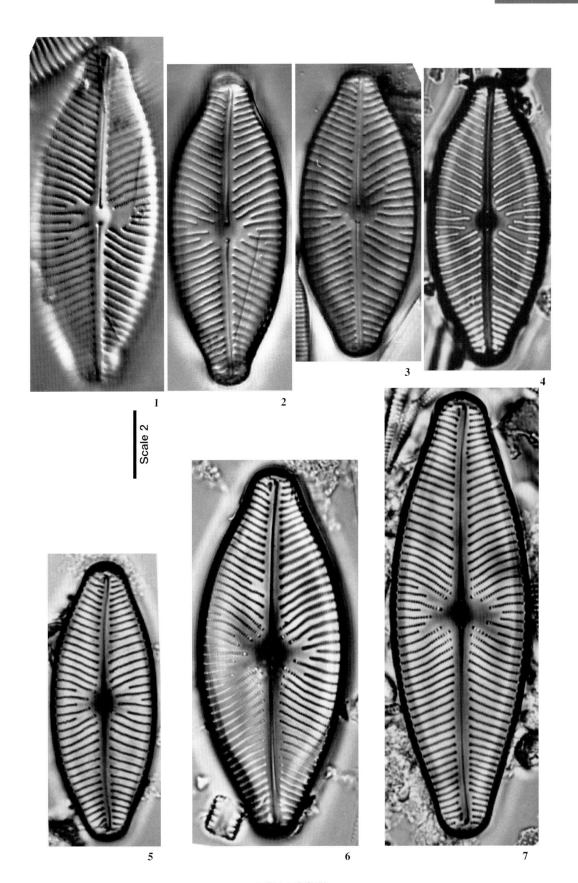

Plate 107 Figs 1-14：Scale 2（×1800） Scale bar：10 μm

Figs 1-4 ：*Placoneis gastrum*（Ehrenb.）Mereschk. var. *gastrum* 1903
Figs 5-14：*Placoneis gastrum* var. **rostrata** Kimura & H. Fukush. nom. nud.

Figs 1-4 ：木曽川橋・右岸
Figs 5-14：the Nile, Aswan, EGY.

Plate 107

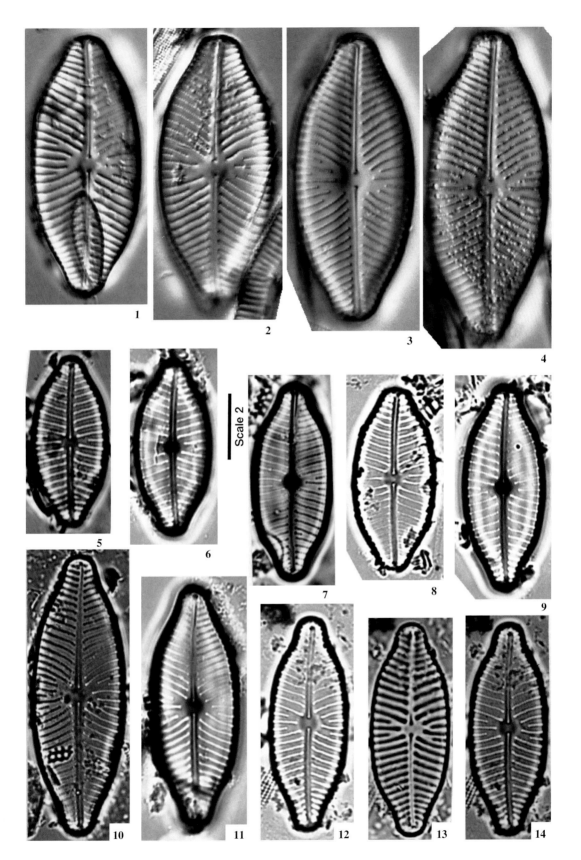

図版と図版解説

477

Plate 108   Figs 1-8：Scale 2 (×1800)   Scale bar：10 μm

Figs 1, 2：*Placoneis amphibola* (Cleve) E. J. Cox var. *amphibola* f. *amphibola* 2003
Figs 3-5：*Placoneis densa* (Hust.) Lange-Bert. 2005
Figs 6-8：*Placoneis placentula* var. *latiuscula* (Grunow) Bukhiyarova 1995

Figs 1, 2：Holman, Victoria Isl., CAN.
Figs 3-5：Zambezi Riv., Chobe N. P.-2, BWA.
Fig. 6　：Swan Riv., Perth, AUS.
Figs 7, 8：Chanplane Lake, CA-USA.

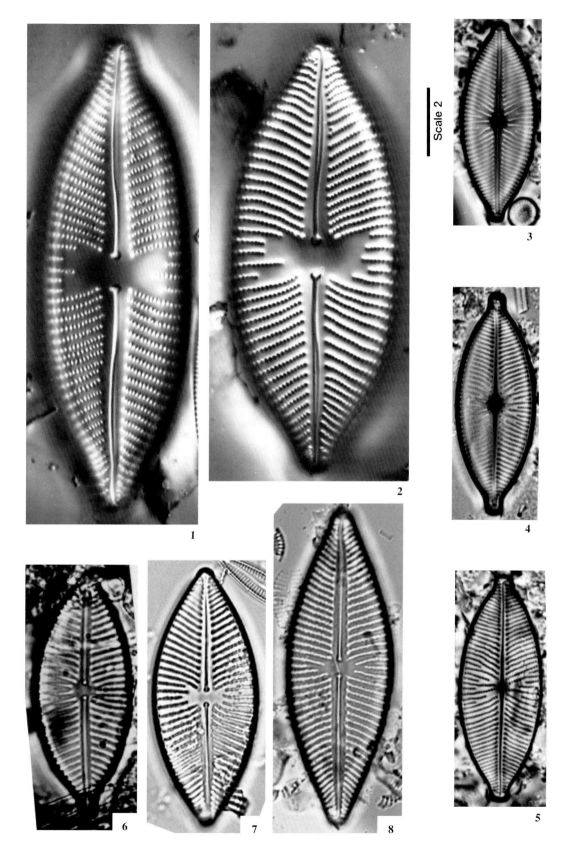

Plate 108

図版と図版解説

Plate 109　　Figs 1-57：Scale 2（×1800），　Fig. 58：Scale 5（×4500）　SEM

Scale bar：10 μm

Figs 1-14 ：*Sellaphora stroemii*（Hust.）H. Kobayasi 2002
Figs 15-41：*Sellaphora seminulum*（Grunow）D. G. Mann 1989
Figs 42-58：*Sellaphora japonica*（H. Kobayasi）H. Kobayasi 1998

　　Figs 1-14 　：木曽川・春日井浄水場
　　Figs 15-20：蟹原・湿地の小流
　　Figs 21-41：蟹原・才井戸流
　　Fig. 42　　：木曽川・春日井浄水場
　　Figs 43, 44：蟹原・湿地の小流
　　Figs 45-49：沖縄・源河川・下流
　　Figs 50-58：木曽川・（広く分布する）

Plate 109

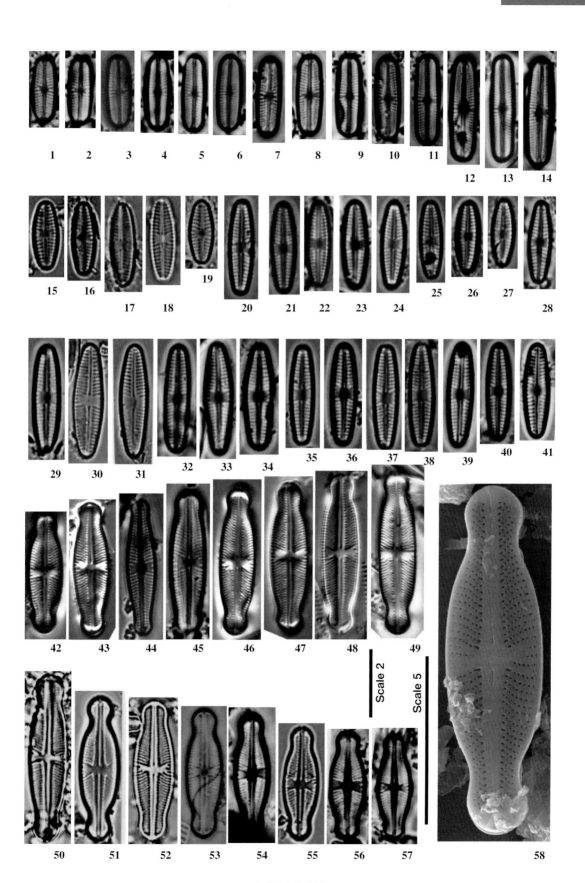

図版と図版解説

481

Plate 110　　Figs 1-16：Scale 2（×1800）　　　　　　　Scale bar：10 μm

Figs 1-9　　：*Sellaphora laevissima*（Kütz.）D. G. Mann 1989
Figs 10-12：*Sellaphora uruguayensis* Metzeltin, Lange-Bert. & García-Rodríguez 2005
Figs 13-15：*Sellaphora* sp.
Fig. 16　　：*Sellaphora americana*（Ehrenb.）D. G. Mann var. *americana* 1989

　　Figs 1-8　　：森林公園・岩本池
　　Fig. 9　　　：木曽川・立田樋門
　　Fig. 10　　：the Amazon, Camp Bakuya, ECU.
　　Fig. 11　　：木曽川・鳥居松沈殿池
　　Fig. 12　　：蟹原・才井戸流
　　Figs 13-15：Zambezi Riv., Chobe N. P.-2, BWA.
　　Fig. 16　　：森林公園・岩本池

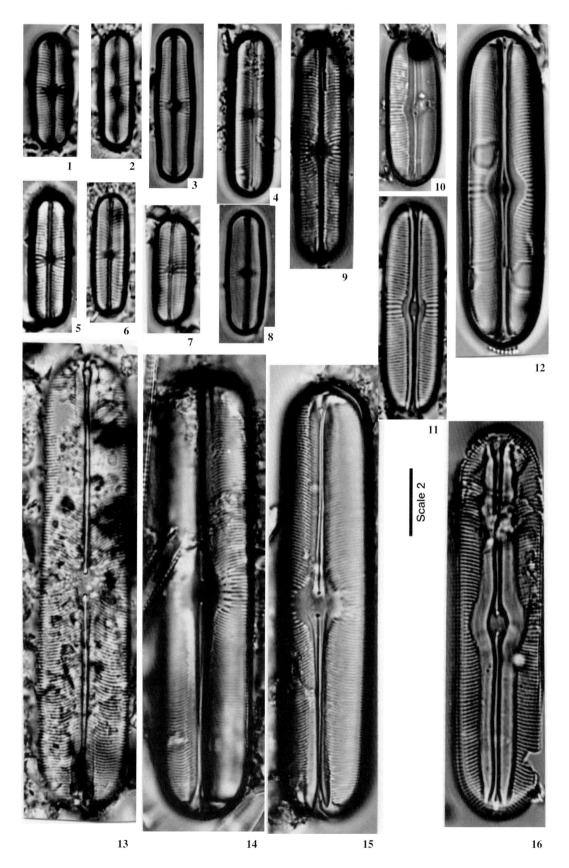

図版と図版解説

Plate 110

483

Plate 111　　Figs 1-7, 9-21：Scale 2（×1800），　Fig. 8：Scale 5（×4500）　SEM
　　　　　　　　　　　　　　　　　　　　　　　　　　　　　　　　　　Scale bar：10 μm

Figs 1-7：*Sellaphora laevissima*（**Kütz.**）**D. G. Mann 1989**
　　　（very coarse type：条線が粗な型：P. 238 参照）
Figs 8-21：*Sellaphora pupula*（**Kütz.**）**Mereschk. var.** *pupula* **1902**

　　Fig. 1　　：Holman, Victoria Isl., CAN.
　　Figs 2, 3　：Green Valley Lake, CA-USA.
　　Figs 4-7　：J. F. Kenedy Space Center, FL-USA.
　　Figs 8-19　：蟹原・才井戸流
　　Figs 20, 21：小幡緑地・湿地

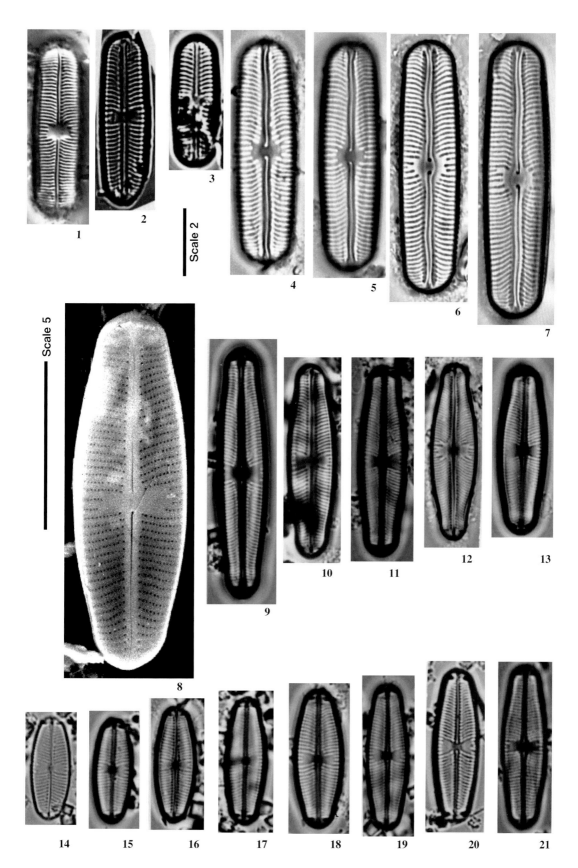

Plate 111

Plate 112　　Figs 1-14：Scale 2（×1800）　　　　Scale bar：10 μm

Figs 1-6　：*Sellaphora rectangularis*（W. Greg.）**Lange-Bert. & Metzeltin 1996**
Figs 7-11　：*Sellaphora mutatoides* **Lange-Bert. & Metzeltin 2002**
Figs 12-14：*Sellaphora mutata*（Krasske）**Lange-Bert. 1996**

Figs 1-6　　：木曽川・（多くはないが広く分布する）
Figs 7-9　　：Zambezi Riv. Pier, BWA.
Fig. 10　　：the Nile（Aswan High Dam），Abusiimbel, EGY.
Fig. 11　　：Zambezi Riv. Pier, BWA.
Figs 12, 14：Zambezi Riv., Chobe N. P.-2, BWA.
Fig. 13　　：the Amazon, Village of Koffan, ECU.

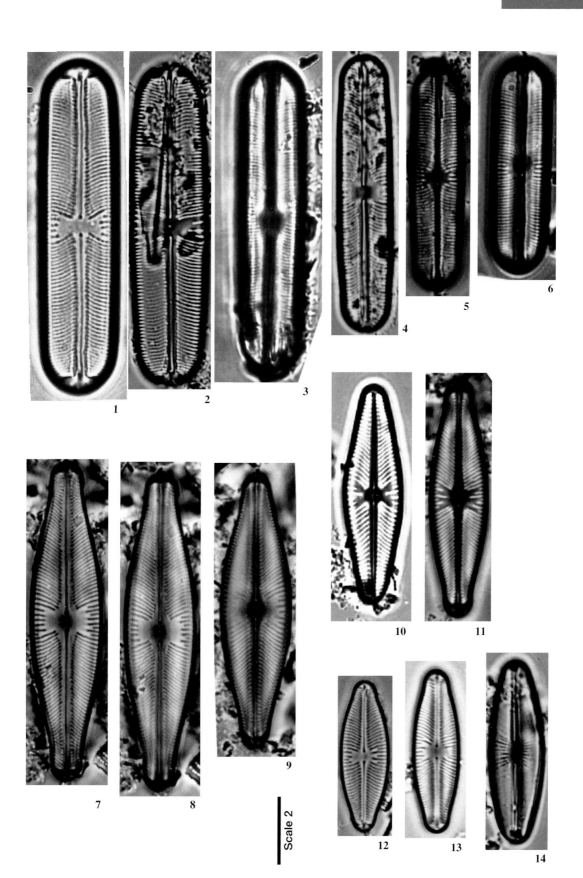

図版と図版解説 487

Plate 112

Plate 113 Figs 1-19：Scale 2（×1800） Scale bar：10 µm

Figs 1-16 ：*Sellaphora capitata* **D. G. Mann & S. M. McDonald 2004**
　　　　　（pupula group）
Figs 17-19：*Sellaphora parapupula* **Lange-Bert. 1996**
　　　　　（pupula group）

　Figs 1-16：木曽川・濃尾大橋〜草井
　Fig. 17　：白樺湖
　Fig. 18　：宮古島・池間島・湿地
　Fig. 19　：Yakutsk, Siberia, RUS.

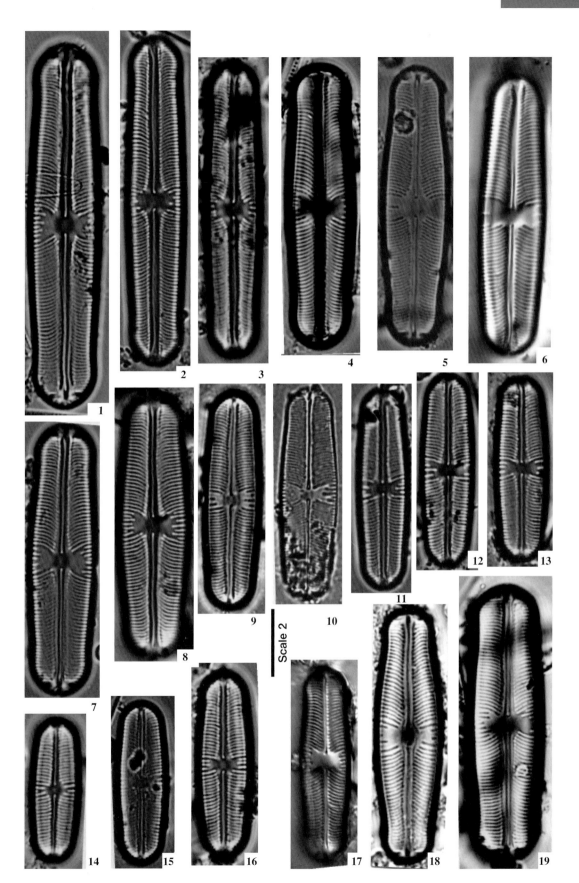

Plate 113

図版と図版解説

Plate 114   Figs 1-16：Scale 2（×1800）   Scale bar：10 μm

Figs 1-8　：*Sellaphora mantasoana* Metzeltin & Lange-Bert. 2002
Figs 9, 10　：*Sellaphora disjuncta*（Hust.）D. G. Mann 1989
Figs 11-13：*Sellaphora omuelleri* Metzeltin & Lange-Bert. 2002
Figs 14-16：*Sellaphora bacilloides*（Hust.）Levkov, Krstic & Nakov 2006

Figs 1-8　　：Zambezi Riv. Pier, BWA.
Figs 9, 10　：蟹原・才井戸流
Figs 11-13：Zambezi Riv. Pier, BWA.
Fig. 14　　：Lake Baikal, RUS.
Figs 15, 16：Khuvsgul L., MNG.

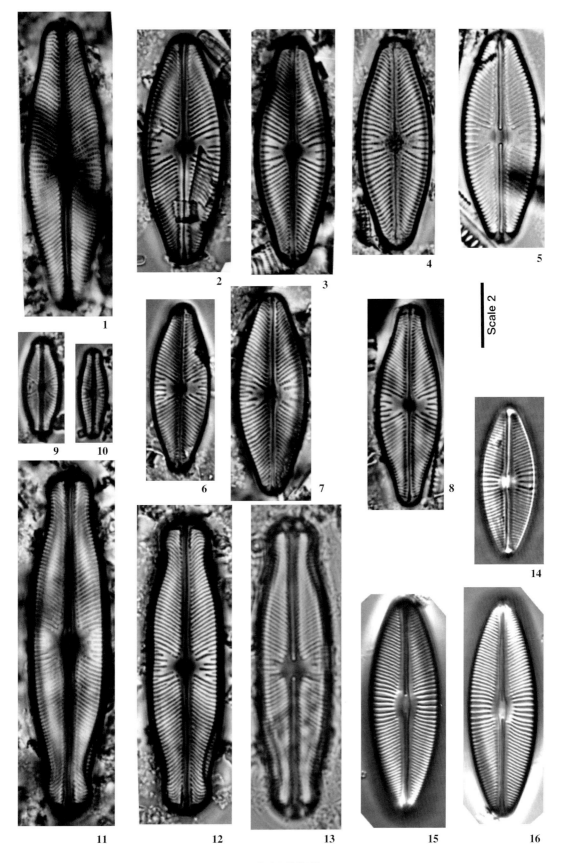

Plate 115　　Figs 1-9：Scale 2（×1800），　Figs 10-12：Scale 5（×4500）　SEM
　　　　　　　　　　　　　　　　　　　　　　　　　　　　　　　　　Scale bar：10 μm

Figs 1-12：*Sellaphora bacillum*（Ehrenb.）D. G. Mann 1989

　　Figs 1-6　：木曽川・（広範囲に分布）
　　Figs 7-9　：Lake Baikal, RUS.
　　Figs 10, 11：利根川
　　Fig. 12　　：江戸川

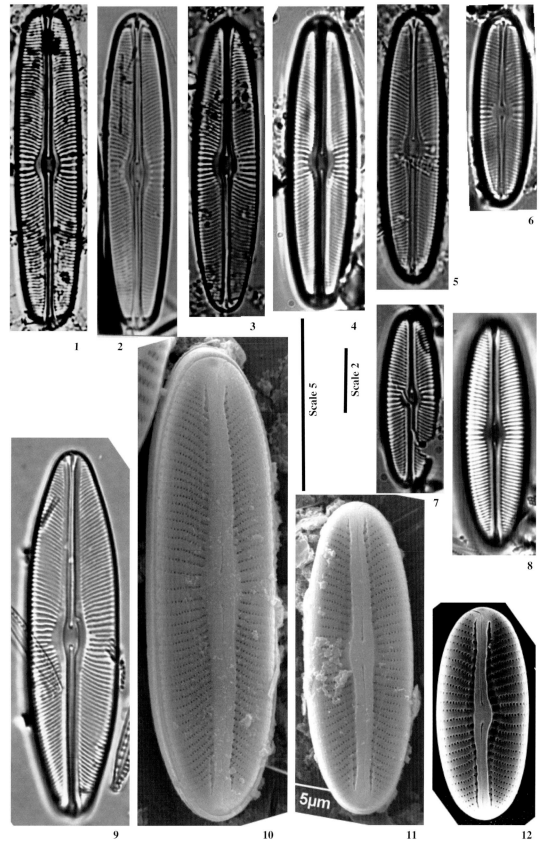

Plate 115

図版と図版解説

計測値
調査地点一覧
参考文献
種名一覧

計 測 値

計測値について

　殻長，殻幅，条線密度，点紋密度は種を同定するとき，重要な表徴になると考えられている．殻長，殻幅に関しては測り方が単純なので計測者による差異は小さいと考えられる．

　条線密度は測り方によって差が大きくなる．珪殻の中心域のある中央部側縁で計測したときが最も粗であり，先端が収斂するものでは先端部で計測すると最も密な結果となる．このことを踏まえ，「条線密度，点紋密度の計測法」（p. xiii 参照）に示したような計測法を本書では用いた．

　また，安定した値が得られるのは中心域を外れたところからボアグの欠落（Voigt fault）までの間である．中心域部とボアグの欠落の近辺では差が大きい傾向が見られる．

　このことは条線密度だけでなく点紋密度でもいえることである．

　点紋密度の計測の場合，条線を形成する点紋はほとんどの種では直線状でなく，弧状や波打ち，あるいは途中から曲がるような配列をしている．多くの場合，点紋の端から端までの距離を直線状に測っても大きな差を生じないが，本書では点紋配列の並びに沿って点紋の端から端までの距離を測定した．また，点紋密度は中央部で粗であり，末端部のほうが密になる種は非常に多い（木村・福島・小林 2009，珪藻学会大会口頭発表，福島・木村・小林 2012）．SEM 写真があるときには点紋密度の計測は容易であるが，フィルム写真しかないときには，フィルムをコンピューターに取り込み，画像を作成した．焦点が非常によく合ったフィルムは 5000～20000 倍に拡大することにより点紋が計測可能となる．このようにして多数の計測を行った．本文中の点紋密度の頻度分布の図，および図 4～6 の点紋密度の分布に示したように，点紋密度が密なほど，点紋密度の分布範囲は広くなる傾向があるようである．

　本書で計測した各計測値の一覧を記録しておく．

表1　計測値：殻長，殻幅

Species	殻長				殻幅			
	Min.	Av.	Max.	計測数	Min.	Av.	Max.	計測数
Adlafia muscora	10		23		3		5	
Adlafia sp.	12.2		14.8	15	2.2		2.9	15
Cavinula jaernefeltii	8		20		6		11	
Cavinula sp.	11.5		22		9		14	
Craticula perrotettii	73		188	10	20		40	10
Diadesmis confervacea	15	17.3	20	406	5	6.5	7.5	406
Fallacia tenera	11	12.8	14	23	4.4	5.5	6.3	23
Navicula absoluta	13	18.9	25	275	5.8	6.6	8	275
Navicula arctotenelloides	15	19.9	25	21	3.5	4.0	4.5	21
Navicula capitatoradiata	28	34.2	39	370	6.5	7.3	8.5	370
Navicula cryptocephala var. *cryptocephala*	22	28.7	36	141	5.1	5.9	6.9	141
Navicula cryptotenella	10	18.0	34	364	4	5.5	7	364
Navicula densilineolata	22	28.5	40	224	6	6.6	7.5	228
Navicula escambia	28	35.5	42	354	8	8.6	9	377
Navicula gregaria	23	29.0	35	241	6	7.0	8	241
Navicula irmengardis	30		64	38	8.5		12	38
Navicula lanceolata	33	41.6	51	252	8.5	10.0	11.5	252
Navicula mendotia	8.5	14.0	21.5	340	3.5	4.5	5.5	340
Navicula nipponica	30	42.8	57	87	7	8.4	9	87
Navicula notha	22	27.2	31	300	4.0	9.1	6.0	300
Navicula perminuta	8.5	13.0	16	266	2.5	3.2	4	266
Navicula pseudacceptata	9	11.4	13.5	50	3.5	3.9	4.5	50
Navicula reichardtiana	13.7	17.2	22.1	509	4.3	4.9	5.9	509
Navicula reinhardtii var. *cuneata*	48		65		17.5		21.5	
Navicula salinarum var. *salinarum* f. *minima*	14	20.9	34	318	6	7.1	9.5	318
Navicula salinarum var. *salinarum* f. *salinarum*	22	29.5	38	34	8	9.2	10.5	34
Navicula slesvicensis	33	41.5	57	320	9	9.8	11	320
Navicula streckerae	21	34.3	51	280	7.0	8.5	10	280
Navicula subalpina var. *schweigeri*	28	34.0	52	256	7	7.7	8.5	256
Navicula tanakae	10	16.7	31	300	3	4.2	5	300
Navicula tokachensis	6.2	6.7	7.5	75	2.5	2.9	3.2	75
Navicula tridentula var. *tridentula*	12.5	15.8	18	110	3	3.6	4	110
Navicula trivialis	27	38.8	53	41	8	9.6	12.5	41
Navicula veneta	14	21.2	36	984	4.5	5.3	7.0	984
Navicula viridula	30	49.5	65	304	9.5	10.4	11.5	304
Navicula watanabei	20.5	28.2	32	373	6.5	7.6	9	373
Navicula witkowskii	24	28.3	35	150	8	8.9	10.5	150
Navicula yuraensis	16	21.6	30	388	5	6.1	7.5	388
Placoneis abundans	21	26.1	31	325	7.5	9.3	11.7	325
Placoneis flabellata	22	33.6	62	424	12	13.9	17	424
Placoneis gastrum var. *gastrum*	36	46.7	66	45	15	18.9	23	45
Placoneis gastrum var. *rostrata*	21	29.7	41	63	10.5	12.1	14	63
Sellaphora pupula var. *pupula*	17	23.9	32	500	7	8.1	10	500

表2 計測値：条線密度，点紋密度

Species	条線密度 Min.	Av.	Max.	計測数	点紋密度 Min.	Av.	Max.	計測数
Adlafia muscora	26	29.9	32	99	38	52.9	71	662
Adlafia sp.	36		41		35	47.0	65	323
Aneumastus apiculatus					12	17.4	24	166
Aneumastus balticus					12	17.1	25	238
Aneumastus tusculus					10	14.2	20	80
Cavinula cocconeiformis					33	33.0	55	67
Cavinula jaernefeltii	23		26		28	31.9	37	35
Cavinula pseudoscutiformis					15	21.5	29	400
Cavinula scutelloides					10	15.1	19	83
Cavinula scutiformis					13	18.1	22	193
Cavinula sp.	20		22		16	19.2	23	46
Cosmioneis pusilla					10	17.8	23	321
Craticula ambigua					24	26.1	28	96
Craticula cuspidata					21	26.9	29	120
Craticula halophila					15	20.0	23	89
Craticula perrotettii	11		15		13	19.0	25	111
Craticula riparia var. *mollenhaueri*					30	41.0	53	128
Craticula sp.					14	17.9	21	199
Decussata obutusa					14	18.4	21	200
Decussata placenta					19	21.1	24	117
Diadesmis confervacea	16	21.0	26	812	15	19.0	24	84
Eolimna minima					42	49.8	58	71
Eolimna subminuscula					30	35.1	42	30
Fallacia helensis					28	35.3	40	72
Fallacia pygmaea（密度粗の taxa）					20	26.6	34	276
Fallacia tenera	16	18.1	21					
Geissleria similis	12	15.2	17	80				
Luticola aequatorialis					14	19.0	24	69
Luticola cohnii					12	18.3	25	231
Luticola dapaloides					11	18.5	26	
Luticola dapaloides f. *rostrata*					11	18.1	25	174
Luticola goeppertiana	17	22.8	31	95	17	22.8	28	95
Luticola minor					13	18.7	26	285
Luticola mitigata					15	18.1	21	85
Luticola mutica	10		20	248	10	12.6	20	248
Luticola nivalis					12	17.6	24	214
Luticola palaearctica					10	13.8	20	242
Luticola paramutica var. *binodis*					23	27.6	35	53
Luticola seposita var. *lanceolata*					10	12.8	20	248
Luticola urguayensis					10	17.7	25	237
Luticola ventricosa					14	20.0	26	76
Navicula absoluta	15	17.3	20	275	19	44.0	69	736
Navicula amphiceropsis					22	27.8	34	360
Navicula angusta					20	28.6	36	268
Navicula arctotenelloides	15	16.6	18	21				
Navicula arenaria var. *rostellata*					22	27.7	33	174
Navicula arkona					27	33.6	39	432
Navicula bourrellyivera					17	20.8	24	54
Navicula capitatoradiata	13	15.4	16	370	27	33.3	39	267

Species	条線密度				点紋密度			
	Min.	Av.	Max.	計測数	Min.	Av.	Max.	計測数
Navicula cataracta-rheni					23	29.0	39	479
Navicula caterva					28	37.4	46	100
Navicula cincta					23	27.5	34	80
Navicula concentrica					21	25.1	29	258
Navicula cryptocephala var. *cryptocephala*	14	15.1	16.5	141	33	36.2	38	67
Navicula cryptotenella	13	16.5	20	364	31	34.6	45	137
Navicula dealpina					20	25.3	32	70
Navicula defluens					23	28.4	34	160
Navicula densilineolata	11	12.8	15	460	21	24.6	34	254
Navicula eidrigiana					18	25.1	29	74
Navicula elsoniana					18	21.6	26	218
Navicula escambia	9	12.0	14	727	17	22.4	29	245
Navicula exiloides					26	32.0	38	179
Navicula expecta					27	30.4	33	35
Navicula globulifera var. *nipponica*					24	30.4	35	251
Navicula gregaria	15	16.3	18	241	30	34.0	40	54
Navicula irmengardis	7	10.4	12	152	27	31.2	39	93
Navicula iserentantii					15	20.1	24	168
Navicula lanceolata	9	10.3	12	252	23	31.6	37	342
Navicula leistikowii					26	32.9	38	150
Navicula luciae					20	25.4	30	207
Navicula mendotia	10	11.6	13	340	27	32.8	48	216
Navicula monilifera					10	13.2	17	72
Navicula moskalii					23	29.3	36	165
Navicula nipponica	9	9.8	11.5	87	22	27.6	33	288
Navicula notha	14	17.0	20	300	34	38.4	48	75
Navicula oblonga var. *oblonga*					19	26.4	32	286
Navicula oblonga var. *subcapitata*					20	22.9	29	220
Navicula oligotraphenta					19	25.0	29	250
Navicula oppugnata					19	25.0	27	323
Navicula peregrina					16	19.2	21	201
Navicula perminuta	14	16.0	19	266	29	32.5	59	226
Navicula polaris					25	28.2	30	79
Navicula pseudacceptata	16	17.2	19	50	31	39.0	45	106
Navicula pseudolanceolata					19	24.4	30	215
Navicula radiosa var. *radiosa*					16	21.9	28	240
Navicula radiosiola	12	13.9	15.5	240	26	30.1	35	237
Navicula recens					30	36.5	47	311
Navicula reichardtiana	14	15.7	18	509	31	34.6	41	237
Navicula reinhardtii var. *cuneata*	6.5		8		18	22.9	25	404
Navicula reinhardtii var. *reinhardtii*					18	22.8	25	144
Navicula rhynchocephala					17	24.6	32	495
Navicula rostellata					24	31.8	36	305
Navicula salinarum var. *salinarum* f. *minima*	15	17.2	19.5	318	30	44.5	56	518
Navicula salinarum var. *salinarum* f. *salinarum*	12	13.1	15	272	28	36.2	43	94
Navicula satoshii					37	42.1	48	233
Navicula simulata					24	28.0	40	101
Navicula slesvicensis	7	9.3	11	320	17	22.2	26	129

Species	条線密度				点紋密度			
	Min.	Av.	Max.	計測数	Min.	Av.	Max.	計測数
Navicula streckerae	8.5		10.5	280	16	22.3	29	273
Navicula subalpina var. *schweigeri*	12.5	14.2	17	256	30	35.5	49	344
Navicula subalpina var. *subalpina*					30	35.5	50	219
Navicula subrhynchocephala					15	23.0	29	471
Navicula tanakae	13	15.1	18	300				
Navicula tokachensis	24	26.4	28	150	38	54.6	77	219
Navicula trophicatrix					16	20.7	24	78
Navicula tridentula var. *tridentula*	28	29.9	32	110				
Navicula trivialis	10	12.9	16	328	22	27.6	33	224
Navicula vaneei					17	23.0	28	279
Navicula veneta	13	15.3	17.5	984	28	32.4	42	419
Navicula viridula	9	11.2	14	304	21	31.5	37	369
Navicula viridulacalcis ssp. *neomundana*					21	25.5	29	95
Navicula viridulacalcis ssp. *viridulacalcis*					22	27.3	32	264
Navicula vulpina					19	24.5	31	201
Navicula watanabei	9.5	10.3	11.5	373	22	29.2	37	682
Navicula wildii					20	24.5	28	130
Navicula witkowskii	11.5	14.0	16	150	30	36.1	56	409
Navicula yuraensis	10	12.5	14	388				
Navicula zanoni					24	29.3	35	222
Placoneis abundans	12	15.1	17.5	325	33	40.5	46	76
Placoneis amphibola					14	17.5	25	174
Placoneis amphipunctata					16	21.6	29	294
Placoneis concinna					20	25.1	30	117
Placoneis constans var. *constans*					24	28.6	35	178
Placoneis densa					26	30.9	36	212
Placoneis elginensis var. *elginensis*					23	28.7	38	226
Placoneis exiguiformis f. *capitata*					16	26.5	34	145
Placoneis flabellata	8.5	10.0	13	424	42	44.8	48	279
Placoneis gastrum var. *gastrum*	6.5	8.4	10	45	24	27.1	32	175
Placoneis gastrum var. *rostrata*	7	9.1	11	63	22	27.6	31	40
Placoneis intermixta					18	21.4	25	191
Placoneis omegopsis					14	17.8	27	430
Sellaphora bacillum					43	55.9	70	377
Sellaphora japonica					28	35.8	41	80
Sellaphora mantasoana					25	28.6	33	50
Sellaphora omuelleri					22	27.1	34	50
Sellaphora pupula var. *pupula*	14	19.3	25	500	37	43.5	53	78

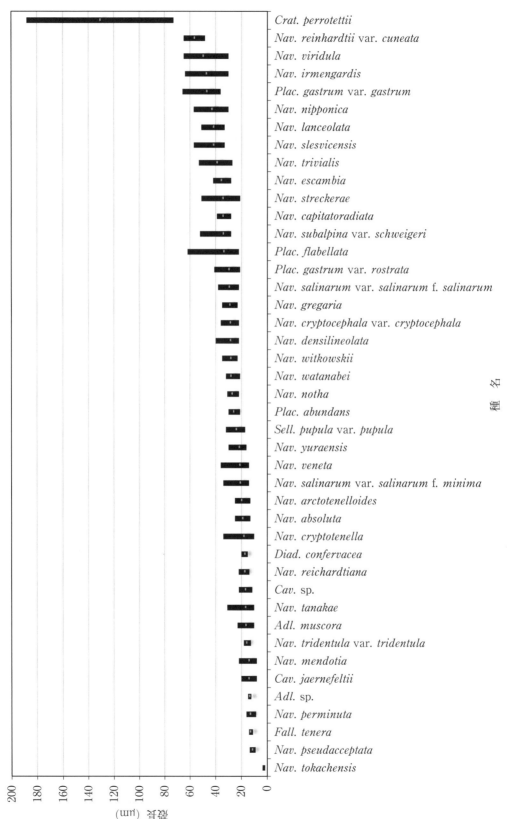

図1 殻長の分布

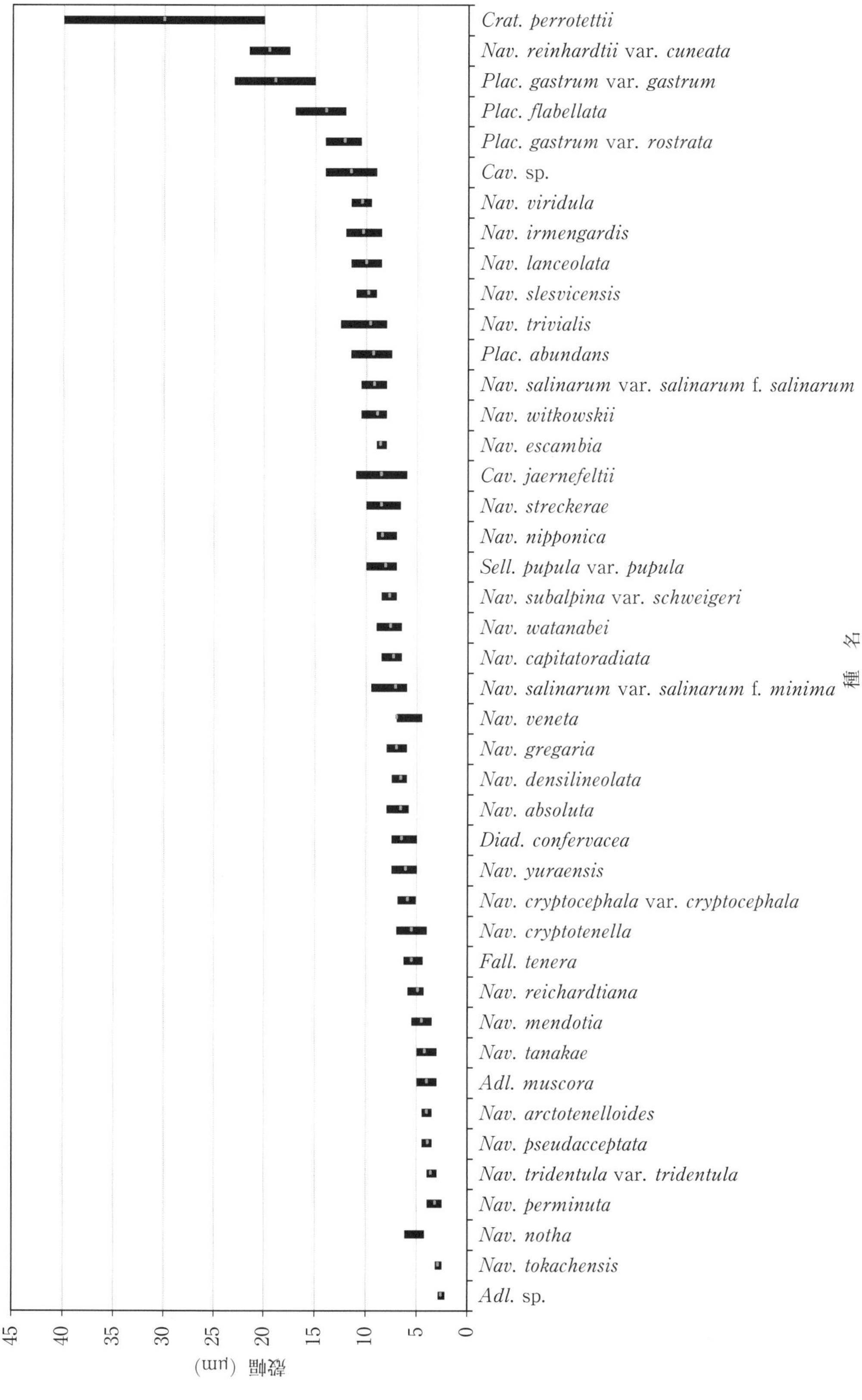
Crat. perrotettii
Nav. reinhardtii var. cuneata
Plac. gastrum var. gastrum
Plac. flabellata
Plac. gastrum var. rostrata
Cav. sp.
Nav. viridula
Nav. irmengardis
Nav. lanceolata
Nav. slesvicensis
Nav. trivialis
Plac. abundans
Nav. salinarum var. salinarum f. salinarum
Nav. witkowskii
Nav. escambia
Cav. jaernefeltii
Nav. streckerae
Nav. nipponica
Sell. pupula var. pupula
Nav. subalpina var. schweigeri
Nav. watanabei
Nav. capitatoradiata
Nav. salinarum var. salinarum f. minima
Nav. veneta
Nav. gregaria
Nav. densilineolata
Nav. absoluta
Diad. confervacea
Nav. yuraensis
Nav. cryptocephala var. cryptocephala
Nav. cryptotenella
Fall. tenera
Nav. reichardtiana
Nav. mendotia
Nav. tanakae
Adl. muscora
Nav. arctotenelloides
Nav. pseudacceptata
Nav. tridentula var. tridentula
Nav. perminuta
Nav. notha
Nav. tokachensis
Adl. sp.
種名
45
40
35
30
25
20
15
10
5
0
殻幅（μm）

図2　殻幅の分布

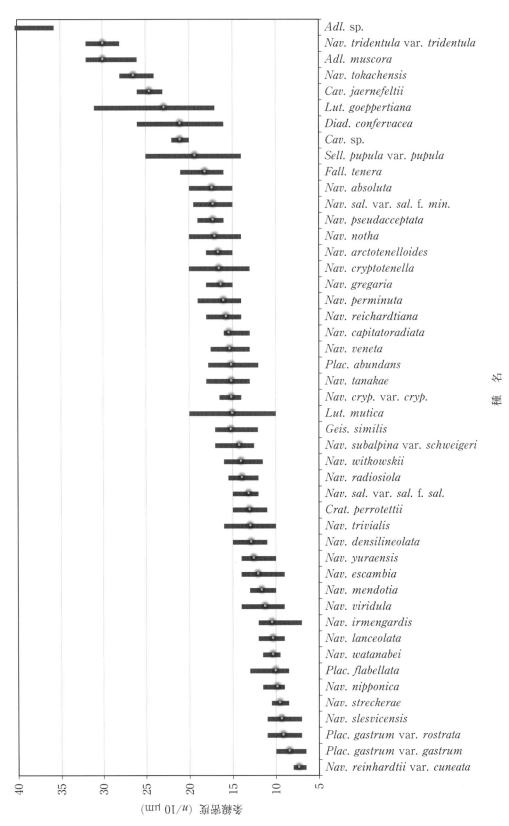

図 3 条線密度の分布

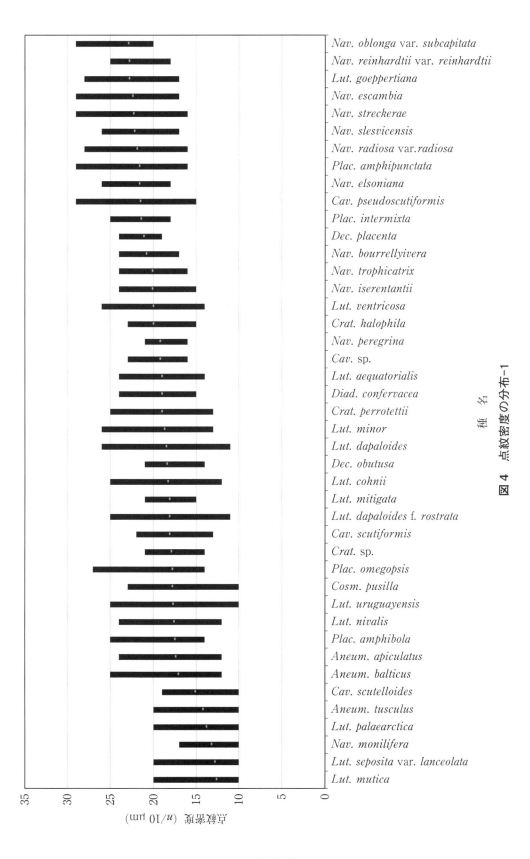

図 4 点紋密度の分布-1

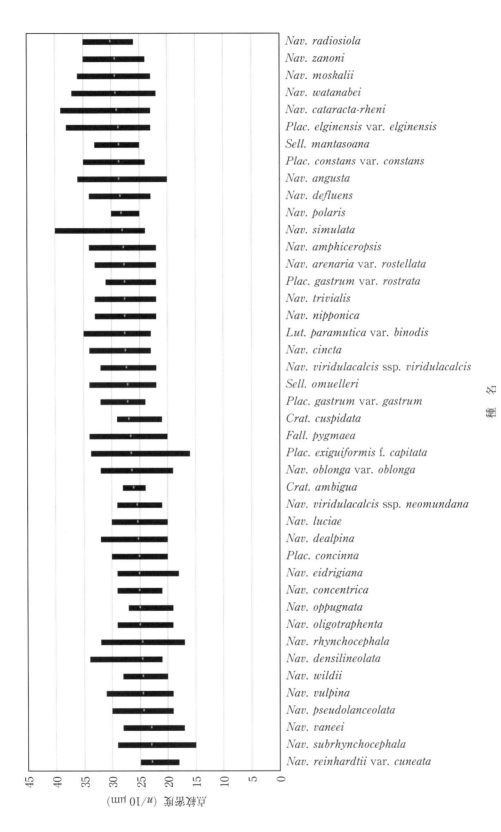

図 5　点紋密度の分布-2

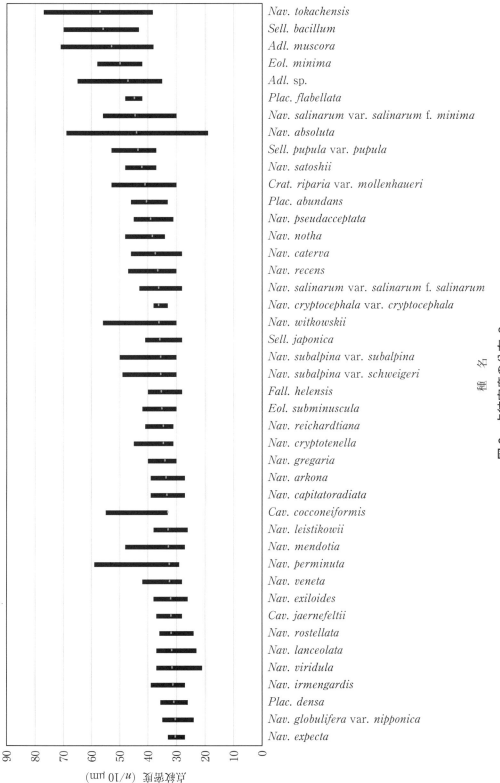

図 6 点紋密度の分布-3

調査地点一覧

国内サンプル一覧

No.	区分	調査		採集日等
1	木曽川全水域調査			多数回, 40年間
2	名古屋市浄水場内調査			多数回, 40年間
3	蟹原調査 （浄水汚泥処分地）	1	湿地内	多数回
		2	水源地帯の池	901023
4	近郊河川調査	1	長良川	多数回
		2	矢田川	多数回
		3	庄内川	多数回
5	その他調査	1	矢作ダム	複数回
		2	木曽川・阿木川・飯羽間川	複数回
		3	ゴルフ場排水	複数回
		4	下水処理場放流水	複数回
6	県内公園調査	1	栄公園	881225
		2	東山公園	900824
		3	小幡緑地公園	多数回
		4	森林公園	多数回
7	その他公園調査	1	瑞浪化石博物館	920329
8	旅行時採集	1	栗林公園	721104
		2	上林温泉	
		3	後楽園	
		4	屈斜路湖	9106
		5	阿寒湖	9106, 930608
		6	大沼公園	9106
		7	白樺湖	9108
		8	知床五湖	930609
		9	白馬大雪渓の沢	
		10	蓮華温泉	
		11	鎌ヶ池	
9	南西諸島調査	1	沖縄本島	多数回
		2	石垣島	複数回
		3	宮古島	複数回
		4	西表島	複数回
		5	与那国島	931227
		6	奄美大島	961228
10	福島博採集試料	（国内）		

1 木曽川水系：調査地点一覧

採集者：木村努・伊藤守・村上哲生・木村絢子

調査地点番号	略名表記	河口からの距離 km	標高 m	座標 東経	座標 北緯
001	木曽川・河口	0	0	35°02′50.5″	136°44′39.1″
002	木曽川・尾張大橋	8	0	35°06′51.8″	136°43′18.7″
003	木曽川・立田樋門	12	1	35°07′37.0″	136°41′46.8″
004	木曽川・東海大橋	22.5	1	35°13′24.1″	136°41′11.2″
005	木曽川大堰・左岸	25.8	1.5	35°14′48.5″	136°41′35.0″
006	木曽川大堰・右岸	26	1.5	35°14′54.5″	136°41′17.4″
007	木曽川・木曽川大堰	26.2	3.7	35°15′05.7″	136°41′23.8″
008	木曽川・朝日取水口	30	4	35°16′37.7″	136°42′51.8″
009	木曽川・大治浄水場	30＋(15)		35°10′40.9″	136°49′31.0″
010	木曽川・濃尾大橋・左岸	34		35°18′29.9″	136°44′25.5″
011	木曽川・濃尾大橋・右岸	34	6	35°18′37.2″	136°44′07.6″
012	木曽川橋・左岸	39.5	8	35°21′23.1″	136°45′58.8″
013	木曽川橋・右岸	39.5	8	35°21′31.1″	136°45′46.0″
014	木曽川橋・上	40	8	35°21′46.7″	136°46′05.1″
015	木曽川・笠松	40.5	10	35°22′00.5″	136°46′18.8″
016	木曽川・新境川流入後	43.5	10.5	35°21′54.9″	136°47′54.0″
017	木曽川・新境川・合流点	44＋0.2	11	35°22′06.6″	136°48′28.7″
018	木曽川・新境川・芋ヶ瀬池	44＋10.5	17	35°24′25.3″	136°54′49.4″
019	木曽川・川島・左岸	47	11	35°21′12.1″	136°50′05.4″
020	木曽川・川島・右岸	47	11	35°22′01.5″	136°50′13.2″
021	木曽川・前渡放水路流入後	50.5	20	35°22′18.2″	136°51′14.1″
022	木曽川・前渡放水路・合流点	51＋0.5	23	35°22′25.1″	136°51′56.6″
023	木曽川・草井	51.5	23	35°22′13.7″	136°52′11.7″
024	木曽川・愛岐大橋	52	26	35°22′30.4″	136°53′09.3″
025	木曽川・濃尾第一頭首工	56.5	35	35°22′36.6″	136°55′47.8″
026	木曽川・郷瀬川流入後	57.2＋0.1	37	35°23′09.2″	136°56′33.8″
027	木曽川・郷瀬川・合流点	57.5	37	35°23′11.9″	136°56′37.9″
028	木曽川・犬山橋	58	37	35°23′23.0″	136°57′00.1″
029	木曽川・犬山取水口	59	40	35°23′38.7″	136°57′46.8″
030	木曽川・春日井浄水場	59＋(15)		35°16′27.2″	136°58′04.4″
031	木曽川・鳥居松沈殿池	59＋(16)		35°15′07.9″	136°58′01.6″
032	木曽川・鍋屋上野浄水場	59＋(22.5)		35°10′57.6″	136°57′32.8″
033	木曽川・可児川・土田	65.5＋1	50	35°25′04.9″	136°00′38.6″
034	木曽川・可児川・広瀬橋	65.5＋5	60	35°24′47.1″	136°02′48.3″
035	木曽川・可児川・久々利川	65.5＋6＋4	65	35°23′49.6″	137°06′12.3″
036	木曽川・可児川・松野湖	65.5＋24	300	35°24′40.5″	137°12′21.8″
037	木曽川・中濃大橋・左岸	67.5	52	35°25′54.7″	137°00′50.3″
038	木曽川・中濃大橋・右岸	67.5	52	35°25′59.2″	137°00′50.7″
039	木曽川・太田橋	69.5	56	35°26′04.0″	137°02′03.9″
040	木曽川・今渡ダム下排水路流入後	70	56	35°26′08.6″	137°02′39.2″
041	木曽川・今渡ダム・左岸	70.5	70.5	35°26′11.9″	137°02′54.0″
042	木曽川・今渡ダム・右岸	71	70.5	35°26′13.9″	137°02′58.9″
043	木曽川・今渡ダム流入止水点	74	71	35°26′34.6″	137°05′08.0″
044	木曽川・今渡ダム流入流水点	75	71	35°27′09.9″	137°05′28.9″
045	木曽川・兼山ダム放流	76	72	35°27′09.9″	137°05′28.9″
046	木曽川・愛知用水取水口	77.5	95.5	35°27′46.7″	137°06′33.5″

調査地点番号	略名表記	河口からの距離 km	標高 m	座標 東経	座標 北緯
047	木曽川・丸山ダム放流点	84	110	35°27′45.3″	137°10′14.0″
048	木曽川・丸山ダム下	85	180	35°28′06.6″	137°10′30.3″
049	木曽川・丸山ダム	87	180	35°28′01.3″	137°10′46.7″
050	木曽川・旅足川	89	200	35°28′20.3″	137°11′25.3″
051	木曽川・笠置ダム放流点	100	180	35°26′52.7″	137°17′22.8″
052	木曽川・笠置ダム	101	211	35°27′27.0″	137°17′54.1″
053	木曽川・武並橋	103.5	211	35°28′26.7″	137°19′23.3″
054	木曽川・笠置橋	107.5	220	35°28′22.1″	137°21′48.4″
055	阿木川・木曽川合流前	110.5＋1	240	35°28′20.8″	137°24′10.9″
056	阿木川・河鹿橋	110.5＋2	250	35°27′45.8″	137°24′18.5″
057	阿木川・両島橋	110.5＋7	270	35°25′58.9″	137°25′48.7″
058	阿木川・三郷用水取水口	110.5＋7.5	350	35°25′33.4″	137°25′51.2″
059	阿木川ダム・ダム放水口	110.5＋8	350	35°25′28.0″	137°25′52.2″
060	阿木川ダム・取水塔	110.5＋9	412	35°25′09.1″	137°25′58.8″
061	阿木川ダム・阿木川大橋	110.5＋10	412	35°24′54.6″	137°26′10.3″
062	阿木川ダム流入点	110.5＋12	412	35°24′32.1″	137°26′40.5″
063	阿木川ダム・ダム放水口	110.5＋12＋0.5	415	35°24′27.3″	137°27′03.5″
064	阿木川・阿木川橋	110.5＋14	416	35°23′51.0″	137°27′30.6″
065	阿木川・上流	110.5＋17	500	35°23′27.3″	137°28′25.3″
066	阿木川・小野川・根の上湖	110.5＋19	904	35°39′17.4″	137°30′45.4″
067	阿木川・岩村川・湯壺川	110.5＋11＋1	415	35°24′24.3″	137°26′37.8″
068	阿木川・岩村川・湯壺川・小沢溜池	110.5＋11＋2.5	430	35°24′15.8″	137°25′20.8″
069	阿木川・岩村川・阿木川合流前	110.5＋12	412	35°24′31.4″	137°26′13.9″
070	阿木川・岩村川・中橋＊	110.5＋13	380	35°23′58.7″	137°26′15.9″
071	阿木川・岩村川・山王橋	110.5＋14	415	35°23′16.5″	137°26′19.2″
072	阿木川・岩村川・富田川	110.5＋14.5＋0.5	418	35°23′06.2″	137°26′28.0″
073	阿木川・岩村川・飯羽間川	110.5＋15＋3	505	35°22′27.1″	137°25′32.2″
074	阿木川・岩村川・飯羽間川・処分場後	110.5＋15＋5	550	35°22′18.7″	137°24′49.2″
075	阿木川・岩村川・市街地下流	110.5＋14	480	35°21′52.1″	137°26′25.6″
076	阿木川・岩村川・市街地上流	110.5＋15.5	510	35°21′13.2″	137°27′07.5″
077	付知川・木曽川合流前	116.5＋1	270	35°31′16.5″	137°27′12.0″
078	付知川・並松	116.5＋4	280	35°31′48.2″	137°26′53.5″
079	付知川・田瀬	116.5＋16	440	35°37′11.3″	137°27′52.0″
080	付知川・西沢	116.5＋30＋0.5	800	35°44′44.0″	137°24′27.7″
081	付知川・北沢	116.5＋30＋0.5	800	35°44′58.0″	137°24′48.1″
082	木曽川・美恵橋・左岸	117.5	249	35°30′11.3″	137°27′40.0″
083	木曽川・美恵橋・中央	117.5	249	35°30′14.5″	137°27′39.2″
084	木曽川・源済橋橋端の小流＊	119	249	35°30′21.8″	137°28′39.0″
085	中津川・木曽川合流前	121＋0.1	250	35°30′16.8″	137°30′00.9″
086	中津川・工場排水流入後	121＋5	270	35°28′53.5″	137°30′10.0″
087	中津川・工場排水流入前	121＋8	480	35°27′39.6″	137°30′51.1″
088	中津川・川上	121＋10	500	35°26′18.9″	137°31′46.2″
089	中津川・奥の平	121＋19	1200	35°25′32.2″	137°32′53.0″
090	木曽川・玉蔵橋	120.5	250	35°30′27.2″	137°30′06.5″
091	落合川・木曽川合流前	125＋1	310	35°30′59.8″	137°31′45.6″
092	川上川・坂下	132＋1.5	310	35°34′27.9″	137°31′31.1″
093	木曽川・木曽川坂下	133.5	320	35°34′39.1″	137°32′12.0″
094	木曽川・山口ダム	136	362	35°35′01.5″	137°34′25.3″

調査地点番号	略名表記	河口からの距離 km	標高 m	座標 東経	座標 北緯
095	蘭川・吾妻橋	138 + 0.2	395	35°34′56.8″	137°35′39.8″
096	蘭川・橋場	138 + 2.5	570	35°33′53.5″	137°35′47.6″
097	蘭川・本谷橋	138 + 9	755	35°33′24.9″	137°39′43.5″
098	蘭川・富貴畑	138 + 11	840	35°34′06.0″	137°40′12.6″
099	蘭川・長者畑川	138 + 15	1200	35°34′35.1″	137°40′23.8″
100	木曽川・南木曽	140	380	35°35′43.4″	137°36′35.6″
101	木曽川・三留野	141	410	35°36′16.2″	137°36′42.6″
102	木曽川・与川	142 + 1	450	35°37′16.4″	137°37′45.4″
103	木曽川・柿其川	144 + 1	485	35°38′17.3″	137°36′37.8″
104	木曽川・柿其川・北沢	144 + 4	800	35°38′14.8″	137°34′59.9″
105	阿寺川・木曽川合流前	148 + 1	565	35°40′14.8″	137°37′11.6″
106	阿寺川・樽ヶ沢	148 + 3 + 0.5	680	35°40′59.0″	137°35′45.2″
107	阿寺川・阿寺渓谷	148 + 3.5	660	35°41′05.4″	137°35′53.9″
108	阿寺川・砂小屋	148 + 6	780	35°41′58.8″	137°34′42.9″
109	木曽川・大桑発電所放流点	150	500	35°40′38.4″	137°38′55.1″
110	伊奈川・大野	153 + 1	550	35°41′13.3″	137°40′49.2″
111	伊奈川・伊奈川ダム	153 + 10	1000	35°41′17.1″	137°44′32.0″
112	木曽川・須原	156	550	35°44′44.5″	137°41′43.3″
113	木曽川・滑川	162 + 2	800	35°46′16.0″	137°42′54.8″
114	木曽川・小川	165.5 + 2	745	35°46′08.7″	137°40′30.8″
115	木曽川・上松	167.5	695	35°47′07.8″	137°41′40.5″
116	木曽川・板橋沢流入後	168.5	700	35°47′39.6″	137°41′30.6″
117	木曽川・板橋沢	169 + 0.5	710	35°47′48.7″	137°42′00.1″
118	木曽川・木曽福島	173	740	35°49′58.2″	137°41′20.7″
119	木曽川・黒川・杭の原	176.5 + 1	780	35°48′14.8″	137°42′23.6″
120	木曽川・黒川・芝原	176.5 + 11	1140	35°55′22.6″	137°40′44.0″
121	木曽川・正沢川	179 + 2	900	35°51′32.6″	137°44′34.1″
122	木曽川・原野	181.5	820	35°52′11.1″	137°44′37.7″
123	木曽川・山吹橋	185	845	35°54′19.3″	137°46′21.3″
124	木曽川・菅川・あやめ池	187.5 + 6	950	35°57′24.7″	137°45′10.2″
125	木曽川・薮原	190.5	925	35°55′51.2″	137°47′29.4″
126	木曽川・塩沢川	191.5 + 1	950	35°56′54.9″	137°47′16.5″
127	木曽川・神谷橋	192	950	35°56′41.8″	137°46′53.2″
128	木曽川・笹川	193	960	35°57′10.7″	137°46′21.6″
129	木曽川・笹川・寺平	193 + 3	980	35°58′18.8″	137°45′14.9″
130	味噌川・小木曽	195	990	35°57′56.0″	137°46′26.7″
131	味噌川・味噌川ダム流入点	199	1123	35°59′46.9″	137°46′30.0″
132	味噌川・池ノ沢流入前	203	1210	36°01′32.9″	137°46′49.2″
133	味噌川・わさび沢	207	1400	36°03′42.3″	137°45′57.2″
134	王滝川・木曽ダム取水口	171.5 (171 + 0.5)	739.5	35°48′58.4″	137°40′48.8″
135	王滝川・木曽ダム流入点	174.5	739.5	35°49′04.1″	137°38′40.2″
136	王滝川・牧尾ダム放流点	175	741	35°49′09.8″	137°38′27.0″
137	王滝川・常盤ダム	178	783	35°50′08.5″	137°37′43.4″
138	西野川・王滝川合流前	179 + 1	800	35°50′44.1″	137°37′11.3″
139	西野川・御岳神社	179 + 1	800	35°50′53.0″	137°37′05.3″
140	西野川・白川	179 + 2.5 + 1	870	35°51′41.2″	137°35′45.5″
141	西野川・白川・黒沢	179 + 2.5 + 5	1100	35°53′16.3″	137°31′37.6″
142	西野川・湯川流入後	179 + 11.5	940	35°53′30.4″	137°35′31.2″

調査地点番号	略名表記	河口からの距離 km	標高 m	座標 東経	座標 北緯
143	西野川・湯川・鹿ノ瀬温泉	179＋11＋3	1200	35°54′17.3″	137°34′07.3″
144	西野川・湯川・鹿ノ瀬温泉上流・湯川	179＋11＋4	1250	35°54′12.1″	137°33′39.6″
145	西野川・湯川・鹿ノ瀬温泉上流・鹿ノ瀬川	179＋12＋4	1150	35°54′28.7″	137°33′58.1″
146	西野川・御嶽橋	179＋14	1060	35°55′41.5″	137°35′32.0″
147	西野川・冷川	179＋14.5＋1.5	1160	35°56′00.6″	137°34′17.9″
148	西野川・西又川流入前	179＋15	1200	35°56′23.5″	137°34′52.6″
149	西野川・西又川	179＋15.5＋2	1220	35°56′52.8″	137°33′52.2″
150	西野川・藤沢川	179＋15.5＋2.5	1210	35°58′00.8″	137°34′46.7″
151	西野川・末川・末川大橋	179＋12	1120	35°55′54.9″	137°38′19.2″
152	西野川・末川・小野原	179＋21	1150	35°57′22.2″	137°39′10.6″
153	西野川・末川・月夜沢	179＋33＋1	1340	36°00′36.4″	137°38′28.4″
154	王滝川・牧尾ダム取水塔	182.5	880	35°49′00.5″	137°36′21.8″
155	王滝川・牧尾ダム流入点	188.5	880	35°48′07.2″	137°33′33.6″
156	王滝川・溝口川	189.5＋0.5	890	35°48′16.8″	137°33′03.9″
157	王滝川・鈴ヶ沢	190.5＋0.5	890	35°48′07.9″	137°32′43.8″
158	王滝川・松原橋	192	895	35°47′35.3″	137°31′47.6″
159	王滝川・鮴川・氷ヶ瀬	193.5＋0.5	930	35°47′27.1″	137°30′41.6″
160	王滝川・鮴川・小俣川流入前	193.5＋2	1000	35°46′55.9″	137°30′22.4″
161	王滝川・鮴川・小俣川	193.5＋2＋2	1040	35°46′55.5″	137°29′32.6″
162	王滝川・鮴川	193.5＋14	1400	35°43′13.7″	137°31′33.6″
163	王滝川・鮴川流入前	193.5	930	35°47′32.0″	137°30′41.9″
164	王滝川・氷ヶ瀬	194	935	35°47′47.2″	137°29′56.3″
165	王滝川・濁川・王滝川流入前	197＋1	1240	35°48′03.0″	137°29′04.9″
166	王滝川・濁川・濁川橋＊	197＋5	1040	35°49′54.1″	137°28′24.0″
167	王滝川・濁川・左岸の沢	197＋4＋1	1040	35°50′08.2″	137°28′15.9″
168	王滝川・濁川・伝上川＊	197＋4.5	1250	35°49′51.6″	137°28′40.5″
169	王滝川・堰止湖	197	980	35°48′14.3″	137°28′35.5″
170	王滝川・下黒沢	199＋0.5	980	35°48′34.4″	137°28′26.3″
171	王滝川・白川	200.5＋2	1100	35°47′50.0″	137°27′00.7″
172	王滝川・滝越橋	201	1045	35°48′28.2″	137°27′13.9″
173	王滝川・三浦ダム放流点	202	1100	35°48′31.4″	137°26′40.1″
174	王滝川・三浦ダム取水口	209	1300	35°49′14.5″	137°23′49.8″
175	王滝川・土浦沢	209＋3.5	1300	35°51′00.3″	137°24′03.8″
176	王滝川・水無沢	209＋3.5	1340	35°48′55.3″	137°21′58.0″
177	王滝川・小さい沢	209＋4.5＋0.5	1380	35°50′44.8″	137°22′18.4″
178	王滝川・本谷川	209＋7.5	1400	35°52′05.1″	137°23′18.0″
179	飛騨川・今渡ダム流入点	74	71	35°27′27.2″	137°03′24.6″
180	飛騨川・川辺ダム	75	94	35°28′35.8″	137°04′19.4″
181	飛騨川・川辺ダム流入点	84	100	35°30′15.3″	137°05′09.8″
182	飛騨川・神渕川	84.5＋2.5	130	35°33′13.2″	137°06′55.4″
183	飛騨川・大柿橋	91	140	35°32′38.8″	137°10′04.8″
184	飛騨川・下山ダム	96.5	157.5	35°33′27.4″	137°11′11.6″
185	飛騨川・下山ダム流入点	97.5	159	35°34′14.7″	137°11′36.2″
186	白川・飛騨川合流前	98＋0.5	160	35°34′36.4″	137°11′27.0″
187	白川・加子母川	98＋25	450	35°41′07.2″	137°23′08.0″
188	白川・黒川	98＋6	180	35°34′07.2″	137°14′22.2″
189	白川・赤川	98＋12	200	35°32′40.2″	137°16′16.8″
190	飛騨川・白川流入前	99	160	35°34′49.9″	137°10′38.0″

調査地点一覧

調査地点番号	略名表記	河口からの距離 km	標高 m	座標 東経	座標 北緯
191	飛騨川・七曲橋	103	170	35°35′50.3″	137°10′26.4″
192	飛騨川・名倉ダム	108.5	204.5	35°37′13.8″	137°10′41.6″
193	飛騨川・名倉ダム流入点	110	205	35°37′36.6″	137°11′07.8″
194	飛騨川・佐見川	111＋0.1	210	35°38′27.2″	137°11′27.0″
195	飛騨川・七宗ダム	112	216.5	35°38′38.1″	137°10′25.3″
196	飛騨川・七宗ダム流入点	114	218	35°39′14.6″	137°10′05.8″
197	馬瀬川・飛騨川合流前	115＋0.1	220	35°39′36.0″	137°09′43.0″
198	馬瀬川・祖師野	115＋7	260	35°42′17.6″	137°09′21.3″
199	馬瀬川・和良川・馬瀬川合流前	115＋12＋0.5	230	35°43′18.1″	137°08′09.9″
200	馬瀬川・和良川・岩瀬	115＋12＋5	330	35°44′41.3″	137°05′21.9″
201	馬瀬川・歩岐山橋	115＋12.5	270	35°43′28.8″	137°08′34.2″
202	馬瀬川・岩屋ダム建設予定地＊	115＋16	320	35°45′33.3″	137°09′24.5″
203	馬瀬川・岩屋ダム取水塔	115＋16	411	35°45′33.3″	137°09′24.5″
204	馬瀬川・弓掛川流入前＊	115＋20	355	35°46′56.2″	137°09′56.7″
205	馬瀬川・弓掛川・馬瀬川合流前＊	115＋20＋4	420	35°47′14.6″	137°09′44.7″
206	馬瀬川・弓掛川堰堤	115＋20＋7	455	35°49′34.0″	137°09′12.2″
207	馬瀬川・西村ダム	115＋31	450	35°48′38.0″	137°11′31.7″
208	馬瀬川・西村ダム流入点	115＋33	460	35°50′17.0″	137°11′19.7″
209	馬瀬川・井谷橋	115＋36	525	35°50′56.1″	137°11′02.7″
210	馬瀬川・出合橋	115＋40	555	35°52′03.0″	137°10′40.0″
211	馬瀬川・中央橋	115＋45	560	35°53′36.0″	137°09′15.3″
212	馬瀬川・小原川	115＋57＋1	880	35°57′12.4″	137°05′58.6″
213	馬瀬川・赤谷	115＋65＋2	940	35°59′06.7″	137°05′13.6″
214	益田・大船渡ダム	115.5（115＋0.5）	229.5	35°39′46.1″	137°09′57.8″
215	益田・大船渡ダム流入点	119	235	35°41′11.1″	137°10′31.4″
216	益田・下原ダム	122	268.5	35°42′16.1″	137°11′07.3″
217	益田川・瀬戸発電所地点	126	280	35°43′47.7″	137°12′29.9″
218	益田川・下水処理場排水流入後	131	310.0	35°45′22.7″	137°13′44.3″
219	益田川・七里橋	135	315.0	35°46′45.9″	137°14′01.6″
220	益田川・竹原川	137＋3	400	35°46′02.4″	137°16′24.4″
221	益田川・河鹿橋	141	360	35°47′54.4″	137°14′47.1″
222	益田川・瀬戸第一ダム	146	382	35°49′31.3″	137°14′11.4″
223	益田川・朝霧橋	150	405	35°52′40.8″	137°12′40.9″
224	益田川・山之口川	156.5＋2	600	35°55′52.5″	137°11′43.8″
225	益田川・東上田ダム流入点	163.5	505	35°56′43.0″	137°15′43.3″
226	小坂川・朝六橋	163.5＋0.3	506	35°56′50.7″	137°16′10.4″
227	小坂川・長瀬	163.5＋2.5	510	35°56′15.8″	137°16′35.0″
228	小坂川・大洞川	163.5＋5＋3	660	35°53′55.6″	137°19′09.9″
229	小坂川・落合	163.5＋5.5	560	35°55′19.9″	137°18′56.1″
230	小坂川・兵衛谷	163.5＋15＋7	1160	35°56′25.4″	137°26′09.5″
231	小坂川・濁河川・濁河温泉下流	163.5＋12	1280	35°56′10.7″	137°26′09.7″
232	小坂川・濁河川・草木谷	163.5＋20＋1	1850	35°55′12.1″	137°27′15.4″
233	小坂川・濁河川・湯ノ谷	163.5＋20＋1.5	1840	35°55′05.9″	137°27′15.4″
234	益田・滝ヶ野	165	530	35°57′37.8″	137°15′47.2″
235	益田・渚	171	645	36°00′18.9″	137°17′42.8″
236	益田・無数河川	178.5＋2	700	36°02′58.5″	137°15′15.2″
237	益田川・青屋川・益田川合流前	190＋2	770	36°05′20.8″	137°23′03.7″
238	益田川・青屋川・九蔵本谷	190＋4＋3	1000	36°05′45.1″	137°25′43.3″

調査地点番号	略名表記	河口からの距離 km	標高 m	座標 東経	座標 北緯
239	益田川・青屋川・長倉本谷	190＋4＋5	920	36°07′00.8″	137°26′10.2″
240	秋神川・益田川合流前	193.5＋0.5	770	36°04′06.4″	137°23′17.1″
241	秋神川・秋神ダム	193.5＋2	872	36°03′46.1″	137°24′07.1″
242	秋神川・秋神ダム流入点	193.5＋7.5	900	36°00′21.8″	137°23′40.8″
243	秋神川・胡桃島	193.5＋10	955	35°58′57.5″	137°24′25.6″
244	秋神川・養鱒場	193.5＋11	980	35°58′57.5″	137°24′22.4″
245	秋神川・焼岩谷	193.5＋12＋2	1200	35°59′18.0″	137°26′31.6″
246	秋神川・焼岩谷流入前	193.5＋19	1160	35°58′50.2″	137°25′57.5″
247	秋神川・東俣谷	193.5＋21	1350	35°57′29.1″	137°28′29.1″
248	秋神川・真ノ俣沢	193.5＋15＋2	1600	35°56′49.3″	137°27′52.5″
249	益田川・秋神川流入前	194	770	36°04′23.5″	137°23′15.8″
250	益田川・久々野ダム	194.5	793.5	36°04′15.0″	137°23′42.1″
251	益田川・朝日ダム	197.5	872	36°04′23.7″	137°24′55.3″
252	益田川・朝日ダム流入点	200.5	872	36°02′16.0″	137°26′44.3″
253	益田川・中之宿	203.5	880	36°01′34.6″	137°27′05.6″
254	益田川・高根第二ダム	205.5	955	36°01′36.2″	137°27′56.7″
255	益田川・道後谷	207＋1	1000	36°01′23.1″	137°29′05.5″
256	益田川・塩沢谷	207＋2	1060	36°02′55.7″	137°29′20.8″
257	益田川・高根第一ダム	208.5	1080	36°01′42.8″	137°29′47.4″
258	益田川・日和田川・高根第一ダム流入点	210＋7	1100	35°59′55.2″	137°31′26.4″
259	益田川・日和田川・幕岩川	210＋4	1080	35°58′35.0″	137°32′02.4″
260	益田川・高根第一ダム流入点	210＋3	1080	36°01′23.1″	137°30′55.0″
261	益田川・阿多野郷	212.5	1080	36°02′25.3″	137°33′15.4″
262	益田川・野麦	219	1260	36°02′58.2″	137°34′50.1″
263	御嶽山・二ノ池		2740	35°53′40.1″	137°29′02.4″

＊：現在では存在しない調査地点
河口からの距離：5万分の1地勢図（国土地理院）をキルビメーターで測定
標高：5万分の1地勢図から読み取り
緯度，経度：プロトアトラスW2・（アルプス社）から読み取り
　　緯度の1″は約30.8 mに相当する
　　経度の1″は1/20万地勢図（名古屋）を基準とすると約25.2 mに相当する

2　名古屋市浄水場内調査

採集者：木村努・伊藤守

No.	採集場所	略名表記	採集日
1	大治浄水場・原水・ネット採集物	大治浄水場・原水	多数回
2	大治浄水場・原水開渠付着	大治浄水場・原水開渠	多数回
3	大治浄水場・アクセレーター	大治浄水場・アクセレーター	多数回
4	大治浄水場・パルセーター	大治浄水場・パルセーター	多数回
5	大治浄水場・角形沈殿池	大治浄水場・角形沈殿池	多数回
6	大治浄水場・丸形沈殿池	大治浄水場・丸形沈殿池	多数回
7	大治浄水場・第2配水池沈殿物・培養	大治浄水場・配水池沈殿物	7208
8	春日井浄水場・原水・ネット採集物	春日井浄水場・原水	多数回
9	春日井浄水場・原水開渠	春日井浄水場・原水開渠	多数回
10	春日井浄水場・アクセレーター	春日井浄水場・アクセレーター	多数回
11	春日井浄水場・パルセーター	春日井浄水場・パルセーター	多数回
12	春日井浄水場・魚類監視水槽に繁殖した珪藻	春日井浄水場・魚類監視水槽	9007
13	春日井浄水場・油分離池	春日井浄水場・油分離池	010501
14	春日井浄水場・シックナー	春日井浄水場・シックナー	複数回
15	春日井浄水場・未ろ水開渠付着	春日井浄水場・未ろ水開渠付着	921001
16	鍋屋上野浄水場・原水・ネット採集物	鍋屋上野浄水場・原水	多数回
17	鍋屋上野浄水場・緩速原水・ネット採集物	鍋屋上野浄水場・緩速原水	多数回
18	鍋屋上野浄水場・緩速ろ過池付着物	鍋屋上野浄水場・緩速ろ過池	多数回
19	鍋屋上野浄水場・緩速ろ過膜	鍋屋上野浄水場・緩速ろ過膜	多数回
20	鍋屋上野浄水場・緩速ろ過池浮遊藻	鍋屋上野浄水場・緩速ろ過池浮遊藻	多数回

3-1　蟹原調査（湿地内：愛知県）　調査期間：1990～2000年

採集者：木村努・伊藤守

No.	採集場所	略名表記	採集日
1	蟹原・中央湧水	蟹原・中央湧水	多数回
2	蟹原・中央湧水付着	蟹原・中央湧水付着	複数回
3	蟹原・排水桝東の小流	蟹原・排水桝東の小流	複数回
4	蟹原・侵出水桝	蟹原・侵出水桝	複数回
5	蟹原・才井戸流	蟹原・才井戸流	多数回
6	蟹原・湿地の小流	蟹原・湿地の小流	多数回
7	蟹原・側溝の最上流	蟹原・側溝の最上流	複数回
8	蟹原・五反田溝	蟹原・五反田溝	多数回
9	蟹原・おうらの湧水	蟹原・おうらの湧水	複数回
10	蟹原・観測井	蟹原・観測井	複数回
11	蟹原・家庭排水桝	蟹原・家庭排水桝	複数回

3-2　蟹原調査（水源地帯の池：愛知県）

採集者：木村努・伊藤守

No.	採集場所	略名表記	採集日
1	蟹原水源・蛭池	蟹原水源・蛭池	901023
2	蟹原水源・大久手池	蟹原水源・大久手池	901023
3	蟹原水源・大道平池	蟹原水源・大道平池	901023
4	蟹原水源・安田池	蟹原水源・安田池	901023
5	蟹原水源・滝の水池	蟹原水源・滝の水池	901023
6	蟹原水源・大道平池	蟹原水源・大道平池	901023

4-1 長良川
採集者：木村努・村上哲生

No.	採集場所	略名表記	採集日
1	長良川・伊勢大橋	長良川・伊勢大橋	複数回
2	長良川・木曽三川公園	長良川・木曽三川公園	複数回
3	長良川・南濃大橋右岸・湾処	長良川・南濃大橋右岸	複数回
4	長良川・南濃大橋左岸	長良川・南濃大橋左岸	複数回
5	長良川・荒田川	長良川・荒田川	複数回

4-2 矢田川・愛知県
採集者：木村努・木村絢子

No.	採集場所	略名表記	採集日
1	矢田川・香流川	矢田川・香流川	複数回
2	矢田川・千代田橋	矢田川・千代田橋	複数回
3	矢田川・大森橋	矢田川・大森橋	複数回
4	矢田川・瀬戸川・共栄橋	矢田川・瀬戸川・共栄橋	複数回
5	矢田川・瀬戸川・東大演習林	矢田川・瀬戸川・東大演習林	複数回

4-3 庄内川・愛知県
採集者：木村努・木村絢子

No.	採集場所	略名表記	採集日
1	庄内川・松川橋	庄内川・松川橋	複数回
2	庄内川・吉根橋	庄内川・吉根橋	複数回
3	庄内川・下志段味橋	庄内川・下志段味橋	複数回
4	庄内川・志段味橋	庄内川・志段味橋	複数回
5	庄内川・東谷橋	庄内川・東谷橋	複数回
6	庄内川・志段味橋	庄内川・志段味橋	複数回

5 その他調査
採集者：木村努

No.	採集場所	略名表記	採集日
1	矢作ダム	矢作ダム	複数回
2	木曽川・阿木川・飯羽間川	飯羽間川	複数回
3	ゴルフ場排水調査	ゴルフ場排水	複数回
4	新堀川・名古屋市堀留下水処理場放流点	新堀川・名古屋市	複数回

6-1 県内公園調査：栄公園：名古屋市
採集者：木村努・木村絢子

No.	採集場所	略名表記	採集日
1	栄公園・人工河川	栄公園	881225

6-2 県内公園調査：東山公園：名古屋市
採集者：木村努・木村絢子

No.	採集場所	略名表記	採集日
1	東山公園・入口の池	東山公園・入口の池	900824
2	東山公園・植物園の池（ボート池）	東山公園・ボート池	900824
3	東山公園・植物園の池	東山公園・植物園の池	900824
4	東山公園・温室内・池	東山公園・温室内の池	900824
5	東山公園・温室内・滝	東山公園・温室内の滝	900824

6-3　県内公園調査：小幡緑地公園：名古屋市　　採集者：木村努・木村絢子

No.	採集場所	略名表記	採集日
1	小幡緑地公園・細流	小幡緑地・緑が池・流入	複数回
2	小幡緑地公園・緑が池北岸	小幡緑地・緑が池・北	複数回
3	小幡緑地公園・緑が池から流れる公園河川	小幡緑地・緑が池・放流	複数回
4	小幡緑地公園・緑が池東	小幡緑地・緑が池・東	複数回
5	小幡緑地公園・湿地	小幡緑地・湿地	複数回
6	小幡緑地公園・人工流上流	小幡緑地・人工流上流	複数回
7	小幡緑地公園・人工流下流	小幡緑地・人工流下流	複数回
8	小幡緑地公園・竜が池	小幡緑地・竜が池	複数回

6-4　県内公園調査：森林公園：愛知県　　採集者：木村努・木村絢子

No.	採集場所	略名表記	採集日
1	愛知県森林公園・岩本池	森林公園・岩本池	複数回
2	愛知県森林公園・子供の森	森林公園・子供の森	複数回
3	愛知県森林公園・湿地	森林公園・湿地	複数回
4	愛知県森林公園・水生園	森林公園・水生園	複数回

7　その他公園調査：瑞浪市化石博物館　　採集者：木村努・木村絢子

No.	採集場所	略名表記	採集日
1	瑞浪市化石博物館・化石洞窟	瑞浪化石博物館・化石洞窟	920324
2	瑞浪市化石博物館・小川	瑞浪化石博物館・小川	920329
3	瑞浪市化石博物館・人工池	瑞浪化石博物館・人工池	920331

8　旅行時採集　　採集者：木村努・木村絢子

No.	採集場所	略名表記	採集日
1	栗林公園・香川県	栗林公園	721104
2	上林温泉・地獄谷・長野県	上林温泉・地獄谷	
3	後楽園・岡山県	後楽園	
4	屈斜路湖・北海道	屈斜路湖	複数回
5	阿寒湖・北海道	阿寒湖	9106,9306
6	大沼公園・北海道	大沼公園	9106
7	白樺湖・長野県	白樺湖	910826
8	8-1) 知床五湖-1・北海道	知床五湖-1	930609
	8-2) 知床五湖-2・北海道	知床五湖-2	930609
	8-3) 知床五湖-3・北海道	知床五湖-3	930609
9	白馬大雪渓の沢・長野県	白馬大雪渓の沢	
10	10-1) 蓮華温泉・水落口・新潟県	蓮華温泉・水落口	
	10-2) 蓮華温泉・高温排水溝・新潟県	蓮華温泉・高温排水溝	
	10-3) 蓮華温泉・弥兵衛沢・新潟県	蓮華温泉・弥兵衛沢	
11	鎌ヶ池・富山県	鎌ヶ池・富山県	

9-1 南西諸島：沖縄本島
採集者：木村努・木村絢子

No.	採集場所	略名表記	採集日
1	沖縄本島・首里公園・龍潭池	沖縄・龍潭池	900716
2	沖縄本島・東南植物園の池	沖縄・東南植物園の池	900716
3	沖縄本島・海洋博記念公園・パピルスの池	沖縄・海洋博公園・パピルスの池	900717
4	沖縄本島・海洋博記念公園・オオオニバスの池	沖縄・海洋博公園・オオオニバスの池	900717
5	沖縄本島・海洋博記念公園・アフリカ水蓮の池	沖縄・海洋博公園・アフリカ水蓮の池	900717
6	沖縄本島・海洋博記念公園・人工の池	沖縄・海洋博公園・人工の池	900717
7	沖縄本島・名護自然動植物公園・オーストリアゾーンの池	沖縄・名護動植物公園・池-1	900717
8	沖縄本島・名護自然動植物公園・フラミンゴの池	沖縄・名護動植物公園・池-2	900717
9	沖縄本島・名護サンコーストホテル・海岸	沖縄・名護・海岸	900717
10	沖縄本島・名護サンコーストホテル・流れのない川	沖縄・名護・流れのない川	900718
11	沖縄本島・名護サンコーストホテル・流れのない川	沖縄・名護・流れのない川	900718
12	沖縄本島・源河川・水道取水口	沖縄・源河川・水道取水口	900718
13	沖縄本島・源河川・下流・モクズガニ	沖縄・源河川・下流	950328
14	沖縄本島・マングローブ林	沖縄・マングローブ林	900718
15	沖縄本島・琉球村の池	沖縄・琉球村の池	900719
16	沖縄本島・海中道路	沖縄・海中道路	900719
17	沖縄本島・玉泉洞	沖縄・玉泉洞	900720
18	沖縄本島・サボテン公園の池	沖縄・サボテン公園の池	900720
19	沖縄本島・平和公園の池	沖縄・平和公園の池	900720
20	沖縄本島・健児の塔下の海	沖縄・健児の塔下の海	900720
21	沖縄本島・国場川下流	沖縄・国場川下流	901226
22	沖縄本島・国場川上流	沖縄・国場川上流	901226
23	沖縄本島・西原海岸・排水路	沖縄・西原海岸・排水路	901226
24	沖縄本島・受水走水	沖縄・受水走水	901226
25	沖縄本島・知念海岸・湧水	沖縄・知念海岸・湧水	901226
26	沖縄本島・熱帯植物園の池	沖縄・熱帯植物園の池	950327
27	沖縄本島・首里城・井戸近く湧水	沖縄・首里城・井戸近く湧水	991230
28	沖縄本島・那覇動植物公園	沖縄・那覇動植物公園	991231

9-2 南西諸島：石垣島
採集者：木村努・木村絢子

No.	採集場所	略名表記	採集日
1	石垣島・民俗園・水牛の池	石垣島・民俗園	901223
2	石垣島・川平海岸	石垣島・川平海岸	901223
3	石垣島・底原川・滝の下の清流	石垣島・底原川	901225
4	石垣島・米原キャンプ場・小河川の底泥	石垣島・米原キャンプ場	901225
5	石垣島・荒川・荒川橋（ダムの上）	石垣島・荒川	901225

9-3 南西諸島：宮古島
採集者：木村努・木村絢子

No.	採集場所	略名表記	採集日
1	宮古島・池間島・湿地	宮古島・池間島・湿地	910801

9-4 南西諸島：西表島
採集者：木村努・木村絢子・伊藤守

No.	採集場所	略名表記	採集日
1	西表島・由布島・水牛の池	西表島・由布島・水牛の池	901224
2	西表島・上原海岸	西表島・上原海岸	901224
3	西表島・星砂海岸・流入する小流	西表島・星砂海岸・流入する小流	901224
4	西表島・浦内川・舟乗り場	西表島・浦内川・舟乗り場	901224
5	西表島・浦内川・カンピラ滝の上・苔付着	西表島・浦内川・カンピラ滝の上	910730
6	西表島・カンピラの滝・近くの沢	西表島・近くの沢	931224
7	西表島・浦内川・支流の沢	西表島・浦内川・支流の沢	910730
8	西表島・浦内川・軍艦岩	西表島・浦内川・軍艦岩	910730
9	西表島・仲間川	西表島・仲間川	910730
10	西表島・前良川	西表島・前良川	910730
11	西表島・サキシマスオウ群落地	西表島・サキシマスオウ群落地	910730
12	西表島・牧場を流れる川	西表島・牧場を流れる川	910730
13	西表島・大見謝川	西表島・大見謝川	910730

9-5 南西諸島：与那国島
採集者：木村努・木村絢子

No.	採集場所	略名表記	採集日
1	与那国島・牧場の池	与那国島・牧場の池	931227
2	与那国島・東崎・池	与那国島・東崎・池	931227

9-6 南西諸島：奄美大島
採集者：木村努・木村絢子

No.	採集場所	略名表記	採集日
1	奄美大島・太良川	奄美大島・太良川	961228
2	奄美大島・マテイラの滝	奄美大島・マテイラの滝	961228
3	奄美大島・マテイラの滝・合流する沢	奄美大島・マテイラの滝・合流する沢	961228

10 福島博採集試料
採集者：福島博・福嶋悟・篠原みど里・寺尾公子・藤田晴江

番号	採集場所	略名表記	採集日
1	仁淀川・高知県	仁淀川	
2	神流川・群馬県	神流川・群馬県	0505
3	豊川・愛知県	豊川・愛知県	050208
4	多摩川・平井川・東京都	平井川-1・多摩川支流	050520
5	多摩川・平井川・東京都	平井川-2・多摩川支流	7402
6	多摩川・大丹波川・東京都	大丹波川・多摩川支流	7402
7	大川・福島県	大川（会津大橋）	050610
8	荒川・坂戸市・埼玉県	荒川・坂戸市	
9	足羽川・九頭竜川・福井県	足羽川・福井県	080214
10	子吉川・鳥海ダム・秋田県	子吉川・秋田県	
11	侍従川・横浜市	侍従川・横浜市	
12	神流川・利根川・埼玉県	神流川・埼玉県	
13	木曽川・愛知県	木曽川・愛知県	900107
14	黒又川第2ダム・信濃川・新潟県	黒又川第2ダム・新潟県	
15	平川・沖縄本島・沖縄県	平川・沖縄県	0702
16	寒河江川・月岡橋・最上川・山形県	寒河江川・山形県	040812
17	丹沢川・神奈川県	丹沢川	
18	利根川・茨城県	利根川	041019
19	利根川・江戸川	江戸川	

番号	採集場所	略名表記	採集日
20	十勝川・北海道	十勝川・北海道	041019
21	矢落川・愛媛県	矢落川・愛媛県	050419
22	日本橋川・東京	日本橋川	
23	日川・笛吹川・山梨県	日川・笛吹川・山梨県	
24	不動川・神奈川県	不動川・神奈川県	
25	北上川・宮城県	北上川	
26	浅瀬石川・青森県	浅瀬石川・青森県	
27	境川・高知県	境川・高知県	
28	揖斐川・岐阜県	揖斐川	
29	矢作川・愛知県	矢作川	
30	天竜川・静岡県	天竜川	
31	岩木川・青森県	岩木川	
32	米代川・秋田県	米代川	
33	最上川・山形県	最上川	
34	阿武隈川・福島県	阿武隈川	
35	阿賀野川・新潟県	阿賀野川	
36	信濃川・新潟県	信濃川	
37	多摩川・東京都	多摩川	
38	相模川・神奈川県	相模川	
39	酒匂川・神奈川県	酒匂川	
40	高田川・広陵町・奈良県	高田川・奈良県	
41	印旛沼・千葉県	印旛沼	
42	手賀沼・千葉県	手賀沼	
43	池田湖・鹿児島県	池田湖	
44	池田ラジウム鉱泉・鳥取県	池田ラジウム鉱泉・鳥取県	
45	三瓶温泉・鳥取県	三瓶温泉・鳥取県	
46	十勝温泉・十勝川・北海道	十勝温泉・北海道	
47	稲生沢川・蓮台寺温泉・静岡県	稲生沢川・蓮台寺温泉・静岡県	
48	河津温泉・静岡県	河津温泉	
49	松川温泉・宮城県	松川温泉	
50	伊東温泉・静岡県	伊東温泉	
51	湯河原温泉・神奈川県	湯河原温泉	
52	自然教育園・東京都	自然教育園	0808
53	臥竜公園・須坂市・長野県	臥竜公園・長野県	
54	高田川・広陵町・奈良県	高田川	

北上川,相模川等いくつもの地点は数年にわたり,多くの調査地点で採集したが,本表では詳細は記していない.

外国サンプル一覧

	採集場所	採集日
1	America-1	710605 〜 721104
2	Europa-1	750519 〜 750615
3	Europa-2	990724 〜 991208
4	Guiana Highlands	040205
5	Egypt the Nile-1	910801
6	Egypt the Nile-2	070630 〜 070705
7	Thai	870809 〜 870924
8	Galapagos-Amazon	960730 〜 960809
9	Malaysia (Borneo)	970722 〜 970726
10	Patagonia (Fuego)	971227 〜 980103
11	Kamchatka Khabarovsk-Russia	980818 〜 980820
12	Africa-1 (Victoria F.)	990815 〜 990824
13	Australia-1	000820 〜 000827
14	Madagascar	010822 〜 010829
15	Canada	020811 〜 020817
16	America-2	030815 〜 030822
17	Australia-2	040831 〜 040905
18	Brazil-Peru	041019 〜 041027
19	中国	060615 〜 060620
20	Africa-2 (Namaqua Land)	060826 〜 060901
21	New Caledonia	070821 〜 070823
22	Costa Rica	080816 〜 080822
23	Indonesia	090817 〜 090822
24	福島博採集試料	

米国州名一覧

略	州名（英語）	州名（日本語）	略	州名（英語）	州名（日本語）
AK	Alaska	アラスカ	MT	Montana	モンタナ
AL	Alabama	アラバマ	NC	North Carolina	ノースカロライナ
AR	Arkansas	アーカンソー	ND	North Dakota	ノースダコタ
AZ	Arizona	アリゾナ	NE	Nebraska	ネブラスカ
CA	California	カリフォルニア	NH	New Hampshire	ニューハンプシャー
CO	Colorado	コロラド	NJ	New Jersey	ニュージャージー
CT	Connecticut	コネチカット	NM	New Mexico	ニューメキシコ
DC	District of Columbia	ワシントンDC	NV	Nevada	ネバダ
DE	Delaware	デラウェア	NY	New York	ニューヨーク
FL	Florida	フロリダ	OH	Ohio	オハイオ
GA	Georgia	ジョージア	OK	Oklahoma	オクラホマ
HI	Hawaii	ハワイ	OR	Oregon	オレゴン
IA	Iowa	アイオワ	PA	Pennsylvania	ペンシルベニア
ID	Idaho	アイダホ	RI	Rhode Island	ロードアイランド
IL	Illinois	イリノイ	SC	South Carolina	サウスカロライナ
IN	Indiana	インディアナ	SD	South Dakota	サウスダコタ
KS	Kansas	カンザス	TN	Tennessee	テネシー
KY	Kentucky	ケンタッキー	TX	Texas	テキサス
LA	Louisiana	ルイジアナ	UT	Utah	ユタ
MA	Massachusetts	マサチューセッツ	VA	Virginia	バージニア
MD	Maryland	メリーランド	VT	Vermont	バーモント
ME	Maine	メイン	WA	Washington	ワシントン
MI	Michigan	ミシガン	WI	Wisconsin	ウィスコンシン
MN	Minnesota	ミネソタ	WV	West Virginia	ウエストバージニア
MO	Missouri	ミズーリ	WY	Wyoming	ワイオミング
MS	Mississippi	ミシシッピ			

外国国名コード（ISO 国名コード（ISO 3166-1　alpha-3）に従う）

国名	英語表記	国名コード
アルゼンチン	Argentina	ARG
オーストラリア	Australia	AUS
ボツワナ	Botswana	BWA
ブラジル	Brazil	BRA
カナダ	Canada	CAN
チリ	Chile	CHL
中国	China	CHN
コスタリカ	Costa Rica	CRI
クロアチア	Croatia	HRV
デンマーク	Denmark	DNK
エクアドル	Ecuador	ECU
エジプト	Egypt	EGY
エストニア	Estonia	EST
フィンランド	Finland	FIN
フランス	France	FRA
ドイツ	Germany	DEU
グリーンランド	Greenland	GRL
アイスランド	Iceland	ISL
インドネシア	Indonesia	IDN
イタリア	Italy	ITA
マダガスカル	Madagascar	MDG
マレーシア	Malaysia	MYS
モンゴル	Mongolia	MNG
ナミビア	Namibia	NAM
オランダ	Netherlands	NLD
ニューカレドニア	New Caledonia	NCL
ノルウェー	Norway	NOR
ペルー	Peru	PER
ポーランド	Poland	POL
ポルトガル	Portugal	PRT
ロシア	Russian Federation	RUS
南アフリカ	South Africa	ZAF
スペイン	Spain	ESP
スウェーデン	Sweden	SWE
台湾	Taiwan	TWN
タイ	Thailand	THA
イギリス	United Kingdom	GBR
アメリカ合衆国	United States of America	USA
ウルグアイ	Uruguay	URY
ジンバブエ	Zimbabwe	ZWE
ギアナ高地	Guiana Highlands	Guiana H.

ISO：International Organization for Standardization：国際標準化機構

1 America-1

採集時期 1971年6月〜72年11月
採集者：木村稔

No.	採集場所	略名表記	採集日
1	Horbar Lake, CA-USA. (near Los Angeles)	Horbar Lake, CA-USA.	710605
2	Chanplane Lake, CA-USA.	Chanplane Lake, CA-USA.	710713
3	Michigan Lake-1, MI-USA.	Michigan Lake, MI-USA.	710810
4	Niagara Falls, NY-USA.	Niagara Falls, NY-USA.	710822
5	Malden Park Boston, MA-USA.	Malden Park, MA-USA.	710826
6	Topp Company Swamp, NJ-USA.	Topp Co., NJ-USA.	710903
7	Philadelphia Riv., PA-USA.	Philadelphia Riv., PA-USA.	710904
8	Pond in Long Island, NY-USA.	Long Isl., NY-USA.	710905
9	Damp Ground Lyndhurst Hotel, NY-USA.	Lyndhurst Hotel, NY-USA.	710906
10	Yosemite N. P. Pond-1, CA-USA.	Yosemite Pond-1, CA-USA.	710924
11	Yosemite N. P. Pond-2, CA-USA.	Yosemite Pond-2, CA-USA.	710924
12	Yosemite N. P. Pond-3, CA-USA.	Yosemite Pond-3, CA-USA.	710924
13	Yosemite N. P. Pond-4, CA-USA.	Yosemite Pond-4, CA-USA.	710924
14	Yosemite N. P. Pond-5, CA-USA.	Yosemite Pond-5, CA-USA.	710924
15	Yosemite N. P. Pond-6, CA-USA.	Yosemite Pond-6, CA-USA.	710924
16	Yosemite N. P. Pond-7, CA-USA.	Yosemite Pond-7, CA-USA.	710924
17	Lake Tahoe-1, CA-USA.	Lake Tahoe-1, CA-USA.	710925
18	Lake Tahoe-2, CA-USA.	Lake Tahoe-2, CA-USA.	710925
19	Pond in Chicago, IL-USA.	Pond Chicago IL-USA.	711016
20	Washington Lake-1, WA-USA.	Washington Lake-1, WA-USA.	711016
21	Salton Sea-1, CA-USA. (Los Angeles east 180 miles)	Salton Sea-1, CA-USA.	711108
22	Pond near Michigan Lake (Milwaukee), IL-USA.	Pond near Michigan Lake, IL-USA.	711204
23	Tap water Los Angeles, CA-USA.	Tap water Los Angeles, CA-USA.	711224
24	Salinus Riv., CA-USA.	Salinus Riv., CA-USA.	720114
25	Snake Riv. (Welser；upstream Colombia R.), ID-USA.	Snake Riv., ID-USA.	720106
26	Washington Lake-2 WA-USA.	Washington Lake-2, WA-USA.	720109
27	Enam claw (south east Seatle), WA-USA.	Enam claw, WA-USA.	720110
28	Honolulu Reservoir, HI-USA.	Honolulu Res., HI-USA.	720117
29	Sun Luis Reservoir-1 (Sanflancisco), CA-USA.	Sun Luis Res.-1, CA-USA.	720209
30	Vanpuzen Riv. (50miles south Euleka), CA-USA.	Vanpuzen Riv., CA-USA.	720214
31	Lake Tahoe-3, CA-USA.	Lake Tahoe-3, CA-USA.	720214
32	Sun Luis Reservoir-2 (Sanflancisco), CA-USA.	Sun Luis Res.-2, CA-USA.	720228
33	Sun Luis Reservoir-3 (Sanflancisco), CA-USA.	Sun Luis Res.-3, CA-USA.	720228
34	Plam springs (Mt. San Jacinto), CA-USA.	Plam springs, CA-USA.	720312
35	Cachuma Lake-1 (Calfornia 50miles north), CA-USA.	Cachuma Lake-1, CA-USA.	720326
36	Salton Sea-2 (Los Angeles east180miles), CA-USA.	Salton Sea-2, CA-USA.	720402
37	Big Bear Lake, CA-USA.	Big Bear Lake, CA-USA.	720416
38	Green Valley Lake, CA-USA.	Green Valley Lake, CA-USA.	720417
39	Arrow Head Lake, CA-USA.	Arrow Head Lake, CA-USA.	720417
40	Cachuma Lake-2, CA-USA.	Cachuma Lake-2, CA-USA.	720419
41	Stream (clear), CA-USA.	Stream (Los Angeles), CA-USA.	720423
42	Baker Rest Area, CA-USA.	Baker Rest Area, CA-USA.	720503
43	Rest Area, CA-USA.	Rest Area, CA-USA.	720503
44	Lake Mead, CA-USA.	Lake Mead, CA-USA.	720503
45	Tap Water Cedar City, UT-USA.	Tap Water Cedar City, UT-USA.	720503
46	Stream from Red Mt., UT-USA.	Stream from Red Mt., UT-USA.	720504

No.	採集場所	略名表記	採集日
47	Yuba State Park, UT-USA.	Yuba State P., UT-USA.	720504
48	Stream from Utah Lake, UT-USA.	Stream from Utah Lake, UT-USA.	720504
49	Pond (near Great Salt Lake), UT-USA.	Pond (Great Salt L.), UT-USA.	720504
50	River flow in Great Salt Lake, UT-USA.	River flow in Great Salt Lake, UT-USA.	720504
51	Great Salt Lake, UT-USA.	Great Salt Lake, UT-USA.	720504
52	Bear Lake-1, UT-USA.	Bear Lake-1, UT-USA.	720505
53	Bear Lake-2, UT-USA.	Bear Lake-2, UT-USA.	720505
54	Snake Riv., NV-USA.	Snake Riv., NV-USA.	720505
55	Yellow Stone Park-1, WY-USA.	Yellowstone-1, WY-USA.	720505
56	Yellow Stone Park-2, WY-USA.	Yellowstone-2, WY-USA.	720505
57	Yellow Stone Park-3, WY-USA.	Yellowstone-3, WY-USA.	720505
58	Yellow Stone Park-4, WY-USA.	Yellowstone-4, WY-USA.	720505
59	Yellow Stone Park-5, WY-USA.	Yellowstone-5, WY-USA.	720505
60	Yellow Stone Park-6, WY-USA.	Yellowstone-6, WY-USA.	720505
61	Yellow Stone Park-7, WY-USA.	Yellowstone-7, WY-USA.	720505
62	Yellow Stone Park-8, WY-USA.	Yellowstone-8, WY-USA.	720505
63	Buffalo Bill Res., WY-USA.	Buffalo Bill Res, WY-USA.	720506
64	Lake de Smet (Buffalo), WY-USA.	Lake de Smet, WY-USA.	720506
65	Mt. Rushmore, SD-USA.	Mt. Rushmore, SD-USA.	720507
66	Missouri Riv.-1 (south Dakota), SD-USA.	Missouri Riv.-1, SD-USA.	720507
67	Missouri Riv.-2 (Sioux City), IA-USA.	Missouri Riv.-2, IA-USA.	720508
68	Missisippi Riv.-1 (Davenport), IA-USA.	Missisippi Riv.-1, IA-USA.	720509
69	Missisippi Riv.-2 (Davenport), IA-USA.	Missisippi Riv.-2, IA-USA.	720509
70	Michigan Lake-2, IL-USA.	Michigan Lake-2, IL-USA.	720512
71	Michigan Lake-3, IL-USA.	Michigan Lake-3, IL-USA.	720512
72	Michigan Lake-4 (south edge), IL-USA.	Michigan Lake-4, IL-USA.	720514
73	Rend Lake (Res.), IL-USA.	Rend Lake, IL-USA.	720523
74	Missouri Riv.-3 (vorde of IL & KY), IL-USA.	Missouri Riv.-3, IL-USA.	720531
75	Barkley Lake, KY-USA.	Barkley Lake, KY-USA.	720525
76	Nolin Riv. Lake (mid. S. Kentucky), KY-USA.	Nolin Riv. Lake, KY-USA.	720609
77	Ohio Riv. (Missisippi R. の支流), OH-USA.	Ohio Riv., OH-USA.	720702
78	Kentucky Dam-1, KY-USA.	Kentucky Dam-1, KY-USA.	720706
79	Kentucky Dam-2, KY-USA.	Kentucky Dam-2, KY-USA.	720707
80	Everglades National Park-1, FL-USA.	Everglades N. P.-1, FL-USA.	720716
81	Everglades National Park-2, FL-USA.	Everglades N. P.-2, FL-USA.	720716
82	Everglades National Park-3, FL-USA.	Everglades N. P.-3, FL-USA.	720716
83	Everglades National Park-4, FL-USA.	Everglades N. P.-4, FL-USA.	720716
84	Okeechobee Lake, FL-USA.	Okeechobee Lake, FL-USA.	720716
85	Disney World, FL-USA.	Disney World, FL-USA.	720717
86	Lake in Stone Mountain (Atlanta), GA-USA.	Lake in Stone Mt., GA-USA.	720717
87	Pond Dallas City, TX-USA.	Pond in Dallas City, TX-USA.	720721
88	Houston Lake, TX-USA.	Houston Lake, TX-USA.	720722
89	Beaumon Texas Freeway, TX-USA.	Beaumon Texas Freeway, TX-USA.	720723
90	Lake Charles, LA-USA.	Lake Charles, LA-USA.	720723
91	Pond Neworleans, LA-USA.	Pond in Park (Neworleans City), LA-USA.	720723
92	Natural Bridge-1 の山裾のせせらぎ, LA-USA.	Natural Bridge-1, LA-USA.	720730
93	Natural Bridge-2, LA-USA.	Natural Bridge-2, LA-USA.	720730
94	Natural Bridge-3, LA-USA.	Natural Bridge-3, LA-USA.	720730

No.	採集場所	略名表記	採集日
95	Lake Bernheum, KY-USA.	Lake in Bernheum, KY-USA.	720817
96	Cincinnati, OH-USA.	Cincinnati, OH-USA.	720817
97	Colunbus, OH-USA.	Colunbus, OH-USA.	720819
98	Lake Erie Cleveland, OH-USA.	Lake Erie, OH-USA.	720819
99	River (from Erie to Ontario), NY-USA.	River from Erie to Ontario, NY-USA.	720820
100	Niagara Falls, Canada.	Niagara Falls, Canada.	720820
101	Lake near Niagara Falls, NY-USA.	Lake near Niagara Falls, NY-USA.	720820
102	Mammoth Cave N. P., KY-USA.	Mammoth Cave N. P., KY-USA.	720904
103	Lake Barklet, KY-USA.	Lake Barklet, KY-USA.	720826
104	Wahiawe Res flow in Rapid River, HI-USA.	Wahiawe Res., HI-USA.	721005
105	Waimea,, Canyon Kauai Islands, HI-USA.	Waimea, Canyon, HI-USA.	721104
106	Wailua Riv. Kauai Islands, HI-USA.	Wailua Riv., HI-USA.	721104

B. G.：Botanical Girden
N. P.：National Park
P. P.：Public Park
Mt.：Mountain
Isl.：Island

Riv.：River
P.：Pond
L.：Lake
Res.：Reservoir

2　Europa-1

採集時期　1975 年 5 月〜6 月　　採集者：木村稔

No.	採集場所	略名表記	採集日
1	Marth Riv., Venlo, Netherlands.	Marth Riv., NLD.	750519
2	Pond in Dusserdolf, Germany.	Pond, Dusserdolf, DEU.	750524
3	the Rhine-1, Dusserdolf, Germany.	the Rhine-1, DEU.	750524
4	the Rhine-2, Dusserdolf, Germany.	the Rhine-2, DEU.	750524
5	Eindhoven Riv., Netherlands.	Eindhoven Riv., NLD.	750525
6	the Seine Riv., Louvre, Paris, France.	the Seine Riv., Louvre, FRA.	750531
7	Pond, Eiffel Paris, France.	Pond near Eiffel, FRA.	750531
8	the Seine Riv., Eiffel Paris, France.	the Seine Riv., Eiffel, FRA.	750531
9	Stream, Venlo の北，Netherlands.	Stream, Venlo N., NLD.	750607
10	the Rhein, Venlo の南，Netherlands.	the Rhein, Venlo S., NLD.	750608
11	Pond, near Buckingham Palace, GBR.	Pond Buckingham Palace, GBR.	750614
12	Hyde Park, London, GBR.	Hyde Park, GBR.	750614
13	Denharg Canal (Madk Dam), GBR.	Denharg Canal, GBR.	750615
14	Euromast-1, Rotterdam, GBR.	Euromast-1, Rotterdam, GBR.	750615
15	Euromast-2, Rotterdam, GBR.	Euromast-2, Rotterdam, GBR.	750615

3 Europa-2

採集時期　1999年7～12月　　採集者：木村稔

No.	採集場所	略名表記	採集日
1	Moat of Castle, Calais, France.	Moat of Castle, Calais, FRA.	990724
2	Pond in Amiens P. A., France.	Pond in Amiens, FRA.	990724
3	Seine Riv., Vernon, France.	Seine Riv., Vernon, FRA.	990725
4	Moat of Castle, Fontainebleau, France.	Moat, Fontainebleau, FRA.	990725
5	Pond of Castle, Fontainebleau, France.	Pond, Fontainebleau, FRA.	990725
6	Torench of Park Andro Citroen, Paris, France.	Trench of Park, Andro Citroen, FRA.	990727
7	Wet land-1, La Torretta Hotel, Ballato, Italy.	Wet land-1, Ballato, ITA.	990730
8	Wet land-2, La Torretta Hotel, Ballato, Italy.	Wet land-2, Ballato, ITA.	990730
9	Fountain of Arena, Verona, Italy.	Fountain of Arena, ITA.	990730
10	Tap water, Paris, France.	Tap water, Paris, FRA.	990801
11	Moat in Verona, Italy.	Moat in Verona, ITA.	990731
12	Fountain, Santa Lucia, Verona, Italy.	Fountain, Santa Lucia, ITA.	990731
13	Fountain, Tuileries Park, Paris, France.	Fountain, Tuileries Park, FRA.	990803
14	Seine Riv., Tuileries Park, Paris, France.	Seine Riv. Tuileries, FRA.	990804
15	Damp area, Suomenlinnaa Island-1, Finland.	Suomenlinnaa Isl.-1, FIN.	990812
16	Damp area, Suomenlinnaa Island-2, Finland.	Suomenlinnaa Isl.-2, FIN.	990812
17	Damp area, Suomenlinnaa Island-3, Finland.	Suomenlinnaa Isl.-3, FIN.	990812
18	Damp area, Suomenlinnaa Island-4, Finland.	Suomenlinnaa Isl.-4, FIN.	990812
19	Fountain Tallinn-Estonia.	Fountain, Tallinn, EST.	990813
20	Pond-1 Tallinn-Estonia.	Pond-1, Tallinn, EST.	990813
21	Pond-2 Tallinn-Estonia.	Pond-2, Tallinn, EST.	990813
22	Fountain of Kings tradgarden, Stockholm, Sweden.	Fountain of Kings tradgarden, SWE.	990814
23	Skinnarviks parken, Stockholm, Sweden.	Skinnarviks parken, SWE.	990814
24	Skansen Island, Stockholm, Sweden.	Skansen Isl., SWE.	990815
25	Kastellet (Den Lille Havfrue), Copenhargen, Denmark.	Kastellet (Den Lille Havfrue), DNK.	990815
26	Orsteds parken, Copenhargen, Denmark.	Orsteds parken, DNK.	990815
27	Courtenbachshof Hozberlen, Duren, Germany.	Courtenbachshof Hozberlen, DEU.	990906
28	Fountain (Moss), Weinheim, Germany.	Fountain, Weinheim, DEU.	990907
29	Pond in Park Meinheim, Germany.	Pond in Park Meinheim, DEU.	990907
30	Pond in Grosser teich, Bad Nauheim, Germany.	Pond in Grosser teich, DEU.	990908
31	Land's End, Bristol, GBR.	Land's End, GBR.	990911
32	Bristol (S. A. Free Way), GBR.	Bristol (S. A. Free Way), GBR.	990912
33	Newbury Canal, GBR.	Newbury Canal, GBR.	990912
34	Fountain Riquewihr-France.	Fountain Riquewihr, FRA.	990918
35	the Rhine-1, Freiburg, Germany.	the Rhine-1, Freiburg, DEU.	990919
36	the Rhine-2, Freiburg, Germany.	the Rhine-2, Freiburg, DEU.	990919
37	Loire Riv., Tours, France.	Loire Riv., Tours, FRA.	990922
38	Stream in Castle, Amboise, France.	Stream in Castle, Amboise, FRA.	990922
39	Fountain (Puddle), Chenonceau Castle, France.	Fountain, Chenonceau Castle, FRA.	990923
40	Loire Riv., Blois, France.	Loire Riv., Blois, FRA.	990923
41	Stream in Castle Trocadero, France.	Stream in Castle Trocadero, FRA.	990923
42	Gutter (Parking Area), Rennes, France.	Gutter (Parking Area), Rennes, FRA.	991010
43	Post on Beach, St. Malo, France.	Post on Beach, St. Malo, FRA.	991010

採集者：木村稔

No.	採集場所	略名表記	採集日
44	Mont St. Michel-1 (Moss on wall), France.	Mont St. Michel-1, FRA.	991010
45	Mont St. Michel-2 S. A., France.	Mont St. Michel-2, FRA.	991011
46	Beach (Moss on Step), Le Havre, France.	Beach (Moss on Step), FRA.	991011
47	Moss on Icefall, Gullfoss, Iceland.	Moss on Icefall, Gullfoss, ISL.	991031
48	River (Flow in Lake), Pingvellir, Iceland.	River (Flow in Lake), Pingvellir, ISL.	991031
49	Air Port (Moss), Keflavik, Iceland.	Air Port (Moss), Keflavik, ISL.	991101
50	Pousadas Hotel-1, Sagres, Portugal.	Pousadas Hotel-1, PRT.	991112
51	Pousadas Hotel-2 (Puddle), Sagres, Portugal.	Pousadas Hotel-2, PRT.	991112
52	Estuary of Rio Arade, Portimao, Portugal.	Estuary of Rio Arade Portimao, PRT.	991112
53	Alhambra-1, Granada, Spain.	Alhambra-1 Granada, ESP.	991113
54	Alhambra-2 (Stream-1), Granada, Spain.	Alhambra-2 (Stream-1), ESP.	991113
55	Alhambra-3 (Ditch), Granada, Spain.	Alhambra-3 (Ditch), ESP.	991113
56	Alhambra-4 (Pond), Granada, Spain.	Alhambra-4 (Pond), ESP.	991113
57	Alhambra-5 (Stream-2), Granada, Spain.	Alhambra-5 (Stream-2), ESP.	991113
58	Alhambra-6 (Moss-1), Granada, Spain.	Alhambra-6 (Moss-1), ESP.	991113
59	Alhambra-7 (Moss-2), Granada, Spain.	Alhambra-7 (Moss-2), ESP.	991113
60	Rio Guadalouivir, Cardoba, Spain.	Rio Guadalouivir, ESP.	991114
61	Cape Roca-1, Portugal.	Cape Roca-1, PRT.	991114
62	Cape Roca-2 (Parking Area), Portugal.	Cape Roca-2, PRT.	991114
63	Air Port Lisbon, Portugal.	Air Port Lisbon, PRT.	991114
64	Moss, Stuttgart, Germany.	Moss, Stuttgart, DEU.	991208

4　Guiana Highlands

採集者：不明

No.	採集場所	略名表記	採集日
1	Guiana Highlands, center.	Guiana H. 1.	040205
2	Guiana Highlands, center Pond.	Guiana H. 2.	040205
3	Guiana Highlands, under Wall 1.	Guiana H. 3.	040205
4	Guiana Highlands, Stream.	Guiana H. 4.	040205
5	Guiana Highlands, Puddle (Stream side).	Guiana H. 5.	040205
6	Guiana Highlands, under Wall 2.	Guiana H. 6.	040205
7	Guiana Highlands, under Wall 3.	Guiana H. 7.	040205
8	Guiana Highlands, Clear water.	Guiana H. 8.	040205
9	Guiana Highlands, Pool 1.	Guiana H. 9.	040205
10	Guiana Highlands, Pool 2.	Guiana H. 10.	040205

5　Egypt the Nile-1

採集者：木村恵

No.	採集場所	略名表記	採集日
1	the Nile, Luxor, Egypt.	the Nile, Luxor, EGY.	910801
2	the Nile, Aswan, Egypt.	the Nile, Aswan, EGY.	910801

6　Egypt the Nile-2

採集者：木村稔・木村泰恵

No.	採集場所	略名表記	採集日
1	the Nile (wharf), Luxor, Egypt.	the Nile (wharf), Luxor, EGY.	070630
2	the Nile (restaurant), Luxor, Egypt.	the Nile (restaurant), Luxor, EGY.	070701
3	the Nile (wharf), Aswan, Egypt.	the Nile (wharf), Aswan, EGY.	070701
4	the Nile (Isis Isla, island), Aswan, Egypt.	the Nile (Isis Isla, island), Aswan, EGY.	070702
5	Nile Lake (Isis Isla), Aswan, Egypt.	Nile Lake (Isis Isla), Aswan, EGY.	070702
6	the Nile (Aswan High Dam), Abusiimbel, Egypt.	the Nile (Aswan High Dam), Abusiimbel, EGY.	070703
7	the Nile (Moss), Cairo, Egypt.	the Nile (Moss), Cairo, EGY.	070705
8	the Nile (restaurant), Cairo, Egypt.	the Nile (restaurant), Cairo, EGY.	070705
9	Sphinx (puddle), Cairo, Egypt.	Sphinx (puddle), Cairo, EGY.	070705

7　Thai

採集者：木村努

No.	採集場所	備考	略名表記	採集日
1	Banpine Glande Palace, Thai.	バンパイン王宮	Banpine Glande Palace, THA.	870809
2	Intake Station of Bangkhen T. P., Thai.	バンケン浄水場取水口	Intake of Bangkhen T. P., THA.	870806
3	Samurae Treatment Plant, Thai.	サムラエ TP	Samurae T. P., THA.	870806
4	Muan Boran, Thai.	古代民族公園	Muan Boran, THA.	870919
5	Nakongnayok Public Park, Thai.		Nakongnayok P. P., THA.	870924
6	Prajinbri T. P. (Scum), Thai.		Prajinbri T. P., THA.	870916
7	Bangkhen T. P., Thai.		Bangkhen T. P., THA.	8708
8	Chaoplaya Riv., Thai.		Chaoplaya Riv., THA.	870927
9	Kongkhen National Museum, Thai.		Kongkhen National Museum, THA.	870923
10	Nongwhen P. W. A. Treatment Plant, Thai.		Nongwhen P. W. A. T. P., THA.	870921
11	Corser Res. (Algae), Kongkhen, Thai.	Algae	Corser Res.-1, THA.	870924
12	Corser Res. (Sediment), Kongkhen, Thai.	Sediment	Corser Res.-2, THA.	870924
13	Corser Res. (Sediment : center), Kongkhen, Thai.	Sediment Center	Corser Res.-3, THA.	870924

8　Galapagos-Amazon

採集者：木村努・木村絢子

No.	採集場所	備考	略名表記	採集日
1	Trench of J. F. Kenedy Space Center, FL-USA.	入り口近くの堀	J. F. Kenedy Space Center, FL-USA.	960730
2	Fernandina Isl.-1, Galapagos, Ecuador.	ウミイグアナの糞	Fernandina Isl.-1, Galapagos, ECU.	960802
3	Fernandina Isl.-2, Galapagos, Ecuador.	タイドプールの浮遊物	Fernandina Isl.-2, Galapagos, ECU.	960802
4	Floreana Isl., Galapagos, Ecuador.	池の泡	Floreana Isl., Galapagos, ECU.	960803
5	Española Isl.-1, Galapagos, Ecuador.	海岸の藻	Española Isl.-1, Galapagos, ECU.	960803
6	Española Isl.-2, Galapagos, Ecuador.		Española Isl.-2, Galapagos, ECU.	960804
7	the Amazon, nature trail, Ecuador.	歩道の板付着物	the Amazon nature trail, ECU.	960807
8	the Amazon, Camp Bakuya, Ecuador.	川沈殿物	the Amazon, Camp Bakuya, ECU.	960807
9	the Amazon, Puddle in Koffan, Ecuador.	水たまりの腐葉	the Amazon, Puddle in Koffan, ECU.	960808
10	the Amazon, Village of Koffan, Ecuador.	泥状浮遊流下物	the Amazon, Village of Koffan, ECU.	960808
11	the Amazon, Agalico Wharf, Ecuador.	岩付着の鮮苔類	the Amazon, Agalico Wharf, ECU.	960809

9　Malaysia（Borneo）

採集者：木村努・木村絢子

番号	採集場所	備考	略名表記	日付
1	Bako N. P.-1 (Stream), Borneo, Malaysia.	濁流でない川	Bako N. P.-1, MYS.	970722
2	Bako N. P.-2 (Trail), Borneo, Malaysia.	登山道	Bako N. P.-2, MYS.	970723
3	Mulu N. P.-1, Borneo, Malaysia.	船の中の藻	Mulu N. P.-1, MYS.	970725
4	Mulu N. P.-2 (Ofice), Borneo, Malaysia.	事務所前	Mulu N. P.-2, MYS.	970725
5	Mulu N. P.-3 (Deer Cave), Borneo, Malaysia.	コウモリ洞穴	Mulu N. P.-3, MYS.	970725
6	Mulu N. P.-4 (Pond in Lodge), Borneo, Malaysia.	ロッジの鳥の池	Mulu N. P.-4, MYS.	970726

10　Patagonia（Fuego）

採集者：木村努・木村絢子

No.	採集場所	備考	略名表記	採集日
1	Lake (R. 60 altitude 2850m), Chile.	石付着	Lake top of Pass, CHL.	971227
2	Pond in Park, Mendoza, Argentina.	浮遊している藻	Pond in Park, in Mendoza, ARG.	971228
3	Otway Lake (Penguin habitat), Chile.	溝に浸かり枯れた草	Penguin habitat, CHL.	971230
4	Pond, near Otway Lake, Chile.	赤いフサモ	Pond near Otway Lake, CHL.	971230
5	Tierra del Fuego N. P. (Stream 1), Argentina.	急流の石	Tierra del Fuego N. P.-1, ARG.	980101
6	Tierra del Fuego N. P. (Stream 2), Argentina.	コケ	Tierra del Fuego N. P.-2, ARG.	980101
7	Lake Roca, Stream (Flow in), Argentina.	小川の付着物	L. Roca flow in Stream, ARG.	980101
8	Lake Roca, Argentina.	ロコ湖畔	L. Roca, ARG.	980101
9	Lake Roca, flow out Stream, Argentina.	ロコ湖流出河川	L. Roca flow out Stream, ARG.	980101
10	Lake Roca, flow out Stream, Swamp-1, Argentina.	合流点・湿地	L. Roca, Swamp-1, ARG.	980101
11	Lake Roca, flow out Stream, Swamp-2, Argentina.	合流点・湿地	L. Roca, Swamp-2, ARG.	980101
12	Lake Roca, flow out Stream, Swamp-3, Argentina.	合流点・湿地	L. Roca, Swamp-3, ARG.	980101
13	Lake Roca, flow out Stream, Swamp-4, Argentina.	合流点・湿地	L. Roca, Swamp-4, ARG.	980101
14	Tierra del Fuego N. P. (glacier), Argentina.	雪渓のコケ絞る	Tierra del Fuego N. P.-1, ARG.	980102
15	Tierra del Fuego N. P. (Stream 1), Argentina.	山の渓流1	Tierra del Fuego N. P.-2, ARG.	980102
16	Tierra del Fuego N. P. (Stream 2), Argentina.	山の渓流2	Tierra del Fuego N. P.-3, ARG.	980102
17	River in Farm Argentina.	牧場の川・石付着	River in Farm, ARG.	980103
18	Stream (Trail side) Argentina.	登山道・せせらぎ	Stream (Trail side), ARG.	980103
19	wet Wall (Trail side) Argentina.	登山道・崖	wet Wall (Trail side), ARG.	980103
20	Lake, Argentina.	石付着	Lake, ARG.	980103
21	Moss in Swamp, Argentina	コケ絞る	Moss, ARG.	980103

11　Kamchatka Khabarovsk-Russia

採集者：木村努・木村絢子

No.	採集場所	備考	略名表記	採集日
1	Hehizel N. P. (Stream-1), Khabarovsk, Russia.	沢の石	Hehizel N. P. Stream-1, RUS.	980818
2	Hehizel N. P. (Stream-2), Khabarovsk, Russia.	沢の沈泥	Hehizel N. P. Stream-2, RUS.	980818
3	Hehizel N. P. (Stream-3), Khabarovsk, Russia.	沢の藍藻	Hehizel N. P. Stream-3, RUS.	980818
4	Hehizel N. P. (Amur Riv.), Khabarovsk, Russia.	アムール川の泥	Hehizel N. P. Amur Riv., RUS.	980818
5	Kamchatka (Hot Spring), Peteropavlousk, Russia.	木の付着物	Hot Spring, Kamchatka, RUS.	980820
6	Kamchatka Abacha Riv., Peteropavlousk, Russia.	石付着	Abacha Riv., Kamchatka, RUS.	980820

12　Africa-1（Victoria F.）　　　採集者：木村努・木村絢子

No.	採集場所	備考	略名表記	採集日
1	Zambezi Riv., Pier, Botswana.	船着き場石・付着	Zambezi Riv. Pier, BWA.	990815
2	Victoria Falls-1, Esplanade, Botswana.	観察歩道・底泥	Victoria Falls-1, BWA.	990815
3	Victoria Falls-2, Esplanade, Botswana.	観察歩道・コケ	Victoria Falls-2, BWA.	990815
4	Victoria Falls-3, Zambezi Riv., Zimbabwe.	滝の上流・石付着	Victoria Falls-3, ZWE.	990815
5	Zambezi Riv., Chobe N. P.-1 (Pier), Botswana.	船着き場・水草付着	Zambezi Riv., Chobe N. P.-1, BWA.	990816
6	Zambezi Riv., Chobe N. P.-2 (Small Island), Botswana.	中州・水草付着	Zambezi Riv., Chobe N. P.-2, BWA.	990816
7	Zambezi Riv., Chobe N. P.-3 (Mud), Botswana.	底泥	Zambezi Riv., Chobe N. P.-3, BWA.	990816
8	Table Mt.-1, South Africa.	窪地の泥	Table Mt.-1, ZAF.	990823
9	Table Mt.-2, South Africa.	窪地のコケ	Table Mt.-2, ZAF.	990823
10	Wat Pao, Pool, Thai.	人工の池の藻	Wat Pao, THA.	990824

13　Australia-1　　　採集者：木村努・木村絢子

No.	採集場所	備考	略名表記	採集日
1	Swan Lake, W. Australia, Australia.	底石付着	Swan Lake, AUS.	000820
2	Yanchep National Park, W. Australia, Australia.	アオミドロ	Yanchep N. P., AUS.	000820
3	Hamelin Pool-1, W. Australia, Australia.	底の砂	Hamelin Pool-1, AUS.	000821
4	Hamelin Pool-2, W. Australia, Australia.	海の草	Hamelin Pool-2, AUS.	000821
5	Hamelin Pool-3, W. Australia, Australia.	ストロマトライト	Hamelin Pool-3, AUS.	000821
6	Shell Beach, W. Australia, Australia.	海の草	Shell Beach, AUS.	000821
7	Monkey Mia-1, W. Australia, Australia.	海の草	Monkey Mia-1, AUS.	000823
8	Monkey Mia-2, W. Australia, Australia.		Monkey Mia-2, AUS.	000823
9	Swan Riv., Perth, W. Australia, Australia.	付着物	Swan Riv., Perth, AUS.	000823
10	Uluru, N. Territory, Australia.	水溜-1	Uluru, AUS.	000825
11	Valley of Wind-1, N. Territory, Australia.	川の水たまり-1	Valley of Wind-1, AUS.	000825
12	Valley of Wind-2, N. Territory, Australia.	川の水たまり-2	Valley of Wind-2, AUS.	000825
13	Valley of Wind-3, N. Territory, Australia.	川の水たまり-3	Valley of Wind-3, AUS.	000825
14	Kings Park, Perth, W. Australia, Australia.	池の沈殿物-1	Kings P., Perth, AUS.	000827

14　Madagascar　　　採集者：木村努・木村絢子

No.	採集場所	備考	略名表記	採集日
1	Tsimbazaza B. G. (Pond), Madagascar.	植物園の池	Tsimbazaza B. G., MDG.	010822
2	Nosy Be Isl., Pond, Madagascar.	ベマンバサ湖	Nosy Be Isl., MDG.	010824
3	Morondava, Baobab-1, Madagascar.	バオバブの小流	Morondava-1, MDG.	010825
4	Morondava, Baobab-2, Madagascar.	バオバブの池	Morondava-2, MDG.	010825
5	Morondava, Baobab-3, Madagascar.	バオバブの小流	Morondava-3, MDG.	010825
6	Isalo N. P.-1 (Trail), Madagascar.	登山道	Isalo N. P.-1, MDG.	010828
7	Isalo N. P.-2 (Falls), Madagascar.	滝	Isalo N. P.-2, MDG.	010828
8	Berenty Reserve, Madagascar.	水飲み場	Berenty Reserve, MDG.	010829

15　Canada
　　　　　　　　　　　　　　　　　　　　　　　　　　　　　　採集者：木村努・木村絢子

No.	採集場所	備考	略名表記	採集日
1	Avalon Reserve, Newfoundland, Canada.	平原の小川	Avalon Reserve, CAN.	020811
2	Patrick Park, Newfoundland, Canada.		Patrick Park, CAN.	020811
3	Saint Mary's Reserve, Newfoundland, Canada.	鮭採卵場	Saint Mary's Reserve, CAN.	020812
4	Cape Saint Mery (Stream), Newfoundland, Canada.	小川・鉄バク多い	Cape Saint Mery, CAN.	020812
5	Gros Morne N. P., Newfoundland, Canada.	湿地	Gros Morne N. P., CAN.	020815
6	Niagara Falls, Canada.		Niagara Falls, CAN.	020817

16　America-2
　　　　　　　　　　　　　　　　　　　　　　　　　　　　　　採集者：木村努・木村絢子

No.	採集場所	備考	略名表記	採集日
1	Yellowstone N. P.-1 WY-USA.	高温流底	Yellowstone-1, WY-USA.	030815
2	Yellowstone N. P.-2 WY-USA.	高温流底	Yellowstone-2, WY-USA.	030815
3	Yellowstone N. P.-3 WY-USA.	高温流底	Yellowstone-3, WY-USA.	030815
4	Yellowstone N. P.-4 WY-USA.	高温流底	Yellowstone-4, WY-USA.	030815
5	Yellowstone N. P.-5 WY-USA.	高温流底	Yellowstone-5, WY-USA.	030815
6	Yellowstone-6, Gibion Riv., WY-USA.	Gibion Riv.	Yellowstone-6, WY-USA.	030815
7	Yellowstone-7, M. H. Spring, WY-USA.	M. H. Spring	Yellowstone-7, WY-USA.	030815
8	Westthanb-1 (pond on watershed), WY-USA.	分水嶺の池	Westthanb-1, WY-USA.	030817
9	Westthanb-2 (pond on watershed), WY-USA.	分水嶺の池	Westthanb-2, WY-USA.	030817
10	Westthanb-3 (pond on watershed), WY-USA.	分水嶺の池	Westthanb-3, WY-USA.	030817
11	Jelly Lake-1, WY-USA.		Jelly Lake-1, WY-USA.	030817
12	Jelly Lake-2, WY-USA.		Jelly Lake-2, WY-USA.	030817
13	Grand Teton-1, WY-USA.	小川・車軸藻	Grand Teton-1, WY-USA.	030817
14	Grand Teton-2, WY-USA.	小川・緑藻	Grand Teton-2, WY-USA.	030817
15	Yosemite N. P., Yosemite Riv., CA-USA.	底石	Yosemite Riv., CA-USA.	030822

17　Australia-2
　　　　　　　　　　　　　　　　　　　　　　　　　　　　　　採集者：木村努・木村絢子

No.	採集場所	備考	略名表記	採集日
1	NamBang N. P., W. Australia, Australia.	石	NamBang N. P., AUS.	040831
2	Coalseam N. P. W. Australia, Australia.	枯れ川	Coalseam N. P., AUS.	040902
3	Swan Valley Winery, W. Australia, Australia.	池	Swan Valley Winery, AUS.	040903
4	Rottenest Isl., W. Australia, Australia.	石	Rottenest Isl., AUS.	040904
5	Swan Riv., W. Australia, Australia.	岸	Swan Riv., AUS.	040905

18 Brazil-Peru

採集者：木村努・木村絢子

No.	採集場所	備考	略名表記	採集日
1	Iguazu Falls, Brazil.	湿った岩の苔	Iguazu Falls, BRA.	041019
2	Pin Borea, Rio de janeiro, Brazil.	砂糖パンの山	Pin Borea, BRA.	041020
3	Iguazu Falls (pool), Lima, Peru.	池	Iguazu Falls, PER.	041022
4	Tambo Machay (spring), Cuzco, Peru.	湧水	Tambo Machay, PER.	041023
5	Machu Picchu (water way), Peru.	導水湧水	Machu Picchu, PER.	041024
6	Puno Sillustani Remains, (Umayo Pond), Peru.	ウマヨ湖の水草	Umayo Pond, PER.	041025
7	Lake Titikaka-1 (floating weed), Peru.	湖の浮き草	Lake Titikaka-1, PER.	041026
8	Lake Titikaka-2 (adhesion Myriophyllum), Peru.	湖岸のフサモ	Lake Titikaka-2, PER.	041026
9	Lake Titikaka-3 (Stone), Peru.	石付着	Lake Titikaka-3, PER.	041026
10	Lake Titikaka-4 (Island Uros), Peru.	トトラの根付着	Lake Titikaka-4, PER.	041026
11	Lake Titikaka-5 (Island Uros), Peru.	トトラの茎付着	Lake Titikaka-5, PER.	041026
12	Ica-Oasis-1 (Sediments) Nazca, Peru.	底泥	Ica, Oasis-1, PER.	041027
13	Ica-Oasis-2 (Stone) Nazca, Peru.	石付着	Ica, Oasis-2, PER.	041027

19 中国

採集者：木村努・木村絢子

No.	採集場所	備考	略名表記	採集日
1	余姚江，河姆渡遺跡寧波，中国.	河姆渡遺跡	寧波・余姚江，CHN.	060615
2	禹陵堀-1，紹興市，中国.	禹陵	紹興市・禹陵堀-1, CHN.	060616
3	禹陵堀-2，紹興市，中国.	禹陵	紹興市・禹陵堀-2, CHN.	060616
4	魯迅記念館，魯迅堀，紹興市，中国.	魯迅記念館	紹興市・魯迅堀，CHN.	060616
5	魯迅記念館（気藻），紹興市，中国.	魯迅記念館	紹興市・気藻，CHN.	060616
6	古越小河-1，紹興市，中国.	古い町なみ	紹興市・古越小河-1, CHN.	060616
7	古越小河-2，紹興市，中国.	古い町なみ	紹興市・古越小河-2, CHN.	060616
8	古越小河-3，紹興市，中国.	ミジンコ	紹興市・古越小河-3, CHN.	060616
9	西湖，杭州市，中国.	湖岸	杭州市・西湖，CHN.	060617
10	南潯堀-1，南潯，中国.		南潯・南潯堀-1, CHN.	060618
11	南潯堀-2，南潯，中国.		南潯・南潯堀-2, CHN.	060618
12	烏鎮堀，烏鎮，中国.	古い町なみ	烏鎮・烏鎮堀，CHN.	060618
13	同里堀-1，同里，中国.		同里・同里堀-1, CHN.	060619
14	同里堀-2，同里，中国.		同里・同里堀-2, CHN.	060619
15	太湖，蘇州，中国.	水草茎	蘇州・太湖，CHN.	060619
16	拙政園池，蘇州，中国.		蘇州・拙政園池，CHN.	060619
17	盤門池，蘇州，中国.		蘇州・盤門池，CHN.	060620

20 Africa-2（Namaqua Land）

採集者：木村努・木村絢子

No.	採集場所	備考	略名表記	採集日
1	Kirstenbosch B. G.-1, South Africa.	浮遊塊	Kirstenbosch B. G.-1, ZAF.	060826
2	Kirstenbosch B. G.-2, South Africa.	石付着	Kirstenbosch B. G.-2, ZAF.	060826
3	Kirstenbosch B. G.-3, South Africa.	藻類塊	Kirstenbosch B. G.-3, ZAF.	060826
4	West Coast N. P., South Africa.	付着緑塊	West Coast N. P., ZAF.	060827
5	McRegar Farm-1, South Africa.	水たまり	McRegar Farm-1, ZAF.	060828
6	McRegar Farm-2, South Africa.	水たまり	McRegar Farm-2, ZAF.	060828
7	McRegar Farm-3, South Africa.	水たまり	McRegar Farm-3, ZAF.	060828
8	Gutter of R. 27-1, South Africa.	底泥	Gutter of R. 27-1, ZAF.	060828
9	Namaqua Land N. P.-1, South Africa.	水たまり	Namaqua Land N. P.-1, ZAF.	060829
10	Namaqua Land N. P.-2, South Africa.	水たまり	Namaqua Land N. P.-2, ZAF.	060829
11	Namaqua Land N. P.-3, South Africa.	川	Namaqua Land N. P.-3, ZAF.	060829

No.	採集場所	備考	略名表記	採集日
12	Gutter of R. 27-2, South Africa.	乾水路	Gutter of R. 27-2, ZAF.	060830
13	Olifants Riv. 1, South Africa.	底泥	Olifants Riv.-1, ZAF.	060831
14	Olifants Riv. 2, South Africa.	コケ	Olifants Riv.-2, ZAF.	060831
15	Pit of R. 27-3, South Africa.	底泥	Pit of R. 27-3, ZAF.	060831
16	Pit of R. 27-4, South Africa.	石付着	Pit of R. 27-4, ZAF.	060831
17	Pit of R. 27-5, South Africa.	水草付着	Pit of R. 27-5, ZAF.	060831
18	Table Mt., South Africa.	底泥	Table Mt., ZAF.	060901

21 New Caledonia   採集者：木村努・木村絢子

No.	採集場所	備考	略名表記	採集日
1	Nouméa (Surf Hotel), New Caledonia.	ホテル前の海岸	Nouméa, Le Surf Hotel, NCL.	070821
2	Cagoe Museum, New Caledonia.	博物館前水路	Cagoe Museum, NCL.	070821
3	Yate Lake-1, New Caledonia.	湖岸の木の根	Yate Lake-1, NCL.	070821
4	Yate Lake-2, New Caledonia.	底泥	Yate Lake-2, NCL.	070821
5	Yate Lake-3, New Caledonia.	石	Yate Lake-3, NCL.	070821
6	Madeleine Falls-1 under, New Caledonia.	石	Madeleine Falls-1, NCL.	070821
7	Madeleine Falls-2 under, New Caledonia.	石	Madeleine Falls-2, NCL.	070821
8	Madeleine Falls-3 under, New Caledonia.	石	Madeleine Falls-3, NCL.	070821
9	Madeleine Falls-4 upper, New Caledonia.	石	Madeleine Falls-4, NCL.	070821
10	Mondoll Spring, New Caledonia.	壁付着物	Mondoll Spring, NCL.	070821
11	Cascad Falls-1 (Trail), New Caledonia.	下流	Cascad Falls-1, NCL.	070822
12	Cascad Falls-2, New Caledonia.	滝壺下	Cascad Falls-2, NCL.	070822
13	Cave of Queen Ortans, New Caledonia.	流出する沢	Cave of Queen Ortans, NCL.	070823

22 Costa Rica   採集者：木村努・木村絢子

No.	採集場所	備考	略名表記	採集日
1	Lankaster Plant Park (Pond-1), Costa Rica.	池1	Lankaster Pl. P.-1, CRI.	080816
2	Lankaster Plant Park (Pond-2), Costa Rica.	池2	Lankaster Pl. P.-2, CRI.	080816
3	Lankaster Plant Park (Buromeria), Costa Rica.	Buromeria	Lankaster Pl. P.-3, CRI.	080816
4	Guapiles (Tropical Mist Forest), Costa Rica.	コケ	Tropical Mist Forest, CRI.	080817
5	Peris Meer Riv.-1, Costa Rica.	岸	Peris Meer Riv.-1, CRI.	080817
6	Peris Meer Riv.-2 (side of boat), Costa Rica.	船縁	Peris Meer Riv.-2, CRI.	080817
7	Peris Meer Riv.-3 (Algae), Costa Rica.	シオグサ	Peris Meer Riv.-3, CRI.	080817
8	Tortuguero N. P-1 (wharf), Costa Rica.	杭付着	Tortuguero N. P.-1, CRI.	080818
9	Tortuguero N. P-2 (Bl.-Gr. algae), Costa Rica.	ラン藻	Tortuguero N. P.-2, CRI.	080818
10	Tortuguero N. P-3 (floating weed), Costa Rica.	浮き草の根	Tortuguero N. P.-3, CRI.	080818
11	Baldi Hot Springs-1, Costa Rica.	付着1	Baldi Hot Springs-1, CRI.	080818
12	Baldi Hot Springs-2, Costa Rica.	付着2	Baldi Hot Springs-2, CRI.	080818
13	Baldi Hot Springs-3, Costa Rica.	付着3	Baldi Hot Springs-3, CRI.	080818
14	Baldi Hot Springs-4, Costa Rica.	付着4	Baldi Hot Springs-4, CRI.	080818
15	Baldi Hot Springs-5, Costa Rica.	付着5	Baldi Hot Springs-5, CRI.	080818
16	Monteverde N. P.-1 (entrance Pool), Costa Rica.	入り口	Monteverde N. P.-1, CRI.	080820
17	Monteverde N. P.-2 (Stream), Costa Rica.	暗い川	Monteverde N. P.-2, CRI.	080820
18	Butterfly Garden, Costa Rica.	藻	Butterfly Garden, CRI.	080820
19	Monteverde N. P.-3, Costa Rica.	木の肌	Monteverde N. P.-3, CRI.	080821
20	Orotina (Spring), Costa Rica.	ラン藻	Orotina (Spring), CRI.	080821
21	Carara N. P., Costa Rica.		Carara N. P., CRI.	080821
22	San Jose Zoo, Costa Rica.	ベンチのコケ	San Jose Zoo, CRI.	080822

23　Indonesia

採集者：木村努・木村絢子

No.	採集場所	備考	略名表記	採集日
1	Denpasar Hotel-1 (water tank), Bali, Indonesia.	蒲の水槽	Denpasar Hotel-1, IDN.	090817
2	Denpasar Hotel-2 (waterway), Bali, Indonesia.	恋の水路	Denpasar Hotel-2, IDN.	090817
3	Denpasar Hotel-3 (fountain), Bali, Indonesia.	噴水	Denpasar Hotel-3, IDN.	090817
4	Reptile Park (Watercourse), Bali, Indonesia.	水路	Reptile Park, IDN.	090817
5	Minahasa Peninsula, Tangkoko, Sulawesi, Indonesia.	川砂（黒）	Tangkoko Lodge, IDN.	090819
6	Bantimurung Reserve, Riv.-1, Sulawesi, Indonesia.	流出する川	Bantimurung Reserve-1, IDN.	090821
7	Butterfly Valley, Riv. 2, Sulawesi, Indonesia.	蝶の谷入り口の川	Bantimurung Reserve-2, IDN.	090821
8	Butterfly Valley, Riv. 3, Sulawesi, Indonesia.	蝶の谷道中の川	Bantimurung Reserve-3, IDN.	090821
9	Butterfly Valley, Riv. 4 (Pond 1), Sulawesi, Indonesia.	上流の池・底泥	Bantimurung Reserve-4, IDN.	090821
10	Butterfly Valley, Riv. 5 (Pond 2), Sulawesi, Indonesia.	上流の池・Spirogyra	Bantimurung Reserve-5, IDN.	090821
11	Butterfly Valley, Riv. 6, Sulawesi, Indonesia.	蝶の谷道中の川	Bantimurung Reserve-6, IDN.	090821
12	Jakarta-Bogol B. G.-1 (Waterway), Jawa, Indonesia.	水路	Bogol B. G.-1, IDN.	090822
13	Jakarta-Bogol B. G.-2 (Pond), Jawa, Indonesia.	池	Bogol B. G.-2, IDN.	090822

24　福島博採集試料

採集者：福島博ら

No	採集場所	備考	略名表記	
1	Coburg Island, Canada.		Coburg Isl., CAN.	9608
2	Baffin Island, Canada.	湖底堆積物	Baffin Isl., CAN.	9608
3	Devon Island, Canada		Devon Isl., CAN.	9608
4	Spitsbergen Svalbard, Norway		Spitsbergen, NOR.	9807
5	Greenland, Denmark.		Greenland, DNK.	9908
6	Fuego Island, Argentina.		Fuego（ラプタイア）, ARG.	9301
7	Herschel Island, Canada.		Herschel Isl., CAN.	9707～08
8	Holman, Victoria Island, Canada.		Holman, Victoria Isl., CAN.	9707～08
9	Byron Bay, Victoria Island, Canada.		Byron Bay, Victoria Isl., CAN.	9707～08
10	Smoking Hill, Canada.		Smoking Hill, CAN.	9707～08
11	Orkney Island, GBR.		Orkney Isl., GBR.	990723
12	Khuvsgul Lake, Mongolia.		Khuvsgul L., MNG.	0508
13	Kuril Lake, Kamchatka, Russia.		Kuril L., RUS.	0508
14	Sibir Pond, Kamchatka, Russia.		Sibir P., RUS.	060907
15	Plitvice Lakes N. P., Croatia		Plitvice Lake N. P., HRV.	0809
16	Neretva Riv. Adriatic basin, Croatia		Neretva Riv., HRV.	
17	Franz Josef land, Denmark.		Franz Josef land, DNK.	
18	Lake Baikal, Russia.		Lake Baikal, RUS.	
19	Julianehab, Greenland.		Julianehab, GRL.	
20	Krakow, Poland.		Krakow, POL.	
21	Cornwall Island, Canada.		Cornwall Isl., CAN.	
22	Cambridge Bay, Victoria Island, Canada.		Cambridge Bay, Victoria Isl., CAN.	
23	知本温泉，台湾.		知本温泉，TWN.	
24	Pond in Kamchatka, Russia.		Pond in Kamchatka, RUS.	
25	Copenhargen Botanical Girden, Denmark.		Copenhargen B. G., DNK.	
26	Pond in Park, Tallinn, Estonia.		Tallinn, EST.	
27	Pond in Yakutsk, Siberia, Russia.		Yakutsk, Siberia, RUS.	
28	the Rhine, Germany.		the Rhine, DEU.	

参考文献

Agardh, C. A. (1812): Dispositio algarum sueciae. 1-45, Lundae, Litteris Berlingianis.

Agardh, C. A. (1827): Aufzählung einiger in den östereichischen Ländern gefundenen neuen Gattungen und Arten von Algen nebst ihrer Diagnostik und beigefügten Bemerkungen. Flora oder Bot. Zeitung **10**: 625-640.

Alfinito, S. & Lange-Bertalot, H. (2013): Contribution to the knowledge of the freshwater algae of Sierra Leone (Tropical West Africa): diatoms from Loma Mountains and Bumbuna Falls, the Northern Province, Biodiversity Journal **4**(1): 135-178.

Andrejić, J., Krizmanić, J. & Cvijan, M. (2012): Three new records for diatoms from the Nišava River and its tributary, the Jerma River (Southern Serbia), Oceanological and Hydrobiological Studies **41**(3): 17-23.

Antoniades, D., Hamilton, P. B., Douglas, M. S. V. & Smol, J. P. (2008): The freshwater floras of Prince Patrick, Ellef Ringnes, and northern Ellesmere Islands from the Canadian Arctic Archipelago, Iconographia Diatomologica **17**: 649 pp., 133 pls. A. R. G. Gantner, Ruggell.

Bahls, L. L. (2004): Northwest Diatoms, A photographic catalogue of species in the Montana diatom collection **1**. Hannaea, Helena, Montana.

Bahls, L. L. (2005): Northwest Diatoms, A photographic catalogue of species in the Montana diatom collection **2**. Hannaea, Helena, Montana.

Bahls, L. L. (2012): Seven new species in *Navicula sensu stricto* from the Northern Great Plains and Northern Rocky Mountains, Nova Hedwigia **141**: 19-38.

Bartozek, E. C. R., Ludwig, T. A. V., Tremarin, P. I., Nardelli, M. S., Bueno, N. C. & Rocha, A. C. R. (2013): Diatoms (Bacillariophyceae) of Iguaçu National Park, Foz do Iguaçu, Brazil, Acta Bot. Bras. **27**(1): 108-123.

Berg, Å. (1952): Eine Diatomeengemeinschaft an der schwedischen Ostküste. Ark Bot. **2**: utg. K. Svenska Vet. Akad. ser. **2**: 1-39.

Bertolli, L. M., Tremarin, P. I. & Ludwig, T. A. V. (2010): Diatomáceas perifíticas em *Polygonum hydropiperoides* Michaux, reservatório do Passaúna, Região Metropolitana de Curitiba, Paraná, Brasil, Acta Bot. Bras. **24**(4): 1065-1081.

Bock, W. (1963): Diatomeen extreme trockener Standorte, Nova Hedwigia **5**: 199-254, Taf. 1, Figs 77-82.

Bory de Saint-Vincent, J. B. G. M. (1822-1831): in《Dictionnaire Classique d'Histoire Naturelle》. **1**: 79-80, Paris.

Boyer, C. S. (1916): The Diatomaceae of Philadelphia and Vicinity. 143 pp., 40 pls. Philadelphia.

Campeau, S., Pienitz, R. & Héquette, A. (1999): Diatoms from the Beaufort Sea Coast, southern Arctic Ocean (Canada), Bibliotheca Diatomologica **42**: 244 pp., 40 pls. J. Cramer, Berlin-Stuttgart.

Cantonati, M., Lange-Bertalot, H. & Angeli, N. (2010): Neidiomorpha gen. nov. (Bacillariophyta): A new freshwater diatom genus separated from *Neidium* Pfitzer, Botanical Studies **51**: 195-202.

Carter, J. R. (1979): On the identity of *Navicula cincta* Ehr., Bacillaria **2**: 73-84.

Carter, J. R. & Bailey-Watts, A. E. (1981): A taxonomic study of diatoms from standing freshwaters in Shetland, Nova Hedwigia **33**: 513-629.

Cassie, V. (1989): A Contribution to the study of New Zealand Diatoms, Bibliotheca Diatomologica **17**: 266 pp., 40 pls. J. Cramer, Berlin-Stuttgart.

Cleve, P. T. (1891): The diatoms of Finland, Acta Soc. Fauna Flora Fennica **8**: 1-68.

Cleve, P. T. (1894, 1895): Synopsis of the Naviculoid Diatoms, Kongliga Svenska Vetenskaps-Akademiens Handlingar. **26**: 194 pp., 5 pls., **27**: 219 pp., 4 pls.

Cleve, P. T. & Grunow, A. (1880): Beiträge zur Kenntniss der arctischen Diatomeen, K. Svenska. Vet. Akad. Handl. **17**(2): 1-121.

Cleve, P. T. & Möller, I. D. (1877-1882): Collection of 324 diatom slides with accompanying analyses of A. Grunow. Parts **1-6**: 38 p. Upsala.

Cleve-Euler, A. (1951-1955): Die Diatomeen von Schweden und Finnland, Kungl. Svenska. Vet. Akad. Handl. Serie **4**, **2**/1: 1-163 (1951); **3**/3: 1-153 (1952); **4**/1: 1-158 (1953); **4**/5: 1-225 (1953); **5**/4: 1-232 (1955). Stockholm. Reprint in Bibliotheca Phycologica **5**. Lehre Verlag von J. Cramer 1968.

Cocquyt, C. (1998): Diatoms from the Northern Basin of Lake Tanganyika, Bibliotheca Diatomologica **39**: 275 pp., 56 pls. J. Cramer, Berlin-Stuttgart.

Cohu, R. L. & Van de Vijver, B. (2002): Le genre *Diadesmis* (Bacillariophyta) dans les archipels de Crozet et de Kerguelen avec la description de cinq espèces nouvelles, Ann. Limnol. **38**(2): 119-132.

Compère, P. (2001): *Ulnaria* (Kützing) Compère, a new genus name for *Fragilaria* Subgen. *Alterasynedra* Lange-Bertalot with comments on the typification of *Synedra* Ehrenberg. Jahn, R. et al. eds. (2001). Lange-Bertalot Festschrift. Studies on Diatoms. 1-633. A. R. G. Gantner, Ruggell.

Cox, E. J. (1979): Taxonomic studies on the Diatom genus *Navicula* Bory. The typification of the Genus. Bacillaria **2**: 137-154.

Cox, E. J. (1987): *Placoneis* Mereschkowsky: The re-evaluation of a diatom genus originally characterized by its chloroplast type, Diatom Research **2**(2): 145-157.

Cox, E. J. (1988): Taxonomic studies on the diatom genus *Navicula* V. The establishment of Paralibellus gen. nov. for some members of *Navicula* sect. Microstigmaticae, Diatom Research **3**: 9-38.

Cox, E. J. (1996): Identification of freshwater diatoms from live material: 1-158. Chapman & Hall, London.

Cox, E. J. (1999): Studies on the diatom genus *Navicula* Bory. VIII. Variation in valve morphology in relation to the generic diagnosis based on *Navicula tripunctata* (O. F. Müller) Bory, Diatom Research **14**(2): 207-237.

Cox, E. J. (2003): *Placoneis* Mereschkowsky (*Bacillariophyta*) revisited: resolution of several typification and nomenclatural problems, including the generitype, Bot. J. Lin. Soc. **141**: 53-83.

Cremer, H. (1998): The Diatom Flora of the Laptev Sea (Arctic Ocean), Bibliotheca Diatomologica **40**: 142 pp., 40 pls. J. Cramer, Berlin-Stuttgart.

Cumming, B. F., Wilson, S. E., Hall, R. I. & Smol, J. P. (1995): Diatoms from British Columbia (Canada) Lakes and Their Relationship to Salinity, Nutrients and Other Limnological Variables, Bibliotheca Diatomologica **31**: 207 pp., 60 pls. J. Cramer, Berlin-Stuttgart.

Damas, H. (1936): Exploration du Parc National Albert: mission H. Damas (1935-1936) 8. Institut des Paucs Nationaux du Congo Berge, 1937-1952.

Domitrovic, Y. Z. & Maidana, N. I. (1997): Taxonomic and ecological studies of the Paraná River diatom flora (Argentina), Bibliotheca Diatomologica **34**: 122 pp., 14 pls. J. Cramer, Berlin-Stuttgart.

Donkin, A. S. (1861): On the marine diatomaceae of Northumberland with a description of several new species, Quart. J. Micr. Sci. **1**: 1-15.

Donkin, A. S. (1870-1873): The Natural history of the British diatomaceae, illustrated by Tuffen West: P. 1-74, 12 Taf. London.

Ehrenberg, C. G. (1836): Weitere Nachrichten über das Vorkommen fossiler Infusorien. Bericht über die zur Bekanntmachung geeigneten Verhandlungen der Königlich-Preuss. Akademie der Wissenschaften zu Berlin **1**: 83-86.

Ehrenberg, C. G. (1838): Die Infusionsthierchen als vollkommene Organismen. Ein Blick in das tiefere organische Leven der Natur. S. 1-7: 548 pp., 64 taf. Leobold Voss, Leipzig.

Ehrenberg, C. G. (1841): Charakteristik von 274 neuen Arten von Infusorien. Ber. Bekanntm. Verh. Königl, Preuss. Akad. Wissensch. Berlin 1840: 197-219.

Ehrenberg, C. G. (1841, 1843): Einen Nachtrag zu dem Vortrage über die Verbreitung und Einfluss des mikroskopischen Lebens in Süd-und Nord-Amerika, 1841 Ber. Bekanntm. Verh. Königl, Preuss. Akad. Wissensch. Berlin: 202-209. Abh. Königl. Akad. Wissensch. Berlin 1843: 291-466.

Ehrenberg, C. G. (1854): Mikrogeologie. Das Erden und Felsen schaffende wirken des unsichtbar kleinen selbstständigen Lebens auf der Erde: 374 pp. Leopold Voss, Leipzig.

Evans, K. M., Chepurnov, V. A., Sluiman, H. J., Spears, B. M. & Mann, D. G. (2009): Highly Differentiated Populations of the Freshwater Diatom *Sellaphora capitata* Suggest Limited Dispersal and Opportunities for Allopatric Speciation. Journal of Ecology and Environment **36**(4): 386-396.

Falasco, E., Blanco, S., Bona, F., Gomá, J., Hlúbiková, D., Novais, M. H., Hoffmann, L. & Ector, L. (2009): Taxonomy, morphology and distribution of the *Sellaphora stroemii* complex (Bacillariophyceae), Fottea **9**(2): 243-256.

Fallu, M. A., Allaire, N. & Pienitz, R. (2000): Freshwater Diatoms from northern Québec and Labrador (Canada), Bibliotheca Diatomologica **45**: 200 pp., 20 pls. J. Cramer, Berlin-Stuttgart.

Faustino, S., Fontana, L., Bartozek, E., Bicudo, C. & Bicudo, D. C. (2016): Composition and distribution of diatom assemblages from core and surface sediments of a water supply reservoir in Southeastern Brazil, Biota Neotrop. **16**(2): 41 pp.

Foged, N. (1953): Diatoms from West Greenland, Medd. Grønland **147**: 86 pp., 13 taf.

Foged, N. (1955): Diatoms from Peary Land, North Greenland, Medd. Grønland **128**/7: 1-90.

Foged, N. (1958): The diatoms in the basalt area and adjoining areas of Archean Rock in West Greenland, Medd. Grønland **156**: 146 pp., 16 taf.

Foged, N. (1959): Diatoms from Afghanistan, Biol. Skr. Kongl. Danske Vidensk. Selskab **11**: 95 pp., 13 pls.

Foged, N. (1964): Freshwater diatoms from Spitsbergen, Tromso Museums Skr. **11**: 205 pp.

Foged, N. (1968): Some new and rare diatoms from Alaska, Nova Hedwigia **16**: 1-20.

Foged, N. (1971): Diatoms found in a bottom sediment sample from a small deep lake on the Northern Slope, Alaska, Nova Hedwigia **21**: 114 pp., 23 taf.

Foged, N. (1972): The diatoms in four postglacial deposits in Greenland, Medd. Grønland **194**/4: 1-66 pp., 16 taf.

Foged, N. (1974): Freshwater diatoms in Iceland, Bibl. Phycol. **15**: 192 pp.

Foged, N. (1977): The diatoms in four postglacial deposits at Godthabsfjord, West Greenland, Medd. Grønland **199**/4: 1-64, 8 taf.

Foged, N. (1981): Diatoms in Alaska, Bibl. Phycol. **53**: 318 pp.

Fujita, Y. & Ohtsuka, T. (2005): Diatoms from paddy fields in northern Laos, DIATOM **21**: 71-89.

Fukushima, H. (1955, 1956a, 1956b, 1957a, 1957b, 1958): A list of Japanese freshwater algae, including the marine species of blue-green algae and fossil diatoms (1-6), The Journ. Yokohama Municipal Univ. Ser. c-11, 13, 15, 18, 20, 27, 1-29, 1-12, 1-34, 1-24, 1-53, 1-20.

Fukushima, H. (1962): The brief notes on the diatoms vegetation at the Prince Olav Coast, Antarctica. The Bulletin of The Marine Biological Station of Asamushi, Tohoku University **10**(4): 237-240.

Fukushima, H. (1967): A brief note on diatom flora of Antarctic inland waters, Proceedings of the Symposium on Pacific-Antarctic Sciences: 253-264.

Fukushima, H. (1970): Notes on the diatom flora of Antarctic inland waters. In Antarctic Ecology: 628-631. ed. M. W. Holdgate, London Academic Press.

Fukushima, H., Kobayashi, Ts., Terao, K. & Yoshitake, S. (1985): 羽状珪藻 *Navicula radiosa* Kütz. var. *tenella* (Bréb. et Kütz.). Van Heurck の分類学的検討(1), Jpn. J. Wat. Treat. Biol. (日本水処理生物学会誌) **21**(1): 1-6.

Fukushima, H., Kobayashi, Ts., Terao, K. & Yoshitake, S. (1986): Morphological Variability of *Navicula radiosa* Kütz. f. *nipponica* Skv. and var. *tenella* (Bréb.) Grun. (*Navicula cryptotenella* Lange-Bert.), DIATOM **2**: 75-82.

Fukushima, H., Kobayashi, Ts. & Yoshitake, S. (1991): Dominant species of epilithic algae in Japanese running waters. Verh. Internat. Verein. Limnol. **24**: 2048-2049.

Fukushima, H., Kobayashi, Ts., Fujita, H. & Yoshitake, S. (1992): Morphological Variability of *Navicula perminuta* Grunow, Jpn. J. Wat. Treat. Biol. **28**(2): 5-13.

Gasse, F. (1986): East African diatoms. Taxonomy, ecological distribution, Bibliotheca Diatomologica **11**: 202 pp., 43 taf. J. Cramer, Berlin-Stuttgart.

Germain, H. (1981): Flore des diatomées eaux douces et saumâtres du Massif Armoricain et des contrées voisines d'Europe occidentale: 444 pp., 169 taf. Paris.

Giraud, B. & Lejal-Nicol, A. (1989): *Cassinium dongolense* n. sp. bois fossile de Caesalpiniaceae du Nubien du Soudan septentrional, Review of Palaeobotany and Palynology **59**: 37-50.

Gomont, M. (1892): Monographie des Oscillariées (Nostocacées homocystées), 1, 2, Ann. Sci. Nat. Bot. **7**(15): 263-368, (16): 91-264.

Grunow, A. (1860): Ueber neue oder ungenügend gekannte Algen. Erste. Folge, Diatomeen, Familie Naviculaceen, Verh. Kais.-Königl. Zool.-Bot. Ges. Wien **10**: 503-582, 5 taf.

Grunow, A. (1877): New diatoms from Honduras, with notes by F. Kitton, Monthly Micr. Journ. **18**: 165-186, 4 taf.

Grunow, A. (1884): Die Diatomeen von Franz Josefs-Land, Denkschr. Math.-Naturw. Classe, Kais. Akad. Wissensch. **48**: 53-112, 5 taf.

Gyeongje, J. (2013): Species diversity of the old genus *Navicula* Bory (Bacillariophyta) on intertidal sand-flats in the Nakdong River estuary, Korea, J. Ecol. Environ. **36**(4): 371-390.

Happey-Wood, C. M. (1980): Periodicity of epipelic unicellular Volvocales (Chlorophyceae) in a shallow acid pool, Journal of Phycology **16**: 116-128.

Happey-Wood, C. M. & Priddle, J. (1984): The ecology of epipelic algae of five Welsh lakes, with special reference to Volvocalean green flagellates (Chlorophyceae), Journal of Phycology **20**: 109-124.

Hartley, B. (1986): A Check-list of the freshwater, blackish and marine diatoms of the British Isles and adjoining coastal waters. J. Mar. biol. Ass. U. K. **66**: 531-610.

Heering, W. (1921): Chlorophyceae 4, Siphonocladiales, Siphonales. Pascher, A. et al. Eds, Die

Süsswasser-Flora Deutschlands, Österreichs und der Schweiz. **7**: 1-103.

Hein, M. K. (1990): Flora of Adak Island, Alaska: Bacillariophyceae (Diatoms), Bibliotheca Diatomologica **21**: 240 pp., 53 pls., J. Cramer, Berlin-Stuttgart.

Hendey, N. I. (1951): Littoral diatoms of Chichester Harbour with special reference to fouling. J. R. Micr. Soc. **71**: 1-86.

Hendey, N. I. (1964): An introductory account of the smaller algae of British Coastal Waters. V, Bacillariophyceae (Diatoms): 317 pp., 45 pls. London.

Hindák, F. (1977): Studies on the chlorococcal algae (Chlorophyceae). 1, Biol. Pr., Bratislava **23**(4): 1-190.

Hofmann, G., Lange-Bertalot, H. (ed.) & Werum, M. (2013): Diatomeen im Süsswasser-Benthos von Mitteleuropa: 908 pp., 133 taf. Koeltz Scientific Books, Königstein.

Hohn, M. H. & Hellerman, J. (1963): The taxonomy and structure of diatom populations from three eastern North American rivers using three sampling methods, Trans. Amer. Micr. Soc. **82**: 250-329.

Huber-Pestalozzi, G. (1961): Volvocales, Huber-Pestalozzi, G. Das Phytoplankton des Süsswassers **5**: 12+744 pp., 118 taf. E. Schweizerbart'sche Verlag. Stuttgart.

Hustedt, F. (1927-1966): Die Kieselalgen Deutschlands, Österreichs und der Schweiz mit Berücksichtigung der übrigen Länder Europas Sowie der angrenzenden Meeresgebiete. Leipzig, Akademische Verlagsgesellschaft, Teil 1, 5 v. (1927-1930), Teil 2, 6 v. (1931-1959), Teil 3, 4 v. (1961-1966), (Kryptogamen-Flora von Deutschland, Österreichs und der Schweiz; Bd. 7).

Hustedt, F. (1930): Bacillariophyta.: Pascher's, Süsswasser-Flora Mitteleuropas, Heft **10**: 1-466. Jena.

Hustedt, F. (1934): Die Diatomeenflora von Poggenpohls Moor bei Dötlingen in Oldenburg. Abh. und Vortr. Bremer wissensch. Gesellsch. **8-9**: 362-403.

Hustedt, F. (1937a): Süsswasser-Diatomeen von Island, Spitzbergen und den Färöer-Inseln. Bot. Arch. **38**: 152-207.

Hustedt, F. (1937b): Systematische und ökologische Untersuchungen über die Diatomeen-Flora von Java, Bali und Sumatra nach dem Material der Deutschen limnologischen Sunda-Expedition Teil I. Systematischer Teil, Arch. Hydrobiol. Suppl. Bd. **15**: 187-295.

Hustedt, F. (1937-1939): Systematische und ökologische Untersuchungen über die Diatomeen-Flora von Java, Bali und Sumatra nach dem Material der Deutschen limnologischen Sunda-Expedition. Teil I Systematischer Teil, Arch. Hydrobiol. Suppl. Bd. **15**: 131-506, Taf. 9-43 (1934, 1938). Teil II. Allgemeiner Teil. Ebenda Suppl. Bd. **15**: 638-790, Bd. **16**: 1-394 (1938, 1939).

Hustedt, F. (1939): Die Diatomeenflora des Küstengebietes der Nordsee vom Dollart bis zur Elbemündung. I. Die Diatomeenflora in den Sedimenten der unteren Ems sowie auf den Watten in der Leybucht, des Memmert und bei der Insel Juist. Abh. Naturw. Ver. Bremen **31**: 571-677.

Hustedt, F. (1942): Süsswasser-Diatomeen des indomalayischen Archipels und der Hawaii Inseln. Internat. Rev. ges. Hydrobiol. Hydrogr. **42**: 1-252.

Hustedt, F. (1943): Die Diatomeenflora einiger Hochgebirgsseen der Landschaft Davos in den Schweizer Alpen. Intern. Rev. Hydrobiol. **43**: 124-197, 225-280.

Hustedt, F. (1944): Neue und wenig bekannte Diatomeen I, Ber. Dtsch. Bot. Ges. **61**: 271-290.

Hustedt, F. (1945): Diatomeen aus Seen und Quellgebieten der Balkanhalbinsel, Arch. f. Hydrobiol. **40**: 867-973, Taf. 31-43.

Hustedt, F. (1949): Süsswasser-Diatomeen aus dem Albert-Nationalpark in Belgisch-Kongo,

Exploration du Parc National Albert **8**：1-199.

Hustedt, F. (1957)：Die Diatomeenflora des Fluss-systems der Weser im Gebiet der Hansestadt Bremen, Abh. Naturw. Ver. Bremen **34**：181-440, 289 pls.

Isabelle, L. (2007)：The eastern Canadian diatom index.：17＋230 pp. Trent Univ.

Ivanov, P., Kirilova, E. & Ector, L. (2006a)：Diatom species composition from the River Iskar in the Sofia region, Bulgaria. –In, Ognjanova-Rumenova, N. & Manoylov, K. (eds.), Advances in Phycological studies：167-190, Pensoft Publishers and University Publishing House, Sofia-Moscow.

Ivanov, P., Kirilova, E. & Ector, L. (2006b)：Diatom taxonomic composition of rivers in South and West Bulgaria, Phytol. Balcan. **12**：327-338.

John, D. M., Whitton, B. A. & Brook, A. J. (ed.) (2002)：The Freshwater algal flora of the British Isles：1-XII, 702 pp., Cambridge Univ. Press, Cambridge.

John, J. (2015)：A Beginner's Guide to Diatoms：174 pp., Koeltz Scientific Books, Oberreifenberg, Germany.

Kamijo, H. & Watanabe, T. (1974)：On the Diatoms from Lake Kahoku-gata and its Inflows, The Science Reports of Kanazawa university **XVIII**(2)：97-153.

Karasawa, S. & Fukushima, H. (1977)：Diatom flora and environmental factors in some fresh water ponds of East Ongul Island, Antarctic Record **59**：46-53.

Kawecka, B., Olech, M. & Nowogrodzka-Zagórska, M. (1996)：Morphological variability of the diatom *Luticola muticopsis* (van Heurck) D. G. Mann in the inland waters of King George Island, South Shetland Islands, Antarctic, POLISH POLAR RESEARCH **17**(3-4)：143-150.

Kihara, Y., Tsuda, K., Ishii, C., Ishizumi, E. & Ohtsuka, T. (2015)：Periphytic diatoms of Nakaikemi Wetland, an ancient peaty low moor in central Japan, DIATOM **31**：18-44.

Kobayashi, Ts. (1963, 1965)：Variations on some pennate diatoms from Antarctica 1, 2. JARE Scientific Reports. Series E, **18, 24**：1-20, 1-28, 1-16, 1-28 pls.

Kobayashi, Ts. (1970)：Variability on Some Pennate Diatoms 1, J. Yokohama City Univ. Biological Series **1**(3)：1-48, 1-65 pls.

Kobayasi, H. (1968)：A survey of the fresh water diatoms in the vicinity of Tokyo, Jap. J. Bot. **20**：93-122.

Kobayasi, H. (1993)：*Craticula cuspidata* (Kützing) D. G. Mann，堀輝三（編），藻類の生活史集成，第3巻，280 pp. 内田老鶴圃，東京．

Kobayasi, H. & Mayama, S. (1986)：*Navicula pseudacceptata* sp. nov. and Validation of *Stauroneis japonica* H. Kob., DIATOM **2**：95-101.

Kociolek, J. P. & Stoermer, E. F. (1987)：Ultrastructure of *Cymbella sinuata* and its allies (Bacillariophyceae) and their transfer to Reimeria. Gen. Nov. Syst. Bot. **12**：451-459.

Kolbe, R. W. (1927)：Zur Ökologie, Morphologie und Systematik der Brackwasser-Diatomeen. Pflanzenforschung **7**：146 pp., 3 taf.

Komárek, J. & Fott, B. (1983)：Chlorococcales, Huber-Pestalozzi, G. Das Phytoplankton des Süsswassers. **7**(1)：10＋1044 pp., E. Schweizerbart'sche Verlag, Stuttgart.

Komárek, J. & Anagnostidis, K. (2005)：Cyanoprokaryota 2/2. Oscillatoriales, Büdel, B. et al. Eds, Süsswasserflora von Mitteleuropa **19**(2)：759 pp., Elsevier, Spektrum. Acad. Verlag. Heidelberg.

Krammer, K. (1992a)：*Pinnularia* eine Monographie der europäschen Taxa, Bibliotheca Diatomologica **26**：353 pp., 76 taf. J. Cramer, Berlin-Stuttgart.

Krammer, K. (1992b)：Die Gattung *Pinnularia* in Bayern：Bemerkungen zu 80 hinterlassenen Tafeln von Anton Mayer sowie Beschreibungen der bisher in Bayern gefundenen *Pinnularia-*

Taxa, Hoppea, Bd. **52**∶291 pp., 87 pls.

Krammer, K. & Lange-Bertalot, H.(1985)∶Naviculaceae, Bibliotheca Diatomologica **9**∶230 pp., 43 taf. J. Cramer, Berlin-Stuttgart.

Krammer, K. & Lange-Bertalot, H.(1986, 1988, 1991A, 1991B)∶Bacillariophyceae 1-4. Ettl, H. et al. eds. Süsswasserflora von Mitteleuropa **2**(1)∶1-16＋1-876, **2**(2)∶1-12＋1-596, **2**(3)∶1-14＋1-576, **2**(4)∶1-10＋1-437. Gustav Fischer Verlag-Stuttgart.

Krammer, K. & Lange-Bertalot, H.(1987)∶Morphology and Taxonomy of Surirella ovalis and Related Taxa. Diatom Research **2**(1)∶77-95.

Krammer, K. & Lange-Bertalot, H.(1991)∶Bacillariophyceae **2**(4)∶Ettl, H. et al. eds. Süsswasserflora von Mitteleuropa **2**(4)∶1-10＋1-437, Gustav Fischer, Stuttgart.

Krasske, G.(1925)∶Die Bacillariaceen-Vegetation Niederhessens, Abh. Ber. Ver. Naturkunde Cassel **56**.

Krasske, G.(1927)∶Diatomeen deutscher Solquellen und Gradierwerke, Arch. f. Hydrob. **18**∶252-272.

Krasske, G.(1929)∶Beiträge zur Kenntnis der Diatomeenflora Sachsens, Bot. Arch. **27**∶348-380.

Krasske, G.(1938)∶Beiträge zur Kenntnis der Diatomeen-Vegetation von Island und Spitzbergen, Arch. f. Hydrob. **33**∶503-533.

Krasske, G.(1939)∶Zur Kieselalgenflora Südchiles, Arch. f. Hydrob. **35**∶349-468.

Kulikovskiy, M. S., Lange-Bertalot, H., Witkowski, A., Dorofeyuk, N. I. & Genkal, S. I.(2010)∶Diatom assemblages from Sphagnum bogs of the world, Bibliotheca Diatomologica **55**∶326 pp., 118 pls. J. Cramer, Berlin-Stuttgart.

Kulikovskiy, M. S., Lange-Bertalot, H., Metzeltin, D. & Witkowski, A.(2012)∶Lake Bikal∶Hotspot of Endemic Diatoms 1, Iconographia Diatomologica **23**∶607 pp., 156 pls. A. R. G. Gantner, Ruggell.

Kützing, F. T.(1833)∶Synopsis Diatomacearum oder Versuch einer systematischen Zusammenstellung der Diatomeen, Linnaea **8**∶529-620, Taf. 13-19.

Kützing, F. T.(1844)∶Die Kieselschaligen Bacillarien oder Diatomeen. 152 pp., 30 taf. Nordhausen.

Lacsny, I. L.(1917)∶A jászói halastavak kovamoszatai, Botaniskai Közlemények **16**∶12-20, figs 1-6.

Lagerstedt, N. G. W.(1873)∶Sötvattens-Diatomaceer från Spetsbergen och Beeren Eiland, Bih. till K. Svenska Vetensk.-Akad. Handl. **1**/14∶1-52, 2 taf.

Lange-Bertalot, H.(1979)∶Pollution tolerance of diatoms as a criterion for water quality estimation, Nova Hedwigia Beih. **64**∶285-305.

Lange-Bertalot, H.(1980a)∶Zur taxonomischen Revision einiger ökologisch wichtiger "*Naviculae lineolatae*" Cleve. Die Formenkreise um *Navicula lanceolata*, *N. viridula*, *N. cari.*, Cryptogamie∶Algologie **1**∶29-50.

Lange-Bertalot, H.(1980b)∶Zur systematischen Bewertung der bandförmigen Kolonien bei *Navicula* und *Fragilaria*. Kriterien für. Die Vereinigung von *Synedra* (subgen. *Synedra*) Ehrenberg mit *Fragilaria* Lyngbye, Nova Hedwigia **33**∶723-787.

Lange-Bertalot, H.(1993)∶85 neue taxa und über 100 weitere neu definierte taxa ergänzend zur Süsswasserflora von Mitteleuropa, Bibliotheca Diatomologica **27**∶1-24＋1-454, 134 pls. J. Cramer, Berlin-Stuttgart.

Lange-Bertalot, H.(2000)∶Transfer to the generic rank of Decussata Patrick as a subgenus of *Navicula* Bory *sensu lato*, Iconographia Diatomologica **9**∶670-673, A. R. G. Gantner, Ruggell.

Lange-Bertalot, H.(2001a)∶*Navicula sensu stricto* 10 Genera Separated from *Navicula sensu lato Frustulia*∶Diatoms of Europe **2**∶526 pp., 140 pls. A. R. G. Gantner, Ruggell.

Lange-Bertalot, H. (2001b): Studies on Diatoms, Ed. Jahn, R., Kociolek, J. P., Witkowski, A. & Compère, P., A. R. G. Gantner, Ruggell.

Lange-Bertalot, H. (2008): Diatoms of North America, Iconographia Diatomologica **17**: 649 pp., 133 pls. A. R. G. Gantner, Ruggell.

Lange-Bertalot, H. (2013): Diatomeen im Süsswasser-Benthos von Mitteleuropa. 908 pp., 133 taf. Koeltz Scientific Books, Königstein.

Lange-Bertalot, H. & Krammer, K. (1989): *Achnanthes*, Bibliotheca Diatomologica **18**: 393 pp., 100 taf. J. Cramer, Berlin-Stuttgart.

Lange-Bertalot, H. & Moser, G. (1994): Brachysira Monographie der Gattung, Bibliotheca Diatomologica **29**: 212 pp., 52 pls. J. Cramer, Berlin-Stuttgart.

Lange-Bertalot, H. & Metzeltin, D. (1996a): Indicators of Oligotrophy, 800 taxa representative of three ecologically distinct lake types, Iconographia Diatomologica **2**: 390 pp., 125 pls. A. R. G. Gantner, Ruggell.

Lange-Bertalot, H., Külbs, K., Lauser, T., Nörpel-Schempp, M. & Willmann, M. (1996b): Dokumentation und Revision der von Georg Krasske beschriebenen Diatomeen-Taxa, Iconographia Diatomologica **3**: 358 pp., 71 taf. A. R. G. Gantner, Ruggell.

Lange-Bertalot, H. & Genkal, S. I. (1999): Diatoms from Siberia I, Islands in the Arctic Ocean (Yugorsky-Shar Strait), Iconographia Diatomologica **6**: 271 pp., 74+1 taf. 2nd corrected printing. Koeltz Scientific Books. Königstein Germany. A. R. G. Gantner, Ruggell.

Lange-Bertalot, H., Cavacini, P., Tagliaventi, N. & Alfinito, S. (2003): Diatoms of Sardinia. Rare and 76 new species in rock pools and other ephemeral waters., Iconographia Diatomologica **12**: 438 pp., 137 pls. A. R. G. Gantner, Ruggell.

Lange-Bertalot, H., Genkal, S. I. & Vechov, N. V. (2004): New freshwater species of Bacillariophyta. Six taxa new to science are revealed during light and electron microscopy investigatition of benthos samples collected in water bodies of the Yungorsky Shar Strait, Biology of Inland Waters **4**: 12-17.

Lee, J. H., Gotoh, T. & Chung, J. (1992): Diatoms of Yungchun Dam Reservoir and Its Tributaries, Kyung Pook Prefecture, Korea, DIATOM **7**: 45-71.

Levkov, Z., Krstic, S., Metzeltin, D. & Nakov, T. (2007): Diatoms of Lakes Prespa and Ohrid. In Lange-Bertalot, H. (ed.), Iconographia Diatomologica **16**: 611 pp., 220 pls. A. R. G. Gantner, Ruggell.

Levkov, Z. & Williams, D. M. (2011): Fifteen new diatom (Bacillariophyta) species from Lake Ohrid, Macedonia, Phytotaxa **30**: 1-41.

Levkov, Z., Metzeltin, D. & Pavlov, A. (2013): *Luticola* & *Luticolopsis*. Diatoms of Europe **7**: 698 pp., 203 pls. A. R. G. Gantner, Ruggell.

Li, Y., Suzuki, H., Nagumo, T. & Tanaka, J. (2014): Auxosporulation, morphology of vegetative cells and perizonium of *Fallacia tenera* (Hust.) D. G. Mann (Bacillariophyceae), Phytotaxa **164**(4): 239-254.

Lobo, E. A., Wetzel, C. E., Ector, L., Katoh, K., Blanco, S. & Mayama, S. (2010): Response of epilithic diatom communities to environmental gradients in subtropical temperate Brazilian rivers, Limnetica **29**(2): 323-340.

Lowe, R. L., Kociolek, P., Johansen, J. R., Van de Vijver, B., Lange-Bertalot, H. & Kopalová, K. (2014): *Humidophila* gen. nov., a new genus for a group of diatoms (Bacillariophyta) formerly within the genus *Diadesmis*: species from Hawai'i, including one new species, Diatom Research **29**(4): 351-

360.

Maidana, N. I. & Romero, O. E. (1995): Diatoms from the hypersaline "La Amarga" lake (La pampa, Argentina, Cryptogamie. Algol. **16**(3): 173-188.

Manguin, E. (1961): Contribution à la flore diatomique de l'Alaska: Lac Karluk, espèces critiques ou nouvelles, Rev. Algol. **5**: 266-288, 6 taf.

Manguin, E. (1962): Contribution à la connaissance de la flore diatomique de la Nouvelle-Calédonie. Mémoires du Museum National d'Histoire Naturelle, Nouvelle Série, B. Botanique **12**/1: 1-40, 8 pls.

Mann, D. G. (1989): The diatom genus *Sellaphora*: separation from *Navicula*., Br. Phycol. J. **24**: 1-20.

Mann, D. G. (2006): Specifying a morphogenetic model for diatoms: an analysis of pattern faults in the Voigt zone, Nova Hedwigia, beiheft **130**: 97-118.

Mann, D. G., Thomas, S. J. & Evans, K. M. (2008): Revision of the diatom genus *Sellaphora*: a first account of the larger species in the British Isles, Fottea Olomouc. **8**(1): 15-78.

Mann, D. G., Evans, K. M., Chepurnov, V. A. & Nagai, S. (2009): Morphology and formal description of *Sellaphora bisexualis* sp. nov. (Bacillariophyta), Fottea **9**(2): 199-209.

Mayama, S. (2003): Observation of two new species of *Navicula*: *N. exiloides* and *N. delicatilineolata*. DIATOM **19**: 17-22.

Mayama, S. & Kawashima, A. (1998): New combinations for some taxa of *Navicula* and *Stauroneis*, and an avowed substitute for a taxon of *Eunotia*, DIATOM **14**: 69-71.

McLaughlin, R. B. & Stone, J. L. (1986): Some late pleistocene diatoms of the Kenai Peninsula, Alaska. Nova Hedwigia Beih. **82**: 1-148, 16 taf.

Meister, F. (1912): Die Kiselalgen der Schweiz. Beitr. zur Kryptogamenflora der Schweiz. **4**/1: 1-254. K. J. Wyss, Bern.

Meister, F. (1932): Kieselalgen aus Asien: 56 pp., 19 pls. Verlag von Gebrüder Borntraeger, Berlin.

Mereschkowsky, C. (1903): Über *Placoneis*, ein neues Diatomeen-Genus, Beihefte zum Botanischen Centralblatt **15**: 1-30.

Metzeltin, D. & Witkowski, A. (1996): Diatomeen der Bären-Insel, Iconographia Diatomologica **4**: 287 pp., 92 taf. A. R. G. Gantner, Ruggell.

Metzeltin, D. & Lange-Bertalot, H. (1998): Tropical Diatoms of South America I, Iconographia Diatomologica **5**: 695 pp., 220 taf. A. R. G. Gantner, Ruggell.

Metzeltin, D. & Lange-Bertalot, H. (2002): Diatoms from the "Island Continent" Madagascar, Iconographia Diatomologica **11**: 286 pp., 95 pls. A. R. G. Gantner, Ruggell.

Metzeltin, D., Lange-Bertalot, H. & García-Rodríguez, F. (2005): Diatoms of Uruguay, Iconographia Diatomologica **15**: 736 pp., 240 pls. A. R. G. Gantner, Ruggell.

Metzeltin, D. & Lange-Bertalot, H. (2007): Tropical Diatoms of South America II, Iconographia Diatomologica **18**: 877 pp., 296 pls. A. R. G. Gantner, Ruggell.

Meyen, F. J. F. (1829): Beobachtungen Über einige niedere Algenformen. Verhandlungen der Kaiserlichen Leopoldinisch-Carolinischen Akademie der Naturforscher **14**: 769-778, pl. 43.

Morales, E. A. (2002): Fifth NAWQA Taxonomy Workshop on Harmonization of Algal Taxonomy Report No. 0209, The Patrick Center for Environmental Research: 1-63.

Morales, E. A., Vis, M. L., Fernández, E. & Kociolek, J. P. (2007): Epilithic diatoms (Bacillariophyta) from cloud forest and alpine streams in Bolivia, South America II: A preliminary report on the diatoms from Sorata, Department of La Paz, ACTA nova. **3**(4): 680-696.

Moser, G., Lange-Bertalot, H. & Metzeltin, D. (1998): Insel der Endemiten, Geobotanisches Phänomen Neukaledonien, Bibliotheca Diatomologica **38**: 464 pp., 101 taf. J. Cramer, Berlin-Stuttgart.

Müller, O. F. (1786): Diatomaceen (*Vibrio paxillifer*, *V. bipunctatus*, *V. tripunctatus*, *Gonium pulvinatum*). Animalcula infusoria fluviatilia et marina quae detexit, systematice, descripsit et ad vivum delineare curavit O. F. Müller, 379 pp., 50 taf. Havniae.

Negoro, K. & Gotoh, T. (1983): Two New Diatoms of the Genus *Navicula* from the River Yura, Kyoto Prefecture, Japan, Acta Phytotax. Geobot. **XXXIV**, Nos. 1-3: 91-93.

Noga, T., Stanek-Tarkowska, J., Kochman, N., Peszek, Ł., Pajączek, A. & Woźniak, K. (2013): Application of Diatoms to assess the quality of the waters of the Baryczka Stream, Left-Side Tributary of the river San. J. Ecol. Eng. **14**(3): 8-23.

Novais, M. H., Blanco, S., Hlúbiková, D., Falasco, E., Gomá, J., Delgado, C., Ivanov, P., Ács, É., Morais, M., Hoffmann, L. & Ector, L. (2009): Morphological examination and biogeography of the *Gomphonema rosenstockianum* and *G. tergestinum* species complex (Bacillariophyceae). Fottea **9**(2): 257-274.

Ohtsuka, T. (2002): Checklist and illustration of diatoms in the Hii River, DIATOM **18**: 23-56.

Ohtsuka, T., Kato, S., Asai, K. & Watanabe, T. (2009): Checklist and illustrations of diatoms in Laguna de Bay Philippines, with reference to water quality, DIATOM **25**: 134-147.

Okuno, H. (1975): The fine structure of the frustules of the Bacillariophyta. In: Tokida, J. & Hirose, H. (ed.), Advance of phycology in Japan: 97-113. Den Haag.

Pantocsek, J. (1901): A Balaton Kovamoszatai vagy Bacillariái. 1-142, 1-17 pls. Budapest.

Pantocsek, J. (1902): Kieselalgen oder Bacillarien des Balaton (Plattensees). Res. Wiss. Erforsch. des Balatonsees **2**/2: 112 pp., 17 taf.

Patrick, R. (1959a): New species and nomenclatural changes in the genus *Navicula* (Bacillariophyceae), Proc. Acad. Nat. Sci. Philadelphia **111**: 91-108.

Patrick, R. (1959b): New subgenera and two new species of the genus *Navicula* (Bacillariophyceae), Notulae Naturae **324**: 1-11.

Patrick, R. & Freese, L. R. (1961): Diatoms (Bacillariophyceae) from Northern Alaska, Proc. Acad. Nat. Sci. Philadelphia **112**: 129-293, 4 taf.

Patrick, R. & Reimer, C. W. (1966): The Diatoms of the United States **1**: 531 pp., Academy of Natural Sciences of Philadelphia.

Peragallo, H. & Peragallo, M. (1897-1908): Diatomées marines de France et des districts maritimes voisins. P. 1-491+48 p., 137 taf. (Pl. 1-24(1897); 25-48(1898); 49-72(1899); 73-80(1900); 81-96(1901); 97-110, 112-113(1902); 125-131(1904); 132-135(1905); 120-124, 136-137(1907); 111, 114-119(1908). Grez-sur-Loing: J. Tempère, Micrographe-Éditeur. Peragallo, H. & Peragallo, M. (1911): Botanisch und zoologische Ergebnisse einer wissenschaftlichen Forschungsreise nach den Samoainseln dem Neuguinea-Archipel und den Salmonsinseln. IV. Teil. 1. Diatomaceae marinae von den Salomons-Samoa-und Hawaiinseln. Denksch. K. Akad. Wissensch. Berlin, Math.-Naturw. Klasse **88**: 1-11.

Peragallo, M. (1897, 1903): Le catalogue général des diatomées: 1-471(1987); 472-973(1903). Clermont-Ferrand.

Peszek, Ł., Noga, T., Stanek-Tarkowska, J., Pajączek, A., Kochman-Kędziora, N. & Pieniążek, M. (2015): The effect of anthropogenic change in the structure of diatoms and water quality of the żołynianka and jagielnia streams, J. Ecol. Eng. **16**(2): 33-51.

Petersen, J. B. (1924): Freshwater Diatomaceae. In J. Gandrup, "A Botanical Trip to Jan Mayen": Dansk Bot. Ark. **4**(5): 13-21.

Petersen, J. B. (1928a): Algefloraen i nogle Jordprøver fra Island. Dansk Bot. Ark. **5**(9).

Petersen, J. B. (1928b): The aërial algae of Iceland. Bot. Iceland **2**: 325-447.

Podzorski, A. C. (1985)︰An Illustrated and Annotated Check-List of Diatoms from the Black River Waterways, St. Elizabeth, Jamaica, Bibliotheca Diatomologica **7**︰177 pp., 44 pls. J. Cramer, Berlin-Stuttgart.

Pritchard, A. (1842, 1852, 1861)︰A history of infusoria, living and fossil arranged according to ≪Die Infusionsthierchen≫ of C. G. Ehrenberg; containing colored.

Proschkina-Lavrenko, A. I. (1950)︰Diatomovyi Analiz. 3. Opretelitel iskopaemykh i sovremennykh diatomik vodoroslei Poriadok Pennales. Ed. A. N. Krischtofovikh & M. M. Sabelina. Gosudarstvennoe Izdatel. Geol. Lit. Bot. Inst. Komarova, Akad. Nauk S.S.S.R. 398 pp., 117 taf. Moskva/Leningrad.

Rabenhorst, L. (1861-1879)︰Die Algen Europas. Fortsetzung der Algen Sachsens, resp. Mittel-Europas no. 1001-2590. Exsikkate und Begleittext. Dresden.

Ralfs, J. (1848)︰The British Desmidieae. 226 pp.

Ralfs, J. (1861)︰In︰Pritchard, A. (ed.), A history of infusoria, living and fossil, arranged according to ≪Die Infusionsthierchen≫ of C. G. Ehrenberg. New edition iv︰704 pp., 24 taf. London.

Reavie, E. D. & Smol, J. P. (1998)︰Freshwater diatoms from the St. Lawrence River, Bibliotheca Diatomologica **41**︰137 pp., 30 pls. J. Cramer, Berlin-Stuttgart.

Reichardt, E. (1984)︰Die Diatomeen der Altmühl, Bibliotheca Diatomologica **6**︰169 pp., 34 taf. J. Cramer, Berlin-Stuttgart.

Reichardt, E. (1985)︰Diatomeen an feuchten Felsen des südlichen Frankenjuras, Ber. Bayer Bot. Ges. **56**︰167-187.

Reichardt, E. (1988)︰Neue Diatomeen aus Bayerischen und Nordtiroler Alpenseen, Diatom Research **3**︰237-244.

Reichardt, E. (1999)︰Zur Revision der Gattung Gomphonema, Iconographia Diatomologica **8**︰203 pp., 68 taf. A. R. G. Gantner, Königstein.

Reichardt, E. (2009)︰Silikatauswüchse An den inneren Stigmenöffnungen bei Gomphonema-Arten, Diatom Research **24**(1)︰159-173.

Round, F. E., Crawford, R. M & Mann, D. G. (1990)︰The diatoms︰Biology & Morphology of The Genera.︰747 pp., Cambridge University Press.

Rumrich, U., Lange-Bertalot, H. & Rumrich, M. (2000)︰Diatomeen der Anden von Venezuela bis Patagonien/Tierra der Fuego, Iconographia Diatomologica **9**︰673 pp., 197+7+1 taf. A. R. G. Gantner, Ruggell.

Sabelina, M. M. et al. (1951)︰Diatomovie vodorosli（redakmor eynuska A. I. Proschkina-Lavrenko）/ Opredelitel presnovodnych vodoroslei SSSR., Gosudarstvennoe Izdatelystvo《Sovetskaya Nauka》 **4**︰488 pp. Moskva.

Schmidt, A. et al. (1874-1959)︰Atlas der Diatomaceen-Kunde. Heft 1-120, Tafeln 1-460 (Tafeln 1-216 A. Schmidt; 213-216 M. Schmidt; 217-240 F. Fricke; 241-244 H. Heiden; 245, 246 O. Müller; 247-256 F. Fricke; 257-264 H. Heiden; 265-268 F. Fricke; 269-472 F. Hustedt). Reisland-Leipzig.

Schoeman, F. R. & Archibald, R. E. M. (1976-1980)︰The diatom flora of Southern Africa. CSIR special report WAT 50. Pretoria.

Schoeman, F. R. & Archibald, R. E. M. (1987)︰*Navicula vandamii* nom. nov., a new name for *Navicula acephala* Schoeman, and a consideration of its taxonomy, Nova Hedwigia **44**︰479-487.

Schoeman, F. R. & Archibald, R. E. M. (1988)︰Taxonomic notes on the diatoms（Bacillariophyceae） of the Gross Barmen thermal springs in South West Africa/Namibia, S. Afr. J. Bot. **54**(3)︰221-256.

Schulz, P. (1926)：Die Kieselalgen der Danziger Bucht mit Einschluss derjenigen aus glazialen und postglazialen sedimenten, Bot. Arch. **13**：149-327.

Schumann, J. (1867)：Die Diatomeen der Hohen Tatra, Verh. Zool.-Bot. Ges. Wien **17**：1-102, 4 taf.

Shiono, M. & Jordan, R. W. (1995)：Recent diatoms of Lake Hibara, Fukushima Prefecture, DIATOM **11**：31-63, pl. 1-18.

Simonsen, R. (1987)：Atlas and Catalogue of the Diatom Types of Friedrich Hustedt **I**：1-525, **II**：Pl. 1-395, **III**：Pl. 396-772. J. Cramer, Berlin-Stuttgart.

Skvortzow, B. W. (1935)：Diatomées récoltées par le Père E. Licent au cours de ses voyages dans le Nord de la Chine au bas Tibet, en Mongolie et en Mandjourie. Publications du Musée Hoangho Paiho Tien Tsin. Tientsin. **36**：1-43.

Skvortzow, B. W. (1936a)：Diatoms from Biwa Lake, Honshu Island, Nippon, Philipp. J. Sci. **61**(2)：253-296, Pl. 8.

Skvortzow, B. W. (1936b)：Diatoms from Kizaki Lake, Honshu Isl., Nippon, Philipp. J. Sci. **61**(1)：9-73, pl. 16.

Skvortzow, B. W. (1937)：Diatoms from Ikeda Lake, Satsuma Province Kiusiu Island, Nippon, Philipp. J. Sci. **62**(2)：191-218.

Skvortzow, B. W. (1938)：Diatoms from Argun River, Philipp. J. Sci. **66**(1)：43-72, pl. 2.

Stancheva, R., Mancheva, A. & Ivanov, P. (2007)：Taxonomic composition of the epilithic diatom flora from rivers Vit and Osum, Bulgaria, Phytol. Balcan. **13**：53-64.

Starmach, K. (1959)：Homeothrix janthina (Born. et Flah.) comb. nova mihi (= Amphithrix janthina Born. et Flah.) and Associating it blue-green algae, Acta Hydrob. **1**(3, 4)：149-164.

Szabó, K., Kiss, K. T., Taba, G. & Ács, É. (2005)：Epiphytic diatoms of the Tisza River, Kisköre Reservoir and some oxbows of the Tisza River after the cyanide and heavy metal pollution in 2000, Acta Bot. Croat. **64**(1)：1-46.

Tuji, A. (2003)：Freshwater diatom flora in the bottom sediments of Lake Biwa (South Basin)：*Navicula sensu lato*, Bull. Nat. Sci. Mus., Tokyo, Ser. B. **29**(2)：65-82.

Van Dam, H., Mertens, A. & Sinkeldam, J. (1994)：A coded checklist and ecological indicator values of freshwater diatoms from the Netherlands, Netherland journal of aquatic ecology **28**(1)：117-133.

Van de Vijver, B., Beyens, L. & Lange-Bertalot, H. (2004)：The genus *Stauroneis* in the Arctic and (Sub-) Antarctic Regions, Bibliotheca Diatomologica **51**：317 pp., 109 pls. J. Cramer, Berlin-Stuttgart.

Van de Vijver, B. & Lange-Bertalot, H. (2009)：New and interesting *Navicula* taxa from Western and Northern Europe, Diatom Research **24**(2)：416-429.

Van de Vijver, B., Frenot, Y. & Beyens, L. (2002)：Freshwater Diatoms from Iie de la Possession, Bibliotheca Diatomologica **46**：412 pp., 132 pls. J. Cramer, Berlin-Stuttgart.

Van der Werff, A. & Huls, H. (1957-1974)：Diatomeeënflora van Nederland. Den Haag.

Van Heurck, H. (1882-1885)：Types du Synopsis de Belgique. Serie I-XXⅡ. 550 slides, texte A. Grunow.

Van Heurck, H. (1880-1885)：Synopsis des Diatomées de Belgique, Atlas：Taf. 1-30(1880), 31-77 (1881), 78-103(1882), 104-132(1883), Taf. A. B. C. (1885). Anvers. Alphabetique. 120 p. Anvers 1884. Texte. 235 pp. Anvers 1885.

Van Heurck, H. (1896)：A Treatise on the Diatomaceae. 558 pp., 35 pls.

VanLandingham, S. L. (1967-1979)：Catalogue of the fossil and recent genera and species of diatoms and their synonyms. A revision of F. W. Mills《An index to the genera and species of the diatomaceae and their synonyms》. **1-8**：1-4654. J. Cramer, Braunschweig.

VanLandingham, S. L.(1975)：Catalogue of the fossil and recent genera and species of diatoms and their synonyms **5**：2386-2963. J. Cramer, Berlin-Stuttgart.

Verweij, G., Dressler, M. & Werner, P.(2011)：Preliminary report "First German benthic diatom intercalibration exercise 2011"：1-10.

Veselá, J. & Johansen, J. R.(2009)：The diatom flora of ephemeral headwater streams in the Elbsandsteingebirge region of the Czech Republic, Diatom Research **24**(2)：443-477.

Vildary, S. S.(1982)：Altitudinal zonation of mountainous diatom flora in Bolivia：Application to the study of the quaternary, Acta Geol. Acad. Sci. Hungaricae **25**(1-2)：179-210.

Vyverman, W.(1991)：Diatoms from Papua New Guinea, Bibliotheca Diatomologica **22**：225 pp., 1-76 +77-208 pls. J. Cramer, Berlin-Stuttgart.

Vyverman, W., Vyverman, R., Hodgson, D. & Tyler, P.(1995)：Diatoms from Tasmanian mountain Lakes, Bibliotheca Diatomologica **33**：193 pp., 42 pls. J. Cramer, Berlin-Stuttgart.

Wallace, J. H.(1960)：New and variable diatoms, Notulae Naturae of the Academy of Natural Sciences, Philadelphia **331**：1-8.

Wang, L., Lee, T., Chen, S. & Wu, J.(2010)：Diatoms in Liyu Lake, Eastern Taiwan, Taiwania **55**(3)：228-242.

Watanabe, T. & Kamijo, H.(1973)：The Attached Diatoms from the Sai-gawa River, Ishikawa Prefecture, Ann. Sci. Kanazawa Univ. **10**：77-106.

Watanabe, T., Asai, K., Houki, A., Tanaka, S. & Hizuka, T.(1986)：Saprophilous and Eurysaprobic Diatom Taxa to Organic Water Pollution and Diatom Assemblage Index (DAIpo), DIATOM **2**：23-73.

Werum, M. & Lange-Bertalot, H.(2004)：Diatomeen in Quellen, Iconographia Diatomologica **13**：417 pp., 105 pls. A. R. G. Gantner, Ruggell.

West, W. & West, G. S.(1905)：Freshwater algae from the Orkneys and Shetlands, Trans. Proc. Bot. Soc. Edin. **23**：3-41.

Wetzel, C. E., Ector, L., Van de Vijver, B., Compère, P. & Mann, D. G.(2015)：Morphology, typification and critical analysis of some ecologically important small naviculoid species (Bacillariophyta), Fottea, Olomouc **15**(2)：203-234.

Williams, D. M.(1986)：Comparative morphology of some Species of Synedra Ehrenb. With a new definition of the Genus, Diatom Research **1**：131-152.

Williams, D. M. & Round, F. E.(1986)：Revision of the genus Synedra Ehrenb., Diatom Research **1**：313-339.

Witkowski, A.(1994)：Recent and fossil diatom flora of the Gulf of Gdansk, Southern Baltic Sea, Bibliotheca Diatomologica **28**：313 pp., 41 pls. J. Cramer, Berlin-Stuttgart.

Witkowski, A., Lange-Bertalot, H. & Stachura, K.(1998)：New and confused species in the genus *Navicula* (Bacillariophyceae) and the consequences of restrictive generic circumscription, Cryptogamie Algologie **19**(1-2)：83-108.

Witkowski, A., Lange-Bertalot, H. & Metzeltin, D.(2000)：Diatom flora of Marine Coasts 1, Iconographia Diatomologica **7**：925 pp., 219 pls. A. R. G. Gantner, Ruggell.

Wojtal, A. Z.(2001)：New or Rare Species of the genus *Navicula* (Bacillariophyceae) in the Diatom Flora of Poland, Polish Bot. Jour. **46**, 161-167.

Wojtal, A. Z.(2009)：The diatoms of Kobylanka stream near Kraków, Polish Botanical Journal **54**(2)：

129-330, Pl. 1-102.
Yanling, L., Lange-Bertalot, H. & Metzeltin, D. (2009): Diatoms in Mongolia, Iconographia Diatomologica **20**: 703 p., 271 + 5 pls. A. R. G. Gantner, Ruggell.
Żelazna-Wieczorek, J., Olszyński, R. M. & Nowicka-Krawczyk, P. (2015): Half a century of research on diatoms in athalassic habitats in central Poland, Int. J. Oceanol. Hydrobiol. **44**(1): 51-67.
Żelazna-Wieczorek, J. & Olszyński, R. M. (2016): Taxonomic revision of *Chamaepinnularia krookiformis* Lange-Bertalot et Krammer with a description of *Chamaepinnularia plinskii* sp. nov., Fottea, Olomouc **16**(1): 112-121.
Zidarova, R., Kopalová, K. & Van de Vijver, B. (2016): Diatoms from the Antarctic Region: Maritime Antarctica, Iconographia Diatomologica **24**: 504 pp., 216 pls. A. R. G. Gantner, Ruggell.
Zimmermann, C., Poulin, M. & Pienitz, R. (2010): Diatoms of North America, Iconographia Diatomologica **21**: 407 pp., 97 pls. A. R. G. Gantner, Ruggell.
安藤一男・原口和夫・小林弘（1971）：埼玉県仙女ヶ池のケイソウ，秩父自然科学博物館研究報告 **16**: 57-79.
福島博（1962a）：南極プリンスオラフ海岸新南岩露岩帯のケイ藻，南極資料 **14**: 1200-1211.
福島博（1962b）：南極大陸カスミ岩露岩地帯のケイ藻植生，南極資料 **15**: 1267-1280.
福島博（1963）：南極大陸ビボーグオーセネとオングルカルベン島のケイ藻，南極資料 **17**: 1486-1488.
福島博（1964）：ロス島ロイド岬（南極）露岩帯のケイ藻植生，南極資料 **22**: 1815-1827.
福島博（1965）：南ジョージア産ケイ藻類（予報），南極資料 **24**: 1914-1926.
福島博（1966a）：南極陸水のケイ藻フロラ（予報），横浜市立大学論叢（自然科学系列）**17**(2): 66-75.
福島博（1966b）：マラジョージナヤ基地とミルニー基地で得たケイ藻，南極資料 **27**: 2121-2125.
福島博（1969）：マクナード基地付近のケイ藻植生，南極資料 **34**: 73-78.
福島博・杉山純多（1965）：南極の微小生物(1)，遺伝 **19**(12): 37-41.
福島博・岸本千江子（1968）：知床半島のケイ藻類，横浜市立大学紀要 Ser-58 **180**: 1-35.
福島博・小林艶子・右田（吉武）佐紀子（1969）：湯の湖のケイ藻類(2)，横浜市立大学紀要 **185**: 1-23.
福島博・綿貫知彦・小林艶子（1973）：東オングル島より得たケイ藻（予報），南極資料 **46**: 125-132.
福島博・木村努・小林艶子（1973）：木曽川のケイ藻，横浜市立大学紀要 生物学編 **3**(2): 156 pp., 40 pls.
福島博・平本俊明（1973）：横浜中部下水処理場最終沈殿池よりえたケイ藻，陸水学雑誌 **34**(3): 143-150.
福島博・綿貫知彦・小林艶子（1974）：西オングル島大池より得たケイ藻，南極資料 **50**: 35-39.
福島博・綿貫知彦・小林艶子（1975）：東オングル島より得たケイ藻（予報）2，南極資料 **53**: 82-88.
福島博・印東弘玄・寺尾公子（1980）：羽状ケイ藻，特に *Navicula pupula* var. *pupula* f. *pupula* の分類学的検討，Jpn. J. Wat. Treat. Biol. **16**(1, 2): 41-46.
福島博・寺尾公子（1980）：羽状ケイ藻 *Navicula viridula* var. *slesvicensis* の分類学的検討，東京女子体育大学紀要 **15**: 178-196.
福島博・須貝敏英・寺尾公子・和田雅人（1981）：羽状ケイ藻 *Navicula cryptocephala* Kütz. var. *intermedia* Grunow の分類学的検討，東京女子体育大学紀要 **16**: 186-195.
福島博・小林艶子・寺尾公子（1984）：羽状ケイ藻 *Navicula confervacea* (Kütz.) Grunow の分類学的検討，Jpn. J. Wat. Treat. Biol. **20**(2): 20-33.
福島博・寺尾公子・小林艶子（1985）：*Navicula bryophila* Boye-Petersen の形態変異，DIATOM **1**: 32-39.
福島博・小林艶子・寺尾公子・吉武佐紀子（1985）：羽状ケイ藻 *Navicula radiosa* Kütz. var. *tenella* (Bréb. ex Kütz.) Van Heurck の分類学的検討(1)，Jpn. J. Wat. Treat. Biol. **21**(1): 1-6.

福島博・Xavier, B. M.・小林艶子・寺尾公子・大塚晴江（1988）：リオデジャネイロ（ブラジル）で得たケイ藻，Jpn. J. Wat. Treat. Biol. **24**(1)：163-173.

福島博・小林艶子・大塚晴江（1990）：四万十川の植物，付着藻類．伊藤猛夫編，四万十川〈しぜん・いきもの〉．高知市民図書館．

福島博・小林艶子・栗原美香・大塚春江（1990）：羽状ケイ藻 *Navicula yuraensis* Negoro et Gotoh の形態変異(1)．日本水処理生物学会誌 **26**(2)：68-70.

福島博・小林艶子・吉武佐紀子（1997）：霧島高原の *Gomphonema christensenii* R. L. Lowe & Kociolek の形態変異，DIATOM **13**：39-48.

福島博・保坂昭雄・小林艶子・吉武佐紀子・城克彦（1998）：南極半島ネコ港とクーバービル島の珪藻植生，DIATOM **14**：63-67.

福島博・福田和弘・小林艶子・吉武佐紀子（1999）：Fair 河（North Calolina USA）の *Navicula tenelloides* Hustedt の形態変異，DIATOM **15**：79-84.

福島博・小林艶子・吉武佐紀子（2002）：温泉産新種珪藻，*Navicula tanakae* Fukush., Ts. Kobayashi & Yoshit. nov. sp. について，DIATOM **18**：13-21.

福島博・木村努・小林艶子（2005）：環境指標種としての *Navicula capitatoradiata* Germain とその近縁種，日本水処理生物学会誌 別巻 **25**：p. 29.

福島博・木村努・小林艶子・福嶋悟・吉武佐紀子（2012）：カナダ北極圏沿岸の陸水域で得た珪藻 *Navicula sensu lato* の分類学的検討，南極資料 **56**(1)：1-56.

福島博・木村努・小林艶子・吉武佐紀子・Lepskaya, E. V.（2012）：周北性珪藻 *Navicula streckerae* Lange-Bert. & Witk. 特に点紋について，南極資料 **56**(3)：259-283.

福島博・小林艶子・木村努（2012）：環境指標藻としての珪藻，用水と廃水 **56**(6)：422-429.

福島博・木村努・小林艶子（2013）：珪藻 *Navicula salinarum* Grunow の分類学的検討，好塩性藻として，日本水処理生物学会誌 **49**(2)：55-63.

福島博・木村努・小林艶子（2014）：貧腐水〜β-中腐水性種 *Navicula subalpina* var. *schweigeri* の新ランク・新組み合せ，日本水処理生物学会誌 **50**(2)：71-83.

福島博・木村努・小林艶子・井上智（2017）：環境指標種としての珪藻 *Navicula densilineolata* (Lange-Bert.) Lange-Bert. の分類学的検討，日本水処理生物学会誌 **53**(2)：33-45.

後藤敏一（1988）：珪藻試料の死細胞含有率，日本水処理生物学会誌 **24**(1)：132-134.

後藤敏一・窪田英夫（2010）：金鱗湖（大分県湯布院町）の珪藻，DIATOM **26**：17-39.

原口和夫（1997）：青木湖の湖底泥から得た珪藻，DIATOM **13**：215-231.

原口和夫（1998）：山中湖の湖底泥から得た珪藻，DIATOM **14**：51-62.

原口和夫（2000）：菅生沼の珪藻類，DIATOM **16**：63-74.

原口和夫・三友清史（1986）：埼玉県幸手町高須賀沼の珪藻について，埼玉県立自然史博物館研究報告 **4**(C. No. 22)：31-47.

原口和夫・三友清史・小林弘（1998）：埼玉の藻類．伊藤洋編，1998 年版，埼玉県植物誌，527-694．埼玉県教育委員会，浦和市．

広瀬弘幸（1959）：藻類学総説，507+12+87．内田老鶴圃，東京．

平野実（1978）：上高地と仁科三湖の珪藻，梅花短期大学研究紀要 **27**：99-122.

廣田昌昭・大塚泰介（2009）：鳥取県千代川の礫付着珪藻，DIATOM **25**：52-72.

廣田昌昭・木原靖郎・有田重彦・大塚泰介（2013）：湖山池（鳥取県）の付着珪藻相，DIATOM **29**：24-41.

堀輝三編（1994）：藻類の生活史集成，第 1 巻．内田老鶴圃，東京．

堀輝三編（1993）：藻類の生活史集成，第 2 巻．内田老鶴圃，東京．

堀輝三編（1993）：藻類の生活史集成，第 3 巻．内田老鶴圃，東京．

印東弘玄・寺尾公子（1980）：羽状ケイ藻 Navicula viridula v. viridula f. viridula の分類学的検討, 東京女子体育大学紀要 **15**：107-128.

加藤君雄・小林弘・南雲保（1977）：八郎潟調整池のケイソウ類, 八郎潟調整池生物相調査会報告 63-137, 秋田県.

木村努・福島博・小林艶子（2015）：珪藻 Placoneis flabellata (F. Meister) Kimura, H. Fukush. et Ts. Kobayashi comb. nov. の分類学的研究, 分類 **15**(2)：125-136.

小林弘・出井雅彦・真山茂樹・南雲保・長田敬五（2006）：小林弘珪藻図鑑, 531 pp. 内田老鶴圃, 東京.

小久保清治（1965）：浮游硅藻類 増補：330＋10 pp. 恒星社厚生閣, 東京.

小林艶子（1962）：羽状ケイ藻 Navicula muticopsis van Heurck の変異, 南極資料 **14**：1212-1216, Pl. 1-6.

小林艶子（1963）：南極産羽状ケイ藻 Navicula muticopsis van Heurck var. muticopsis f. murrayi (W. & G. S. West) Ts. Kobayashi の変異, 南極資料 **17**：1494-1498, pl. 1-4.

小林艶子・福島博・中村澄夫（1971）：仁科三湖と北海道大沼のケイ藻植生, 横浜市立大学自然科学論叢 **22**(2)：87-126.

小林艶子・萩原邦子（1971）：北極圏アラスカのケイ藻植生, 横浜市立大学論叢（自然科学系列）**22**(1)：120-145.

小林艶子・福島博・前田秋一・長井孝夫・高根秀樹・舘野周之（1972）：相模川（神奈川県）でえた珪藻の変異性, 横浜市立大学論叢（自然科学系列）**23**(2)：101-114, pl. 1-30.

小林艶子・岸本千江子（1972）：北極圏アラスカのケイ藻植生, 横浜市立大学論叢（自然科学系列）**23**(1)：79-99.

小林艶子・勝山志乃・福島博（1986）：羽状ケイ藻 Navicula pupula Kütz. の分類学的検討(1), (2), Jpn. J. Wat. Treat. Biol. **22**(2)：17-28.

窪田英夫（1986）：信州湖沼の珪藻類(6), 信州大学科学教育研究室教養部分室研究報告 **21**：34-42.

真山茂樹・小林弘（1982）：青野川のケイソウ, 東京学芸大学紀要 4 部門 **34**：77-107.

三友清史（1985）：埼玉県秩父郡横瀬長宇根泥炭層の化石珪藻について, 埼玉県立自然史博物館研究報告 **3**（C. No. 21）：31-44.

三友清史・小林弘（1994）：荒川産アユ 2 尾の消化管から得た珪藻, 埼玉県立自然史博物館研究報告 **12**：65-72.

永野真理子・田中正明（2003）：池田湖の珪藻, DIATOM **19**：9-16.

中井末松（2007）：水の中の宝石（続）珪藻の世界, 寺方印刷, 守口市.

根来健一郎・後藤敏一（1981）：奄芸層群の化石硅藻（第 1 報）, 瑞浪市化石博物館研究報告 (8)：77-103.

根来健一郎・後藤敏一（1983）：由良川の硅藻植生, 近畿大学農学部紀要 **3**(16)：67-118.

大橋広好, 永益英敏編（2007）：第 17 回国際植物学会議, オーストリア, ウィーン, 2005 年 7 月で採択された国際植物命名規約（ウィーン規約）日本版, 日本植物分類学会, 上越市, 1-18, 1-208.

大橋広好ら訳編（2014）：第 18 回国際植物学会議, オーストラリアメルボルン, 2011 年 7 月で採択された国際藻類・菌類・植物命名規約（メルボルン規約）2012, 日本語版Ⅰ-XXX, 1-234, 北隆館, 東京.

鈴木秀和・渡邊徹・南雲保・藤田大介（2008）：北海道知床らうす簡易取水施設から採集した付着珪藻, Deep Ocean Water Research **9**(2)：69-78.

鈴木秀和・川崎泰司・倉島彰・南雲保・田中次郎（2009）：三重県みえ尾鷲海洋深層水施設のハバノリ培養実験水槽に出現した付着珪藻, DIATOM **25**：160-163.

高野祥平・茜谷和宏・渡辺剛・片野登（2009）：秋田県の珪藻 2-豊川の珪藻, DIATOM **25**：120-133.

田中宏之（2014）：日本淡水化石珪藻図説, 602 pp. 内田老鶴圃, 東京.

田中宏之・南雲保（2009）：池田湖から見出された本邦新産中心類珪藻 *Spicaticribra kingstonii* Johansen, Kociolek et Lowe 及び共産した同類珪藻(Bacillariophyta)，藻類 **57**：86-92.

田中正明（1992）：日本湖沼誌―プランクトンから見た富栄養化の現状―，I-Ⅵ＋1-530．名古屋大学出版会，名古屋.

田中正明（2002）：日本淡水産動植物プランクトン図鑑，Figs 1-29＋i-ⅷ＋1-584．名古屋大学出版会，名古屋.

寺尾公子・印東弘玄・福島博（1980）：羽状ケイ藻 *Navicula schroeteri* の分類学的検討，Jpn. J. Wat. Treat. Biol. **16**(1, 2)：36-40.

寺尾公子・福島博・小林艶子（1983）：羽状ケイ藻 *Navicula notha* Wallace の分類学的検討(1)，(2)，Jpn. J. Wat. Treat. Biol. **19**(1)：24-34.

渡辺仁治（1971）：奈良県高見川(水ヶ瀬付近)の付着珪藻，能登臨海実験所年報 **11**：9-20, pl. 3-8.

渡辺仁治（編，著）・浅井一視・大塚泰介・辻彰洋・伯耆晶子（2005）：淡水珪藻生態図鑑：群集解析に基づく汚濁指数DAIpo，pH耐性能．内田老鶴圃，東京.

山岸高旺（編，著）（1999）：淡水藻類入門，646 pp．内田老鶴圃，東京.

山川清次（1994）：嘉瀬川河口の珪藻，DIATOM **9**：41-72.

山川清次（1997）：ラサ川(チベット)の珪藻，DIATOM **13**：233-245.

種名一覧

（太字は記載種の解説と Plate の頁，細字は異名，解析図および近似種等の記載頁を示す）

A

Adlafia bryophila 1998　　**2**, 3, 4
Adlafia bryophila（J. B. Petersen）Moser, Lange-Bert. & Metzeltin 1998　　4
Adlafia bryophila var. bryophila f. constricta　　2
Adlafia bryophila var. capitata　　2
Adlafia bryophila var. lapponica　　2
Adlafia bryophila var. suchlandtii　　2
Adlafia bryophila var. trigibba　　2
Adlafia muscora（Kociolek & Reviers）Moser, Lange-Bert. & Metzeltin 1998　　2, 3, **264**
Adlafia parabryophila（Lange-Bert.）Moser, Lange-Bert. & Metzeltin 1998　　4
Adlafia pseudobryophila　　2
Adlafia sp.　　3, **266**
Aneumastus apiculatus（Østrup）Lange-Bert. 1999　　4, 5, 7, **268**
Aneumastus balticus Lange-Bert. 2001　　4, **5**, **268**
Aneumastus minor（Hust.）Lange-Bert. 1993　　**6**, **268**
Aneumastus rosettae Lange-Bert. & Miho 2001　　7
Aneumastus rostratus（Hust.）Lange-Bert. 2001　　6, 7
Aneumastus strosei（Østrup）D. G. Mann & Stickle 1990　　7
Aneumastus tusculus（Ehrenb.）D. G. Mann & Stickle 1990　　6, **7**, **268**

C

Caloneis amphisbaena（Bory）A. Cleve var. amphisbaena 1894　　8
Caloneis amphisbaena（Bory）A. Cleve var. compacta Åke Berg 1952　　8
Caloneis amphisbaena（Bory）A. Cleve var. fenzlii（Grunow）A. Cleve 1894　　8
Caloneis amphisbaena（Bory）A. Cleve var. fuscata（Schum.）Cleve 1894　　**7**, **270**
Caloneis subsalina（Donkin）Hendy 1951　　8
Cavinula cocconeiformis（W. Greg. ex Grev.）D. G. Mann & Stickle 1990　　**8**, 9, 10, 11, **272**
Cavinula jaernefeltii（Hust.）D. G. Mann & Stickle 1990　　8, **9**, 11, **272**
Cavinula pseudoscutiformis（Hust.）D. G. Mann & Stickle 1990　　8, **9**, 10, 11, **270**
Cavinula scutelloides（W. Sm.）Lange-Bert. 1996　　**10**, **270**
Cavinula scutiformis（Grunow ex A. W. F. Schmidt）D. G. Mann & Stickle 1990　　8, 9, 10, **11**, 12, **272**
Cavinula sp.　　**12**, **272**
Chamaepinnularia bergeri（Krasske）Lange-Bert. 1996　　21
Chamaepinnularia bremensis Lange-Bert. 1996　　**12**, **274**
Chamaepinnularia calida（Hendey）Lange-Bert. 1999　　16, 17
Chamaepinnularia circumborealis Lange-Bert. 1999　　**13**, 14, 16, 17, 21, **274**
Chamaepinnularia gandrupii（J. B. Petersen）Lange-Bert. & Krammer var. gandrupii 1996　　13, **14**, 16, **274**
Chamaepinnularia gandrupii（J. B. Petersen）Lange-Bert. & Krammer var. simplex 1996　　14, **15**, 16, 17, **274**
Chamaepinnularia krasskei Lange-Bert. 1999　　13, 14, **15**, 21, **274**
Chamaepinnularia krookiformis（Krammer）Lange-Bert. & Krammer 1999　　13, 14, **16**, 17, **274**
Chamaepinnularia krookiformis Krammer 1992　　17
Chamaepinnularia krookii（Grunow）Lange-Bert. & Krammer 1999　　13, 15, 16, **17**
Chamaepinnularia mediocris（Krasske）Lange-Bert. & Krammer 1996　　21
Chamaepinnularia plinskii Żelazna-Wieczorek & Olszyńśki 2016　　**17**, **274**
Chamaepinnularia schauppiana Lange-Bert. & Metzeltin 1996　　22
Chamaepinnularia soehrensis（Krasske）Lange-Bert. & Krammer var. capitata Veselá & J. R. Johans 2009　　**18**, **274**

Chamaepinnularia soehrensis (Krasske) Lange-Bert. & Krammer var. *hasiaca* 1996 　　20, 274
Chamaepinnularia soehrensis (Krasske) Lange-Bert. & Krammer var. *inflata* (Krasske) H. Fukush. et al. 2012　　20
Chamaepinnularia soehrensis (Krasske) Lange-Bert. & Krammer var. *linearis* (Krasske) H. Fukush., Kimura, Ts. Kobayashi, S. Fukush. & Yoshit. 2012　　20, **21**, **274**
Chamaepinnularia soehrensis (Krasske) var. *muscicola* (J. B. Petersen) Lange-Bert. & Krammer 1996　　20, 21
Chamaepinnularia soehrensis (Krasske) Lange-Bert. & Krammer var. *soehrensis* 1996　　**18**, 20, 21
Chamaepinnularia sp.　　**22**, **274**
Chamaepinnularia tongatensis (Hust.) Veselá & J. R. Johans. 2009　　20
Chamaepinnularia vyvermanii Lange-Bert. 1996　　21
Cosmioneis lundstroemii (Cleve) D. G. Mann 1990　　22
Cosmioneis pusilla (W. Sm.) D. G. Mann & Stickle 1990　　22, 23, **276**
Craticula accomoda (Hust.) D. G. Mann 1990　　**23**, 33, **290**
Craticula accomodiformis Lange-Bert. 1993　　27, 29
Craticula acidoclinata Lange-Bert. & Metzeltin 1996　　24, 26
Craticula ambigua (Ehrenb.) D. G. Mann 1990　　23, **24**, 25, 26, **286**
Craticula buderi (Hust.) Lange-Bert. 2000　　**25**, 27, **288**
Craticula cuspidata (Kütz.) D. G. Mann 1990　　25, **26**, 27, **282**, **284**
Craticula elkab (O. Müll.) Lange-Bert. 2001　　24, 26, 28, 30
Craticula halopannonica Lange-Bert. 2001　　25, 27, 28
Craticula halophila (Grunow) D. G. Mann 1990　　24, 25, 26, **27**, 30, 32, 33, **290**
Craticula halophilioides (Hust.) Lange-Bert. 2001　　28
Craticula halophilioides (Grunow) D. G. Mann 1990　　24, 26, 32, 33
Craticula minusculoides (Hust.) Lange-Bert. 2001　　28
Craticula molestiformis (Hust.) Lange-Bert. 2001　　**28**, **290**
Craticula perrotettii Grunow 1867　　**28**, 29, **280**
Craticula riparia (Hust.) var. *mollenhaueri* Lange-Bert. 1993　　**30**, **290**
Craticula riparia var. *riparia* (Hust.) Lange-Bert. 1993　　24, 26, **29**, 32, 33, **288**
Craticula sp.　　**30**, **278**
Craticula subhalophila (Hust.) Lange-Bert. 1993　　**31**, **290**
Craticula submolesta (Hust.) Lange-Bert. 1996　　28, **32**, 33, **290**
Craticula vixnegligenda Lange-Bert. 1993　　32, **33**, **290**

D

Decussata hexagona (Torka) Lange-Bert. 2000　　34, **35**, **292**
Decussata obutusa (F. Meister) H. Fukush., Kimura & Ts. Kobayashi comb. nov. et stat. nov.　　**34**, 35, **292**
Decussata placenta (Ehrenb.) Lange-Bert. & Metzeltin var. *placenta* 2000　　34, **35**, **294**
Diadesmis arctica Lange-Bert. & Genkal 1999　　79
Diadesmis biceps Arn. ex Grunow 1880　　50
Diadesmis confervacea Kütz. 1844　　**35**, 36, 50, **294**
Diadesmis confervaceoides Lange-Bert. & Rumrich 2000　　37
Diadesmis contenta (Grunow) D. G. Mann 1990　　50
Diadesmis gallica W. Sm. 1857　　37
Diadesmis laevissima (Cleve) D. G. Mann 1990　　37
Diadesmis peregrina W. Sm. 1857　　35
Diadesmis perpusilla (Grunow) D. G. Mann 1990　　51
Diploneis marginustriata Hust. 1922　　37
Diploneis modica Hust. 1945　　37
Diploneis oculata (Bréb.) Cleve var. *oculata* 1894　　**37**, **294**
Diploneis petersenii Hust. 1937　　37
Diploneis pygmaea Mayer 1913　　41

E

Eolimna minima（Grunow）**Lange-Bert. & Moser 1998**　　38, 39, **296**
Eolimna seminulum Grunow 1860　　39
Eolimna subadnata（Hust.）Lange-Bert. 1998　　39
Eolimna subminuscula（Manguin）**Moser, Lange-Bert. & Metzeltin 1998**　　38, 188, **296**

F

Fallacia forcipata（Grev.）Stickle & D. G. Mann 1990　　42
Fallacia fracta（Hust. ex Simonsen）D. G. Mann 1990　　40
Fallacia helensis（Schulz）**D. G. Mann 1990**　　39, 40, **298**
Fallacia insociabilis（Krasske）D. G. Mann 1990　　43
Fallacia lenzii（Hust.）Lange-Bert. 2004　　40
Fallacia losevae Lange-Bert., Genkal & Vekkov 2004　　40, **298**
Fallacia monoculata（Hust.）**D. G. Mann 1990**　　41, 44, **298**
Fallacia pygmaea（Kütz.）**Stickle & D. G. Mann 1990**　　41, 42, **298**
Fallacia subhamulata（Grunow）D. G. Mann 1990　　41
Fallacia sublucidula（Hust.）D. G. Mann 1990　　40, 41
Fallacia tenera（Hust.）**D. G. Mann 1990**　　41, **42**, 43, **298**
Frustulia cuspidata Kütz. 1833　　26
Frustulia lanceolata C. Agardh 1827　　122
Frustulia oblonga Kütz. 1833　　139
Frustulia viridula Kütz. 1833　　199

G

Geissleria acceptata（Hust.）**Lange-Bert. & Metzeltin 1996**　　44, **300**
Geissleria declivis（Hust.）Lange-Bert. 1996　　46
Geissleria decussis（Østrup）**Lange-Bert. & Metzeltin 1996**　　44, 46, **300**
Geissleria dolomitica（Bock）Lange-Bert. & Metzeltin 1996　　44, 45
Geissleria ignota（Krasske）**Lange-Bert. & Metzeltin 1996**　　45, **300**
Geissleria moseri（Hust.）Metzeltin, Witk. & Lange-Bert. 1996　　45
Geissleria paludosa（Hust.）Lange-Bert. & Metzeltin 1996　　44, 45
Geissleria similis（Krasske）**Lange-Bert. & Metzeltin 1996**　　46, **300**

H

Hippodonta avittata（Cholnoky）Lange-Bert., Metzeltin & Witk. 1996　　49
Hippodonta capitata（Ehrenb.）**Lange-Bert., Metzeltin & Witk. 1996**　　46, 48, **302**
Hippodonta costulata（Grunow）**Lange-Bert., Metzeltin & Witk. 1996**　　47, 49, **304**
Hippodonta costulata f. *curta*（Skvortsov）Ohtsuka nom. nud.　　47
Hippodonta hungarica（Grunow）**Lange-Bert., Metzeltin & Witk. 1996**　　47, 48, **304**
Hippodonta linearis（Østrup）**Lange-Bert., Metzeltin & Witk. 1996**　　47, 48, **304**
Hippodonta neglecta Lange-Bert., Metzeltin & Witk. 1996　　49
Hippodonta pseudacceptata（H. Kobayasi）**Lange-Bert., Metzeltin & Witk. 1996**　　48, **340**
Hippodonta subcostulata（Hust.）**Lange-Bert., Metzeltin & Witk. 1996**　　47, 49, **304**
Humidophila contenta（Grunow）**Lowe, Kociolek, Johansen, Van de Vijver, Lange-Bert. & Kopalová 2014**　　50, **294**
Humidophila perpusilla Lowe, Kociolek, Johansen, Van de Vijver, Lange-Bert. & Kopalová 2014　　51

L

Luticola aequatorialis（Heiden）**Lange-Bert. & Ohtsuka 2002**　　52, 53, 57, 59, **310**
Luticola claudiae Metzeltin, Lange-Bert. & García-Rodoríguez 2005　　65
Luticola cohnii（Hilse）**D. G. Mann 1990**　　53, 56, 58, **306**
Luticola dapaliformis（Hust.）D. G. Mann 1990　　54, 56, 64

Luticola dapalis（Freng.）D. G. Mann 1990　　55, 56, 64
Luticola dapaloides（**Freng.**）**Metzeltin & Lange-Bert. var. *dapaloides* 1998**　　**53**, **314**
Luticola dapaloides（**Freng.**）**Metzeltin & Lange-Bert. f. *rostrata* Kimura 1998 nom. nud.**　　**54**, 55, 64, **314**
　Luticola frenguellii Metzeltin & Lange-Bert. 1998　　65
Luticola goeppertiana（**Bleisch**）**D. G. Mann 1990**　　53, **55**, 58, 61, 62, **306**
　Luticola hirgenbergii Metzeltin, Lange-Bert. & García-Rodríguez 2005　　55, 65
　Luticola incoacta（Hust.）D. G. Mann 1990　　66
　Luticola incoactoides Lange-Bert. & Rumrich 2000　　59, 66
Luticola minor（**R. M. Patrick**）**Mayama 1998**　　**56**, 57, **312**
Luticola mitigata（**Hust.**）**D. G. Mann 1990**　　**57**, **310**
　Luticola mobiliensis（C. S. Boyer）Mayama 1998　　56
　Luticola molis Lange-Bert. & Rumrich 2000　　59
Luticola mutica（**Kütz.**）**D. G. Mann 1990**　　53, 56, **57**, 58, 59, 61, 62, **308**
Luticola muticoides（**Hust.**）**D. G. Mann 1990**　　**58**, 62, **308**
　Luticola aff. *neoventricosa*（Hust.）Lange-Bert. 2000　　59
Luticola nivalis（**Ehrenb.**）**D. G. Mann 1990**　　**58**, 59, 61, **310**
Luticola palaearctica（**Hust.**）**D. G. Mann 1990**　　**59**, **312**
Luticola paramutica（**Bock**）**D. G. Mann var. *paramutica* 1990**　　**60**, **314**
　Luticola plausibiloides Metzeltin Lange-Bert. & García-Rodríguez 2005　　63
　Luticola pseudonivalis（Bock）Metzeltin, Lange-Bert. & García-Rodríguez 2005　　66
Luticola saxophila（**Bock & Hust.**）**D. G. Mann 1990**　　53, 56, **62**, **308**
　Luticola seposita（Hust.）D. G. Mann 1990　　63
Luticola seposita（**Hust.**）**D. G. Mann var. *lanceolata*（Haraguti）comb. nov.**　　**62**, 63, **308**
　Luticola simplex Metzeltin, Lange-Bert. & García-Rodríguez 2005　　58
Luticola sp.-1　　**63**, **308**
Luticola sp.-2　　**63**, **312**
Luticola uruguayensis Metzeltin, Lange-Bert. & García-Rodríguez 2005　　55, **64**, **314**
Luticola ventricosa（**Kütz.**）**D. G. Mann var. *ventricosa* 1990**　　62, **65**, **310**

N

Navicula absoluta Hust. 1950　　**66**, 67, 253, **332**
　Navicula abstrusa Hust. 1939　　78
　Navicula acceptata Hust. 1950　　44, 131, 145, 151
　Navicula accomoda Hust. 1950　　23
　Navicula adnata Hust. 1937　　86, 87
Navicula adversa Krasske 1938　　**68**, **414**
　Navicula aequatorialis Heiden 1928　　52
　Navicula aggerica E. Reichardt 1982　　260
　Navicula alea M. H. Hohn & Hellerman 1963　　99
　Navicula alineae Lange-Bert. 2000　　69, 96, 167, 181
　Navicula ambigua Ehrenb. 1843　　24
　Navicula americana Ehrenb. 1843　　249
　Navicula amphibola Cleve var. *amphibola* 1891　　214, 224
　Navicula amphibola Cleve var. *arctica* R. Patrick & Freese 1961　　225
　Navicula amphibola（Cleve）E. J. Cox f. *rectangularis* Foged 1971　　225
Navicula amphiceropsis Lange-Bert. & Rumrich 2000　　**69**, 70, 97, 167, 181, 206, **444**
　Navicula anatis M. H. Hohn & Hellerman 1963　　92
　Navicula anglica Ralfs *sensu* Hust. 1930　　245
　Navicula anglophila（Lange-Bert.）E. J. Cox 1987　　226
　Navicula anglophila（Lange-Bert.）Lange-Bert. 1987　　226
Navicula angusta Grunow 1860　　**70**, 113, **376**
Navicula antonii Lange-Bert. 2000　　**71**, 78, 86, 87, 94, 96, 109, 135, 142, 148, 155, 162, 163, 197, 207, **348**

Navicula apiulatorein var. *hardtii* Edlund & Soninkhishig 2009   193
Navicula aquaedurae Lange-Bert. 1993   **72**, 117, 124, 132, 171, 179, 182, **330**
Navicula arcta var. *hustedtii* Cleve-Euler 1953   6
Navicula arctotenelloides Lange-Bert. & Metzeltin 1996   **72**, 73, 85, 88, 105, 132, 155, 171, 182, 198, **330**
Navicula arenaria Donkin var. *arenaria* 1861   **74**, **330**
Navicula arenaria Donkin var. *rostellata* Lange-Bert. 1985   74, **75**, **330**
Navicula arkona Lange-Bert. & Witk. 2001   75, **76**, 179, 196, 213, **412**
Navicula associata Lange-Bert. 2001   86, 135, 146, 148, 163
Navicula auriculata Hust. 1944   43
Navicula aurora Sovereign 1958   141, 202
Navicula austrocollegarum Lange-Bert. & R. Voigt 2001   93, 152
Navicula bacilloides Hust. 1945   250
Navicula bacillum Ehrenb. 1838   251
Navicula bacula M. H. Hohn & Hellerman 1963   73
Navicula bahusiensis（Grunow）Grunow var. *arctica* Grunow 1884   77
Navicula bahusiensis（Grunow）Grunow var. *bahusiensis* 1884   **77**, 128, **416**
Navicula bahusiensis（Grunow）Grunow var. *lindbergii* A. Cleve 1953   77
Navicula bahusiensis（Grunow）Cleve var. *scanica* A. Cleve 1953   77
Navicula barrowiana R. M. Patrick & Freese 1961   **79**, **330**
Navicula beufleri var. *leptocephala*（Bréb.）Peragallo 1897-1908   104
Navicula bicephala Hust. 1952   126
Navicula bjoernoeyaensis Metzeltin, Witk. & Lange-Bert. 1996   73, 126, 183
Navicula bourrellyivera Lange-Bert., Witk. & Stachura 1998   **79**, 80, 104, 175, 192, 193, 194, 195, **322**
Navicula breitenbuchii Lange-Bert. 2001   75, **80**, 96, 124, 172, 190, **324**
Navicula bremensis Hust. 1957   12, 68
Navicula broetzii Lange-Bert. & E. Reichardt 1996   **81**, 101, 117, 129, 153, 157, 159, 196, **372**
Navicula bryophiloides Manguin 1962   2
Navicula buderi Hust. 1954   25
Navicula canalis R. M. Patrick 1944   92
Navicula cantonatii Lange-Bert. 2001   110, 118
Navicula capitata Ehrenb. var. *capitata* 1838   47
Navicula capitata var. *hungarica*（Grunow）R. Ross 1947   48
Navicula capitatoradiata H. Germ. ex Gasse 1986   76, **82**, 84, 91, 93, 97, 110, 114, 121, 138, 158, 165, 170, 178, 179, 180, 206, **402**
Navicula cari var. *angusta* Grunow 1880   70
Navicula cari Ehrenb. var. *cari* 1836   71, 80, **84**, 88, 96, 105, 132, 135, 155, 160, 162, **364**
Navicula cari var. *recens* Lange-Bert. 1980   159
Navicula cariocincta Lange-Bert. 2000   70, 89, 105
Navicula catalanogermanica Lange-Bert. & Hofmann 1993   71, 109, 148, 155, 162, 163, 197
Navicula cataracta-rheni Lange-Bert. 1993   75, **85**, 86, 89, 101, 112, 116, 153, 207, **374**
Navicula caterva M. H. Hohn & Hellerman 1963   69, **86**, 87, 147, 148, 162, 183, **334**
Navicula chiarae Lange-Bert. & Genkal 1999   81, 101, 116, 153
Navicula cincta var. *angusta*（Grunow）Cleve 1895   70
Navicula cincta（Ehrenb.）Ralfs var. *cari*（Ehrenb.）Cleve 1895   84
Navicula cincta（Ehrenb.）Ralfs var. *cincta* 1861   **87**, 88, 103, 105, 109, 124, 125, 128, 156, 160, 172, 190, 207, **336**
Navicula cincta var. *leptocephala*（Bréb.）Van Heurck 1885   104
Navicula cincta var. *linearis* Østrup 1910   70
Navicula cinctaeformis Hust. *sensu* Cholnoky   105
Navicula clementioides Hust. 1944   227, 229
Navicula clementis Grunow var. *clementis* 1882   228
Navicula clementis Grunow var. *japonica* H. Kobayasi 1968   222, 228
Navicula cocconeiformis W. Greg. 1856   8

Navicula cohnii（Hilse）Lange-Bert. 1985　　　53
Navicula concentrica J. R. Carter 1981　　　88, **89**, 99, 143, **326**
Navicula concinna Hust. 1944　　　229
Navicula confervacea（Kütz.）Grunow var. *confervacea* 1880　　　35
Navicula confervacea var. *hungarica* Grunow 1880　　　35
Navicula confervacea var. *peregrina*（W. Sm.）Grunow 1880　　　36
Navicula constans Hust. var. *constans* 1944　　　210, 230
Navicula constans var. *symmetrica* Hust. 1957　　　210
Navicula contenta Grunow 1885　　　50
Navicula costulata f. *curta* Skvortsov 1936　　　47
Navicula costulata Grunow f. *costulata* 1880　　　47
Navicula cremorne M. H. Hohn & Hellerman var. *salinarum* Negoro & Gotoh 1983　　　212
Navicula crucicula（W. Sm.）Donkin 1871　　　215
Navicula cryptocephala Kütz. var. cryptocephala 1844　　　72, 83, **90**, 91, 92, 93, 94, 99, 108, 114, 121, 124, 128, 129, 139, 147, 150, 162, 170, 197, **360**
Navicula cryptocephala Kütz. var. *exilis* Grunow 1880　　　107
Navicula cryptocephala Kütz. var. *intermedia* Grunow *sensu* Fukushima & Kimura 1973　　　83, 139, 177
Navicula cryptocephala var. kisoensis H. Fukush., Kimura & Ts. Kobayashi nom. nud.　　　**93**, 362
Navicula cryptocephala var. *perminuta*（Grunow）Cleve 1895　　　144
Navicula cryptocephala Kütz. f. *terrestris* J. W. G. Lund 1946　　　127
Navicula cryptocephala Kütz. var. *veneta*（Kütz.）Rabenh. 1864　　　139, 196
Navicula cryptofallax Lange-Bert. & Hofmann 1993　　　**93**, 110, 150, **348**
Navicula cryptotenella Lange-Bert. 1985　　　81, **94**, 95, 108, 116, 130, 133, 137, 147, 148, 171, 185, **360**, 362
Navicula cryptotenelloides Lange-Bert. 1993　　　78, 87, 116, 148, 162, 183, 185
Navicula curtisterna Lange-Bert. 2001　　　**95**, **364**
Navicula cuspidata var. *ambigua*（Ehrenb.）A. Cleve 1894　　　24
Navicula cuspidata var. *cuspidata*（Kütz.）Kütz. 1844　　　24, 26
Navicula cuspidata Kütz. var. *halophila* Grunow 1885　　　27
Navicula cuspidata var. *heribaudii* Perag. 1893　　　23, 26
Navicula dapalis Freng. 1941　　　54
Navicula dapalis Freng. *sensu* Hust. 1966　　　65
Navicula dapaloides（Freng.）Metzeltin & Lange-Bert. 1986　　　55, 64
Navicula dapaloides Freng. 1953　　　54
Navicula dealpina Lange-Bert. 1993　　　89, **96**, 97, 153, 206, **324**
Navicula decussis Østrup 1910　　　44
Navicula decuvilis Hust. 1934　　　68
Navicula defluens Hust. 1944　　　**97**, **392**
Navicula delicatilineolata H. Kobayasi & Mayama 2003　　　101
Navicula demissa Hust. 1945　　　38
Navicula densa Hust. 1944　　　231
Navicula densilineolata（**Lange-Bert.**）**Lange-Bert. 1993**　　　81, 89, 92, **97**, 100, 102, 112, 117, 118, 157, 159, 208, **326**
Navicula dicephala Ehrenb. var. *neglecta*（Krasske）Hust. 1930　　　247
Navicula dicephala Ehrenb. var. *undulata* Østrup 1918　　　247
Navicula dicephala var. *elginensis*（W. Greg.）Cleve 1895　　　233
Navicula difficillima Hust. 1950　　　188
Navicula digitoconvergens Lange-Bert. 1999　　　89, 102
Navicula digitoradiata（**W. Greg.**）**Ralfs 1861**　　　**102**, 164, **366**
Navicula digitoradiata sensu C. Brockmann 1950　　　209
Navicula digitoradiata（W. Greg.）Ralfs var. *rostrata* Hust. 1939　　　168, 210
Navicula dilviana Krasske 1933　　　242
Navicula diserta Hust. 1939　　　144
Navicula disjuncta Hust. f. *anglica* Hust. 1961　　　252

Navicula disjuncta Hust. f. *disjuncta* 1930   67, 252
Navicula dissipata Hust. 1936   42
Navicula diversipunctata（Hust.）Simonsen 1987   230
Navicula doehleri Lange-Bert. 2001   105, 132
Navicula dulcis R. M. Patrick & Reimer 1966   130, 144, 145, 151
Navicula eidrigiana J. R. Carter 1979   62, **103**, 105, 153, 172, **322**
Navicula elegans W. Sm. 1853   218
Navicula elginensis（W. Greg.）Ralfs var. *elginensis* 1861   232, 246
Navicula elginensis（W. Greg.）Ralfs var. *neglecta*（Krasske）R. M. Patrick 1966   247
Navicula elsoniana R. M. Patrick & Freese 1961   103, **104**, 127, **324**
Navicula erifuga Lange-Bert. 1985   **104**, 111, 160, 166, 172, 212, **446**
Navicula escambia（R. M. Patrick）Metzeltin & Lange-Bert. 2007   **105**, 106, 172, **368**
Navicula exigua（W. Greg.）O. Müll. 1910   234
Navicula exigua（W. Greg.）Grunow var. *exigua* 1880   234
Navicula exigua（W. Greg.）Grunow var. *signata* Hust. 1944   235
Navicula exiguiformis f. *capitata* Hust. 1944   44, 235
Navicula exiguiformis Hust. f. *exiguiformis* 1944   44
Navicula exilis Kütz. 1844   68, 71, 72, 85, 91, 96, 100, **107**, 109, 115, 117, 124, 147, 202, 212, **336**
Navicula exiloides H. Kobayasi & Mayama 2003   **108**, 109, **336**
Navicula expecta VanLand. 1975   **109**, 170, **322**
Navicula explanata Hust. 1948   236
Navicula facilis Krasske 1949   186
Navicula falaiensis Grunow var. *lanceola* Grunow 1880   126
Navicula flabellata F. Meister 1932   236
Navicula flanatica Grunow 1860   75, 192
Navicula frugalis Hust. 1957   38
Navicula fuscata Schum. 1867   7
Navicula gallica（W. Sm.）Lagerst. var. *perpusilla*（Grunow）Lange-Bert. 1985   51
Navicula gandrupii（Petersen）Krasske var. *gandrupii* 1938   14
Navicula gandrupii J. B. Petersen var. *simplex* Krasske 1938   15
Navicula gastriformis Hust. 1935   248
Navicula gastrum（Ehrenb.）Kütz. var. *gastrum* 1844   238
Navicula gastrum（Ehrenb.）Kütz. var. *signata* Hust. 1936   247, 248
Navicula genustriata Hust. 1942   218
Navicula gerloffii Schimanski 1978   188
Navicula germainii J. H. Wallace 1960   69, **110**, 166, 206, **422**
Navicula germanopolonica Witk. & Lange-Bert. 1993   74, 78, 183
Navicula globosa Meister 1934   67
Navicula globulifera Hust. var. *globulifera* 1927   165, 196
Navicula globulifera Hust. var. *nipponica* Skvortsov 1936   **111**, 112, **390**, **442**
Navicula glomos Carter 1981   67
Navicula goeppertiana var. *dapaliformis*（Hust.）Lange-Bert. 1985   54, 64
Navicula goeppertiana var. *dapalis*（Freng.）Lange-Bert. 1985   54
Navicula goeppertiana（Bleisch）H. L. Sm. var. *goeppertiana* 1874-1879   55
Navicula gondwana Lange-Bert. 1993   **113**, 116, **378**
Navicula gottlandica Grunow 1880   76, 142, 165
Navicula granulata Bréb. var. *granulata* 1858   133
Navicula granulata var. *javanica* Leud.-Fortm. 1892   133
Navicula gregaria Donkin 1861   24, 26, 72, 84, 91, 94, 111, **114**, 115, **424**, **426**
Navicula halophila（Grunow）Cleve 1894   27
Navicula hambergii Hust. 1924   240
Navicula hanseatica Lange-Bert. & Stachura ssp. *circumarctica* Lange-Bert. 2000   104
Navicula hanseatica Lange-Bert. & Stachura ssp. *hanseatica* 1998   79, 104, 119, 127

Navicula hansenii M. Møller 1950   144
Navicula hassiaca Krasske 1925   20
Navicula havena M. H. Hohn & Hellerman 1993   148
Navicula heimansii Van Dam & Kooyman 1982   139
Navicula heimansioides Lange-Bert. 1993   115, 125, 139, **390**
Navicula helensis P. Schulz 1926   39
Navicula helmandensis Foged 1959   104, 127
Navicula heufleri Grunow var. *leptocephala*（Bréb.）Perag. 1901   183
Navicula heufleriana（Grunow）Cleve 1894   52
Navicula hexagona Torka 1933   34
Navicula hintzii Lange-Bert. 1993   75, 81, 90, **116**, 118, 133, 154, 157, 176, 180, 212, **366**
Navicula hofmanniae Lange-Bert. 1993   108, 110, 121, 159, 178, 179, 180
Navicula hungarica Grunow var. *hungarica* 1860   48
Navicula hungarica var. *linearis* Østrup 1910   48
Navicula hustedtii Krasske var. *hustedtii* f. *hustedtii* 1923   66, 68
Navicula hustedtii Krasske var. *hustedtii* f. *obtusa*（Hust.）Hust. 1961   129
Navicula hustedtii f. *obtusa* Hust. 1962   66
Navicula ignobilis Krasske 1938   17
Navicula ignota Krasske var. *acceptata*（Hust.）Lange-Bert. 1985   44
Navicula ignota Krasske var. *ignota* 1932   45
Navicula ilopangoensis Hust. 1956   126
Navicula imbricata Bock 1963   57
Navicula impexa Hust. 1961   18
Navicula incerta Grunow 1880-1885   170
Navicula incertata Lange-Bert. 1985   13, 170
Navicula indifferens Hust. 1942   188
Navicula insociabilis var. *dissipatoides* Hust. 1957   43
Navicula integra（W. Sm.）Ralfs 1962   215
Navicula intergracialis（Hust.）Simonsen 1987   232
Navicula intermixta Hust. 1966   240
Navicula irmengardis Lange-Bert. 1996   82, **117**, 118, **354**
Navicula iserentantii Lange-Bert. & Witk. 2000   **118**, 141, 173, 176, 199, 203, **322**
Navicula jaernefeltii Hust. 1936   9
Navicula jakovljevicii Hust. 1945   **119**, 120, 139, 174, 176, **414**
Navicula joubaudii H. Germ. 1982   **120**, 259, **338**
Navicula kefvingensis（Ehrenb.）Kütz 1844   96, 120, 122, 139, 141, 144, 149, 199, 203
Navicula kohlmaieri Lange-Bert. 1998   194, 201
Navicula krammerae Lange-Bert. 1996   102, 108, 110, **121**, 178, 179, 180, 208, **370**
Navicula krookii Grunow 1882   17
Navicula lacustris var. *apiculata* Østrup 1910   4
Navicula laevissima Kütz. 1844   253
Navicula lagerheimii var. *intermedia* Hust. 1930   52
Navicula lanceolata（C. Agardh）Ehrenb. 1838   90, 112, **122**, 199, 201, **392**, **394**
Navicula laticeps Hust. 1942   68
Navicula leistikowii Lange-Bert. 1993   76, 118, **123**, 124, 154, 162, 171, 183, 197, 212, **338**
Navicula leptocephala Bréb. ex Grunow 1880   104
Navicula leptostriata E. G. Jørg. 1948   92, 116, 118, **124**
Navicula libonensis Schoeman 1970   **125**, 172, 212, **326**
Navicula lobeliae E. G. Jørg. 1948   70
Navicula longicephala Hust. 1944   **125**, **338**
Navicula longicephala var. *vilaplanii* Lange-Bert. & Sabater 1990   198
Navicula lucens Hust. 1934   79
Navicula luciae Witk. & Lange-Bert. 1999   **126**, 127, **322**

Navicula ludloviana A. W. F. Schmidt 1876 　　202
Navicula lundii E. Reichardt 1985　　85, 89, 92, 103, 117, 118, **127**, 130, 148, 154, 183, 185, 207, **364**
Navicula luzonensis Hust. 1942　　38
Navicula magnifica Hust. 1934　　214
Navicula margalithii Lange-Bert. 1985　　125, **128**, 160, 190, **378**
Navicula margaritica Hust. 1936　　18
Navicula martinii Krasske 1939　　**128**, 186, **414**
Navicula medioconvexa Hust. 1961　　18, 68
Navicula mediocostata E. Reichardt 1988　　76, 102, **129**, 147, 148, 154, 157, **396**
Navicula mendotia VanLand. 1975　　**130**, 131, 144, **350**
Navicula menisculus var. *grunowii* Lange-Bert. 1993　　71
Navicula menisculus f. *minutissima* (nom. nud.) *sensu* Hust. 1945　　71
Navicula menisculus Schum. var. *menisculus* 1867　　72, 143, 193, 195
Navicula menisculus Schum. var. *upsaliensis* Grunow 1880　　193
Navicula microcari Lange-Bert. 1993　　**132**, 171, 183, **338**
Navicula microdigitoradiata Lange-Bert. 1993　　154
Navicula minima Grunow 1880　　38, 121, 259
Navicula minuscula Grunow var. *bahusiensis* Grunow 1880　　77
Navicula minutula W. Sm. 1853　　41
Navicula mitigata Hust. 1966　　57
Navicula mobiliensis C. S. Boyer var. *minor* R. M. Patrick 1959　　56
Navicula modica Hust. 1945　　68, 129, 242
Navicula moenofranconica Lange-Bert. 1993　　85, **132**, 154, **368**
Navicula molestiformis Hust. var. *molestiformis* 1949　　28
Navicula monilifera Cleve 1895　　**133**, **414**
Navicula monoculata Hust. 1945　　41
Navicula moskalii Metzeltin, Witk. & Lange-Bert. 1996　　87, 96, 133, **134**, 146, 148, 162, 163, **378**
Navicula muscora Kociolek & Reviers 1996　　2
Navicula mutata Krasske 1939　　255
Navicula mutica Kütz. var. *cohnii* (Hilse) Grunow 1880　　53
Navicula mutica Kütz. var. *goeppertiana* (Bleisch) Grunow 1885　　55
Navicula mutica f. *intermedia* (Hust.) Hust. 1961-1966　　62
Navicula mutica Kütz. var. *mutica* 1844　　57
Navicula mutica var. *nivalis* (Ehrenb.) Hust. 1911　　58
Navicula mutica var. *quinquenodis* Grunow 1880　　58
Navicula mutica Kütz. var. *ventricosa* (Kütz.) Cleve 1930　　59
Navicula mutica var. *ventricosa* (Kütz.) Grunow 1953　　60
Navicula mutica Kütz. var. *ventricosa* (Kütz.) Cleve & Grunow 1880　　65
Navicula muticoides Hust. 1949　　58
Navicula muticopsis sensu Krammer & Lange-Bert. 1986　　65
Navicula namibica Lange-Bert. & Rumrich 1993　　**135**, 147, 162, 171, 183, **326**
Navicula neglecta (Thwaites 1848) Bréb. ex Brun 1880　　247
Navicula neglecta Krasske 1929　　247
Navicula neglecta Krasten 1899　　247
Navicula neglecta Kütz. 1844　　247
Navicula neoventricosa (Kütz.) Hust. 1966　　65
Navicula nipponica (Skvortsov) Lange-Bert. 1993　　82, 94, 133, **136**, 137, 157, **380**
Navicula nivalis C. G. Ehrenb. 1853　　58
Navicula nivaloides Bock 1963　　59
Navicula normalis Hust. 1955　　154, 212
Navicula normaloides Cholnoky 1968　　128, 161
Navicula notha J. H. Wallace 1960　　92, 116, 125, 136, **137**, 183, **348**
Navicula novaesiberica Lange-Bert. 1993　　81, 154, 166

Navicula nyassensis O. Müll. *sensu* H. Germ. 1981 　　255
***Navicula oblonga*（Kütz.）Kütz. var. *oblonga* 1844**　　　**139**, 140, 141, 149, **428**
***Navicula oblonga*（Kütz.）Kütz. var. *subcapitata* Pant. 1902**　　　**140**, **430**
Navicula obsoleta Hust. 1942 　　121, 259
Navicula oculata Bréb. 1870 　　37
***Navicula oligotraphenta* Lange-Bert. & Hofmann 1993**　　79, 102, 104, 127, **141**, 142, 147, 192, **328**
Navicula omegopsis Hust. 1944 　　230, 243
***Navicula oppugnata* Hust. 1945**　　　82, 90, 100, 119, 133, 142, **143**, 153, 154, 174, 190, 195, **328**
Navicula palaearctica Hust. 1966 　　59
Navicula parablis M. H. Hohn & Hellerman 1963　　　92, 101, 135, 142, 148, 162, 183
Navicula paramutica Bock var. *binodis* Bock 1963　　　60
Navicula paramutica Bock var. *paramutica* 1963　　　57
Navicula pelliculosa（Bréb.）Hilse 1863 　　39
***Navicula peregrina*（Ehrenb.）Kütz. var. *peregrina* 1844**　　　119, 140, 141, **143**, 144, 150, 153, 164, 195, 200, 203, **446**
Navicula peregrina（Ehrenb.）Kütz. var. *polaris*（Lagerst.）Cleve 1895　　　149
***Navicula perminuta* Grunow 1880**　　　13, 130, 131, 136, **144**, 145, 152, 183, **352**
Navicula perparva Hust. 1937 　　87
Navicula perparva Hust. 1937 *sensu* Cholnoky 1968 　　　38
Navicula perpusilla Grunow 1860 　　51
Navicula perrotettii（Grunow）A. Cleve 1894 　　　28
***Navicula petrovskae* Levkov & Krstic 2007**　　　**146**, **338**
***Navicula phyllepta* Kütz. 1844**　　　101, **146**, 148
***Navicula phylleptosoma* Lange-Bert. 1999**　　　78, **147**, 162, **338**
Navicula placenta Ehrenb. var. *placenta* 1854　　　35
Navicula placenta Ehrenb. f. *obutusa* F. Meister 1932　　　34
Navicula placentula var. *latiuscula*（Grunow）Meister　　　244
Navicula placentula var. *maculata* Hust. 1934　　　241
Navicula placentula（Ehrenb.）Kütz. var. *placentula* 1844　　　214, 244
Navicula plana Hust. 1936 　　186
***Navicula platystoma* Ehrenb. 1838**　　　149, 214, **414**
***Navicula polaris* Lagerst. 1873**　　　149, **430**
***Navicula praeterita* Hust. 1945**　　　76, 80, 110, **150**, 153, 165, 170, 193, 195, **368**
Navicula protracta Grunow 1880 　　216, 217
Navicula protracta（Grunow）Cleve 1894 　　　68
Navicula protractoides Hust. 1957 　　68, 217, 253
***Navicula pseudacceptata* H. Kobayasi 1986**　　　48, 131, 146, **151**, **340**
Navicula pseudanglica A. Cleve 1948 　　226
Navicula pseudanglica Lange-Bert. 1985 　　245
Navicula pseudanglica（Lange-Bert.）Krammer & Lange-Bert. 1985　　　226
Navicula pseudoantonii Levkov & Metzeltin 2007　　　163
Navicula pseudocari Krasske 1939 　　70
Navicula pseudodahurica H. Kobayasi 1977 nom. nud.　　　238
Navicula pseudofossalis Krasske 1948 　　187
Navicula pseudohasta Manguin 1961 　　159
Navicula pseudolanceolata var. *densilineolata* Lange-Bert. 1985　　　98
***Navicula pseudolanceolata* Lange-Bert. var. *pseudolanceolata* 1980**　　　82, 85, 90, 137, **152**, 157, 193, 195, **328**
***Navicula pseudoppugnata* Lange-Bert. & Miho 2001**　　　103, 143, **153**, **330**
Navicula pseudosalinarioides Giffen 1975 　　78
Navicula pseudoscutiformis Hust. 1930 　　9
***Navicula pseudotenelloides* Krasske 1938**　　　74, **154**, 184, 185, 198, **338**
Navicula pseudoventralis Hust. 1936 　　68, 129

Navicula pupula f. *capitata* Skvortsov & Meyer 1928   252, 256
Navicula pupula Kütz. var. *capitata* Hust. 1930   256
Navicula pupula var. *major* O. Müll. 1910   256
Navicula pupula var. *mutata*（Krasske）Hust. 1930   255
Navicula pupula Kütz. var. *pupula* 1844   257
Navicula pupula var. *rectangularis*（W. Greg.）Grunow 1960   258
Navicula pusilla W. Sm. 1853   22
Navicula pygmaea Kütz. 1849   41
Navicula quechua Lange-Bert. & Rumrich 2000   156
Navicula quechua Lange-Bert. & Rumrich var. *okinawaensis* Kimura, H. Fukush. & Ts. Kobayashi nom. nud.   155, 342
Navicula quinquenodis Grunow 1860   58
Navicula radiosa f. *intermedia* Manguin 1942   95
Navicula radiosa f. *nipponica* Skvortsov 1936   136, 157
Navicula radiosa var. *parva* Wallace 1960   157
Navicula radiosa Kütz. var. *radiosa* 1844   82, 90, 95, 112, 114, 120, 123, 137, 143, **156**, 158, 159, 195, 196, 203, **382, 384**
Navicula radiosa var. *tenella*（Bréb. ex Kütz.）Van Heurck 1885   94
Navicula radiosafallax Lange-Bert. 1993   82, 93, 103, 112, 116, 118, **157**, 159, 208, **386**
Navicula radiosiola Lange-Bert. 1993   82, 154, **158**, 165, 176, 178, 179, 208, **404**
Navicula recens（Lange-Bert.）Lange-Bert. 1985   125, 128, 154, 156, **159**, 160, 190, 202, 208, **386**
Navicula recondita Hust. 1934   79
Navicula reichardtiana Lange-Bert. 1989   87, 135, 146, 148, 160, **161**, 163, 184, **342**
Navicula reinhardtii（Grunow）Grunow var. *reinhardtii* 1877   148, **163**, 164, **418**
Navicula reinhardtii（Grunow）Grunow var. *cuneata* 1877 nom. nud.   163, 164, **420**
Navicula rhynchocephala var. *germainii*（J. H. Wallace）R. M. Patrick 1966   111
Navicula rhynchocephala Kütz. var. *rhynchocephala* 1844   82, 93, 111, 119, 150, **165**, 176, 181, 195, 196, **320**
Navicula rhynchocephala var. *rostellata*（Kütz.）Cleve & Grunow 1880   166
Navicula rhynchotella Lange-Bert. 1993   80, 104, 127, 195
Navicula ricardae Lange-Bert. 2001   85, 154
Navicula riediana Lange-Bert. & Rumrich 2000   111, **166**, 174, 176, **434**
Navicula riparia Hust. 1942   29
Navicula rivularia Hust. 1942   260
Navicula rostellata Kütz. 1844   70, 97, 111, **166**, 167, 170, 181, 206, **438**
Navicula rotundata Hantzsch ex Grunow 1880   41
Navicula rundii E. Reichardt 1985   85
Navicula salinarum var. *intermedia*（Grunow）Cleve 1895   83
Navicula salinarum Grunow var. *nipponica* Skvortsov 1936   168
Navicula salinarum（Grunow）var. *rostrata*（Hust.）Lange-Bert. 2001   168, 210
Navicula salinarum Grunow var. *salinarum* f. *minima* Kolbe 1927   **168**, 169, 210, **408**
Navicula salinarum Grunow var. *salinarum* f. *salinarum* 1878   84, 168, **169**, 192, 210, **406**
Navicula salinicola Hust. 1939   13, 74, 155, **170**, 185, 199, **344**
Navicula salsa R. M. Patrick & Freese 1960   150
Navicula sancti-naumii Levkov & Metzltin 2007   102
Navicula satoshii nom. nud   **171, 346**
Navicula saxophila Bock 1966   62
Navicula schadei Krasske 1929   68
Navicula schmassmannii Hust. 1943   68
Navicula schoenfeldii Hust. var. *minor* Skabitsch 1942   187
Navicula schoenfeldii Hust. var. *schoenfeldii* 1930   187
Navicula schroeteri F. Meister var. *escambia* R. M. Patrick 1961   105
Navicula schroeteri F. Meister var. *schroeteri* 1932   71, 106, 172

Navicula schroeteri F. Meister var. *symmetrica*（R. M. Patrick）Lange-Bert. 1991　　172
Navicula schweigeri Bahls 2012　　177
Navicula scutelloides W. Sm. in W. Greg. 1856　　11
Navicula scutiformis Grunow 1881　　11
Navicula secreta Krasske ex Hust. 1937　　109
Navicula seibigiana Lange-Bert. 1993　　103
Navicula semen Ehrenb. 1843　　214
Navicula seminuloides Hust. 1936　　187
Navicula seminulum Grunow 1860　　121, 129, 259
Navicula senjoensis H. Kobayasi 1977　　180
Navicula seposita Hust. var. *lanceolata* Haraguti 2000　　62
Navicula sieminskiae Lange-Bert. & Witk. 2001　　80, 96, 193, 194, 195, 200
Navicula similis var. *nipponica* Skvortsov 1936　　222
Navicula similis Krasske var. *similis* 1929　　46
Navicula simulata Manguin 1942　　**171, 368**
Navicula slesvicensis Grunow 1880　　70, 97, 123, 141, 150, 167, **173**, 177, 195, 200, 202, 206, **320**
Navicula soehrensis Krasske f. *capitata*（Krasske）Hust. 1962　　19
Navicula soehrensis Krasske var. *capitata* Krasske 1925　　18
Navicula soehrensis var. *hassiaca* Lange-Bert. 1985　　20
Navicula soehrensis Krasske var. *inflata* Krasske 1929　　20
Navicula soehrensis Krasske var. *linearis* Krasske 1929　　20, 21
Navicula soehrensis Krasske var. *soehrensis* 1923　　18
Navicula sovereignii Bahls 2011　　202
Navicula sp.　　**174, 418**
Navicula splendicula VanLand. 1975　　120, 135, 140, 141, 174, 177
Navicula staffordiae Bahls 2012　　102
Navicula stankovicii Hust. 1945　　82, 101, 112, 117, 154, 158, 212
Navicula streckerae Lange-Bert. & Witk. 2000　　135, 153, 163, **174**, 176, 195, **318**
Navicula striolata（Grunow）Lange-Bert. 1985　　120, 140, 141, 143, 150, 164, 204
Navicula stroemii Hust. 1931　　40, 260
Navicula subalpina E. Reichardt var. *schweigeri*（Bahls）H. Fukush., Kimura & Ts. Kobayashi 2014
　　76, **177**, 178, 179, 180, 213, **356**, **358**
Navicula subalpina E. Reichardt var. *subalpina* 1988　　76, 84, 97, 118, 121, 159, 178, **179**, 180, 213, **354**
Navicula subbacillum Hust. 1937　　260
Navicula subconcentrica Lange-Bert. 2001　　80
Navicula subcostulata Hust. 1934　　49
Navicula subhalophila Hust. 1937　　31
Navicula subhalophila sensu M. H. Hohn & Hellerman 1963　　33
Navicula subhamulata var. *undulata* Hust. 1930　　39
Navicula subminuscula Manguin 1941　　38
Navicula submolesta Hust. 1949　　32
Navicula submulalis Hust. 1945　　242
Navicula submuscoides Krasske 1939　　12
Navicula subplacentula Hust. 1930　　246
Navicula subrhynchocephala Hust. 1935　　150, 166, **180**, **318**
Navicula subrostellata Watanabe et al. 2005 nom. nud.　　204
Navicula subrotundata Hust. 1939　　78
Navicula subvasta Hust. 1935　　39
Navicula supergregaria Lange-Bert. & Rumrich 2000　　115
Navicula suprinii Moser, Lange-Bert. & Metzeltin 1998　　95
Navicula symmetrica R. M. Patrick 1944　　71, 106, 172
Navicula tanakae H. Fukush., Ts. Kobayashi & Yoshit. 2002　　**181**, 182, **440**
Navicula tenella Bréb. ex Kütz. 1849　　94

Navicula tenelloides Hust. 1937   74, 132, 136, 155, **184**, 199, **442**
Navicula tenera Hust. 1837   42
Navicula terebrata Hust. 1944   44
Navicula thienemannii Hust. 1936   253
Navicula tokachensis H. Fukush., Kimura & Ts. Kobayashi nom. nud.   **185**, 186, **344**
Navicula tornensis Cleve *sensu* Kolbe 1927   6
Navicula tridentula Krasske var. *tenuis*（Krasske）Lange-Bert. & Willmann 1966   189
Navicula tridentula Krasske var. **tridentula** 1923   **188**, 189, **416**
Navicula trinodis W. Sm. f. *minuta* Grunow 1880   50
Navicula tripunctata（O. F. Müll.）Bory var. **arctica** R. M. Patrick & Freese 1961   **189**, 190, **398**
Navicula tripunctata（O. F. Müll.）Bory var. *schizonemoides*（Van Heurck）R. M. Patrick 1959   189, 190
Navicula tripunctata（O. F. Müll.）Bory var. **tripunctata** 1822   85, 125, 128, 161, **189**, **396**, **398**
Navicula trivialis Lange-Bert. 1980   80, 108, 142, 170, **190**, 191, 195, **370**
Navicula trophicatrix Lange-Bert. 1996   153, **192**, **330**
Navicula tuscula Ehrenb. 1841   6
Navicula tuscula var. *minor*（Hust.）Simonsen 1987   6
Navicula ultratenelloides Lange-Bert. 1996   74, 155
Navicula undulata（Grunow）Wolle 1980   246
Navicula undulata O'Meara 1876   246
Navicula undulata Ralfs 1861   246
Navicula undulata Schum. 1869   246
Navicula undulata Skvortsov 1936   246
Navicula undulata（W. Greg.）Hust. 1909   246
Navicula uniseriata Hust. 1939   42
Navicula upsaliensis（Grunow）Perag. 1903   72, 135, 137, 146, 148, **193**, **318**
Navicula vandamii var. *mertensiae* Lange-Bert. 2000   92
Navicula vandamii Schoeman & R. E. M. Archibald var. *vandamii* 1987   92, 110, 115, 147, 184
Navicula vaneei Lange-Bert. 1998   143, 153, 174, 177, **194**, **316**
Navicula vasta Hust. 1936   260
Navicula vaucheriae C. S. Boyer & J. B. Petersen 1915   38
Navicula vekhovii Lange-Bert. & Genkal 1999   74, 184, 185, 199
Navicula venerablis M. H. Hohn & Hellerman 1963   71, 112, 120, 123, 166, **195**, **442**
Navicula veneta Kütz. 1844   92, 95, 101, 108, 136, 139, 147, 163, 184, **196**, 198, **346**
Navicula ventralis Krasske 1923   68, 214, 252
Navicula ventraloides Hust. 1945   260
Navicula ventroconfusa Lange-Bert. 1989   214
Navicula vilaplanii（Lange-Bert. & Sabater）Lange-Bert. & Sabater 2000   74, 126, 155, 184, **197**, **348**
Navicula vimineoides Giffen 1975   78
Navicula viridula var. *germainii*（J. H. Wallace）Lange-Bert. 1993   111
Navicula viridula（Kütz）Ehrenb. var. *linearis* auct. non Hust. 1936   201
Navicula viridula var. *rostellata*（Kütz.）Cleve 1895   167
Navicula viridula Kütz. var. *rostrata* Skvortsov 1938   69, 167, 206
Navicula viridula（Kütz.）Ehrenb. var. **viridula** 1938   123, 141, 144, 150, 167, **199**, 200, 201, 202, 204, **432**
Navicula viridula var. *slesvicensis*（Grunow）Van Heurck 1885   173
Navicula viridulacalcis Lange-Bert. ssp. **neomundana** Lange-Bert. & Rumrich 2000   **200**, 201, **434**
Navicula viridulacalcis Lange-Bert. ssp. **viridulacalcis** 2000   97, 168, 174, 177, 200, **201**, 206, **430**
Navicula vitabunda Hust. 1930   68, 129
Navicula vitiosa Schimanski 1978   189
Navicula volcanica Bahls & Potapova 2015   **202**, **416**
Navicula vulpina Kütz. 1844   113, 119, 123, 141, 143, 144, 150, 164, 200, 201, **202**, 203, **316**
Navicula watanabei H. Fukush., Kimura & Ts. Kobayashi 2014   204, **205**, **434**, **436**
Navicula weberi Bahls 2012   102
Navicula wiesneri Lange-Bert. 1993   105, 154, 171, 184, **207**, **348**

Navicula wigaschii Lange-Bert. 2001   184
Navicula wildii Lange-Bert. 1993   82, 92, 93, 104, 110, 113, 117, 158, 159, 195, 197, **208**, **388**
Navicula witkowskii Lange-Bert., Iserentant & Metzeltin 1998   80, 104, 174, 177, **209**, **410**
Navicula yuraensis Negoro & Gotoh 1983   105, **210**, 211, **400**
Navicula zanoni Hust. 1949   179, 180, **212**, 213, **388**
Naviculadicta absoluta (Hust.) Lange-Bert. 1994   213, 448
Naviculadicta parasemen Lange-Bert. 1999   213, 448
Naviculadicta ventraloconfusa (Lange-Bert.) Lange-Bert. 1994   214, 448

P

Parlibellus berkeleyi (Kütz.) E. J. Cox 1988   216, 218
Parlibellus calvus Witk., Lange-Bert. & Metzeltin 2000   216, 218
Parlibellus coxiae Witk., Lange-Bert. & Metzeltin 2000   216, 218
Parlibellus crucicua (W. Sm.) Witk., Lange-Bert. & Metzeltin 2000   215, 448
Parlibellus cruciculoides (C. Brockmann) Witk., Lange-Bert. & Metzeltin 2000   215
Parlibellus delognei (Van Heurck) E. J. Cox 1988   215
Parlibellus gravilleoides (Hust.) E. J. Cox 1988   215
Parlibellus integra (W. Sm.) Ralfs 1861   215, 450
Parlibellus protracta (Grunow) var. protracta f. elliptica (Gallik) Witk., Lange-Bert. & Metzeltin 2000   217, 218, 450
Parlibellus protracta (Grunow) Witk., Lange-Bert. & Metzeltin var. protracta f. protracta 2000   216, 450
Parlibellus protractoides Hust. 1957   217
Parlibellus protractoides (Hust.) Witk., Lange-Bert. & Metzeltin 2000   217, 450
Pinnuavis elegans (W. Sm.) Okuno 1975   218, 450, 452
Pinnuavis genustriata (Hust.) Lange-Bert. & Krammer 1999   218, 450
Pinnuavis sp.   219, 452
Pinnularia cincta Ehrenb. var. *cincta* 1854   87
Pinnularia digitoradiata W. Greg. 1856   102
Pinnularia elegans (W. Sm.) Krammer 1992   218
Pinnularia elginensis W. Greg. 1856   232
Pinnularia exigua W. Greg. 1854   234
Pinnularia gandrupii J. B. Petersen 1924   14
Pinnularia gastrum Ehrenb. 1841   238
Pinnularia ignobilis (Krasske) Cleve-Euler 1955   17
Pinnularia integra W. Sm. 1856   215, 216
Pinnularia krookiformis Krammer 1992   16
Pinnularia krookii (Grunow) Cleve 1891   17
Pinnularia muscicola J. B. Petersen 1928   20
Pinnularia peregrina Ehrenb. 1843   144
Pinnularia placentula Ehrenb. 1843   244
Pinnularia soehrensis J. B. Petersen 1932   18
Pinnularia undulata W. Greg. 1854   246
Pinnularia undulata Pant. & Greguss 1913   246
Placoneis abiskoensis (Hust.) Lange-Bert. & Metzeltin 1996   221
Placoneis abundans Metzeltin, Lange-Bert. & García-Rodríguez 2005   222, 223, 227, 231, 234, 464
Placoneis amphibola (Cleve) E. J. Cox var. *amphibola* f. *alaskaensis* (Foged) H. Fukush., Kimura, Ts. Kobayashi, S. Fukushima & S. Yoshitake 2012   225
Placoneis amphibola (Cleve) E. J. Cox var. amphibola f. amphibola 2003   224, 478
Placoneis amphibola (Cleve) E. J. Cox var. *amphibola* f. *rectangularis* (Foged) H. Fukush., Kimura, Ts. Kobayashi, S. Fukushima & S. Yoshitake 2012   225
Placoneis amphibola (Cleve) E. J. Cox var. *arctica* (R. Patrick & Freese) H. Fukush., Kimura, Ts. Kobayashi, S. Fukushima & S. Yoshitake 2012   225

Placoneis amphipunctata Kimura, H. Fukush. & Ts. Kobayashi nom. nud.　　225, 460
Placoneis anglica（**Ralfs**）**E. J. Cox 2003**　　226, 458
Placoneis anglica（Ralfs）H. Fukush., Kimura & Ts. Kobayashi nov. comb.　　245
Placoneis anglophila（**Lange-Bert.**）**Lange-Bert. var.** ***anglophila*** **2005**　　226, 454
Placoneis anglophila（Lange-Bert.）Lange-Bert. var. *signata*（Hust.）Lange-Bert. 2005　　227
Placoneis apicalicostata Metzeltin & Lange-Bert. 2002　　242, 243
Placoneis clementioides（Hust.）E. J. Cox 1987　　220, 231, 239, 244
Placoneis clementioides（**Hust.**）**E. J. Cox var.** ***clementioides*** **1987**　　222, **227**, 228, 234, 236, 245, 246, 247, **462**
Placoneis clementioides Grunow var. *japonica*（H. Kobayasi）H. Fukush., Kimura & Ts. Kobayashi 2006　　228
Placoneis clementis（**Grunow**）**E. J. Cox var.** ***clementis*** **1987**　　221, 222, 227, **228**, 232, 234, 236, 238, 245, 246, 247, **462**
Placoneis clementis（Grunow）E. J. Cox var. *japonica*（H. Kobayasi）H. Fukush., Kimura & Ts. Kobayashi 2006　　220
Placoneis clementis（Grunow）E. J. Cox var. *linearis*（Brander）E. Y. Haworth & M. G. Kelly nom. inval.（非正式名）2002　　220
Placoneis clementis var. *nipponica*（Skvortsov）Ohtsuka 2002　　222
Placoneis clementis（Grunow）E. J. Cox var. *quadristigmata*（Manguin）1960　　220
Placoneis concinna（**Hust.**）**Kimura, H. Fukush. & Ts. Kobayashi nov. comb.**　　**229**, 242, 243, **468**
Placoneis constans（**Hust.**）**E. J. Cox var.** ***constans*** **1987**　　221, 226, 227, **230**, 231, 232, 245, **456**
Placoneis constans var. *symmetrica*（Hust.）H. Kobayasi 2002　　226, 230, 232
Placoneis demeraroides（Hust.）Metzeltin & Lange-Bert. 1998　　241, 243
Placoneis densa（**Hust.**）**Lange-Bert. 2005**　　**231**, 246, **478**
Placoneis diluviana（Krasske）1933　　222
Placoneis disparis（Hust.）Metzeltin & Lange-Bert. 1998　　241
Placoneis diversipunctata（Hust.）H. Fukush., Kimura & Ts. Kobayashi nov. comb.　　230
Placoneis elginensis（W. Greg.）E. J. Cox var. *cuneata*（M. Møller）Lange-Bert. 1985　　221, 233
Placoneis elginensis（**W. Greg.**）**E. J. Cox var.** ***elginensis*** **1987**　　221, 226, 227, 230, **232**, 233, 234, 235, 236, 245, 247, **456**
Placoneis elginensis Moser, Steindorf & Lange-Bert. 1995　　456
Placoneis elginensis（W. Greg.）Ralfs var. *undulata*（Østrup）Lange-Bert. 1996　　247
Placoneis exigua（**W. Greg.**）**Mereschk. var.** ***exigua*** **1903**　　222, 231, **234**, 245, **460**
Placoneis exigua（W. Greg.）Mereschk. var. *signata*（Hust.）H. Fukush., Kimura & Ts. Kobayashi 2006　　221, 235
Placoneis exiguiformis（**Hust.**）**Lange-Bert. f.** ***capitata*** **H. Fukush., Kimura & Ts. Kobayashi 2005 nov. comb.**　　**235**, **414**
Placoneis exiguiformis（Hust.）Lange-Bert. f. *exiguiformis* 2005　　232, 236
Placoneis explanata（**Hust.**）**Lange-Bert. 2000**　　221, 235, **236**, 239, **458**
Placoneis flabellata（**F. Meister**）**Kimura, H. Fukush. & Ts. Kobayashi 2015**　　**236**, 237, **470**, **472**
Placoneis gastriformis（Hust.）H. Fukush., Kimura, Ts. Kobayashi, S. Fukush. 2007　　239
Placoneis gastrum（**Ehrenb.**）**Mereschk. var.** ***gastrum*** **1903**　　221, 227, 234, 236, **238**, 240, 241, 242, 243, 245, **474**, **476**
Placoneis gastrum var. *rostrata* Kimura & H. Fukush. nom. nud.　　**239**, 240, **476**
Placoneis gastrum（Ehrenb.）Mereschk. var. *signata*（Hust.）H. Fukush., Kimura & Ts. Kobayashi 2006　　221
Placoneis hambergii（**Hust.**）**Bruder 2007**　　222, **239**, 242, **454**
Placoneis intergracialis（Hust.）H. Fukush., Kimura & Ts. Kobayashi nov. comb.　　232
Placoneis intermixta（**Hust.**）**Kimura, H. Fukush. & Ts. Kobayashi nov. comb.**　　**240**, 241, 244, **466**
Placoneis latens Krasske 1937　　232
Placoneis macedonica Levkov & Metzeltin 2007　　244
Placoneis maculata（**Hust.**）**Levkov 2007**　　230, **241**, **468**
Placoneis madagascariensis Lange-Bert. & Metzeltin 2002　　236
Placoneis mirifica（Kraske）H. Fukush., Kimura & Ts. Kobayashi nov. comb.　　230
Placoneis modica（**Hust.**）**Kimura, H. Fukush. & Ts. Kobayashi nov. comb.**　　226, **242**, **454**

Placoneis molestissima Metzeltin, Lange-Bert. & García-Rodríguez 2005　　236
Placoneis neglecta（Krasske）Tuji 2003　　247
Placoneis neotropica Metzeltin & Lange-Bert. 1998　　241
***Placoneis nipponica*（Skvortsov）Ohtsuka nom. nud.　　247**
Placoneis ohridana Lange-Bert. & Metzeltin 2007　　230
***Placoneis omegopsis*（Hust.）Kimura, H. Fukush. & Ts. Kobayashi nov. comb.**　　230, 241, **243**, **466**
***Placoneis placentula* var. *latiuscula*（Grunow）Bukhtiyarova 1995　　244**, **478**
***Placoneis placentula*（Ehrenb.）Heinzerl. var. *placentula* 1908**　　222, **244**, 246
Placoneis porifera（Hust.）H. Fukush. var. *opportuna*（Hust.）H. Fukush., Kimura & Ts. Kobayashi 2006　　221, 242, 246
Placoneis porifera（Hust.）E. J. Cox var. *porifera* 1987　　221, 246
Placoneis prespanensis Levkov, Krstic & Nakov 2007　　244
***Placoneis pseudanglica*（Lange-Bert.）E. J. Cox var. *pseudanglica* 1987**　　222, 226, 231, 234, 235, **244**, **458**
Placoneis pseudanglica（Lange-Bert.）E. J. Cox var. *signata*（Hust.）H. Fukush., Kimura & Ts. Kobayashi 2006　　221
Placoneis scharfii U. Rumrich, Lange-Bert. & M. Rumrich 2000　　226
***Placoneis signata*（Hust.）Mayama 1998**　　228, **247**
Placoneis significans（Hust.）Lange-Bert.　　248
***Placoneis* sp.-1　　246, 460**
***Placoneis* sp.-2　　246, 462**
***Placoneis subplacentula*（Hust.）E. J. Cox 1987**　　222, 242, **246**, **458**
Placoneis symmetrica（Hust.）Lange-Bert. 2005　　222, 228, 244
***Placoneis undulata*（Østrup）Lange-Bert. 2000**　　221, **246**, **454**
Prestauroneis integra（W. Sm.）Bruder 2008　　216

S

Sellaphora americana*（Ehrenb.）D. G. Mann var. *americana* 1989　　249, 259, **482**
Sellaphora americana（Ehrenb.）D. G. Mann var. *moesta* Temp. & Perag. 1908　　250
Sellaphora aquaeductae（Krasske）Krasske 1925　　257
Sellaphora bacilloides*（Hust.）Levkov, Krstic & Nakov 2006　　**250**, 259, **490**
Sellaphora bacillum*（Ehrenb.）D. G. Mann 1989　　251, 254, 259, **492**
Sellaphora capitata* D. G. Mann & S. M. McDonald 2004　　251, **488**
Sellaphora disjuncta Hust. f. *anglica* Hust. 1961　　252
Sellaphora disjuncta*（Hust.）D. G. Mann 1989　　252, **490**
Sellaphora japonica*（H. Kobayasi）H. Kobayasi 1998　　214, **252**, 253, **480**
Sellaphora joubaudii（H. Germ.）M. Aboal　　121
Sellaphora laevissima*（Kütz.）D. G. Mann 1989　　251, **253**, 257, **482**, **484**
Sellaphora lanceolata D. G. Mann & S. Droop 2004　　253
Sellaphora lange-bertalotii* Metzeltin 2002　　**254**, 256
Sellaphora mantasoana* Metzeltin & Lange-Bert. 2002　　**254**, 255, 256, **490**
Sellaphora mantatoides Lange-Bert. & Metzeltin 2002　　254
Sellaphora moesta（Temp. & Perag.）Ohtsuka 2015　　250
Sellaphora mutata*（Krasske）Lange-Bert. 1996　　**255**, **486**
Sellaphora mutatoides* Lange-Bert. & Metzeltin 2002　　**255**, **486**
Sellaphora omuelleri* Metzeltin & Lange-Bert. 2002　　255, **256**, **490**
Sellaphora parapupula* Lange-Bert. 1996　　**256**, **488**
Sellaphora pseudopupula（Krasske）Lange-Bert. 1996　　257
Sellaphora pupula（Kütz.）Mereschk. var. *mutata*（Krasske）Hust. 1930　　257
Sellaphora pupula（Kütz.）Mereschk. var. *nyassensis*（O. Müll.）Lange-Bert. 1985　　258
Sellaphora pupula*（Kütz.）Mereschk. var. *pupula* 1902　　251, 254, **257**, 258, **484**
Sellaphora pupula var. *rectangularis*（W. Greg.）Mereschk.　　258
Sellaphora rectangularis*（W. Greg.）Lange-Bert. & Metzeltin 1996　　**258**, **486**
Sellaphora seminulum*（Grunow）D. G. Mann 1989　　259, **480**

Sellaphora sp.　　　**260, 482**
Sellaphora stroemii **(Hust.) H. Kobayasi 2002**　　　**260, 480**
Sellaphora uruguayensis **Metzeltin, Lange-Bert. & García-Rodríguez 2005**　　　250, **261**, **482**
Stauroneis cohnii Hilse 1860　　　53
Stauroneis crucicula W. Sm. 1853　　　215
Stauroneis goeppertiana Bleisch 1861　　　55
Stauroneis heufleriana Grunow in Cleve & Grunow 1880　　　52
Stauroneis japonica H. Kobayasi 1986　　　252
Stauroneis rectangularis W. Greg. 1854　　　258
Stauroneis reinhardtii Grunow 1860　　　164
Stauroneis rotaeana Rabenhorst 1856　　　57
Stauroneis ventricosa Kütz. 1844　　　65
Stauroneis witrockii Lagerst. 1873　　　253

V

Vibrio tripunctatus O. F. Müll. 1786　　　190

著者紹介

福島　博（ふくしま　ひろし）
元横浜市立大学教授
元東京女子体育大学教授
元日本珪藻学会会長
元日本水処理生物学会副会長

木村　努（きむら　つとむ）
元名古屋市水道局
元名古屋市下水道局
元日本珪藻学会会計幹事

Atlas of *Navicula sensu lato*

2018年5月10日　第1版発行

著者の了解により検印を省略いたします

珪藻 *Navicula* 図鑑

著　者ⓒ　福　島　　　博
　　　　　木　村　　　努
発行者　　内　田　　　学
印刷者　　山　岡　景　仁

発行所　株式会社　内田老鶴圃ほ　　〒112-0012 東京都文京区大塚3丁目34-3
　　　　　　　　　　　　　　　　　電話（03）3945-6781(代)・FAX（03）3945-6782
http://www.rokakuho.co.jp/　　　　　印刷/三美印刷 K.K.・製本/榎本製本 K.K.

Published by UCHIDA ROKAKUHO PUBLISHING CO., LTD.
3-34-3 Otsuka, Bunkyo-ku, Tokyo 112-0012, Japan

U.R. No. 640-1

ISBN 978-4-7536-4083-6 C3045

淡水珪藻生態図鑑
群集解析に基づく汚濁指数 DAIpo, pH 耐性能
渡辺 仁治 編著
浅井 一視・大塚 泰介・辻 彰洋・伯耆 晶子 著
B5 判・784 頁・本体 33000 円 ISBN978-4-7536-4047-8

日本のみならず世界各地から約 1500 のサンプルを採集，膨大なサンプルの生態情報を処理検討し，約 1000 種の珪藻についてその結果を分かり易くまとめる．生態情報の妥当性を期するため，すべてのサンプルを統一条件下で採集し，きれいな水を好むのか，汚れた水を好むのか等を判断する環境指標としての珪藻群集の適性を多くの図版で具体的に示す．

小林弘珪藻図鑑　第 1 巻
H.Kobayasi's Atlas of Japanese Diatoms based on electron microscopy vol.1
小林 弘・出井 雅彦・真山 茂樹・南雲 保・長田 敬五 共著
B5 判・596 頁・本体 34000 円 ISBN978-4-7536-4046-1

斯界の第一人者，故小林弘博士の名を冠する書．プレートとその解説をはじめ，特殊な用語が多く使われる珪藻の殻構造の解説を電顕写真や線画を添えて分かりやすく示す．用語の英語，日本語，ラテン語の一覧表や学名と和名の対照表などを付し読者の便宜を図った．

日本淡水化石珪藻図説　関連現生種を含む
田中 宏之 著
B5 判・612 頁・本体 33000 円 ISBN978-4-7536-4084-3

本書は，現生の淡水珪藻も含み，計 236 分類群を収録した．分類群を中心とし，日本全国の地層から産出した化石珪藻の美しい電子顕微鏡写真を掲載している．

淡 水 藻 類　淡水産藻類属総覧
山岸 高旺 著
B5 判・1444 頁・本体 50000 円 ISBN978-4-7536-4085-0

本書は淡水における藻類，約 1500 属を収録した淡水藻類の属の総覧である．配列は淡水藻類を 12 分類群に分ける Bourrelly の分類系を採った．これに加え異名とされるもの，関連するものをさらに約 800 属所収する．本文は，それぞれの分類群の「細胞・藻体」「生殖・生活史」「分類・分類表」を示した後，それぞれの属の記載が中心となり，線画による基本的な図版を示しながら，属の分類基準とされる形態形質，生殖形質，生育状況を述べる．また類似属との関係や産状など特記事項も詳細に記す．淡水藻類の全体像に迫る大著である．

淡水藻類入門　淡水藻類の形質・種類・観察と研究
山岸 高旺 編著
B5 判・700 頁・本体 25000 円 ISBN978-4-7536-4087-4

淡水藻類の全体を理解するために必要で，実際に手元にある光学顕微鏡だけで観察できる形態形質と生殖形質を中心に述べるため，Bourrelly（1966 ～ 1970）に拠って淡水藻類を 12 藻類群に分ける分類系を採り，灰青藻類は別に扱っている．関係者はもちろん，多様で美しい藻類の世界へこれから入る読者にもお薦めの書である．

藻類多様性の生物学
千原 光雄 編著
B5 判・400 頁・本体 9000 円 ISBN978-4-7536-4060-7

それぞれの藻群を得意とする専門家の参加を得て，膨大な知識の蓄積を整理するとともに，次々と発表される新しい成果を取り入れつつ編んだもので，藻類を理解するための好適の書である．

水の環境科学
鈴木 静夫 著
A5 判・320 頁・本体 2400 円 ISBN978-4-7536-4041-6

水環境の歴史　水環境の化学－水環境の汚染／排水の化学／環境汚染物質　水環境と生物－河川の汚染と生物／湖沼の汚染と生物／環境汚染物質と生物　水環境の保全－生活環境の改善／排水の浄化

藻類の生活史集成　全 3 巻
堀 輝三 編　B5 判
第 1 巻 緑　色　藻　類：448 頁・本体 8000 円 ISBN978-4-7536-4057-7
第 2 巻 褐　藻・紅　藻　類：424 頁・本体 8000 円 ISBN978-4-7536-4058-4
第 3 巻 単細胞性・鞭毛藻類：400 頁・本体 7000 円 ISBN978-4-7536-4059-1

収録全種について，それぞれ明らかになっている生活史を図示し対面頁に簡潔な解説を添え，見開きで読み取れる構成となっている．

新日本海藻誌　日本産海藻類総覧
吉田 忠生 著
B5 判・1252 頁・本体 46000 円 ISBN978-4-7536-4049-2

岡村金太郎著「日本海藻誌」以来，実に 60 余年ぶりに刊行された海藻学の決定版．斯界の権威が日本の海藻を網羅して書き下ろした歴史的大著．綱，目，科，属，種などの分類階級ごとに，形質の特徴，および他との比較などを詳細に記述．種ごとにタイプ産地，タイプ標本，分布地域名が示され，学名，和名の由来，生育地の特徴など，関連する話題も豊富に著している．

有用海藻誌　海藻の資源開発と利用に向けて
大野 正夫 編著
B5 判・596 頁・本体 20000 円 ISBN978-4-7536-4048-5

本書は「生物学編」，「利用編」，「機能性成分編」の 3 編から構成される．生物学編は，利用分野ごとに分けて，種名の査定に必要な形態，生活史，分布生態を記述．これらの水産，食用などへの利用や産業の背景，利用の歴史についても詳述する．利用編は，海藻産業の歴史的背景，加工技術から化学構造，品質などにふれ，将来への展望を示す．機能性成分編では，あまり知られていない海藻の成分とその利用範囲を幅広く記述．

藻類の生態
秋山 優・有賀 祐勝・坂本 充・横浜 康継 共編
A5 判・640 頁・本体 12800 円 ISBN978-4-7536-4053-9

本書は，藻類の基本的機能，ハビタートと種の観点からみた藻類，ハビタート別にみた生態学的特性と多様性，相互作用を中心とした生態学的特徴，生活環と進化からみた種の生態的質，群集の構造とその多様性について追求する．

世界の淡水産紅藻
熊野 茂 著
B5 判・416 頁・本体 28000 円 ISBN978-4-7536-4088-1

本書は世界の淡水産紅藻の実用的な分類書である．現在認められている淡水産紅藻の大部分の分類群を，種，変種のランクまでまとめ，さらに本来は海産種，汽水産種とされている分類群であっても，淡水域に生育することが報告されている分類群も加え，9 目，16 科，28 属，218 分類群を収録している．

淡水藻類写真集ガイドブック
山岸 高旺 著
B5 判・144 頁・本体 3800 円 ISBN978-4-7536-4086-7

多種多様な種類を含む淡水藻類の全容を簡潔に，しかも利用しやすい形にまとめた．全 20 巻の淡水藻類研究の基礎的資料集「淡水藻類写真集」を利用するために，また淡水藻の種類や分類系の大筋について理解するための貴重な内容である．

陸上植物の起源　緑藻から緑色植物へ
L.E.Graham 著／渡邊 信・堀 輝三 共訳
A5 判・384 頁・本体 4800 円 ISBN978-4-7536-4090-4

原著は"Origin of Land Plants". 乾燥にさらされる危険とひきかえに魅力的な陸にあがったのは限られた緑藻だけであった．緑藻がいつ，どのようにして上陸したのかについて，大きくは地球レベル，小さくは分子レベルまで，いろいろな観点から考察する．

原生生物の世界　細菌，藻類，菌類と原生動物の分類
丸山 晃 著／丸山 雪江 絵
B5 判・440 頁・本体 28000 円 ISBN978-4-7536-4050-8

細菌，藻類，菌類と原生動物の分類という壮大な範囲を一巻に収める．生物界を概観し，生命の歴史，分類の歴史を辿り形と機能から段階的に区分していく．

（表示の価格は税別の本体価格です．）